Informatik – Fachberichte

Band 66: Applications and Theory of Petri Nets. Proceedings, 1982. Edited by G. Rozenberg. VI, 315 pages. 1983.

Band 67: Data Networks with Satellites. GI/NTG Working Conference, Cologne, September 1982. Edited by J. Majus and O. Spaniol. VI, 251 pages. 1983.

Band 68: B. Kutzler, F. Lichtenberger, Bibliography on Abstract Data Types. V, 194 Seiten. 1983.

Band 69: Betrieb von DN-Systemen in der Zukunft. GI-Fachgespräch, Tübingen, März 1983. Herausgegeben von M. A. Graef. VIII, 343 Seiten. 1983.

Band 70: W. E. Fischer, Datenbanksystem für CAD-Arbeitsplätze. VII, 222 Seiten. 1983.

Band 71: First European Simulation Congress ESC 83. Proceedings, 1983. Edited by W. Ameling. XII, 653 pages. 1983.

Band 72: Sprachen für Datenbanken. GI-Jahrestagung, Hamburg, Oktober 1983. Herausgegeben von J. W. Schmidt. VII, 237 Seiten. 1983.

Band 73: GI – 13. Jahrestagung, Hamburg, Oktober 1983. Proceedings. Herausgegeben von J. Kupka. VIII, 502 Seiten. 1983.

Band 74: Requirements Engineering. Arbeitstagung der GI, 1983. Herausgegeben von G. Hommel und D. Krönig. VIII, 247 Seiten. 1983.

Band 75: K. R. Dittrich, Ein universelles Konzept zum flexiblen Informationsschutz in und mit Rechensystemen. VIII, 246 pages. 1983.

Band 76: GWAI-83. German Workshop on Artificial Intelligence. September 1983. Herausgegeben von B. Neumann. VI, 240 Seiten. 1983.

Band 77: Programmiersprachen und Programmentwicklung. 8. Fachtagung der GI, Zürich, März 1984. Herausgegeben von U. Ammann. VIII, 239 Seiten. 1984.

Band 78: Architektur und Betrieb von Rechensystemen. 8. GI-NTG-Fachtagung, Karlsruhe, März 1984. Herausgegeben von H. Wettstein. IX, 391 Seiten. 1984.

Band 79: Programmierumgebungen: Entwicklungswerkzeuge und Programmiersprachen. Herausgegeben von W. Sammer und W. Remmele. VIII, 236 Seiten. 1984.

Band 80: Neue Informationstechnologien und Verwaltung. Proceedings, 1983. Herausgegeben von R. Traunmüller, H. Fiedler, K. Grimmer und H. Reinermann. XI, 402 Seiten. 1984.

Band 81: Koordinaten von Informationen. Proceedings, 1983. Herausgegeben von R. Kuhlen. VI, 366 Seiten. 1984.

Band 82: A. Bode, Mikroarchitekturen und Mikroprogrammierung: Formale Beschreibung und Optimierung, 6, 7-227 Seiten. 1984.

Band 83: Software-Fehlertoleranz und -Zuverlässigkeit. Herausgegeben von F. Belli, S. Pfleger und M. Seifert. VII, 297 Seiten. 1984.

Band 84: Fehlertolerierende Rechensysteme. 2. GI/NTG/GMR-Fachtagung, Bonn 1984. Herausgegeben von K.-E. Großpietsch und M. Dal Cin. X, 433 Seiten. 1984.

Band 85: Simulationstechnik. Proceedings, 1984. Herausgegeben von F. Breitenecker und W. Kleinert. XII, 676 Seiten. 1984.

Band 86: Prozeßrechner 1984. 4. GI/GMR/KfK-Fachtagung, Karlsruhe, September 1984. Herausgegeben von H. Trauboth und A. Jaeschke. XII, 710 Seiten. 1984.

Band 87: Musterkennung 1984. Proceedings, 1984. Herausgegeben von W. Kropatsch. IX, 351 Seiten. 1984.

Band 88: GI – 14. Jahrestagung. Braunschweig. Oktober 1984. Proceedings. Herausgegeben von H.-D. Ehrich. IX, 451 Seiten. 1984.

Band 89: Fachgespräche auf der 14. GI-Jahrestagung. Braunschweig, Oktober 1984. Herausgegeben von H.-D. Ehrich. V, 267 Seiten. 1984.

Band 90: Informatik als Herausforderung an Schule und Ausbildung. GI-Fachtagung, Berlin, Oktober 1984. Herausgegeben von W. Arlt und K. Haefner. X, 416 Seiten. 1984.

Band 91: H. Stoyan, Maschinen-unabhängige Code-Erzeugung als semantikerhaltende beweisbare Programmtransformation. IV, 365 Seiten. 1984.

Band 92: Offene Multifunktionale Büroarbeitsplätze. Proceedings, 1984. Herausgegeben von F. Krückeberg, S. Schindler und O. Spaniol. VI, 335 Seiten. 1985.

Band 93: Künstliche Intelligenz. Frühjahrsschule Dassel, März 1984. Herausgegeben von C. Habel. VII, 320 Seiten. 1985.

Band 94: Datenbank-Systeme für Büro, Technik und Wirtschaft. Proceedings, 1985. Herausgegeben von A. Blaser und P. Pistor. X, 519 Seiten. 1985

Band 95: Kommunikation in Verteilten Systemen I. GI-NTG-Fachtagung, Karlsruhe, März 1985. Herausgegeben von D. Heger, G. Krüger, O. Spaniol und W. Zorn. IX, 691 Seiten. 1985.

Band 96: Organisation und Betrieb der Informationsverarbeitung. Proceedings, 1985. Herausgegeben von W. Dirlewanger. XI, 261 Seiten. 1985.

Band 97: H. Willmer, Systematische Software-Qualitätssicherung anhand von Qualitäts- und Produktmodellen. VII, 162 Seiten. 1985.

Band 98: Öffentliche Verwaltung und Informationstechnik. Neue Möglichkeiten, neue Probleme, neue Perspektiven. Proceedings, 1984. Herausgegeben von H. Reinermann, H. Fiedler, K. Grimmer, K. Lenk und R. Traunmüller. X, 396 Seiten. 1985.

Band 99: K. Küspert, Fehlererkennung und Fehlerbehandlung in Speicherungsstrukturen von Datenbanksystemen. IX, 294 Seiten. 1985.

Band 100: W. Lamersdorf, Semantische Repräsentation komplexer Objektstrukturen. IX, 187 Seiten. 1985.

Band 101: J. Koch, Relationale Anfragen. VIII, 147 Seiten. 1985.

Band 102: H.-J. Appelrath, Von Datenbanken zu Expertensystemen. VI, 159 Seiten. 1985.

Band 103: GWAI-84. 8th German Workshop on Artificial Intelligence. Wingst/Stade, October 1984. Edited by J. Laubsch. VIII, 282 Seiten. 1985.

Band 104: G. Sagerer, Darstellung und Nutzung von Expertenwissen für ein Bildanalysesystem. XIII, 270 Seiten. 1985.

Band 105: G. E. Maier, Exceptionbehandlung und Synchronisation. IV, 359 Seiten. 1985.

Band 106: Österreichische Artificial Intelligence Tagung. Wien, September 1985. Herausgegeben von H. Trost und J. Retti. VIII, 211 Seiten. 1985.

Band 107: Mustererkennung 1985. Proceedings, 1985. Herausgegeben von H. Niemann. XIII, 338 Seiten. 1985.

Band 108: GI/OCG/ÖGJ-Jahrestagung 1985. Wien, September 1985. Herausgegeben von H. R. Hansen. XVII, 1086 Seiten. 1985.

Band 109: Simulationstechnik. Proceedings, 1985. Herausgegeben von D. P. F. Möller. XIV, 539 Seiten. 1985.

Band 110: Messung, Modellierung und Bewertung von Rechensystemen. 3. GI/NTG-Fachtagung, Dortmund, Oktober 1985. Herausgegeben von H. Beilner. X, 389 Seiten. 1985.

Informatik-Fachberichte 149

Herausgegeben von W. Brauer
im Auftrag der Gesellschaft für Informatik (GI)

E. Paulus (Hrsg.)

Mustererkennung 1987

9. DAGM-Symposium
Braunschweig, 29. 9. – 1. 10. 1987
Proceedings

Springer-Verlag
Berlin Heidelberg GmbH

Herausgeber

Erwin Paulus
Institut für Nachrichtentechnik, Technische Universität Braunschweig
Schleinitzstraße 23, D-3300 Braunschweig

CR Subject Classifications (1987): I.2, I.4, I.5

ISBN 978-3-540-18375-4

CIP-Kurztitelaufnahme der Deutschen Bibliothek. Mustererkennung:
Proceedings / Mustererkennung ... / Veranst. Dt. Arbeitsgemeinschaft für Mustererkennung (DAGM) ...
Braunschweig, 29. September - 1. Oktober 1987 - 1987.
(Informatik-Fachberichte; 149) (... DAGM-Symposium; 9)
ISBN 978-3-540-18375-4 ISBN 978-3-662-22205-8 (eBook)
DOI 10.1007/978-3-662-22205-8
NE: Deutsche Arbeitsgemeinschaft für Mustererkennung: ... DAGM-Symposium;
1. GT

Bindearbeiten: Druckhaus Beltz, Hemsbach/Bergstraße
2145/3140-543210

Veranstalter

DAGM: Deutsche Arbeitsgemeinschaft für Mustererkennung

GI: Gesellschaft für Informatik

TU BS: Technische Universität Braunschweig

Tagungsleitung

E. Paulus, Institut für Nachrichtentechnik, TU Braunschweig

Programmkomitee

H.	Burkhardt	- Hamburg	H.	Platzer	- München
H.	Kazmierczak	- Ettlingen	S.J.	Pöppl	- Neuherberg
C.-E.	Liedtke	- Hannover	D.P.	Pretschner	- Hannover
R.	Nawrath	- Wetzlar	W.	von Seelen	- Mainz
H.	Ney	- Hamburg	P.	Stucki	- Zürich
H.	Niemann	- Erlangen	G.	Winkler	- Karlsruhe
R.	Ott	- Ulm			

Tagungsorganisation

H.	von Borstel	V.	Märgner
H.-U.	Döhler	J.	Mudler
E.-A.	Erichsen	Ch.	Politt
Th.	Gude	P.	Zamperoni

DAGM Deutsche Arbeitsgemeinschaft für Mustererkennung

Die DAGM veranstaltet seit 1978 jährlich an verschiedenen Orten ein wissenschaftliches Symposium mit dem Ziel, Aufgabenstellungen, Denkweisen und Forschungsergebnisse aus verschiedenen Gebieten der Mustererkennung vorzustellen, den Erfahrungs- und Ideenaustausch zwischen den Fachleuten anzuregen und den Nachwuchs zu fördern. Beiträge zum Symposium kommen nicht nur aus dem Inland, sondern aus dem gesamten deutschen Sprachraum.

Die DAGM wird durch folgende wissenschaftliche Trägergesellschaften gebildet:

DGaO	Deutsche Gesellschaft für angewandte Optik
GMDS	Deutsche Gesellschaft für medizinische Dokumentation, Informatik und Statistik
DGNM	Deutsche Gesellschaft für Nuklearmedizin
GI	Gesellschaft für Informatik
IEEE	The Institute of Electrical and Electronic Engineers, German Section
ITG	Informationstechnische Gesellschaft

Die DAGM ist Mitglied der International Association for Pattern Recognition (IAPR).

Vorwort

Die Mustererkennung kann heute - nachdem bereits zahlreiche Teilthemen bis zur Lehrbuchreife ausgearbeitet sind - nicht mehr als ganz junges Fachgebiet gelten. Trotzdem befindet sie sich nach wie vor in lebhafter Weiterentwicklung und wird sicher noch lange Zeit lohnende Themen für die wissenschaftliche Forschung und vielfältige Anregungen zu technischen Neuerungen liefern. In Deutschland wird die Entwicklung zweifellos durch einige der vom Bundesministerium für Forschung und Technologie (BMFT) geförderten Verbundvorhaben begünstigt. Es ist sicher kein Zufall, daß sich gerade die Themen solcher Verbundvorhaben bei den eingereichten Beiträgen zum 9. DAGM-Symposium als besondere Schwerpunkte herausstellten, wie z.B. die Dokumentanalyse oder die Erkennung fließend gesprochener Sprache.

Die lebhafte Entwicklung macht sich auch in der hohen Anzahl von nahezu 100 eingereichten Beiträgen bemerkbar, was das Programmkomitee dazu veranlaßte, zusätzlich zum Vortragsprogramm auch eine umfangreiche Plakatausstellung einzurichten. Der vorliegende Tagungsband dokumentiert sowohl die Vorträge als auch die Plakatbeiträge. Obwohl die gegenwärtigen Arbeiten meist anwendungsorientiert sind, wird nur in einigen Beiträgen über bereits wirklich anwendungsreife Verfahren berichtet. Daraus darf aber nicht gefolgert werden, daß es noch keine nennenswerte Anzahl von Nutzanwendungen der Mustererkennung gibt. Die meisten Nutzanwendungen sind aber - ohne daß dadurch ihr Nutzwert für das betreffende Anwendungsgebiet gemindert wird und ohne daß dadurch die Schwierigkeit und der Umfang der geleisteten Entwicklungsarbeit unterschätzt werden soll - zum Stand der Technik zu rechnen und eignen sich daher nicht als Gegenstand eines wissenschaftlichen Tagungsbeitrags. So betrachtet verdeutlicht das Tagungsprogramm, daß es immer mühsamer wird, den Stand der Technik zu verbessern und daß gegenwärtig vorwiegend versucht wird, diesem Ziel durch viele kleine Schritte näher zu kommen. Das Tagungsprogramm bietet natürlich auch Beispiele dafür, daß Fortschritte nicht nur durch anwendungsorientierte Untersuchungen, sondern auch durch die Weiterentwicklung von Software- und Hardwarewerkzeugen und nicht zuletzt auch durch das kritische Neuüberdenken bekannter methodischer Grundlagen erzielbar sind.

In der Überzeugung, daß das Tagungsprogramm Interesse verdient, möchte ich allen Autoren für Ihre Beiträge und dem Programmkomitee für seine Auswahlarbeit herzlich danken. Für die Organisation der Tagung danke ich dem Organisationskomitee, der TU Braunschweig und allen Institutionen und Firmen, die durch Spenden zum Zustandekommen und Gelingen der Tagung beigetragen haben.

E. Paulus

DAGM-Preise 1984 - 1986

Die Trägerversammlung der Deutschen Arbeitsgemeinschaft für Mustererkennung (DAGM) hat 1983 beschlossen, einen herausragenden Beitrag zum DAGM-Symposium 1984 durch den mit DM 2.000 dotierten DAGM-Preis auszuzeichnen.

Bei der Auswahl der Preisträger sollte sowohl die Originalität als auch die schriftliche und mündliche Präsentation des wissenschaftlichen Beitrages zum DAGM-Symposium anerkannt werden.

Im Rahmen des 6. DAGM-Symposiums, das gemeinsam von der Deutschen Arbeitsgemeinschaft für Mustererkennung und der Österreichischen Arbeitsgemeinschaft für Mustererkennung (ÖAGM) in Graz durchgeführt worden ist, wurde der DAGM-Preis erstmals verliehen, wobei der Preis zu gleichen Teilen zwei Arbeiten zuerkannt worden ist.

Auch während der folgenden DAGM-Symposien 1985 in Erlangen und 1986 in Paderborn ist der DAGM-Preis in der gleichen Höhe und unter den gleichen Kriterien verliehen worden.

Darüber hinaus sollte es durch die Vergabe von drei weiteren, jeweils mit DM 500 dotierten, Preisen jüngeren Wissenschaftlern erleichtert werden, sich am DAGM-Symposium zu beteiligen.

Die Trägerversammlung der DAGM hat 1986 beschlossen, diesen Preis nicht nur erneut für das DAGM-Symposium 1987 auszuschreiben, sondern auch die Preisverleihung jeweils im Tagungsband des Folgejahres zu dokumentieren. Zur Vervollständigung dieser Dokumentation werden nachstehend auch die Preisträger für die Jahre 1984 und 1985 aufgeführt.

H.-H. Nagel

Prof. Dr. H.-H. Nagel
Vorsitzender der
Deutschen Arbeitsgemeinschaft
für Mustererkennung

Der

DAGM-Preis 1986

wurde für den folgenden Beitrag verliehen:

"Ein wissensbasiertes System für die Analyse von Luftbildern"

K. Behrens, H. Gabler, R. Gabler, B. Nicolin, M. Sties,

Forschungsinstitut für Mustererkennung (FIM), Ettlingen

Die DAGM-Zusatzpreise für das Jahr 1986 wurden verliehen an

B. Jähne, Institut für Umweltphysik der Universität Heidelberg	Bildfolgenanalyse in der Umweltphysik: Wasseroberflächenwellen und Gasaustausch zwischen Atmosphäre und Gewässern
T. Gunzinger, Institut für Elektronik der Eidgenössischen Technischen Hochschule Zürich	Synchroner Datenflußrechner zur Echtzeitbildverarbeitung
S. Haenel und W. Eckstein, Institut für Medizinische Informatik und Systemforschung der GSF, Neuherberg	Ein Arbeitsplatz zur halbautomatischen Luftbildanalyse

Inhalt

Bildsegmentierung, Texturanalyse

Softwarewerkzeuge, Hardwarearchitektur

Dokumentanalyse

Spracherkennung

Digitale Geometrie, Morphologie, Topologie

Anwendungen der Mustererkennung

Plakate:

3D-Vermessung, Stereobildverarbeitung

Plakate:

Tomographische Verfahren in der Medizin

Bewegte Szenen, Bildfolgen

Wissensbasierte Mustererkennung

Plakate:

Adaptive kontextbezogene Signalanalyse zur Ermittlung von auffälligen Bildbereichen für die initiale Bildanalyse

E. Mauer

Forschungsinstitut für Informationsverarbeitung
und Mustererkennung
Eisenstockstr. 12 7505 Ettlingen 6

Motivation und Einleitung

Wissen über Bildinhalte ist in der Regel in abstrakter und modellhafter Form verfügbar. Spezielle Detailkenntnisse sind jedoch wegen der Vielfalt möglicher Vorkommnisse nur in Ausnahmefällen gegeben. Ein *Ist-Soll*-Vergleich wie in Abb. 1-1 der Signalwerte des Eingabebildes mit den abstrakten Eigenschaftsbeschreibungen der Wissensbasis ist daher zu Beginn des Analyseprozesses nicht ohne weiteres möglich. Vielmehr müssen zuerst Verfahren eingesetzt werden, welche auffällige Signaleigenschaften detektieren und daraus Information höheren Abstraktionsgrades gewinnen.

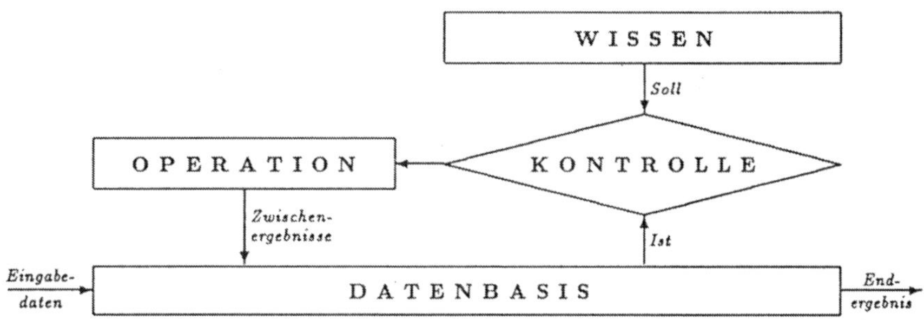

Abb. 1-1: Verarbeitungsschema

Auffällige Signaleigenschaften kennzeichnen dann Bildbereiche (Segmente), deren Charakteristika mit dem abstrakt vorliegenden Wissen verglichen werden können und denen gegebenenfalls eine Bedeutung (Symbol) zugeordnet werden kann. Die Konsistenz des Ensembles der Bedeutungszuordnungen (Semantik) läßt sich durch Vergleich mit den aus Erfahrung entwickelten Modellen prüfen und ermöglicht eine Bildinterpretation oder gibt Hinweise für eine korrigierte Bildanalyse. Der Anstoß, welche Modelle ausgewählt und welche Assoziationsketten in Frage kommen, geht jedoch von der Signalanalyse und den dort detektierten auffälligen Bildbereichen aus.

Der initialen Signalanalyse bleibt ohne Vorweginformation für den allgemeinen Anwendungsfall nur die Detektion statistischer Besonderheiten des Signalaufbaus. Komplexe Eigenschaftsuntersuchungen und extensive Eigenschaftsbewertungen zur Detektion auffälliger Eigenschaften scheiden mangels Detailkenntnissen aus. Aber auch bei einer vereinfachten Eigenschaftsanalyse muß mit gleichzeitigem Vorkommen von vier charakteristischen Eigenschaften gerechnet werden:

- direkte Sensorsignaleigenschaften (Intensität, s.a. Abb. 1-2a)
- abgeleitete Signaleigenschaften in ausgezeichneten Bildbereichen (Textur, s.a. Abb. 1-2b)
- geometrische Eigenschaften ausgezeichneter Bildsegmente (Form, s.a. Abb. 1-2c)
- räumliche Verteilung ausgezeichneter Bildsegmente (Struktur, s.a. Abb. 1-2d)

Das in diesem Beitrag vorgestellte System zur initialen Signalanalyse spaltet die Bildsignaleigenschaften in diese vier Grundtypen auf und ermittelt auffällige Bildbereiche durch Kombination dieser Eigenschaften unter Berücksichtigung des Signalkontextes. Als Eigenschaftsverteilung

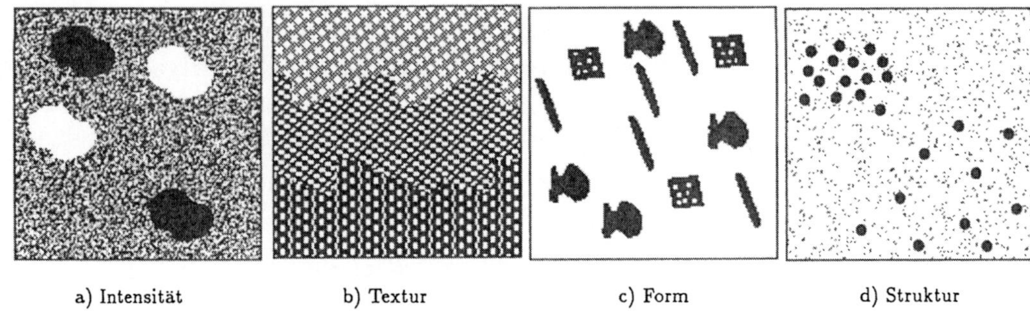

a) Intensität b) Textur c) Form d) Struktur

Abb. 1-2: Besonderheiten des Bildsignalaufbaus

wurde die einfachste Modellierung, die Konstanz, zugrunde gelegt. Die Vorgabe einer Kostenfunktion und die Definition eines Homogenitätsmaßes ermöglicht die Prüfung eines Ensembles von Merkmalzuweisungen bezüglich des gewählten Modells und die Ermittlung von Eigenschaftsballungen. Falls Ballungen homogener Eigenschaftsverteilungen auftreten, sind sowohl diese als auch etwaige Ausreißer auffällige Signaleigenschaften.

Da Parametereinstellungen für den Verfahrensablauf zu Beginn nicht bekannt sind, werden diese durch automatische Schwellwertermittlungen bestimmt. Die Parameterauswirkung wird dabei in Kenntnis der Verfahrenseigenschaften und unter Berücksichtigung der Aufgabenstellung durch Varianzanalyse simuliert und die a priori beste Einstellung für das vorliegende Datenmaterial ermittelt.

Problemstellung

Gegeben seien zwei Mengen $\mathcal{K}$ und $\mathcal{I}$ durch:

$$\mathcal{K} := \left\{ k = (k_1, k_2) \in \mathcal{N}_0^{\,2} \;\middle|\; k \text{ ist Position} \right\} \text{ und } \mathcal{I} := \left\{ i = (i_1, i_2, \ldots, i_n) \in \mathcal{N}_0^{\,n} \;\middle|\; i \text{ ist Intensität} \right\}$$

sowie eine Bildfunktion $B : \mathcal{K} \to \mathcal{I}$, so daß die vorliegende Bilddatenmenge $\mathcal{B}$:

$$\mathcal{B} := \left\{ b = (i_1, i_2, \ldots, i_n, k_1, k_2) \in \mathcal{I} \times \mathcal{K} \;\middle|\; b = (i, k) \text{ ist Bildelement} \right\}$$

Durch Vereinigung α von L_α Bildelementen ergibt sich ein verallgemeinertes Bildsegment m_α:

$$m_\alpha := \left\{ b_1, b_2, \ldots, b_{L_\alpha} \right\} \in \mathcal{P}(\mathcal{B})$$

Durch weitere Vereinigung β von L_β Bildsegmenten m_α erhält man eine verallgemeinerte Bildsegmentation $\mathcal{M}_\beta$:

$$\mathcal{M}_\beta := \left\{ m_1, m_2, \ldots, m_{L_\beta} \right\} \in \mathcal{P}(\mathcal{P}(\mathcal{B}))$$

Die Vereinigungen α, β lassen sich durch eine zusammengefaßte Transformationsvorschrift T_i beschreiben. Je nach der Komplexität dieser Transformationsvorschrift erhält man die im folgenden betrachtete Objektmenge $\mathcal{O}_i$ unterschiedlichen Abstraktionsgrades.

$$T_i := \begin{cases} \mathcal{B} & \to \mathcal{O}_i \\ b & \to \mathrm{T}_i(b) = o_l \end{cases}$$

Mit der Attributsfunktion $A_{i,j}$:

$$A_{i,j} := \begin{cases} \mathcal{O}_i & \to \mathcal{R}^+ \\ o_l & \to \mathrm{A}_{i,j}(o_l) = a_l \end{cases}$$

erhält man die Attributs(werte)menge $\mathcal{A}_{i,j}$:

$$\mathcal{A}_{i,j} := \left\{ a_l = A_{i,j}(o_l) \;\middle|\; o_l \in \mathcal{O}_i \right\}$$

Für ausgewählte Attributswerte, welche durch die Indexmenge $\mathcal{J}_j$ repräsentiert sind, ergibt sich:

$$\mathcal{A}^*_{i,j} := \left\{ a_l \in \mathcal{A}_{i,j} \,\middle|\, l \in \mathcal{J}_j \right\} \subset \mathcal{A}_{i,j}$$

Die Vereinigung $\mathcal{D}$ aller Urbilder geeigneter Attributsmengen $\mathcal{A}^*_{i,j}$ der i Transformationen mit den j Attributsfunktionen stellt eine Überdeckung von $\mathcal{B}$ dar:

$$\mathcal{D} := \bigcup_{\mathcal{A}^*_{i,j}} \left\{ T_i^{-1}(A_{i,j}^{-1}(a)) \,\middle|\, \forall a \in \mathcal{A}^*_{i,j} \right\} = \mathcal{B}$$

In diesem Fall stellen die ausgewählten Attributsmengen eine abstrakte Bildbeschreibung dar. Gesucht wird ein sich an $\mathcal{B}$ adaptierendes Analyseverfahren zur Ermittlung von $\mathcal{A}^*_{i,j}$ für unterschiedliche T_i.

Lösungsansatz

Betrachtet wird die Objektmenge $\mathcal{O}$, welche durch eine beliebige Transformationsvorschrift T_i erzeugt wurde, und eine Attributsfunktion $A_{i,j}$ (kurz A).

Durch Bildung aller möglichen L Segmente s_i mit annähernd konstanten Attributswerten:

$$s_i = \left\{ o_i, o_i', \ldots \in \mathcal{O} \mid A(o_i) \approx A(o_i') \approx \text{konst} \right\}$$

und deren Zusammenfassung erhält man eine Bildaufteilung $\mathcal{S}$:

$$\mathcal{S} := \left\{ s_1, \ldots, s_L \right\}$$

Eine notwendige Voraussetzung für zwei unterschiedliche s_i,s_i' ist demnach für alle $o \in s_i$ und für alle $o' \in s_i'$:

$$|A(o) - A(o')| \geq e > 0 \qquad (*)$$

Dabei kennzeichnet e eine unzulässige Differenz zwischen den Attributswerten zweier Objektelemente aus unterschiedlichen Segmenten. Die Schwelle e ist abhängig von den Attributswerten der jeweils zu untersuchenden Menge $\mathcal{O}$. Zur globalen Bestimmung von e wird das Histogramm der Attributsdifferenzen $h_{\Delta A}$ ermittelt. Die betrachteten Objektpaare sollen dabei möglichst aus dem gleichen Segment stammen, was ohne a priori Information nur durch die räumliche Nähe ausgewählter Objektpaare erreicht werden kann. Durch Einführen einer Nachbarschaftsfunktion:

$$U(o) := \begin{cases} \mathcal{O} & \to \mathcal{P}(\mathcal{O}) \\ o & \to U(o) = \mathcal{U}_o := \{o_1, o_2, \ldots, o_{n_o}\} \end{cases}$$

wobei $\mathcal{U}_o$ die Nachbarschaftsmenge ist, ergibt sich das Histogramm $h_{\Delta A}$:

$$h_{\Delta A}(d) = \left\| \left\{ (o, o') \in \mathcal{O} \times \mathcal{O} : o \in U(o') \,\middle|\, |A(o) - A(o')| = d \right\} \right\|$$

Durch Minimierung der globalen Kostenfunktion K_g:

$$K_g(d,\mathcal{O}) = f_g(h_{\Delta A}, P_d, IH(\mathcal{T}_d,\mathcal{T}_d), IH(\mathcal{T}_d,\mathcal{R}_d))$$

mit: $\mathcal{T}_d := \left\{ (o, o') \in \mathcal{O} \times \mathcal{O} \,\middle|\, |A(o) - A(o')| < d \right\}$ $\quad \mathcal{R}_d := \left\{ (o, o') \in \mathcal{O} \times \mathcal{O} \,\middle|\, |A(o) - A(o')| \geq d \right\}$

$IH(\mathcal{T}_d,\mathcal{R}_d) = E[|A(\mathcal{T}_d) - A(\mathcal{R}_d)|]$ $\quad P_d = \|\mathcal{T}_d\| / (\|\mathcal{T}_d\| + \|\mathcal{R}_d\|)$

erhält man e: $\quad K_g(e,\mathcal{O}) = \min_d(K_g(d,\mathcal{O}))$

Um die lokalen Anordnungen zu berücksichtigen und gesicherte statistische Entscheidungen treffen zu können, werden Schwellwerte e_j stichprobenartig aus unterschiedlichen zusammenhängenden Teilmengen $\mathcal{O}_j \subset \mathcal{O}$ ermittelt, in einem Histogramm 2. Ordnung kumuliert ([1]) und daraus der a priori wahrscheinlichste Schwellwert e_w extrahiert.

Zur Abgrenzung der Segmente s_i läßt sich nun das notwendige Kriterium aus (*) anwenden und die Menge der Berührungselemente $\mathcal{G}$ der Segmente s_i bestimmen.

$$\mathcal{G} := \left\{ o \in \mathcal{O} \;\middle|\; \exists o' \in U^1(o) \wedge |A(o) - A(o')| \geq e_w \right\}$$

Durch Einführung der verallgemeinerten Nachbarschaftsfunktion k-ter Stufe U^k:

$$U^k(o) := \begin{cases} \mathcal{O} & \rightarrow \mathcal{P}(\mathcal{O}) \\ o & \rightarrow U^k(o) = \mathcal{U}^k_o = \bigcup U^1(o_u) \quad \forall o_u \in U^{k-1}(o) \end{cases}$$

(wobei $U^1 = U =$ direkte Nachbarschaftsfunktion) erhält man die Zusammenhangseigenschaft Z:

$$Z := \begin{cases} \mathcal{O} \times \mathcal{O} & \rightarrow \{ \text{ja, nein} \} \\ (o, o') & \rightarrow \begin{cases} \text{ja} & \text{falls } \exists\, k : o \in U^k(o') \\ \text{nein} & \text{sonst} \end{cases} \end{cases}$$

Bei Betrachtung der Komplementmenge $\bar{\mathcal{G}}$ von $\mathcal{G}$ erhält man die Segmente s_{z_i}:

$$s_{z_i} = \left\{ o, o', \ldots \in \bar{\mathcal{G}} \;\middle|\; Z(o, o') = \text{ ja } \right\}$$

Diese s_{z_i} können aufgrund des Erzeugungsalgorithmus unzulässige Differenzen von Segmentelementen höherer Nachbarschaftsanordnung beinhalten.

Zur Überprüfung dieses Sachverhaltes wird aus dem Attributshistogramm h_A:

$$h_A(a) = \left\| \left\{ o \in s_{z_i} \;\middle|\; A(o) = a \right\} \right\|$$

durch Permutation aller möglichen Objektpaarungen innerhalb eines Segmentes s_{z_i} das Histogramm $h_{\Delta A_{per}}$ aller möglichen Attributsdifferenzen d_{per} gebildet.

$$h_{\Delta A_{per}}(d_{per}) = Perm\,(h_A(a)) = \left\| \left\{ (o, o') \in s_{z_i} \times s_{z_i} \;\middle|\; |A(o) - A(o')| = d_{per} \right\} \right\|$$

Falls überschwellige Differenzen existieren, wird im Rahmen einer Toleranzvorgabe $K_{l_{Max}}$ unter Berücksichtigung der lokalen Kostenfunktion K_l deren Zulässigkeit geprüft:

$$K_l(d_{per}, \mathcal{O}) = f_l(h_{\Delta A_{per}}, P_{d_{per}}, IH(\mathcal{T}_{d_{per}}, \mathcal{T}_{d_{per}}), IH(\mathcal{T}_{d_{per}}, \mathcal{R}_{d_{per}})) \quad \leq \quad K_{l_{Max}} = g(K_g)$$

Sind die Atributswerte eines Segmentes s_{z_i} durch Wertedrift im Rahmen der Kostenvorgabe nicht homogen, so läßt sich durch Reduktion des betrachteten Segmentes um die Randmenge $\mathcal{O}_r$:

$$\mathcal{O}_r := \left\{ o_r \in s_{z_i} \;\middle|\; \exists o' \in U^1(o_r) : o' \notin s_{z_i} \right\}$$

gegebenenfalls der homogene Segment"kern" ermitteln.

Eine anschließende prioritätsgesteuerte Ballungsanalyse ([2]) der Attributswerte durch Prüfung der Kosten für die Vereinigung zweier Segmente s_{z_i}, s'_{z_i} durch:

$$K_l(d_{per}, s_{z_i} \cup s'_{z_i}) \quad \leq \quad K_{l_{Max}} \qquad (\diamond)$$

gestattet die Definition von K Ballungen $Bal_k = \bigcup_{i=1}^{M_k} s_{z_i}$.

Die noch nicht zugewiesenen Objektelemente o können durch den gleichen Konfidenztest K_l auf Zugehörigkeit zu den definierten Ballungen Bal_k geprüft werden, wobei gegenüber ($\diamond$) das zweite Segment s'_{z_i} zu einer einelementigen Menge entartet. Dabei wird o der Ballung Bal_k zugeordnet, für welche die Kostenfunktion $K_l(d_{per}, Bal_k \cup \{o\})$ minimal ist oder, falls $K_{l_{Max}}$ überschritten wird, zurückgewiesen. Die ermittelten Ballungscharakteristika und deren Urbilder stellen die gesuchten auffälligen Bildeigenschaften dar.

Abstraktionsebenen in der Signalanalyse

Abhängig von den bereits ermittelten Zwischenergebnissen und geordnet nach Verfahrensaufwand findet die Signalanalyse in folgenden vier Abstraktionsebenen statt:

Ebene 1: Signalintensität I	
$\mathcal{O}_I$ ist die Menge der Ausgangselemente ($= \mathcal{B}$)	$T_I = 1$
$\mathcal{U}_I(b) =$ Achternachbarschaft(b)	$A_{I_j}(b) = \text{Intensität}_j(b) = I_j(b) = i_j$
$\mathcal{D}_I := \left\{ s_{z_j} := \left\{ b_0, \dots, b_m, \dots, b_j \,\middle|\, b_{m-n} \in \mathcal{U}_I(b_m) \wedge \left\lvert I_j(b_m) - I_j(b_{m-n}) \right\rvert \leq e_I \right\} \right\}$	

Ebene 2: Textureigenschaften T	
$\mathcal{O}_T$ ist die Menge der Segmente m_α	$T_T =$ Segmentbildung (z.B. Silhouettenüberlappung von Strukturgruppen)
$\mathcal{U}_T(m_\alpha) =$ Berührungsnachbarschaft ([3])	$A_{T_j}(m_\alpha) = \text{Textur}_j(m_\alpha) = T_j(m_\alpha)$
$\mathcal{D}_T := \left\{ s_{z_j} := \left\{ b \in \bigcup_{l=1}^{M} m_{\alpha_l} \,\middle|\, m_{\alpha_{l-n}} \in \mathcal{U}_T(m_\alpha) \wedge \left\lvert T_j(m_{\alpha_l}) - T_j(m_{\alpha_{l-n}}) \right\rvert \leq e_T \right\} \right\}$	

Ebene 3: Formeigenschaft F		
$\mathcal{O}_F$ ist eine Menge von Koordinatenlisten $K_\alpha := \left\{ k_\alpha \,\middle|\, (k_\alpha, i_\alpha) \in m_\alpha \right\}$ von Segmenten m_α		$T_F =$ Segmentbildung (z.B. Bereiche homogener Signaleigenschaften)
$\mathcal{U}_F(m_\alpha) = \mathcal{M}_\beta$	Ref() $\rightarrow$ *Referenzsegmentbildung*	$A_{F_j}(K_\alpha) = \text{Form}_j\Big(K_\alpha, \text{Ref}(K_\alpha, \mathcal{U}_I(k \in K_\alpha)\Big) = F_j(K_\alpha)$
$\mathcal{D}_F := \left\{ s_{z_j} := \left\{ b \in \bigcup_{l=1}^{M} m_{\alpha_l} \,\middle|\, \left\lvert F_j(K_{\alpha_l}) - F_j(K_{\alpha_{l-n}}) \right\rvert \leq e_F \right\} \right\}$ (Ref(), s.a.[4], [5], [10])		

Ebene 4: Struktureigenschaft St	
$\mathcal{O}_{St}$ ist eine Menge von Bildsegmentationen $\mathcal{M}_\beta$	$T_{St} =$ Segment*ations*bildung (z.B. Bereiche homogener Signaleigenschaft gleicher Form)
$\mathcal{U}_{St}(m_\alpha) =$ verallgemeinerte Voronoi-Nachbarschaft ($m_\alpha \in \mathcal{M}_\beta$) ([3],[5],[6])	
$A_{St_j} = \text{Mindist}_j\Big(m_\alpha, m'_\alpha \in \mathcal{M}_\beta \,\Big|\, m_\alpha \in \mathcal{U}_{St}(m'_\alpha)\Big) = D_j(m_\alpha, m'_\alpha)$ ([4])	
$\mathcal{D}_{St} := \left\{ s_{z_j} := \left\{ b \in \bigcup_{l=1}^{M} m_{\alpha_l} \,\middle|\, m_{\alpha_{l-n}}, m_{\alpha_{l+m}} \in \mathcal{U}_{St}(m_\alpha) \wedge \left\lvert D_j(m_{\alpha_l}, m_{\alpha_{l-n}}) - D_j(m_{\alpha_l}, m_{\alpha_{l+m}}) \right\rvert \leq e_{St} \right\} \right\}$	

Verfahrensablauf anhand eines Beispiels

Der Verfahrensablauf ([7]) der initialen Signalanalyse entspricht im wesentlichen, wie in Abb. 1-1 skizziert, einem Regelkreis mit variablen Operationen, wobei in der ersten Analysephase das Wissen (Soll) auf die Eigenschaften der implementierten Verfahren und deren Beziehungen untereinander ([8]) beschränkt ist. In die Datenbasis werden die Eingabedaten und die im Laufe der Verarbeitung anfallenden (Zwischen-)Ergebnisse (Ist) eingetragen. Der Kontrollmodul (Stellglied,[9]) steuert den Verfahrensablauf durch die Auswahl des jeweils für den aktuellen Zeitpunkt günstigsten Verfahrens mit den dazu benötigten Daten und Parametereinstellungen. Dazu werden die Informationen aus der Wissens- und der Datenbasis verwendet. Es entsteht ein Verarbeitungszyklus, der abbricht, wenn keine Ergebnisverbesserung mehr zu erreichen ist.

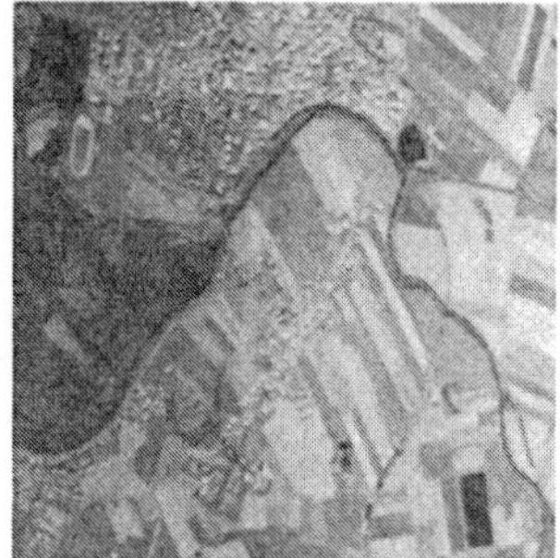

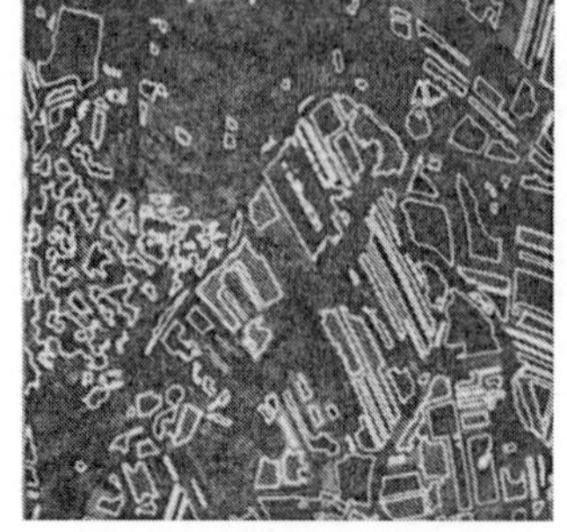

a) Originalkanalauszug b) Intensitätsballungen c) Formeigenschaftsballungen

Abb. 1-3: Attributsfunktionen → Signalintensität + Formeigenschaft

Die erste Analysephase findet auf der untersten Abstraktionsebene, den Intensitäteigenschaften, statt. Ausgehend vom mehrkanaligen Originalbild aus Abb. 1-3a werden die Bereiche homogener Signalintensität aus dem durch automatische Schwellwertbildung binarisierten Kontrastbild ermittelt . In Abb. 1-3b sind diese und die weiteren mittels sukzessivem Flächen*schrumpfungs*prozess abgetrennten Bildbereiche durch Schraffur gekennzeichnet. Die anschließende Ballungsanalyse definiert Ballungen, in Abb. 1-3b am Schraffurtyp zu erkennen, und ermittelt die Ballungszuweisung noch unbestimmter Bildelemente.

Die Bereiche homogener Signalintensität sind die Ausgangselemente zur Analyse von Formeigenschaften. Da jedes dieser Segmente potentieller Nachbar des anderen sein kann, entartet die Nachbarschaftsfunktion. Der Signalkontext wird hier durch Generierung eines Referenzsegmentes ([4]), unter Berücksichtigung der Nachbarschaftsdefinition aus der Bildelementebene, eingebracht. Die Attributsfunktion bewertet Segmentänderungen zwischen Ausgangssegment und Referenzsegment. Je nach Sequenz ([10]) von Segmenterweiterungen und -reduktionen können flächenhaft kompakte, punktförmige und linienhafte Formeigenschaften beschrieben und eine Aufteilung in derartige elementare Formtypen erreicht werden. Abb. 1-3c zeigt in Grauwertstufungen unterschiedliche Formballungen, wobei der Schraffurtyp großer Bildbereiche kompakte und nichtkompakte (vertikal schraffiert) Segmentformen kennzeichnet.

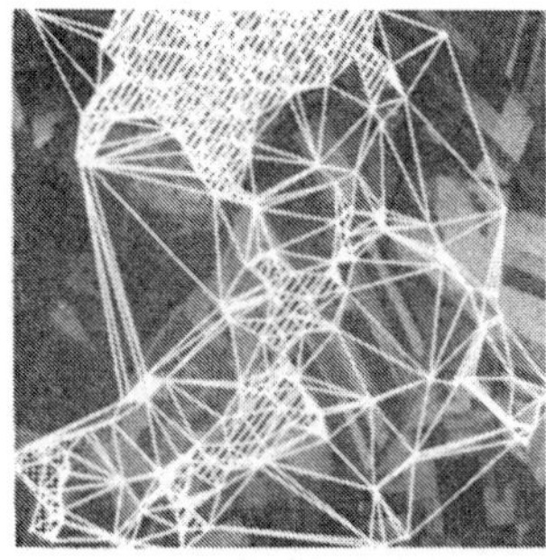

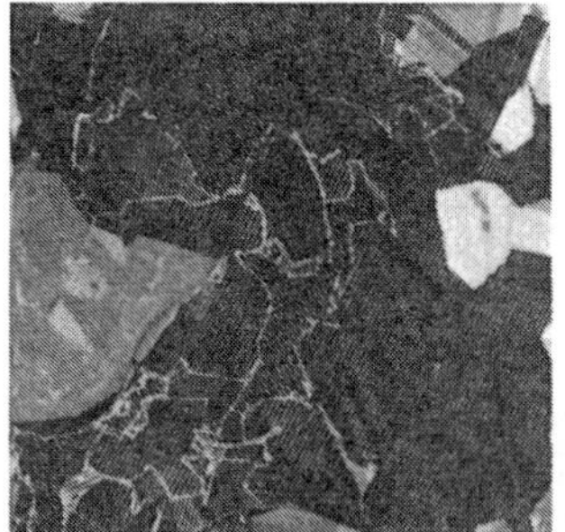

a) Strukturballung b) Texturballung c) konsistente Überdeckung

Abb. 1-4: Attributsfunktionen → Struktureigenschaft + Textureigenschaft

Ballungen dieser Formeigenschaften sowie die Signalintensitätsballung der betrachteten Bildsegmente definieren Kandidaten für eine räumliche Ballungsuntersuchung der Segmente untereinander. Die Nachbarschaftsdefinition erfolgt durch gleichzeitige Erweiterung der Kandidaten aufgrund eines Abstandsmaßes bis zur vollständigen Überdeckung des Bildes. Durch die Analyse der Berührungspunkte dieser Kandidateneinflußzonen läßt sich der minimale planare Graph, als Abbild der Nachbarschaftsverhältnisse, bestimmen. Da das betrachtete "Objekt" der Kante im

Graphen entspricht, werden verfahrenskonform homogene räumliche Anordnungen aufgrund der Längendifferenz benachbarter Kanten bestimmt. Abb. 1-4a zeigt den minimalen planaren Graphen und die Silhouetten der Strukturballungen. Die in weiß gekennzeichneten Silhouettenteile sind durch Zuweisung unbestimmter Kanten nach der Ballungsdefinition entstanden.

Mehrdeutige Zwischenergebnisse sind aufgrund der Voraussetzungen zu erwarten und entstehen z.B. durch Silhouettenüberlappung aus der Strukturanalyse. Die dadurch aufgespaltenen Teilbereiche bedürfen, bei signifikanter Bereichänderung ([4]), der Mehrdeutigkeitsauflösung. Diese erfolgt auf der Analyseebene abgeleiteter Signaleigenschaften mittels statistischer Texturparameter. Die Nachbarschaften sind durch die Berührungspunkte der Segmente definiert. Abb. 1-4b zeigt die durch Schraffur gekennzeichneten Texturballungen in einem Verarbeitungsstadium.

Je nach Häufigkeit der Auffälligkeitshinweise und ensprechend der Sicherheit der einzelnen Ballungsuntersuchungen läßt sich ein Vertrauensmaß ableiten und daraus eine Priorität für die Überdeckung der Urbilder bestimmen. Abb. 1-4c zeigt die Bereichsüberdeckung im Original, wobei aus Darstellungsgründen nur große Bildbereiche wiedergegeben sind. Man erkennt als Repräsentant großflächiger Texturgebiete die detaillierte Abgrenzung der Siedlungen. Weitere Details sind in diesen Darstellungen nicht erkennbar, werden jedoch im Vortrag anhand von Farbdias gezeigt.

Zusammenfassung

Ein Verfahren zur automatischen Ermittlung der Eigenschaftsballungen unter Berücksichtigung des Signalkontextes für die initiale Signalanalyse wurde erläutert. Durch die Übertragung des Verfahrensablaufs und der Bewertungsfunktionen auf unterschiedliche Eigenschaftstypen wird eine konsistente systematische, als "bottom-up"-Prozess arbeitende Signalanalyse erreicht. Der Kontrollmechanismus wird dadurch vereinfacht und die Kombination der Abstraktionsebenen untereinander erleichtert. Eine sich anschließenden Bildanalyse unter Einbeziehung von modellhaftem Wissen ist erforderlich. Die Kommunikation mit ihr, sei es zur Auswahl des in Frage kommenden Modells, oder wegen eines notwendigem "top-down"-Analyseprozesses, erscheint vielversprechend und über eine gemeinsame Datenbasis realisierbar.

Literatur

[1] Mauer, E. : *"Aspects of Automation in a System for Remote Sensing Data Analysis by Feature Combination" Proc. of 18. ERIM-Symp. on Remote Sensing of Environment pp. 981–987, Paris, Oct. 1984*

[2] Behrens, K. : *"Adaptive automatische Parametereinstellung zur Segmentation von Fernerkundungsdaten" Diplomarbeit, Fak. für Informatik der UNI Karlsruhe, Aug. 1984*

[3] Mauer, E., Schärf, R. : *"Automatische adaptive Texturanalyse in Kombination mit der Multispektralanalyse" 5. DAGM-Symposium pp. 231–235, Karlsruhe Oktober 1983, VDE-Fachberichte 35*

[4] Mauer, E., Schärf, R. : *"New Applications of Distance Transformation Methods for Effective Structural Image Analysis" Eighth Int. Conf. on Pattern Recognition, pp. 666–668 Paris, Oct. 1986*

[5] Füger, H. : *"Strukturelle Texturanalyse zur automatischen Bildsegmentation" Diplomarbeit, Fak. für Informatik, UNI Stuttgart, März 1983*

[6] Matsuyama, T., Phillips, T. : *"Digital Realization of the Labeled Voronoi Diagram and its Application to Closed Boundary Detection" 7. ICPR Montreal, pp.478–480, Juli-August 1984*

[7] Mauer, E. : *"Adaptive Low-Level Image Analysis Workshop TC7 on Analytical Methods in Remote Sensing for Geographic Information Systems" pp. 259–284 , Paris, October 1986*

[8] Mauer, E., Schärf, R. : *"Untersuchungen zur Auswertung mehrkanaliger Information mit lokalem Kontext" Abschlußbericht (Teil 1+2) DFVLR 01 QS 099-ZA/WF/WEO 275-4.6, Karlsruhe, Sep. 1983*

[9] Mauer, E. : *"Adaptive Multispektral- und Texturanalyse DGLR-Bericht 86-01 : Die Nutzung von Fernerkundungsdaten in der BRD" pp. 473–481 Status-Seminar 1986 des BMFT*

[10] Shapiro, L., MacDonald, R., Sternberg, S. : *"Shape Recognition with Mathematical Morphology" 8. ICPR, pp.416–418, Paris, Oct. 1986*

EINSATZ VON WACHSTUMSOPERATOREN ZUR BESTIMMUNG VON TEXTUREIGENSCHAFTEN

M. Sehran Tatari
Fraunhofer-Institut für Informations- und Datenverarbeitung (IITB)
Sebastian-Kneipp-Str. 12-14, D-7500 Karlsruhe 1 (FRG)

Zusammenfassung

Die industrielle Sichtprüfung texturierter Oberflächen kann durch den Einsatz aufwandsgünstiger Texturanalyseverfahren automatisiert werden, wenn die Verfahren richtig parametriert sind. Zur Parametrierung solcher Verfahren wird eine Methode vorgestellt, die die Eigenschaften vorliegender Texturen mit wenig a priori Information automatisch bestimmen kann. Sie basiert auf der rekursiven Anwendung lokaler eindimensionaler Wachstumsoperatoren.

1. Einleitung

Die industrielle Sichtprüfung texturierter Oberflächen ist ein potentiell wichtiges Anwendungsgebiet für die automatische Bildauswertung. Untersuchungen haben ergeben, daß viele Sichtprüfungsaufgaben durch den Einsatz aufwandsgünstiger Texturanalyseverfahren automatisiert werden können, wenn die Verfahren richtig parametriert sind [1]. Da die Verfahrensparameter von den Eigenschaften der vorliegenden Textur abhängen, müssen diese bekannt sein. Deswegen werden Verfahren benötigt, die Textureigenschaften wie z.B. Texelgröße und -abstand (Texel: Aufbauelement einer Textur) mit wenig a priori Information automatisch bestimmen können und die im folgenden Analyseverfahren benannt werden.

Als Analyseverfahren eignen sich z.B. Methoden, die auf der Segmentation der Texel basieren [1]. Wenn die schwierige Aufgabe der Texelsegmentation erfolgreich durchgeführt worden ist, können die Textureigenschaften gut und effektiv erfaßt und quantitativ beschrieben werden [2,3], weil die einzelnen Aufbauelemente der Textur bekannt sind. Zur Texelsegmentation können sowohl regionenorientierte (z.B. Grauwertschwellen [4] und Wachstumsverfahren (region growing) [5,6]) als auch grenzlinienorientierte Segmentationsverfahren [7,1] eingesetzt werden.

Während die Analyseverfahren mit Texelsegmentation bei Texturen mit grauwertmäßig homogenen Texeln und homogenem Hintergrund befriedigende Ergebnisse liefern [1], scheitern sie bei Texturen mit grauwertmäßig inhomogenen oder hierarchisch aufgebauten Texeln (Texel selber texturiert), weil die automatische Zusammenfassung der segmentierten Flächenstücke zu Texeln, die der Mensch wahrnimmt, nicht funktioniert.

Im vorliegenden Beitrag wird ein Analyseverfahren vorgestellt, das auch Eigenschaften von Texturen mit grauwertmäßig inhomogenen oder hierarchisch aufgebauten Texeln automatisch erfassen und quantitativ beschreiben kann. Dieses Analyseverfahren basiert auf der rekursiven Anwendung eindimensionaler lokaler Wachstumsoperatoren. Bei ihnen wird der Grauwert des Aufpunktes durch das Grauwertmaximum bzw. -minimum der betrachteten lokalen Umgebung ersetzt. Diese Operatoren stellen eine Erweiterung der vorerst für Binärbilder angegebenen morphologischen Operatoren (expand und erosion) auf Grauwertbilder [8] dar. Peleg und Werman [8] setzen diese Operatoren zur Klassifikation vorab eingelernter, bekannter Texturen ein. Bei Werman und Peleg werden weiterhin die durch die Anwendung der Operatoren entstehenden Bilder global ausgewertet, z.B. durch Integration über die Bilder, und die Auswertungsergebnisse werden als Merkmale bei der Klassifikation eingesetzt. Untersuchungen des Verfahrens von Peleg und Werman ergaben, daß zur quantitativen Bestimmung der Textureigenschaften eine globale Auswertung nicht ausreicht, da sich bei der Integration unerwünschte, zumeist rauschbedingte Störungen überlagern und die Ergebnisse verfälschen können. Im vorliegenden Beitrag wird deswegen eine lokale Auswertung unter Benutzung eines neu entwickelten Gütemaßes vorgenommen, das die automatische Bestimmung der Texelgrenzen ermöglicht.

2. Verfahrensbeschreibung

Als a priori Information muß man wissen, ob die Texel heller oder dunkler als der Hintergrund sind. Aufgrund dieser Information wird dann die Operatorfunktion (Maximum- oder Minimumsuche) gewählt. Außerdem wird die gewünschte Analyserichtung vorgegeben. Die betrachtete Umgebung besteht zur Zeit aus drei Pixeln in der Analyserichtung, also aus dem Aufpunkt und dem linken und rechten Nachbarn.

Durch die rekursive Anwendung lokaler Wachstumsoperatoren werden sukzessive größer werdende Umgebungen verarbeitet. In den Zwischenbildern, die durch die Anwendung des Operators entstehen, wachsen bei der Wahl des Maximumoperators Regionen mit helleren Bildstrukturen, da die dunklen Bildpunkte bei der Maximumbildung die Grauwerte ihrer helleren Nachbarn übernehmen.

Bei der Analyse der Texel wird die Operatorfunktion so gewählt, daß die Texel sich stufenweise verkleinern, während der Hintergrund sich ausdehnt. In der Rekursionstufe, in der der Hintergrund beim Wachsen von beiden Seiten die Texelmitte erreicht und das Texel unterdrückt, wird das lokale Gütemaß, das verschiedene Grauwertdifferenzen auswertet, maximal. Da die Anzahl der Rekursionen bis zu dieser Stufe von der Texelabmessung abhängt, kann diese aus der Rekursionsanzahl ermittelt werden. Aus den Texelmitten und den Texelabmessungen werden die Texelrandpunkte bestimmt . Dieselbe Analyse wird anschließend für den Hintergrund durchgeführt, so daß auch die Eigenschaften des Hintergrunds und die Texelabstände bestimmt werden können. In diesem Fall wird die Operatorfunktion so gewählt, daß bei der Anwendung des Operators die Texel sich ausdehnen und der Hintergrund kleiner wird und dann verschwindet. Die Rekursionsstufe, in der zwei Texel beim Wachsen zusammentreffen, entspricht dem halben Texelabstand in der Analyserichtung. Aus diesen Gründen wird der Minimum- bzw. Maximumoperator ausgewählt, wenn die zu analysierenden Texel (Hintergrund) heller bzw. dunkler als der Hintergrund (Texel) sind.

Das Gütemaß, das zur Bestimmung der Texelabmessung ausgewertet wird, erfaßt zwei Arten von Grauwertdifferenzen der betrachteten Umgebung. Die Subtraktion des Originalbildpunktes $b_0(i,j)$ vom Zwischenbildpunkt $b_n(i,j)$ der n-ten Rekursionsstufe ergibt die erste Grauwertdifferenzart, nämlich die Grauwertdifferenz zwischen dem Aufpunkt und dem Extremum der betrachteten Umgebung. Da wegen der Extremumbildung die Zwischenbilder immer heller bzw. dunkler werden, werden diese Differenzbeträge im Laufe der fortschreitenden Rekursion immer größer, bis die höchsten bzw. niedrigsten Grauwerte erreicht werden und die Differenzen konstant bleiben. Also ist die Folge der Grauwertdifferenzbeträge schwach monoton steigend und hat somit kein Extremum. Da deswegen diese Grauwertdifferenz allein als Gütemaß ungeeignet ist, wird noch zusätzlich die Grauwertdifferenz aufeinanderfolgender Zwischenbilder $b_n(i,j)$ und $b_{n-1}(i,j)$ betrachtet, die die inkrementelle Grauwertänderung von einer Stufe zur nächsten angibt. Das verwendete Gütemaß DIF (i,j,n) ergibt sich als die Summe dieser beiden Grauwertdifferenzen zu

$$DIF\,(i,j,n) = K_{op}\,\{2b_n(i,j) - b_{n-1}(i,j) - b_0(i,j)\} \quad \text{mit } K_{op} = \left\{ \begin{array}{ll} 1 & \text{Maximumsuche} \\ \text{bei} & \\ -1 & \text{Minimumsuche} \end{array} \right. \quad \text{und } n \geq 1$$

Die Grauwertdifferenzen innerhalb der Texel und des Hintergrunds sind in der Regel kleiner als die Grauwertdifferenzen zwischen Texel und Hintergrund. Sonst würde der Mensch diese Texel nicht als solche wahrnehmen. So lange in der betrachteten Umgebung kein Texelrand enthalten ist, ergeben sich kleinere Gütemaße. Dies gilt auch dann, wenn infolge des Wachsttumprozesses die Texel verschwunden sind. Also wird das Gütemaß beim Eintreten der Texelränder in die betrachtete Umgebung maximal. Zusätzlich wird das Gütemaß nur dann beachtet, wenn die Grauwertdifferenz aufeinanderfolgender Zwischenbilder eine Schwelle überschreitet. Dadurch werden die Analyseergebnisse weiter verbessert. Diese Schwelle hängt nur von den Rauscheigenschaften der verwendeten Kamera ab und entspricht der dreifachen Rauschstandardabweichung.

Mit Hilfe des Gütemaßes DIF (i,j,n) wird ein Ergebnisbild c_n (i,j) aufgebaut, indem der aktuelle Wert des Gütemaßes mit dem Maximum der bisherigen Werte verglichen wird, wenn die Grauwertdifferenz zwischen aufeinanderfolgenden Zwischenbildern an der betrachteten Stelle die oben erwähnte Schwelle überschreitet.

$$\mathrm{DIF}(i,j,n) \left\{ \begin{matrix} \geq \\ \\ < \end{matrix} \right. \max_{k=1,\dots,n-1} [\mathrm{DIF}(i,j,k)] \rightarrow \left\{ \begin{matrix} c_n(i,j) = n \\ \\ c_n(i,j) = c_{n-1}(i,j) \end{matrix} \right. \qquad \text{mit } c_0(i,j) = 0$$

Übersteigt der aktuelle Wert des Gütemaßes DIF das Maximum früherer Stufen, bedeutet das, daß bei dieser Rekursionsstufe in dem Punkt (i,j) eine signifikante Grauwertänderung eingetreten ist. Die Ursache dieser Änderung kann z.B. darin liegen, daß die jetzt betrachtete Umgebung zum ersten Mal einen Hintergrundpunkt und somit den Texel-Hintergrund-Übergang enthält. Deswegen wird im Ergebnisbild c_n die Stufe vermerkt. Im anderen Falle wird im Ergebnisbild keine Änderung vorgenommen.

Nach der Abarbeitung aller Rekursionsstufen ist im Ergebnisbild für jeden Bildpunkt die Stufe mit dem maximalen Gütemaßwert gespeichert. Durch die gewählte Operatorfunktion und Nichtbeachtung kleiner Änderungen liefern hauptsächlich Texelpunkte Beiträge. Dieser Wert c_n(i,j) gibt im Falle der Texelpunkte gewöhnlich die Anzahl der Operationen an, die angewendet werden müssen, damit der sich ausdehnende Hintergrund diesen Punkt erreicht. Bei den behandelten eindimensionalen Operatoren entspricht diese Anzahl dem Abstand dieses Punktes vom nächsten Texelrand in Analyserichtung. Der innerste Punkt in dieser Richtung hat den größten Abstand von den Texelrändern und erscheint somit im Ergebnisbild c_n als lokales Maximum. Durch Bestimmung lokaler Maxima im Ergebnisbild erhält man also die Kernpunkte der Texel. Aus Kernpunkten und Randabständen können die Grenzpunkte der Texel ermittelt werden. Diese Überlegungen gelten auch für hierarchisch aufgebaute oder grauwertmäßig inhomogene Texel, die insgesamt dunkler oder heller als der Hintergrund sind. Die Innenstruktur wird unterdrückt, weil die Grauwertdifferenzen zwischen Texel und Hintergrund stärker sind als die Grauwertdifferenzen innerhalb der Texel.

Zur quantitativen Beschreibung der Textur werden zuerst Texelabmessungen ausgewertet. Nach der Ermittlung der lokalen Maxima wird das Ergebnisbild zur Berechnung eines Histogramms der erfaßten Texelabmessungen verwendet. Gleichzeitig werden minimale, mittlere, maximale und die am häufigsten vorkommende Texelbreite in Analyserichtung sowie die Streuung der Abmessungen ermittelt. Da wegen bekannter Texelrandpunkte zu Texeln zugehörige Bildpunkte bestimmt werden können, können auch Grauwerteigenschaften der Texelpunkte ermittelt werden, wie z.B. minimaler, mittlerer, maximaler und am häufigsten vorkommender Grauwert und die Grauwertstreuung. Auch wird von diesen Punkten das Grauwerthistogramm berechnet und zur Zeit interaktiv ausgewertet. Bei den Untersuchungen [1] hat sich die Auswertung lokaler Extrema als leistungsfähige und aufwandsgünstig zu realisierende Methode zur Automatisierung industrieller Sichtprüfungen erwiesen. Zusätzlich werden deshalb im Inneren der Texel die lokalen Grauwertextrema bestimmt und mit ausgewertet. Damit werden die Texel größen- und grauwertmäßig quantitativ beschrieben. Anschließend werden die entsprechenden Größen auch für Hintergrundpunkte berechnet.

Wird die Analyse einmal für fehlerhafte und das andere Mal für fehlerlose Texturen durchgeführt, können die quantitativen Beschreibungen der beiden Texturen miteinander verglichen und zur Parametrierung aufwandsgünstig zu realisierender Texturmaße verwendet werden, mit denen dann die fehlerhafte Textur detektiert wird.

3. Ergebnisse

Um die Ergebnisse des Verfahrens zu beurteilen, wurden die ermittelten Kernpunkte und die damit bestimmten Randpunkte der Texel ins Originalbild eingeblendet. Bild 1 zeigt ein Fichtenbrett mit verschieden breiten Maserungen, während in Bild 2 ein Teppichbodenmuster zu sehen ist. Beim Teppichbodenmuster sind in der untersten Hierarchiestufe als Texel dunkle und sehr dunkle Dreiecke und Vierecke zu erkennen, diese schließen sich in der zweiten Hierachiestufe zu komplexen N-Ecken zusammen, die insgesamt dunkler als der weiße

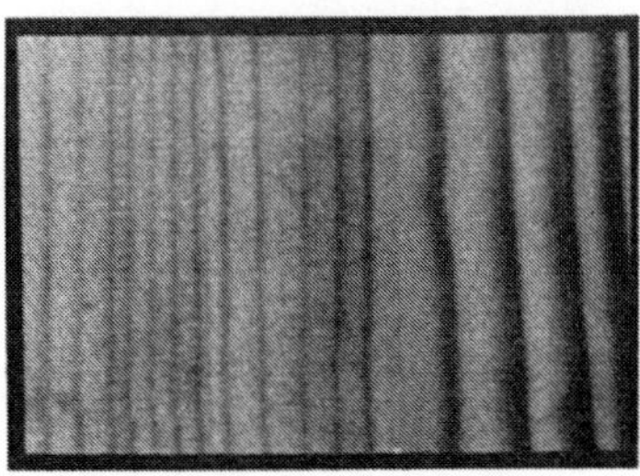

a) Originalbild

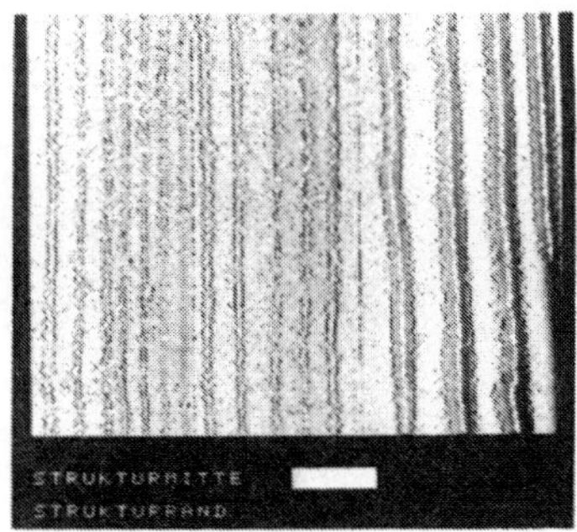

b) Ergebnisse eingeblendet ins Originalbild

Bild 1: Analyse der Fichtenmaserung mit dem Wachstumsoperator (Analyserichtung horizontal).

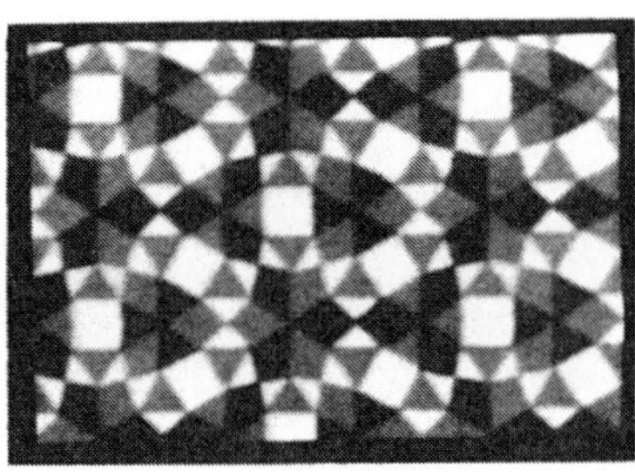

a) Originalbild

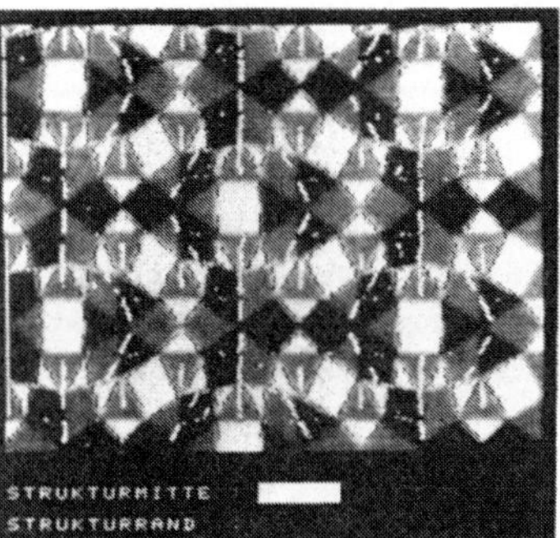

b) Ergebnisse eingeblendet ins Originalbild

Bild 2: Analyse der Texel eines Teppichbodenmusters (Analyserichtung horizontal).

Hintergrund sind. In der höchsten Hierarchiestufe sind dann sich überschneidende Kreisringe zu erkennen. Beim Holz bilden die dunklen Maserungen, die bedingt durch den Wachstumsprozeß, grauwertmäßig inhomogen sind, die Texel.Da in beiden Fällen die Texel dunkler als der Hintergrund sind, wurde als Operatorfunktion die Maximumsuche gewählt. Wegen ihrer Inhomogenität bzw. ihres hierarchischen Aufbaues sind alle zwei Beispiele schwierig zu analysierende Fälle. Wie in Bild 1b ersichtlich, werden die inhomogenen Fichtenmaserungen jeweils gut als zusammengehörige Gebiete erkannt, obwohl die Kontraste der einzelnen Maserungen sehr stark variieren. Beim Teppichbodenmuster in Bild 2 wird nicht die unterste Hierarchiestufe, nämlich die einzelnen Dreiecke und Vierecke, als Texel ermittelt, sondern die zu komplizierten Vielecken (z.B. sechseckige Sterne) zusammengefaßten Texel der zweiten Hierarchiestufe werden erfolgreich als zusammengehörig erkannt (schwarze Grenzen in Bild 2b), weil sie insgesamt dunkler als der umgebende helle Hintergrund sind.

Das Analyseverfahren mit Wachstumsoperatoren erreicht seine Leistungsgrenze, wenn der Hintergrund stark inhomogen wird. In diesem Fall können die Grauwertdifferenzen innerhalb des Hintergrundes so stark sein, daß auch Teile des Hintergrundes als zu den Texeln zugehörend ermittelt werden. Texelrelationen (gleiche oder variierende Texel), Texelanordnung (deterministische oder stochastische Anordnung) und Texelaufbau (homogene, inhomogene oder hierarchisch aufgebaute Texel) beeinflussen in der Regel die Leistung des Verfahrens nicht [1].

In Bild 3 ist exemplarisch die bei der Analyse erhaltene quantitative Beschreibung der Fichtenholztextur des Bildes 1a angegeben. Da manchmal gefundene Randpunkte jeweils im anderen Gebiet liegen, gibt es bei den Maximalwerten der dunklen Texel und Minimalwerten des hellen Hintergrundes (Wertebereich) Überlappungen. Bei der Untersuchung zahlreicher verschiedener Texturen wurden für andere Beschreibungsgrößen

	Eigenschaften		Texel	Hintergrund
Grauwert-eigen-schaften	aller Pixel	Wertebereich	83 - 237	102 - 255
		Mittelwert	175	214
		häufigster Grauwert	196	224
		Streuung	30	21
	lokaler Minima	Wertebereich	83 - 235	105 - 247
		Mittelwert	165	215
		häufigstes Minimum	189	222
		Streuung	30	19
	lokaler Maxima	Wertebereich	100 - 237	107 - 255
		Mittelwert	187	224
		häufigstes Maximum	196	224
		Streuung	32	16
Größen-eigen-schaften	Abmessungen [Pixel]	Wertebereich	1 - 37	1 - 20
		Mittelwert	7	10
		häufigste Abmessung	3	7
		Streuung	6	5

Bild 3: Quantitative Beschreibung der Fichtenholztextur von Bild 1a.

stabile Werte erhalten[1]. Mit den quantitativen Beschreibungen, die das Analyseverfahren lieferte, konnten andere aufwandsgünstig zu realisierende Texturanalyseverfahren, wie z.B. Auswertung lokaler Extrema, Linien- und Fleckdetektoren und adaptive Grauwertschwellen, erfolgreich parametriert und zur automatischen Fehlerdetektion bei industriellen Sichtprüfungen eingesetzt werden [1,9].

4. Literatur

[1] Tatari, M.S.: Auswahl von Texturanalyseverfahren zur Automatisierung industrieller Sichtprüfungen. Fortschritt-Berichte VDI, Reihe 10, Nr. 67, VDI-Verlag, Düsseldorf, 1987.

[2] Tsuji, S.; Tomita, F.: A Structural Analyzer for a Class of Textures. Computer Graphics and Image Processing, Bd. CGIP 2 (1973), Nr. 3/4, S. 216-231.

[3] Wang, A.; Velasco, F.R.D.; Wu, A.Y.; Rosenfeld, A.: Relative Effectiveness of Selected Texture Primitive Statistics for Texture Discrimination. IEEE Transactions on Systems, Man, and Cybernetics, Bd. SMC-11 (1981), Nr. 5, S. 360-370.

[4] Leu, J.G.; Wee, W.G.: Detecting the Spatial Structure of Natural Textures Based on Shape Analysis. Computer Vision, Graphics, and Image Processing, Bd. 31 (1985), S. 67-88.

[5] Pong, T.C.; Shapiro, L.; Watson, L.T.; Haralick, R.M.: Experiments in Segmentation Using a Facet Model Region Grower. Computer Vision, Graphics, and Image Processing, Bd. 25 (1984), Nr. 1, S. 1-23.

[6] Pietikainen, M.K.; Rosenfeld, A.; Walter, I.: Split-and-Link Algorithms for Image Segmentation. Pattern Recognition, Bd. 15 (1982), Nr. 4, S. 287-298.

[7] Korn, A.; Erdtel, C.: Kombination verschiedener Filterkanäle zur Optimierung einer Merkmalrepräsentation im Bildbereich. 7. DAGM Symposium Mustererkennung 1985, Erlangen, Informatik Fachberichte 107, Hrsg. H. Niemann, Springer Verlag, S. 107-111.

[8] Werman, M.; Peleg, S.: Min-Max Operators in Texture Analysis. IEEE Transactions on Pattern Analysis and Machine Intelligence, Bd. PAMI-7 (1985), Nr. 6, S. 730-733.

[9] Hättich, W.; Tatari, S.: Automatische Fehlererkennung in Holzoberflächen. 8. DAGM-Symposium Mustererkennung 1986, Paderborn, Informatik Fachberichte 125, Hrsg. G. Hartmann, Springer Verlag, S. 1 - 5.

MERKMALSEXTRAKTION AUS DER RANGORDNUNG LOKALER GRAUWERTE FÜR DIE BILDSEGMENTIERUNG

P. Zamperoni

Institut für Nachrichtentechnik
Technische Universität Braunschweig

Die Einsatzmöglichkeiten von Rangordnungsoperatoren bei der eindimensionalen Signalverarbeitung zum Zweck der Glättung, der Filterung und der robusten Abschätzung sind von einer umfangreichen Literatur dokumentiert. Obwohl die Ergebnisse im allgemeinen nicht ohne weiteres zum zweidimensionalen Fall übertragbar sind, wurden manche intuitive Eigenschaften dieser Operatoren für Aufgaben im Bereich der Bilverarbeitung ausgenutzt, wie z.B. Bildverbesserung, Regionenwachstum und Kantenextraktion. Für diese Zwecke wurden zahlreiche verallgemeinerte Rangordnungsoperatoren vorgeschlagen, deren Ergebnis meistens eine gewichtete, oft nichtlineare Kombination der nach Rang geordneten U Grauwerte

$$x_{(1)}, x_{(2)}, \ldots x_{(i)} \ldots x_{(U)} \tag{1}$$

eines zweidimensionalen Verarbeitungsfensters ist /1/, /3/, /5/. Die im praktischen Einsatz am meisten verbreiteten Rangordnungsoperatoren beschränken sich jedoch auf die Extraktion des Grauwertes $x_{(r)}$ mit einem bestimmten Rang r, der auch lokaladaptiv sein kann, wie z.B. das Maximum ($r = U$), die Median ($r = \frac{U+1}{2}$), u.s.w.

Ziel der vorliegenden Arbeit ist dagegen die Extraktion von im Hinblick auf die Bildsegmentierung signifikanten Lokalmerkmalen aus der Gesamtheit der nach Rang geordneten Grauwerte, d.h. des lokalen Histogramms, mit besonderer Berücksichtigung der Texturmerkmale. Der Einsatz von Rangordnungsoperatoren wird besonders attraktiv, wenn man auf einen schnellen Sortieralgorithmus zurückgreifen kann. In dieser Untersuchung wurde ein (vermutlich nicht neues) Grauwertsortiervefahren mit Rechenzeit der Größenordnung 2U+g (g = Anzahl der Graustufen, z.B. g=256) verwendet.

Die Merkmalsextraktion aus der Rangordnung der Grauwerte stützt sich auf die bereits an anderen Stellen formulierte Hypothese, daß das lokale Grauwerthistogramm die wesentliche Struktur- und Texturinformation beinhaltet, obgleich es die räumliche Grauwertverteilung unberücksichtigt lässt (/3/, /4/). Die extrahierten Merkmale sollen dann zur Bildsegmentierung, insbesondere von Luftbildern landwirtschaftlicher Gebiete, verwendet werden.

Die allgemeinen Anforderungen an das Bildsegmentierungsverfahren und die Art, in der die Merkmale in hierarchischer Weise zu einem symbolischen Grauwert (label) kombiniert werden können, um diesen Anforderungen zu genügen, wurden an anderer Stelle /6/ dargelegt. Hier wird in erster Linie die Merkmalsextraktion näher betrachtet. Um die Bildstruktur für Segmentierungszwecke zu erfassen, werden hier zwei Arten von Merkmalen betrachtet, nämlich: a) ein lokal "repräsentativer Grauwert"; b) ein texturbeschreibendes Merkmal.

a) Repräsentativer Grauwert (RGV): dieses Merkmal ist ein Element aus dem Grauwertesatz (1), das für seine Umgebung repräsentativ ist, wenn man die Grauwertfunktion in erster Näherung als eine terrassenförmige Landschaft konstanter Grauwertplateaus auffaßt. Der RGV wird hier, wie im Bild 1 gezeigt, als derjenige Grauwert definiert, der dem Maximum der Histogrammdichtefunktion f(x) am nächsten liegt. Im häufig vorkommen-

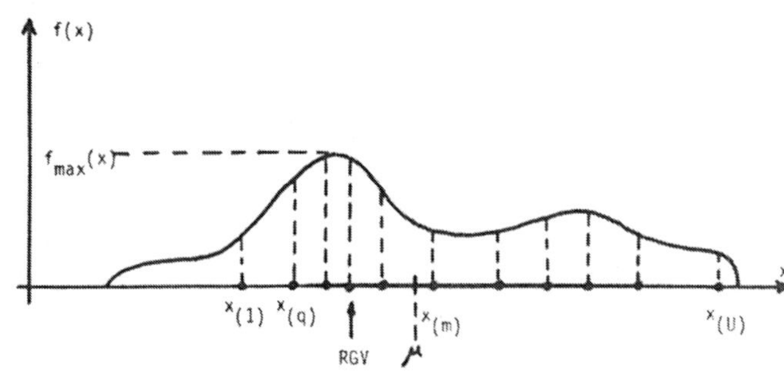

Bild 1 Lokale Grauwerthistogrammdichtefunktion f(x) des Grauwerts x und nach Rang geordnete Grauwerte $x_{(1)} \ldots x_{(U)}$ in einem LxL-Verarbeitungsfenster ($U=L^2$).
μ = Mittelwert
$x_{(m)}$ = Median

den Fall einer unscharfen multimodalen Grauwertverteilung z.B. (s. Bild 1) ist dieser RGV in höherem Maße "repräsentativ" als der Mittelwert μ oder die Median $x_{(m)}$. Die Funktion f(x) kann mit bekannten Methoden (Parzen estimation, /2/) durch geeignete Kernfunktionen aus der Stichprobe (1) abgeschätzt werden. Dazu wurde hier der folgende Satz von Kernfunktionen $K_i(x)$ verwendet:

$$K_i(x) = \begin{cases} \left\{1 + \left[(x_{(i+1)} - x_{(i)})(x_{(i)} - x_{(i-1)})\right]^{0,5}\right\}^{-1} & \text{für } x_{(i-1)} \leqslant x \leqslant x_{(i+1)} \\ 0 \text{ sonst} & \end{cases} \quad (2)$$

b) Texturmerkmale: Die Verfügbarkeit der nach Rang geordneten Umgebungsgrauwerte ermöglicht, eine Reihe interessanter Texturdeskriptoren anschaulich zu konzipieren und schnell zu berechnen. Dabei ist in der Entwicklungsphase von großem Vorteil, am gegebenen Bildmaterial interaktiv zu arbeiten, und Lokalhistogramme von ausgesuchten typischen Bildgebieten auf einem Bildschirm zu betrachten. Einige der im Rahmen dieser Arbeit untersuchten Texturmerkmale werden nun näher beschrieben. Dazu ist es nützlich, die Begriffe von einem regelmässigen, einem flachen und einem gleichverteilten Histogramm einzuführen, deren Definitionen aus Bild 2 ersichtlich sind. Die nach Rang geordneten

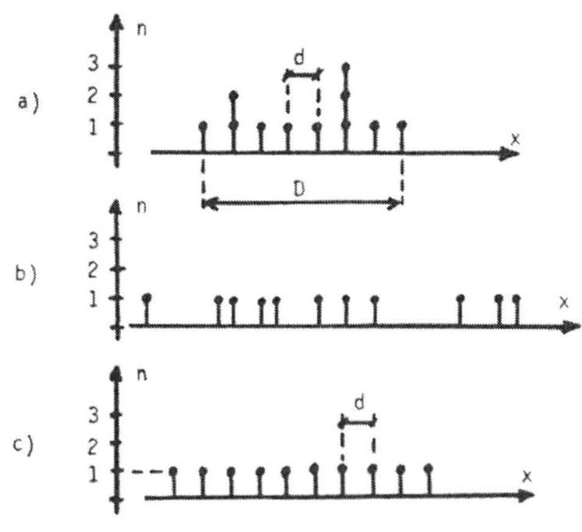

Bild 2: Verschiedene Histogrammtypen
x : diskrete Grauwertskala
n = Vielfachheit von Grauwerten

a) Regelmässiges Histogramm $d = \text{Konst.} = \frac{D}{U-1}$
b) Flaches Histogramm $n = \text{Konst.} = 1$
c) Gleichverteiltes Histogramm (regelmässig und flach)

Grauwerte $x_{(i)}$ können außerdem, wie im Bild 3 gezeigt, in anschaulicher Weise als monotone Funktion des Ranges i dargestellt werden.

Die ersten zwei Texturmerkmale, V_0 und V_1, stellen Maße der Abweichung von einem gleich-

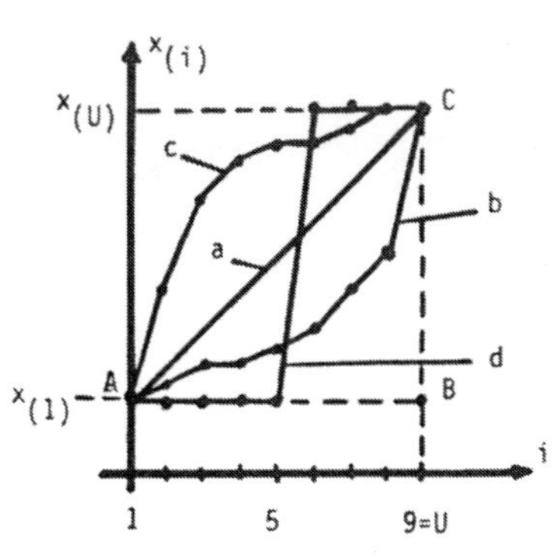

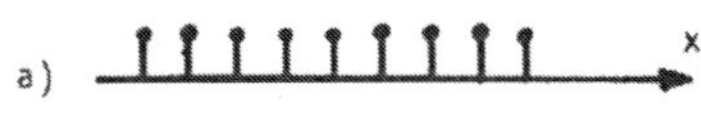

c)

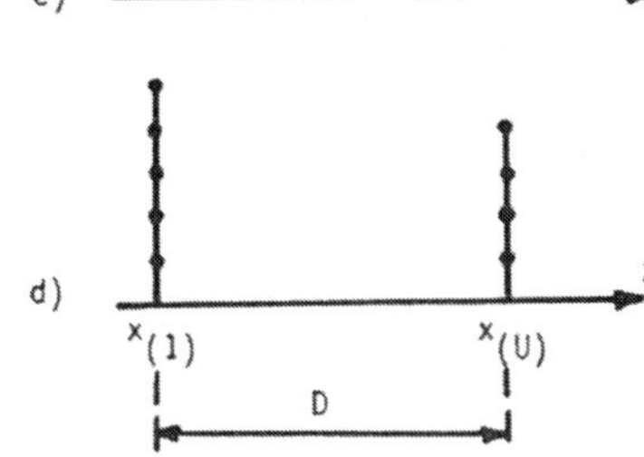

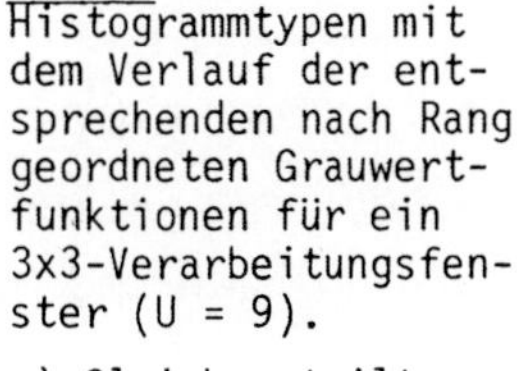

Bild 3: Verschiedene Histogrammtypen mit dem Verlauf der entsprechenden nach Rang geordneten Grauwertfunktionen für ein 3x3-Verarbeitungsfenster (U = 9).

a) Gleichverteiltes Histogramm

b),c) Unscharfe unimodale Histogramme

d) Ausgeprägt bimodales Histogramm

verteilten Histogramm dar. Dies entspricht der Fläche zwischen der Kurve a) und der Funktion $x_{(i)}$ (Kurven b, c oder d) im Bild 3.Diese Abweichung kann im Betrag (Merkmal V_1) oder mit Vorzeichen (Merkmal V_o) betrachtet werden. Es ist dann:

$$V_o = K + \sum_{i=1}^{U} E_i \qquad\qquad V_1 = \sum_{i=1}^{U} |E_i| \qquad\qquad (3a),(3b)$$

$$\text{mit} \quad E_i = x_{(i)} - \frac{D}{U-1}(i-1) - x_{(1)} \;; \qquad D = x_{(U)} - x_{(1)} \qquad\qquad (4)$$

$$K = \frac{D(U-1)}{2} = \text{Fläche des Dreiecks ABC im Bild 3, damit } V_o \text{ immer} \geqslant 0 \text{ bleibt.}$$

V_o kann als Maß der histogramminternen Unsymmetrie aufgefaßt werden; es ist 0 u.a. bei symmetrischen bimodalen, jedoch nicht unbedingt bei regelmässigen Histogrammen.

In einigen Fällen ist nur der Satz der auftretenden Grauwerte, aber nicht ihre Vielfachheit n im Hinblick auf die Texturcharakterisierung relevant. Das folgende Merkmal V_2 , aus V_1 abgeleitet, kommt dieser Anforderung nach:

$$V_2 = \sum_{i=1}^{m} \left| (x_{(i+1)} - x_{(i)})_{\neq 0} - \frac{D}{m} \right| \qquad \text{mit} \quad m \leqslant U-1 \qquad\qquad (5)$$

wobei nur die m Differenzen $X_{(i+1)} - x_{(i)} \neq 0$ berücksichtigt werden. Für flache Histogramme gilt: $V_1 = V_2$.

Ein wichtiger Aspekt eines lokalen Histogramms ist das Gesamtprofil seiner Modi, d.h. ihre Anzahl und Ausprägung. Die folgenden Merkmale V_3 und V_4 haben das Ziel, diese modalen Aspekte zu erfassen. Die Modi entsprechen den Nullstellen der ersten Ableitung $x'_{(i)}$ der Funktion $x_{(i)}$ von Bild 3 ($x'_{(i)} \geqslant 0$).Maß für die Anzahl der Modi und ihrer Intensität zugleich sind die negativen Spitzen der diskreten zweiten Ableitung $x''_{(i)}$:

$$V_3 = \sum_{i=2}^{U-1} |x''_{(i)}| \qquad \text{für} \quad x''_{(i)} = x_{(i+1)} + x_{(i-1)} - 2\,x_{(i)} < 0 \qquad\qquad (6)$$

Für gleichverteilte Histogramme gilt $V_3 = 0$. Dagegen ist das Merkmal V_4 :

$$V_4 = \text{card}(x''_{(i)} \;:\; x''_{(i)} < \frac{D}{U-1}) \qquad\qquad (7)$$

nur ein Maß der Anzahl der Modi, ohne Unterscheidung zwischen starken und schwachen Modi, oder sogar einzelnen Grauwerten. Dabei stellt die Schwelle $\frac{D}{U-1}$ in (7) das mittlere Inkrement der Funktion $x_{(i)}$ im Bereich 1...U dar.

Weitere aufschlußreiche, im Rahmen dieser Arbeit untersuchte Merkmale sind V_5 , die mittlere Abweichung vom RGV:

$$V_5 = \frac{1}{U}\sum_{i=1}^{U} \left| x_{(i)} - RGV \right| \qquad (8)$$

und die wie folgt definierte Lückenhaftigkeit des Histogramms, V_6 :

$$V_6 = \sum_{i=1}^{U-1} \max((x_{(i+1)} - x_{(i)} - 1) , 0) \qquad (9)$$

V_6 ist 0 wenn alle zwischen $x_{(1)}$ und $x_{(U)}$ mögliche Grauwerte im Histogramm auftreten. Für nähere Einzelheiten über die Eigenschaften der Merkmale V_0 bis V_6 und für Beispiele mit typischen Lokalhistogrammen muß auf eine umfangsreichere Arbeit verwiesen werden /7/.

Bildsegmentierung. Zur Bildsegmentierung wurden die zwei Merkmale RGV und V_i ($0 \leq i \leq 6$) zu einem symbolischen Grauwert H kombiniert. Jede nach RGV und Texturmerkmal einheitliche Region soll dabei einen konstanten H-Wert erhalten. Auf Kriterien zur Aufstellung einer geeigneten Kombinationsvorschrift, um dieses Ziel zu erreichen, wurde an anderen Stellen (/6/, /7/) näher eingegangen. Im Rahmen dieser Arbeit erfolgt diese Kombination nach der Regel:

$$H = RGV \wedge \left[256(1 - 2^{-m})\right] + 2^{8-m} \cdot V_i \qquad 0 \leq V_i(\text{genormt}) \leq 1 \qquad (10)$$

Durch den Parameter m kann man, Fall für Fall, die Anzahl der "most significant bits" von H, die zur Darstellung des RGV bestimmt werden, günstig festlegen. Die Regel (10) stellt außerdem eine hierarchische Beziehung zwischen RGV und V_i her, indem das Merkmal RGV als mehr relevant als V_i betrachtet wird. Es hat sich gezeigt, daß diese Festlegung der Struktur der hier als Testbilder meistens verwendeten Luftaufnahmen entspricht. Nach Anwendung des Operators (10) erhält man ein symbolisches Terrassenbild, und daraus, mit Hilfe eines einfachen Kantenoperators, das Konturnetz, welches das Segmentierungsergebnis darstellt.

Experimentalergebnisse. Das oben geschilderte Segmentierungsverfahren wurde in erster Linie im Rahmen eines Teilprojektes des DFG-Sonderforschungsbereiches 179 auf landwirtschatliche Luftbilder angewendet, mit dem Ziel, Anbaugebiete, Flächen mit Bodenerosion, Akkumulation und Pflanzenschäden abzugrenzen. Die Bilder 4, 5 und 6 zeigen einige Verarbeitungsbeispiele mit den gefundenen Regionengrenzen als den Originalbildern überlagerte helle Linien. Die jeweils verwendeten Merkmale, die Größe des Verarbeitungsfensters und der Wert des Parameters m von Gl. (10) sind in den Bildzuschriften angegeben. Als besonders aussagekräftig für das hier betrachtete Bildmaterial erwiesen sich die Texturmerkmale V_2 (Abweichung von der Gleichverteilung), V_3 (Gesamtstärke der Modi) und V_6 (Lückenhaftigkeit des Histogramms). Die Wahl des Verarbeitungsfensters richtet sich nach der Größe der signifikanten Texturelemente: im Bild 5 z.B.

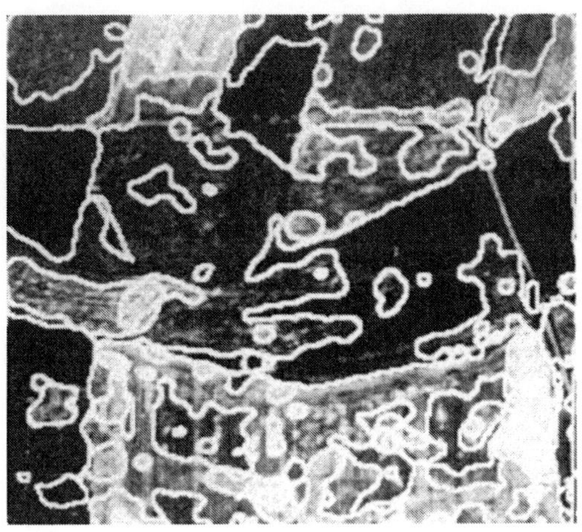

Bild 4: Merkmale RGV, V_3 U=5x5, m=3

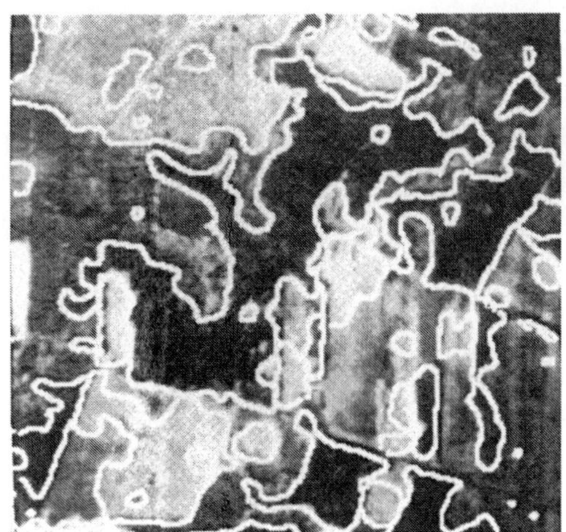

Bild 5: Merkmale RGV, V_6 U=7x7, m=3

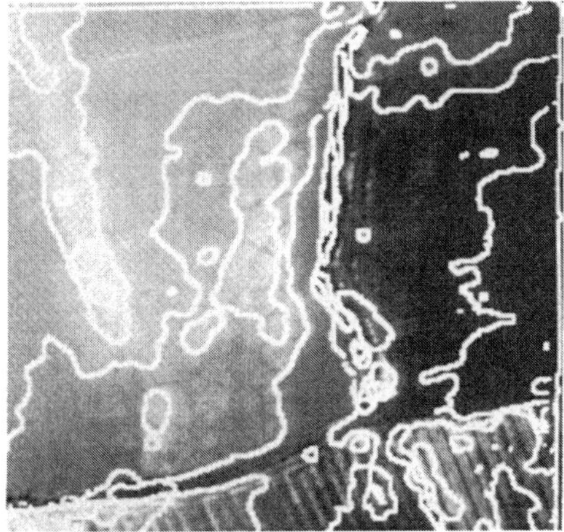

Bild 6: Merkmale RGV, V_6 U=7x7, m=4

werden als homogen auch Gebiete betrachtet, die von Feldwegen durchgekreuzt sind. Für das schwach texturhaltige Bild 6 wurden U==7x7 und m=4 gewählt, um symbolische Grauwerte umzuverteilen, und zwar: weniger für die Texturunterscheidung und mehr für die RGV-Unterscheidung.

Eine subjektive Betrachtung der bisher erreichten Segmentierungsergebnisse an Hand von zahlreichen Testbildern, und erste Vergleiche mit von Experten manuell segmentierten Luftbildern geben Anlaß zur Hoffnung, daß die hier vorgestellte Methode sich auch für eine automatische Auswertung umfangreicher Luftbilddatenmengen eignet.

Literaturverzeichnis:

/1/ A.C. Bovik, T.S. Huang, D.C. Munson: "A generalization of median filtering using linear combinations of order statistics", IEEE Trans. on Acoustics, Speech and Signal Processing, Vol. ASSP-31, N.6, Dec. 1983, S. 1342-1349.

/2/ K. Fukunaga: "Introduction to statistical pattern recognition", Academic Press, New York, 1972.

/3/ V. Kim, L. Yaroslavskii: "Rank algorithms for picture processing", Computer Vision Graphics and Image Processing, Vol. 35 (1986), S. 234-258.

/4/ G.E. Lowitz: "Can a local histogram really map texture information ?", Pattern Recognition, Vol. 16 (1983), N. 2, S. 141-147.

/5/ I. Pitas, A.N. Venetsanopoulos: "Nonlinear order statistics filters for image filtering and edge detection", Signal Processing, Vol. 10, June 1986, S.395-413.

/6/ P. Zamperoni: "An agglomerative approach to modelling and segmentation of aerial views", Proceedings of MARI-87, Paris, May 1987, S. 426-431.

/7/ P. Zamperoni: "Feature extraction by rank-order filtering for image segmentation" zur Veröffentlichung eingereicht.

BILDSEGMENTIERUNG DURCH ZWEIDIMENSIONALE HÖHENSCHICHTENFILTERUNG

H.-U. Döhler
Institut für Nachrichtentechnik, TU Braunschweig
Schleinitzstr. 23, D-3300 Braunschweig

Die Abbildung von realen Szenen liefert häufig Bildsignale, die sich als Überlagerung zweier verschiedener Anteile auffassen lassen. Der eine Anteil enthält stückweise glatte Bereiche niedriger Ortsfrequenz. Zwischen diesen Bereichen bestehen sprunghafte Übergänge, die z.B. auf Objektkonturen oder Textur- und Schattengrenzen zurückgehen können. Der andere Anteil enthält unterschiedliche Bereiche höherer Ortsfrequenz, wie sie aus der Abbildung von Texturen oder anderen eher kleinen Strukturen hervorgehen. Wenn auch die Aufgabe der Bildsegmentierung nicht allgemein formuliert werden kann, so gilt doch allgemein, daß die Trennung dieser beiden Signalanteile hierfür ein nützliches Werkzeug darstellt.

Die zweidimensionale Höhenschichtenfilterung [1] erlaubt nun genau diese Trennung der beiden Anteile. Der Filteralgorithmus approximiert dabei den stückweise glatten Signalanteil durch sogenannte "Ursignale". Diese Ursignale sind invariant gegenüber einer weiteren Filterung und bestehen aus Plateaus und monotonen oder sprunghaften Übergängen zwischen diesen Plateaus. Wesentliche Parameter des Algorithmus sind Maß und Größe der entstehenden Plateaus. Der zweite Signalanteil läßt sich aus der Differenz von Original und gefiltertem Bild gewinnen.

Zur Verdeutlichung sollen drei Bilder dienen. Für die Filterung des Originals (Abb. 1) wurde als Maß die Fläche so groß gewählt, daß die Aufschrift der Tasten gerade verschwindet (Abb. 2). Man beachte, daß dabei die Konturen der Tasten bildpunktgenau erhalten bleiben. Die Aufschrift der Tasten geht aus der Differenz von Original und gefiltertem Bild hervor (Abb. 3).

Abb. 1: Originalbild

Abb. 2: Filterergebnis

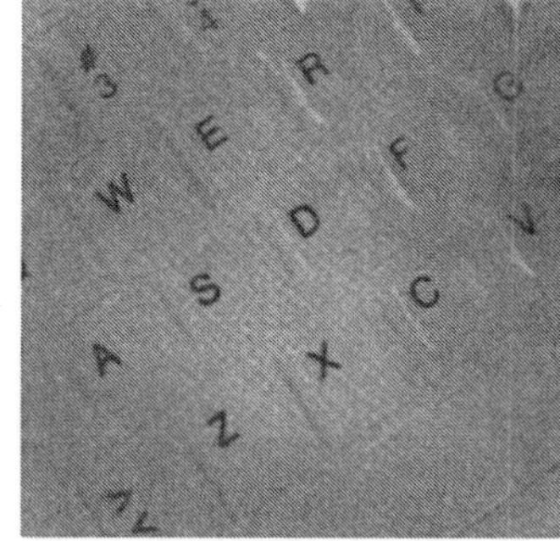

Abb. 3: Differenzbild

Literatur

[1] PAULUS, E.: Zweidimensionale Höhenschichtenfilterung. 6. Aachener Symposium für Signaltheorie (1987), Informatik Fachberichte, Springer-Verlag, 1987

An Expert System for Texture Analysis

S.Vitulano, A.Esposito, A.Cacace
Dipartimento di Informatica ed Applicazioni
Università di Salerno (Italy)

In this work the authors intend to propose an expert system that has been developed and experimented for texture analysis and cleassification.

Our idea, inspired to the "Gestalt" theory is to consider a texture as an example of "structured quantities" or in other words any region of the image that globally verifies one or more predicates of uniformity. For istance, those predicates could be refered to the colour, the shape, the thread, etc. In a formal way, this idea leads us to the following definitions:

1) A discrete function $y=f(x_1,x_2,\dots x_n)$ definited in a discrete n-dimensional domain is said "texture" if there is at least a partition $S=(s_1,s_2,\dots s_k)$ of the domain, such that an isomorphism exists among every element of the partition.
2) The discrete function $y=f(x_1,x_2,\dots x_n)$ definited in a generic element s_i of S is said "piece of the texture".

Of course, we can recognize the presence of more textures (structures) in an image. The expert system we are proposing here, is based on this assumption, and can be more precisely considered as composed of two fundamental modules. The first module is responsible for the extraction of various structures resulting in the image, and those unclassificable areas since they are evidently place of transiction from one structure to another.

The second module is responsible for a compared analysis of the structures, trying to put in corrispondence by "similarity functions" the difference textures of the image already individuated.

Some similarity functions we used are: rotations, translation, rototranslations, shape-comparision, upsetting, etc.. All the functions definited are opportunely organized and stored in the "knowledge base" of the system.

The system, experimented on a great quantity of images both theoretic and real, gave us extremally confortable results, that encourage us to a wider experimentation, particularly on biomedical pictures (radiographies, T.A.C., echographies, etc.). Some of the experimental results obtained are exponed.

References.

1)Gisolfi A., Vitulano S. : Algebraic Pattern Recognition. Digital Signal Processing North Holland, 1982.

2)Gisolfi. A., Vitulano S., Cacace A.: Textures and structures. Int. Conf. on Advanced in Image Proc. and Patt. Rec., Pisa (Italy), 1985.

3)Cacace A., Esposito A., Ianniello R., Vitulano S.: Elaborazione di Immagini Biomediche: un approccio strutturale. Proc. of Int. Conf. on Computer Graphics Milano (Italy) 1986.

4)Vitulano S., Gisolfi A., Berardino M., Cacace A. : A structural approach to image segmentation, Platinum Jubilee Conf. on Systems and Signal Processing, Bangalore (India) 1986.

Expertensystemschalen und deklarative Programmierung für die Implementation von Bildanalysealgorithmen

J. Dvorak, H. Bunke
Universität Bern
Institut für Informatik und angewandte Mathematik
Länggassstrasse 51, CH-3012 Bern, Schweiz

1 Einleitung

Methoden aus der künstlichen Intelligenz und Expertensysteme haben mittlerweile innerhalb der wissensbasierten Bildanalyse eine weite Verbreitung erreicht [Naz 84,Nie 85,McK 85]. Es gibt viele Anwendungen, wo der Gebrauch des IF-THEN Regelformalismus für die Wissensrepräsentation Vorteile bietet, und wo daher oft entsprechende Expertensystemschalen verwendet werden.

Andererseits enthalten komplexe Bilderkennungssysteme typischerweise auch Algorithmen, für die eine auf konventionellen, prozeduralen (imperativen) Programmiersprachen basierende Implementation angebracht erscheint. Um diese beiden Anforderungen zu erfüllen, können hybride Expertensystemwerkzeuge, die sowohl einen regelbasierten als auch einen prozeduralen Formalismus zur Verfügung stellen, verwendet werden [Bun 87]. Allerdings werden solche Werkzeuge heute in der Bildanalyse nur zögernd eingesetzt. Vielmehr besteht ein häufig eingeschlagener Weg darin, sowohl regelbasierte als auch prozedurale Komponenten von Bildverarbeitungssystemen in prozeduralen Sprachen zu implementieren [Nie 85]. In diesem Artikel präsentieren wir die Erfahrungen und Resultate bei der Wahl des anderen Weges, d.h. das Ziel der Arbeit war herauszufinden, ob regelbasierte Expertensysteme und logische Programmierung mächtig genug sind für die Darstellung von nicht nur primär regelbasierten, sondern auch prozeduralen Komponenten eines Bildanalysesystems.

Als Implementationsmittel kamen einerseits Prolog [Clo 84], als meistverbreitete deklarative und regelbasierte Programmiersprache, sowie andererseits M.1, eine auf Emycin [Buc 85] basierende Expertensystemschale, zur Anwendung. Das konkrete Vorgehen bestand darin, für ausgewählte Algorithmen aus dem Bereich der Bildanalyse geeignete Implementationen in Prolog und M.1 zu finden.

2 Ausgewählte Algorithmen und deren Implementationen

In diesem Abschnitt werden exemplarisch einige Klassen von Algorithmen betrachtet. Alle Algorithmen gehören heute zum Standardwerkzeug der Bildanalyse und sind grundsätzlich für ein breites Spektrum an Aufgaben geeignet. Typischerweise wurden die betrachteten Algorithmen bisher mithilfe von prozeduralen Sprachen implementiert. Wir stellen im folgenden Implementationen in Prolog und M.1 vor. Eine genauere Beschreibung der auf Rückwärtsverkettung beruhenden Expertensystem-Schale M.1 findet sich in [Har 85] bzw. dem Manual des Herstellers (Teknowledge).

2.1 Syntaktische Methoden

Die grundlegende Idee bei der Verwendung syntaktischer Methoden besteht darin, die im Bild auftretenden Objekte mittels formaler Grammatiken zu modellieren. Zur Erkennung der Objekte kommt dann ein Parser zur Anwendung. Je nach Grammatik und Parsingmethode ergibt sich eine Vielzahl von syntaktischen Analysemethoden. Für weitere Details siehe [Fu 82].

Eines der meistverbreiteten Beispiele aus dem Bereich der syntaktischen Methoden stellt die Chromosomengrammatik dar. Einige Produktionen der Chromosomengrammatik gemäss [Fu 82] sind:

$$\begin{aligned} SIDE &\longrightarrow b, SIDE2 \\ SIDE &\longrightarrow d, SIDE2 \\ SIDE &\longrightarrow b, SIDE, SIDE2 \\ SIDE2 &\longrightarrow b, SIDE2 \\ SIDE2 &\longrightarrow \epsilon \end{aligned}$$

Die in der Originalgrammatik auftretenden Linksrekursionen sind dabei in Rechtsrekursionen umgewandelt, da die verwendete Parsingmethode Linksrekursionen nicht bewältigen kann. Diese Transformation ändert jedoch nichts an der Sprache. Nachfolgend sind die zu diesen Produktionen korrespondierenden Parser in Prolog und M.1 aufgezeigt. Hierbei wurde von der in [Kow 79] beschriebenen Methode ausgegangen.

Prolog:

```
side(S0,S,side(b,Si)) :- S0 = [b|S1],
   side2(S1,S,Si).
side(S0,S,side(d,Si)) :- S0 = [d|S1],
   side2(S1,S,Si).
side(S0,S,side(b,Si,Si2)) :- S0 = [b|S1],
   side(S1,S2,Si),
   side2(S2,S,Si2).

side2(S0,S,side2(b,Si)) :- S0 = [b|S1],
   side2(S1,S,Si).
side2(S,S,side2(-)).
```

M.1:

```
if      side2(S1) = [S,Si]
then    side([b|S1]) = [S,side(b,Si)].
if      side2(S1) = [S,Si]
then    side([d|S1]) = [S,side(d,Si)].
if      side(S1) = [S2,Si]
  and   side2(S2) = [S,Si2]
then    side([b|S1]) = [S,side(b,Si,Si2)].

if      side2(S1) = [S,Si]
then    side2([b|S1]) = [S,side2(b,Si)].
side2(S) = [S,side2(-)].
```

Die ersten beiden Parameter in der Prolog Version beinhalten die abzuarbeitende Eingabekette jeweils vor und nach Anwendung der entsprechenden Regel. Diese beiden Parameter genügen nach [Kow 79] bereits, um Zeichenketten auf syntaktische Korrektheit zu prüfen. Will man zusätzlich einen Ableitungsbaum als Resultat generieren, so kann dies mithilfe des dritten Parameters wie oben angegeben geschehen. In M.1 steht jeweils nur der erste dieser drei Parameter auch wirklich an Parameterstelle, die beiden anderen werden als Resultate übergeben. Die Funktion ist aber dieselbe und der Unterschied ist durch die Einschränkung auf instanzierte Variablen an Parameterstelle in M.1 bedingt. Bemerkenswert sind einerseits die Ähnlichkeit des Prolog Parsers zum M.1 Parser und andererseits die Ähnlichkeit beider Parser zu den Produktionen der Grammatik. Das automatische Generieren eines M.1 oder eines Prolog Parsers aus einer gegebenen Grammatik ist ohne grössere Probleme möglich. Man beachte, dass die angegebene Parsingmethode auf kontextfreie Grammatiken beschränkt ist.

2.2 Diskrete Relaxation

Relaxation basiert auf der sukzessiven Verwendung von Kontextbedingungen (constraints), welche mögliche Interpretationen von Objekten einschränken. Im folgenden wird nur die diskrete Variante der Relaxation betrachtet. Es können aber alle Resultate auf den kontinuierlichen Fall übertragen werden. Für weitere Details zur Relaxation siehe [Ros 76]. Der hier verwendete iterative Algorithmus zur diskreten Relaxation kann wie folgt formuliert werden:

```
repeat
  Für alle Objekte X
    Für alle I aus der Menge der möglichen Interpretationen von X
      Für alle Objekte Y, die in einer Relation R zu X stehen
        Entferne I aus der Menge der möglichen Interpretationen von X, falls kein I' aus
        der Menge der möglichen Interpretationen von Y existiert mit R(I,I') verträglich.
until keine Änderungen mehr.
```

Aufgrund der Tatsache, dass für die Suche nach einer Interpretation `I'` in der innersten Schleife ebenfalls eine Iteration benötigt wird, basiert dieser Algorithmus auf insgesamt fünf ineinander verschachtelten Schleifen. Im nachfolgenden M.1 Programm sind die Regeln für diese verschachtelten Schleifen von `rel0` bis `rel4` durchnumeriert. Aus Platzgründen muss an dieser Stelle auf ein entsprechendes Prolog Programm verzichtet werden. Es kann aber, analog zum Parsingbeispiel, eine grundlegende Ähnlichkeit zwischen der Implementation in M.1 und derjenigen in Prolog festgestellt werden, wobei die Unterschiede vorwiegend syntaktischer Natur sind. Für das komplette Prolog Programm siehe [Dvo 86].

```
goal = relaxation.

if      objectlist = EL
  and   do(set changes = true )
  and   rel0(EL,1)
then    relaxation = yes.

if      changes = false
then    rel0(_,_).
```

```
if       changes = true                      /* Schleife solange im vorherigen*/
  and    do(reset changes)                   /* Schritt noch Aenderungen     */
  and    do(set changes = false)             /* ausgefuehrt wurden           */
  and    rel1(EL)
  and    Zahl + 1 = Next
  and    rel0(EL,Next)
then     rel0(EL,Zahl).

rel1([]).
if       interpret(Object) = IL              /* Schleife ueber alle Objekte  */
  and    rel2(Object,IL)
  and    rel1(EL)
then     rel1([Object|EL]).

rel2(_,[]).
if       relation(Object) = RL               /* Schleife ueber alle Inter-   */
  and    objectlist = EL                     /* pretationen des Objekts      */
  and    rel3(Object,I,RL,EL)
  and    rel2(Object,IL)
then     rel2(Object,[I|IL]).

rel3(_,_,[],[]).
if       rel3(Object,I,RL,EL)                /* Schleife ueber alle Partner- */
then     rel3(Object,I,[no|RL],[_|EL]).      /* objekte und Relationen       */
if       rel4(Object,I,Rel,Partner)
  and    rel3(Object,I,RL,EL)
then     rel3(Object,I,[Rel|RL],[Partner|EL]).
if       erase(Object,I)                     /* Interpretation               */
  and    do(reset changes)                   /* nicht kompatibel             */
  and    do(set changes = true )
then     rel3(Object,I,[Rel|_],[Partner|_]).

if       constraints = [Rel,I,I2]
  or     constraints = [Rel,I2,I]            /* Interpretation kompatibel    */
  and    interpret(Partner) = IPartner       /* mit Partnerobjekt            */
  and    member(I2,IPartner)
then     rel4(Object,I,Rel,Partner).
```

In regelbasierten rückwärtsverketteten Sytemen können Iterationen auf einfache Art mittels End-Rekursionen formuliert werden. Im obenstehenden Relaxationsprogramm kommen End-Rekursionen in allen iterativen Regeln ausser der innersten Schleife zur Anwendung. In `rel4` wird die Iteration mittels Unifikation und, falls nötig, Backtracking erreicht.

Um die Ausführung des Relaxationsprogrammes durch den M.1 Interpreter zu verdeutlichen, wird im folgenden auf die Regel `rel1` näher eingegangen. Diese Regel wird für die Iteration über alle Objekte verwendet. Die aufrufende Prozedur `rel0` postuliert das Ziel `rel1(EL)`, wobei die Variable `EL` eine Liste aller Objekte enthält. Der erste Eintrag für `rel1` im Programm kann nicht mit dem Ziel unifiziert werden, da es sich dabei um einen Fakt mit der leeren Liste als Parameter handelt. Daher versucht es der M.1 Interpreter mit dem zweiten Eintrag für `rel1`, einer Regel. Das Ziel kann mit dem THEN-Teil der Regel unifiziert werden, und die Variablen `Object` und `EL` werden mit dem ersten Element der Objektliste beziehungsweise mit der Restliste instanziert. Für einen Erfolg der Regel müssen drei Bedingungen im IF-Teil erfüllt werden. Zuerst wird die Variable `IL` mit der in der Datenbasis gefundenen Liste der Interpretationen des betrachteten Objektes instanziert. Als zweites muss das Subgoal `rel2(Object,IL)` erfüllt werden. Dies ist äquivalent mit einem Unterprozeduraufruf an `rel2`. Die Regeln für `rel2` repräsentieren die nächsttiefere Iteration, d.h. diejenige über alle Interpretationen. Der dritte Eintrag im Bedingungsteil schliesslich enthält den endrekursiven Aufruf an `rel1` selbst, mit der Restliste als Parameter. Dies bedeutet, dass das nächste Objekt betrachtet wird. Der erste Eintrag für `rel1` stellt die Terminierungsbedingung dar: sobald die übergebene Liste leer ist, wird die Iteration beendet und es erfolgt kein rekursiver Aufruf mehr.

Das vorgängig gezeigte M.1 Listing stellt nur den Kern des Relaxationsprogrammes dar. Es fehlen noch Regeln für das Löschen von Interpretationen (`erase`) und für das Testen auf Mitgliedschaft in Listen (`member`), sowohl einige Metafakten. Daneben ist selbstverständlich zur Ausführung noch eine Datenbasis mit den möglichen Interpretationen, den Relationen und den Constraints erforderlich.

2.3 Vergleich struktureller Prototypen

Die grundlegende Idee besteht hier darin, auf explizite Art eine endliche Anzahl von Prototypmustern zu speichern. Zur Erkennung eines unbekannten Objektes wird dieses nach geeigneter Vorverarbeitung und Segmentierung mit allen Prototypen verglichen um den ähnlichsten zu bestimmen. Das Verfahren beruht auf der gleichen Idee wie die nächste-Nachbar Klassifikation. Die zur strukturellen Mustererkennung am häufigsten verwendeten Datenstrukturen sind Zeichenketten, Bäume und Graphen. Um Störungen und Segmentierungsfehler ausgleichen zu können, ist ein fehlerkorrigierendes Vergleichsverfahren erforderlich. Im folgenden beschränken wir unsere Ausführungen auf zwei Klassen von Methoden, nämlich den Vergleich von Zeichenketten nach [Hal 80] und die Subgraph-Isomorphie nach [Ull 76]. Verallgemeinerungen, die beliebige Störungen in Graphen zulassen, sind auf der Basis von Suchprozeduren (vgl. Abschnitt 2.4) möglich [Bun 83].

Unter den verschiedenen algorithmischen Verfahren für die Erkennung von Subgraph-Isomorphie wurde ein auf Matrixmultiplikationen beruhendes Verfahren [Ull 76] ausgewählt. Die zwei Eingabegraphen werden mittels der zugehörigen Adjazenzmatrizen dargestellt. Der ganze Algorithmus kann in drei Teile unterteilt werden: In einem ersten Schritt wird eine Matrix $m0$ generiert. Diese enthält Informationen über mögliche Zuordnungen zwischen Knoten des Graphen A und Knoten des Graphen B. Ein Knoten x von A kann nur auf einen Knoten y eines Subgraphen von B abgebildet werden, wenn der Grad von y grösser oder gleich dem Grad von x ist. Im zweiten Schritt werden, ausgehend von dieser Matrix $m0$, Abbildungsmatrizen, die Abbildungen von Graph A auf Graph B beschreiben, erstellt. Der dritte und letzte Schritt schliesslich besteht aus zwei Matrixmultiplikationen und einem Matrixvergleich. Die ersten zwei Schritte werden durch je zwei verschachtelte Iterationen realisiert, die Matrixmultiplikationen im dritten Schritt erfordern bekanntlich Schleifen der Verschachtelungstiefe drei. Es handelt sich hier also wieder um einen mehrfach iterativen Algorithmus, der mithilfe von Endrekursionen sowohl in Prolog als auch in M.1 implementiert werden kann.

Ähnlich präsentiert sich auch der Algorithmus zum Vergleich von Zeichenketten (Stringmatching). Dort wird ein zweidimensionales Netz aufgebaut, wobei an jedem Ort drei Elementaroperationen (Löschen, Einfügen oder Ersetzen eines Zeichens) evaluiert werden müssen. Aufgrund dieser Evaluation wird auf den vorteilhaftesten (minimale Kosten) der drei möglichen Vorgänger ein Rückwärtszeiger gesetzt. Entsprechend den zwei Dimensionen des Netzes werden zwei verschachtelte, wiederum mittels Endrekursionen realisierte Iterationen benötigt. An jeder Position im Netz erfolgt ein Abspeichern einer fünfelementigen Liste mit den jeweiligen Kosten, den aktuellen Koordinaten sowie dem Rückwärtszeiger. Ein optimales Matching der betrachteten Zeichenketten wird entlang der Rückwärtszeiger, ausgehend vom Endpunkt des Netzes, gefunden. Aus Platzgründen können hier keine M.1 oder Prolog Programme angegeben werden. Der interessierte Leser sei auf [Dvo 86,Dvo 87] verwiesen.

2.4 Weitere Algorithmen

Zusätzlich zu den hier in Betracht gezogenen Algorithmen haben wir weitere Algorithmen untersucht, darunter weitere Parsing-Algorithmen (LL(k)-Parsing, CYK-Parsing) und verschiedene Suchalgorithmen (depth-first, breadth-first, heuristische Suche, vgl. [Nil 82]).

Zusammenfassend kann gesagt werden, dass auch diese Algorithmen auf einfache und elegante Art sowohl in Prolog als auch in M.1 implementiert werden können, wobei die Implementierungen in M.1 und Prolog auf praktisch denselben Prinzipien beruhen. Für weitere Einzelheiten siehe [Dvo 86].

3 Resultate und Folgerungen

Als wichtigstes Resultat der Untersuchungen kann festgestellt werden, dass regelbasierte Expertensystemschalen und Prolog wie herkömmliche prozedurale Sprachen verwendet werden können. Sämtliche untersuchten Bildanalysealgorithmen liessen sich ohne grössere Probleme sowohl in Prolog als auch in M.1 implementieren. Drei Punkte sind dabei besonders hervorzuheben:

- Die resultierenden Programme in Prolog und M.1 sind sich sehr ähnlich. In den meisten Fällen kann eine direkte eins zu eins Relation zwischen Prolog Programm und M.1 Programm konstatiert werden.
- Viele Bildanalysealgorithmen sind nichtdeterministisch und basieren auf verschiedenen Arten von Suchalgorithmen (Bsp. Parsing). Für diese Algorithmen offerieren sowohl regelbasierte Expertensystemschalen als auch Prolog aufgrund der implizit im Interpreter vorhandenen Suchheuristiken offensichtliche Vorteile. Zusammen mit dem deklarativen Programmierparadigma resultieren daraus wesentlich kürzere und rascher zu erstellende Programme als bei Verwendung einer prozeduralen Sprache.
- Die Programme mit mehrfach verschachtelten Iterationen (Relaxation, Graphisomorphie, Stringmatching) zeigen, dass die Ausdruckskraft von regelbasierten Expertensystemschalen und von Prolog tief in Bereiche hineinragt, die traditionsgemäss prozeduralen Sprachen vorbehalten waren.

Nebst all diesen positiven Resultaten präsentieren sich die Kosten für die Kompaktheit der Programme und des rapid Prototyping erwartungsgemäss in Form von längeren Ausführungszeiten. Ein wesentlicher Grund hierfür ist in der auf Backtracking beruhenden Abarbeitungsstrategie der Prolog- und M.1-Interpreter zu sehen. Entscheidende Verbesserungen sowohl in Hardware (Prolog-basierte Architekturen) als auch in Software sind jedoch zu erwarten.

Die Auswahl sowohl der implementierten Algorithmen als auch der Expertensystemschale M.1 ist nicht systematisch, sondern vielmehr nach subjektiv-pragmatischen Kriterien erfolgt. Die betrachteten Algorithmen decken sicher nicht alle Bildanalysemethoden ab, sie stellen aber doch so etwas wie einen repräsentativen Kern von Verfahren dar, die in einer Vielzahl von Varianten auf unterschiedliche Aufgaben anwendbar sind. Auch M.1 kann in vieler Hinsicht als repräsentativ für die Klasse der weit verbreiteten, auf Emycin beruhenden Expertensystemschalen betrachtet werden. Somit lassen sich die in diesem Beitrag berichteten Ergebnisse und Erfahrungen sicher auch auf andere Methoden der Bildanalyse und Mustererkennung sowie andere Softwaretools übertragen.

Literatur

[Buc 85] Buchanan, B.G. & Shortliffe, E. (1985): Rule-Based Expert Systems. Reading, Ma.: Addison-Wesley.

[Bun 87] Bunke, H. (1987): Hybrid methods in pattern recognition. To appear in: Devijver, P. (ed.): Pattern Recognition Theory and Applications. Proc. NATO ARW, Spa, Springer-Verlag.

[Bun 83] Bunke, H. & Allermann, G. (1983): Inexact graph matching for structural pattern recognition. In: Pattern Recognition Letters 1, 245-253.

[Clo 84] Clocksin, W.F. & Mellish, C.S. (1984): Programming in Prolog. Berlin: Springer.

[Dvo 86] Dvorak, J. (1986): KI - Programmierung in regelbasierten Systemen. Institut für Informatik und angewandte Mathematik, Universität Bern.

[Dvo 87] Dvorak, J. & Bunke, H. (1987): Expert system shells and logic programming for the implementation of image analysis algorithms. In: Proc. 5th Scandinavian Conference on Image Analysis (SCIA), 93-100.

[Fu 82] Fu, K.S. (1982): Syntactic pattern recognition and applications. Englewood Cliffs, N.J.: Prentice-Hall.

[Hal 80] Hall, P.A.V. & Dowling, G.R. (1980): Approximate String Matching. In: ACM Computing Surveys, 12(4), 381-402.

[Har 85] Harmon, P. & King, D. (1985): Expert systems. New York: Wiley Press.

[Kow 79] Kowalski, R. (1979): Logic for Problem Solving. New York: Elsevier.

[McK 85] McKeown, D.M., Harvey, W.A. & McDermott, J. (1985): Rule-Based Interpretation of Aerial Imagery. In: IEEE Trans. PAMI-7, 570-585.

[Naz 84] Nazif, A.M. & Levine, M.D. (1984): Low level image segmentation; an expert system. In: IEEE Trans. PAMI-6, 555-577.

[Nie 85] Niemann, H., Bunke, H., Hofmann, I., Sagerer, G., Wolf, F. & Feistel, H. (1985): A knowledge based system for analysis of gated blood pool studies. In: IEEE Trans. PAMI-7, 246-259.

[Nil 82] Nilsson, N.J. (1982): Principles of Artificial Intelligence. Berlin: Springer.

[Ros 76] Rosenfeld, A., Hummel, R.A. & Zucker, S.W. (1976): Scene labeling by relaxation operations. In: IEEE Trans. SMC-6, 420-443.

[Ull 76] Ullmann, J.R. (1976): An Algorithm for Subgraph Isomorphism. In: Journal of the ACM, 23 (1), 31-42.

Eine Sprache zur Implementation von Methoden der Bildverarbeitung

M. Woste, S.J. Pöppl
Gesellschaft für Strahlen- und Umweltforschung
Ingolstädter Landstr. 1
8042 Neuherberg

Zusammenfassung:

Die Bildverarbeitungssprache ELEPHAND (Extensible Language for Easy Picture Handling) bemüht sich, zwischen sauberer formaler Spezifikation von Bildverarbeitungsmethoden und deren effizienter Implementation einen Kompromiß zu schließen. Um maximale Effizienz zu erreichen, können vorhandene Algorithmen einfach gegen schnellere ausgetauscht werden; außerdem besteht die Möglichkeit, auf schnelle Bildverarbeitungs- Spezialrechner zuzugreifen. Die Sprache deckt den Bereich zwischen Bildverbesserung und Segmentation ab, in ihr geschriebene Programme stellen Daten zur Verfügung, die anhand üblicher Mustererkennungsmethoden analysiert und interpretiert werden können.

1. Problemstellung:

Bedingt durch die Verwendung verschiedenster Aufnahmegeräte mit unterschiedlichen Bildfehlern sowie die Aufnahme verschiedenartiger Objekte gibt es kein einheitliches Bildmaterial, so daß jede Anwendung andere Algorithmen zur Bearbeitung der Bilder benötigt. Ob ein Verfahren anwendbar ist, kann nur durch 'trial and error' - Methoden durch visuelle Überprüfung des Ergebnisses festgestellt werden. Daher ist die Interaktivität eine wichtige Anforderung an jedes Bildverarbeitungssystem.

Der spezielle Charakter der Bildverarbeitung, ein völlig unstrukturiertes, umfangreiches Rohdatenmaterial bearbeiten zu müssen, das mit vielen nicht beeinflußbaren Störgrößen behaftet ist, stand einer Methodenstandardisierung bisher im Wege, und die Verschiedenheit der Anwendungen und der für diese Anwendungen eingesetzten Spezial-Bildverarbeitungsrechner machten eine Geräteunabhängigkeit nahezu unmöglich.

Daher gestaltet sich eine Klassifikation existierender Verfahren schwierig und wird in der Standardliteratur nach den verschiedensten Gesichtspunkten gehandhabt, wie, um zwei Extreme zu nennen, nach den zur Anwendung kommenden mathematischen Grundlagen oder nach Performance-Kriterien wie z.b. Grad der Parallelisierbarkeit <1-4>.

Die Beseitigung schwerwiegender Hardwarebeschränkungen, z.B. durch Vergrößerung des Speicherplatzes, Verfügbarkeit hochauflösender Displays, Erweiterung des Leistungsspektrums von Bildverarbeitungsrechnern) läßt es sinnvoll erscheinen, Werkzeuge zu schaffen, die eine problemorientierte, leicht zu erlernende und zu handhabende Notation auf der einen Seite mit einer effektiven Codierung von Algorithmen auf der anderen Seite verbinden.

2. Realisierungsansatz

Interaktive Bildverarbeitungssysteme sind in der Praxis häufig als hierarchisch menügetriebene Systeme aufgebaut. Die Anzahl der bekannten Methoden der Bildverarbeitung macht es jedoch wahrscheinlich, daß einige davon schwer auffindbar sind. Außerdem erfolgt die Kombination von existierenden Methoden unter vollständiger Steuerung des Benutzers, was bei zeitaufwendigen Methoden zu langen Wartezeiten vor dem Bildschirm führt. Schließlich ist noch das Problem der mangelnden Mitteilbarkeit der Algorithmen an andere gegeben.

In der hier vorliegenden Arbeit wurde aus diesen Gründen der Realisierung als Bildverarbeitungssprache der Vorzug gegeben. Die elementaren Datenstrukturen und Operatoren sind auf die Belange der Bildverarbeitung abgestimmt, hierbei wurden Konstrukte und Operatoren, die schon aus verbreiteten Hochsprachen wie PASCAL, C oder PL/I bekannt sind <5-12>, verwendet und sinngemäß zur Bearbeitung von Bilddatenstrukturen erweitert. Zwischen den Operatoren sind die üblichen Prioritäten definiert, so daß der Gebrauch von Klammern minimiert werden kann.

ELEPHAND ist, um Interaktivität zu gewährleisten, als Kommandointerpreter konzipiert. Aus der Kommandoumgebung können bereits implementierte Standardoperationen als Funktionen oder Operatoren aufgerufen werden und werden dann sofort ausgeführt.

Wenn eine Methode sich im Test als anwendbar herausgestellt hat. ist es wünschenswert. sie in das Gesamtsystem einzubetten. Die Ausführungsgeschwindigkeit der Methode sollte maximierbar sein. Daher stellt ELEPHAND außer einer Kommandoumgebung noch einen Prozedurinterpreter bereit. dessen Sprache der Kommandosprache entspricht. Um Nebenwirkungsfreiheit zu erreichen. handelt es sich um eine funktionale Sprache mit einem 'call by value/result' - Parameterübergabemechanismus. in der es keine globalen Variablen gibt. Objekte dieser Sprache sind Funktionen und Atome (= Bildvariablen. Look Up Tables. Konstanten etc.). Zur Vereinfachung der Bedienung wurde der funktionale Ansatz innerhalb der Funktionen nicht konsequent realisiert: Dort können allgemein übliche Programmsteuerungsanweisungen wie z.B. Iterationsstatements (Schleifen) verwendet werden. Zusammengesetzte Objekte (wie z.B. Listen) existieren nicht <13>.

Da eine interpretative Abarbeitung von Kommandos stets zeitaufwendig ist, können vom Benutzer in der Wirtssprache geschriebene Funktionen auch in Maschinencode übersetzt und in das System eingebettet werden. Diese sog. 'Primitive Functions ' werden während der Laufzeit des Interpreters auf Anfrage geladen und zum Modul hinzugebunden.

Um technischen Innovationen Rechnung zu tragen. ist maximale Portabilität. d.h. Betriebssystem- und Hardwareunabhängigkeit. eine wichtige Anforderung; andererseits müssen spezielle Bildverarbeitungsrechner maximal effizient verwaltet werden können. Daher kann das System auf einen angeschlossenen Spezialrechner mit spezieller Pipeline- oder Arrayarchitektur zugreifen. ohne andererseits jederzeit von der tatsächlichen Präsenz dieser Zusatzhardware abhängig zu sein:

Lokale Speicher werden logisch mittels spezieller 'Hardware'- Datentypen erfaßt. Alle elementaren Bildverarbeitungsoperationen sind generisch implementiert. d.h. dasselbe Kommando kann sowohl für host-basierte als auch für Hardware-Variablen eingegeben werden. So ist keiner Operation anzusehen. wo und wie sie ausgeführt wird. dies ergibt sich einzig und allein aus den Typen der verwendeten Variablen.

Laden und Entladen der Daten aus dem Bildverarbeitungsrechner wird in Form von Typkonversionen angegeben. Lediglich die Datentypen und der Aufruf dieser Konversionsfunktionen weisen darauf hin. daß ein Spezialrechner verwendet wird. Ansonsten sind ELEPHAND-Prozeduren völlig unabhängig davon. in welchem Datentyp eine Operation durchgeführt wird.

3. Datenstrukturen

Von Kamera eingezogene Bilder stehen als Matrix von Grauwerten (typisch: 8 bits/pixel) zur Verfügung. Bildverarbeitungssprachen benötigen daher einen (in anderen Programmiersprachen nicht üblichen) Datentyp

CARD - 8 bit vorzeichenlose ganze Zahl
(Wertebereich 0..255)

Andere Datentypen sind

BOOLEAN - 1 bit logischer Wert
INT - 16 bit ganze Zahl mit Vorzeichen
REAL - 32 bit Gleitkommazahl
COMPLEX - Realteil, Imaginärteil jeweils 32 bit

Alle weiteren Datentypen sind - zumindest was ihre Implementation betrifft - stark vom verwendeten Bildverarbeitungsprozessor abhängig. zur interaktiven Verarbeitung sind auf jeden Fall die Typen

DISPLAY - Bildausgabevariable und
CLUT - Colour Look Up Table

notwendig. Die Verwendung des Systems IBM 7350 in der Pilotinstallation (Pipelinearchitektur mit lokalem Speicher und in Hardware existierenden Look Up Tables) führte zur Definition der Datentypen

MASK - BOOLEAN in lokalem Speicher
BUFCARD - CARD
BUFINT - INT
ILUT - Look Up Table mit 256 Einträgen
OLUT - Look Up Table mit 65536 Einträgen

Alle Variablen (Bilder, Filtermatrizen, Histogramme, etc.) werden implizit durch Zuweisung eines Wertes deklariert und automatisch allokiert, um den Benutzer von der Verwaltung der Bilddaten weitgehend zu entlasten.

An Variablenformaten gibt es Skalare (z.B. für Grauwertmodifikationen durch Multiplikation eines Bildes mit einem konstanten Faktor), Vektoren (z.B. für zu modifizierende Look-Up-Tabellen), und Matrizen (Bilder).

4. Aufbau des Systems

Der Kern des Interpreters läßt sich in drei Teile gliedern:

1. Benutzerschnittstelle
2. Aktionsgenerator
3. Serviceroutinen

Zusätzlich existieren noch die Bibliotheken für in ELEPHAND geschriebene, interpretativ abzuarbeitende Funktionen (Secondary Functions) und für dynamisch hinzuzuladende relokatible Maschinencode-Prozeduren (Primitive Functions).

4.1 Benutzerschnittstelle

Zu ihr gehören der Scanner, der Parser und der Optimierer: vom Terminal eingelesene Strings und von Platte geladene Secondary Functions werden in Tokens zerlegt, die Tokenfolge wird vom Parser in eine Baumgrammatik-Form übersetzt, welche im nachfolgenden Schritt nach rein syntaktischen Gesichtspunkten optimiert wird.

4.2 Aktionsgenerator

Anhand des optimierten Codes erfolgt der Aufruf der elementaren Bildverarbeitungsfunktionen. Auch auf dieser Stufe gibt es eine Optimierung, die sich hier nach Eigenschaften der in der Berechnung verwendeten Variablen richtet. Nach Bedarf werden hier die Serviceroutinen zum Laden und Freigeben von Primitive und Secondary Functions aufgerufen. Bei der Gestaltung der Schnittstellen wurde insbesondere darauf Wert gelegt, daß auch bei in der Wirtssprache geschriebenen Funktionen eine Verletzung der funktionalen Programmierung nahezu unmöglich ist.

4.3 Serviceroutinen

Zusätzlich zu den Verwaltungsroutinen für Terminal- und Platten- Ein-/Ausgabe sowie dynamische Speicherverwaltung sind hier die Treiberroutinen für den Bildverarbeitungsrechner zu finden. Diese sind so implementiert, daß sie bei Installation eines neuen Gerätes schnell und einfach zu ersetzen oder erweitern sind.

5. Realisierung

Die Prototypversion der Sprache wurde in PL/I und Assembler unter VM/CMS implementiert und verwaltet ein IBM 7350 Bildverarbeitungssystem. Verfügbare Basismethoden umfassen Bildarithmetik, Statistik, Typkonversionen, geometrische Operationen, Look-Up-Tabellenoperationen, Histogrammodifikationen, lineare und nichtlineare Filterungen im Orts- und Frequenzbereich. Arbeiten zur Portierung nach C unter einem Unix-System sind im Gange, hierbei werden - soweit dies möglich ist - Generatoren eingesetzt <14>, wodurch eine maximale Standardisierung der Versionen erzielt werden soll.

6. Literatur

<1> A. Rosenfeld, A. Kak: *Digital Picture Processing*. Academic Press, New York, 1976

<2> R.C. Gonzales, P. Wintz: *Digital Image Processing*. Addison Wesley, London, 1977

<3> Y. Tanaka (Ed.): *SPIDER Users' Manual*. Joint System Development Corp., Tokyo, 1973

<4> F. Ramirez: *7350 Image Processing Algorithms*. IBM-UAM Scientific Center Madrid, 1984

<5> K. Jensen, N. Wirth: *PASCAL User Manual and Report*. Springer Verlag, Berlin, Heidelberg, New York, 1975

<6> B.W. Kernighan, D.M. Ritchie: *The C Programming Language*. Prentice Hall, NJ, 1979

<7> J.D. Ichbiah et al.: *Rationale for the Design of the Ada Programming Language*. SIGPLAN Notices, Part B, Vol14#6, June 1979

<8> OS PL/I Optimizing Compiler: *CMS User's Guide*. IBM SC33-0037, Oct 1976

<9> OS PL/I Optimizing Compiler: *Programmer's Guide*. IBM SC33-0037, Oct 1976

<10> OS and DOS PL/I: *Language Reference Manual*, IBM GC26-3977, 2nd Ed., Sept 1984

<11> P.H. Jackson: *The IAX Image Processing System: Reference Manual*, IBM UKSC Report No. 125, 1985

<12> D. Flickner, J.L.C. Sanz, T.T. Huang: *IAX Commands Utilizing the IBM 7350 Image Processor*, IBM Research Laboratory San Jose, Ca. 1985

<13> A.V. Aho, J.D. Ullmann: *Principles of Compiler Design*, Addison-Wesley, Reading, Mass, 1977

<14> S.C. Johnson: *Yacc: Yet Another Compiler-Compiler*, Computing Services Technical Rept#32, Bell Labs, Murray Hill, NJ 1975

LEITZ-BILDANALYSEGERÄTE ALS SYMBOLISCH PROGRAMMIERBARE DATENFLUSSRECHNER

K. Heinrich, J. Palic
Ernst Leitz Wetzlar GmbH.

Postfach 2020, D-6330 Wetzlar

1. Überblick über die Hardware

Die neuen LEITZ-Bildanalysegeräte zeichnen sich dadurch aus, daß sie elementare Bildverarbeitungsoperationen (Beispiele siehe Tabelle 1) durch Einsatz von Hardware-Moduln durchführen können, die als Prozessoren auf dem Datenstrom der Punkte eines Bildes arbeiten. Die Geräte sind aufgebaut als VME-Bus-Rechner mit Erweiterung des VME-Busses um eine Steckerleiste mit Video-Bussen (Pipeline-, Parallel- und Display-Bussen).

Tabelle 1: Einige elementare Bildverarbeitungsoperationen

Typ	Kurzbeschreibung der Operation
ADD	addiert zwei Graubilder
SUB	subtrahiert zwei Graubilder
AND	bildet den "Durchschnitt" zweier Bilder
OR	bildet die "Vereinigung" zweier Bilder
ERO	erodiert ein Bild
DIL	dilatiert ein Bild
THN	magert ein Bild ab
THK	verdickt ein Bild
LUT	transformiert ein Bild durch eine LUT
CMP	vergleicht zwei Bilder, Ergebnis ist YES od. NO
NOT	invertiert ein Bild (Einerkomplement)

Die Prozessoren sind im allgemeinen in der Lage, jede elementare Bildverarbeitungsoperation auszuführen. Die Ausnahmen bestehen hauptsächlich darin, daß man je nach dem zu verarbeitenden Bildtyp einen "Binär-" oder einen "Grauprozessor" benutzen muß (Mischbetrieb ist möglich) und die bildein- und =auslesenden Moduln spezialisiert sind. Gespeicherte Bilder stehen in einem Bildspeichermodul.

Eine Bildverarbeitung wird nun so durchgeführt, daß über die Pipeline- und Parallel-Busse ein Weg vom Quellbild über die notwendigen Prozessoren zum Zielbild geschaltet wird. Dies geschieht durch das Setzen von Registern auf den beteiligten Moduln. Durch Registersetzen wird dann der Bildtransfer (der Datenstrom) durch die Hardware ausgelöst und kann innerhalb von 20 ms beendet sein (bei einem Bild von 512 x 512 Punkten und bis zu 8 bit Tiefe).

Da jedes Modul fast jede elementare Bildverarbeitungsoperation durchführen kann, muß es für die jeweils speziell verlangte Operation eingestellt werden. Dies geschieht durch das Setzen von Registern und Lookup Tables (LUTs).

2. Überblick über die Systemsoftware

Ein von dem konventionellen Betriebssystem des Rechners weitgehend unabhängiges Bildverarbeitungs-Betriebssystem IMOS (Image Operating System) erkennt die Hardwarekonfiguration automatisch und schaltet nach Anforderung des Programmierers die Wege für den Bildtransfer und stellt die Moduln ein.

Dabei kennt der Programmierer die Orte der gespeicherten Bilder und die Einzelheiten der Realisierung der Bildverarbeitungsoperationen überhaupt nicht mehr. Das Setzen der Register wird vor ihm verborgen bzw. ihm abgenommen.

Das LEITZ-Bildanalysegerät muß also symbolisch programmiert werden. Das geht so weit, daß in Zusammenarbeit mit der TU Delft ein LEITZ Image Pascal /1/ entwickelt wurde, eine Erweiterung von Standard-Pascal um elementare Bildverarbeitungsoperatoren mit Bildern als echten Datentypen.

3. Die Schnittstelle zur Programmiersprache C

Die symbolische Programmierung geschieht so, daß der Programmierer die auszuführenden Bildverarbeitungsaufgaben als Datenflußgraph /2/ entwirft. Knoten im Graphen sind die Operationen aus Tabelle 1, Endknoten

Tabelle 2:
Den Bildverarbeitungsoperationen entsprechende C-Funktionen

Typ	C-Funktion	Kurzbeschreibung
REA	read	liest ein Bild ein (Quelle des Datenflusses)
WRT	write	liest ein Bild aus (Senke des Datenflusses)
SUB	subtract	subtrahiert zwei Graubilder
ERO	erode	erodiert ein Bild
DIL	dilate	dilatiert ein Bild
LUT	lut	transformiert ein Bild durch eine LUT

das Ein- und Auslesen (oder Vergleichen) von Bildern. Die Kanten des Graphen bezeichnen den Bilddatenfluß.

Die Knoten werden in einem C-Programm realisiert als Aufruf entsprechender C-Funktionen (Tabelle 2). Zum in Figur 1 dargestellten Ausschnitt aus einem Datenflußgraphen gehört die folgende Zeile eines C-Programms:

```
write(operation(read(image), ..., &params), image);
```

wobei "image" beliebige Bilder bezeichnet und "params" eine C-Struktur ist, die die gewünschte Operation parametrisiert. Dies ist z.B. bei einer LUT-Operation nötig, um die eigentliche Lookup Table anzugeben. In diesem Sinne sind die Bilder "image" der REA- und WRT-Operationen auch Parameter dieser Operationen.

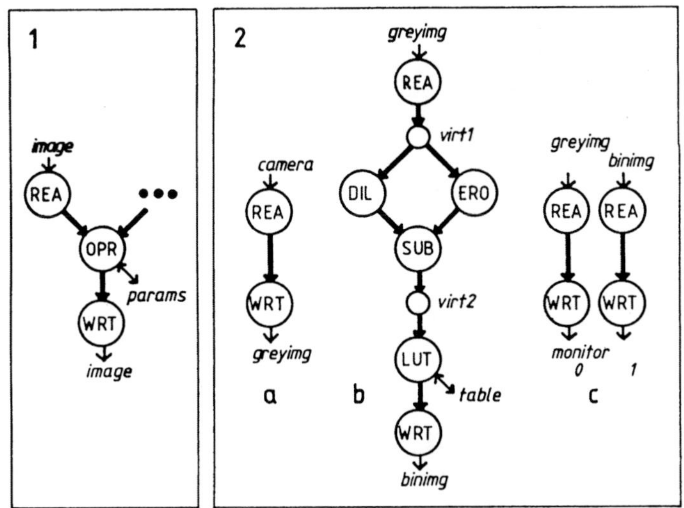

Figuren 1 und 2: Datenflußgraphen
1. allgemein, 2. a) Aufnahme von Kamera, b) Kantendetektion, c) Darstellung auf Monitor. Die Operationen symbolisierenden Knoten sind durch ihren Typ gekennzeichnet, OPR bedeutet eine beliebige Operation. "..." sind die Parameter der Operationen.

Statt weiterer Erläuterungen der Syntax der Funktionsaufrufe folgen einige Beispiele, deren Datenflußgraphen Figur 2 zu entnehmen sind:

a) Aufnahme eines Bildes von Kamera. So wird mit

```
write(read(camera), greyimg);
```

ein Kamerabild als Graubild gespeichert, wenn vorher mit

```
camera = imake(CAMERA, &size);
greyimg = imake(GREY, &size);
```

die benötigten Bilder bzw. Bildquellen vereinbart wurden, nämlich ihr Typ und ihre Größe "size".

b) Kantendetektion. Etwas komplizierter ist die Detektion von Kanten im gespeicherten Bild, die so aufgerufen wird:

```
binimg = imake(BINARY, &size);

virt1 = read(greyimg);
virt2 = subtract(dilate(virt1), erode(virt1));
write(lut(virt2, &table), binimg);
```

Dabei mußten virtuelle Knoten "virt1" und "virt2" eingeführt werden, um die Bildverarbeitungsaufgabe in C übersichtlich formulieren zu können. Virtuelle Knoten können formal als Schreiben und Lesen eines Zwischenbildes interpretiert werden, was bei genügender Hardware aber nicht wirklich geschehen muß! Die Bildung des Gradienten wurde in LEITZ-üblicher Weise mit den morphologischen Operationen Dilatation und Erosion /3/ und anschließender Subtraktion realisiert. Das so gewonnene Gradientenbild ist dann das virtuelle Bild "virt2", aus dem hier durch Schwellensetzung in einer LUT das binäre Bild der detektierten Kanten entsteht. Die eigentlich LUT ist ein C-Array "table".

c) Darstellung der Ergebnisse auf Monitor. Durch folgende C-Anweisungen wird das originale Graubild vom binären Kantenbild überlagert auf dem Monitor dargestellt

```
monitor = imake(MONITOR, &size);

write(greyimg, monitor, 0);
write(binimg, monitor, 1);
iset(monitor, &greydsp, &bindsp);
```

und Pseudofarb- oder Farbdarstellung des Grau- oder Binärbildes gewählt. Die entsprechenden Informationen gehen aus den Strukturen "greydsp" und "bindsp" hervor.

4. Implementationsdetails

Zu Systemstart identifiziert das Bildverarbeitungs-Betriebssystem IMOS die im Gerät vorhandenen Hardware-Moduln (Prozessoren) und ihren Steckplatz auf dem Bus.

Nach Anforderung des Programmierers (mittels der C-Funktion "imake") stellt es dann aus dem Speicherblock des immer vorhandenen Bildspeichermoduls die Bilder gewünschter Größe zur Verfügung. Kamera- und Monitorbilder werden auf ihrem Modul angelegt. Die Bilder lassen sich symbolisch mit Namen, z.B. "image", ansprechen (und wieder löschen).

Die oben aufgrund des Datenflußgraphen in C formulierten Bildverarbeitungsoperationen rufen IMOS-intern einen Assembler auf, der den Code zur Wegeschaltung und Einstellung der Hardware-Moduln generiert. Der Assemblierungsvorgang ist derzeit so eingerichtet, daß vom Bildspeichermodul aus meist steckplatz-aufsteigend ein Prozessor gesucht wird, der die nächste elementare Bildverarbeitungsoperation im Datenflußgraphen ausführen kann. Der Teil des Codes zum Schalten der entsprechenden Pipeline-Busse und zur Einstellung des Moduls wird generiert und dem schon vorhandenen Code hinzugefügt. Die Rückführung des Bilddatenstroms vom höchsten benötigten Steckplatz in das Bildspeichermodul erfolgt über einen Parallel-Bus. Ist der Datenflußgraph nicht im geschilderten Sinne assemblierbar, also auf die vorhandene Hardware nicht abbildbar, erfolgt derzeit eine Fehlermeldung. (Um solche Fehler zu vermeiden, wird daran gearbeitet, solche Datenflußgraphen durch automatisches Einfügen virtueller Knoten in abbildbare Teilgraphen zu zerlegen.)

5. Zusammenfassung

Durch die hier vorgestellte Systemsoftware läßt sich die neue Generation von LEITZ-Bildanalysegeräten vom Programmierer symbolisch programmieren, erfordert also keine Kenntnis der Hardware mehr. IMOS paßt sich der Hardware an, insbesondere sind die entwickelten C-Programme aufwärtskompatibel zu weiterem Hardware-Ausbau einer Maschine (abwärtskompatibel, falls virtuelle Knoten automatisch eingefügt werden können.) Dies war bisher nicht selbstverständlich. Die bekannten Bibliotheken zur Bildverarbeitung in C laufen normalerweise nur auf Geräten bestimmter Konfiguration und Ausbaustufe.

Diese Arbeit wird im Rahmen des Projektes "Familie schneller Bildverarbeitungsrechner" unter dem Kennzeichen ITR 8503 vom BMFT gefördert.

Literatur

/1/ P. den Engelse: "LIP". I2 report, Applied Physics Dept., TU Delft/NL, 1986
/2/ Alan M. Davis, Robert M. Keller: "Data Flow Program Graphs", IEEE Computer (1982), pp. 26-41
/3/ J. Serra: Image Analysis and Mathematical Morphology. London (Academic Press) 1982

DATENFLUSSRECHNER ZUR ECHTZEITBILDVERARBEITUNG: SOFTWAREENTWICKLUNGSUMGEBUNG

A. Gunzinger, S. Mathis, W. Guggenbühl
Institut für Elektronik,
Eidg. Tech. Hochschule, CH-8092 Zürich

Zusammenfassung:
Viele leistungsfähige Hardwarearchitekturen zur Bildverarbeitung sind bekannt /1,2,3/, doch die Implementierung neuer, vom Entwickler nicht vorbereiteter Algorithmen verursacht oft unüberwindbare Schwierigkeiten; sei es, dass die Anzahl der gleichzeitig arbeitenden Hardwaremodule durch das Systemkonzept bedingt relativ niedrig bleibt, sei es, dass die Implementierung neuer Algorithmen auf "tiefstem Hardwareniveau" erfolgen muss.
Am 8. DAGM-Symposium wurde eine Hardwarearchitektur vorgestellt, die anwenderfreundlich an unterschiedliche Algorithmen aus dem Gebiet der Bildverarbeitung/Bildanalyse angepasst werden kann /4/.
In diesem Beitrag wird der Aufbau und die Funktion der dazu benötigten Betriebsprogramme näher erläutert.

1. Einleitung

Im Bereich Robotertechnik und Fahrzeugsteuerung besteht ein wachsendes Bedürfnis nach in Echtzeit arbeitenden optisch geführten Systemen.
Die geforderte Rechenleistung für die Echtzeitbildverarbeitung kann heute nur mit Hilfe von Spezialhardware oder durch den Einsatz mehrerer "gleichberechtigter" Prozessoren erbracht werden; beide Wege werden heute beschritten. In den folgenden Ausführungen wird ein System mit gleichwertigen Prozessoren näher betrachtet, da solche Systeme flexibler und eher allgemein verwendbar sind als Spezialhardware.
Spezielle Aufgaben aus dem Gebiet der Echtzeitbildverarbeitung können oft auch durch eine "optimale" Kombination von Spezialhardware, Mikroprozessor und Software gelöst werden. Da diese Systeme aber nicht universell verwendbar sind und die Realisierung solcher Syteme relativ aufwendig ist, sollen sie in den nachfolgenden Betrachtungen nicht berücksichtigt werden.

2. Anwendersicht eines Bildverarbeitungssystems

Wie sieht ein ideales Bildverarbeitungssystem aus dem Blickwinkel des Anwenders aus?
Er sieht das Bildverarbeitungssystem in erster Linie als "Black Box", mit Videosignalen am Eingang, Videosignalen am Ausgang (vor allem zu Kontrollzwecken) und weiteren Signalen als Ein- (Tastatur, Maus, "Track Ball") oder Ausgänge (Anzeige, Kamerasteuerung, Fahrzeugsteuerung) (Fig.1). In der "Black-Box" läuft ein vorher spezifizierter Algorithmus ab.
Unser Anwender erwartet vom Bildverarbeitungssystem, dass alle spezifizierten Algorithmen in Echtzeit ablaufen. Die Eingabe der Algorithmen sollte dabei sehr einfach erfolgen können; der Anwender sollte die Algorithmen in einem ihm vertrauten mathematischen Formalismus beschrei-

ben können.
Am Institut für Elektronik der ETH-Zürich wird im Moment an einer solchen "idealen" Betriebsumgebung für den in /4/ vorgestellten Datenflussrechner gearbeitet. Die dazu nötigen Betriebsprogramme und Softwarekonzepte werden in diesem Beitrag näher vorgestellt.

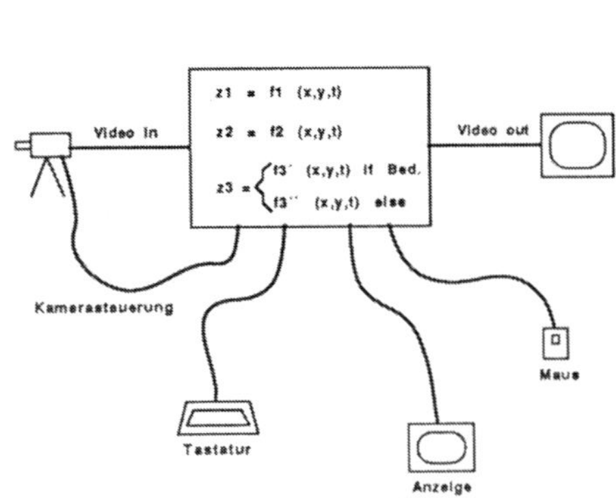

Fig.1
Idealisierte Anwendersicht
eines Bildverarbeitungsystems

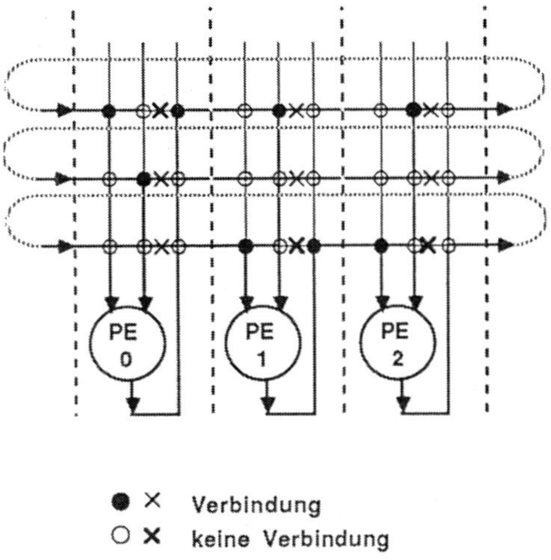

PE 0, PE 1, PE 2

● × Verbindung
○ × keine Verbindung

Fig.2
Netzwerkstruktur im
Synchronen Datenflussrechner

3. Programmiersprache

Die weitverbreiteten imperativen Sprachen (wie PASCAL, MODULA, FORTRAN) entsprechen den in Kapitel 2 definierten Anforderungen nicht, da jeder parallele Algorihmus in diesen Sprachen zuerst "sequentialisiert" werden muss. Laufen diese Programme auf parallelen Recheneinheiten ab, so besteht zudem das Problem, dass gewisse Datensätze ohne spezielle Vorkehrungen inkonsistent werden können.
Deshalb wurde zur Beschreibung der Algorithmen eine funktionale Sprache gewählt (Funktionale Sprachen sind z.B. LISP, MIRANDA, SYSAL). Diese Wahl erweist sich ausserdem auch für die Umsetzung in einen Datenflussgraphen (DFG) als vorteilhaft.
Die neu definierte Sprache SYDAMALA 1 (SYnchronous DAtaflow MAchine LAnguage 1) ist eine an die Bedürfnisse der Echtzeitbildverarbeitung und der numerischen Methoden der Mustererkennung angepasste Sprache (eine Erweiterung auf syntaktische Methoden der Mustererkennung ist im Moment nicht geplant).
Der Geltungsbereich von SYDAMALA 1 ist im Moment auf den Programmteil beschränkt, der auf dem Datenflussrechner abläuft (Bildaufnahme, Vorverarbeitung, Segmentierung, Nachverarbeitung und Merkmalsextraktion); eine Erweiterung auf die gesamte Systembeschreibung wäre aber möglich.

Die Sprache SYDAMALA 1 besteht aus vordefinierten Funktionen, Operatoren und Regeln.

Es stehen arithmetische (+, -, *, /, LN, EXP, SQR, SIN, COS, TAN, ARCSIN, ARCCOS, ARCTAN) und logische (AND, OR, NOT, SHR, SHL) Operatoren zur Verfügung.
Nichtlineare Funktionen können als Tabelle von einem File geladen werden

oder mit der Hilfe von IF..OTHERWISE.. Konstruktionen direkt deklariert werden.

Vordefinierte Funktionen sind beispielsweise

```
VIDEO_INPUT(..)          ADJ_PARAMETER(..)
VIDEO_OUTPUT(..)         HISTOGRAM_EQUALISATION(..)
ENERGIE(..)              LINEAR_FILTERING(..)
X, Y, T                  etc.
```

In der Regel werden die vordefinierten Funktionen direkt durch ein entsprechendes Prozessorelement hardwaremässig nachgebildet. Beispielsweise erzeugt die Funktion VIDEO_INPUT(..) einen unendlichen Datenstrom (x,y,t). Hardwaremässig wandelt dabei ein A/D-Wandler das analoge Videosignal in digitale Werte um, die in das Kommunikationswerk eingespiest werden und anschliessend von weiteren Prozessorelementen konsumiert werden können.
Auf die Beschreibung der Funktionsweise der anderen vordefinierten Funktionen muss aus Platzgründen verzichtet werden.

Der Datenfluss kann Datenabhängig durch IF..OTHERWISE.. Konstruktionen gesteuert werden.
Als Datentypen stehen INTEGER und CARDINAL zur Verfügung, wobei Skalare, Ein-und Zweidimensionale Arrays unterstützt werden. Sämtliche Datentypen können konstante Werte annehmen oder zeitlich veränderbar sein.

Mit der Hilfe von Regeln, Operatoren und den vordefinierten Funktionen können neue Funktionen deklariert werden. Die Reihenfolge der Deklarationen kann dabei willkürlich gewählt werden.

Durch Zuhilfenahme des folgenden Datenflussmodells kann der Programmierer den Programmablauf einfach verstehen:
Eine Funktion wird ausgeführt (gefeuert), sobald alle die zu ihrer Ausführung nötigen Operanden vorhanden sind. Daurch werden weitere Funktionen lauffähig, etc.

4. Programmübersetzung

In einem ersten Durchgang des Programmübersetzers (Compiler) wird die Syntax analysiert und Unstimmigkeiten werden dem Benutzer mitgeteilt /5/. Falls keine Syntaxfehler aufgetreten sind erfolgt die Erzeugung des Datenflussgraphes (DFG). Der DFG wird dabei durch eine Tabelle beschrieben; für jeden Knoten erfolgt ein Eintrag. Vordefinierte Funktionen erhalten weitere Zusatzinformation. Alle nicht vordefinierten Funktionen werden in Basisfunktionen mit zwei Eingängen und einem Ausgang zerlegt und anschliessend in die Tabelle eingetragen. Sämtliche Knoten erhalten Zusatzinformationen über die Datenherkunft und Datensynchronisation.

Als nächstes wird der Datenflussgraph auf Konsistenz /6,7/ überprüft. Die folgende Funktion beispielsweise ist inkonsistent:

```
a(x,y,t) <- b(x,y,t);
b(x,y,t) <- a(x,y,t) + 3;
```

Ebenso werden isolierte Subgraphen gesucht, die keine Daten mit der Umwelt austauschen. Da solche Funktionen nur Rechenleistung verbrauchen ohne dass die Umwelt davon beeinflusst wird, erfolgt ebenfalls eine Rückweisung an den Anwender. Am Schluss wird eine Liste der minimal benötigten Hardwarekomponenten erstellt und das Programm zur Konfiguration freigegeben.

5. Konfiguration

Das Konzept des Synchronen Datenflussrechners ist die direkte Nachbildung des DFG durch Hardware /4/: Jeder Knoten des DFG wird durch eine Verarbeitungseinheit (Processing Unit PU) ersetzt, ein universelles Netzwerk wird anhand des DF-Graphen eingestellt (Fig.2) und dient zur Verteilung der Daten, die Datensynchronisation erfolgt durch einstellbare digitale Verzögerungsleitungen.

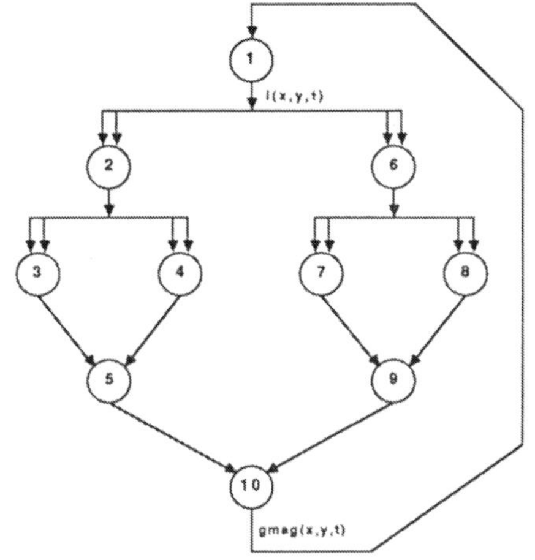

Fig.3
Datenflussgraph zur Berechnung des Betrages des Gradienten

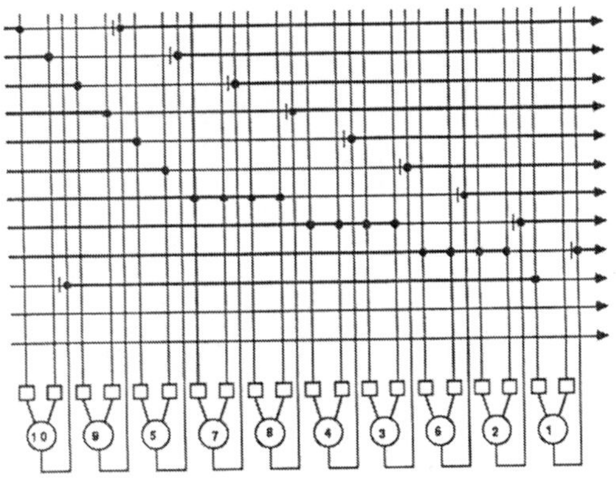

Fig.4
Realisation des DFG nach Fig.3 auf dem Netzwerk. Schlechte Implementation, da viele Busse belegt sind

Unter Systemkonfiguration wird hier die Zuordnung der einzelnen Operationen der DFG-Knoten an die Prozessorelemente (PE) verstanden. Diese Zuordnung erfolgt statisch und ändert sich während der Ausführungszeit nicht mehr.
Bevor eine solche Zuordnung erfolgen kann, müssen die minimal benötigten Hardwarekomponenten vorhanden sein. Durch spezielle Vorkehrungen ist es möglich, die effektiv vorhandenen Hardwaremodule und ihre Plazierung aus dem System zurückzulesen. Sind nicht alle benötigten Prozessorelemente vorhanden, so wird der Konfigurationsvorgang abgebrochen.
Das vorhandene Kommunikationsnetzwerk besteht aus mehreren parallelen Bussen (12 * 8 Bit breite Busse mit je 10 MByte/s Transferrate), die sich in jedem PE auftrennen und mit neuer Information belegen (Fig.2) lassen. Durch eine gute Verteilung der Funktionen auf die einzelnen Knoten kann abschnittweise derselbe Bus zur Übertragung von Information mehrmals genutzt werden; Dies ist für viele Algorithmen aus dem Gebiet der Digitalen Signalverarbeitung, z.B. FIR-Filtern, Klassifikatoren, etc. möglich.
Ein Algorithmus kann auf diesem System nur ausgeführt werden, falls Verteilungen der Funktionen an die PE's gefunden werden können, die gleichviele oder weniger parallele Busse benötigen als vorhanden sind. Deshalb ist eine optimale Zuordnung ein sehr wichtiger Aspekt im Gesammtkonzept.
Ein Beispiel soll diesen Punkt näher erläutern: In Fig. 3 ist der DFG eines Programms zur Berechnung des Betrages des Gradienten in einer Bildsequenz wiedergegeben. Fig. 4 zeigt eine schlechte Zuordnung, viele

parallele Busse werden benötigt. Fig. 5 zeigt eine bessere Zuordnung: nur noch 3 parallele Busse sind für die Implementation desselben Programmes notwendig.

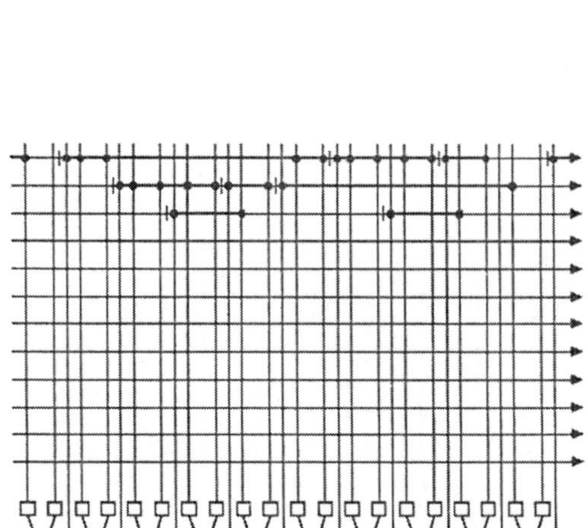

Fig.5
Realisation des DFG nach Fig.3. Gute Implementation, da wenige Busse belegt sind

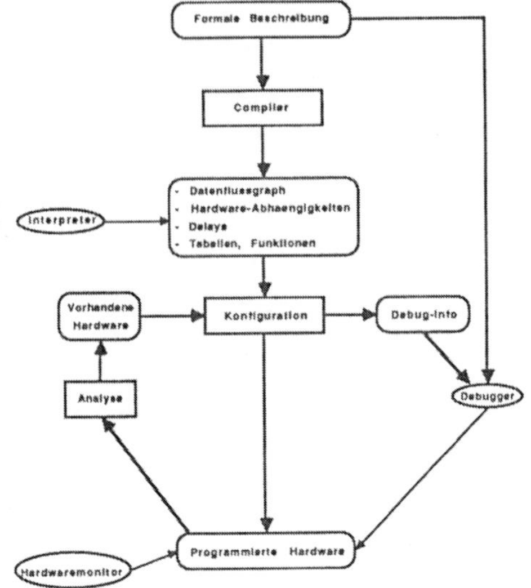

Fig.6
Gesamtübersicht der Systemsoftware

Nach welchen Kriterien soll eine Zuordnung erfolgen? Eine Überprüfung aller Zuordnungen ist nicht möglich, da die Anzahl der Möglichkeiten mit (n-1)! (bei Algorithmen ohne vordefinierten Funktionen) steigt, wobei n die Anzahl Knoten oder Basisfunktionen des DFG bedeutet. Vermutlich führt ein "systematisches Probieren", wie es auch in "Layout"-Programmen verwendet wird, eher zum Erfolg. Die "endgültige" Lösung dieses Teilproblems ist noch offen.

Nachdem das Zuordnungsproblem gelöst ist,so werden die Verzögerungsleitungen und die Buskonfiguration eingestellt, und die Funktionen in die entsprechenden PE's geladen. Nun kann ein neues Programm in Echtzeit auf dem Datenflussrechner ablaufen.

6. Weitere Softwarehilfsmittel

Der Anwender des Synchronen Datenflussrechners wird sich in der Regel mit der oben beschriebenen Systemsoftware begnügen. Für den Systemprogrammierer und den Hardwarespezialisten sind aber zusätzliche Softwarehilfsmittel nötig. Diese werden im Folgenden kurz beschrieben (Fig.6.).

Hardwaremonitor

Der Hardwaremonitor eignet sich einerseits zum Entwickeln und Austesten der Hardware, andererseits kann damit auch die Funktion übergeordneter Softwaremodule überprüft werden. Dabei konnte auf bereits am Institut für Elektronik realisierte Monitore für Signalprozessoren zurückgegriffen werden /7/. Prinzipiell ist es möglich mit Hilfe dieses Monitors auf tiefster Ebene (Bitebene) formulierte Programme in den Datenflussrechner zu laden, zu testen und ausführen zu lassen, doch bedingt dies sehr gute Hardwarekenntnisse.

Interpreter
Mit der Hilfe von Utility-Programmen kann symbolisch auf die Hardwareeinheiten zugegriffen werden. Mehrere Programmaufrufe können zu einer Liste zusammengefügt werden. Damit lassen sich einfache Algorithmen realisieren, wobei die Programmübersetzung und die Systemkonfiguration durch den Anwender zu erfolgen hat. Dies ist vor allem für die Inberiebnahme von komplexen Prozessorelementen nötig.

Debugger
Rechenfehler in Bildverarbeitungsprogrammen lassen sich oft sehr gut durch Betrachten des Resultatsbildes finden, Zwischenresultate von Zwischenrechnungen sind auch sehr aussagekräftig. Um die Darstellung der Zwischenresultate nicht immer im Quellenprogramm (mit anschliessender Compilation/ Konfiguration) vornehmen zu müssen, wird ein Debugger realisiert, der ein temporäres Umkonfigurieren des Netzwerkes erlaubt; die im Quellencode angewälte Funktion wird auf den Monitor durchgeschaltet. Nach einem regulären Ausstieg aus dem Debugger befindet sich das Netzwerk wieder im ursprünglichen Zustand.
Eine Erweiterung des Debuggers um Signalgeneratoren und weitere Messgeräte ist denkbar.

7. Schlussbetrachtungen

Es wurde die Betriebssoftware für ein Echtzeitbildverarbeitungsystem vorgestellt. Die Konfiguration des Systems (Zuordnung der Funktionen an die Prozessorelemente) soll dabei vollständig automatisiert werden. Obschon die vorhandene Hardware dabei nicht immer optimal ausgenützt wird und dadurch höhere Hardwarekosten entstehen, können die Gesammtkosten, die während der Implementation eines bestimmten Algorithmus entstehen dank guter Betriebssoftware klein gehalten werden. Dadurch ist das vorgestellte Konzept den meisten heute angebotenen Bildverarbeitungssystemen überlegen.

Literatur

/1/ S. Yalamanchili et al., Image Processing Architectures: A Taxonomy and Survey in L.N.Kanal and A.Rosenfeld: Progress in Pattern Recognition 2, North-Holland, 1985

/2/ M.J. Duff, H.J. Siegel, F.J. Corbett (Editors): Proc. on Architectures and Algorithms for Digital Image Processing, SPIE Vol. 596, Cannes, France, 5-6 December 1985

/3/ H. Granlund, B. Kruse: Parallel Picture Processing, Part II: Hardware structures, Linkoeping, Sweden, 1980

/4/ A. Gunzinger: Synchroner Datenflussrechner zur Echtzeitbildverarbeitung, 8.DAGM-Symposium über Mustererkennung, Informatik-Fachberichte Nr.125, 1986, S.123-129

/5/ N.Wirth: Compilerbau, Teubner Studienbücher Bd.36, 1981

/6/ A.L.Davis, R.M.Keller: Data Flow Program Graphs, IEEE Computer, February 1982

/7/ W.B.Ackermann: Data Flow Languages, IEEE Computer, February 1982

/8/ A.Gunzinger: Signalprozessoren - Systeme und Anwendungen, SEV-Bulletin Nr.11/1986, S.638-645

Image-Processing Application Generation Environment (I-PAGE): Softwarewerkzeuge für die Gestaltung offener Text/Bild-Anwendungssysteme

U. Menzi und P. Stucki
Institut für Informatik
Universität Zürich
8057 Zürich
Schweiz

1. Einleitung

Während in kommerziellen Bereichen für die Entwicklung neuer rechnergestützter Lösungen Anwendungspakete und Sprachen der vierten Generation bereits voll eingesetzt werden, bleiben diese Möglichkeiten für die Anwendungsentwicklung in technisch-wissenschaftlichen Fachgebieten noch mehrheitlich ungenutzt. Dies lässt sich damit erklären, dass in vielen technisch-wissenschaftlichen Anwendungen neben dem Datentyp Text auch Datentypen wie Graphik und Bild vorkommen. Diese stellen zum Teil sehr hohe technische Anforderungen an die Rechnerleistung, an die Ein-Ausgabegeräte und an die Softwareentwicklung. Bis anhin sind es denn auch vorwiegend geschlossene, d.h. dedizierte Text/Bildverarbeitungssysteme, die in technisch-wissenschaftlichen Anwendungen zum Einsatz kommen. Neben einer ganzen Reihe von Vorteilen weisen geschlossene Systemlösungen auch eine Vielzahl von Nachteilen auf. Vorallem das eingeschränkte Anwendungsspektrum, die geringe Flexibilität, die hohen Kosten sowie die beschränkten Möglichkeiten für Systemerweiterungen und neue Anwendungsprogrammierungen bilden die Haupthindernisse für ihre weite Verbreitung.

2. Systemkonfiguration

Den oben aufgezählten Nachteilen weniger unterworfen sind die sogenannt offenen, d.h. aus vorwiegend handelsüblichen Hard- und Softwarekomponenten aufgebauten Systemlösungen. In einem Anwendungsentwicklungs-Projekt am Institut für Informatik der Universität Zürich werden zur Zeit neue, sogenannte offene Systemlösungen für technisch-wissenschaftliche Anwendungen untersucht. Wie Abbildung 1 zeigt, stehen auf der Hardwareseite ein Zentralrechner, lokal angeschlossene Farb-Bildschirmterminals und Personal

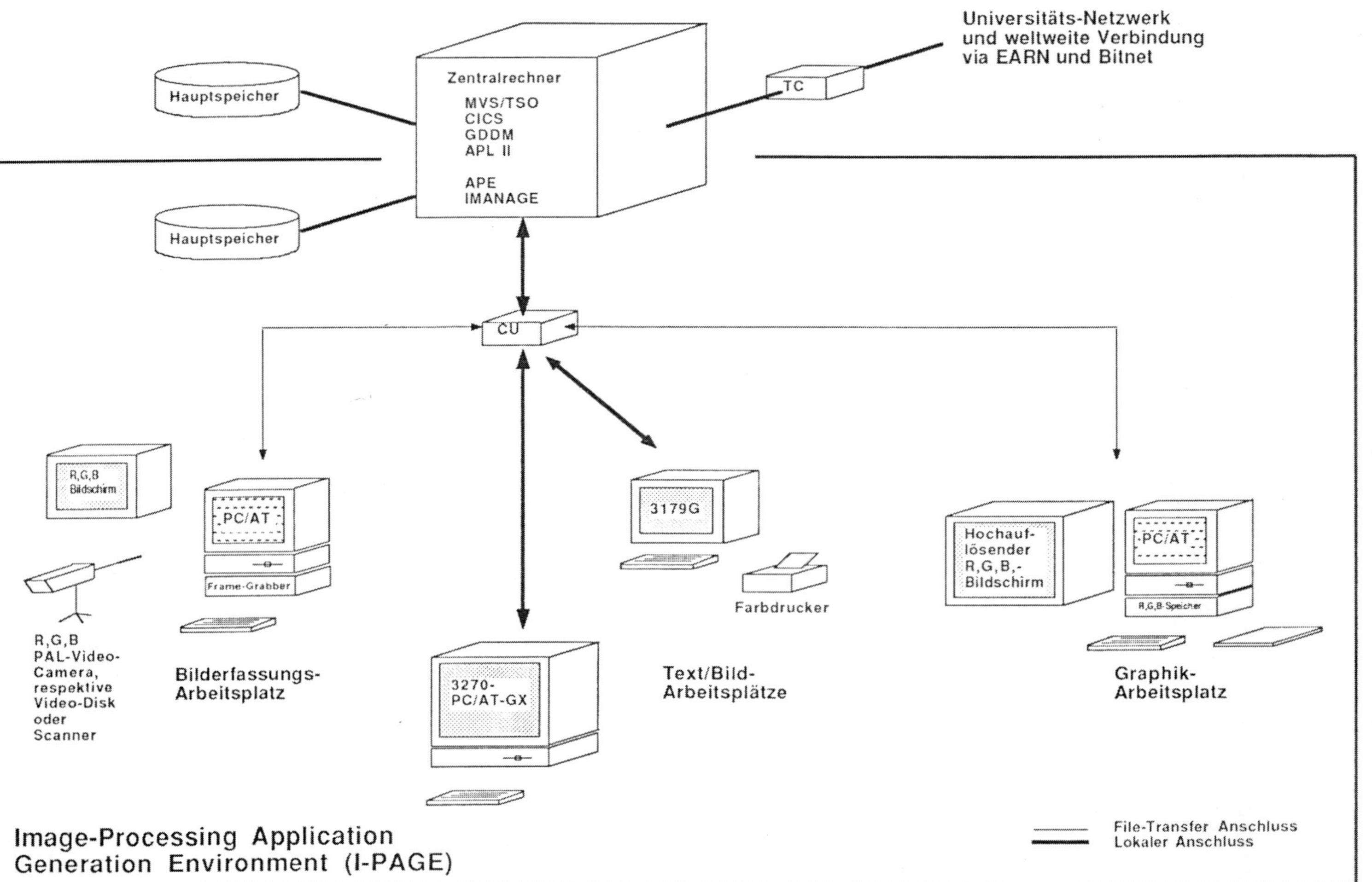

Abb.1 Komponenten des implementierten Systems

Computer gestützte Bild- und Graphik-Arbeitsplätze zur Verfügung. Auf der Softwareseite bildet eine Reihe kommerziell erhältlicher Programmprodukte die Basis für die Implementierung der Datenarchivierungs- und Datenverwaltungsanwendung. Darauf aufbauend wurden Programme für die Integration von Bild und Graphik entwickelt. Je nach Anforderung erfolgt die Bilderfassung über Personal Computer gestützte Videokamera- und/oder Videodisk-Player- und Scanner-Subsyteme. Durch Filetransfer werden die Bilddaten auf den Sekundärspeicher des Zentralrechners übertragen, von wo sie jederzeit abrufbar und auf den verschiedensten Ausgabegeräten dargestellt und für die unterschiedlichsten Qualitätsanforderungen weiterverarbeitet werden können.

3. Softwarewerkzeuge für die Gestaltung offener Text/Bild-Anwendungssysteme

Als Softwarewerkzeuge für die Gestaltung offener Text/Bild-Anwendungssysteme dienen sowohl allgemein erhältliche wie spezielle Eigenentwicklungen. Das Programmprodukt IMAN/AGE /1/, bestehend aus einem Bildverarbeitungs- und einem Bildverwaltungsteil, bildet dabei das Kernstück. Die Bilddaten werden nach einem speziellen Rasterverfahren /2/ als R-, G-, B- Non-Coded Information (NCI) Bitmaps gespeichert, sodass ein Farbbild, je nach seiner Grösse, 30 bis 50 kByte Speicherplatz benötigt. Die Anwendungsprogrammierung für die Text/Bild Archivierung und Verwaltung, für die Ausführung einfacher Routinebildverarbeitungsalgorithmen und für die Bildanzeige erfolgt mit viert-generationsähnlichen Werkzeugen. Eine Reihe weiterer Programme ermöglichen die Bilderfassung, die anwendungsspezifische Bildverarbeitung und die Modellierung synthetischer Bilder, welche zum Datenarchivierungs- und Datenverwaltungssystem-Paket kompatibel sind. Die Gesamtheit all dieser unterschiedlichsten Softwarewerkzeuge wird durch das Image-Processing Application Environment (I-PAGE) dem Benutzer zur Verfügung gestellt.

4. Image-Processing Application Environment (I-PAGE) im praktischen Einsatz

Die ersten integrierten I-PAGE Applikationen wurden in Zusammenarbeit mit dem Fachbereich Zoologie erstellt. Die oben erwähnten Werkzeuge ermöglichen es, kombinierte Bild/Textdokumente beliebiger Anzahl und Länge in einer dem Anwender voll angepassten Gestaltung darzustellen (Abb. 2). Zusätzlich zu den einfachen Routinebildverarbeitungsalgorithmen (Abb. 2b, links) können die Bilddaten, je nach Bedarf, mit speziellen Bild-

```
Kontonr. Ki14980                MODIFY MODE                87-05-18 16.38
--------------------------------------------------------------------------
Messages        :

--------------------------------------------------------------------------

Document        :       11 of       30
Page            : 1        of 4

Fields
------
Member number:   103
Subject        : Zoology - Anatomy
Species        : Apis mellifera
View           : frontal
Section level: longitudinal
Daytime        : 12.00
Magnification: 1000x
Picture-ID     : Serie 26
Remarks        : Lightmicroscopical Dark-
                 Field Photograph:
                 Clipping, Scaling, Re-
                 quantization
--------------------------------------------------------------------------
```

Abb. 2a

```
Kontonr.   Ki14980                BROWSE MODE                87-06-24   9.15

Gebiet:    Zoologie/Oekologie                    Dokument    8   von   55
                                                    Seite    3   von    6
```

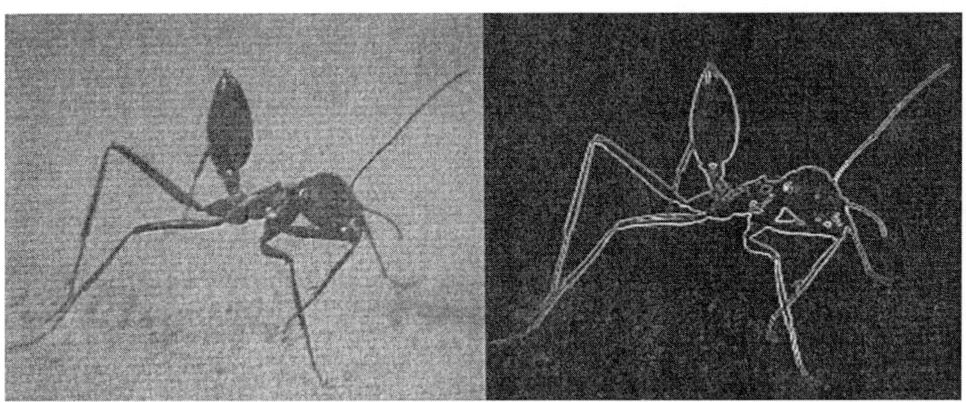

```
  Picture ID        Ameise 23

Bemerkungen: Wuestenameise Cataglyphis bicolor
             Fundort Mahares (Tunesien)
             Bild links : Originalaufnahme
             Bild rechts: verarbeitete Originalaufnahme mit Skalierung,
                          Requantisierung und Edge Detection (SOBEL)
```

Abb. 2b

Abb. 2: Darstellung von 2 I-PAGE Dokumenten: Anzahl, Lage und Typ der Datenfelder und des Bildfeldes können vom Benutzer frei definiert werden.

verarbeitungsalgorithmen aufbereitet werden, wie Abbildung 2b (rechts) zeigt. Über eine Reihe frei wählbarer Suchparameter können neue Datengruppen zusammengestellt, beziehungsweise selektioniert werden. Insbesondere besteht die Möglichkeit jederzeit Zusatzinformationen den Bilddateien beizufügen und/oder bereits bestehende Informationen abzuändern, womit ein reines Bildarchiv zu einer umfangreichen und vollständigen Datenverwaltung erweitert wird.

Literatur

/1/ IMAN/AGE - Image Manipulation and Application Generation Environment IBM Program Offering 5785-WBE

/2/ Stucki, P.: Advances in Digital Image Processing for Document Reproduction. Lecture Notes in Computer Science, No 163, VLSI Engineering Beyond Software Engineering. Springer Verlag Berlin, Heidelberg, New York, Tokyo 1984, pp. 256 - 302.

SEQL

ein benutzerfreundliches Betriebssystem für Bildsequenzsysteme

G. Kircher, B. Meyer, G. Thiesing

VTE Videotechnik und Elektronik GmbH
Braunschweig

Kurzfassung

Bildsequenz-Systeme werden heute in vielen Forschungs- und Entwicklungsbereichen eingesetzt. Sie dienen zur Untersuchung von Algorithmen bei der Bildfolgenverarbeitung und -auswertung ebenso wie zur Beurteilung von Auswirkungen von Codierungs- und Datenreduktionsverfahren für die Bildübertragung. Der Vortrag zeigt auf, daß die Anforderungen an die Hardware von Sequenz-Systemen applikationsabhängig sind, die vom Anwender geforderte Funktionalität aber weitgehend applikationsunabhängig ist. Davon ausgehend ist für Bildsequenz-Systeme ein Betriebssystem entwickelt worden, welches sowohl den interaktiv arbeitenden Benutzer unterstützt wie auch den Programmierer von Systemprogrammen von hardwarespezifischen Kenntnissen weitgehend befreit. Es ist in die DCL-Kommando-Struktur von VAX/VMS eingebunden und gestattet die übergangslose Benutzung aller seiner Möglichkeiten für Rechner- wie für Sequenzanlagen-Befehle.

1. Einleitung

Bildsequenz-Systeme sind in der Bildverarbeitung in vielen unterschiedlichen Arbeitsbereichen ein unentbehrliches Hilfsmittel. Bei der Bildfolgenverarbeitung dient ein Sequenz-System als Zwischenpuffer zur Geschwindigkeitsanpassung zwischen einer Szene begrenzter Länge, die mit Videotaktrate aufgenommen wird, und einer nachfolgenden langsameren Verarbeitung. Dadurch kann in der Phase der Algorithmenentwicklung auf den Einsatz schneller Verarbeitungs-Hardware verzichtet und eine Simulation der Verfahren mit einem Universalrechner durchgeführt werden. Die Sequenzanlage erlaubt durch die Speicherung einer Szene auch, unterschiedliche Algorithmen auf dieselben Bilddaten anzuwenden und so die Güte von Verfahren zu beurteilen.

Bei der Untersuchung von Datenreduktions- und Codierungsverfahren für die Definition von Übertragungskanälen schließt sich an die rechnerische Bearbeitung eine Wiedergabe der modifizierten Szene in Echtzeit zur subjektiven Beurteilung der Qualität an. Daneben müssen die Systeme in diesem Applikationsbereich eine Beurteilungsmöglichkeit bei unterschiedlichen Video-Standards ermöglichen.

Abhängig von unterschiedlichen Anforderungen in bezug auf Speicherkapazität, Datenrate und Veränderbarkeit der Videoraster werden verschiedene Hardware-Realisierungen von Speichern in Sequenz-Systemen eingesetzt. Echtzeitfähige Winchester-Disks erlauben eine kostengünstige Realisierung und bieten eine nichtflüchtige Datenspeicherung. Einschränkungen entstehen durch den nicht wahlfreien Zugriff auf die Bilddaten im Echtzeitbetrieb und die Beschränkung der Datenrate auf ca. 10 MByte/sec für ein Laufwerk. Halbleiterspeicher können mit weitaus größeren Datenraten betrieben werden, wie sie z.B. bei hochauflösenden Systemen auftreten, und sind bezüglich der Variation der Videoraster flexibler. Da in Halbleiterspeichern eine flüchtige Datenspeicherung erfolgt, ist für diese Systeme eine Möglichkeit zur Datensicherung und zum Wiederladen zwingend erforderlich. Dafür, und ebenso als Back-Up-Medium für Winchester-Systeme, werden optische Laser-Disks eingesetzt, die als Wechselmedium eine hohe Speicherkapazität auf geringem Raum zu günstigen Kosten bieten.

2. Anforderungen

Unabhängig vom Applikationsgebiet sind die an Bildsequenzsysteme gestellten funktionalen Anforderungen, wenn man von den durch die Realisierung vorgegebenen Randbedingungen absieht, weitgehend identisch:

- Aufnehmen und Wiedergeben von Bildfolgen in Echtzeit
- Speichern und Löschen von Dateien
- Kopieren zwischen verschiedenen Speichern oder Dateien
- Wahlfreier Zugriff auf Daten zur Bearbeitung

Neben diesen, die Daten beeinflussenden Funktionen, sind noch die

- Verwaltung der Daten
- Verwaltung der Systemhardware
- Bedienerunterstützung

erforderlich.

Kennzeichnend für alle Sequenzsysteme ist weiterhin, daß sie mit zweidimensionalen Bildern endlicher Größe oder daraus zusammengesetzten Bildfolgen arbeiten.

Das Ziel der Entwicklung von SEQL ist es, diese Bedien- und Verwaltungsfunktionen anwendungsunabhängig in Form eines Betriebssystems für Bildsequenzanlagen zur Verfügung zu stellen. Dieses muß dabei drei unterschiedlichen Anforderungen gerecht werden. Für den interaktiven Benutzer, der die Wirkung von entwickelten Verfahren und Algorithmen testen will, muß eine geeignete Bedienoberfläche und eine definierte Datenschnittstelle bereitgestellt werden. Der Ersteller von Sequenzsystemprogrammen benötigt eine Software-Schnittstelle, die weitgehend funktional definiert ist. Die darin aufrufbaren Routinen sollen ihn einerseits so weit wie möglich von der Notwendigkeit detaillierter Kenntnisse der Hardware entbinden, ihm andererseits aber alle in der jeweiligen Systemkonfiguration implementierten Funktionen nutzbar machen. Um das Betriebssystem warten und erweitern zu können, ist ein gutstrukturierter interner Aufbau erforderlich. Nur dann kann ein Betriebssystemprogrammierer bestehende Systeme aufwandsoptimal erweitern und auch neu entwickelte Hardware-Realisierungen ohne Bruch in das System einfügen.

3. Realisierung

3.1 Software-Struktur

Der Aufbau des Betriebssystems SEQL ist, abgeleitet aus den obigen Forderungen, in vier Schichten realisiert (Bild 1).

Die oberste Ebene bildet ein Interpreter, mit dem ein Benutzer interaktiv kommuniziert. Die Kommandoeingabe erfolgt in der Kommandosprache PICO, die auch für Echtzeit-Bildverarbeitungssysteme eingesetzt wird. Ihre Befehlsstruktur wird im nächsten Kapitel detailliert erläutert.

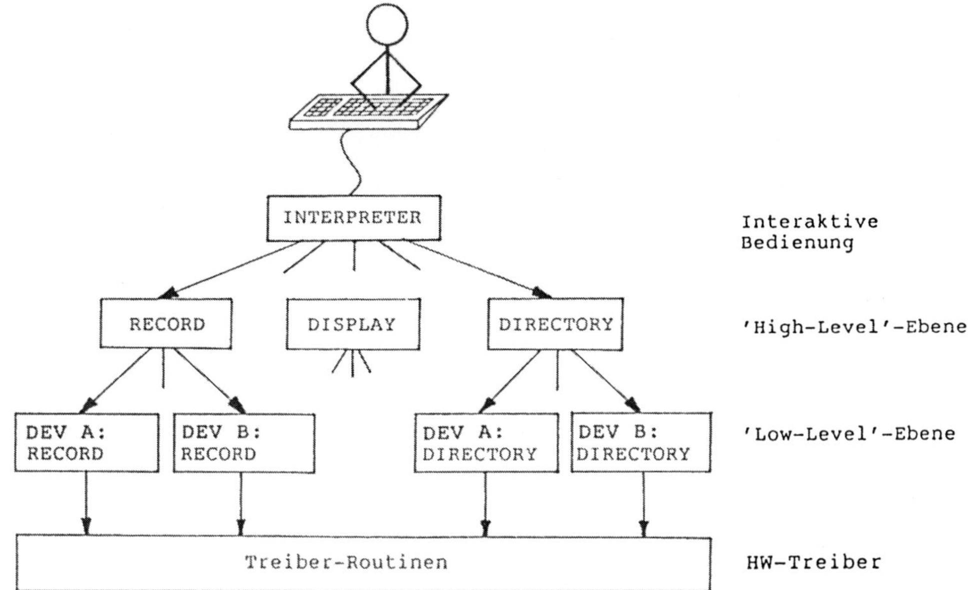

Bild 1 : Software-Aufbau

Auf der zweiten, ("High-Level"-) Ebene erfolgt eine hardwareunabhängige Gliederung nach Funktionen. Die Hardwareunabhängigkeit bezieht sich dabei auf die prinzipielle Ausführung einer Funktion (z.B. "Aufzeichnen einer Sequenz"), nicht auf ihre Randbedingungen (z.B. Datenrate oder Kapazität). Diese funktionale Ebene kann der Entwickler von Sequenzprogrammen nutzen, um die Betriebssystemroutinen direkt in seine eigenen Hochsprachenprogramme einzubinden. Er kann damit portable, systemunabhängige Programme erstellen, die beim Übergang von einem System auf ein anderes lediglich ein erneutes Binden mit den hardwareabhängigen Treiberroutinen erfordern.

In der dritten, ("Low-Level"-) Ebene sind, separiert nach Funktionen, die hardwareabhängigen Treiberroutinen realisiert. Auf dieser Ebene erfolgt auch die Anpassung an die jeweilige Systemkonfiguration.

Die vierte, niedrigste Ebene faßt funktionsübergreifend die Geräte-Treiber-Routinen zusammen.

3.2 Befehlsaufbau und Syntax

Der Interpreter entschlüsselt einen Befehl, der nach einer vorgegebenen Syntax aufgebaut ist. Für die Syntax hat VTE eine Struktur entwickelt, die sich an DCL (DIGITAL Command Language) anlehnt und schon längere Zeit als PICO (Picture Command Language) bei Echtzeit-Bildverarbeitungssystemen Anwendung findet. Ein Befehl gliedert sich in

- Operation
- Parameterliste
- Operandenliste

wobei die Operation ggf. durch einen oder mehrere 'Qualifier' detailliert werden kann.

Die Parameter-Liste enthält ausführungsspezifizierende Parameter sowohl für die Ausführung der Operation selbst wie auch für die Operanden. Die Bedeutung der Parameter ist dabei durch die Position in der Liste festgelegt und für die Operationen individuell unterschiedlich. Ein leerer Platz in der Liste ruft bei der Ausführung einer Funktion automatisch die Verwendung eines Standardwertes auf. Damit wird für den Benutzer in vielen Fällen eine verkürzte Kommandierung ohne Beschränkung der Funktionalität möglich.

Die Liste der Operanden kann, abhängig von der Funktion, eine oder mehrere Datenquellen und eine Datensenke spezifizieren. Ein Datensatz wird dabei durch die Angabe des Gerätes, auf dem er gespeichert ist, und seinen Namen gekennzeichnet.

Ein Befehl, der einen Teil einer Sequenz in eine zweite, auf einem anderen Gerät gespeicherte Sequenz einfügt, lautet damit:

```
ICOPY/INSERT (10,1,5) IP:SOURCE_SEQ ID:DEST_SEQ
```

mit:

- Operation:	ICOPY	- Kopieren von Sequenzen
	INSERT	- im Einfüge-Modus
- Parameter:	10	- Anfangs-Bildnummer der Quell-Sequenz
	1	- Anfangs-Position in der Sinken-Sequenz
	5	- Anzahl der zu kopierenden Bilder
- Operanden:	IP:	- Name des Speichers der Quell-Sequenz
	SOURCE-SEQ	- Name der Datei
	ID:	- Name des Speichers der Sinken-Sequenz
	DEST-SEQ	- Name der Datei

3.3 Datenverwaltung

Durch die Applikations- und die Hardwareunabhängigkeit werden an die Verwaltung der Bilddaten in Sequenzsystemen besondere Anforderungen gestellt. Sie geschieht über den einzelnen Geräten zugeordnete "Directories", wobei mehrere physikalische Datenspeicher zu einem logischen Speicher zusammengefaßt werden können oder auch ein physikalischer in mehrere logische aufgeteilt werden kann. Jeder Datei ist ein Directory-Eintrag zugeordnet. Er gliedert sich in drei Teile:

- Der erste Bereich beinhaltet bildspezifische Daten
- Der zweite Bereich ist für Anwenderinformationen reserviert
- Der dritte Bereich kennzeichnet den physikalischen Speicherplatz

Der Zugriff auf Bilddaten erfolgt über den Namen der Datei. Er ist neben Informationen wie Erstellungsdatum, Sequenzlänge, Bildgröße etc. im bildspezifischen Bereich enthalten. Weiterhin werden der Eigentümer und ein Schutz-Code eingetragen, der bei Systemen mit mehreren Anwendern die Daten gegen unberechtigten Zugriff sichert. Als drittes werden dort die für die korrekte Wiedergabe einer Sequenz notwendigen Aufnahmeparameter wie Abtastfrequenz, Art der Codierung etc. gespeichert.

Im anwenderspezifischen Bereich können z.B. für die Einbindung in ein Datenbanksystem Suchwörter oder Bildinhalts- oder Bildbearbeitungsinformationen gespeichert werden.

Die beiden zuvor genannten Bereiche des Directory-Eintrags sind bildbegleitende Information und werden, z.B. beim Kopieren von Sequenzen, mit übertragen. Der dritte Bereich wird gerätespezifisch angelegt und beinhaltet, für den jeweiligen Speicher spezifisch codiert, Informationen über den Speicherplatz der Daten.

Mit dieser Struktur sind alle aus dem Betrieb eines Rechners bekannten Datenverwaltungsfunktionen realisierbar. Zusätzlich können "virtuelle" Sequenzen, die sich aus Teilen von physikalisch vorhandenen Sequenzen zusammensetzen, erzeugt werden, indem in dem dritten Bereich des Directory-Eintrags die entsprechenden physikalischen Speicherbereiche der einzelnen Sequenzabschnitte vermerkt werden.

3.4 Systemverwaltung

Die Systemverwaltungsfunktionen haben drei Aufgabenbereiche :

- die Einstellung der Systemparameter
- die Vergabe von HW-Betriebsmitteln und Speicherplatz
- die Information über den Status des Systems

Bei der Aufnahme von Sequenzen muß die Parametrisierung des Systems durch den Benutzer erfolgen. Für die Bearbeitung gespeicherter Daten bietet SEQL die Möglichkeit, entweder das System voreinzustellen oder eine automatische, durch die im Directory-Eintrag der Datei abgespeicherten Aufnahmeparameter gesteuerte Systemeinstellung vorzunehmen.

Wird ein Sequenzsystem von mehreren Anwendern genutzt, kann mit SEQL eine Verwaltung der HW-Resourcen vorgenommen werden. Für den parallelen Betrieb mehrerer Prozesse wird sichergestellt, daß sich die einzelnen Operationen nicht unbeabsichtigt beeinflussen. Für den Multi-User-Betrieb allgemein ist eine Aufteilung und Verwaltung des verfügbaren Speicherplatz implementiert, um so jedem Benutzer den für seine Applikation notwendigen Platz reservieren zu können.

Die Statusinformation über den Systemzustand kann zur Kontrolle eines laufenden Prozesses zu jeder Zeit abgefragt werden. Ein Fehlerfall wird automatisch entweder dem interaktiven Benutzer angezeigt oder an das aufrufende Programm gemeldet.

3.5 Implementierung

SEQL ist derzeit in FORTRAN und Assembler realisiert und unter dem Betriebssystem VMS auf einer VAX neben dem Command-Processor DCL eingebunden. Der Anwender verfügt damit über eine durchgängige Systemoberfläche von Rechner und Bildsequenzanlage, mit der alle vom Command-Processor zur Verfügung gestellten Möglichkeiten zur Erstellung und Abarbeitung von Kommando-Prozeduren auch für die Sequenzanlagen-Befehle genutzt werden können. Er kann darüberhinaus neben der schon genannten Möglichkeit, Routinen des Betriebssystems in eigenen Programmen aufrufen, seine Applikationsprogramme in SEQL einbinden und damit das Betriebssystem um eigene Funktionen erweitern.

4. Ausblick

Das Betriebssystem SEQL wurde für verschiedene echtzeitfähige und nichtechtzeitfähige Bilddatenspeicher realisiert und an unterschiedlichen Systemkonfigurationen getestet. Es wird im Rahmen des Verbundprojektes "Familie schneller Bildverarbeitungsrechner" (Förderkennzeichen ITR8503F7) vom BMFT gefördert und weiterentwickelt. Dabei ist eine Übertragung auf andere Prozessor-Hardware und Implementierung unter anderen Betriebssystemen geplant. Ebenso ist eine Erweiterung um Bildverarbeitungsfunktionen in der Sprache PICO für integrierte Bildverarbeitungs-Hardware geplant.

DIE GOP-THEORIE: EIN MÄCHTIGES WERKZEUG IN DER DIGITALEN BILDVERARBEITUNG

Helmut Schwarz
Contextvision Systems GmbH,
Dietlindenstr. 15, 8000 München 40

Bei der Übersendung des Manuskripts an den Verlag lag dieser Beitrag nicht vor.

Aufwandsreduzierte Realisierung von Filterketten für den Aufbau einer Bildpyramide

J. Giet, B. Kleinemeier
Fachbereich 14, Universität-GH-Paderborn, Pohlweg 47-49,
4790 Paderborn

Die Grundidee des Bildpyramidenansatzes /1,2/ besteht darin, nicht nur das zu analysierende Bild, sondern auch einen zusammenhängenden Satz von Kopien mit stufenweise reduzierter Auflösung zu untersuchen. In Verbindung mit einem DFG-Projekt, das sich mit der Oberflächeninspektion beschäftigt, sind ein echtzeitverarbeitender Bildpyramiden-Prozessor und spezielle Antialias-Filter entwickelt worden.

Bei der Erzeugung der Bildpyramide werden zweidimensionale, verkettete Filter verwendet, die gegenüber parallel arbeitenden Filtern einen stark reduzierten Rechen- und Realisierungsaufwand mit sich bringen. Jede Filterstufe i besteht aus einem digitalen Filter hi(x,y) und einem Abtaster di. Das Filter hat die Aufgabe, den Alias-Fehler zu minimieren, der durch die Aufweitung des Abtastgitters entsteht. Der Abtaster nimmt durch Auslassen von bestimmten Bildpunkten die gewünschte Auflösungsreduzierung vor.

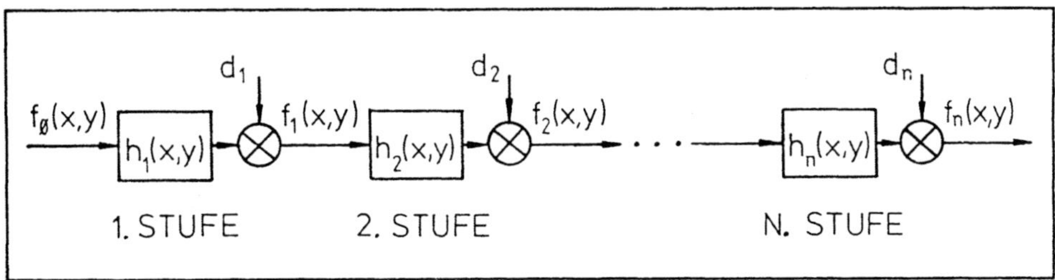

Filterkettenschaltung zur Erzeugung einer Bildpyramide

Im Gegensatz zu parallel arbeitenden Filtern entsteht bei einer Kettenschaltung in jeder Stufe eine zunehmende Akkumulation von Aliasfehlern, die durch die Unterabtastungen von d1,d2 ... dn unvermeidlich in den Basisfrequenzbereich der jeweiligen Bildkopie f1, f2 ... fn gelangen. Für das Gütekriterium des Tiefpaß-Filters wurde neben den traditionellen Qualitätsmerkmalen wie Flankensteilheit, Ripple usw. ein minimaler Integralwert des Aliasfehlers angesetzt.

Für eine Anwendung in der Materialbahninspektion wurde ein Bildpyramiden-Prozessor aufgebaut. Der naheliegendste Gedanke, die Verwendung von N voneinander unabhängigen digitalen Filtern, führt einen hohen Realisierungsaufwand mit sich. Daher wurde ein Algorithmus entwickelt, der alle Bildversionen örtlich so ineinander verschachtelt, daß nur ein Filter für die Pyramidenentwicklung notwendig ist. Eine Besonderheit des Gerätes besteht in der Verwendung separabler Filter, die in x- und y-Richtung unabhängig arbeiten. Dadurch wird erreicht, daß die Einheit neben den üblichen Pyramiden-Bildebenen auch Bilder liefert, die einen unterschiedlichen Verkleinerungsmaßstab in x- und y-Richtung besitzen. Diese Eigenschaft ist günstig für die Detektion einfacher kompakter Fehlstellen mit unterschiedlichem Längen-Breitenverhältnis (Querstreifen,Längsstreifen,Flecken).

Literatur:

/1/ Rosenfeld Multiresolution Image Processing and Analysis, Springer, Berlin 1984

/2/ Hartmann Hierarchical Contour Coding and Generalization of Shape. In: 3rd Int. Conf. on Robot Vision and Sensory Controls, Proc. SPIE 449 (1983), S.108-115

Eine Hardwarearchitektur zur Erzeugung des Hierarchischen Strukturcodes

August Westfechtel
Universität - GH - Paderborn
4790 Paderborn

Durch die Entwicklung eines neuen Codeelementesatzes besteht die Möglichkeit, Kanten, Linien und Flächen mit den gleichen Codeelementen zu beschreiben. Linien bilden hierbei eine Untermenge der Flächenelemente. Somit können vereinfachte Mengenoperationen auf den HSC angewandt werden, die den Vergleich von Strukturklassen im nachgeschalteten Erkennungssystem wesentlich erleichtern. Weitere Vereinfachungen durch den Codeelementesatz ergeben sich bei der n-fachen Verknüpfung /Ha82/ und in der Realisierung der Hardware zur Erzeugung des HSC.

Der Codierungsprozessor:

Der Codierungsprozessor erzeugt aus dem logischen Laplacebild /Dr85/ für alle Auflösungsebenen k die Codeelemente $<t;m;\varphi|k;0>$. Durch ein Datenbereitstellungsmodul werden die vier Werte der Bildpunkte (Plus, Minus, Naught, Virtuell) des logischen Laplacebildes einem Abtastfenster von 37 Abtastpunkten mit je zwei Bit zugewiesen. Eine Verschiebung des gesamten Abtastfensters um zwei Bildpunkte im logischen Laplacebild geschieht innerhalb von 400ns. Während dieser Zeit bekommen alle 37 Abtastpunkte einen neuen Wert zugewiesen.
Die Auswertung der Bilddaten, die durch das Abtastfenster vorgegeben werden, geschieht im nachgeschalteten Auswertemodul. Dieses besteht aus einer PROM Bank, in der die Regeln für die Erzeugung des HSC gespeichert sind. Da das Auswertemodul nur aus einem kombinatorischen Netzwerk besteht, erhält man sehr kurze Auswertezeiten für die Bestimmung der Codeelemente.

Der Verknüpfungsprozessor:

Durch die Verwendung der neuen Codeelemente ist die n-fache Verknüpfung mit nur einem Prozessor für alle Codetypen möglich.
Ein Steuer und Adressierrechner holt die Daten der sieben benachbarten Inseln aus der HSC Datenbasis und legt diese in geeigneter Weise im Verknüpfungsprozessor ab. Mit Hilfe eines Umwälzspeichers wird für alle erlaubten Codeelementkombinationen geprüft, ob in den Überlappbereichen der Inseln gleiche Anschlußpunkte für jeweils Kanten, Linien und Flächen vorhanden sind. Ist dies der Fall, so wird ein verallgemeinerndes Element und eine Zeigerstruktur in die HSC Datenbasis eingetragen. Die Zeigerstruktur verweist dabei auf die Elemente, die zu dem verallgemeinernden Element geführt haben.

Ha82 G. Hartmann, Recognition of Continuous Line Structures by a Hierarchical System, Proc. of the 6th Internat. Conf. on Pattern Recognition (ICPR), IEEE Computer Soc. Press (1982), 195-200

Dr85 S. Drüe, G. Hartmann, A. Westfechtel, Beschreibung und Erkennung flächiger und linienhafter Objekte im Hierarchischen Strukturcode, 7. DAGM-Symposium Erlangen 1985, Informatik-Fachberichte 107 Springerverlag 1985, 123-127

Wege zur Dokumentinterpretation: Schriftzeichenerkennung, Grafikerkennung, wissensbasierte Analyse

E. Hundt

Siemens AG, Zentrale Aufgaben Informationstechnik

Otto-Hahn-Ring 6, 8000 München 83

Zusammenfassung

Die Dokumentinterpretation hat zum Ziel, den Informationsgehalt von Dokumenten zu erfassen und in elektronische Daten umzusetzen. Durch den zunehmenden Einsatz elektronischer Verarbeitungssysteme haben diese Verfahren ganz besonders an Bedeutung gewonnen. Entsprechend der Vielfalt der zu verarbeitenden Dokumente und den verschiedenen Anwendungen der Dokumentinterpretation werden unterschiedliche Verfahren der Mustererkennung eingesetzt. Es werden drei Wege der Dokumentinterpretation diskutiert, die auf spezifischen Verfahren beruhen und den Bedeutungsinhalt bis zu unterschiedlicher Tiefe erschließen: Die Erkennung isolierter Schriftzeichen, die einen technisch hochwertigen Stand erreicht hat; die Erkennung grafischer Symbole und deren Beziehungen in Plänen und Skizzen, die erst in prototypischen Systemen eingesetzt wird und die wissensbasierte Analyse, die mit Modellen aus dem Layout den logischen Inhalt erschließt und noch Gegenstand der Forschung ist.

1. Einleitung

Die Bearbeitung von Dokumenten hat in den vergangenen Jahren eine stürmische Entwicklung erlebt, die durch die elektronische Datenverarbeitung und die Kommunikationstechnik ausgelöst wurde. Die Vielfalt der Dokumente ist sehr groß und reicht von Belegen, Formularen, Schecks über frei gestaltete Briefe und Texte bis zu Plänen und Konstruktionszeichnungen. Zu ihrer Bearbeitung bieten Textsysteme, PCs und Workstations vielseitige und benutzerfreundliche Möglichkeiten. So gelangen mit elektronischen Satzsystemen Bücher und Zeitungen enorm schnell vom ersten Entwurf zum fertigen Druck. Belegleser verarbeiten bis zu 150.000 Belege pro Stunde und sind bei Banken und Verwaltungen zur automatischen Dateneingabe in routinemäßigem Einsatz. Konstruktionszeichnungen, Schaltpläne und Skizzen werden durch den rechnergestützten Entwurf (CAD) sehr rasch und effektiv erzeugt. Schließlich werden durch moderne Kommunikationsmittel, wie Telefax und Datennetze sowie durch die bevorstehende Einführung des ISDN, Dokumente in Sekundenschnelle an entfernte Empfänger übermittelt und verteilt.

In all den genannten Systemen der Dokumentverarbeitung ist der Informationsgehalt des Dokumentes in Form elektronischer Daten wiedergegeben. Sie lassen sich schnell vom Speicher abrufen, in der gewünschten Weise verarbeiten und gestalten und können in beliebiger Gestalt bequem und vielseitig auf einem Bildschirm wieder dargestellt werden. Eine Ausgabe auf Papier erscheint nicht mehr notwendig und daher wurde schon lange das papierlose Büro prophezeit. In einem Bürobereich, in dem alle Verarbeitungssysteme mit schnellen Datennetzen gekoppelt sind und mit großzügigen Datenverarbeitungs- und

Speichersystemen ausgerüstet sind, erscheint dies einsichtig. Die Entwicklung ist jedoch noch lange nicht so weit fortgeschritten. Die Systeme zur elektronischen Verarbeitung wie auch zum Austausch von Dokumenten sind noch immer nicht genügend standardisiert und ausgereift. So zeigt die Erfahrung der letzten Jahre, daß sich heute wie auch in nächster Zukunft der Umgang mit Papiervorlagen durch die elektronische Verarbeitung nicht ersetzen läßt /1,2/. Diese Systeme haben zu einer weiteren Verbreitung von Papierdokumenten geführt und ihre Bedeutung nochmals erhöht. Der Papierverbrauch wächst in letzter Zeit um jährlich ca. 15%. Der Umgang mit Papiervorlagen erscheint unseren Gewohnheiten besser angepaßt und in mancher Beziehung einfacher und sicherer als die elektronische Verarbeitung.

Durch den zunehmenden Einsatz der elektronischen Verarbeitung und die gleichzeitige Benutzung von Papiervorlagen hat die automatische Interpretation von Dokumenten ganz besonders an Bedeutung gewonnen. Diese Verfahren setzen Papierdokumente in elektronische Daten um, die dann unmittelbar der elektronischen Verarbeitung zu Verfügung stehen. Dadurch können Dokumente in einer einfachen, schnellen und benutzerfreundlichen Art in das System eingegeben werden. Die Handhabung von Dokumenten ist damit ein Wechsel zwischen Papiervorlage und elektronischen Daten, wie er in Bild 1 dargestellt

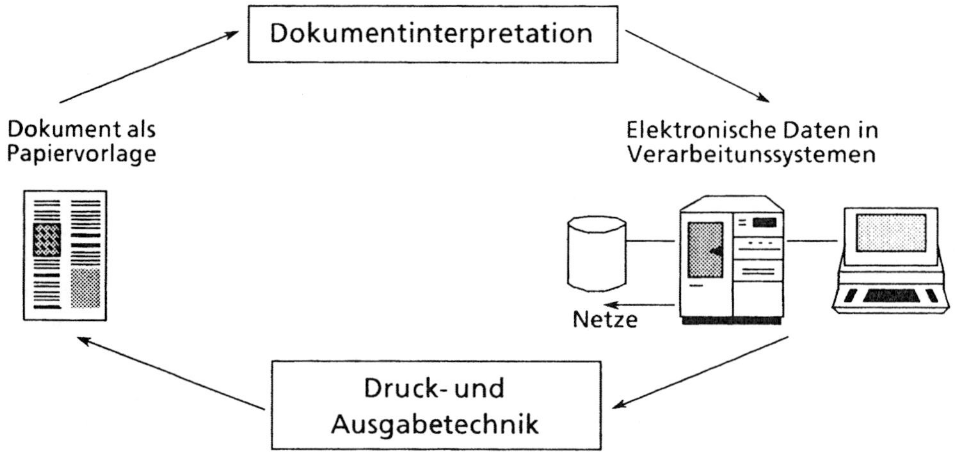

Bild 1: Dokumentinterpretation im Kreislauf zwischen Papierdokumenten und elektronischen Daten

ist /3,4,5/. Die grafischen Techniken mit den verfügbaren Druckern und Plottern und den leistungsfähigen, benutzerfreundlichen Programmen sind heute sehr weit entwickelt und erzeugen Druckvorlagen von hervorragender Qualität. Sie haben einen großen Aufschwung genommen und sind weit verbreitet. Dagegen ist der umgekehrte Weg der Dokumentinterpretation nur in wenigen Anwendungen wie besipielsweise der Schriftzeichenerkennung, bis zum routinemäßigen Einsatz gereift. Die Umsetzung in elektronische Daten geschieht heute in den meisten Fällen durch mühevolle Eingabe per Tastatur oder Digitalisiertablett. Bis zum routinemäßigen Einsatz automatischer Verfahren muß hier noch viel Entwicklungsarbeit geleistet werden.

Dokumente können sehr unterschiedliche, vielseitige Gestalt annehmen. Es können Belege, Formulare, Schecks oder ähnliches sein, die bei Banken, Verwaltungen, Behörden automatisch verwaltet, registriert und ausgewertet werden. Es können Warenetiketten, Lottoscheine oder Adressen auf Briefen sein, die automatisch ausgewertet und sortiert werden. Dokumente sind ganze Textseiten, die zur Textverarbeitung und Drucklegung in Zeitungswesen, Publizistik oder Dokumentation eingelesen und aufbereitet werden. Es sind einfache Handskizzen, die als Entwurf die Basis einer Weiterverarbeitung mit CAD bilden. Es sind große Konstruktionszeichnungen, die in Technik und Konstruktion verarbeitet werden. Es sind Briefe, Rechnungen, Formblätter, die automatisch erfaßt, auf Datenbank entsprechend gespeichert werden und eventuell weitere Prozeßschritte veranlassen.

Als Dokument im Sinne der Mustererkennung verstehen wir Papiervorlagen, die Text, Bild und Grafik enthalten /6/. Text ist entweder Maschinenschrift in beliebigen Fonts und verschiedenen Ausprägungen wie kursiv und fett, oder aber Handschrift in Druckbuchstaben oder Fließschrift. Grafik sind Strichzeichnungen oder Linienmuster als Skizzen, Pläne oder Zeichnungen. Dokumente können auch Grau- oder Halbtonbilder enthalten, die als Pixelraster umgesetzt und behandelt werden /7/. Eine Analyse und Interpretation von Bildbereichen wird in den folgenden Betrachtungen ausgeschlossen.

Elektronische Daten, die den Dokumentinhalt in einer für die Weiterverarbeitung geeigneten Form repräsentieren, sind das Ergebnis der Dokumentinterpretation. Sie beinhalten Information über die erkannten Zeichen und Symbole, über das Layout der Vorlage, über Art und Gestalt der Schrift und Grafik und sie geben den Bedeutungsinhalt des Dokumentes wieder. Mit diesem Anspruch geht die Dokumentinterpretation weit über die Faksimiletechnik hinaus, die nur eine exakte Wiedergabe unabhängig vom Bedeutungsinhalt anstrebt.

Entsprechend der Vielfalt der zu verarbeitenden Dokumente, der Unterschiedlichkeit der zu erkennenden Muster und der verschiedenen Aufgaben der Dokumentinterpretation werden unterschiedliche Verfahren der Mustererkennung eingesetzt. Es werden im folgenden drei Wege der Dokumentinterpretation diskutiert, die auf spezifischen Verfahren beruhen und den Bedeutungsinhalt bis zu unterschiedlicher Tiefe erschließen. Die drei Wege sind nicht konkurrierend, sie bauen aufeinander auf, ergänzen sich und führen in ihrer Gesamtheit zu einer Interpretation allgemeiner Dokumente (Bild 2):

1. Die <u>Schriftzeichenerkennung</u> (optical character recognition, OCR) hat zum Ziel, Ziffern und Buchstaben als isolierte Zeichen nach vorgegebenen Zeichenklassen zu klassifizieren. Für Maschinenschrift und Handblockschrift sind die Verfahren gut ausgereift. Die vorwiegend angewandten statistischen Mustererkennungsverfahren sind inzwischen auch theoretisch gut fundiert. Trotzdem sind noch wesentliche Entwicklungsarbeiten im Gange insbesondere zur Erkennung spezieller Schriftarten, sowie zur Segmentierung verklebter Einzelzeichen und insbesondere zur Erhöhung der Ablaufgeschwindigkeit und der Erkennungssicherheit. Ein ungelöstes Problem ist die Erkennung von chinesischen und japanischen Schriftzeichen und von fließender Handschrift.

2. Die <u>Grafikerkennung</u> dient der Erkennung grafischer Symbole und deren Beziehungen zueinander. Sie beruht meist auf syntaktischen Verfahren, ist noch weitgehend Gegen-

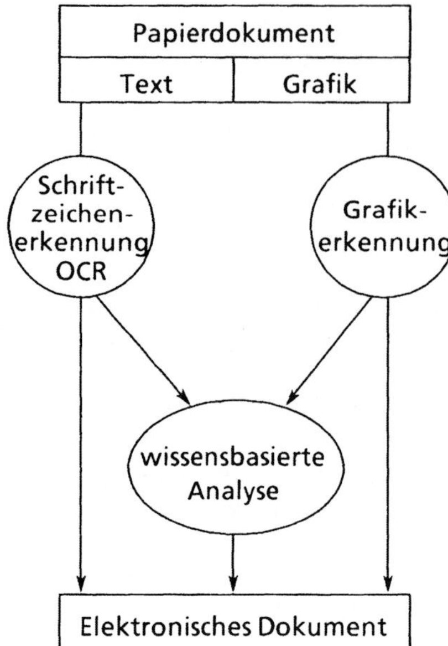

Bild 2: Drei Wege der Dokumentinterpretation führen vom Papierdokument zum elektronischen Dokument.

stand der Entwicklung und wird erst in wenigen prototypischen Systemen eingesetzt. In einigen kommerziellen Systemen wird Grafik ohne eigentliche Symbolerkennung in Vektordaten (Raster-Vektor-Transformation) umgesetzt, die dann zur Eingabe in CAD-Systeme eingesetzt werden.

3. Die wissensbasierte Analyse setzt auf den Erkennungsergebnissen der Schriftzeichenerkennung und der Grafikerkennung auf und hat zum Ziel, den Bedeutungsinhalt zu erschließen. Im Gegensatz zu Belegen und Formularen ist das Dokument nicht durch genaue Maßangaben und Vorgaben beschrieben, sondern durch ein Modell und allgemeine Layout-Regeln, welche die Dokumentarchitektur beschreibt. In der Vorlage ist das unbekannte Layout zu ermitteln, die logische Bedeutung einzelner Blöcke zu erkennen und gegebenenfalls der Bedeutungsinhalt zu erschließen. Diese Verfahren beruhen sehr stark auf Ansätzen der Künstlichen Intelligenz und sind daher noch Gegenstand der Forschung und Entwicklung.

In den folgenden Kapiteln werden die drei Wege der Dokumentinterpretation beschrieben, die wichtigsten Verfahrensansätze diskutiert und der Stand der Technik an ausgewählten Beispielen erörtert.

2. Schriftzeichenerkennung

Die Schriftzeichenerkennung (optical character recognition OCR) ist eine der frühesten Anwendungen der Mustererkennung und gilt daher als Standardproblem und Standardtest der Algorithmen /8/. Zur Lösung wurden verschiedene Verfahren sowohl auf statistischen wie auch auf syntaktischen Ansätzen entwickelt und erprobt. So ist heute auf dem Gebiet der Zeichenerkennung ein technisch sehr hoher Stand erreicht, der sich auch in leistungsfähigen, auf dem Markt verfügbaren Geräten zeigt. Zugleich sind die Ansätze auch theoretisch gut fundiert. Trotzdem sind auch auf diesem Gebiet noch viele weitreichende

Forschungsarbeiten angesiedelt. Sie konzentrieren sich auf störungsunempfindliche Erkennung unter Berücksichtigung des Kontextes, sowie auf die Erkennung von Handschrift.

Ziel der OCR-Verfahren ist die Erkennung von isolierten Schriftzeichen in Papiervorlagen oder auf Werkstücken und Teilen. Schriftzeichen sind Ziffern, Buchstaben des Alphabets sowie gewisse Sonderzeichen. Jedes dieser Zeichen definiert eine eigene Zeichenklasse, wobei das Zeichen einer Klasse jeweils in unterschiedlichem Schriftfont und verschiedenartiger Ausprägung vorliegen kann. Für bestimmte Anwendungen kann allerdings die Menge der Zeichen, sowie deren Ausprägung eingeschränkt werden. So wurde beispielsweise für die automatische Bearbeitung von Schecks und Belegen eine spezielle Schrift geschaffen, OCR-A und OCR-B. Sie ist so gestaltet, daß eine besonders einfache und sichere Erkennung möglich ist und wird zur automatischen Verarbeitung bei Banken und bei der Verwaltung sehr viel eingesetzt. Leistungsfähige Systeme sind heute aber in der Lage, über 100 verschiedene Zeichenklassen in den gängigen Schriftarten (ca. 25) zu erkennen. Auch Handblockschrift kann heute mit recht guter Sicherheit verarbeitet werden. Dagegen ist die Erkennung von fließender Handschrift ein ungelöstes Problem und Gegenstand der Forschung. Bei einer speziellen Anwendung, der handschriftlichen Direkteingabe über ein spezielles Tablett, werden Zusatzinformationen über die Dynamik des Schreibvorganges zur Erkennung herangezogen /9,10/. Die Erkennung von japanischen und chinesichen Handschriftzeichen ist heute ein wesentliches Forschungsgebiet. Im Hinblick auf Maschinenschrift konzentrieren sich die Entwicklungen auf die Erkennung von fett gedruckten, kursiven oder speziell ausgeprägten Schriftzeichen sowie auf die Trennung verklebter Zeichen /11/ insbesondere bei Proportionalschrift oder speziellen Satztechniken. Besonderes Gewicht liegt auf der Verarbeitung von Kontext, um bei zweifelhaften Erkennungen aus den benachbarten Zeichen und Zusatzinformation aus Datenbanken Rückschlüsse ziehen zu können. Hierbei werden auch Ansätze der wissensbasierten Verarbeitung verfolgt.

Erste Systeme der Schriftzeichenerkennung für den praktischen Einsatz wurden bereits in den 50er Jahren entwickelt /12,13/. Sie standen unter starken Einschränkungen bezüglich der erkennbaren Zeichen und der Vorlagenqualität. Heutige Systeme haben diese Einschränkungen weitgehend überwunden und einen sehr hohen Leistungsstand erreicht. Aber auch sie sind für bestimmte Anwendungen in Preis und Leistung ausgerichtet. Ihr Einsatz orientiert sich an den Aufgaben der Mustererkennung: Dateneingabe, Texteingabe und Prozeßautomation. Der erste Anwendungsbereich liegt in der Erfassung und Sortierung von Belegen und Formularen für Banken und für Verwaltung. Die Anforderungen sind vor allem eine möglichst hohe Lesegeschwindigkeit, und hohe Toleranz bezüglich der Druck- und Vorlagenqualität. Dagegen ist in vielen Fällen die Vielfalt der zu erkennenden Zeichenklassen eingeschränkt. Bei Hochleistungsgeräten werden bis zu 150.000 Belege pro Stunde verarbeitet mit einer Erkennungsrate von bis zu 3000 Zeichen pro Sekunde. Dabei wird mit 0,001% Fehlerkennungen (Substitutionen) und 0,01% Rückweisungen eine extrem hohe Erkennungssicherheit erreicht. Naturgemäß ist die Erkennung auf wenige Schriftarten wie OCR-A und OCR-B und eventuell auf eine reduzierte Zeichenmenge eingeschränkt. Bei vielen Anwendungen wird aber der volle Zeichensatz mit allen verfügbaren Schriftarten einschließlich Handblockschrift verlangt. Hier reduziert sich dann der Durchsatz auf ca. 500 bis 1.000 Belege/ Stunde bei ca. 300 Zeichen pro Sekunde je nach Anzahl der zu lesenden Zeilen.

Der zweite große Anwendungsbereich liegt in der Texteingabe für Schreibbüros, Zeitungswesen, Dokumentation und ähnlichem. Solche Geräte dienen zur Erfassung ganzer Textseiten für die elektronische Weiterverarbeitung, wie Textbearbeitung, Übertragung, Drucken u.s.w. Solche Ganzseitenleser sind schon seit einiger Zeit verfügbar, können sich aber am Markt nur wesentlich langsamer durchsetzen als erwartet wurde. Dies ist vermutlich durch die beschränkte Zahl der erkennbaren Schriftfonts und durch eine für den praktischen Einsatz unbefriedigende Lesequalität bedingt. Bei diesen Anwendungen kann von Vorlagen in guter Druckqualität meist im Format A4 ausgegangen werden. Die Schrift ist Maschinenschrift mit dem vollen Zeichensatz. Heutige Geräte verarbeiten ca. 30 DIN A4-Seiten pro Stunde mit ca. 100 Zeichen pro Sekunde.

Außerdem gibt es eine Reihe von Spezialanwendungen für Lesegeräte, die vorwiegend zur Prozeßautomatisierung dienen und jeweils sehr spezielle Anforderungen stellen. Dies sind beispielsweise die Handlesegeräte, die entweder Barcode oder einfache Schriftzeichen erfassen und beispielsweise an Registrierkassen oder zur Lagerhaltung eingesetzt sind. Sie müssen sehr klein, handlich und insbesondere sehr billig sein, können aber meist auf einen extrem kleinen Schriftzeichensatz beschränkt sein. Ein anderes Beispiel sind Adressleser zum automatischen Sortieren von Briefen. Bei der Post können heute ca. 80% der einkommenden Briefe erfaßt und automatisch sortiert werden. Dabei wird eine Durchsatzrate von 30.000 Briefen pro Stunde entsprechend ca. 500 Zeichen pro Sekunde erreicht. In der Regel werden sowohl Postleitzahl, wie auch Adressen gelesen und unter Ausnutzung dieser Redundanz die Erkennungssicherheit erhöht. Dabei muß allerdings der volle Zeichensatz in verschiedenen Schriftarten erkannt werden.

Die Verfahren der Schriftzeichenerkennung haben inzwischen einen hohen Eintwicklungsstand erreicht und sind auch theoretisch gut fundiert /14-16/. Die Verarbeitung beginnt mit dem Abtasten des Dokumentes im Raster von üblicherweise ca. 100 µm, woraus später pro Einzelzeichen eine Matrix von etwa 32x32 Pixeln gebildet wird. Über eine adaptive oder variable Schwelle wird ein Binärbild erstellt. Daraus müssen zunächst die einzelnen Zeichen separiert werden. Dies geschieht durch Segmentierung von Schwarzbereichen z.B. durch Randbeschreibung oder durch Weißwegsuche. Diese Verfahren führen jedoch zu Schwierigkeiten falls gewisse Zeichen sich berühren oder überlappen. Andere Ansätze trennen die Einzelzeichen auf Grund einer Klassifikation mit geeigneten Merkmalen. Diese Verfahren der Einzelzeichentrennung sind heute noch nicht befriedigend gelöst, werden aber durch Einführung der neuen vielseitigen Möglichkeiten der Druck- und Satztechnik (desktop publishing) immer wichtiger. Nach der Trennung der Einzelzeichen sind Lage und Größe bekannt und die Zeichen werden in der Größe normiert, um Einflüsse von kleinen Größenschwankungen auf die spätere Klassifikation auszuschließen.

Ausgangpunkt der Einzelzeichenerkennung ist ein Raster von Bildpunkten, das als Meßwertvektor aufgefaßt werden kann. Daraus werden geeignete Merkmale berechnet, die eine eindeutige Zuordnung in eine der Zeichenklassen erlauben. Die Festlegung geeigneter Merkmale ist theoretisch nicht fundierbar und bleibt dem Erfindungsgeist überlassen. Ein Kriterium eindeutiger Merkmale ist die Rekonstruierbarkeit der zu beschreibenden Zeichen und insbesondere die Herausarbeitung trennscharfer Information zur Unterscheidung von Zeichen verschiedener Klassen. Solche Merkmale sind beispielsweise die Zahl und die Anordnung der Schwarzpunkte beim Matrixverfahren oder die Zahl der Schwarz/Weiß-

Übergänge und die Zahl der Schwarzpunkte aus verschiedenen Winkelschnitten /17-19/ Üblicherweise werden pro Schriftzeichen ca. 100 Merkmale gewonnen. Sind sie richtig gewählt, so bilden die Vertreter der gleichen Musterklasse eine scharf begrenzte Punktwolke in dem Merkmalsraum. Die Eigenschaften dieser Cluster werden durch eine Lernstichprobe ermittelt und danach der Klassifikator eintrainiert. Zur eigentlichen Klassifikation gibt es verschiedene Ansätze z.B. statistische auf Grund der Wahrscheinlichkeitsverteilung oder geometrische auf Grund von Trenn- und Diskriminantenfunktionen, die heute vorwiegend angewandt werden. Auch an diesem Problem, schnelle und leistungsfähige Klassifikatoren zu entwickeln, wird noch großer Aufwand eingesetzt. Wichtig für die praktische Anwendung ist natürlich der rechentechnische Ablauf, um eine schnelle Verarbeitungszeit zu erreichen. Hier werden vielfach hierarchische oder baumartige Strukturen gewählt /20-22/.

Bei den bisherigen Verfahren der Schriftzeichenerkennung wurden ausschließlich Einzelzeichen für sich alleine betrachtet. Um aber auch bei gestörten Zeichen eine eindeutige Erkennung zu ermöglichen, wurden neuerdings auch die benachbarten Zeichen oder ganze Buchstabenketten analysiert. Bisherige Ansätze berücksichtigen über Trigramme den linken und rechten Nachbarn und die Wahrscheinlichkeit der in Betracht gezogenen Kombination. Diese Ansätze lassen sich leicht auf die Berücksichtigung weiterer Nachbarn erweitern. Außerdem kann auch Zusatzwissen aus Datenbanken z.B. lexikalische Abfragen angewandt werden. Dabei ergeben sich Anknüpfungspunkte zu Methoden der Künstlichen Intelligenz.

Ein weiterer Schwerpunkt derzeitiger Forschungsarbeiten ist die Erkennung chinesischer und japanischer Schriftzeichen /23/. Dabei werden aber bevorzugt syntaktische Verfahren eingesetzt. Sie haben große Ähnlichkeit zu den in Kapitel 3 beschriebenen Ansätzen der Grafikerkennung.

3. Grafikerkennung

Der Begriff Grafik im Sinne der Dokumentanalyse umfaßt eine große Spannweite an Mustern. In reinen Textdokumenten sind grafische Elemente als Symbole oder als Logos enthalten. In Tabellen und Formularen sind Striche und Linien wesentlich, um Textblöcke voneinander zu trennen und das Layout der Vorlage zu kennzeichnen. Zugleich bilden Grafiken eigene Dokumente wie Zeichnungen, Pläne oder Skizzen. Charakteristisch für Grafik sind linienhafte Strukturen, die im allgemeinen große Zusammenhangskomponenten aufweisen. Grafikerkennung heißt die Erkennung und Klassifikation von grafischen Mustern in vorgegebene Symbole sowie die Erkennung von Verbindungslinien und Verfolgung von Linienzügen.

Im Gegensatz zur Schriftzeichenerkennung werden bei der Grafikerkennung bevorzugt syntaktische Methoden angewandt /24/. Dabei werden die grafischen Strukturen in geeignete Primitive wie Linienelemente, Kreisbögen, Kanten und Knoten zerlegt, sowie die Anordnung und die Beziehung der Elemente zueinander ermittelt und festgehalten. So entsteht eine Beschreibung, welche die Grafik in ihrer Topologie, d.h. Linienverlauf und Linienzusammenhang sowie in ihren geometrischen Eigenschaften wie Linienart, Linienbreite und Liniennachbarschaft wiedergibt. Zur Darstellung der Beschreibung sind

Graphen besonders geeignet und werden bevorzugt angewandt. Dabei sind die Primitive die Knoten und die Beziehungen zwischen den Primitiven die Kanten des Graphen.

Die wesentlichen Verfahren der Bildprimitivextraktion sind die Verdünnung oder Skelettierung und die Kanten- und Eckenerkennung. Diese Verfahren werden auch heute noch vielfach bearbeitet sowohl unter dem Aspekt spezieller Anwendungen als auch für die Realisierung auf spezieller Hardware /25,26/. Zur Datenrepräsentation werden chain codes und Quadtrees angewandt.

Beim eigentlichen Mustererkennungsprozeß wird eine Zuordnung zwischen dem zu klassifizierenden Objekt und einem Modell gefunden. Zu diesem Zweck werden zuerst alle für die Aufgabe zu erwartenden Symbole sowie alle in Betracht zu ziehenden Elemente der Grafik als Referenzmuster in einer Symbolbibliothek niedergelegt. Diese Bibliothek ist in derselben Beschreibung wie die zu bearbeitende Vorlage und enthält alle Primitive und Eigenschaften des Objektes. Die Zuordnung selbst geschieht über relationales Matching bzw. Graphenisomorphie oder über Grammatiken, bevorzugt attributierte Grammatiken /27-32/.

Die Hauptprobleme dieser Verfahren liegen im effizienten Finden der Zuordnung, da der Suchaufwand exponentiell mit der Anzahl der zu vergleichenden Kanten und Knoten des Graphen wächst. Durch eine geeignete Organisation des Bildgraphen und der Modelle wie z.B. Partitionierung oder Orientierung des Graphen und eine Optimierung der Suchprozesse lassen sich diese Probleme aber reduzieren /33/.

Ein generelles Problem aller syntaktischen Verfahren ist die hohe Variation der Mustervielfalt innerhalb einer Musterklasse, die beispielsweise für das Muster "Linie" durch Variation der Strichlängen und -breiten entsteht. Ganz besondere Probleme bereiten Störungen wie Linienunterbrechungen oder Linienverschmelzungen. Hier führen kleine Mustervariationen zu grundsätzlich anderen Beschreibungen und damit falschen Zuordnungen. Abhilfe schaffen hier optimierende Ansätze, welche auch ungenaue Zuordnungen mit Kostenfunktionen zulassen oder aber Kontextwissen berücksichtigen /34,35/.

Die Erkennung und Interpretation von Grafik in Dokumenten hat heute schon viele wichtige Anwendungen gefunden. Besondere Bedeutung nehmen dabei Verfahren und Systeme ein, welche vorhandene Konstruktionszeichnungen zur Weiterverarbeitung mit CAD-Systemen in geeignete Datenformate wie IGES umsetzen /36-40/. Beim Einsatz solcher Erkennungssysteme werden hohe Produktivitätssteigerungen berichtet. Aus heutiger Sicht kann man kaum davon ausgehen, daß hier eine vollautomatische Erfassung komplexer Zeichnungen erfolgt. Die Bedeutung liegt vielmehr in der Hilfestellung bei der interaktiven Eingabe in CAD-Systeme. Die Systeme können somit bei der Einführung von CAD-Technik hilfreich sein. Bei der Bearbeitung dieser Vorlagen ist die außerordentlich hohe Komplexität durch überkreuzende Linien, komplexe Zuordnungen und häufige Störungen zu berücksichtigen. Scanner, welche Zeichnungen bis zum Format A0 erfassen können, sind heute schon kommerziell erhältlich. Sie setzen das Rasterformat der gescannten Bilddaten in Vektordaten des Linienmusters um und basieren auf einer Erkennung der Linienprimitive. Dies bietet bereits die Möglichkeit, Zeichnungen und Pläne zu erfassen und interaktiv zu bearbeiten. Erste Automatisierungsschritte erlauben eine Dimensionierungskontrolle und Konsistenzprüfung der Geometrie. Bis zu einem breiten Einsatz dieser

Systeme und der Anwendung von Mustererkennungsverfahren zur Interpretation ist aber noch viel Forschungsarbeit zu leisten.

Bei der Interpretation von Handskizzen, elektrischen Schaltplänen oder Logikdiagrammen kann die Komplexität gegenüber großen Zeichnungen in bezug auf Zuordnungen, Linienüberkreuzungen etc. leicht eingeschränkt werden. Ein Beispiel einer solchen Interpretation zeigt Bild 3, bei dem ein Schaltplan interpretiert wurde. Das Erkennungsverfahren basiert auf Graphenisomorphie und üblicher Vorverarbeitung.

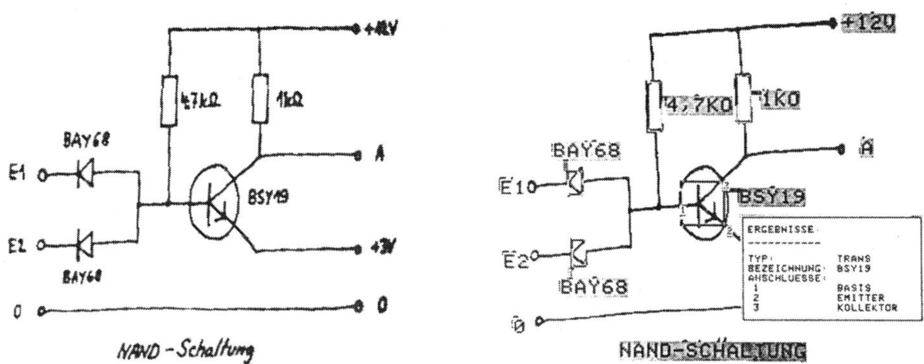

Bild 3: Interpretation einer handgezeichneten Skizze durch Symbolerkennung und Zuordnung des Textes zu den erkannten Schaltzeichen.

In diesem Bereich sind viele Forschungsarbeiten angesiedelt, welche grundsätzliche Verfahrensschritte entwickeln und untersuchen. Ein Schwergewicht liegt dabei auf der Vorverarbeitung, der Ecken- und Kantenfindung, auf der Separation einzelner Symbole und der Trennung von Text und Grafik. Daneben gibt es wichtige Arbeiten zum eigentlichen Erkennungs- und Klassifikationsprozeß.

Andererseits wird über prototypische Systeme berichtet, welche den Erkennungsprozeß bis zur inhaltlichen Interpretation ausüben und an Beispielen teilweise im praktischen Einsatz erproben /41-43/. Bei der Entwicklung solcher Gesamtsysteme spielt naturgemäß die verfügbare Hardware eine wesentliche Rolle. Für die Erkennungssicherheit ist die Qualität der verwendeten Vorlagen und die dafür gemachte Einschränkung wesentlich. Große Probleme bereiten Störungen wie Linienunterbrechungen. Lösungsansätze sind einerseits Optimierungsverfahren oder Berücksichtigung von Kontext. Für die vollständige Interpretation der Skizzen wird die Zuordnung von Text zu entsprechenden Symbolen und damit auch eine Handschrifterkennung nötig.

Während bei Plänen und Skizzen das Schwergewicht auf der Erkennung und Interpretation von Symbolen liegt, müssen bei Landkarten insbesondere Linien verfolgt werden, verschiedene Linientypen wie gestrichelt, doppelt etc. erkannt werden. Dagegen sind bei Tabellen und Formularen die grafischen Primitive (Geraden, Rechtecke, Kreisbögen) zur Ermittlung von Zeilen- und Spaltenstrukturen erforderlich. Zur Interpretation des Tabelleninhalts muß jedoch auch ein inhaltlich logisches Modell von den Bedeutungen (z.B. Ware, Artikelnummer, Preis) der Felder aufgebaut werden. Über den Zusammenhang von Logik und Layout wird in Kapitel 4 über wissensbasierte Analyse näher eingegangen.

4. Wissensbasierte Analyse von Dokumenten

Die wissensbasierte Analyse hat zum Ziel, auch den Bedeutungsinhalt von Dokumenten zu erschließen und einer Weiterverarbeitung zugänglich zu machen. Beispielsweise wird automatisch erkannt, daß das vorliegende Dokument ein Geschäftsbrief ist, so daß wichtige Informationen wie Absender, Datum, Betreff extrahiert werden können, um in entsprechenden Datenbanksystemen abgelegt zu werden. Die wissensbasierte Dokumentanalyse macht grundsätzlich keine Einschränkungen mehr hinsichtlich der Gestaltung gedruckter Vorlagen: es ist das im Buch- und Zeitschriftendruck übliche Layout mit unterschiedlichen Fonts und zusätzlichen Grafiken, Logos und Halbtonbidern zugelassen. Daraus leiten sich die drei wichtigsten Komponenten der Dokumentanalyse ab, nämlich (1) die Zerlegung (Segmentierung) in Text-, Grafik- und Bildteile, (2) die Repräsentation des Wissens über Layout und Inhalt von Dokumenten und (3) der Kontroll- und Inferenzmechanismus zur Steuerung der wissensbasierten Analyse (vgl. Bild 4). Im Rahmen der wissensbasierten Analyse wird die inhaltliche Bedeutung einzelner Blöcke aus einer allgemeinen Beschreibung des Layouts erschlossen. Das Wissen über die möglichen Vorlagen ist in einem Modell niedergelegt. Hier sind die möglichen Anordnungen der Textblöcke, ihre Beziehungen zueinander und ihre möglichen Ausprägungen festgelegt.

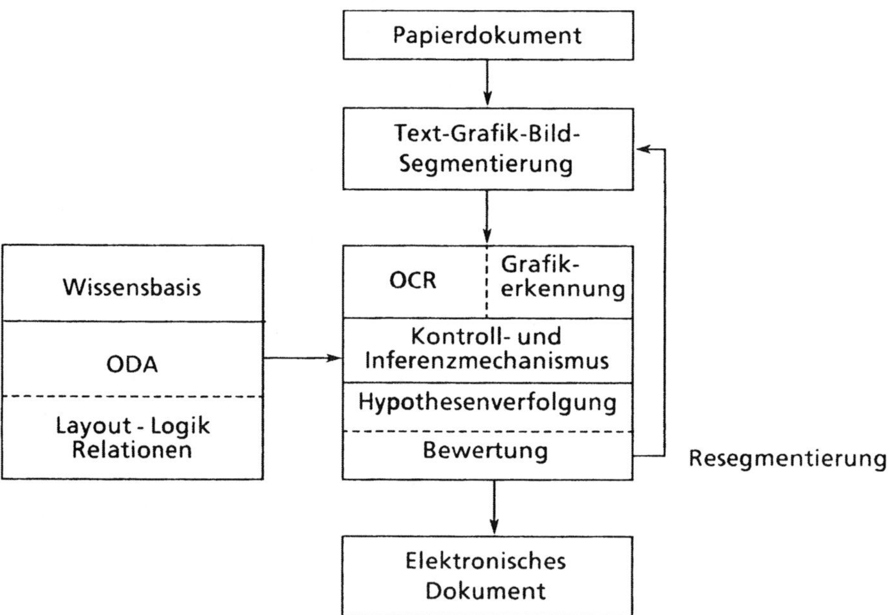

Bild 4: Wissensbasierte Dokumentanalyse mit den drei Komponenten: Text/Grafik/Bild-Segmentierung, Wissensbasis und Kontroll- und Inferenzmechanismus

Grundlage für die wissensbasierte Analyse ist eine Zuordnung zwischen Layout und logischem Inhalt. Um die Vielfalt der im Büro vorkommenden Dokumente unter einem einheitlichen Gesichtspunkt beschreiben zu können, wurde eine Dokumentarchitektur (ODA = office document architecture) entwickelt. Sie wird zur Zeit von internationalen Gremien wie ISO, CCITT und ECMA standardisiert /44-47/. Der Inhalt (content) eines

Dokumentes wird dabei sowohl aus logischer Sicht (z.B. Kapitel, Überschrift, Fußnoten usw., als auch aus der Sicht des Layouts (z.B. Seiten, Textblöcke, Zeilen usw.) beschrieben. Ein Bürodokument wird dabei als hierarchische Struktur von Objekten und Relationen so flexibel beschrieben, daß es anwendungs- und geräteunabhängig gespeichert, übertragen und bearbeitet werden kann. Diese Dokumentstruktur eignet sich deshalb auch für die Modellbildung bei der Dokumentanalyse. Dabei wird das Dokument durch drei Einheiten beschrieben, "content", "layout structure" und "logical structure" (s. Bild 5). "Content"

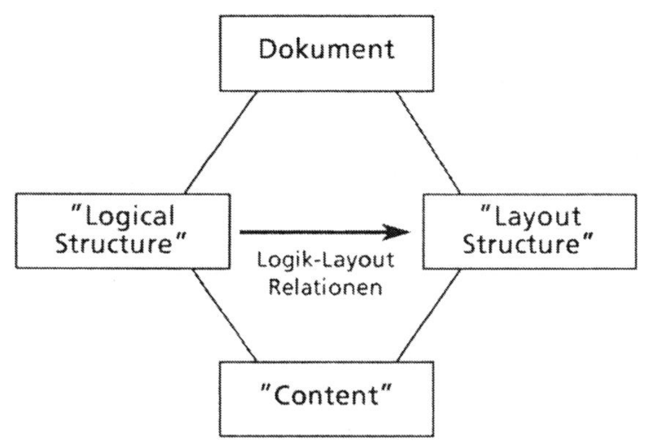

Bild 5: Die Dokumentstruktur nach ODA (Office Document Architecture)

enthält die aktuelle Information des Dokumentes wie Textparagraphen und/oder Diagramme. Seine Datenstruktur ist beispielsweise ASCII-Code als Ergebnis der Schriftzeichenerkennung oder Vektorgrafik als Ergebnis der Grafikerkennung. "Layout structures" sind hierarchisch geordnete rechteckige Bereiche von Text oder Grafik. Sie werden durch einen Segmentierungsprozeß innerhalb der Vorverarbeitung gewonnen und umschreiben einzelne Textzeilen oder Textblöcke, oder aber Grafik- oder Bildbereiche. "Logical structures" definieren die semantische Bedeutung der Dokumentteile, wie Überschrift, Fußnote, Bildunterschrift, Kapitel u.s.w.

Die Text-Grafik-Bild-Segmentierung ist eine wesentliche Vorstufe zur wissensbasierten Analyse /48-51/. Zur Segmentierung von Halbtonbildern /7/ und Grafikanteilen liegen schon erfolgreiche aber noch isolierte Ansätze vor. Einen Schritt weiter geht die Formularerkennung in Bild 6, die den Formulartyp aus dem grafischen Layout ermittelt und damit eine logische Zuordnung von Textteilen ermöglicht. Das auf einem Bildgraph basierende Verfahren ist jedoch noch anfällig gegen Linienunterbrechungen und Verschmelzungen von Grafiken mit Textteilen /52/. Ein wissensbasiertes Analysesystem ermöglicht aufgrund der inhaltlichen Zuordnung und Bewertung die Rücknahme einer Segmentierungsentscheidung (Resegmentierung, vgl. Bild 4).

Die Dokumentarchitektur reicht zur Analyse jedoch nicht aus. Die Wissensbasis braucht noch geeignete Regeln über die gegenseitigen Abhängigkeiten von Logik-Objekten und Layout-Objekten. Diese Beziehungen sind von den zu untersuchenden Dokumentklassen, wie z.B. Briefe oder Berichte, abhängig. In dem Bereich der Künstlichen Intelligenz sind verschiedene Formen der Wissensrepräsentation entwickelt worden /53/. Die objektorientierten Verfahren fassen das Wissen über ein Konzept in abstrakten Datenstrukturen (Frames) zusammen. Die Eigenschaften von Objekten (z.B. Datum) werden in Slots beschrieben (z.B. Tag, Monat, Jahr). Die Relationen zwischen den Objekten sind als hierar-

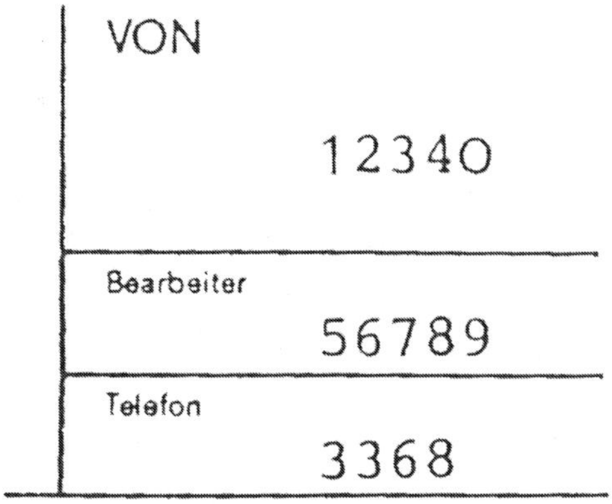

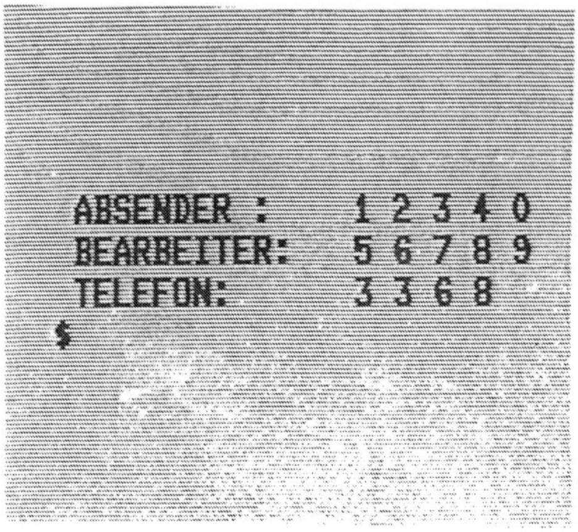

VON

12340

Bearbeiter

56789

Telefon

3368

ABSENDER : 1 2 3 4 0
BEARBEITER: 5 6 7 8 9
TELEFON: 3 3 6 8
$

Bildmuster eines Formulars — Interpretationsergebnis

Bild 6: Formularerkennung durch Analyse des grafischen Layouts /52/

chische Abhängigkeiten der Objekte (Vererbungsmechanismen) und Prozeduren, die in den Slots stehen (Methoden) wiedergegeben. Eine Anwendung auf die Dokumentanalyse von Briefen findet man in /54/. Daneben gibt es die Produktionensysteme und die logikorientierten Methoden zur Wissensrepräsentation, die mit "wenn-dann"-Regeln und mit Fakten arbeiten. Einen regelbasierten Ansatz zur Analyse von Briefadressen findet man bei /55/. Wissen läßt sich auch in Netzwerken darstellen, die als semantische Netze schon in einigen Bereichen der Sprach- und Bildverarbeitung erfolgreich eingesetzt wurden /56/. Ein daran orientierter Ansatz wird in diesem Tagungsband vorgestellt /57/. Die Netzknoten enthalten hierbei neben den Layout- und Logikinformationen auch noch das Wissen über den syntaktischen Aufbau von "content portions" (ATN Grammatiken). Von besonderer Bedeutung ist dabei die Wissenserwerbskomponente, die es erlaubt, modellhafte Strukturen auf einfache Art aufzubauen oder zu verändern.

Ausgangspunkt des Analyseprozesses ist die Vorverarbeitung, die zunächst Text/Grafik und Bildbereiche separiert und ihr Layout beschreibt (Bild 4). Die dabei erkannten Dokumentteile werden jedoch nicht einfach bottom up oder top down zu einer ODA-Dokumentstruktur zusammengefaßt, sondern bis zu einer endgültigen Entscheidung mit meist heuristischen Bewertungen als Hypothesen verwaltet. Die Steuerung der Inferenzschritte ist bei den Produktionensystemen durch ein schrittweises Anwenden der Regeln und Mustervergleich mit den Fakten gekennzeichnet. Falls Konflikte auftreten, können vorwärts- oder rückwärtsverkettende Strategien und Heuristiken zur Auswahl der Prioritäten (Bewertungen) von Regeln eingesetzt werden /58/.

Eine für den objektorientierten Ansatz geeignete Kontrollstrategie ist das "generate and test". Dadurch können die im Modell angegebenen Abhängigkeiten und Bewertungsfunktionen zu einer zielgerichteten Auswahl stärker gewichteter Hypothesen und zum Ausschluß widerspruchsvoller Hypothesen führen /54/. Das aus dem Projekt HEARSAY bekannte Blackboardprinzip zur Verwaltung von Hypothesen wird bei /59/ eingesetzt. Damit gelingt das Auffinden von Adressenaufklebern auf Titelseiten von illustrierten Zeitschriften.

Eine endgültige Beurteilung der verschiedenen Verfahren zur wissensbasierten Dokumentanalyse kann im derzeitigen Stadium der Forschungsarbeiten noch nicht vorgenommen werden. Man wird den Abschluß laufender Projekte abwarten müssen.

5. Schlußbemerkung

Die aufgezeigten und diskutierten Verfahren zur Dokumentinterpretation weisen unter mehreren Gesichtspunkten eine enorme Spannweite auf. Dies betrifft zum einen die Vielseitigkeit der Verfahren selbst, zum andern die Tiefe zu welcher der Dokumentinhalt erschlossen wird, dann den Reifegrad der Verfahrensentwicklung und schließlich die Anwendungen und Aufgaben. Einige Verfahren haben heute einen technisch sehr hochwertigen Stand erreicht, sind in kommerziellen Geräten realisiert und in praktischem Einsatz. Trotzdem sind heute auf allen Gebieten der Dokumentinterpretation intensive Forschungs- und Entwicklungsarbeiten im Gange. Dies zeigt sich an mehreren internationalen Forschungsprojekten und an den zahlreichen Beiträgen zu internationalen Tagungen. Bei der klassischen Schriftzeichen- und Mustererkennung werden - bedingt durch neue Aufgaben und Probleme im Bürobereich - neue Lösungen gesucht. Die Ansätze der wissensbasierten Analyse von Dokumenten entwickeln sich zu einem Standardproblem und einer Testanwendung von Verfahren der Künstlichen Intelligenz. Es ist zu hoffen, daß diese Ansätze für definierte Aufgaben in naher Zukunft zu realisierbaren Problemlösungen führen.

Herrn G. Maderlechner, Hrn. Dr. X. Müller und Herrn Dr. W. Scherl danke ich für wertvolle Diskussionen.

Literatur

/1/ R.J. Lahr: *The Non-Death of Paper*, IEEE MICRO, Okt. 1984, S. 18

/2/ M. Schäfer, H.P. Fröschle: *Die Vision vom papierlosen Büro*, Funkschau 19 (1986), S. 45

/3/ W. Doster, J. Schürmann: *Vom Papier und mit Papier in den Computer*, Technische Rundschau 47 (1984), S. 62

/4/ W. Doster: *Different States of a Document's Content on its Way from the Gutenbergian World to the Electronic World*, ICPR 1984, Montreal, Proc. Vol. 2, S. 872

/5/ K.Y. Wong, R.G. Casey, F.M. Wahl: *Document Analysis System*, IBM J. Res. Develop. 26 (1982), S. 647

/6/ W. Scherl: *Bildanalyse allgemeiner Dokumente*, Informatik Fachberichte Nr. 131, Springer-Verlag, Berlin Heidelberg New York Tokyo, 1987

/7/ W. Postl: *Halftone Recognition by an Experimental Text and Facsimile Workstation*, ICPR 1982, München, Proc. Vol. 1, S. 489

/8/ H. Niemann: *Mustererkennung - Anwendungen*, Informatik Spektrum 3 (1980), S. 19

/9/ W. Doster, E. Mandler, R. Oed: *Experimente zur handschriftlichen Direkteingabe*, Tagungsband 7. DAGM-Symposium, Erlangen, 1985, S. 42

/10/ E. Mandler: *Kombination der Erkennungsergebnisse unabhängiger abstandsmessender Klassifikatoren bei der handschriftlichen Direkteingabe*, Tagungsband 9. DAGM-Symposium, Braunschweig, 1987

/11/ T. Bayer: *Segmentierung von verklebten Einzelzeichen mit einer heuristischen Suchstrategie*, Tagungsband 9. DAGM-Symposium, Braunschweig, 1987

/12/ J. Schürmann: *Reading Machines*, Proc. 6th ICPR 1982, München, S. 1031

/13/ J. Schürmann: *Schriftzeichenerkennung und maschinelles Lesen*, Handbuch der modernen Datenverarbeitung, HMD 115/84 (1984), S. 23

/14/ H. Niemann: *Klassifikation von Mustern*, Springer-Verlag, 1983

/15/ G. Nagy: *Optical Character Recognition, Theory and Practice*, in Handbook of Statistics Vol. 2, (Ed. Krishnaiah, Kanal), North Holland, 1982

/16/ Y. Shing, Suen: *Character-Recognition by Computer and Applications*, in Handbook of Pattern Recognition and Image Processing, Academic Press, 1986

/17/ J. Franke: *Schriftzeichenerkennung bei Bürodokumenten*, GI-Jahrestagung 1986, Informatik Fachberichte 127, Springer-Verlag, S. 149

/18/ L. Bernhard: *Three Classical Character Recognition Problems, Three new Solutions*, Siemens Forschungs- und Entwicklungsberichte 13 (1984), S. 114

/19/ S. Kahan, T. Pavlidis, H.S. Baird: *On the Recognition of Printed Characters of any Font and Size*, IEEE-PAMI 9 (1987), S. 274

/20/ Q.R. Wang, C.Y. Suen: *Analysis and Design of a Decision Tree Based on Entropy Reduction and its Application to Large Character Set Recognition*, IEEE-PAMI 6 (1984), S. 406

/21/ J. Voisin, P.A. Devijver: *An Application of the Multiedit-Condensing Technique to the Reference Selection Problem in a Print Recognition System*, Proc. 8th ICPR, Paris (1986), S. 1087

/22/ A.K. Jain, P.C. Dubes, C.C. Chen: *Boots trapping for error estimation*, Proc. 8th ICPR, Paris (1986), S. 330

/23/ S. Mori, K. Yamamoto, M. Yasuda: *Research on Machine Recognition of Handprinted Characters*, IEEE-PAMI 6 (1984), S. 386

/24/ G. Maderlechner, P. Kuner, E. Hundt: *Mustererkennung und Musterbeschreibung von Liniengrafik in Zeichnungen,* Tagungsband 5. DAGM-Symposium, Karlsruhe, 1983, VDE-Fachberichte 35, S. 155

/25/ Ch. Evers, J. Andersen, G. Maderlechner: *Ein neues Verfahren zur euklidischen Skelettierung von Binärbildern,* Tagungsband 9. DAGM-Symposium, Braunschweig, 1987

/26/ U. Eckhardt: *Parallele Verdünnung von Binärbildern,* Tagungsband 9. DAGM-Symposium, Braunschweig, 1987

/27/ H. Bunke: *Experience with Several Methods for the Analysis of Schematic Diagrams,* Proceedings ICPR, München, 1982, S. 710

/28/ H. Bley: *Segmentation and Preprocessing of Electrical Schematics Using Picture Graphs,* Computer Vision, Graphics, and Image Processing 28 (1984), S. 271

/29/ H. Murase, T. Wakahara: *On Line Hand-Sketched Figure Recognition*, Pattern Recognition 19 (1986), S. 147

/30/ P. Kuner: *Geometrical and Relational Description of Line Images Using Analytical Features of their Representing Spline Curves*, Proc. 3rd Scand. Conf. on Image Analysis, Kopenhagen, 1983, S. 67

/31/ G. Maderlechner, O. Bartenstein: *Die Methode der diskriminierenden Graphen zur fehlertoleranten Mustererkennung*, Tagungsband 6. DAGM-Symposium, Graz, 1984, S. 222

/32/ E. Egeli, F. Klein, G. Maderlechner: *Modellgestützte Symbolinstanziierung aus relational verknüpften Bildprimitiven*, Tagungsband 7. DAGM-Symposium, Erlangen, 1985, S. 267

/33/ P. Kuner: *Efficient Techniques to Solve the Subgraph Isomorphism Problem for Pattern Recognition in Line Images,* Proc. 4th Scand. Conf. on Image Analysis, Trondheim, 1985, S. 333

/34/ L. Shapiro: *Inexact Matching of Line Drawings in a Syntactic Pattern Recognition System*, Pattern Recognition 10 (1978), S. 313

/35/ P. Kuner, B. Ueberreiter: *Knowledge Based Pattern Recognition in Disturbed Line Images Using Graph Theory, Optimization and Predicate Calculus*, Proc. 8th ICPR, Paris, 1986, S. 240

/36/ H. Jansen, F.L. Krause: *Interpretation of Freehand Drawings for Mechanical Design Processes,* Computer & Graphics **8** (1984), S. 351

/37/ M. Karima, K.S. Sadhae, T.O. McNeil: *From Paper Drawings to Computer Aided Design*, IEEE GG&A, Febr. 1985, S. 27

/38/ R.J. Boltz, J.T. Avery: *Mechanical Design Productivity Using CAD Graphics - A User's Point of View*, IEEE CG&A, Febr. 1985, S. 40

/39/ J. Hofer-Alfeis: *Automated Conversion of Existing Mechanical-Engineering Drawings to CAD Data Structures: State of the Art*, 2nd Intern. Conf. on Computer Applications in Prod. and Engineering, CAPE '86, North Holland, 1986

/40/ J. Hofer-Alfeis, K. Frank: *Automatische Umsetzung mechanischer Konstruktionszeichnungen in CAD-Modelle: Stand der Technik, Probleme, Lösungswege*, Tagungsband 7. DAGM-Symposium, Braunschweig, 1987

/41/ Y. Yoshino, K. Mori, A. Okazaki, S. Tsunekawa: *Flexible Drawing Reader with High-Speed Hierarchical Processors*, Proc. CVPR 1983, S. 510

/42/ S. Shimizu, S. Nagata, A. Inoue, M. Yoshida: *Logic Circuit Diagram Processing System*, Proc. 6th ICPR, München, 1982, S. 717

/43/ G. Masini, R. Mohr: *Mirabelle, A System for Structural Analysis of Drawings*, Pattern Recognition 16 (1983), S. 363

/44/ *Information Processing - Text Processing and Interchange - Text Structures*, Part 1 to 6, ISO/DIS 8613 (June 1986)

/45/ *Office Document Architecture*, ECMA 101 (September 1985)

/46/ *Message Handling Systems: Presentation Transfer Syntax and Notation*, CCITT recommendation X.409

/47/ W. Horak: *Office Document Architecture and Office Document Interchange Formats: Current Status of International Standardization*, Computer 18 (1985), S. 50

/48/ W. Scherl: *Unified Analysis of Complex Document Patterns*, Proc. 4th Scand. Conf. on Image Analysis, Trondheim, 1985, S. 873

/49/ F.M. Wahl, K.Y. Wong, R.G. Casey: *Block Segmentation and Text Extraction in Mixed Text/Image Documents*, Computer Graphics and Image Processing 20, 1982, S. 375

/50/ K. Kubota, O. Iwaki, H. Arakawa: *Document Understanding System*, 7th ICPR, Montreal, 1984, S. 612

/51/ G. Nagy, S. Seth: *Hierarchical Representation of Optically Scanned Documents*, 7th ICPR, Montreal, 1984, S. 347

/52/ L. Domke, A. Günther, W. Scherl: *Wissensgesteuerte Formularinterpretation mit Hilfe von Petrinetzen*, Tagungsband 8. DAGM-Symposium, Paderborn, 1986, S. 29

/53/ A. Barr, E.A. Feigenbaum (eds.): *The Handbook of Artificial Intelligence*, Vol. 1-3, Los Altos, USA, 1981

/54/ J. Kreich, B. Ueberreiter: *Interpretation bildhafter Bürodokumente mittels objekt-orientierter Wissensrepräsentation und hypothesengesteuerter Kontrollstrategie*, Tagungsband 8. DAGM-Symposium, Paderborn, 1986, S. 34

/55/ D. Niyogi, S.N. Srihari: *A Rule-Based System for Document Understanding*, Proc. AAAI 1986, S. 789

/56/ G. Sagerer: *Darstellung und Nutzung von Expertenwissen für ein Bildanalysesystem*, Informatik Fachberichte 104, Springer Verlag, Berlin Heidelberg New York Tokyo, 1985

/57/ O. Bergengruen, A. Luhn, G. Maderlechner, B. Ueberreiter: *Ein Ansatz für die Interpretation von Dokumenten durch Erweiterte Übergangsnetze (ATN's)*, Tagungsband 9. DAGM-Symposium, Braunschweig, 1987

/58/ M. Stefik et al.: *The Organization of Expert Systems - A Tutorial*, Artificial Intelligence 18 (2), 1982, S. 135

/59/ C.H. Wang, S.N. Srihari: *Object Recognition in Structured and Random Environments: Locating Address Blocks on Mail Pieces*, Proc. AAAI 1986, S. 1133

Segmentierung von verklebten Einzelzeichen mit einer heuristischen Suchstrategie

Thomas Bayer
AEG Forschungsinstitut
Sedanstrasse 10
7900 Ulm

0. Zusammenfassung

Die Segmentierung von verklebten Einzelzeichen ist eine komplexe Aufgabe, wenn der Text in Proportionalschrift gedruckt ist. Da die Anzahl der verklebten Zeichen in diesem Muster nicht bekannt ist, ergeben sich sehr viele mögliche Schnittkombinationen. Diese unterschiedlichen Kombinationen werden nach mehreren Kriterien bewertet, so daß jede ermittelte Sequenz von Einzelzeichen ein Gütemaß besitzt. Gesteuert wird der daraus resultierende Zustandsraum mit einer 'best-first' Suchstrategie, die die - nach den gegebenen Kriterien - beste Segmentierung berechnet. Der Algorithmus erlaubt, eine zunächst ermittelte Einzelzeichensequenz zu verwerfen und eine andere vielversprechendere zu verfolgen.

1. Motivation

Eine wesentliche Aufgabe in der Analyse von Dokumenten ist die Segmentierung von Textbereichen in die Struktur von Zeilen, Worten und Einzelzeichen und die Erkennung dieser Komponenten. Sind mehrere Zeichen innerhalb des Textes zu einem einzigen Schwarzobjekt verbunden (Fig. 1), müssen diese nachträglich aufgetrennt werden, bevor sie einem Klassifikator übergeben werden können. Gründe für solche Verklebungen können etwa eine zu geringe Abtastauflösung sein oder 'Schmutzpunkte', die durch einen oder mehrere Kopiervorgänge in das Dokument eingebracht wurden.

In /1/ und /4/ finden wir Lösungsvorschläge, die sich im wesentlichen auf geometrische Merkmale stützen, um die Zeichenfolge zu segmentieren. In /3/ bestimmt ein Klassifikator die Zeichensequenz, indem sukzessiv von links beginnend das Zeichen aus einer Menge von verschieden breiten Kandidaten ausgewählt wird, das die höchste Glaubwürdigkeit besitzt.

Der im folgenden beschriebene Algorithmus spezifiziert nun ein systematisches Segmentierverfahren, das sich auf Text in Proportionalschrift konzentriert und bei der Segmentierung unterschiedliche Alternativen gegeneinander abwägt. Besteht der Text aus Einzelzeichen mit fester Teilung, ist das Segmentierproblem weit weniger komplex, da man weiß, wieviele Zeichen in diesem Muster enthalten sind und die ungefähren Schnittpositionen kennt.

Um den Algorithmus erfolgreich einsetzen zu können, muß der gesamte Text bestmöglich segmentiert worden sein in Zeilen, Worte und Einzelzeichen, die wiederum alle klassifiziert sind. Verklebungen sollten nicht zu häufig auftreten, so daß noch verläßliche Kontextinformation über Einzelzeichen aus dem Text ermittelt werden kann. Weiterhin lassen sich nur Verklebungen auflösen, deren Einzelzeichen mit einem vertikalen Schnitt trennbar sind.

2. Grundlegende Segmentieridee

Da die verklebten Einzelzeichen in Proportionalschrift vorliegen, weiß man im voraus nicht, wie viele Segmente in diesem Block verschmolzen sind und wo die Trennstellen liegen. Die grundlegende Segmentieridee ist daher, das erste Einzelzeichen in diesem Bereich zu finden, indem verschieden breite Zeichen bei festem linken Rand herausgeschnitten werden. Aus diesen Kandidaten wird dann das

am 'sinnvollsten' erscheinende ausgewählt. Aus dem resultierenden Restbereich wird das zweite Zeichen mit den gleichen Mitteln extrahiert, bis man so den gesamten verklebten Schwarzbereich segmentiert hat (vgl. /3/).
Die Einschätzung jedoch, was sinnvoll ist, ist vor allem zu Beginn der Segmentierung nicht eindeutig. Man muß mit Fehlern rechnen (s. Fig. 2), wie ein kleines Beispiel zeigt: Das Einzelzeichen 'm' könnte auch in die vermeintlichen 3 Buchstaben 'r', 'r' und (Rumpf-) 'i' segmentiert werden. Daß diese Auftrennung falsch ist, wird man wahrscheinlich erst bemerken, wenn man beim vermeintlichen 'i' angelangt ist und keinen i-Punkt finden kann. Mit Hilfe der unterschiedlichen heuristischen Informationsquellen werden solche Kandidaten ausgesondert und es wird bei vernünftigeren Sequenzen aufgesetzt.
Im folgenden werden die 3 logischen Teile des Segmentiersystems im einzelnen vorgestellt (Fig. 3).

3. Die Ergebnisdatenbasis

Die möglichen Segmentieralternativen sind in einem Baum abgelegt (Fig. 4). Jeder Knoten enthält einen rechteckigen Ausschnitt aus dem verklebten Textblock, der während der Segmentieranalyse als ein Einzelzeichen interpretiert wurde, und das verbleibende Restmuster. Die Wurzel besteht aus dem gesamten verklebten Muster und enthält noch kein Zeichenerkennungsergebnis.
Die Sohnknoten zu einem Vaterknoten stellen die Alternativen für das nächste Zeichen dar, ausgehend vom Restmuster des Vaterknotens. In der ersten Ebene befinden sich folglich die Alternativen für das allererste Zeichen des verklebten Musters zusammen mit ihrer Restbinärinformation. Die Ebene i enthält die Einzelzeichen, die an der i-ten Stelle in der Sequenz der Einzelzeichen stehen können. Somit spezifiziert ein Pfad im Baum von der Wurzel bis zu einem Blatt eine mögliche Segmentierung des verklebten Musters.
Ein sehr wichtiger Aspekt ist, daß der Baum mit wachsender Breite des verklebten Musters exponentiell anwächst. Handelt es sich um normale Schriftgröße und schneidet man sukzessive bei jedem Pixel, so entstehen bei jeder Expansion eines Knotens ca. 15 bis 20 neue Sohnknoten, die wiederum soviele Söhne produzieren. Bei einer Breite des verklebten Musters von 21 Pixeln und den Randbedingungen, daß ein Einzelzeichen minimal 5 und maximal 24 Pixel breit sein kann, enthält der vollexpandierte Baum 184 Knoten. Eine Breite von 33 Pixeln zieht bereits 5381 Knoten nach sich und eine Breite von 52 1116073. Notwendig ist also ein Kontrollalgorithmus, der den Suchraum effizient entwickelt, nur wenige dieser Knoten expandiert.

4. Datenbasis von Methoden und Fakten

Um die konkurrierenden Segmentieralternativen bewerten zu können und damit der Kontrolle eine effiziente Suchraumverwaltung zu gestatten, sind eine Menge von statischen und dynamischen Fakten sowie eine Reihe von Bewertungsfunktionen gespeichert. Diese bilden die Grundlage für eine erfolgreiche und schnelle Segmentierung des verklebten Musters.
Aus dem lokalen Textkontext werden von den sehr sicher erkannten Einzelzeichen geometrische Merkmale extrahiert, wie Höhe, Breite, Binärbild u.ä., die eine Überprüfung des Segmentationsprozesses erlauben. Ein Polynomklassifikator /7/ bewertet die gelieferten Schnittsegmente. Mit Hilfe eines Schreiblinienrasters und dem lokalen Kontext der Verklebung laßt sich die Güte einer segmentierten Zeichenfolge bezüglich ihrer geometrischen Lage zueinander bestimmen /2/. Andere Algorithmen bestimmen aus den mittleren Zeichengrößen, wie breit der Schnittbereich zu wählen ist und wie dicht die Schnitte aufeinanderfolgen. Geplant ist das Einbeziehen eines Wörterbuches, das sicherlich eine weitere Beschränkung des Suchraums bewirkt.

5. Der Kontrollalgorithmus

Eine Best-First Suchmethode, der A(*) Algorithmus, übernimmt die Verwaltung des Ergebnisbaums. Ziel ist es, den optimalen Zielzustand, also eine Segmentierung des verklebten Musters, in möglichst wenig Schritten zu erreichen. Dazu wird die Güte eines jeden Pfads im Suchraum mit Hilfe von Heuristiken geschätzt und immer am aktuell besten Zustand die Suche dem Ziel entgegen vorangetrieben. Der Algorithmus vereinfacht sich noch etwas in bezug auf seine ursprüngliche Darstellung in der Literatur, da wir als Zustandsraum einen Baum vorliegen haben und deshalb nicht auf zwei verschiedenen Pfaden zu einem Knoten gelangen können. Einen guten Einblick in dieses Verfahren bieten /5/ und /6/. Im folgenden werden nur die für die Anwendung wichtigen Punkte besprochen.

5.1 Anwendung für die Segmentierung

Die wesentliche Aufgabe des Verfahrens ist die Schätzung der Güte $G \in [0,1]$ eines Pfades p, da dies die Größe des Suchraums erheblich beeinflußt. Nehmen wir an, der Pfad sei bis zu einem Knoten v_p entwickelt. Die Güte G_p von p zerfällt in zwei Teile G_1 und G_2: für den Teil, der bereits entwickelt ist, und für den noch unbekannten Teil von v_p zum Ziel. Um die Optimalität des Algorithmus' zu gewährleisten, müssen die folgenden zwei Bedingungen erfüllt sein:

(1) $G_q \leq G_p$, falls p ein Vorfahr von q ist, i.e. die Pfadgüte verringert sich mit der Länge des bereits entwickelten Pfades,
(2) die Schätzung für G_2 muß optimistisch sein.

In dieser Anwendung wird G_1 eines Pfades p bestimmt, indem G_1 des Vaterknotens von v_p ($= G_1(\text{Vater}(v_p))$) mit der Bewertung $B \in [0,1]$ des Knotens v_p multipliziert wird. G_p ergibt sich dann aus der Multiplikation von G_1 mit G_2. Die Bedingung (1) ist damit erfüllt. (2) erfüllen wir, indem wir G_2 optimistisch in jedem Pfad mit 1 schätzen. Dies ist ein häufig anzutreffendes Vorgehen, da es sehr einfach ist. Der Nachteil besteht jedoch darin, daß gerade eine gute Schätzung von G_2 den Suchraum erheblich einschränkt und eine weniger gute zu einer nicht so effizienten Suche führt.
Die Bewertung B eines Knotens setzt sich zusammen aus dem Produkt der Bewertungen der im vorigen Kapitel angesprochenen Schätzfunktionen, wie Einzelzeichenklassifikator, Kontextbetrachtungen, Passung geometrischer Merkmale, etc. G_p läßt sich also in geschlossener Form folgendermaßen darstellen:

$$G_p = G_1(v_p) * G_2(v_p)$$
$$\text{mit } G_1(v_p) = G_1(\text{Vater}(v_p)) * B(v_p) \qquad \text{und} \qquad G_2(v_p) = 1$$

Das Verfahren startet mit einem initialen Zustandsraum, der nur die Wurzel mit dem verklebten Ausgangsmuster enthält. Wie bereits erwähnt, wird der aktuell beste Blattknoten des Baums expandiert, was bedeutet, daß aus dem Restmuster dieses Knotens Alternativen für das erste Zeichen dieses Musters gebildet werden. Jede Alternative wird bewertet, ein Knoten wird dafür erzeugt und als Sohn an den momentan besten geheftet. Die Suche ist erfolgreich beendet, wenn der aktuell beste Blattknoten kein Restmuster mehr enthält.

5.2 Einschränkung des Suchraums

Da der Wert G_2 für alle Pfade mit 1 geschätzt wird, ist eine starke Beschränkung des Suchraums nötig. Dies geschieht einmal dadurch, daß man möglichst viel heuristische Information in die Bewertung B eines Knotens hineinsteckt. Somit erreicht man, daß unsinnige Sequenzen von Einzelzeichen schon zu Beginn der Suche verworfen werden. Zum anderen haben die Tests gezeigt, daß sehr viele Knoten entstehen, die sich nur um wenige Pixel unterscheiden. im Prinzip das gleiche Einzelzeichen als Interpretation enthalten und eine sehr hohe Güte besitzen. Diese redundanten Knoten werden dann zu einem einzigen Zustand verschmolzen, was in der Regel die Anzahl der expandierten Knoten um 20% verringert.

6. Ergebnisse

Der Segmentieralgorithmus ist in der Sprache MODULA-2 realisiert und ist auf ca. 300 ausgewählte Beispiele mit zum Teil schwierigen Segmentierproblemen angewandt worden, die Buchstabengruppen mit 2 bis 6 verklebte Einzelzeichen enthielten (Fig. 5). In 80% der Fälle wurde die korrekte Sequenz ermittelt, in den übrigen Fällen war größtenteils durch die schlechte Schriftqualität die Einzelzeichenerkennung zu stark beeinträchtigt, um noch verläßliche Aussagen über die Bedeutung der Zeichen zu machen.

Es zeigte sich, daß der Weg zur Lösung immer direkter wurde, je mehr heuristische Information man dem System zukommen ließ. Im Falle von 'po' (s. Fig. 5) werden beispielsweise 72 Knoten benötigt, um die korrekte Sequenz zu ermitteln, wenn man sich nur auf den Klassifikator verläßt. Zieht man jedoch den geometrischen Kontext und die geometrischen Merkmale der Einzelzeichen zusätlich zu Rate, sind nur 30 Knoten entwickelt worden. Mit dem Einsatz eines Wörterbuchs versprechen wir uns eine weitere Verkleinerung des Suchraums.

Probleme ergaben sich bei Mustern, die sehr viele verklebte Zeichen enthielten. Auch durch den Einsatz der möglichen Heuristiken konnte der Suchraum nicht mehr vernünftig klein gehalten werden. Hier macht sich entscheidend bemerkbar, daß man eine sinnvolle und noch zulässige Schätzung der Folgegüte G_2 nahezu nicht formulieren kann. Eine reine Best-First Suche ist dann nicht mehr praktikabel. Als Alternativen bietet sich einmal die Möglichkeit, terminale Knoten ab gewissen Güteschwellen ganz zu verwerfen, zum anderen könnte man den systematischen Ansatz - "lasse keinen Zustand unberücksichtigt" - verlassen, indem man nicht jede Stelle als Schnittstelle auffaßt, sondern gezielt nur einige wenige. Beide verringern den Suchraum erheblich, freilich mit dem Nachteil, daß die Optimalität verloren geht.

Literatur:

/1/ Baird H. S., Kahan S., Pavlidis T.: Components of an Omnifont Page Reader, Proc. of 8th ICPR, Paris, 1986

/2/ Bayer T., Oberländer M.: Ein erweiterter Viterbi Algorithmus zur Berechnung der n-besten Wege in zyklenfreien Modellgraphen, Mustererkennung 1986, Hartmann G. (ed.), Springer-Verlag, Berlin, 1986

/3/ Casey R.G., Nagy G.: Recursive Segmentation and Classification of Composite Character Patterns, 6th ICPR, Munich, 1982

/4/ Maier H.: Seperating Characters in Scripted Documents, Proc. of 8th ICPR, Paris, 1986

/5/ Nilsson J.N.: Principles of Artificial Intelligence, Springer-Verlag, Berlin, 1982

/6/ Pearl J.: Heuristics: Intelligent Search Strategies For Computer Problem Solving, Addison-Wesley Publishing Company, 1984

/7/ Schürmann J.: Polynomklassifikatoren für die Zeichenerkennung, R. Oldenburg Verlag, München, 1977

Fig. 1: Beispiel einer Verklebung

Fig. 2: Segmentierversuch, der sich nur auf Einzelzeichenerkennungsergebnisse verläßt

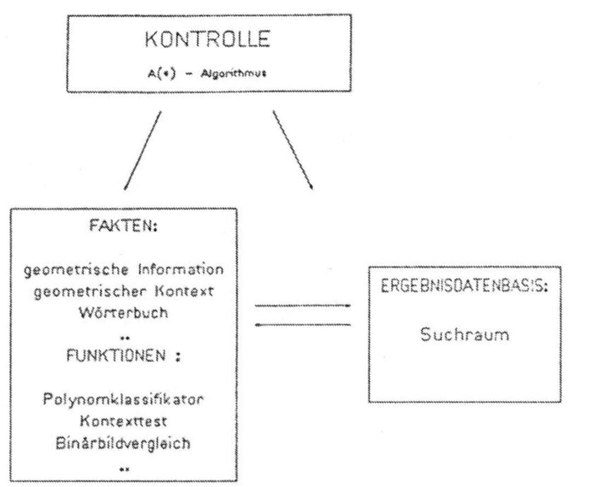

Fig. 3: Systemüberblick

Fig. 4: Ein Auschnitt des Suchraums für das verklebte Muster von Fig. 1. Von den pro Segmentierschritt anfallenden 20 Alternativen sind nur die sinnvollen gezeigt.

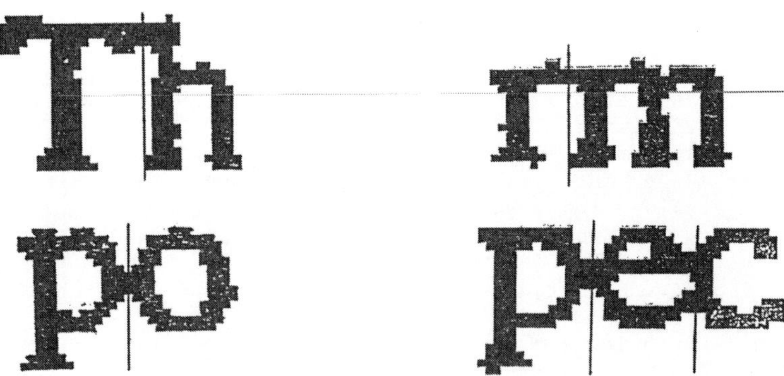

Fig. 5: Einige Beispiele von erfolgreichen Segmentierungen mit Angabe der tatsächlich expandierten Knotenanzahl und theoretischen Knotenanzahl: 'Th' 29/4064 'rm' 36/3070 'po' 30/1751 'pec' 50/29013

Relationale Datenmodellierung in einem Dokumentanalysesystem

Matthias Oberländer
AEG Forschungsinstitut Ulm
Sedanstraße 10, 7900 Ulm

Diese Arbeit beschreibt die Architektur der Datenhaltungskomponente eines Dokumentanalysesystems auf der Grundlage des relationalen Datenmodells. Das dargestellte System wird am Ulmer Forschungsinstitut der AEG als Umgebung zur Entwicklung und Integration typischer Funktionen von Lesesystemen eingesetzt. Ziel dieser Aktivitäten ist die automatische Analyse abgetasteter Dokumente nach Form und Inhalt, wobei sowohl Texte, Graphiken und Bilder verarbeitet werden sollen.

1. Motivation und Zielsetzung

Die anfallenden Informationen bei der Analyse komplexer Dokumente sind so vielfältig und umfangreich, daß nicht mehr nur die Entwicklung der Algorithmen, sondern auch die Darstellung und Speicherung der Daten ein wichtiges Problem ist. Es liegt nahe, sich hier an der modernen Datenbanktechnik zu orientieren, die mehr und mehr das relationale Modell in den Mittelpunkt rückt. Jedoch zeigt sich schnell, daß kommerzielle Datenbanksysteme sowohl von der logischen Seite her, als auch vom Ausführverhalten für derlei "nonstandard" Anwendung nicht in Frage kommen. Die für unser experimentelles Dokumentanalysesystem wichtigen Konzepte mußten daher erst ausgearbeitet und anschließend selbst realisiert werden. Davon zu unterscheiden sind Konzeptionen zur Archivierung und Automatisierung von Bürovorgängen, die jedoch andere Anforderungen stellen und hier nicht Gegenstand sind /siehe z.B. SCHEK 87/. Im Vordergund unseres Entwurfs standen folgende Kriterien, die ganz allgemein für Bildanalysesysteme von Bedeutung sind:

a) Übersichtlichkeit in Bezug auf Art und Umfang darstellbarer Informationen
b) Modellierungsmöglichkeit komplex strukturierter Objekte
c) Leichtes Wiederauffinden und Abrufen von Daten zu jedem Zeitpunkt
d) Hohe Geschwindigkeit beim Zugriff
e) Rekonstruierbarkeit von Zwischenzuständen
f) Orthogonale Erweiterbarkeit bei zukünftigen Anforderungen

Hinter Punkt c) und d) steht die Tatsache, daß weniger der Mensch, als vielmehr Algorithmen als Benutzer der Datenbank auftreten.

2. Prinzipien des Schemaentwurfs

Zweck des logischen Schemas ist es, eine Anzahl von Relationen mit entsprechenden Attributtypen zu definieren, die alle anfallenden und relevanten Daten des Anwendungsgebiets aufzunehmen gestatten. Dazu muß man sich zu Anfang darüber klarwerden, welche Arten von Objekten man beschreiben möchte. Gewöhnlich werden diese Objektarten dann durch Angabe einer festen Zahl von Eigenschaften definiert, die in einem n-Tupel zusammengefaßt werden können. Für die Dokumentanalyse relevante Objekttypen sind z.B. DOCU, TEXT, PHOT, GRAP, PARA, COL, LINE, WORD, CHAR u.a.m.

Als Beipiel denke man an die Objektart 'Zeichen', die man durch jeweils ein Rasterbild und die Klassifikationsergebnisse konkretisieren möchte. Nun stellt man fest, daß sich einige Zeichen aus zwei oder drei Einzelsegmenten zusammensetzen, wie z.B. "i", "ä" oder der Doppelpunkt. Sind diese Segmente nun Attribute des Zeichens oder sind sie eigenständige Objekte? Betrachtet man sie als Attribute, so ist deren Anzahl ja nun nicht mehr konstant! Solche und ähnliche Schwierigkeiten führten häufig zur Erweiterung des Relationonenmodells (siehe z.B. /SCHMI 83/). Wir lösen diese Probleme auf weniger aufwendige Weise, indem wir die Vorstellung vom "Objekt", als etwas Festumrissenen, aufgeben. Wir fordern nicht mehr, daß jedem Objekt eine Reihe von Attributen zugeordnet werden muß, sondern umgekehrt:

R1: Jede gespeicherte Information (Attribut) muß einem Objekt zugeordnet sein.

Die Zuordnung wird dadurch erreicht, daß jedes Objekt einen vom System automatisch generierten Identifikator (OBJECT_ID) erhält, der unabhängig vom Objekttyp stets eindeutig ist. Jedes Rasterbild, jedes Klassifikationsergebnis etc. trägt zusätzlich einen Objektidentifikator, um das Objekt zu assoziieren, das es beschreibt. Ein solcher Objekt-Identifikator identifiziert also nicht ein Tupel, sondern ein Objekt. Das bedeutet, mehrere Tupel können den gleichen Identifikator tragen, da sie alle das gleiche Objekt beschreiben. Umgekehrt wird ein Objekt selten durch ein einziges Tupel in einer bestimmten Relation charakterisiert, sondern die Informationen sind auf mehrere Tupel in unterschiedlichen Relationen verteilt, die zudem eine zeitlich unterschiedliche Entstehungsgeschichte besitzen können. Die kleinste, im System darstellbare Wissensmenge über ein Objekt ist dessen Existenz und sein Objekttyp.

Nun sind es aber oftmals gerade die Beziehungen zu anderen Objekten, die ein Objekt erst wirksam beschreiben. Beispielsweise besteht eine Textzeile aus einer Reihe von Zeichen, die ihrerseits mehrere Wörter formen. Das Objekt Zeile verliert dann aber ohne Betrachtung bzw. Beschreibung der enthaltenen Zeichen- und/oder Wortobjekte gänzlich seine Bedeutung. Dies führt zu einer zweiten Regel:

R2: Man unterscheide zwischen Eigenschaften, die nur ein einziges Objekt betreffen (-> Attribute), und Beziehungen, die eine Gruppe von Objekten beschreiben. Man verwende jeweils getrennte Relationen für beide Kategorien.

Praktisch heißt dies folgendes: Relationen der ersten Kategorie enthalten genau eine Spalte vom Typ OBJECT_ID, während Relationen der zweiten Kategorie zwei oder mehr Spalten vom Typ OBJECT_ID besitzen. Ein Beispiel für die zweite Kategorie ist die "is part of" oder "is successor of" Beziehung zwischen zwei Objekten.

Die Tatsache, daß die Beschreibung eines Objekts keineswegs auf ein einziges Tupel reduziert werden kann, ja daß ein Objekt, um Sinn zu bekommen, die Existenz anderer Objekte unabdingbar macht, hat uns zu der Bezeichnungsweise holistische Objektrepräsentierung geführt: Es ist immer die Betrachtung des Gesamtsystems notwendig, um ein Objekt zu erfassen; eine Reduktion auf scharf abgegrenzte und isolierte Einzelteile ist i.A. nicht möglich.

3. Das Instanzenkonzept

Die Bearbeitung eines Dokuments kann auf natürliche Weise in mehrere Einzelschritte untergliedert werden. Für eine Entwicklungsumgebung ist es wünschenswert, alte Zwischenzustände im nachhinein inspizieren zu können. Dies ist nur möglich, wenn niemals im physischen Sinne Tupel geändert oder gelöscht werden. Diese Operationen dürfen nur virtuell ausgeführt werden. Ein geändertes Tupel wird deshalb als eigenständiges Tupel eingefügt, während ein zu löschendes Tupel in eine gesonderte Schattenrelation geschrieben wird (eine einfache Markierung ist nicht ausreichend). In beiden Fällen bleibt das Originaltupel erhalten.

Die Interpretationsaufgaben der Dokumentanalyse lassen sich nicht immer durch eine vorhersagbare, lineare Folge von Bearbeitungsschritten lösen. Daher muß das System auch alternative Bearbeitungsfolgen erlauben, die schließlich zu baumartigen Strukturen führen. Das Hin- und Herschaltenkönnen auf Zwischenzustände ist die Voraussetzung für eine geeignete, auf Versuch und Irrtum basierende Kontrollstrategie.

Wie kann man die Datenbankinhalte auf den verschiedenen Ästen voneinander abgrenzen? - Jede Abfolge von Bearbeitungsschritten erzeugt einen bestimmten Datenbankzustand, der sich durch den am Ende vorhandenen Gesamtbestand an Tupeln in allen Relationen beschreiben läßt. Sie bestimmen die aktuelle, sogenannte Instanz (Ausprägung) der Datenbank. Der Verarbeitungsbaum korrespondiert auf diese Weise mit einem Instanzenbaum. Jeder Knoten entspricht einer Instanz bzw. einem Verarbeitungsschritt. Instanzen werden durch Nummern repräsentiert, wobei ins1 < ins2 bedeuten soll, daß ins1 älter als ins2 ist, jedoch nicht notwendigerweise, daß ins1

Vorgänger von ins2 ist.

Um jede gewünschte Sicht auf die Datenbank erzeugen zu können, wird jedes Tupel mit der Instanznummer versehen, die beim Einfügen die aktuelle war. Dasselbe geschieht auch mit den als gelöscht zu betrachtenden Tupeln, die ja physisch gesehen neu hinzugefügt werden. Wie läßt sich nun damit die Sichtbarkeit eines Tupels entscheiden? Wir wollen dazu die Aussage "Ein Tupel x ist in einer Instanz inst enthalten?" prädikatenlogisch präzisieren. Es bezeichne D_{inst} die Menge aller Tupel in der Datenbasis D zum Zeitpunkt der Instanz mit Nummer inst.

Definition: x in D_{inst} :<==>

```
           SOME inst' (inst' inserted x AND inst' is_pred_of inst)
   AND NOT SOME inst" (inst" removed  x AND inst" is_succ_of inst'
                                        AND inst" is_pred_of inst)
```

Informell läßt sich das so interpretieren: Ein Gegenstand x liegt in einer Kiste D, wenn ihn irgendwann jemand (inst') dort hineingelegt und niemand (inst") ihn in der Zwischenzeit herausgenommen hat.

Die Information vom Typ "inst inserted x" läßt sich ganz einfach mit Hilfe einer Datenbankrelation IREL darstellen. Das Tupel x wird dazu um die Instanznummer inst erweitert. Für die Information vom Typ "inst removed x" spendiert man eine weitere Relation RREL. Man erhält dann die eigentlich gewünschte Relation REL quasi als externes Schema, indem REL als eine spezielle Sicht (view) auf das darunterliegende logische Schema mit den Relationen IREL und RREL definiert wird. Eine solche Sicht läßt sich, wie obige Definition schon andeutet, leicht mit Hilfe des Relationenkalküls (oder auch der Relationenalgebra) beschreiben. Man muß dazu noch den Instanzenbaum verwalten, mit dessen Hilfe man eine Relation (genannt 'current instance set') konstruieren kann, die alle Instanzen auf dem Pfad von der aktuellen Instanz bis zurück zur Wurzelinstanz enthält.

4. Das konkrete Schema für die Dokumentanalyse

Das Bild zeigt das Relationenschema graphisch als Entitäten-Beziehungsmodell. Hierbei sind mit Entitäten die einzelnen Tupel gemeint, und nicht etwa die Objekte, die ja, wie gesagt, "holistisch" modelliert werden. Für alle Relationen gilt, daß sie ein Attribut 'InstNo' besitzen, in das im Moment des Einfügens vom System die Nummer der aktuellen Instanz eingetragen wird.

Im Mittelpunkt des Schemas steht die Relation 'Objects', in der alle vergebenen Objektidentifikatoren gespeichert werden. Zusätzlich zum Identifikator wird noch der Objekttyp und die Instanz vermerkt, während der das Objekt "erzeugt" wurde. Beziehungen zwischen Objekten werden durch die Relation 'Links' beschrieben. Ein Tupel dieser Relation besteht aus zwei Objektidentifikatoren und dem Beziehungstyp. Die gegenwärtig möglichen Beziehungen sind is_part, is_succ, is_first, und is_last. Das ist für die logische Strukturbeschreibung eines Dokuments bereits ausreichend. Die Erweiterung dieser Beziehungstypen ist aber nicht ausgeschlossen. Instanzen werden in der Relation 'Instances' verwaltet. Auch Instanzen besitzen einen Objektidentifikator. Sie werden mithin als Objekte (vom Typ INST) betrachtet und verwaltet. Der Instanzenbaum kann deshalb leicht mit Hilfe der Relation 'Links' und der Beziehung 'is_succ' dargestellt werden.

Am Anfang der Dokumenterkennung steht das abgetastete Rasterbild. Die Relation 'Images' übernimmt die Speicherung von Binärbildern und stützt sich dabei auf den abstrakten Datentyp IMAGE_TUPLE, der z.B. auch von der Methode 'Photoextraktion' verwendet wird. Die Relation 'Rlc' enthält die Ergebnisse des Randliniencode-Verfahrens /BART 85/, eine wichtige Grundlage für die Layoutanalyse. Aus den hierarchischen Konturcodes lassen sich einerseits Binärbilder (auch Auschnitte) originalgetreu rekonstruieren, andererseits verraten Konturmerkmale (z.B. Länge, umschlossene Fläche etc) schon viel darüber, ob es sich um Text oder um Graphik handelt. In 'Rlc' sind etwa 20 derlei Merkmale gespeichert. Für die Ablage von Klassifikationsergebnissen wird die Relation 'Scrr' (Single Character Recognition Results) herangezogen. Ein solches SCRR_TUPLE kann bis zu 20 mögliche Klassenkennungen plus deren Glaubwürdigkeit enthalten. Häufig vorkommend in der Bildanalyse sind umschreibende Rechtecke. Sie lassen sich durch Koordinatenquadrupel bezeichnen, die in die Relation 'Boxes' aufgenommen werden. Oftmals werden Histogramme berechnet, z.B. über die Breiten vermutlicher Textobjekte, die zentral verfügbar bleiben sollen. Dazu dient die Relation 'Histograms'. Zu einem Objekt können mehrere Histogramme unter jeweils unterschiedlichem Namen abgelegt werden. Zu guter letzt gestattet es die Relation 'Attributes', beliebige Attribute für Objekte abzuspeichern (z.B. Datum der Bearbeitung, mittlere Zeichenbreite innerhalb eines Paragraphen etc.). Ein Attribut besteht aus Name, Typ und Wert. Unterstützte Typen sind Integer, Real, String, Datum, Boolean. Man kann in 'Attributes' all das hineinpacken, wofür es sich nicht lohnt, eine eigene Relation vorzusehen.

5. Stand der Realisierung

Das System wurde in Modula-2 auf einer VAX/785 unter VMS im hier beschriebenen Funktionsumfang realisiert. Die Implementierung ist voll kernspeicherorientiert. Um trotzdem eine permanente Datenhaltung zu erreichen, wurde das virtuelle Speicherkonzept des VMS Betriebsystems ausgenutzt, das ein direktes "Mapping" von Speicherbereichen auf Plattendateien erlaubt /DEC 86/. Dieses Vorgehen hat gleich zwei Vorteile: Der Implementierungsaufwand ist minimal und der Zugriff extrem schnell, da das VAX Dateisystem vollständig umgangen wird, und dafür hardwareunterstützte Mechnismen zum Zuge kommen.

Aufsetzend auf der Datenbankschicht wurde ein Grundstamm an Verarbeitungsmethoden von der Bildaufnahme, der Photodetektion, der Layoutanalyse, der Einzelzeichenerkennung, bis hin zur lexikalischen Kontextprüfung erfolgreich integriert. Diese Methoden sind zum Teil in Fortran realisiert, denen kleine Modula-Schalen umgelegt wurden, um eine konsistente Spezifikation zu gewährleisten (eine genauere Darstellung des eigentlichen Analysevorgangs im Zusammenspiel mit der Datenbank ist Gegenstand des mündlichen Vortrags).

Gegenwärtig wird am Aufbau einer Oberfläche für den Arbeitsplatzrechner VAXStation II gearbeitet, um eine problemgerechte Darstellung und Interaktion mit dem Benutzer bzw. Experimentator zu gestatten (hochauflösender Schirm, Maus).

6. Ausblick

Das vorgestellte konzeptionelle Schema enthält so gut wie keine Semantik in Bezug auf echte Dokumente. Z.B. läßt sich ohne weiteres die unsinnige Beziehung ablegen, daß ein bestimmter Paragraph Teil einer bestimmten Zeile ist. Das verwundert nicht, denn das Schema ist völlig frei von Hierarchien. Dies ist auch beabsichtigt. Ein einfaches Layouterkennungsprogramm soll nicht gezwungen werden, mit Objekten vom Typ COLU (Textspalte) zu hantieren (nur weil sie in der Hierarchie vorgesehen sind), es jedoch selbst keine Spalten zu unterscheiden vermag. Das Schema soll für jeden Leistungsumfang der Algorithmen gleichermaßen geeignet sein.

Trotzdem wird es notwendig werden, die Semantik der vorkommenden Objekttypen, speziell für höhere Dokumentklassen (z.B. Brief), genauer zu beschreiben: Welche Beziehungen sind erlaubt? Welche Methoden stehen zur Vefügung? - Als semantisches Modell dafür kommt hier in erster Linie das Frame-Konzept in Frage. Ansätze, dieses mit dem relationalen Datenmodell zu realisieren, gibt es bereits /RÖDER 87/. Schließlich sollten auch die komplexen Methoden, die auf der Datenbasis operieren, selbst als Objekte in der Datenbank repräsentiert werden. Eine Methode wird natürlich kaum Rasterbilder als Attribute besitzen, dafür aber z.B. logische Bedingungen, die erfüllt sein müssen, um diese Methode sinnvoll aktivieren zu können.

Unser Ziel ist die saubere Integration von modernen Techniken der Datenhaltung, der Wissensrepräsentation und der prozeduralen Programmierung auf allen Ebenen, um schließlich so zu leistungsfähigen und flexiblen Softwaresystemen zu gelangen.

/DEC 86/ Digital Equipment Corp.: "VAX/VMS System Services Reference Manual" Maynard, Massachusets, April 1986

/BART 85/ Bartneck, N.: "Symbolische Bildbeschreibung durch Bildgraphen aus mehreren Binärbildern" in Proc. 7. DAGM Symposium, Erlangen 1985, Springer-Verlag

/LOCK 87/ Lockemann, P.C.; Schmidt, J.W. (Hrsg.): "Datenbank-Handbuch" Springer-Verlag 1987

/RÖDER 87/ Röder, H: "Implementation einer Engineering Database, basierend auf dem Frame-Modell und dem Datenbanksystem DB2" in /SCHEK 87/

/SCHEK 87/ Schek, H.-J., Schlageter, G. (Hrsg): "Datenbanksysteme in Büro, Technik und Wissenschaft" Informatik Fachberichte 136, Springer-Verlag 1987

/SCHMI 83/ Schmidt, J.-W. (Hrsg.): "Sprachen für Datenbanken" Fachgespräch 13. GI-Jahrestagung, Springer-Verlag 1983

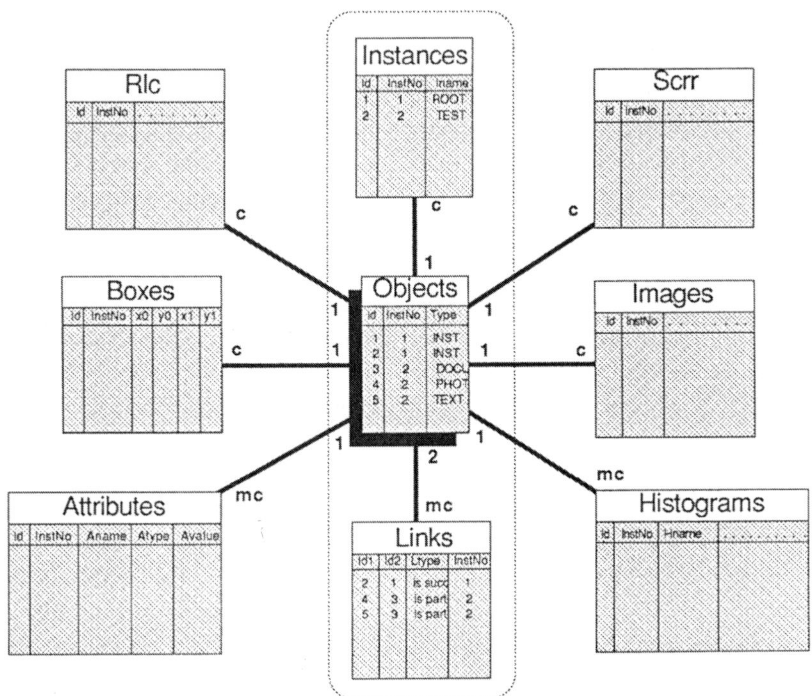

Das konkrete Relationenschema für die Dokumentanlyse als Entitätenbeziehungsmodell
Die Kantenbeschriftung gibt an, wie die Tupel aufgrund des Objekt Id miteinander korrespondieren
1 = obligatorische Zuordnung, c = optionale Zuordnung, mc = optionale multiple Zuordnung
Gestrichelt eingefaßt sind die 3 anwendungsunabhängigen Kernrelationen

Dokumentanalyse mit Hilfe von ATN's und unscharfen Relationen

Olaf Bergengruen, Achim Luhn, Gerd Maderlechner, Birgit Ueberreiter
Zentralbereich Forschung und Technik
SIEMENS AG, München

0. Zusammenfassung

An der Nahtstelle zwischen papiernen Schriftstücken und Computern werden Papierdokumente in eine elektronische Repräsentation überführt, welche einfache Übertragung, Editierung und effiziente Speicherung ihres Inhalts in Datenbanken gestattet. Über die Sequenz von ASCII-Zeichen hinaus benötigen wir Information über den logischen Aufbau des Schriftstückes. Dazu liefert die vorverarbeitende Segmentierung eine hierarchische Datenstruktur, aus welcher ein Interpretationsmodul eine semantische Beschreibung erzeugt und damit eine eindeutige Zuordnung zwischen Bildobjekten und Modellobjekten. Das Dokumentmodell ist nach Art eines semantischen Netzes aufgebaut. Die Knoten sind durch Teile-von-Relationen und durch unscharf definierte Relationen (fuzzy constraints) verknüpft. In jedem Knoten sind Strategien zur Steuerung der Suche und zur Verifizierung der Relationen vermerkt. ATN-Grammatiken für jeden Modellknoten beschreiben die inhaltliche Struktur der entsprechenden Dokumentteile. Die Analyse erfolgt in zwei Schritten: Zuerst werden mit Hilfe der unscharfen Beziehungen Textblöcke konsistent markiert (consistent labeling). Für jedes markierte Objekt führt dann ein ATN-Parser eine weitere inhaltliche Analyse durch.

1. Einleitung

Moderne Büro-Informationssysteme haben weiterhin mit papiernen Schriftstücken zu tun. Deshalb entwickeln wir eine Schnittstelle, welche die Information des Papierdokumentes in Datenstrukturen umwandelt, die Editoren, elektronischen Medien und Datenbanken zugänglich sind. Das Analysesystem muß Text-, Graphik- und Bildinformation verarbeiten können, und es muß die Struktur des Dokumentes interpretieren. Ähnliche Systeme wurden in der Literatur beschrieben /3,4,5,6,17/. Sie stellen eine wesentliche Verbesserung gegenüber optischen Zeichenlesegeräten dar, die heute schon auf dem Markt sind.

Für einen Überblick über das allgemeine Konzept unseres Dokument-Analyse-Systems siehe /1,2/. Dort ist jedoch im Unterschied zum hier vorgestellten Ansatz für die Analyse des Layouts ein in gewisser Weise komplementärer Weg beschritten, der speziell für Textdokumente mit seitenparalleler Blockstruktur ausgelegt ist. Im Gegensatz dazu kann das hier beschriebene Verfahren eine größere Variationsbreite geometrischer Erscheinungsbilder beschreiben und ist nicht auf die Modellierung von Textdokumenten beschränkt.

Das Ergebnis unseres Erkennungsprozesses ist eine ODIF-Datei (Office Document Interchange Format) oder eine andere standardisierte Beschreibung von Dokumenten /7,8,9,16/. Das erlaubt die Integration von Papierdokumenten in Dokumentübermittlungsdienste und die Nutzung kontextsensitiver Editoren. Für die Bearbeitung unterschiedlicher Dokumentklassen und zur effektiven Fehlerbehandlung auf jeder der möglichen Erkennungsebenen besteht unser System aus folgenden Moduln:

- Trennung der Text/Grafik/Bild-Bereiche /10/,
- Texterkennung /11/,
- Erkennung grafischer Primitive /12,13/,
- Objektorientierte Repräsentation der Erkennungsergebnisse /2/ unter Berücksichtigung der Standards /7,8,9/,
- Dokumentmodell,
- Interpretationsmodul, bestehend aus
  - Markierungsalgorithmus für die konsistente Zuordnung von Modellkomponenten zum aktuellen Dokument,
  - ATN-Parser zur Extraktion des logischen Inhalts der markierten Dokumentteile,
- Editor für interaktive Modifikationsmöglichkeiten in jeder Stufe des Prozesses.

Hierbei müssen die Datenstrukturen jeder Stufe von anderen Stufen aus zugänglich sein. Falls nötig werden zusätzliche Ergebnisse erzeugt oder Resegmentierungsprozeduren eingeleitet.

Bildvorverarbeitung und Segmentierung werden mit Methoden der klassischen Bildverarbeitung durchgeführt. Nach Abtasten und Binärisierung erfolgt die Trennung von Text-, Bild- und Grafikbereichen. Danach beschränken wir uns hier auf die Analyse der Textbereiche /10,11/. Aufbauend auf den als Text erkannten Schwarzkomponenten (im allgemeinen Buchstaben) werden dann Wörter, Zeilen und Textblöcke als hierarchisch höherstehende Strukturelemente eines Dokumentes segmentiert.

Für die Repräsentation der Segmentierungsergebnisse wählen wir einen objektorientierten Ansatz. Dabei wird der hierarchische Aufbau eines Dokumentes in einer Baumstruktur abgebildet. Implementierungssprache ist Symbolics LISP mit dem Flavor-System.

In dieser Arbeit konzentrieren wir uns auf die Beschreibung des Interpretationsmoduls, das heißt, auf das der Analyse zugrundeliegende Modell und den Analysemechanismus.

2. Interpretationsmodul

Aufgabe des Interpretationsmoduls ist es, aus der hierarchischen Datenstruktur, die das Segmentierungsmodul liefert, eine semantische Beschreibung zu erzeugen, welche als ODIF-Datei darstellbar ist (siehe Bild). Es besteht aus dem Modell und dem Analysemechanismus. Dabei ist das relevante Wissen über ein Dokument explizit im Modell gespeichert. Das Analysemodul besteht aus einem konsistenten Markierungsalgorithmus und einem ATN-Parser, der eine Syntaxanalyse der markierten Teile vornimmt. Im folgenden beschreiben wir das Zusammenspiel von Modell, Markierungsalgorithmus und ATN-Parser.

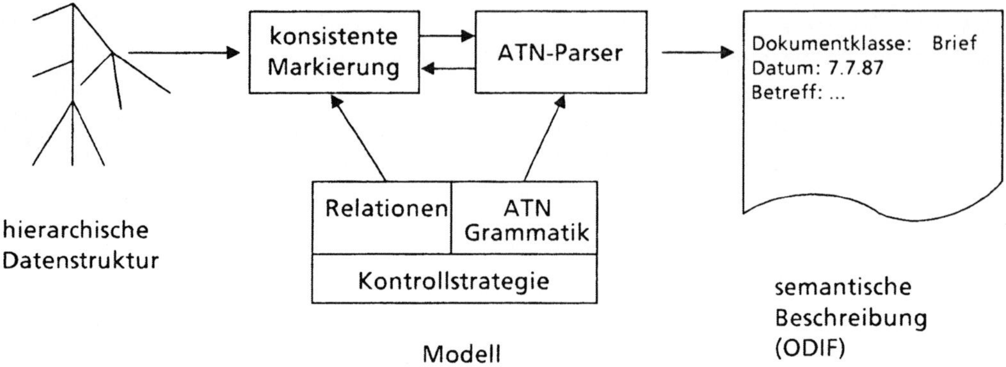

Bild: Interpretationsmodul

Modell:

Das Modell ist ein semantisches Netz, in dem die Logik- und Layout-Relationen der Dokumentteile untereinander beschrieben werden.

Im einzelnen ist in einem Modellknoten folgende Information vorhanden (in Klammern: Beispiele für die Dokumenttyp "Brief"):

a) Teil-von bzw. hat-Teile Relationen (z.B. Empfänger, Absender, Datum, Inhalt...),
b) geometrische Relationen (z.B. Absender steht über Inhalt und links vom Datum...),
c) weitergehende logische und symbolische sowie Logik-Layout-Relationen (z.B. Absender besteht aus 2 bis 5 Textzeilen...),
d) ATN-Grammatik zur Beschreibung des dem Knoten entsprechenden Objektes (z.B. Adresse besteht aus Namen, gefolgt von Straße, gefolgt von Wohnort...),
e) Kontrollstrategie zur Verifizierung der Relationen zwischen den Teilen (z.B. finde zuerst Inhaltsblock, suche danach Betreff...).

Suche nach einer konsistenten Markierung:

Eine Markierung wird einem Teil eines Dokumentes zugewiesen, wenn die entsprechenden Relationen mit genügend hohem Gütemaß erfüllt sind z.B. /14/. Dafür werden die Bewertungsfunktionen für die Erfüllung der unscharf definierten Relationen nach Art der fuzzy logic verknüpft. Die im Modell verzeichnete Kontrollstrategie bestimmt dabei in welcher Reihenfolge die Markierungen vergeben werden. Alternative Markierungen des gleichen Teiles werden parallel weiterverfolgt. Sind für ein Dokument auf diese Weise verschiedene Interpretationen, das heißt jeweils konsistente Sätze von Markierungen gefunden, wird zunächst derjenige mit dem höchsten Gütemaß als vorläufiges Endergebnis betrachtet.

Der zweite Teil des Analysemechanismus besteht aus einem ATN Parser (Augmented Transition Network, siehe z.B. /15/). Der Parser versucht zu prüfen, ob die im Modell gespeicherte Grammatik mit dem Inhalt eines markierten Textblocks übereinstimmt. Ist die

Überprüfung erfolgreich, wird eine entsprechende syntaktische Beschreibung erzeugt, aus der die logischen Informationen wie Absendername etc. entnommen werden können. Kommt auf diese Weise keine vernünftige Interpretation zustande, z.B. weil der ATN-Parser die Struktur eines fehlerhaft markierten Blockes nicht verifizieren kann, so greift der Parser auf schwächer bewertete Interpretationsvorschläge des Markierungsalgorithmus zurück.

Das Interpretationsmodul wurde auf einer Symbolics 3640 Workstation für das Beispiel von einfachen Geschäftsbriefen in Lisp implementiert. In einem nächsten Schritt werden wir die Kontrollstrategie um Resegmentierungsregeln erweitern /17/, um Vorverarbeitungsergebnisse gezielt korrigieren zu können.

7. Literatur

/1/ Kreich, J. und Ueberreiter, B.: *Interpretation bildhafter Bürodokumente mittels objektorientierter Wissensrepräsentation und hypothesengesteuerter Kontrollstrategien*, Informatik-Fachberichte 125, Springer-Verlag, 34-37, 1986.

/2/ Dengel, A., Luhn, A., Ueberreiter, B.: *Data and Model Representation and Hypothesis Generation in Document Recognition*, Proc. 6th Scandinavian Conference on Image Analysis (Stockholm), 57-64, 1987.

/3/ Wong, K.Y., Casey, R.G. und Wahl, F.M.: *Document Analysis System*, IBM J Res. Develop. **26**, 647-656, 1982.

/4/ Kubota, K., Iwata, O. und Arakawa, H.: *Document Understanding System*, Proc. 7th Int. Conf. on Pattern Recognition (Montreal), 612-614, 1984.

/5/ Meynieux, E., Seisen, S. und Tombre, K.: *Bilevel Information Recognition and Coding in Office Paper Documents*, Proc. 8th Int. Conf. on Pattern Recognition (Paris), 442-445. 1986.

/6/ Higashino, J. et al.: *A Knowledge Based Segmentation Method for Document Understanding*, Proc. 8th Int. Conf. on Pattern Recognition (Paris), 745-748. 1986.

/7/ *Information Processing - Text Processing and Interchange - Text Structures* Parts 1 to 6 ISO/DIS 8613 (June 1986).

/8/ *Office Document Architecture*, ECMA 101 (September 1985).

/9/ *Message Handling Systems: Presentation Transfer Syntax and Notation*, CCITT recommendation X.409.

/10/ Scherl, W.: *Unified Analysis of Complex Document Patterns*, Proc. 4th Scandinavian Conference on Image Analysis (Trondheim) 1985.

/11/ Bernhardt, L.: *Three Classical Character Recognition Problems, Three New Solutions*, Siemens Research and Development Reports 13, 114-117, 1984.

/12/ Kuner, P. und Ueberreiter, B.: *Knowledge-Based Pattern Recognition in Disturbed Line Images Using Graph Theory, Optimization, and Predicate Calculus*, Proc. 8th Int. Conf. on Pattern Recognition (Paris), 240-243. 1986.

/13/ Egeli, E., Klein, F. und Maderlechner, G.: *Model-Based Instantiation of Symbols from Structurally Related Image Primitives*, Proc. SPIE Image Processing (Cannes), 1985.

/14/ Ballard, D.H. und Brown, C.M.: *Computer Vision*,Prentice Hall, 1982.

/15/ Charniak, E. und McDermott, D.: Introduction to Artificial Intelligence, Addison-Wesley, 1985.

/16/ Scheller, A.: *Decentralized Processing of Documents*, Computers and Graphic, Vol 10, No. 2, 1986.

/17/ Wong, C.-H. und Srihari, S.N.: *Object Recognition in Structured and Random Environments: Locating Address Blocks on Mail Pieces*, Proc. of AAAI, 1986.

Das diesem Bericht zugrundeliegende Vorhaben wurde mit den Mitteln des Bundesministers für Forschungs und Technologie unter dem Förderkennzeichen ITM 8501B7 gefördert. Die Verantwortung für den Inhalt dieser Veröffentlichung liegt bei den Autoren.

AUTOMATISIERTE UMSETZUNG MECHANISCHER KONSTRUKTIONSZEICHNUNGEN IN CAD-MODELLE: STAND DER TECHNIK, PROBLEME, LÖSUNGSANSÄTZE

Dr.-Ing. J. Hofer-Alfeis, K. Frank
Siemens AG, Zentralbereich Forschung und Technik, München

1. Einführung:

Trotz beeindruckendem Leistungsstand der CAD-Systeme werden heute noch immer etwa 80% der mechanischen Kontruktionen mit konventionellen Methoden erstellt, d. h. Zeichnungen werden erzeugt, müssen archiviert, gepflegt und modifiziert werden. Mit ein Grund für die erstaunlich langsame Ausbreitung der CAD-Methoden ist das Fehlen wirtschaftlicher Methoden zur Zeichnungsumsetzung in CAD-Modelle, die den Umstieg von der Zeichnungs- in die CAD-Welt leicht machen könnten. Wichtige Anwendungsfelder der Zeichnungsumsetzung sind die Kopplung von Zeichnungswelt mit computerunterstützter Fertigung, der Aufbau von CAD-Modellarchiven für Standardteile und der Zugriff von CAE- und CAD-Methoden auf grafisch vorliegende Daten (Gebäudepläne, technische Illustrationen, Kennlinienscharen, usw.). Der Stand der Technik zeichnet sich durch automatisierte Teillösungen aus; Durchgängigkeit wird nur durch im wesentlichen interaktive Verfahrenskomponenten erreicht, die aber die Wirtschaftlichkeit in Frage stellen. Die Gründe liegen in der Vielschichtigkeit der Umsetzungsaufgabe, die kurz gefaßt folgende drei Dimensionen hat: Die Bildqualitätsstörungen, denen die Zeichnungen je nach Alter und Kopiengeneration unterworfen sind; die Komplexität der Modelle, die durch die Zeichnungen beschrieben werden, von Schablonen über bemaßte 2D-Geometrie bis zum bemaßten 3D-Körper reichend; die Abweichungen von Darstellungskonventionen und deren eigene Unschärfe, die sich z. B. in produkt- und hausspezifischen Symbolvereinfachungen, Ersetzung graphischer Symbole durch Text und unvollständigen Handskizzen in eingespielten Teams ausdrücken.
Die Zielrichtung der meisten Zeichnungsumsetzungssysteme ist die schrittweise Übersetzung der Zeichnungssymbole bis zur CAD-kompatiblen Darstellung im Sinne der Automatisierung der manuellen Digitalisierung am Tablett. Das entscheidende Konkurrenzverfahren ist jedoch das Nach- oder Neukonstruieren mit einem problemangepaßten CAD-System. Dabei kann aktuell vereinbarte Abstrahierung erfolgen oder in der Zeichnung nicht enthaltene Information dazukommen, z. B. die eventuell mit geringfügigen Änderungen verbundene Einpassung in eine Teilefamilie oder die Verknüpfung von Teilgeometrien

wie Bohrungen, Ausbrüchen o. ä. mit Standards oder Fertigungsinformationen im Sinne der Weitergabe des CAD-Modells zur Planung und Steuerung computergestützter Fertigungsverfahren. Für die Zeichnungsumsetzung bedeutet dies komplexe Erkennungsaufgaben, die derzeit nur interaktiv, am einfachsten mit Hilfe des Ziel-CAD-Systems gelöst werden können und natürlich bei Wirtschaftlichkeitsbetrachtungen negativ zu Buche schlagen.

2. Stand der Technik

Der Zeichnungsumsetzungsvorgang ist in Entwicklungsstufen vom Grauwertbild bis zum heute realistisch anstrebbaren 2D-Modell und dem derzeit nur labormäßig und mit wesentlichen Einschränkungen erreichbaren 3D-Modell in Abb. 1 schematisch widergegeben.

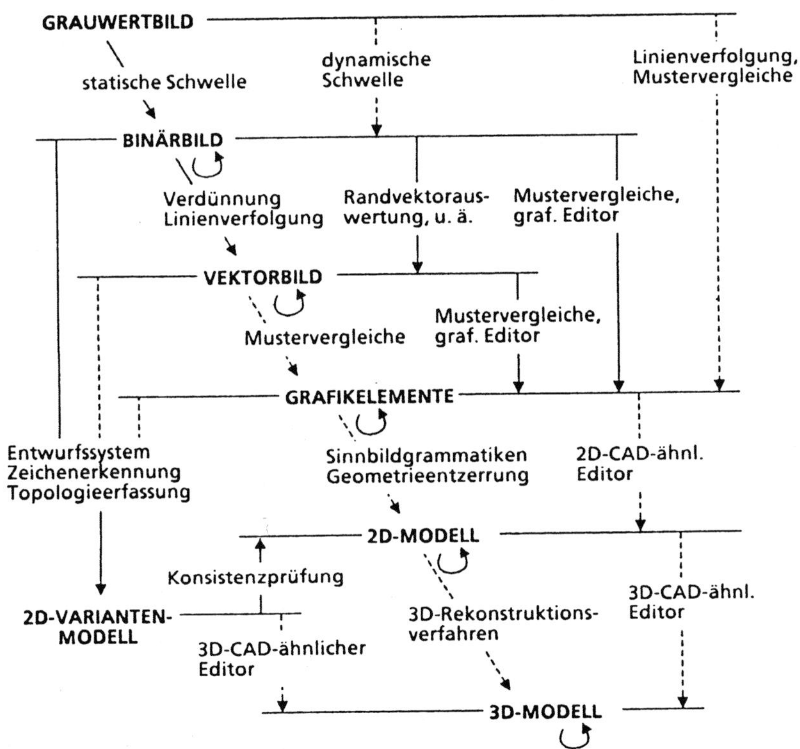

Abb. 1: Schematische Darstellung des Zeichnungsumsetzungsvorgangs.

Auf der Diagonalen von links oben nach rechts unten findet sich der typische automatisierte Umsetzvorgang. Die Pfeilbögen bedeuten interaktive Überarbeitung. Alternative Verfahrensschritte, die z. T. interaktiv mittels Editoren

Unzulänglichkeiten der automatischen Schritte überbrücken sollen, sind in der Hälfte rechts oben. Verfahren mit gestrichelten Pfeilen sind in marktüblichen Systemen derzeit noch nicht oder nur in Ansätzen realisiert. Alle diese Verfahren können durch das Prinzip "automatische Interpretation mit interaktiver Korrektur" charakterisiert werden. Der Verfahrensweg in der Hälfte links unten benutzt das Binärbild nur als Vorlage am Bildschirm, um mit einem Entwurfssystem, einem angepaßten CAD-System, die Mustererkennungs- und Bildanalyseaufgaben der Erfassung der Konturelemente, geometrischen Beziehungen, Dimensionierungs- und Zeichnungssymbole usw. durch den Benutzer lösen zu lassen. Wissenbasierte Verfahren zur Erfassung einfacher geometrischer Beziehungen oder zur Prüfung der Dimensionierungskonsistenz sowie Zeichenerkennung für Maßzahlen und Texte unterstützen ihn dabei: Als Prinzip dieser Verfahren kann gelten "interaktive Interpretation mit intelligenter Systemunterstützung".
Das Grauwertbild wird heute wegen der lähmend großen Datenmengen kaum verarbeitet. Bei der u. E. für technische Zeichnungen erforderlichen Scannerauflösung von ca. 20 Punkten/mm ergibt eine A0-Zeichnung bei 8 bit Grauwert ca. 400 MByte, die erst durch Binarisierung und Datenkompression in handliche Größen von einigen MByte kommen. Technische Zeichnungen sind zwar im Prinzip binär, aber bereits im Original treten durch unterschiedlichen Tuschefluß Grauwerte auf. Die häufig unvermeidlichen Kopierverfahren liefern Kontrast- und Hintergrundschwankungen. Dadurch wird z. B. die aussagekräftige Linienbreite abhängig von der Binarisierungsschwelle. Der Übergang zum Binärbild liefert daher neben der Abtastung weitere Informationsverluste. Auf der Stufe des Binärbildes arbeiten heute Zeichnungsbearbeitungs- und Archivierungssysteme mittels Rasterbildverfahren, z. B. SCHUELLER. Das Ergebnis sind wieder Zeichnungen, ein Zugang zur CAD-Welt ist damit noch nicht geschaffen. Das Vektorbild ist im üblichen CAD-System darstellbar, die Zahl der Vektoren überschreitet jedoch leicht systeminterne Grenzen. Die Übernahme von Grafik ohne Symbolinterpretation, z. B. für technische Illustrationen, ist dadurch möglich, wenn die Informationsverluste und Fehler durch die derzeitigen Vektorisierungsverfahren toleriert werden können. Die Liste der Grafikelemente ist zu diesem Zweck wesentlich kompakter, z. B. sind Kreisbögen oder Zeichen erkannt und keine Vektorfolgen mehr; leider ist sie derzeit nur mit bereits erheblichem interaktiven Editoraufwand erreichbar (Anwendererfahrungsbeispiel: WILLIAMSON). Das 2D-Modell ist der eigentliche Zugang zur CAD-Welt für mechanische Konstruktionen, wobei hier aufgrund der Dimensionierungsinterpretation die Geometrieentzerrung zur korrekten Geometrie erfolgen muß. Als einzig durchgängige Methode steht heute der Verfahrensweg über die interaktive Interpretation mit intelligenter Systemunterstützung zur Verfügung, der nebenbei den Vorteil bietet, ein Variantenmodell aufzubauen, von dem aus neue Konstruktionen im Sinne der Varianten- bzw. Änderungskonstruktion abgeleitet werden können. Sie kann nach Entwicklung zuverlässiger automatischer Inter-

pretationsverfahren schrittweise automatisiert werden, indem deren Ergebnisse in die Wissensbasis übernommen werden.
Die Frage der Wirtschaftlichkeit ist grundsätzlich noch offen. Sie ist sicher nur anwendungsspezifisch zu beantworten. Es gibt bisher kaum Anwenderfallstudien. Eine Benchmark-Methodik muß erst noch entwickelt werden.
Ausführlichere Darstellungen des Umsetzvorgangs, der Verfahren, der hier nicht behandelten Aufgaben der Daten- und Modellanpassung ans jeweilige CAD-System und der 3D-Rekonstruktion finden sich z. B. in CUGINI, HOFER-ALFEIS, SPUR 86, GU.

3. Probleme und Lösungsansätze

Für die folgende Auswahl an wesentlichen Problemen (in Abb. 2 sind Bildbeispiele dazu), gibt es in den derzeitigen praktisch einsetzbaren Umsetzsystemen noch keine befriedigende Lösung, obwohl in fast allen Fällen für Sonderfälle oder unter Laborbedingungen Lösungsansätze vorhanden sind. Das Realisierungshemmnis sind meist Performanzprobleme.
Informationsverluste im Binärbild (z. B. Linienunterbrechung, -verschmelzung, -breitenveränderung): Grundsätzliche Abhilfe durch Grauwertbildverarbeitung, zumindest Binarisierung mit adaptiver Schwelle. Vektorisierungsfehler (z. B. zu viele kleine Vektoren, verzerrte Einmündungen): Übergang von "dummen", lokal entscheidenden Vektorisierungsverfahren zu großräumigeren, z. B. MADERL 83, oder besser Kontext- und a priori-Wissen verarbeiten-

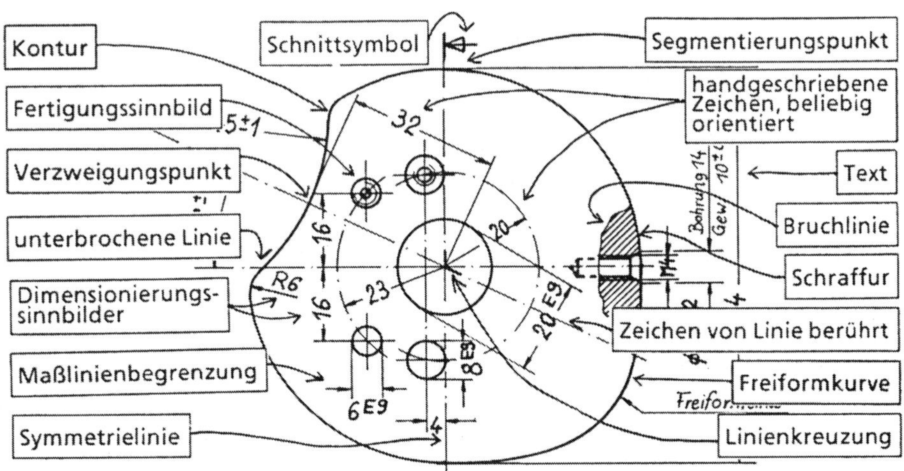

Abb. 2: Wesentliche Umsetzprobleme in einer Beispielzeichnung.

den Methoden, z. B. CUGINI. Damit kann auch die Segmentierung in Kurvenarten in der derzeit wenig erfolgreichen Grafikelementeerkennung verbessert werden. Hinzu kommen Verfahren, die die Kontinuität über Kreuzungen hinweg erhalten sollen, z. B. KASVAND, die auch das Problem der Zeichenerkennung bei Berührung mit Linien lösen helfen sollten. Die nicht erreichbare vollständige Erkennungssicherheit bei Zeichen ist tolerierbar, wenn die interaktiv zu prüfenden Kandidaten mit großer Sicherheit gefunden werden. Die vollständige Erfassung von unterbrochenen Linien beliebiger Linienart, z. B. MADERL 85, und von Schraffurgebieten ist Forschungsgegenstand. Eine weitgehend vollständige und zuverlässige Grafikelementeliste ist Voraussetzung für die Rekonstruktion des 2D-Modells, d. h. die Zusammenfassung zu Symbolen (z. B. Pfeile, Maß- und Toleranzangaben) und die Kombination zu Sinnbildern wie Maßbrücken und Fertigungssymbolen, z. B. SPUR 87. Dies erfordert eine flexible anwendungsspezifische Wissensbasis und eine geeignete Datenverwaltung, die die geometrische Nachbarschaft erhält, z. B. MAYER. Auf die Probleme der Geometrie-Entzerrung aufgrund der Dimensionierung und die Prüfungen zum Erhalt der Konstruktionsinformation soll hier nicht eingegangen werden.

Zusammenfassend erscheinen folgende Strategien erfolgversprechend: Berücksichtigung von a priori-Wissen und das Zusammenspiel von lokalen und großräumig analysierenden Verfahren sowie von elementaren und komplexen Erkennungsschritten. Das bedeutet aber auch, daß der serielle Ablauf in Abb. 1 durch Rückkopplungen ergänzt wird, d. h. Schleifen aus Hypothesenbildung und modifizierenden Rückgriffen auf die Eingangsdaten vorangegangener Stufen möglich sein müssen.

4. Literatur

CUGINI V. et al, IFIP WG 5.2 Workshop on geometric modeling, Rensselaerville Institute (1986)

GU K. et al, Comp. Graphics Forum 5 (1986), 317 - 324

HOFER-ALFEIS J., VDI-Berichte Nr. 610.5 (1986), 91 - 104

KASVAND T. et al, Proc. 7th ICPR, IEEE Cat. No. 84 CH 2046-1 (1984), 297 - 300

MADERLECHNER G. et al, VDE-Fachbericht 35 (1983), 155 - 160

MADERLECHNER G. et al, SPIE Vol. 596 (1985), 184 - 189

MAYER A., Diplomarbeit, Lehrstuhl f. Nachrichtentechnik, TU München (1987)

SCHUELLER R., Tagungsbd. CAT 87, Konradis-Verlag, Leinfelden-Echterdingen (1987), 120 - 122

SPUR G. et al, ZWF 81 (1986), 5, 235 - 241 und 9, 460 - 466

SPUR G. et al ZWF 82 (1987), 5, 271 - 277

WILLIAMSON R. D., Mcdonnell Aircraft Company, presented at NCGA Conf. (1987), technical session CC - 17

DOKUMENTEN-SEGMENTIERUNG DURCH UNTERABTASTUNG

Ph. Beßlich, M. Dahlke und N. Ebi

Institut für Theoretische Elektrotechnik und Digitale Systeme

Universität Bremen, Fachbereich 1, Kufsteinerstraße, D-2800 Bremen 33

Das prinzipielle Konzept des Segmentierungs-Algorithmus' basiert auf der Überlegung, mittels einer Auflösungspyramide (Bild 1) eine globale Segmentierung von nicht standardisierten Dokumenten vorzunehmen, da die Layout-Struktur bei einer Unterabtastung erhalten bleibt. Das Top-Down-Verfahren wurde für Dokumente entwickelt, die rechteckförmige Layout-Strukturen aufweisen. Diese Annahme wird i.a. von Formularen, Buchseiten etc. erfüllt.

Auf einem (z.B. 16-fach) unterabgetasteten Bild wird durch Auswertung von horizontalen und vertikalen Projektionsprofilen zunächst eine grobe Segmentierung mit dem Ziel durchgeführt, rechteckförmige Text- und Graphikblöcke sowie Linien zu extrahieren. Die daraus resultierenden Blöcke werden, gesteuert von einem Kontrollmechanismus (Bild 2), feiner abgetastet (z.B. 8-fach) und nochmals segmentiert. Dieser iterative Vorgang wird abgebrochen, falls das Blockattribut, d.h. Text oder Graphik, für einen bestimmten Dokumentenbereich auf zwei aufeinanderfolgenden Pyramidenebenen identisch ist, oder falls auf einer neuen Auflösungsebene keine weiteren Blöcke segmentiert werden können. Im ersten Iterationsschritt wird dem ersten Block das gesamte Dokument zugewiesen.

Das vorgestellte Verfahren, das auf einem IBM-AT-kompatiblen PC (in Pascal) implementiert wurde, benötigt auf Grund der Unterabtastung und der verwendeten Projektionsprofile relativ wenig Rechenzeit und liefert gute Ergebnisse.

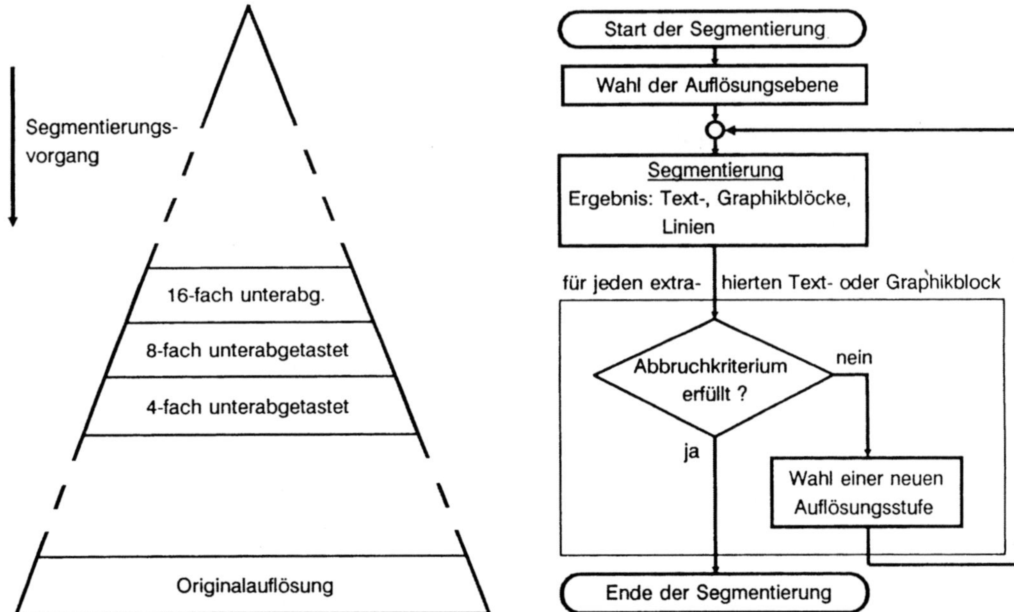

Bild 1: Auflösungspyramide

Bild 2: Prinzipieller Segmentierungablauf

Regelgesteuerte Zeichenerkennung und Dokumentklassifikation

Thomas Bayer — Karl-Hans Bläsius
AEG Aktiengesellschaft
Forschungsinstitut 7900 Ulm — Informationstechnik 7750 Konstanz

1. Motivation

Die verschiedenen Analyseschritte für eine Zeichenerkennung und Dokumentklassifikation erlauben häufig keine eindeutige Interpretation, sondern liefern mehrere Alternativen, aus denen schließlich eine optimale Gesamtinterpretation zu bestimmen ist. Ein flexibler Ablauf der Verarbeitungsschritte erleichtert die Behandlung von Alternativen und falschen Interpretationen und erlaubt eine Wechselwirkung zwischen Zeichenerkennung und Dokumentinterpretation. Der gewünschte flexible Ablauf wird mit Hilfe eines Produktionssystems realisiert.

2. Spezialisten
2.1. Das Rand-Linien-Code (RLC) Verfahren

Aus einem Binärbild erstellt der RLC-Algorithmus /1/ eine symbolische Beschreibung von schwarzen und weißen Zusammenhangsgebieten. Für jede zusammenhängende Komponente werden ein Satz von Merkmalen und die Konturlinie in kodierter Form abgelegt, sowie Verweise auf benachbarte, innenliegende und umschließende Objekte eingetragen. Diese Daten sind Basis für die weiteren Verarbeitungsschritte.

2.2. Blocksegmentierung

Ausgehend von RLC-Daten wird die Layoutstruktur eines Dokumentes erschlossen, indem zunächst Bildelemente, Graphikkomponenten und Textbereiche unterschieden werden. Textkomponenten werden einer weiteren Strukturanalyse unterworfen und Worte, Zeilen, Paragraphen gebildet. /2/

2.3. Einzelzeichenklassifikator

Als Merkmale für den Polynomklassifikator /3/ dienen Koeffizienten der Hauptachsentransformation eines größennormierten Binärbildes. Für diesen Koeffizientensatz schätzt der Klassifikator die Zugehörigkeit dieses Musters zu allen k Klassen, indem er einen auf 1 normierten Vektor liefert, der idealerweise ein k-dimensionaler Einheitsvektor ist und somit ein eindeutiges Urteil für diese eine Klasse bildet.

2.4. Kontextanalyse

Um Fehler in der Strukturanalyse und Einzelzeichenklassifikation zu beheben, wird der Kontext der Textbereiche analysiert. Ansatzpunkte sind hierbei geometrische Zusammenhänge in Layoutstrukturen, die etwa eine Korrektur von Groß- in Kleinbuchstaben erlauben oder unsichere Klassifikationsergebnisse zu sicheren Entscheidungen umformen. Mit N-Grammen und Wörterbüchern lassen sich die Textinhalte auf orthographische Fehler oder Segmentierfehler hin untersuchen und verbessern. /4/

3. Wissensbasis

Um aus der Struktur und dem ASCII-Code von Textteilen eines konkreten Dokumentes auch den Dokumenttyp (z.B. Brief) und einzelne Bestandteile (z.B. Datum, Absender) bestimmen zu können, muß das System über allgemeines Dokumentwissen verfügen. Zur Darstellung dieses Wissens wurde eine spezielle "Document Representation Language" (DRL) /5/ entworfen und ein entsprechender Interpreter wird zur Zeit implementiert.

4. Globales Konzept

Die Abbildung gibt einen Überblick über das Gesamtsystem, welches aus den Spezialisten zur Zeichenerkennung und Dokumentklassifikation, der Wissensbasis, sowie einem Produktionssystem zur Steuerung der gesamten Analyse besteht. Das Produktionssystem übernimmt die Aufgabe eines "Supervisors", der den gesamten Verarbeitungsablauf kontrolliert. Der Ablauf hängt vom jeweiligen Erkennungszustand ab, wobei die einzelnen Spezialisten im Prinzip in beliebiger Reihenfolge aktiviert und Anfragen an die Wissensbasis gestellt werden können. Dadurch werden insbesondere für den Fall nicht eindeutiger Interpretationen beliebige Rückkopplungen möglich.

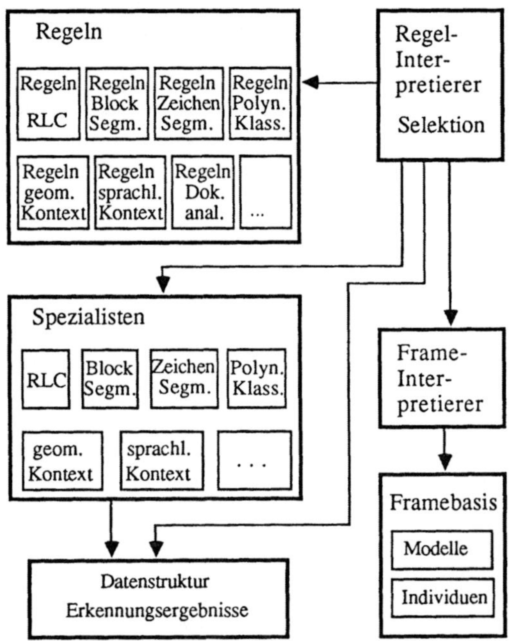

5. Literatur

/1/ Bartneck N.: Ein Verfahren zur Umwandlung der ikonischen Bildinformation digitalisierter Bilder in Datenstrukturen zur Bildauswertung. Dissertation, TU Braunschweig, 1987

/2/ Heinrich K.L.: Ein Beitrag zur Organisation des Kontrollmoduls für ein regelorientiertes Dokumentanalysesystem, Diplomarbeit, FAU Erlangen-Nürnberg, 1986

/3/ Schürmann J.: Polynomklassifikatoren für die Zeichenerkennung, Oldenbourg Verlag, München 1977

/4/ Bayer T., Oberländer M.: Ein erweiterter Viterbi Algorithmus zur Berechnung der n-besten Wege in zyklenfreien Modellgraphen. Mustererkennung 1986, Hartmann G. (eds.), Springer Verlag, Berlin 1986

/5/ Bläsius K.H., Posegga A., Stoyan H.: DRL: Entwurf einer Dokumentbeschreibungssprache. Technischer Bericht, AEG Konstanz, 1987

Erkennung eines eingeschränkten Zeichensatzes mit größen- und fontinvarianten Merkmalen

S. Holder, J. Dengler

Abteilung Medizinische und Biologische Informatik
Deutsches Krebsforschungszentrum Heidelberg

Die automatische Buchstabenerkennung ist seit Jahrzehnten ein ständig aktuelles, bis heute jedoch noch nicht vollständig gelöstes Problem.
Im Deutschen Krebsforschungszentrum sollen die bisher von Hand eingetippten, in Zeitschriften veröffentlichten, seitenlangen Sequenzen der Desoxyribonukleinsäure automatisch eingelesen werden. Diese Sequenzen werden an Hand der Abkürzungen der Nukleotidbasen Adenosin, Cytosin, Guanin und Thymin dargestellt.
Auf dem Markt angebotene Lesegeräte können nicht eingesetzt werden, da die Vielfalt der Schriftarten zu groß ist. Aus diesem Grund werden Merkmale gesucht, die eine größen- und fontunabhängige Erkennung erlauben.

Da die Sequenzen sehr klein gedruckt sind (120 Zeichen/Zeile) und die Qualität des Drucks in den meisten Fällen sehr schlecht ist, darf das Problem der Segmentierung der Bilder in einzelne Zeichen nicht unterschätzt werden. Der bisherige Algorithmus beschränkt sich jedoch auf die Suche nach horizontalen und vertikalen Trennlinien.

Wegen der Qualität der Vorlagen werden für die Merkmalsberechnung die Grauwertbilder der einzelnen Buchstaben verwendet. Ein weiterer Grund ist, daß mit einer besseren Tiefenauflösung eine geringere Ortsauflösung in Kauf genommen werden kann. Dies hat wiederum den Vorteil von kleineren Bildmatrizen.

Bevor die Merkmale der segmentierten Buchstaben berechnet werden, wird zuerst mit Hilfe der Laplace-Pyramide (Burt 1984) eine geeignete Auflösungsebene gefunden. Geeignet ist die Ebene mit der größten Varianzabnahme zur nächst gröberen.
Es werden die Gradienten des Buchstabens und deren Richtungsänderung senkrecht zur lokalen Richtung ermittelt. Sowohl die Richtungen der Gradienten, als auch deren Richtungsänderungen werden in acht Intervalle eingeteilt. Dies entspricht den acht Nachbarn eines Pixels. In einem zweidimensionalen Histogramm wird für jede Gradientenrichtung die Häufigkeit der Richtungsänderungen, die mit dem Betrag des Gradienten gewichtet werden, eingetragen. Um größenunabhängige Merkmale zu erhalten, wird die Summe der Häufigkeiten auf eins normiert. Die Größeninvarianz ist also in der Definition der Merkmale festgelegt. Elemente dieser Häufigkeitstabelle dienen als Merkmale für die Klassifizierung der Zeichen, die bislang mit der linearen Diskriminanzanalyse bzw. dem Mahalanobisabstand durchgeführt wird.

Es hat sich gezeigt, daß die Merkmale auch gegenüber Verdrehungen und Scherungen bis 30 Grad weitgehend invariant sind. Definitionsgemäß beeinflußt eine Skalierung der Buchstaben die Erkennung nicht.
Mit den beschriebenen Merkmalen werden über 97 Prozent der Buchstaben, die von 57 verschiedenen Vorlagen stammen, richtig erkannt. Um eine total fontunabhängige Erkennung zu erreichen, müssen jedoch Eigenarten der Fonts berücksichtigt werden, da ein C des einen Fonts durchaus genauso aussehen kann wie das G eines andern.

Burt, P. J. (1984): The Pyramid as a Structure for Efficient Computation.
in Rosenfeld, A. (ed.): Multiresolution Image Processing and Analysis, 6-35,
Springer, Berlin - Heidelberg - New York - Tokyo 1984

Automatische Erfassung kartographischer Zeichnungen

Thomas Gude

Institut für Nachrichtentechnik, TU Braunschweig

Es wird ein System zur automatischen Erfassung kartographischer Zeichnungen wechselnden Typs vorgestellt. Das für eine solche Erfassung unabdingbare Vorwissen über den aktuellen Vorlagentyp wird explizit in einem Lexikon repräsentiert, welches den Ablauf der Analyse steuert. Das Wissen wird durch die Beschreibung möglicher Einbettungen von primitiven graphischen Strukturen in höhere Strukturen dargestellt. Zur Beschreibung wird ein frameartiger Formalismus verwendet, für den eine spezielle Sprache entwickelt wurde: FRIDL (FRame Based Image Description Language). Ein Compiler setzt ein solches Lexikon in eine kompakte, interne Repräsentation um, die dann dem Analyseprogramm zur Verfügung steht.

Das Analyseprogramm erhält von einem Bildverarbeitungsmodul Instanzen von Graphikprimitiven, aus denen es mittels des Lexikons Hypothesen über deren (graphischen) Kontext generiert. Beim Versuch der Verifikation solcher Hypothesen wird die Erfassung weiterer Primitivinstanzen initiiert, welche ihrerseits wieder neue Hypothesen ermöglicht. Verifizierte Hypothesen werden bewertet, so daß, wenn das gesamte Bild erfaßt ist, möglicherweise mehrere alternative Ergebnisse vorliegen, von denen das bestbewertete gewinnt. Das Analyseprogramm heißt wegen der verwendeten Kontrollstrategie HYDRA (HYpotheses DRiven Analysis).

SPRECHERUNABHÄNGIGE EINZELWORTERKENNUNG MIT HILFE STOCHASTISCHER WORTMODELLE

S. Euler und D. Wolf
Institut für Angewandte Physik der Universität Frankfurt a.M.
D-6000 Frankfurt a. M., Robert-Mayer-Straße 2-4, FRG

1. Einleitung

In sprecherunabhängigen Spracherkennungssystemen haben sich statistische Verfahren, bei denen Merkmale einer Vielzahl verschiedener Sprecher in Wortmodellen zusammengefaßt werden, als besonders geeignet erwiesen. Jedes Wort des zu erkennenden Vokabulars wird durch ein in seinen Parameterwerten angepaßtes stochastisches Modell dargestellt. Die Erkennung erfolgt nach dem Maß an Übereinstimmung zwischen dem unbekannten Wort und den einzelnen Wortmodellen.
In diesem Beitrag wird über ein System zur sprechunabhängigen Erkennung isoliert gesprochener Wörter berichtet, das auf dem Konzept der "Hidden-Markov"-Modelle (HMM) [1] beruht. Die Ergebnisse experimenteller Untersuchungen zur Erweiterung dieses Ansatzes werden diskutiert.

2. "Hidden-Markov"-Modelle

Für eine zur Verarbeitung im Erkennungssystem geeignete Darstellung wird das Sprachsignal zunächst gleichmäßig in Segmente von 15 bis 20 msec Dauer, in denen die Signalparameter als nahezu stationär angesehen werden können, unterteilt. Für jedes Segment wird ein Vektor $\underline{\eta}$ von n Merkmalsgrößen berechnet. Diesen Vektor interpretiert man als Ausgangssymbol einer homogenen Markov-Kette erster Ordnung. Jeder Zustand q_i, $1 \leq i \leq N$, der Markov-Kette repräsentiert einen längeren Abschnitt eines Wortes, innerhalb dessen der Merkmalsvektor $\underline{\eta}$ sich nicht oder nur wenig ändert. Die zugehörige, für den Zustand q_i charakteristische n-dimensionale Verteilungsdichte wird mit $b_{\underline{\eta}}(\underline{y};i)$ bezeichnet. Die Abfolge der Zustände ist durch den Satz der Wahrscheinlichkeiten a_{ij}, mit denen zu zwei aufeinanderfolgenden Zeitpunkten die Zustände q_i und q_j vorliegen, beschrieben. Gemäß der Definition der Markov-Kette sind die a_{ij} unabhängig vom speziellen Zeitpunkt und den weiteren vorausgegangenen Zuständen. Das Modell für ein Wort ist vollständig durch Angabe der a_{ij}, die sich übersichtlich zu einer Matrix $\underline{\underline{A}}=\{a_{ij}\}$ zusammenfassen lassen, und den zustandsspezifischen Dichten $b_{\underline{\eta}}(\underline{y};i)$ festgelegt. Im vorliegenden System wurden n-dimensionale Gaußdichten

$$b_{\underline{\eta}}(\underline{y};i) = \frac{1}{\sqrt{(2\pi)^n \det \underline{\underline{M}}_i}} \cdot e^{-(\underline{y}-\underline{m}_i)^T \underline{\underline{M}}_i^{-1} (\underline{y}-\underline{m}_i)} \tag{1}$$

angenommen; die Parameter der Dichten sind die Mittelwerte $\underline{m}_i = E\{\underline{\eta}\}$ und die Elemente der Kovarianzmatrix $\underline{\underline{M}}_i = \{E\{\eta_l \eta_m\}\}$. Für jedes Wort W_k des Vokabulars wird ein optimaler Parametersatz

$$S_k = (\underline{\underline{A}}^k, \underline{m}_1^k, \underline{m}_2^k, \ldots, \underline{m}_N^k, \underline{\underline{M}}_1^k, \underline{\underline{M}}_2^k, \ldots, \underline{\underline{M}}_N^k) \tag{2}$$

anhand einer repräsentativen Anzahl von Äußerungen mit Hilfe des Baum-Welch-Algorithmus [2,3] berechnet.

Zur Erkennung eines unbekannten Wortes bestimmt man die bedingte Wahrscheinlichkeit p_k für das Auftreten der Merkmalsvektorfolge bei den verschiedenen Parametersätzen S_k des Vokabulars. Für eine gegebene Zuordnung der Merkmalsvektoren zu den einzelnen Zuständen läßt sich p_k definitionsgemäß als Produkt aus Übergangswahrscheinlichkeiten und zustandsabhängigen Wahrscheinlichkeiten der Merkmalsvektoren berechnen. Die zunächst nicht bekannte Zuordnung zwischen Merkmalsvektoren und Modellzuständen kann mit Hilfe des Viterbi-Algorithmus [4] so gewählt werden, daß der resultierende Wert für p_k ein Maximum bezüglich der Menge aller möglichen Zuordnungen annimmt. Der so berechnete Satz von Wahrscheinlichkeiten kann dann zur Klassifikation benutzt werden.

3. Simulationssystem

Ein auf diesen Grundlagen konzipiertes System zur sprecherunabhängigen Einzelworterkennung wurde auf einem Minicomputer MicroVax II mit angeschlossenem Arrayprozessor FPS 5300 implementiert. Das Vokabular bestand aus den deutschen Zahlwörtern NULL bis NEUN und ZWO sowie den Wörtern ANFANG, ENDE, JA und NEIN. Für die experimentellen Untersuchungen wurden Sprachproben von insgesamt 200 verschiedenen männlichen und weiblichen Sprechern aufgenommen und zur digitalen Verarbeitung mit 8 kHz abgetastet und mit 8 bit logarithmisch quantisiert. Innerhalb der kontinuierlichen Sprachaufnahmen wurden die Wortgrenzen als Funktion segmentweise gemessener Energie- und Korrelationswerte festgelegt. Zwischen den Wortgrenzen wurde für jedes Segment eine LPC-Analyse durchgeführt [5]. Die berechneten ersten neun Log-Area-Koeffizienten bilden zusammen mit dem zu dem Segment gehörenden Energiewert den 10-dimensionalen Merkmalsvektor $\underline{\eta}$. Je eine Hälfte der Sprachproben wurde zur Berechnung der Modellparameter bzw. zur Messung der damit erreichten Erkennungsgenauigkeit benutzt.

In Bild 1 sind Ergebnisse für HMM, bei denen die Anzahl der Zustände zwischen N=1 und N=10 variierte, dargestellt. Im Spezialfall N=1 reduziert sich die Markov-Kette auf einen einzigen Zustand, so daß die Erkennungsrate nur von den gewählten Dichteparametern abhängt. Bei HMM mit wenigen Zuständen (N≤6) nimmt die Erkennungsrate R mit wachsendem N zu und erreicht bei N=6 ein Maximum, das auch im Fall N=10 nur noch

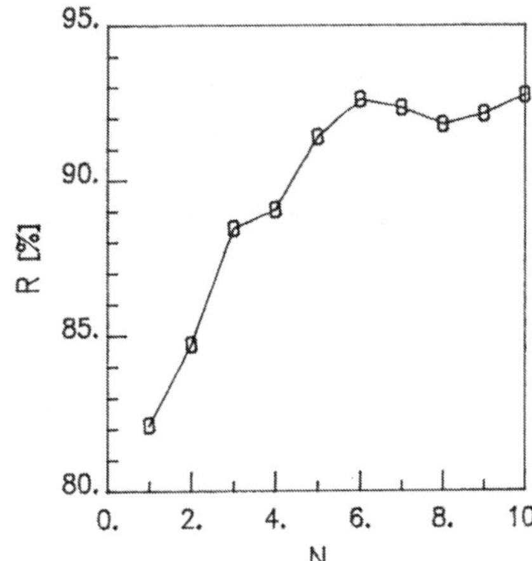

Bild 1. Erkennungsrate R für HMM mit N Zuständen

unwesentlich überschritten wird. Die erhaltenen - im Vergleich zu anderen Resultaten geringen - Erkennungsraten sind durch Verwechslungen der phonetisch ähnlichen Wörter ZWEI und DREI sowie NULL und NEUN bedingt. Beschränkt man das Vokabular auf die 10 Zahlwörter, so erreicht man mit dem gleichen System Erkennungsraten von über 97%.

4. Modellerweiterungen

Wie in 2. dargestellt, wird durch den Viterbi-Algorithmus eine optimale Zuordnung der Merkmalsvektoren zu den Modellzuständen berechnet. Eine statistische Analyse der Zustandsfolgen liefert weitere Kenngrößen, die in den Erkennungsprozeß einbezogen werden können. Ein Beispiel für solche Kenngrößen sind die Anzahlen $h(q_i)$ der Merkmalsvektoren, die jeweils dem Zustand q_i zugeordnet werden; sie beschreiben die "Verweildauer" im Zustand q_i [6].
In Bild 2 sind am Beispiel der Wörter NULL und NEUN die an den Trainingssprachproben gemessenen Häufigkeitsverteilungen $p(h(q_i))$ dargestellt. Das Bild zeigt signifikante Unterschiede in den auftretenden Verweildauern, die zur Charakterisierung der verschiedenen Worte genutzt werden können. Im Erkennungsverfahren bewertet man die bedingte Wahrscheinlichkeit p_k gemäß

$$p_k' = p_k \cdot \left(\prod_{i=1}^{N} p(h(q_i)) \right)^{\gamma} \tag{3}$$

durch die mit dem Exponenten γ gewichtete Wahrscheinlichkeit für die beobachteten Verweildauern. Die mit dieser Erweiterung erzielten Verbesserungen ΔR der Erkennungsrate sind für die in 3. beschriebenen Systemkonfigurationen in Bild 3 wiedergegeben. In allen Fällen beobachtet man einen Anstieg der Erkennungsrate, insbesondere für $3 \leq N \leq 5$ findet man eine deutliche Verbesserung um fast 1,5%.

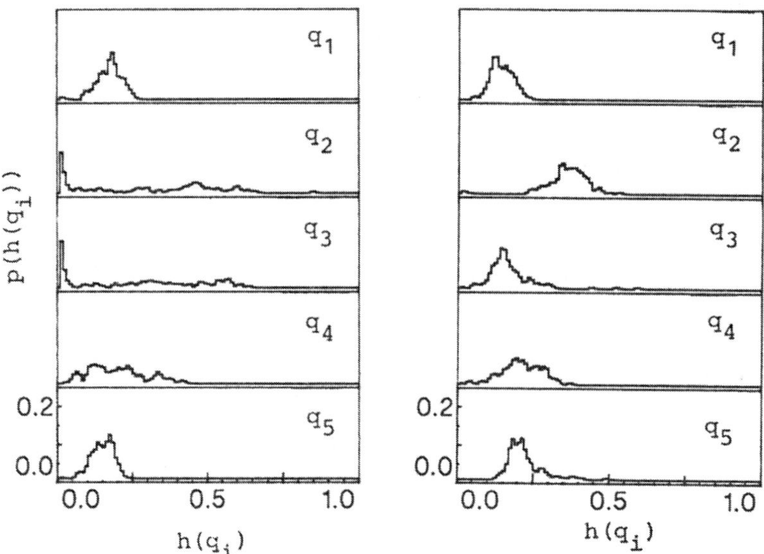

Bild 2: Gemessene Häufigkeitsverteilung $p(h(q_i)$ der Verweildauer $h(q_i)$ am Beispiel der Worte NULL (links) und NEUN (rechts)

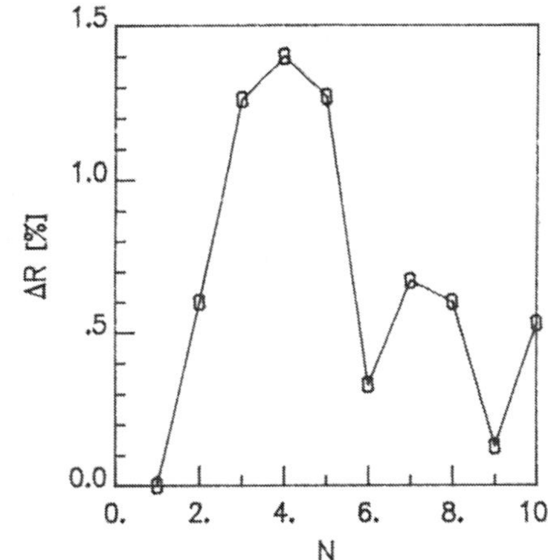

Bild 3. Verbesserung ΔR der Erkennungsrate durch Berücksichtigung der Verweildauern in Abhängigkeit von N

Basierend auf der beschriebenen Zuordnung zwischen Merkmalsvektoren und Modellständen q_i läßt sich für jedes q_i der zugehörige Wahrscheinlichkeitsanteil $p_k(q_i)$ berechnen. Für eine differenzierte Bewertung der $p_k(q_i)$ wurde für jedes Wort W_k ein Satz von Exponenten $z_k(i)$, $i=1,\ldots,N$, eingeführt und die gewichtete Gesamtauftrittswahrscheinlichkeit

$$p_k^* = \prod_{i=1}^{N} p_k(q_i)^{z_k(i)} \quad (4)$$

bestimmt. Die $z_k(i)$ wurden an Hand der Trainigssprachproben bestimmt.

In Bild 4 sind Ergebnisse, die durch systematische Variation der z-Werte erzielt wurden, dargestellt. Ausgehend von einem konstanten Wert für alle z wurden nacheinander sämtliche Werte um zunächst D % verändert. Ergab die Variation eine Verschlechterung der Erkennungsrate, wurde der ursprüngliche Wert beibehalten. Anschließend wurde die Variationsbreite auf D=A•D (|A|<1) reduziert und das Verfahren wiederholt, bis D unterhalb einer vorgegebene Schranke blieb und keine Verbesserung der Erkennungsrate mehr auftrat. Die gefundenen Verbesserungen ΔR erreichen Werte von fast 2,5%, allerdings zeigen sich noch starke Streuungen. Mit Hilfe eines verbesserten Verfahrens zur Bestimmung der z-Werte erscheint eine weitere Erhöhung der Erkennungssicherheit möglich.

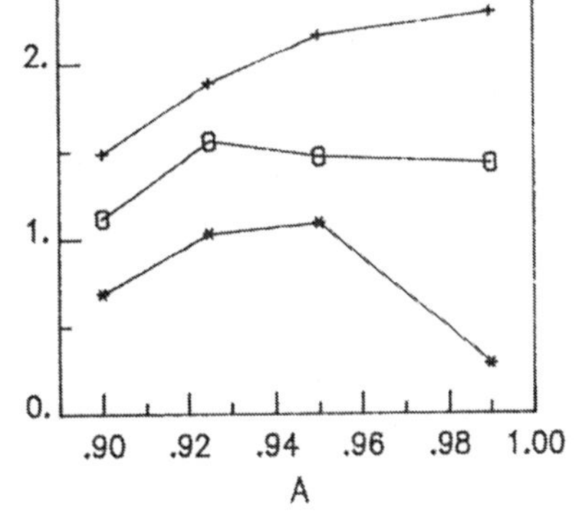

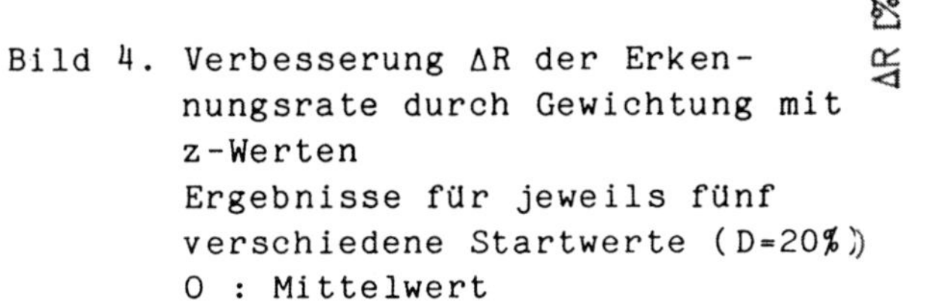
Bild 4. Verbesserung ΔR der Erkennungsrate durch Gewichtung mit z-Werten
Ergebnisse für jeweils fünf verschiedene Startwerte (D=20%)
O : Mittelwert
+ : größter Wert
* : kleinster Wert

Literatur

[1] Rabiner, L.R., and Juang, B.H., "An Introduction to Hidden Markov Models", IEEE ASSP Magazine, Vol. 3, No.1, January 1986, pp.4-16

[2] Baum, L.E., "An Inequality and Associated Maximization Technique in Statistical Estimation for Probabilistic Functions of a Markov Process", Inequalities 3, 1972, pp.1-8

[3] Liporace, L.A., "Maximum Likelihood Estimation for Multivariate Observations of Markov Sources", IEEE Trans. Inf., Vol. IT-28, No. 5, 1982, pp.729-734

[4] Viterbi, A.J., "Error Bounds for Convolutional Codes and an Asymptotically Optimum Decoding Alorithm", IEEE Trans. Inf., Vol. IT-13, 1967, pp.260-269

[5] Markel, J.D., and Gray, A.H. Jr., "Linear Prediction of Speech", Springer, New York 1976

[6] Rabiner, L.R., Juang, B.-H., Levinson, S.E., and Sondhi, M.M., "Recognition of Isolated Digits Using Hidden Markov Modells With Continuous Mixture Densities", AT&T Tech. J., Vol. 64, No.3, July-August 1985, pp.1211-1234

EINSATZ VON AUSSPRACHEMODELLEN FÜR WÖRTER IN EINEM SILBENORIENTIERTEN SPRACHERKENNUNGSSYSTEM

G. Ruske

Lehrstuhl für Datenverarbeitung, Technische Universität München,
Franz-Joseph-Str. 38, 8000 München 40

1. Einführung

Bei der automatischen Erkennung fließender Sprache ist es unerläßlich, die komplexe Gesamtaufgabe in kleinere Teilaufgaben zu zerlegen, die möglichst unabhängig voneinander bearbeitet werden können. Eine günstige Zwischenstufe stellt die Wortebene dar, da die einzelnen Wörter als Ausgangsbasis für die grammatikalische und die semantische Analyse dienen können. Hier kommen Wortmodelle zum Einsatz, deren Aufgabe es ist, die möglichen Variationen in der Aussprache eines Wortes wiederzugeben. Für die Verarbeitung größerer Wortschätze wird angestrebt, auch die Wörter wiederum aus kleineren sprachlichen Einheiten aufzubauen. Im vorliegenden Beitrag wird zu diesem Zweck eine explizite Segmentierung der sprachlichen Äußerung in sogenannte "Halbsilben" vorgenommen; die Segmente werden in Form von Konsonantenfolgen und Vokalen klassifiziert. Nun müssen nur die Halbsilben selbst auf akustischer Ebene modelliert werden, und die silbenorientierten Wortmodelle lassen sich einfach mit lautsprachlichen Symbolen aufbauen.

2. Aufteilung des Entscheidungsprozesses

Die Einteilung der einzelnen Verarbeitungsstufen und deren Konsequenzen werden anhand der entscheidungstheoretischen Formulierung des "idealen" Erkennungssystems deutlich /1/. Ausgangspunkt sei eine Darstellung der gesprochenen Äußerung als Folge einzelner Kurzzeitspektren $\underline{x}_i$, i=1...M, die von der Vorverarbeitung bereitgestellt werden (z.B. in Zeitabständen von 10 ms) und die von dem gesprochenen Satz S stammen; die Folge der Spektren sei mit $X=(\underline{x}_1,...,\underline{x}_M)$ bezeichnet. Für die optimale Entscheidung $\hat{S}$ des Erkennungssystems muß gelten:

$$p(\hat{S}|X) = \max_{S_j} p(S_j|X) \quad , \tag{1}$$

mit X: akustische Messungen, S_j: mögliche gesprochene Sätze,
und $\hat{S}$: Schätzung des Erkennungssystems.

Derjenige Satz $\hat{S}$ mit der größten Rückschlußwahrscheinlichkeit ist die beste Entscheidung. Mit der Bayes'schen Umrechnung $p(S_j|X) = p(X|S_j)p(S_j)/p(X)$ wird ein gleichwertiger Ausdruck gewonnen:

$$\underbrace{p(X|S_j)}_{\text{akustische Modellierung}} \cdot \underbrace{p(S_j)}_{\text{Sprachmodell (Syntax, Semantik)}} \overset{!}{=} \text{Maximum} \tag{2}$$

Diese Gleichung erlaubt eine klare Trennung in die akustische Repräsentation $p(X|S_j)$ und in die Auftretenswahrscheinlichkeit $p(S_j)$ des Satzes S_j, die z.B. durch Syntax und Semantik bestimmt wird. In der Praxis ist es aber aus Aufwandsgründen unumgänglich, verschiedene Einschränkungen vorzunehmen. Sinnvoll ist es, eine **Wortebene** einzuführen, so daß jeder Satz S_j aus einer Kette von Wörtern $w_1, w_2, w_3, \ldots, w_A$ besteht. Der Index j wurde bei den Wörtern weggelassen, da im folgenden nur die Behandlung des Satzes S_j im Vordergrund stehen soll. Damit wird

$$p(S_j) = p(w_1, w_2, \ldots, w_A) \quad \text{und}$$

$$p(X|S_j) = p(\underline{x}_1, \underline{x}_2, \underline{x}_3, \ldots, \underline{x}_M | \; w_1, w_2, \ldots, w_A) \tag{3}$$

mit $\underline{x}_m$: Datenvektor zum Zeitpunkt m; w_a: Wort mit Nummer a

Der vorliegende Beitrag behandelt ausschließlich die Probleme der akustischen Modellierung. Wird angenommen, daß die Wörter gleiche Auftretenswahrscheinlichkeiten besitzen und daß ihre akustischen Realisierungen unabhängig voneinander sind, muß anstelle von $p(X|S_j)$ in Gl.(2) das Maximum des Produkts

$$p(\underline{x}_1, \ldots, \underline{x}_i | w_1) \cdot p(\underline{x}_{i+1}, \ldots, \underline{x}_j | w_2) \cdot \ldots \; p(\underline{x}_{k+1}, \ldots, \underline{x}_M | w_A) \tag{4}$$

bestimmt werden. Die silbenorientierte Segmentierung ermöglicht es, den Gesamtaufwand weiter drastisch zu senken. Wird das Sprachsignal in Halbsilben eingeteilt, die sich vom Silbenkern bis zur Silbengrenze erstrecken, so müssen nur die einzelnen Halbsilben auf der akustischen Ebene modelliert werden; Halbsilben haben sich als günstige Bausteine erwiesen /2/. Eine weitere Vereinfachung ergibt sich durch Bestimmung fester Segmentgrenzen im Signalbereich (**explizite** Segmentierung), da die Klassifizierung dann nur an diesen festen Stellen und nicht "probeweise" überall erfolgen muß. Die Lokalisierung der Silben wird anhand der Maxima im zeitlichen Verlauf der Lautheit und anhand von spektraler Information durchgeführt /2/. Die Fehlerrate bei der Anzeige der Silbenkerne (Vokale) liegt in der Größenordnung von 4-8% bei fließender Sprache. Die Festlegung der Silbengrenzen kann vorerst noch offen bleiben, s. Abschn. 3.

3. Klassifizierung der Halbsilben

Die Kurzzeitspektren $\underline{x}_1, \ldots, \underline{x}_L$ eines unbekannten Wortes w werden einzelnen Halbsilben-Segmenten zugeordnet; die Segmentierung liefert damit eine Folge

$$(\underline{x}_1, \ldots, \underline{x}_p), \; (\underline{x}_{p+1}, \ldots, \underline{x}_q), \; \ldots\ldots, \; (\underline{x}_{r+1}, \ldots, \underline{x}_L) \quad .$$

Die Klassifizierung erzeugt für jedes Segment phonetische Symbole (Lautschrift) in der festen Reihenfolge A-V-E-A-V-E... :

$(\underline{x}_1, \ldots, \underline{x}_p)$ ⟶ Anfangskonsonantenfolge (A), Vokal (V)
$(\underline{x}_{p+1}, \ldots, \underline{x}_q)$ ⟶ Vokal (V), Endkonsonantenfolge (E)
....
$(\underline{x}_{r+1}, \ldots, \underline{x}_L)$ ⟶ Vokal (V), Endkonsonantenfolge (E) .

Die Klassifikation der Halbsilben kann auf verschiedene Weise geschehen. Hierfür kommen z.B. Gesamtmuster ("Templates")in Frage /2/. In neueren Arbeiten werden "Hidden-Markov-Models" (HMM's) eingesetzt; die allgemeinen Grundlagen der HMM's sind in /3/ zu finden. Ein gebräuchliches HMM für eine Halbsilbe ist in Bild 1 wiedergegeben. In der Praxis sind 4-6 Zustände für diesen Anwendungszweck völlig ausreichend. Die Struktur des HMM wird durch eine Übergangsmatrix $\underline{A}$ beschrieben. Die Spaltenvektoren $\underline{b}_i$ der Matrix $\underline{B}$ enthalten die Wahrscheinlichkeiten b_{ik} für das Emittieren eines Vektors k im Zustand i. Zu diesem Zweck müssen die Kurzzeitspektren mit Hilfe eines Codebuchs in diskrete Vektoren übergeführt werden (Vektorquantisierung, Codebuch mit 64 oder 128 Vektoren). Die Wahrscheinlichkeiten können in der Lernphase bestimmt werden (Baum-Welch-Algoritmus /4/). Im vorliegenden Fall wird in der Erkennungsphase für jedes Segment das beste HMM ermittelt und damit ein Symbol für den Vokal im Silbenkern und für die Konsonantenfolge ermittelt (Klassifikation); hierbei kann die Festlegung der Grenze zwischen zwei Silben implizit erfolgen, indem die Modelle für die Endhalbsilbe und die darauffolgende Anfangshalbsilbe gemeinsam betrachtet werden. Hierzu werden die besten Erzeugungswahrscheinlichkeiten aller Modelle der Endhalbsilben (berechnet aus α_t) für jeden Zeitpunkt t bestimmt, ebenso für alle Modelle der Anfangshalbsilben (berechnet aus den Rückwärtswahrscheinlichkeiten β_t). Die Silbengrenze ist derjenige Zeitpunkt ts, für den das Produkt $\alpha_{ts} \cdot \beta_{ts}$ maximal ist /5/; der Aufwand hierfür ist äußerst gering.

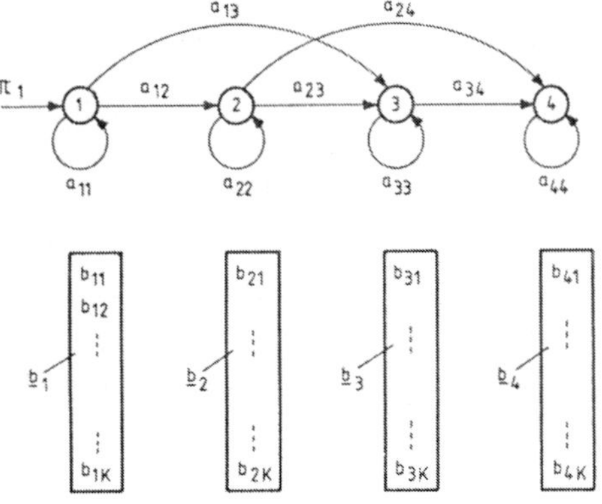

Bild 1.
"Hidden-Markov-Model"(HMM) für Halbsilben mit: $\underline{\pi}$ = Startvektor, $\underline{A}$ = Matrix der Übergangswahrscheinlichkeiten, $\underline{B}$ = Matrix der Emissionswahrscheinlichkeiten.

4. Aussprachemodelle für Wörter

Das silbenorientierte Aussprachemodell für ein Wort ist als Graph mit gerichteten Kanten realisiert, die von links nach rechts durchlaufen werden. Die Kanten tragen die phonetischen Symbole, die Knoten sind ohne direkte Bedeutung. Die Aussprachemodelle sind so aufgebaut, daß sie mit Hilfe der Dynamischen Programmierung abgearbeitet werden können. Die Aussprachemodelle sollen in der Lage sein, sowohl die Unsicherheiten in der phonetischen Zuordnung der einzelnen Laute als auch Auslassungen bzw. Einfügungen von Lauten bzw. von ganzen Lautgruppen (Segmentierungsfehler) zu beschreiben. Für eine günstige Bearbeitung durch den DP-Algorithmus wurde das Modell so festgelegt, daß nur Sprünge vorhanden sind; in Bild 2 kann das Wort 1 bis 3 Silben umfassen. Soll eine bestimmte Silbe übersprungen werden, so wird dies durch eine Kante über diese Silbe hinweg vorgenommen, soll an einer Stelle das Einfügen einer Silbe möglich sein, so wird die Einfügung im horizontalen Hauptpfad realisiert, der dann seinerseits über-

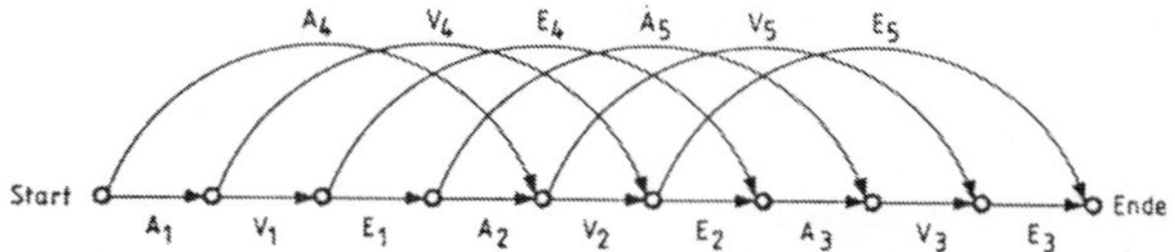

Bild 2. Aussprachemodell für Wörter mit 1-silbigen Sprüngen von jedem Knoten aus, hier für maximal 3 Silben (A=Anfangskonsonantenfolge, V=Vokal, E=Endkonsonantenfolge).

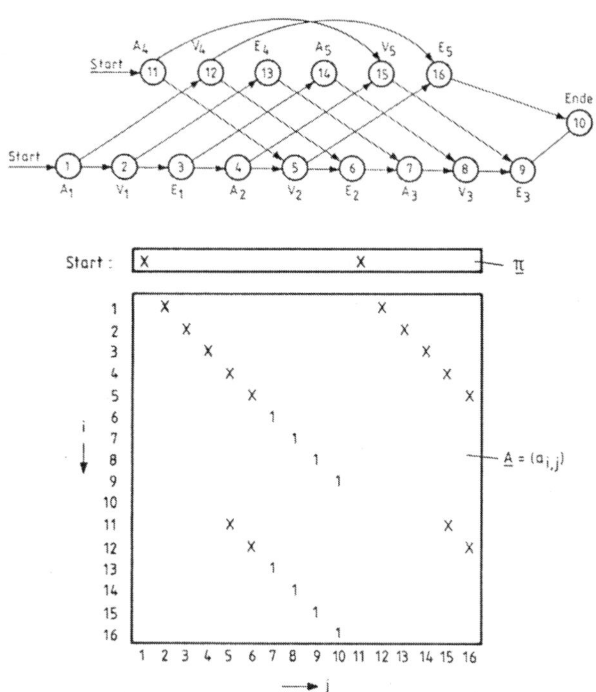

Bild 3. Entsprechendes "Hidden Markov Model" für ein Wort mit maximal 3 Silben; $\underline{A}=(a_{ij})$=Übergangsmatrix des HMM; die Matrix $\underline{B}$ wird durch die Rückschlußwahrscheinlichkeiten gebildet.

sprungen werden kann; Einzelheiten sind in /6/ zu finden. Die Kanten sind zusätzlich mit Gewichtsfaktoren r_i versehen, die eine Bewertung der Aussprachevariante erlauben. Die verwendeten Aussprachemodelle können als Spezialfall der "Hidden Markov Models" aufgefaßt werden, denn jedes Aussprachemodell läßt sich so umzeichnen, daß auch hier die Symbole an den Zuständen und nicht an den Kanten stehen. In Bild 2 ist ein Aussprachemodell mit 15 Symbolen dargestellt; Bild 3 zeigt das entsprechende Markov-Modell, das nun 15 Zustände aufweist; zusätzlich wurde ein Zustand (Knoten 10) für das Ende eingeführt. Die Gewichtsfaktoren r_i, die zur Bewertung der Symbole dienen, gehen unmittelbar in die Übergangswahrscheinlichkeiten an den Kanten des Markov-Modells über. Entscheidend ist, daß keine Kanten für das Verbleiben in demselben Zustand vorhanden sind. Dadurch muß das Modell streng von einem Zustand zum anderen durchlaufen werden, wobei jedem Zustand genau ein 1 Symbol zugeordnet wird. Das dem Aussprachemodell in Bild 2 entsprechende Markov-Modell hat damit die Übergangsmatrix $\underline{A}$ in Bild 3. Als

Zielzustand wurde hier ein eigener Endezustand (Knoten 10) definiert, so daß nun tatsächlich kein Verbleiben in einem Zustand vorkommt.

Aufgrund dieser Verwandtschaft zu Markov-Modellen kann das Lernen der Aussprachemodelle ebenfalls auf der Basis der bereits bestehenden Lernverfahren für die HMM's nach /4/ durchgeführt werden. Durch die festgelegten Übergänge können hier aber in einem Zustand nur Symbole entweder für A, V oder für E ausgegeben werden. Wird bei den Aussprachemodellen noch zusätzlich angenommen, daß die Verwechslungen einer Einheit **unabhängig** vom betreffenden Wort sind, so können sie schließlich in einer gemeinsamen Verwechslungsmatrix gespeichert werden, was für große Wortschätze sehr wichtig wird. Ein Symbol an den Kanten in Bild 2 steht dabei stellvertretend für die Verteilung der Rückschlußwahrscheinlichkeiten an dieser Kante. Hierzu müssen im Anschluß an die Lernphase die Verwechslungen in den Zuständen aller Aussprachemodelle über alle Wörter zusammengefaßt werden. Diejenige Klasse mit der größten Wahrscheinlichkeit innerhalb der Verteilung eines Zustands wird als "wahre" Klasse angenommen, für die die Verwechslungen dann in der gemeinsamen Verwechslungsmatrix eingetragen werden. Das Symbol dieser Klasse wird auch für die entsprechende Kante des Aussprachemodells übernommen, der notwendige Speicheraufwand läßt sich dadurch äußerst gering halten.

5. Satzerkennung

Für die Abarbeitung des ganzen Satzes kommt ein 1-stufiger Algorithmus der Dynamischen Programmierung (DP) für Wortketten zum Einsatz, der für die silbenorientierte Verarbeitung modifiziert wurde und hier auf der Ebene der Symbole A, V und E arbeitet /6/. Als Abstandsmaß beim Vergleich der Symbole werden Rückschlußwahrscheinlichkeiten aus Verwechslungsmatrizen verwendet. Das Verfahren wird zur Zeit mit Sätzen getestet, die 87 Wörter als Teilmenge der 1001 häufigsten Wörter des Deutschen enthalten. Die Worterkennungsraten bei 1 Sprecher liegen in der Größenordnung von 85%, umfassende Ergebnisse liegen jedoch noch nicht vor. Da das silbenorientierte Satzerkennungssystem sehr ökonomisch hinsichtlich des Bedarfs an Speicherplatz und Rechenzeit ist, wird auch die Verarbeitung größerer Wortschätze bei erträglichem Aufwand realisierbar.

/1/ JELINEK, F., Continuous speech recognition by statistical methods. Proc. IEEE, Vol. 64(4), 532-556 (1976).

/2/ RUSKE, G., Halbsilben als Verarbeitungseinheiten bei der automatischen Spracherkennung. In: "Sprache und Datenverarbeitung", SDV-Saarbrücker Druckerei und Verlag GmbH, 8.Jg., Heft 1/2, 1984, 5-16.

/3/ LEVINSON, S.E., RABINER. L.R. und SONDHI, M.M., An introduction to the application of the theory of probabilistic functions of a Markov process to automatic speech recognition. Bell System Techn. Journal 62(4), 1035-1074 (1983).

/4/ BAUM, L.E., PETRIE, T. SOULES, G. und WEISS, N., A maximization technique occurring in the statistical analysis of probabilistic functions of Markov chains. Ann. of Mathematical Statistics, 41(1), 164-171 (1970).

/5/ RENG, R., Anwendung von "Hidden-Markov-Modellen" zur Segmentierung und Klassifizierung von Halbsilben. Diplomarbeit, Lehrstuhl f. Datenverarbeitung, Techn. Univers. München, 1987 (in Vorber.).

/6/ RUSKE, G. und WEIGEL, W., Dynamische Programmierung auf der Basis silbenorientierter Einheiten zur automatischen Erkennung gesprochener Sätze. In: Sprachkommunikation. NTG-Fachtagung 1986, München, NTG-Fachber. 94, VDE-Verlag Berlin, 91-96.

Mehrfache phonetische Darstellung in einem Spracherkennungssystem für großen Wortschatz

von Alfred Kaltenmeier, David Stall
AEG Forschungsinstitut, Ulm

Zusammenfassung

Dieser Beitrag beschreibt ein zweistufiges Verfahren zur Generierung und Verifikation von Worthypothesen in Spracherkennungssystemen mit großem Wortschatz. Dieses Verfahren wird implementiert in einem sprachverstehenden System für kontinuierliche Sprache, das im ESPRIT Projekt Nr. 26 entwickelt wird. Das Ziel des Projekts ist die Realisierung eines Demonstrationssystems für ein Vokabular von etwa 1000 Wörtern; die Zielsetzung ist ähnlich wie beim SPICOS-Projekt. Wegen des Umfangs des Wortschatzes muß die Spracherkennung in solchen Systemen auf phonetischen Einheiten beruhen, die kleiner als Wörter sind. Wegen der natürlichen kontinuierlichen Sprechweise müssen für jedes Wort neben der Standardaussprache auch alle üblichen durch Koartikuation und natürliche Verschleifung entstehenden Aussprachevarianten berücksichtigt werden.

Das Wortlexikon enthält für jede der beiden Stufen des Systems eine eigene phonetische Darstellung: eine grobe phonetische Beschreibung (GPB) für die Generierung und eine feine phonetische Beschreibung (FPB) für die Verifikation von Worthypothesen. Beide Beschreibungen einschließlich der Aussprachevarianten werden automatisch nach Regeln aus einer einzigen Stammbeschreibung erzeugt und als Graphen implementiert.

1. Systembeschreibung und Definition der phonetischen Alphabete

Die erste Stufe des Erkennungssystems, die Worthypothesengenerierung, soll aus einem gegebenen Abschnitt eines Sprachsignals eine möglichst kleine Anzahl phonetisch ähnlicher Wörter hypothetisieren. Ein hierarchischer Polynomklassifikator schätzt die Zugehörigkeit jedes 10 ms Intervalls des Sprachsignals zu einer von nur 6 Lautklassen. Aus der Folge der Intervallschätzungen wird dann mit dem n-Best-Viterbi-Algorithmus ein Graph erstellt, der die n besten akustisch möglichen Folgen dieser 6 Klassen enthält. Mit den 6 Lautklassen

pl	Pause, Knacklaut, Plosivlaute	(-, ʔ, b, d, g, p, t, k)
fr	Frikative	(f, s, h, ʃ, v, z, ʒ, x, ç)
ln	Liquide und Nasale	(l, r, l̩, n, m, ŋ, n̩, m̩)
vf	vordere Vokale	(e, i, ɛ, I, ə, y, Y, ø, œ, j)
vm	mittlere Vokale	(a, ɐ)
vb	hintere Vokale	(o, u, ɔ, ʊ)

erreicht man eine hohe Selektivität zwischen den Wörtern des Lexikons bei gleichzeitiger hoher Erkennungssicherheit, d.h. geringer Anzahl von Hypothesen. Unter Selektivität versteht man die mittlere Anzahl der Wörter mit derselben GPB, d.h. die mittlere Kohortengröße. Z.B. bilden „bös", „Tisch", „dich", und „tief" eine Kohorte mit der GPB /pl vf fr/. Ein weiterer Vorteil dieser geringen Klassenzahl ist, daß Wortverschleifungen durch Koartikulation nicht im Lexikon vorkompiliert werden müssen. Die in /MUE86/ angegebenen Wortverschleifungsregeln ergeben entweder keine anderen GBP-Beschreibungen oder werden einfach auf die Auslassung eines Anfangs- oder Endplosivlauts reduziert.

Die in der ersten Stufe generierten und im Lexikon gefundenen Hypothesen werden in der zweiten Stufen mit Hidden-Markov-Modellen verifiziert, die entsprechend der FPB der zu verifizierenden Wörter zusammengesetzt werden. Das FPB-Alphabet besteht aus einer Mischung von Dauerlauten und Übergangssymbolen /CRA86/. Im Gegensatz zu einer „klassischen" Diphon-Beschreibung (KDB), bei der die Symbole durch alle zulässigen Kombinationen aufeinander folgender Phoneme gebildet werden, verwenden wir Übergangseinheiten nur, wenn sie relevante Information für die Erkennung beinhalten; das FPB-Alphabet ist daher erheblich kleiner.

Die FPB wird in drei Schritten aus der Lautbeschreibung eines Wortes erzeugt. Zuerst wird diese in eine metaphonetische Beschreibung (MPB) überführt, dann werden die Metasymbole zu FPB-Symbolen zusammengefaßt und im dritten Schritt können noch Substitutionsregeln zur Änderung der FPB angewendet werden.

Die Symbole der MPB werden nach folgenden einfachen Regeln definiert ('-' ist die Pause; '+X' und 'X+' bedeuten, daß an dieser Stelle der Übergang zum Nachbarsymbol wichtig sein kann):

p, t, k	+- - X+	b, d, g	+- X X+
fr, Pause	+- X	Affrikative	+- - X
r, j	+X X+	sonstige	+X X

Das Beispiel „Festung" /fėśt́u̇ŋ̀/ veranschaulicht die Umsetzung in die FPB

Stammaussprache:	f	ė	ś	t́	u̇	ŋ̀	
MPB:	+- f	+e e	+- s	+- - t+	+u u	+ŋ ŋ	
FPB:	f	e	s	- tu	u	ŋ	
KDB:	-f	fɛ	ɛs	st	tʊ	ʊn	ŋ̥-

Bei der Umsetzung der MPB in die FPB werden also nur dann Übergangssymbole gebildet, wenn zwei '+'-Zeichen aufeinandertreffen, z.B. bei Übergängen zwischen Plosiven und nachfolgenden Sonoranten oder Vokalen. Andere FPB-Beschreibungen, z.B. auch das Phonem- oder das KDB-Alphabet, können durch die Angabe entsprechender Regeln für die MPB erzeugt werden

Sowohl die GPB als auch die FPB der Aussprachevarianten eines Wortes werden nicht als Listen, sondern als Graphen dargestellt. Dabei werden gemeinsame Teile zusammengefaßt. So wird z.B. das Wort „Tag" mit den beiden FPB-Aussprachevarianten /- ta a - k- -/ und /- ta a x -/ als

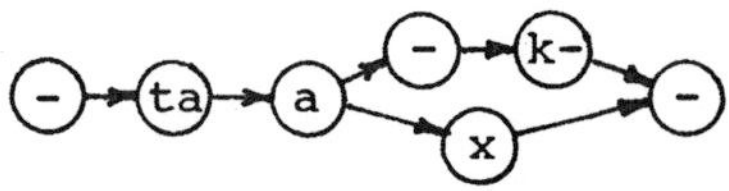

dargestellt. Gegenüber einer listenmäßigen Darstellung des Lexikons hat die Graphdarstellung zwei Vorteile. Zum einen wird der Speicherplatzbedarf verringert, da bei flektierten Formen nur für die Endungen eigene Einträge notwendig sind. Zum anderen ist der Rechenaufwand bei einer Graphsuche im Lexikon erheblich geringer als bei einer Listensuche.

2. Automatische Variantengenerierung

Im Transkriptionsprogramm für die Vollsynthese wird nach phonologischer Analyse eine „Funktionsschrift" des Wortes erstellt. Diese wird mit Hilfe von mehreren nacheinander folgenden Transformationen der Form

A X B ==> A Y B

in eine Lautschrift umgewandelt. Die Angaben A, B, X und Y stellen im allgemeinen nicht einzelne Elemente, sondern ganze Klassen von Elementen dar. Diese Elemente sind gegenüber der üblichen IPA-Schrift teilweise überspezifiert, d.h. sie enthalten zusätzliche Informationen. Auch die Ersetzung, X==>Y, beruht häufig auf die Ersetzung einer Eigenschaft. So kann z.B. Y das Element X, aber mit der Artikulationsstelle von A sein. Die Elemente der Funktionsschrift und nachher der Lautschrift werden so kodiert, daß die einzelnen Bitgruppen innerhalb der Kodierung Aufschluß über die relevanten phonetischen Eigenschaften des Elements geben.

Die automatische Erstellung der Aussprachevarianten aus einer „Stammaussprache" sowie ihre Umwandlung in GPB und FPB wird im Grunde genommen auch mit solchen Transformationen durchgeführt, nur mit dem Unterschied, daß die Variante (A Y B) die Variante (A X B) sowohl ersetzen als auch zusätzlich zu dieser kommen kann. Als günstige Stammaussprache zur Ermittlung der verschiedenen Varianten in GPB und FPB stellt sich nicht die übliche Duden-Aussprache, sondern eine Zwischendarstellung zwischen der Funktions- und der Lautschrift heraus, die als Nebenprodukt der Transkription abfällt. Die phonetische Kodierung der Elemente ermöglicht so eine kompakte Darstellung der Transformationsregeln. Damit lassen sich die ca. 100 Regeln zur Erzeugung von Aussprachevarianten /MUE86/ auf ca. 20 Regeln reduzieren. Zwei Beispiele erläutern diese Aspekte:

1. Die beiden Wörter „tagt" und „hakt" werden nach Duden als /ta:kt/ und /ha:kt/ ausgesprochen. Neben diesen Aussprachen gibt es die Variante /ta:xt/, aber keine Variante /ha:xt/. Aus der Duden-Aussprache ist der Grund nicht ersichtlich. In der Funktionsschrift dagegen werden die Stammaussprachen als /t́āg̀t/ und /h́āk̀t/ angegeben. Dazu kommen die beiden Erweiterungsregeln, (/g̀/ ==> /k̀/) und (/g̀/ ==> /ẋ/), sowie die Löschungsregel (/g̀/ ==> //), die die Stammaussprache verschwinden läßt. Dies erklärt auch, warum /ha:kt/ nicht zu /ha:xt/ werden kann. Nach Vordervokalen und Konsonanten geht dann /ẋ/ in /ç̇/ über, was aber hier nicht zutrifft.

2. Ein silbisches /n̩/ kann an die Artikulationsstelle eines vorhergehenden Verschlußlautes angeglichen werden. Die 6 anlautenden Verschlußlaute haben die Kodierung '0101***0'. ('*' heißt „wurscht".) Die drei Artikulationsstellen, labial, dental und velar, haben die Kodierungen '0***00**','0***01**' und '0***10**'. In der konventionellen Schreib-

weise müßte man 6 Transformationen wie folgt angeben:

/pn̩, tn̩, kn̩, bn̩, dn̩, gn̩/ ==> /pm̩, tn̩, kŋ̍, bm̩, dn̩, gŋ̍/

Mit der hier benutzten phonetischen Kodierung muß man zunächst die beiden Symbole, '0101***0' als A-Kette und '01000100' als X-Kette, suchen und dann das /n̩/ = '01000100' mit dem Verschlußlaut über die Schablone '00001100' modifizieren, wobei eine „1" in der Schablone bedeutet, daß das Bit in /n̩/ durch das entsprechende Bit im Verschlußlaut ersetzt wird.

3. Die Vergraphung der Aussprachevarianten in GPB und FPB

In Abschnitt 2 wurde gezeigt, wie die Aussprachevarianten einer GPB oder FPB als Graph dargestellt werden. Diese Graphen werden nicht aus GPB- oder FPB-Listen, sondern direkt aus der vergraphten Stammaussprache mit Erweiterungs- und Ersetzungsregeln mit der allgemeinen Form

A X B ==> A Y B

erstellt. Eine Ersetzungsregel dieser Form kann formal durch die entsprechende Erweiterungsregel gefolgt von einer Löschregel der Form

A X B ==> A * B

dargestellt werden, wobei „*" bedeutet, daß die Knoten in X ersatzlos gelöscht und A und B NICHT miteinander verkettet werden.

Zunächst wird die Stammaussprache als Kette zwischen einem Anfangs- und einem Endknoten vergrapht, indem die einzelnen Laute oder Lautfunktionen als Knoten darstellen. So wird z.B. „Tag" /t́āg̀/ als

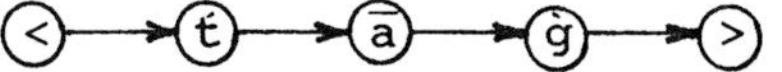

dargestellt. Die Klassen A, X, B und Y stellen im allgemeinen Ketten von Knoten dar. Für jede Regel werden dann die Knoten im Graph gesucht, die der Kette (A X B) entsprechen. Dabei werden der Anfangs- und der Endpunkt der Kette X notiert. Der Suchalgorithmus ist im Grunde genommen der gleiche wie der zur Suche aller möglichen Wege in einem Graph.

Bei Erweiterungsregeln wird nun die Kette Y zwischen dem Endknoten von A und dem Anfangsknoten von B dazugehängt. Hierzu dienen bei Bedarf die beiden Ankerknoten "<" und ">". Im obigen Beispiel wird aufgrund der Regeln (/g̀/ ==> /k̀/) und (/g̀/ ==> /x̀/) der Graph zu

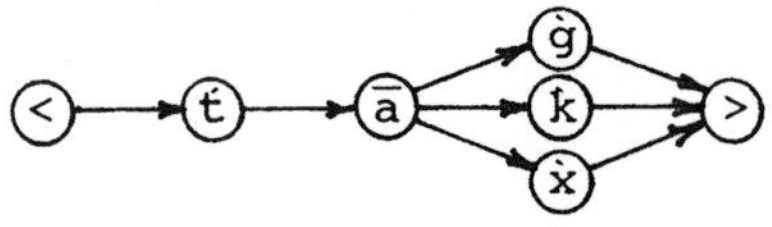

erweitert. Durch die Löschregel (/g̀/ ==> *) verschwindet dann die ursprüngliche Stammaussprache.

Die Umstellung dieses so erhaltenen Aussprache-Graphen in die GPB und die FPB erfordert Ersetzungen, die algorithmisch aufwendiger sind als Erweiterungen. Die einfache Ersetzung einer Kette X durch eine Kette Y ist nämlich nur dann möglich, wenn alle Knoten von X nur einen einzigen Vorgänger und nur einen einzigen Nachfolger haben. Wenn diese Bedingung nicht erfüllt ist, muß der Graph an solchen Stellen so aufgebläht werden, daß es innerhalb von X keine Verzweigungen mehr gibt.

Die Ersetzungen zur Erzeugung der GPB haben alle die Form (X ==> Y), d.h. keinen Links- und Rechtskontext, und X ist immer genau ein Knoten. Deswegen sind die Bedingungen hier für eine direkte Ersetzung gegeben. Dies gilt auch für die Regeln zur Erzeugung der MPB. Die Regeln zur Erzeugung von Übergangssymbolen in der FPB wie z.B. (t+ +a ==> ta) werden zunächst als Erweiterungen durchgeführt. Danach werden die Löschregel (/+X/ ==> *) und die Ersetzungsregel (/X+/ ==> //) angewendet. Für die dann folgenden Substitutionsregeln, bei denen ganze Ketten von Dauerlauten und Übergangssymbolen ersetzt werden können, wird der FPB-Graph an allen Stellen, die keine reinen Vokale wie „a" enthalten, aufgebläht. Diese Vokalknoten bilden Ankerpunkte, da es keine Regeln gibt, die einen reinen Vokal kontextabhängig ersetzen. Nach Anwendung der Substitutionsregeln wird der Graph von den Ankerpunkten aus reduziert.

4. Ausblick

Da das System noch nicht mit laufendem Text betrieben werden kann, wurde seine Leistung anhand von ca. 8000 isolierten Testwörtern aus Meier/Kaeding geprüft. Beim Vergleich verschiedener GBP-Alphabete schnitt das mit 6 Klassen am günstigsten ab, die mittlere häufigkeitsgewichteten Kohortengröße liegt bei etwa 25. Bei einem FPB-Alphabet mit nur den 28 Dauerlauten waren die Verifikationsergebnisse nur geringfügig schlechter als bei dem jetzigen FPB-Alphabet von 140 Symbolen.

Die z.Z. noch einzelnen FPB- bzw. GPB-Graphen für jedes Wort werden in Zukunft jeweils miteinander vergrapht. Dabei werden Untergraphen für immer wiederkehrende Teile wie z.B. Beugungsendungen eingeführt. Dies verringert den Speicheraufwand und reduziert gleichzeitig den Rechenaufwand bei der Hypothesengenerierung und -verifizierung.

5. Literatur

/SPI85/ H. Höge, H. Ney
Architektur des sprachverstehenden Systems SPICOS
URSI, Kleinheubacher Berichte, Okt. 1985

/MUE86/ R. Mühlfeld
Verifikation von Worthypothesen
Dissertation, Univ. Erlangen-Nürnberg, Arbeitsberichte des IMMD
Band 19, Nr. 4, Erlangen, Juni 1986

/CRA86/ M. Cravero, R. Pieraccini, F. Raineri
Definition of Recognition Units Through Two Levels of Phonemic Description
Montreal Symposium on Speech Recognition, Juli 1986, pp. 53-54

VERTEILTE PROZESSARCHITEKTUR FÜR EIN SPRACHVERSTEHENDES ECHTZEITSYSTEM

H. Höge
Siemens AG, Zentrale Aufgaben Informationstechnik, München

Zusammenfassung

Für das Projekt SPICOS /1/ wird die Software- und Hardwarearchitektur für ein sprachverstehendes System vorgestellt. Die Softwarearchitektur baut sich aus den fünf Prozessen bottom-up akustische Analyse, akustische Verifikation, linguistische Verifikation und integrierte Suche auf. Die Hardwarearchitektur besteht aus drei Minicomputern mit Spezialhardware zur akustischen Analyse und zur Suchbeschleunigung.

1. Einleitung

Die automatische Erkennung fließend gesprochener Sprache kann weder von der Verfahrensseite noch im Hinblick auf Echtzeitverhalten als gelöst betrachtet werden. Die bisher realisierten sprachverstehenden Systeme werden unter vereinfachenden Randbedingungen wie beschränkte Wortschatzgröße (1000 - 5000 Wörter), eingegrenzter Anwendungsbereich, beschränkte Ausdrucksmöglichkeiten, sprecherabhängiger Erkennungsmode entwickelt /1, 2, 3, 4, 5/. Es sind Forschungssysteme, die meist auf konventionellen Minicomputern (1 - 8 MIPS Rechenleistung) implementiert sind und die ca. 50 - 1000-fache Echtzeit zur Analyse eines gesprochenen Satzes benötigen. Die Realisierung von echtzeitfähigen oder fast echtzeitfähigen Systemen ist sowohl für Anwendungen (Benutzer will nicht warten) als auch für die Forschung (keine langwierigen Experimente) nötig.

Zur Lösung des Echtzeitproblems gibt es mehrere Ansätze wie schnellere Verfahren, Computer mit schnelleren Prozessoren und Speichern, Spezialhardware. Die Erfahrung mit bestehenden Spracherkennungs- und natürlich-sprachlichen Systemen zeigt, daß mit wachsender Erkennungsrate und höherer Interpretationstiefe die Verfahren immer aufwendiger werden, so daß von der Verfahrensseite her keine Entlastung im Hinblick auf Prozessorleistung zu erwarten ist.

Die Steigerung der Leistungsfähigkeit von konventionellen Minicomputern und AI-Maschinen ist der Motor in den Fortschritten der Sprachverarbeitung. Dennoch ist in den nächsten Jahren nicht mit einer Leistungssteigerung um den Faktor 50 - 1000 für ein echtzeitfähiges System zu erwarten. Durch serielle (pipelining) und parallele Kopplung mehrerer Prozessoren kann eine Leistungssteigerung um den Faktor 5 bis 70 erreicht werden /6, 7/.

Die für ein Echtzeitsystem darüber hinaus benötigte Rechenleistung muß durch Spezialhardware erbracht werden. Diese muß jedoch flexibel programmierbar sein, um verschiedene Verfahren austesten zu können.

Im folgenden wird eine Hardware- und Softwarearchitektur eines sprachverstehenden Systems dargestellt, dessen Funktionen in Form von Modulen mit Prozesseigenschaften eigenständig entwickelt werden können und das eine Erweiterung durch Spezialhardware zuläßt.

2. Softwarearchitektur des Experimentalsystems

Im Projekt SPICOS wird ein Dialogsystem aufgebaut, welches in seiner ersten Stufe in einem System I /1/ realisiert wurde. Darauf aufbauend wird ein Experimentalsystem konzipiert, dessen Kernstück in Bild 1 gezeigt ist.

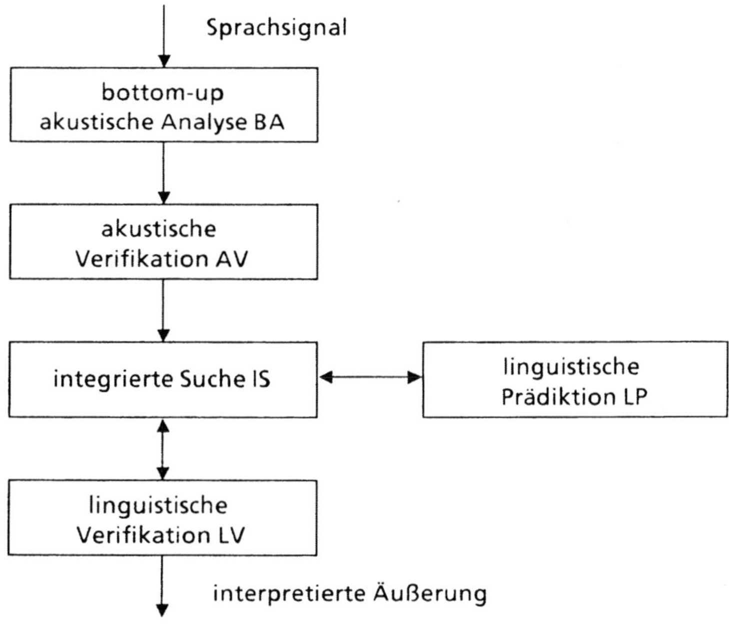

Bild 1: Softwarearchitektur des Experimentalsystems

Die Analyse einer gesprochenen Äußerung erfolgt durch gleichzeitigen Einsatz von akustischem und linguistischem Wissen (integrierte Suche), wodurch die Anzahl der Hypothesen im akustischen und linguistischen Bereich möglichst klein gehalten werden soll. Als Wissensquellen treten im akustischen Bereich Aussprachelexikon, Assimilations- wie akustisch-phonetische Regeln, statistische Wortmodelle und im linguistischen Bereich morphologische und Valenz Lexika, syntaktische/semantische Regeln und ein semantisches Modell des Gegenstandbereichs auf. Die einzelnen Komponenten des Experimentalsystems haben folgende Aufgaben:

- Die Bottom-up akustische Analyse BA agiert nur mit akustischen Wissensquellen. Sie extrahiert aus dem Sprachsignal '10 ms-Parameter' (z.B. AKF-, Cepstral-, Filterbankparameter) und generiert grobe phonetische Klassen (z.B. Frikative, Plosive, Nasale, Vokale) und Hypothesen für phonetische Einheiten (Phoneme, Diphone, Phonemcluster, Worte).

- Die akustische Verifikation AV erzeugt mit dem Output von BA für eine vom Suchprozeß vorgegebene Folge von hypothetisierte Wörtern eine Bewertung, welche die Güte der Abbildung der Ausgangsgrößen der BA auf die hypothetisierte Wortfolge widerspiegelt. Die AV-Komponente benutzt hierbei nur akustisches Wissen. Sie kann z.B. aus den 10 msec-Parameter der BA über ein statistisches Wortmodell /8/ oder aus gewichteten Phonemclusterhypothesen über ein phonetisches Wortmodell die Bewertung berechnen /9/. Auf Grund der Bewertung kann in dem Suchprozeß entschieden werden, ob die Wortfolge verworfen werden kann (Pruning-Strategie für Breitensuche) oder ob die Wortfolge ein guter Kandidat zur Weitersuche (Tiefensuche) ist.

- In den linguistischen Komponenten linguistischer Prädiktion und linguistische Verifikation wird das linguistische Wissen für den Suchprozeß benutzt. Die linguistische Prädiktion LP dient im wesentlichen dazu, für eine gegebene Wortfolge mögliche Folgeworte, die mit dem linguistischen Wissen vereinbar sind, vorherzusagen. Hierdurch soll die Suche im akustischen Bereich auf diese Folgewörter beschränkt werden. Bei einem sehr engen Anwendungsbereich läßt sich eine solche Prädiktion exakt durchführen. Im allgemeinen ist eine exakte Vorhersage mit hohem Aufwand verbunden. Als Ausweg bietet sich eine Prädiktion, die neben den mit dem linguistischen Wissen vereinbarbaren Folgewörter auch andere, linguistisch falsche Folgeworte (davon aber möglichst wenig) erzeugt /10/. Wir sprechen hier von einer übergeneralisierten linguistischen Prädiktion. Zur Beseitigung der linguistisch falschen Wortfolgen dient die linguistische Verifikation LV /11/. Sie hat zu entscheiden, ob eine gegebene Wortfolge vollständig mit dem linguistischen Wissen vereinbar ist. Während der Verifikation wird die linguistische Struktur der Wortfolge aufgebaut, die zu ihrer semantischen Interpretation führt.

- Aufgabe der Komponente integrierte Suche IS ist es, eine semantische Interpretation der Äußerung zu finden, welche zur besten Übereinstimmung zwischen dem Sprachsignal und den akustisch-linguistischen Wissensquellen, unter den Randbedingungen der verfügbaren Rechenleistung, führt. Als Suchstrategie wird ein Links-Rechts-Parser mit einer iterativen top-down/bottom-up Suche implementiert. Hierbei erfolgt zunächst eine übergeneralisierte linguistische Prädiktion. Die prädizierten Wörter werden zuerst akustisch und dann linguistisch verifiziert. Bei einer Breitensuche werden für alle positiv verifizierten und nicht geprunten Wortfolgen wieder Folgewörter prädiziert. Bei einer Tiefensuche werden nur einige wenige Wortfolgen weiter verfolgt. Die nicht betrachteten Wortfolgen können nach einem schlechten Ergebnis der Tiefensuche wieder reaktiviert werden.

3. Interprozeßkommunikation

In einem Mehrprozessorsystem werden die fünf Komponenten BA, AV, LP, LV, IS (siehe Bild 1 und 2) als eigenständige Prozesse aufgefaßt. Jeder Prozeß baut sich seine eigene

Datenstruktur wie Worthypothesennetze, Charts, linguistische Subnetze auf. Für jede Datenstruktur gibt es Pointer, wobei jeder Pointer auf die fortzusetzende Wortfolgehypothesen zeigt. Für die jeweiligen Prozesse AV, LP, LV, IS werden die Pointer mit PAV, PLP, PLV, PIS bezeichnet. Der Datenstruktur des Prozesses IS ist eine Liste, wobei jedes Listenelement die Form (PLP, PAV, PLV, t, ABW, LBW, WLP) besitzt. Dieses Element kann als Punkt PIS(t) in einem Suchraum mit den Koordinaten PLP, PAV und PLV und mit den Eigenschaften ABW, WLP, LBW betrachtet werden. ABW ist die akustische Bewertung der Wortfolge mit der Datenstruktur zum Pointer PAV. WLP ist das Wort, welches von LP prädiziert wurde (falls mehrere Worte prädiziert wurden, gibt es mehrere Listenelemente) und LBW ist die Bewertung der Wortfolge durch den Prozeß LV. Der Prozeß IS empfängt und sendet zu den Prozessen AV, LP, LV Datenpakete, die den Suchprozeß organisieren. Die Art der Interprozeßkommunikation wird im folgenden behandelt.

Der Prozeß LP empfängt von IS ein Datenpaket (PIS) (PLP). Auf Grund der Information PLP kann LP mit seiner Datenstruktur die Folgewörter WLP_1, WLP_2, ... mit neuen Pointern PLP_1, PLP_2, ... bestimmen und sendet IS die Information (PIS) (PLP_1, PLP_2, ...) (WLP_1, WLP_2, ...). Auf Grund des Pointers PIS ergänzt und erweitert IS seine Liste.

Die akustische Verifikation bekommt als Input das Datenpaket (PIS) (PAV) (WLP). Damit setzt AV die Datenstruktur PAV mit dem Wort WLP fort. Als Ergebnis bekommt man ein Datenpaket in der Form (PIS) (PAV) (t) (ABWW), welches der Prozeß IS in sein Listenelement PIS einträgt (ABWW ist die akustische Bewertung des Wortes WLP, t die Endezeit von WLP).

Der Input der linguistischen Verifikation ist ein Paket (PIS) (PLV) (WLP), welches transformiert zum Ergebnis (PIS) (PLV) (LBW) an IS gesandt wird.

Die Interprozeßkommunikation läuft zeitasynchron, was durch den akustischen Verifikationsprozeß verursacht wird. Aufträge an AV, die quasi gleichzeitig abgesendet wurden, werden je nach der zeitlichen Dauer des Wortes zu verschiedenen Zeiten beendet.

4. Hardwarearchitektur des Experimentalsystems

Das System besteht aus drei Minicomputern, die über Ethernet mit dem Protokoll IC/TCP gekoppelt sind (siehe Bild 2). Zwei Minicomputer sollen durch eine Spezialhardware unterstützt werden, um die für den Echtzeitbetrieb benötigte Rechenleistung bereitzustellen.

Das Signalprozessorboard besteht aus einem Analog-Teil mit A/D-D/A-Wandler und mehreren TMS 320C25 Signalprozessoren. Das Board wird über einen VME-Bus angesprochen und hat eine Rechenleistung von ca. 40 MIPS.

Das Search-Accellerator-Board soll die akustische Verifikation unterstützen. Nach bisherigen Erfahrungen werden eine Rechenleistung von 50 - 200 MIPS benötigt. Hierzu müssen entweder Spezial-VLSI-Chip /12/ oder aufwendige MIMD-Prozessorsysteme /7/ entwickelt werden. Für die linguistische Verifikation wird eine LISP-Maschine eingesetzt.

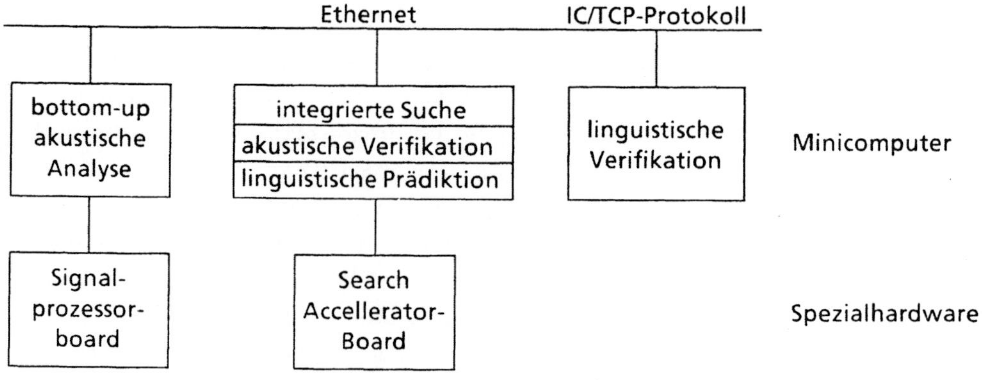

Bild 2: Hardwarearchitektur des SPICOS Experimentalsystems

Literatur

/1/ H. Höge, H. Ney: *Das Projekt SPICOS:Organisation und Systemarchitektur*, Kleinheubacher Berichte Bd. 29 (1986), S. 29-36.

/2/ H. Niemann et al.: *Representation of a Continuous Speech Understanding and Dialogue System in a Homogeneous Semantic Net Architecture*, Proc. ICASSP-86 (1986), S. 1581-1584.

/3/ Y.L. Chow et al.: *Byblos: The BBN Continuous Speech Recognition System*, Proc. ICASSP-87 (1987), S. 89-92.

/4/ A. Rudnicky et al.: *The Lexical Access Component of the CMU Continuous Speech Recognition System*, Proc. ICASSP-87 (1987), S. 376-379.

/5/ G. Mercier et al.: *Speaker-Dependent Continuous Speech Recognition with Keal*, Proc. European Conference on Speech Technology (1987).

/6/ R. Bisiani et al.: *Angora an Environment for Building Problem Solvers on Distributed Computer Systems*, Proc. of 1985 Distributed Artificial Intelligence Workshop on Sea Ranch, California, Dec. 1985.

/7/ O. Kimball et al.: *Efficient Implementation of Continuous Speech Recognition on a Large Scale Parallel Processor*, Proc. ICASSP-87 (1987), S. 391-394.

/8/ A. Noll et al.: *Training of Phoneme Models in a Sentence Recognition System*, Proc. ICASSP-87 (1987), S. 1277-1280.

/9/ O. Schmidbauer: *Syllable Based Segment Hypotheses*, Proc. ICASSP-87 (1987), S. 391-394.

/10/ D. Mergel, A. Paeseler: *Construction of Language Models for Spoken Database Queries*, Proc. ICASSP-87 (1987), S. 844-847.

/11/ G. Niedermair: *Syntactic Analysis in Speech Understanding*, Proc. European Conference on Speech Technology (1987).

/12/ S. Glinski: *The Graph Search Machine*, Proc. ICASSP-87 (1987), S. 519-522.

ERPROBUNG EINES SPRACHERKENNUNGSSYSTEMS MIT SIMULIERTER PROSODIEANALYSE

J. Mudler
Institut für Nachrichtentechnik, TU Braunschweig
Schleinitzstr. 23, D-3300 Braunschweig

Bei der automatischen Erkennung fließend gesprochener Sprache können u.a. prosodische Informationen während des Erkennungsprozesses verwertet werden. Die Grundlage für prosodische Untersuchungen bilden die durch die Signalanalyse feststellbaren physikalischen Merkmale des Sprachsignals. Aus diesen Merkmalen lassen sich prosodische Einheiten extrahieren, mit deren Hilfe Schlußfolgerungen über Inhalt und syntaktische und grammatikalische Form einer Äußerung ermöglicht werden. Bei der Aufstellung von Hypothesen über den gesprochenen Wortlaut einer Äußerung oder Teilen davon wird insbesondere grammatikalisches Vorwissen ausgenutzt, wobei die Grammatik auch die Wortstellung reguliert, d.h. die zeitliche Reihenfolge der Satzglieder und die zeitliche Reihenfolge der Wörter innerhalb der einzelnen Satzglieder. Vorliegende Erfahrungen, im wesentlichen aus dem Gebiet der Sprachsynthese, legen den Schluß nahe, daß die Prosodieanalyse vor allem die Wortstellungsanalyse sehr wirksam bei der Aufstellung und Beurteilung der Hypothesen unterstützen kann.

Zur Integration von Wortstellungsanalyse und Prosodieanalyse bei der automatischen Spracherkennung wurde ein Konzept entwickelt, das auf dem letzten DAGM-Symposium vorgestellt wurde [1]. Im Rahmen des erwartungsorientierten Spracherkennungssystems [2,3] wurde zunächst unter Zuhilfenahme simulierter prosodischer Daten und unter Ausnutzung prosodischen Vorwissens die Wirksamkeit der Prosodieanalyse für den Erkennnungsprozeß untersucht. Dabei wurde insbesondere der Einfluß prosodischer Informationen auf die Generierung von Wort- und Satzgliedhypothesen beobachtet. Erste experimentelle Ergebnisse zeigen, daß unter bestimmten Bedingungen durch die Prosodieanalyse die Erkennungssicherheit des Systems verbessert werden kann.

Literatur

[1] MUDLER, J.: Ein Konzept für die Nutzung prosodischer Information bei der automatischen Spracherkennung. Informatik-Fachberichte 125, Mustererkennung 1986, Springer-Verlag, Berlin Heidelberg New York London Paris Tokyo 1986, S. 134-138

[2] MUDLER, J.; PAULUS, E.: Entwicklung und Erprobung der erwartungsorientierten Analyse für die automatische Spracherkennung. Sprache und Datenverarbeitung, 8. Jahrgang 1984, Heft 1/2, S. 64-71.

[3] MUDLER, J.: Verfahren zur Eindämmung und Bearbeitung der Hypothesenflut bei der erwartungsorientierten Spracherkennung. NTG-Fachberichte 94, VDE-Verlag, Berlin Offenbach 1986, S. 114-119.

Wechselwirkung zwischen akustischer Erkennung und höheren Wissensquellen im sprachverstehenden System SPICOS

D. Mergel, H. Ney, A. Noll, A. Paeseler, H. Tomaschewski
Philips GmbH Forschungslaboratorium Hamburg,
Postfach 540840, 2000 Hamburg 54

1. Einleitung

In unserem Labor wurde in den vergangenen zwei Jahren im Rahmen des Verbundprojektes 'SPICOS' ein sprecherabhängiges System zur Erkennung von gesprochenen Datenbankanfragen entwickelt. Einzelheiten der Algorithmen und der verwendeten Wissensquellen wurden bereits an anderer Stelle beschrieben ([1],[2],[3],[4]). In diesem Beitrag wird versucht, die Ergebnisse von einigen Erkennungsexperimenten auszuwerten. Der Aufbau dieses Artikels ist wie folgt: im Abschnitt 2 werden die wesentlichen Eigenschaften des Suchverfahrens und die Bedingungen für 3 Arten von Experimenten beschrieben, die in den darauf folgenden Abschnitten im Einzelnen behandelt werden.

2. Versuchsbedingungen und Entscheidungsverfahren

Unserer Sprachprobensammlung liegen 2 Textkorpora mit einer gemeinsamen Teilmenge von nur 43 verschiedenen Wörtern zu Grunde: 100 nach phonetischen Gesichtspunkten ausgewählte Sätze ('Sotscheck-Sätze' [5]), und 200 für unsere Anwendung typische Datenbankanfragen ('SPICOS-Sätze'). Sprachproben liegen innerhalb des gesamten Projektes (Philips und Siemens) für 3 weibliche und 4 männliche Sprecher vor, sie werden im folgenden mit W***, bzw. M*** bezeichnet [3,4].

Das bei der Erkennung eingesetzte Suchverfahren beruht auf dem Prinzip der dynamischen Programmierung. Es zielt darauf ab, in einem großen Zustandsraum diejenige Zustandsfolge zu bestimmen, die am besten die gegebene Auesserung erklärt. Während der Erkennung werden viele Hypothesen parallel zur aktuell besten aufgestellt, aber nur solche, die sich später als global beste herausstellen können [1]. Höhere Wissensquellen werden a priori eingebracht, um dem Zustandsraum entsprechend zu modellieren. Eine nachträgliche Korrektur des Erkennungsergebnisses aufgrund derselben Wissensquellen ist daher nicht notwendig.

Die Wissensquellen unseres Systems sind: ein Inventar von akustischen Phonemmodellen (44 einschließlich Pause und glottal stop), ein Aussprachelexikon der 917 Wörter des SPICOS-Vokabulars und ein Sprachmodell, welches die Menge der erlaubten Sätze beschreibt.

In diesem Beitrag werden 3 Arten von Experimenten behandelt, deren Ergebnisse an einem Satz in Abb. 1 zur Veranschaulichung dargestellt werden:

1. Phonemerkennung

Die beste Folge von Phonemen wird ermittelt, wobei jedes Phonem auf jedes folgen kann.

2. Worterkennung

Es werden akustische Referenzen für die 917 SPICOS- Wörter gemäß einer vorgegebenen Transkription ('SPICOS-Lexikon') gebildet. Der Suchalgorithmus bestimmt dann die beste Wortfolge, wobei jedes Wort auf jedes folgen kann.

PHONEME: S A AE EH N B R EH F B N gs AE N SCH I E W Z gs N B P D B ...

WÖRTER: zwei den brief von ein schilz an doktor ...
SATZ: zeige den brief von herrn schilz an doktor ...

PHONEME: L A N P F O N IE W M I SCH I U N AH X S I CH

WÖRTER: lang von juni ich die wo nach sich
SATZ: lang von juni vier-und-achtzig

Abb. 1: Erkennungsergebnisse für den Satz: "Zeige den Brief von Herrn Schilz an Doktor Lang vom Juli vierundachtzig."

3. Satzerkennung

Bei der Satzerkennung werden Wörter nicht mehr als individuelle Einheiten behandelt, sondern als Bestandteile von Sätzen betrachtet. Es wird die beste Wortfolge von allen gemäß dem Sprachmodell möglichen bestimmt.

Bei den Erkennungsexperimenten werden 3 Arten von Fehlern gezählt: Auslassungen (Del.,D), Einfügungen (Ins.,I) und Verwechslungen (Conf., C). Die Erkennungsrate E wird definiert als der Quotient der richtig gefundenen Einheiten (Phoneme oder Wörter) und der Gesamtzahl der Erkennungen N. Es gilt der Zusammenhang: $E=(N-D-C)/N$.

3. Phonemerkennung

Das verwendete Phoneminventar umfaßt 44 Phoneme (einschließlich Pause und glottal stop). Die Phonemmodelle sind endliche, stochastische Automaten (Markovmodelle). Jeder Zustand der Modelle entspricht 10 ms Sprache, die Anzahl der Zustände pro Modell ist phonemabhängig und entspricht der mittleren in den Trainingsdaten beobachteten Dauer. Die spektrale Färbung der Phoneme wird durch eine Verteilung von Emissionswahrscheinlichkeiten über einer Menge von 132 Prototypvektoren dargestellt, die durch Vektorquantisierung gewonnen wurde. Die Phonemmodelle sind stationär und kontextunabhängig, d. h. die Emissionswahrscheinlichkeiten aller Zustände eines Phonems sind identisch. Die Parameter der Modelle werden mit einem iterativen Training vollautomatisch aus den Sotscheck-Sätzen ermittelt. Einzelheiten des Verfahrens werden in [3] beschrieben.

Es wurden Phonemerkennungsexperimente für 3 Sprecher durchgeführt (W002, 3. Sitzung; M003, 2. Sitzung; M010, 3. Sitzung). Zur Ermittlung der Fehler- und Erkennungsraten wird die erkannte Phonemfolge mit der Transkription des SPICOS-Lexikons für die Wörter des gesprochenen Satzes verglichen. Über alle 3 Sprecher gemittelt ergibt sich eine Phonem- Erkennungsrate von 45 % bei 21% Auslassungen, 13 % Einfügungen und 34 % Verwechslungen. Die Erkennungsraten für die einzelnen Phoneme werden in Abb. 2 dargestellt. Besonders verläßlich werden die Zischlaute, der Nasal N und die Vokale A, OEH und IE erkannt. Eine unterdurchschnittliche Erkennung wird für die Plosive und insbesondere für viele kurze Vokale und die Diphtonge beobachtet.

Bei der Erklärung dieses Befundes müssen sowohl phonetische Gesetzmäßigkeiten, Abweichungen der Transkription von der tatsächlichen Aussprache als auch Eigenschaften der Phonemmodelle beachtet werden. Phonologisch begründete und statistisch erhärtete Interpretationen können zu diesem Zeitpunkt noch nicht gegeben werden. Um das Prinzip zu erläutern, sollen aber einige Arbeitshypothesen genannt werden.

Für das von uns gewählte Modell ist zu erwarten, daß stationäre Laute besonders gut erkannt werden. Tatsächlich werden nicht alle stationären Laute gut erkannt, aber die oben als verläßlich bezeichneten Phoneme sind tatsächlich alle stationär. Die beiden am besten erkannten Vokale A und IE entsprechen minimaler und maximaler Öffnung des Vokaltraktes und werden vielleicht deshalb besonders konsistent gebildet. Die schlechte Erkennung vieler kurzer Vokale läßt sich möglicherweise darauf zurückführen, daß sie beim Sprechen häufig verschliffen werden und stark von den Nachbarphonemen gefärbt werden. Diese Effekte werden weder durch das Lexikon (Standardaussprache) noch durch das Phonemmodell (kontextunabhängig) berücksichtigt. Die schlechte Erkennung der Plosive kann auf die Stationarität der Phonemmodelle zurückgeführt werden.

Wie bereits erläutert, kann bei diesen Experimenten jedes Phonem auf jedes andere folgen, so daß auch Phonemfolgen erkannt werden können, die im Deutschen nicht vorkommen, so z. B. 'B P D B' anstelle von 'Doktor' in Abb. 1.

	Frikative u.a.		Nasale	Plosive	Vokale
1.0					
	SCH				
0.8	S, X, CH				
	F				A, OEH
0.6			N		IE
	Z	L	M	D	I, AE
0.4		W	NQ	T, B	O, EH, U, UH
	R			gs, K, P	UEH, AU, OH, AH
0.2	H			G	E, ER, AI
					UE
0.0		EL	EN, EM		EU, Y

Abb. 2: Phoneme, sortiert nach Erkennungsrate (vertikale Achse) und nach Klassen (horizontale Achse), für die 3 Sprecher M003/2, M010/3, W002/3 mit je 7826 zu erkennenden Phonemen.

4. Worterkennung

Durch Aneinanderreihung von Phonemmodellen gemäß einer phonetischen Transkription (SPICOS-Lexikon, entspricht etwa der Standardaussprache) werden akustische Referenzen für die 917 SPICOS-Wörter gebildet. Die Aufeinanderfolge von Wörtern unterliegt keinen Beschränkungen. Einzelne Phoneme sind für den Suchprozeß unmittelbar nicht mehr sichtbar, es können nur solche Phonemfolgen erkannt werden, die mit dem Lexikon verträglich sind.

Die Ergebnisse für Sprecher M003 wurden in die Tabelle 1 mit übernommen. Für die ersten 50 SPICOS-Sätze (381 Wörter) wird eine Wort-Erkennungsrate von 62 % erzielt, eine genaue Fehleranalyse ergibt 6 Auslassungen (D), 112 Einfügungen (I) und 137 Verwechslungen (C). Die entsprechenden Zahlen für einen zweiten Sprecher (M010, Sitzung 3) lauten: 61 %, D=14, I=59, C=134. Die geringere Anzahl von Einfügungen beim zweiten Sprecher lassen sich möglicherweise auf seine schnellere Sprechweise zurückführen.

Ein häufig beobachteter Fehler ist die Ersetzung eines langen Wortes durch mehrere kurze (siehe 'vierundachtzig' in Abb. 1). Dieser Befund läßt sich mit

Tab.1: Erkennungsraten für die 2. Sitzung von Sprecher M003, Phonemerkennung für 200 SPICOS-Sätze, sonst für 50 SPICOS-Sätze.

EINHEITEN	ANZAHL N	DEL. D	INS. I	CONF. C	ERKENNUNG :=(N-C-D)/N
PHONEME	7826	1739	1060	2570	45 %
WÖRTER OHNE SPRACHMOD.	381	6	112	137	62 %
WÖRTER MIT SPRACHMOD.	381	1	6	36	90 %

folgender Überlegung plausibel machen. Im SPICOS- Lexikon kommen am häufigsten Wörter mit 6 Phonemen vor (112 mal). Es gibt 76 Wörter mit 4 Phonemen, 54 mit 3 und 6 mit 2 Phonemen. Dementsprechend gibt es 34 mal mehr Kombinationen von 2 Wörtern mit insgesamt 6 Phonemen als Einzelwörter mit derselben Länge. Die Wahrscheinlichkeit, daß eine Kombination auf einen Sprachausschnitt paßt, ist deshalb a priori entsprechend größer.

Die Phoneme, die nach Abschnitt 3 besonders verläßlich erkannt werden, bilden häufig die Ankerpunkte für die Worterkennnung. Das zeigt sich besonders schön an Fehlerkennungen wie im folgenden Beispiel:

Transkription des Textes als Folge der Transkription der Wörter im SPICOS-Lexikon (gs = glottal stop):

```
             Y UH L IE F IE ER N gs A X T S I CH  (Juli vierundachtzig)
                -- - --   - - - - - -   - --

erkannt:     B R IE F D IE B O N gs A X T Z I CH  (Brief die Bonn acht sich)
               -- -  --   - - - - - -   - --
```

5. Satzerkennung

Satzerkennungs-Experimente zeichnen sich durch die Anwendung eines Sprachmodells aus, welches die Zahl der Entscheidungsmöglichkeiten reduziert. In unserem Fall wird ein endliches Netzwerk mit 368 Zuständen (Knoten), 3481 Wort- und 413 Nullübergängen als Sprachmodell verwendet. Es wurde im wesentlichen aus Bauplänen für Sätze und Konstituenten unter Berücksichtigung semantischer Gesichtspunkte erstellt [2]. Morphologische Übereinstimmungen wurden dabei häufig nicht mit erfaßt, weil man meinte, daß sie bei dem Verstehen des Satzinhaltes nur eine geringe Rolle spielen.

Die Satzperplexität P eines Netzwerks läßt sich als n-te Wurzel aus der Anzahl der Sätze mit n Wörtern berechnen. Für n=7, der mittleren Länge der SPICOS-Sätze erhalten wir P=58. Für jeden Satz des Sprachmodells läßt sich eine individuelle Perplexität ermitteln. Dazu wird der Pfad dieses Satzes im Netzwerk bestimmt und das geometrische Mittel der Verzweigungsfaktoren aller besuchten Knoten gebildet. Die (mittlere) Perplexität der 188 SPICOS-Sätze, die bei unseren Tests verwendet werden, beträgt 74.

Für Sprecher W002 (Sitzung 3) wurde die mittlere Perplexität derjenigen Sätze bestimmt, in denen Fehlerkennungen auftraten. Sie beträgt 75 und weicht somit kaum von der mittleren Perplexität aller Testsätze ab. Außerdem wurden die Verzweigungsfaktoren an denjenigen Knoten bestimmt, von denen falsch erkannte Wörter ausgehen. Das Ergebnis wird als Histogramm in Abb. 3 zusammen mit dem entsprechenden Histogramm für alle Testsätze dargestellt (summennormiert). In dieser Darstellung ist deutlich zu sehen, daß Fehlerkennungen gehäuft an Knoten mit überdurchschnittlich hohen Verzweigungen auftreten. Der Mittelwert für Fehlerkennungen liegt bei 141, während der für alle in den Testsätzen vorkommenden Knoten bei 107 liegt. Das bedeutet, daß die Ursache für Fehlerkennungen eher eine hohe lokale Verzweigung ist als die Perplexität des gesamten Satzes.

12 % der Wörter in den Testsätzen sind Artikel, 10 % sind Präpositionen. Die entsprechenden Anteile an den nicht erkannten Wörtern sind 30 % und 28 % (Sprecher M003), so daß nahezu 60 % der Fehlerkennungen auf diese beiden Wortklassen entfallen, obwohl sie nur 22 % der zu erkennenden Wörter ausmachen. Es bieten sich 2 Maßnahmen an, die Erkennungsrate dieser Wortklassen zu erhöhen: a.) im Sprachmodell werden morphologische Übereinstimmungen zweier aufeinander folgender Wörter berücksichtigt. Dadurch werden Verwechslungen von z. B. 'vom' mit 'von' und 'der' mit 'dem' oder 'die' weitgehend unterdrückt. b.) Es wird versucht, kontext- oder sogar wortabhängige Phonemmodelle zu bilden, von denen man eine bessere Erkennung erwarten kann [6]. Ein solches Vorgehen ist möglich, weil die Wörter fast alle im Trainingsmaterial vorkommen.

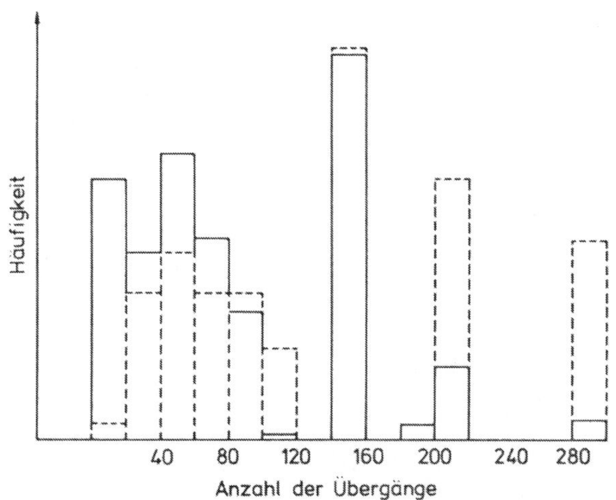

Abb. 3: Verteilung der Zustände des Sprachmodells über der Anzahl der von diesen Zuständen ausgehenden Wortübergänge. Durchgezogene Linie: Verteilung für alle 188 Testsätze, gestrichelte Linie: Verteilung nur für die Knoten, an denen Fehlerkennungen auftraten (bei Sprecher M003/2). Die beiden Histogramme wurden auf dieselbe Summe normiert.

6. Diskussion

Bei der Besprechung der einzelnen Wissensquellen und der Fehlleistungen der Erkennungsexperimente wurde sichtbar, daß unsere Modelle oft nur grobe Näherungen an die Wirklichkeit sind:

- die Markovmodelle sind für alle Phoneme stationär,
- das Aussprachelexikon enthält nur eine Aussprachevariante (und Fehler),
- das Sprachmodell läßt Wortfolgen zu, die morphologisch nicht konsistent sind.

Trotzdem bilden die Phonemmodelle die Grundlage der akustischen Erkennung und leisten die anderen Wissensquellen ihren Beitrag zur Verbesserung der Erkennungsrate, wie Abb. 1 und Tab. 1 anschaulich zeigen.

Das Wesentliche unseres Systems ist dabei, daß Entscheidungen während des Erkennungsprozesses (Weglassen von unwahrscheinlichen Hypothesen, 'pruning') nicht aufgrund von einer Wissensquelle allein getroffen werden, sondern erst nach Auswertung aller Wissensquellen. Mit Hilfe der 'Integrierten Suche' kommt man dabei zu einem funktionsfähigen und robusten System. Das soll natürlich nicht heißen, daß die einzelnen Modelle keiner weiteren Verbesserung bedürfen oder fähig sind. Hinweise dazu finden wir in dieser Analyse.

Die beschriebene Arbeit ist Teil eines gemeinsamen Siemens- Philips- IPO-Projektes und wurde durch das BMFT gefördert (413-5839-ITM 8401). Allein die Autoren sind für den Inhalt verantwortlich.

Literatur

Zitate [1] bis [4] aus: Proceedings: ICASSP 87, IEEE International Conference on Acoustics, Speech, and Signal Processing. April 6-9, 1987, Dallas, Texas. IEEE Catalog No. 87Ch2396-0, Library of Congress Catalog Card No. 84-645139.

[1] H. Ney, D. Mergel, A. Noll, A. Paeseler: "Data-driven Organization of Dynamic Programming Beam Search for Continuous Speech Recognition." ICASSP 87, paper No. 20.10, pp. 833-836

[2] D. Mergel, A. Paeseler: "Construction of Language Models for Spoken Data Base Queries." ICASSP 87, paper No. 20.13, pp. 844-847

[3] A. Noll, H. Ney: "Training of Phoneme Models in a Sentence Recognition System." ICASSP 87, paper No. 29.6, pp. 1277-1280

[4] H. Ney, D. Mergel, A. Noll, A. Paeseler, H. Höge, B. Littel, E. Marschall, D. Schmidbauer, R. Sommer: "Word Recognition in the 'SPICOS' System." NTG- Fachtagung Sprachkommunikation München, 28.-30.4.1986, NTG- Fachberichte 94, pp. 85-90

[5] J. Sotscheck: "Sätze für die Sprachgütemessungen und ihre phonologische Anpassung an die Deutsche Sprache." Tagung der Deutschen Arbeitsgemeinschaft für Akustik, DAGA 84, Darmstadt, 26.-29.3.1984

[6] Y. L. Chow, R.M. Schwartz, S. Roucos, O.A. Kimball, P.J. Price, G.F. Kubala, M.O. Dunham, M.A. Krasner, J. Makhoul: "The Role of Word-Dependent Coarticulatory Effects in a Phoneme-Based Speech Recognition System." IEEE International Conference on Acoustics, Speech, And Signal Processing, Tokyo, Japan, April 1986, paper No. 30.9.1, pp. 1593-1596.

Spracherkennung mit stochastischen Grammatiken: Wissensrepräsentation, Architektur und Suchstrategie

H. Ney
Philips GmbH Forschungslaboratorium Hamburg,
Postfach 540840, 2000 Hamburg 54

Zusammenfassung
Die Zusammenhänge zwischen Bayes'scher Entscheidungsregel, stochastischen Erweiterungen der formalen Sprachen und Suchstrategie werden dargelegt. Es wird gezeigt, daß sich bei eindimensionalen Signalen oder Symbolfolgen eine vollkommene Synthese von statistischer und formal-syntaktischer Mustererkennung erreichen läßt. Entsprechende Suchstrategien oder Parsing-Verfahren werden zusammen mit ihrer Zeitkomplexität angegeben. Wissensrepräsentation und Suchstrategie werden hinsichtlich der Spracherkennung diskutiert.

1. Bayes'sche Entscheidungsregel und Systemarchitektur

Das Ziel der automatischen Spracherkennung ist es, die Folge der gesprochenen Wörter möglichst fehlerfrei zu bestimmen. Für ein derartiges entscheidungstheoretisches Problem gibt die Bayes'sche Entscheidungsregel an, wie eine minimale Fehlerrate zu erreichen ist. Die Anwendung der Bayes'schen Entscheidungsregel auf die Spracherkennung führt auf eine Systemarchitektur, wie sie Bild 1 zeigt. Die akustische Analyse erzeugt aus dem Sprachsignal eine Folge von akustischen Vektoren $x(1),\ldots,x(i),\ldots,x(I) =: X$, aus der die globale Suche die erkannte Wortfolge

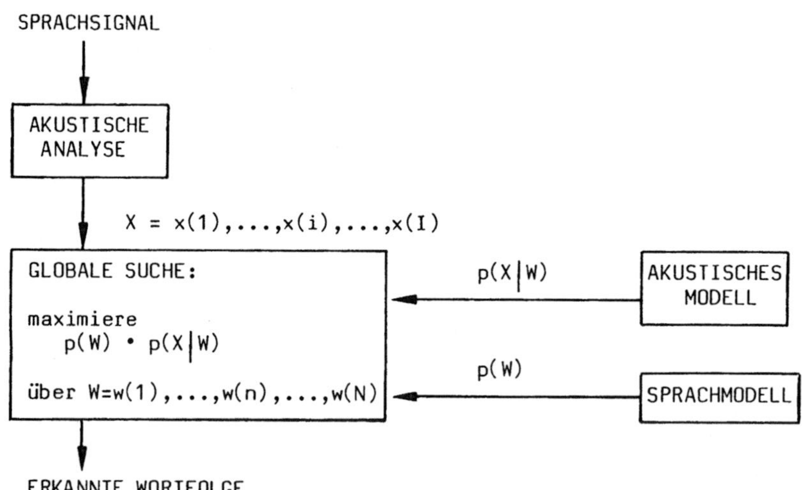

Bild 1: Bayes'sche Entscheidungsregel und Systemarchitektur

$w(1),\ldots,w(n),\ldots,w(N) =: W$ berechnet. Dabei werden zwei Modelle benutzt: das akustische Modell und das 'linguistische' Sprachmodell, um die bedingte Wahrscheinlichkeit $p(X|W)$ bzw. die a-priori-Wahrscheinlichkeit $p(W)$ für eine beliebige Wortfolge W zu berechnen. Diese Modelle können mittels formaler und stochastischer Grammatiken effizient realisiert werden.

2. Formale Grammatiken

Die Grammatiken der Chomsky-Hierarchie [1,2] beschreiben Eigenschaften und Strukturen von eindimensionalen Symbolfolgen. Sie dienen als formaler Mechanismus, um die möglicherweise unendliche Menge der Symbolfolgen eines bestimmten Problems mit endlichem Aufwand zu definieren. Ohne auf die Einzelheiten einzugehen, sei hier die Grundidee erläutert. Zusätzlich zu den beobachtbaren Symbolen $\{x,y,z,...\}$, aus denen die Symbolfolgen zusammengesetzt werden, gibt es eine Menge abstrakter, nicht beobachtbarer Zeichen $\{A,B,C,...\}$, Nonterminalzeichen genannt, und eine Menge von Produktionsregeln, denen zufolge sich die abstrakten Zeichen schrittweise ersetzen lassen, bis man schließlich eine beobachtbare Symbolfolge erhält. In Abhängigkeit von der syntaktischen Struktur der Produktionsregeln ergeben sich Grammatiken unterschiedlicher Mächtigkeit in der Chomsky-Hierachie. In Bild 2 sind die Bezeichnungen

FORMALE GRAMMATIK	NORMALFORM	ANWENDUNG
REGULÄR	$A \to xB$	ENDLICHE NETZWERKE
LINEAR	$A \to xBy$	KLAMMERUNGEN
KONTEXTFREI	$A \to BC$ $A \to x$	ZÄHLEN ZWEIER MENGEN, NATÜRL. SPRACHE
KONTEXTSENSITIV	$AB \to CB$ $AB \to AC$ $A \to BC$ $A \to x$	UNEINGESCHRÄNKTE NATÜRLICHE SPRACHE

Bild 2: Formale Sprachen, zugehörige Normalformen und Anwendungen

der Grammatiken, die Normalformen der Produktionsregeln und typische Anwendungsbeispiele gegeben. Die linearen Grammatiken, die normalerweise zu den kontextfreien Grammatiken gerechnet werden, sind getrennt aufgeführt, weil sie eine echte Untermenge bilden und dementsprechend auch andere Eigenschaften haben. Die abstrakten Zeichen kann man bei endlichen Netzwerken mit den Zuständen identifizieren, bei geschachtelten Klammerungen mit den Schachtelungstiefen und bei Sätzen der natürlichen Sprache mit den syntaktischen Kategorien wie Satzteilen oder Wortarten.

3. Stochastische Grammatiken

Bei den nichtstochastischen Grammatiken geht man davon aus, daß die beobachtbaren Symbolfolgen als solche fehlerfrei vorliegen und nur zu entscheiden ist, ob eine bestimmte Symbolfolge von einer Grammatik erzeugt wird oder nicht. Bei einer Erkennungsaufgabe geht es dagegen gerade darum, für die beobachtete und in der Regel nicht fehlerfreie Symbolfolge diejenige Ableitung zu bestimmen, die mit der Grammatik konsistent <u>und</u> am wahrscheinlichsten ist.

Zu diesem Zweck führt man die stochastischen Erweiterungen der formalen Grammatiken ein, indem man jede Produktionsregel und jede Beobachtung eines Symbols mit einer Wahrscheinlichkeit verknüpft. In gewisser Weise kann man die Wahrscheinlichkeit einer Produktionsregel als eine a-priori-Wahrscheinlichkeit und die Wahrscheinlichkeit, ein bestimmtes Symbol zu beobachten, als eine bedingte Wahrscheinlichkeit interpretieren. Die Menge der beobachtbaren Symbole $\{x,y,z,...\}$ kann dabei auch auf kontinuierliche Signale erweitert werden.

Mit diesem Formalismus kann man dann die Wahrscheinlichkeit von zeitlichen Folgen modellieren, z.B. $p(x(i),...,x(j)|A)$, d.h. die Wahrscheinlichkeit, daß das abstrakte Zeichen A die Beobachtungen $x(i),...,x(j)$ in der Zeit $i,...,j$ erklärt.

Es zeigt sich, daß diese Wahrscheinlichkeit bis zu den kontextfreien Grammatiken rekursiv berechnet werden kann [3-6]. Die Rekursion beruht dabei im wesentlichen darauf, daß die Anzahl der Produktionsregeln und der abstrakten Zeichen endlich ist und der betrachtete Zeitbereich $i,...,j$ schrittweise erweitert wird, bis der gesamte Zeitbereich $0,...,I$ lückenlos überdeckt ist. Bild 3 zeigt die Komplexität der entsprechenden Algorithmen für die verschiedenen Grammatiken (in Abhängigkeit von I).

STOCHASTISCHE GRAMMATIK	KOMPLEXITÄT
REGULÄR	LINEAR
LINEAR	QUADRATISCH
KONTEXTFREI	KUBISCH
KONTEXTSENSITIV	EXPONENTIELL ?

Bild 3: Komplexität für die stochastischen Grammatiken

Statistisch gesehen muß man für ein gegebenes Tripel i,j,A unterscheiden zwischen der Wahrscheinlichkeit aller Ableitungen ('Baum-Welch-Kriterium') und der Wahrscheinlichkeit der besten Ableitung ('Viterbi-Kriterium'). Für beide Kriterien erhält man eine geschlossene exakte Lösung und somit eine direkte Verknüpfung von statistischer und syntaktischer Mustererkennung.

In der Spracherkennung werden für die akustische Modellierung von Einzelwörtern oder Phonemen 'Hidden Markov'-Modelle verwendet, die identisch sind mit stochastischen regulären Grammatiken. Die abstrakten Zeichen kann man dabei mit Punkten auf einer fiktiven Zeitachse identifizieren, so daß mit den Modellen eine nichtlineare Zeitanpassung durchgeführt wird. Wenn man von Einzelwörtern auf Wortketten übergeht, ergibt sich eine charakteristische Schwierigkeit bei der Durchführung der Rekursion, wie Bild 4 veranschaulicht.

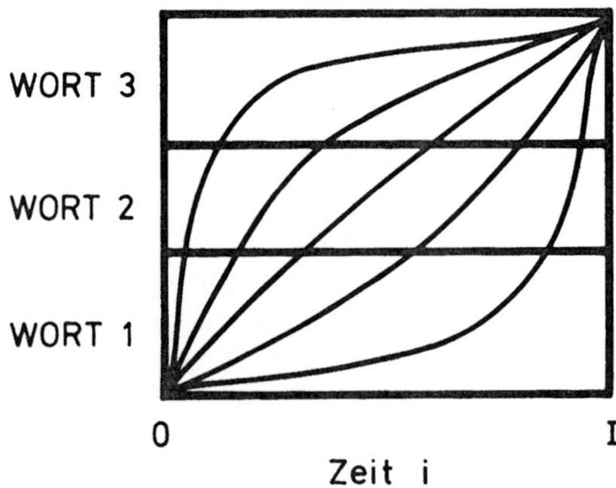

Bild 4: Konkatenation von Einzelwortmodellen.

Für eine feste Wortfolge $w(1),w(2),w(3)$ sind fünf Beispiele von Zeitanpassungspfaden, d.h. Ableitungen, dargestellt. Das akustische Modell der Wortfolge ergibt sich einfach durch Konkatenation der Modelle der Einzelwörter. Im Falle des Baum-Welch-Kriteriums muß als Folge der unbekannten Wortgrenzen die Rekursion getrennt für jede Wortfolge w(1),...,w(n),...,w(N) durchgeführt werden, so daß der Rechenaufwand exponentiell mit der Zahl der Wörter ansteigt. Für das Viterbi-Kriterium hingegen bleiben die in Bild 3 gemachten Aussagen über die Komplexität weiterhin gültig [5,6].

4. Wissensrepräsentation und Training

Die stochastischen Grammatiken kann man verwenden, um die in Bild 1 auftretende bedingte Wahrscheinlichkeit $p(X|W)$ des akustischen Modells und die a-priori-Wahrscheinlichkeit p(W) einer Wortfolge zu berechnen. Das gesamte Wissen des Systems ist dann in den entsprechenden Produktionsregeln und den zugehörigen Wahrscheinlichkeiten enthalten. Bei großem Wortschatz werden für die akustische Modellierung zwei Ebenen verwendet, um von einem gegebenen Trainingsvokabular unabhängig zu werden: Phoneme und phonetische Transkription. Für das Trainieren der in den stochastischen Grammatiken auftretenden Wahrscheinlichkeiten und Parameter gibt es effiziente Verfahren, die auf dem Prinzip der 'Maximum-Likelihood-Schätzung' beruhen und iterativ arbeiten [7]. Für diese Verfahren ist die Konvergenz gegen ein lokales Optimum garantiert, das von den Anfangswerten abhängt. Die Struktur der Modelle, d.h. die abstrakten Zeichen und die Produktionsregeln der Grammatiken, müssen vorher festgelegt worden sein. Eventuelles Vorwissen über die Wahrscheinlichkeiten kann in das Training mit einbezogen werden.

Das 'linguistische' Sprachmodell berechnet die a-priori-Wahrscheinlichkeit p(W) von beliebigen Wortfolgen W, in der das gesamte Wissen des Systems über Syntax, Semantik und Pragmatik konzentriert ist. Aus Effizienzgründen (vgl. Bild 3) werden fast immer reguläre Grammatiken verwendet, die man aus nichtregulären Grammatiken erhalten kann, wenn man entweder die maximale Anzahl der Wörter im Satz oder die Rekursionstiefe bei Ableitungsrekursionen begrenzt, z.B. Rekursionstiefe 3 für die Schachtelung von Relativsätzen. Darüber hinaus werden oft die Wahrscheinlichkeiten ganz weggelassen, so daß sich eine nichtstochastische Grammatik ergibt und nur die Menge der erlaubten Wortfolgen beschrieben wird. Lediglich in dem IBM-System [7] werden durchgängig Wahrscheinlichkeiten für das Sprachmodell benutzt.

5. Suchstrategie

Für praktische Anwendungen kommen bisher fast nur reguläre Grammatiken in Frage. Obwohl die Komplexität der Suchstrategien bei vollständiger Suche nur linear ist, ist dieser Rechenbedarf in der Praxis immer noch zu hoch. Für komplexere Erkennungsaufgaben muß daher ein abgekürztes Suchverfahren verwendet werden, das nicht alle theoretisch möglichen Wortfolgen, sondern nur die 'interessierenden' Wortfolgen untersucht und trotzdem die global optimale Lösung bestimmt. Ob diese Suche nun von links nach rechts abläuft oder als 'Inselparsing' angelegt wird, ist dabei nicht so entscheidend wie die Frage, ob die Wechselwirkung zwischen den Wissenquellen immer noch in dem Maße erfaßt wird, wie das in Bild 1 ausgedrückt ist. Die Wissensquellen liegen strukturiert und getrennt voneinander vor. Die Verbindung erfolgt lediglich während des Suchvorganges. Die Suche sollte die Zuverlässigkeit der beobachteten Daten berücksichtigen: falls die Entscheidungen 'fast sicher' werden, sollte der Suchbereich automatisch kleiner und der Suchvorgang insgesamt entsprechend schneller werden.

Eine derartige Suchstrategie läßt sich aus der auf dynamischer Programmierung beruhenden vollständigen Suche im Falle des Viterbi-Kriteriums herleiten. Diese Suche läuft von links nach rechts ab und baut Schritt für Schritt zeitsynchrone, parallele Hypothesen auf, die sich jeweils auf denselben Zeitabschnitt des Sprachsignals beziehen. Dadurch ist es einfach, direkt die Bewertungen der verschiedenen Hypothesen miteinander zu vergleichen und unwahrscheinliche Hypothesen nicht weiter zu verfolgen. Die Einzelheiten einer derartigen Suchstrategie für die Erkennungsaufgabe im SPICOS-Projekt sind in [8] beschrieben. Die Experimente zeigten, daß nur 2-5% der prinzipiell möglichen Hypothesen ausgewertet werden müssen, um die global optimale Lösung zu bestimmen.

Die beschriebene Arbeit ist Teil eines gemeinsamen Siemens-Philips-IPO-Projektes und wurde durch das BMFT gefördert (413-5839-ITM 8401). Allein der Autor ist für den Inhalt verantwortlich.

Literaturverzeichnis

[1] J.E. Hopcroft, J.D. Ullman: "Introduction to Automata Theory, Languages, and Computation", Addison-Wesley, Reading, MA, 1979.

[2] A.K. Saloma: "Formale Sprachen", Springer-Verlag, Berlin 1978.

[3] J.K. Baker: "Trainable Grammars for Speech Recognition", Speech Commun. Papers of 97th Meeting of the Acoust. Soc. Amer., pp. 547-550, Juni 1979.

[4] S.E. Levinson: "Structural Methods in Automatic Speech Recognition", Proc. of the IEEE, Vol. 73, No. 11, pp. 1625-1650, Nov. 1985.

[5] H. Ney: "The Use of a One-Stage Dynamic Programming Algorithm for Connected Word Recognition", IEEE Trans. on Acoustics, Speech and Signal Processing, Vol. ASSP-32, No. 2, pp. 263-271, April 1984.

[6] H. Ney: "Dynamic Programming Speech Recognition Using a Context Free Grammar", Proc. IEEE Int. Conf. on Acoustics, Speech and Signal Processing, Dallas TX, pp. 3.2.1-4, April 1987.

[7] L.R. Bahl, F. Jelinek, R.L. Mercer: "A Maximum Likelihood Approach to Continuous Speech Recognition", IEEE Trans. on Pattern Analysis and Machine Intelligence, Vol. PAMI-5, No. 2, pp. 179-190, März 1983.

[8] H. Ney, D. Mergel, A. Noll, A. Paeseler: "Data-Driven Organization of a Dynamic Programming Beam Search for Continuous Speech Recognition", Proc. IEEE Int. Conf. on Acoustics, Speech and Signal Processing, Dallas TX, pp. 20.10.1-4, April 1987.

FLEXIBLE STEUERUNG EINES SPRACHVERSTEHENDEN SYSTEMS MIT HILFE MEHRKOMPONENTIGER BEWERTUNGEN

G. Sagerer, F. Kummert, E.G. Schukat-Talamazzini
Lehrstuhl für Informatik 5 (Mustererkennung)
Universität Erlangen-Nürnberg
Martenstr. 3
8520 Erlangen, Bundesrepublik Deutschland

1. Einleitung

Rahmenbedingung bildet das Spracherkennungssystem EVAR /Nie85/, das mit einem Benutzer einen telefonischen Auskunftsdialog über einen begrenzten Aufgabenbereich (Intercity-Netz) führen soll. Für das automatische Verstehen gesprochener Sprache sind dabei zwei Spielarten der Analyse zu unterscheiden. Zum einen kennen wir eine Hierarchie sprachlicher Einheiten zunehmender zeitlicher Dauer, welche die Oberfläche einer Äußerung repräsentieren. Daneben muß eine Äußerung auch strukturell analysiert werden, d.h. ihr Aufbau aus syntaktischen Konstituenten und die Abbildung vom Gesagten zum Gemeinten muß erschlossen werden.

2. Bewertung

Die Bewertungsproblematik ergibt sich aus zwei widerstreitenden Forderungen innerhalb des Konzepts der zeitorientierten Analyse. Einerseits verlangen wir die Integration spezialisierter Moduln in ein Gesamtsystem, die Hypothesen mit unterschiedlichen Methoden und auf Sprachdaten mehrerer Abstraktionsebenen bewerten. Andererseits ist ein homogenes Bewertungsschema zu fordern, das der Kontrolle erlaubt, gute und weniger gute Hypothesen voneinander zu unterscheiden und die Verkettung zeitlicher Teilinterpretationen zu Interpretationen längerer Bereiche zu veranlassen.

2.1 Qualitätsbewertung

Methoden des Mustervergleichs, die ein additives Qualitätsmaß liefern, wurden für die Laut- /Sch87/ und die Spektralebene /Sal86/ realisiert. Die Qualität $B_Q(H)$ einer Hypothese wird in beiden Fällen ohne eine Längennormierung berechnet. Vermöge der Transformation

$$B(H) = B_Q(H) - m*L(H)$$

wird sie auf ein Maß abgebildet, das sowohl kombinierbar als auch vergleichbar ist. Der Subtrahend stellte ursprünglich die mittlere Qualität m(1) korrekter Hypothesen der zeitlichen Länge 1 dar. Man weist leicht nach, daß sich die Additivität der Qualität auch auf die o.g. Bewertung vererbt, was die approximative Kombinierbarkeit (Verkettung typgleicher Hypothesen) nach sich zieht. Die Vergleichbarkeit, also die Tatsache, daß die Bewertung die Güte der Hypothese und nicht etwa ihre Länge (wie z.B. die Qualität) reflektiert, sieht man wie folgt ein: deuten wir m als die lokale Bewertung eines konstanten maxseg-Profils, dessen Komponentenwerte doch wohl im Mittel von den Qualitäten korrekter Hypothesen geprägt sind, entspricht B(H) bis auf einen Summanden der Shortfall-Bewertung und spiegelt damit die Chance einer Hypothese wider, Teil einer optimalen Gesamtlösung zu sein.

2.2 Sicherheitsbewertung

Die Qualitätsbewertung liefert i.a. noch keinen schlüssigen Hinweis auf die Sicherheit des Zutreffens einer Hypothese. So lassen sich erfahrungsgemäß Hypothesen für längere Wörter zuverlässiger anhand ihrer spektralen oder lautlichen Ähnlichkeit zum Signal als richtig oder falsch einordnen als Hypothesen, die kürzere Wörter betreffen /Sch87/. In einem ersten Ansatz wird die Sicherheit nach dem Längenkriterium bemaßt. Sie berechnet sich unter Normalverteilungsannahme aus Mittelwert und Standardabweichung der Qualitätsbewertung richtiger und falscher Hypothesen des Problembereichs. Der Bhattacharyya-Abstand der Bewertungsdichten für richtige und falsche Hypothesen nimmt die geschlossene Form

$$1/8 \; \frac{(m_R - m_F)^2}{(s_R^2 + s_F^2)/2} \; + \; 1/2 \ln \left(\frac{s_R^2 + s_F^2}{2 * s_R * s_F} \right)$$

an. Als Abschätzung für die Sicherheit der Vereinigung zweier Hypothesen kann für dieses Maß das Maximum aus der Sicherheit der Einzelhypothesen angenommen werden. Diese ist eindeutig kleiner als die tatsächliche Sicherheit.

2.3 Prioritätsbewertung

Mit Hilfe des Prioritätsmaßes soll die Dringlichkeit von Analyseschritten dynamisch beurteilt werden. Die Grundlage dieser Bewertungskomponente kann somit nur das linguistische Modell sein. Dieses ist in Form eines hierarchischen semantischen Netzwerks kodiert, dessen Grundlagen in /Sag85/ beschrieben sind. Da das Ziel der Analyse zunächst eine Interpretation des Sprachsignals in Bezug auf den Aufgabenbereich ist, sind Teilinterpretationen zu bevorzugen, die eine pragmatische Relevanz besitzen. Damit werden bei bottom-up Verarbeitungsschritten Teilinterpretationen bevorzugt, die eine solche Charakteristik besitzen. Für top-down Expansionen ist es wichtig, möglichst schnell eine Vorhersage konkretisieren zu können. Daher sind Vorhersagen zu bevorzugen, die eine "kurze Verbindung" gemäß den Hierarchien des Netzwerks zur Worthypothesenebene besitzen. Des weiteren sind spezielle Interpretationen allgemeineren vorzuziehen. Diese Anforderungen an ein Prioritätsmaß lassen sich mit Hilfe des Netzwerkformalismus beschreiben. Dabei wird nur die Hierarchisierung des Netzwerkes gemäß der Kanten verwendet.

3. Linguistisches Modell

Ausgehend von bestehenden Moduln in EVAR /Nie85/ wurde eine homogene hierarchische Wissensbasis als semantisches Netzwerk geschaffen /Kum86/. Es repräsentiert die Syntax und Semantik der deutschen Sprache und die sprachliche Kompetenz des Systems, wie sie durch den Diskursbereich "Intercity-Auskunft" gegeben ist. Das folgende Bild zeigt eine Netzwerkübersicht.

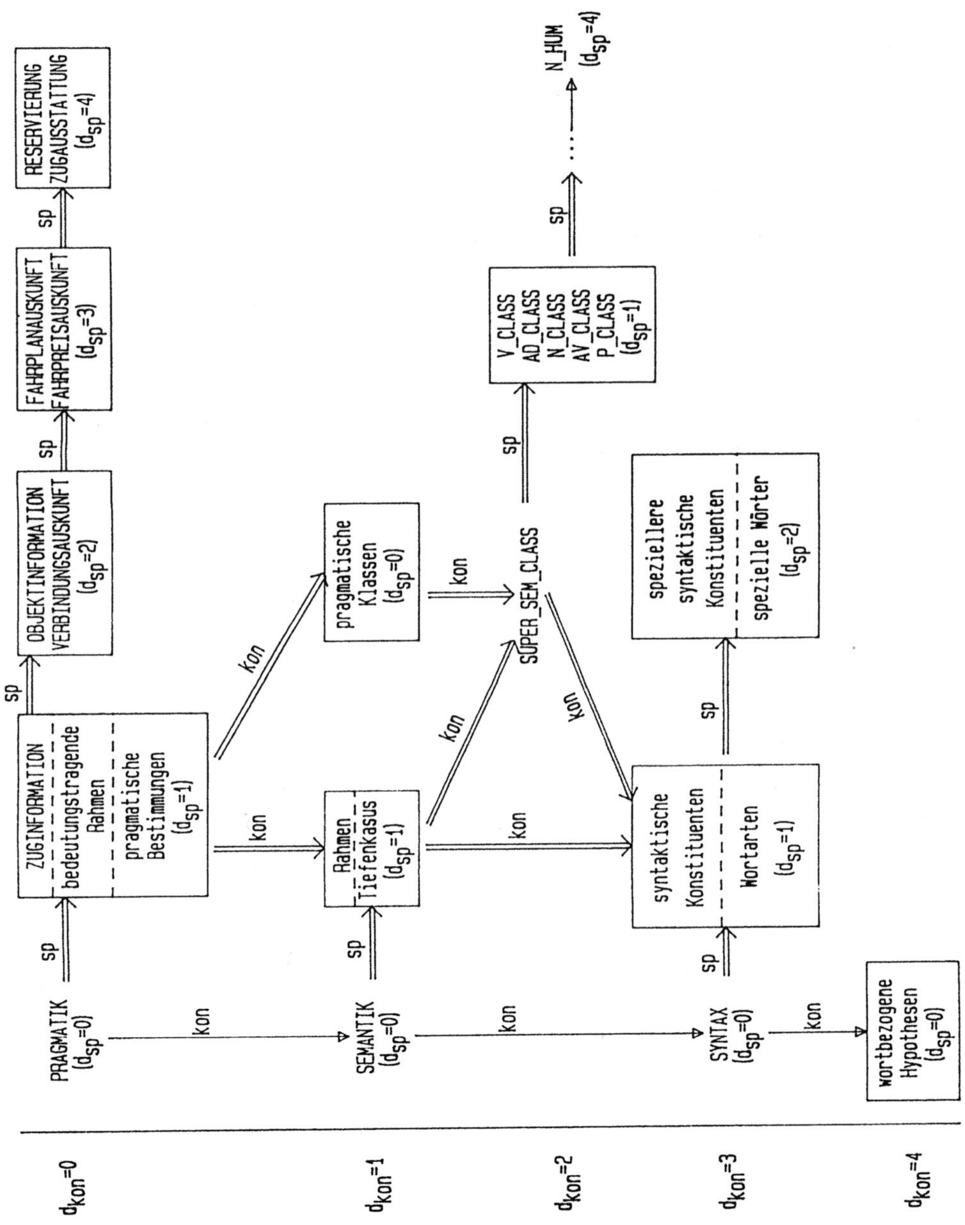

4. Steuerung der strukturellen Analyse

Produktionen zur Erzeugung von Instanzen /Sag87/ legen den Kern der Verarbeitungsstrategie fest. Diese top-down Suche mit bottom-up Instantiierung wird durch eine erwartungs- und datengetriebene Modifikation von Konzepten erweitert, was ein flexibles Ausnutzen von Modelleinschränkungen und Analysewissen erlaubt. Zur Steuerung der Analyse dient ein erweiterter A^*-Algorithmus, der auf dreistelligen Bewertungen arbeitet.

Nach der Schätzung von möglichen Zielkonzepten wird der Suchbaum initialisiert. Jeder Knoten des Suchbaums enthält ein expandiertes Modell eines Zielkonzepts, welches den augenblicklichen Stand der top-down Suche und bottom-up Instantiierung von der Wurzel des Suchbaums bis zu diesem Knoten widerspiegelt. Die Auswahl eines Knotens zur Bearbeitung erfolgt über die Güte (siehe Abschnitt 2.1) und die Sicherheit (siehe Abschnitt 2.2) der Interpretation des Knotens. Dabei ist primär die Güte ausschlaggebend. Nur bei ähnlicher Güte mehrerer Knoten entscheidet die Sicherheitsbewertung über das weitere Vorgehen. Die Sicherheit beeinflußt somit nicht die Güte eines Knotens, sondern er wird in seiner weiteren Bearbeitung nur verzögert bzw. beschleunigt. Die Priorität wird bei der Auswahl von Suchraumknoten nicht betrachtet. Sie entscheidet nach der Auswahl eines Knotens, welche die günstigste Strategie für die weitere Bearbeitung dieses Knotens ist. Sie orientiert sich dabei an dem Ziel, möglichst schnell und einfach die strukturelle Analyse am linguistischen Modell über Hypothesen verifizieren zu lassen. Durch die Prioritätsbewertung (siehe Abschnitt 2.3) werden somit gemäß den Produktionen zur Instantiierung gleichrangige (modifizierte-) Konzepte für die weitere Verarbeitung geordnet. Nachdem ein Knoten gemäß Güte und Sicherheit und ein (modifiziertes-) Konzept in diesem Knoten gemäß Priorität ausgewählt wurden, wird situationsabhängig eine der folgenden Aktionen angestoßen:

- Expansion des Konzepts (= top-down Suche)
- Instantiierung eines nicht primitiven Konzepts (g_{kon}!=0 oder g_{bst}!=0)
- Instantiierung eines primitiven Konzepts (g_{kon}=0 und g_{bst}=0)

Bei der Expansion eines Konzepts werden gemäß den Produktionen zur Instantiierung von Konzepten die Konkretisierungen und Bestandteile in die strukturelle Analyse miteinbezogen. Durch die Betrachtung von Modalitäten kann der Suchbaum dabei aufgespalten werden. Über invertierbare Attribute und invertierbare Restriktionen an Kanten kann Wissen, das während der top-down Expansion gesammelt wurde, von den neu betrachteten Konzepten verwendet werden, um Information lokal im Suchbaumknoten einzuschränken. Diese wird in einem modifizierten Konzept abgelegt.

Bei der Instantiierung eines nicht primitiven Konzepts wird die Verzeigerung im Instanzenspeicher mit der Umgebung vorgenommen, es werden Attribute berechnet und die Relationen getestet. Die erzeugte (diskontinuierliche) Wortkette wird

als Hypothese zur Bewertung der Güte an die zeitorientierte Analyse übergeben. Ist damit das Zielkonzept eines Knotens instantiiert, so entscheidet die Kontrolle, ob die Analyse abgebrochen wird (falls ein Auskunftskonzept mit genügend großer Sicherheit instantiiert wurde), ob die Analyse erweitert fortgesetzt wird (falls ein Auskunftskonzept nicht mit genügend großer Sicherheit instantiiert wurde) oder ob ein neues Zielkonzept geschätzt werden muß (falls kein Auskunftskonzept instantiiert wurde).
Für die Instantiierung primitiver Konzepte wird ebenfalls eine Hypothese an die zeitorientierte Analyse übergeben. Je nach Wissensstand wird eine Einschränkung für die möglichen syntaktischen, semantischen und pragmatischen Klassen sowie für den Zeitbereich mitgeliefert. Das bedeutet, daß die Instantiierung eine Suche über die Worthypothesen darstellt. Nach der Instantiierung wird versucht die neu gewonnene Information zur Vorhersage für andere Konzepte des aktuellen Knotens zu verwenden. Dazu wird über invertierbare Attribute und Relationen die intensionale Beschreibung dieser Konzepte so weit wie möglich eingeschränkt.

5. Zusammenfassung

Die angestrebten drei Bewertungsmaße Qualität, Sicherheit und Priorität konnten formal entsprechend den geforderten Eigenschaften festgelegt werden. Darüber hinaus wurde eine homogene hierarchische Wissensbasis geschaffen, welche einem modifizierten A^*-Algorithmus erlaubt, flexibel auf top-down Erwartungen und bottom-up Hypothesen zu reagieren.

/Kum86/ F. Kummert, Ansätze für einen flexiblen Kontrollalgorithmus für ein sprachverstehendes System, Diplomarbeit am Lehrstuhl 5 (Mustererkennung), IMMD Universität Erlangen-Nürnberg, 1986.

/Nie85/ H. Niemann, A. Brietzmann, R. Mühlfeld, P. Regel, G. Schukat: The Speech Understanding and Dialog System EVAR. In R. DeMori, C.Y. Suen: New Systems and Architectures for Automatic Speech Recognition and Synthesis, NATO ASI Series F, Springer Verlag, 271-302, 1985.

/Sag85/ G. Sagerer: Darstellung und Nutzung von Expertenwissen für ein Bildanalysesytem, IFB 104, Springer Verlag, 1985.

/Sag87/ G. Sagerer, S. Schröder, H. Niemann: An associative network as system shell for knowledge based image understanding. In Proc. 2nd CAIP 87, Wismar 1987.

/Sal86/ R. Salzbrunn: Mehrstufige Dynamische Programmierung zur Wortverifikation, Diplomarbeit am Lehrstuhl 5 (Mustererkennung), IMMD Universität Erlangen-Nürnberg, 1986.

/Sch87/ E.G. Schukat-Talamazzini: Generierung von Worthypothesen in kontinuierlicher Sprache, IFB 141, Springer Verlag, 1987

INVARIANTE MUSTERERKENNUNG IM FREQUENZBEREICH BEI GRAUWERTBILDERN

U.Schramm, M.Fröder, A. Scheibinger
Fraunhofer-Arbeitsgruppe für Integrierte Schaltungen
Wetterkreuz 13, 8520 Erlangen

Zusammenfassung

Während in der Bildvorverarbeitung im Frequenzbereich arbeitende Verfahren, z.B. Tiefpaßfilter zur Glättung oder Hochpaßfilter zur Kantenverstärkung, verwendet werden, sind in der Merkmalgewinnung nur wenige Ansätze bekannt, die mit Fourierkoeffizienten arbeiten. Im folgenden Beitrag werden zwei derartige Verfahren vorgestellt, die unterschiedliche Zielsetzungen verfolgen: Einerseits die Bestimmung der relativen Helligkeit, Lage, Orientierung und Größe eines Objektes in verrauschten Bildern, andererseits die lage-, rotations- und größeninvariante Beschreibung von segmentierten Objekten.

1. Einleitung

Ausgangspunkt der vorliegenden Arbeit ist die Aufgabe, Objekte in Bildern mit starkem Rauschen oder anderen überlagerten Strukturen zu erkennen. Von dem gesuchten Objekt ist nur seine ungefähre Form a priori bekannt, während die Intensität, Lage, Orientierung und Größe innerhalb vorgegebener Intervalle variieren kann.

Mögliche Ansätze zur Lösung dieser Aufgabenstellung sind ein erweitertes Template-Matching /4/ oder Kantenverfolgung mit Hilfe dynamischer Programmierung /3/.

Im folgenden wird ein Verfahren vorgestellt, das von der Fouriertransformierten eines Bildes und eines zugehörigen Referenzbildes ausgeht /2/,/7/. Im Gegensatz zu Verfahren, die nur mit Amplitudenspektren arbeiten, erfolgt die Bestimmung der relativen Helligkeit, Lage, Orientierung und Größe des Objektes aus Amplitudenspektrum und Phase. Dabei genügt es, nur wenige, niederfrequente Fourierkoeffizienten einzubeziehen, da darin schon die wichtigsten Charakteristika über die zu bestimmenden Parameter enthalten sind. Im Falle von stark verrauschten Bildern ist diese Begrenzung auch wegen des günstigen Signal/Rausch-Verhältnisses vorteilhaft. Aus diesen Arbeiten heraus entwickelten sich dann Ansätze, Fourierkoeffizienten so zu modifizieren, daß sie für eine lage-, rotations- und größeninvariante Beschreibung von Objekten verwendet werden können /6/.

2. Bestimmung von Objektparametern in verrauschten Bildern

2.1. Problemstellung und prinzipielle Vorgehensweise

Es liege ein Bild f(i,k) von NxN Bildpunkten vor, das ein mit additivem Rauschen überlagertes helles Objekt enthält. Weiterhin ist ein Referenzbild t(i,k) gegeben, welches das gegebene Referenzobjekt auf Nullhintergrund enthält. Die Aufgabe ist die Berechnung der Parameter Helligkeit, Position, Orientierung und Größe, die das Objekt bezüglich des Referenzobjektes aufweist. Dabei werden nicht die Bilder selbst, sondern die zugehörigen diskreten Fouriertransformierten F(m,n) und T(m,n) verwendet.

Die Parameterbestimmung läßt sich in drei Teilschritte unterteilen:

- Die Helligkeit, Lage, Orientierung und Größe des Referenzobjektes im Frequenzbereich wird modifiziert, indem nacheinander (Gl.4b), (Gl.3b), (Gl.2b) und (Gl.1b) auf T(m,n) angewendet werden (Abb.1). Die modifizierte DFT wird mit T'(m,n) bezeichnet.

- Ein Abstand zwischen T'(m,n) und der DFT des Bildes F(m,n) wird berechnet, wobei nur niederfrequente Fourierkoeffizienten mit

$$(m^2 + n^2)^{1/2} < \vartheta \qquad \text{(Gl.5)}$$

eingehen. Es wird ein quadratischer Abstand verwendet.

- Die Parameter Helligkeit (a), Lage (b_1,b_2), Orientierung (α) und Größe (c_1,c_2) ergeben sich aus dem Parametersatz, der die Abstandsfunktion minimiert. Die Minimierung ist eingebettet in eine nichtlineare Optimierungsprozedur.

Ortsbereich		Frequenzbereich	
$t^{mult}(i,k) = a \cdot t(i,k)$	(Gl.1a)	$T^{mult}(m,n) = a \cdot T(m,n)$	(Gl.1b)
$t^{trans}(i,k) = t(i+b_1, k+b_2)$	(Gl.2a)	$T^{trans}(m,n) = T(m,n)\ \exp(j\frac{2\pi}{N}(m \cdot b_1 + n \cdot b_2))$	(Gl.2b)
$t^{rot}(i,k) = t(i \cdot \cos\alpha + k \cdot \sin\alpha, -i \cdot \sin\alpha + k \cdot \cos\alpha)$	(Gl.3a)	$T^{rot}(m,n) = T(m \cdot \cos\alpha + n \cdot \sin\alpha, -m \cdot \sin\alpha + n \cdot \cos\alpha)$	(Gl.3b)
$t^{skal}(i,k) = (c_1 i, c_2 k)$	(Gl.4a)	$T^{skal}(m,n) = \frac{1}{(c_1 \cdot c_2)}\ T(\frac{m}{c_1}, \frac{n}{c_2})$	(Gl.4b)

Abb.1: Wichtige Eigenschaften der DFT

2.2. Experimentelle Ergebnisse

In unseren Experimenten verwendeten wir 8-Bit-Grauwertbilder der Größe 128x128. Diese enthielten als Objekte Quadrate mit konstanter Intensität. Die Bilder wurden überlagert durch additives, weißes Rauschen (mittlere Rauschamplitude R = 45 Grauwerte). Als Signal-Rauschverhältnis wurde

$$S/R = \frac{\text{Intensität des Objektes}}{\text{mittlere Rauschamplitude}}$$ definiert.

Es wurde eine Reihe von Bildern mit unterschiedlichen Signal/Rausch-Verhältnissen untersucht. Sollten nur die Parameter für Intensität und Position bestimmt werden, so war dies bis zu einem Signal/Rausch-Verhältnis S/R = 5/45 möglich. Eine Bestimmung der Intensität, Position, Orientierung und Größe war bei S/R =30/45 noch erfolgreich.

a.

b.

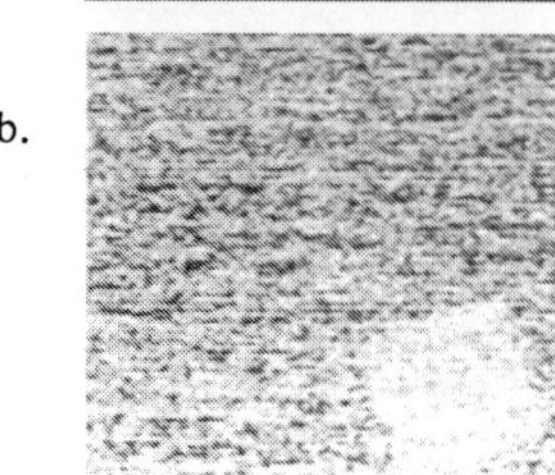

	Initialisierung	Bereich	Sollwerte	Berechnete Werte
a	1.0	0.2 ... 5	1.5	1.49
b_1	40	10 ... 50	31.36	31.92
b_2	40	10 ... 50	31.70	31.95
α	0°	-45° ... 45°	20°	20.87°
c_1	0.5	0.3 ... 1.0	0.425	0.43
c_2	0.5	0.3 ... 1.0	0.425	0.42

Abb.2: a.Referenzobjekt
b.Verrauschtes Bild

Abb.3: Sollwerte und berechnete Werte für die Parameter

Ein Beispiel verdeutlicht die Fähigkeit des vorgestellten Verfahrens, die gewünschten Parameter auch für stark verrauschte Bilder zu bestimmen (S/R = 30/45). Abb.2b zeigt ein Rauschbild mit einem versteckten Quadrat der Intensität 30 Grauwerte. In Abb.2a ist das zugehörige Referenzobjekt zu sehen. Abb.3 zeigt, daß die gewünschten und die mit unserem Verfahren berechneten Parameterwerte gut übereinstimmen.

3. Invariante Merkmale aus Fourierkoeffizienten

3.1. Prinzipielle Vorgehensweise

Aus der Literatur ist das Momententheorem für eindimensionale, kontinuierliche Funktionen bekannt /5/, das einen Zusammenhang zwischen den Momenten einer Funktion und der entsprechenden Ableitung der Fouriertransformierten an der Stelle 0 herstellt. Von uns wurde dieses Theorem auf den zweidimensionalen, diskreten Fall übertragen:

$$(-j2\pi/N)^{p+q}\, m_{pq} = \frac{d^{p+q}\, F(0,0)}{d^{\,p} d^{\,q}} \qquad \text{(Gl.6)}$$

Da die Ableitungen in (Gl.6) im diskreten Fall nur durch den Differenzenquotienten approximiert werden können, ist auch das Momententheorem nur approximativ gültig.

Weiterhin sind Ansätze zur Beschreibung von Objekten mit Hilfe translationsinvarianter μ_{pq}, translations- und rotationsinvarianter M_i und translations-, rotations- und größeninvarianter Momente M_i' bekannt /1/.

Durch die diskrete Version des Momententheorems kann ein Zusammenhang zwischen den Momenten und den Fourierkoeffizienten einer Funktion hergestellt werden. Von uns wurden nun die invarianten Momente mit Hilfe des Momententheorems in den Frequenzbereich übertragen. Dies ist möglich, da sich diese invarianten Momente als Funktion der Momente m_{pq} beschreiben lassen. Die resultierenden invarianten Merkmale werden als Fourierdeskriptoren bezeichnet und werden im folgenden durch Fettdruck gekennzeichnet.

So gewinnt man aus den Zentralmomenten translationsinvariante Fourierdeskriptoren $\boldsymbol{\mu}_{pq}$. Diese sind zunächst komplexe Zahlen, die durch Betragsbildung in reellwertige Merkmale überführt werden. Ein analoges Vorgehen ist auch für die anderen invarianten Momente möglich. Dies ergibt Fourierdeskriptoren

- $\mathbf{M}_i$ (i=1..7), die translations- und rotationsinvariant sind
- $\mathbf{M}_i'$ (i=2..7), die translations-, rotations- und größeninvariant sind.

3.2. Experimentelle Überprüfung

Anhand einiger Beispiele wurden die Invarianzeigenschaften der verschiedenen Fourierdeskriptoren untersucht. Dabei wurden wie in 2.2. am Rechner synthetisierte Objekte verwendet. Abb.4 zeigt vier Objekte, die sich in Lage und Orientierung unterscheiden. Die zugehörigen Fourierdeskriptoren $\mathbf{M}_i$ sind in Abb.5 aufgelistet. Bei der Auswertung ist zu berücksichtigen, daß die Objekte im Rechner (ohne Interpolation) gedreht wurden, so daß an den Kanten der Rechtecke Treppenstrukturen auftreten. Dies führt zu Abweichungen in den Fourierdeskriptoren. Werden jedoch kleinere Abweichungen zugelassen, so kann durchaus von invarianten Merkmalen gesprochen werden.

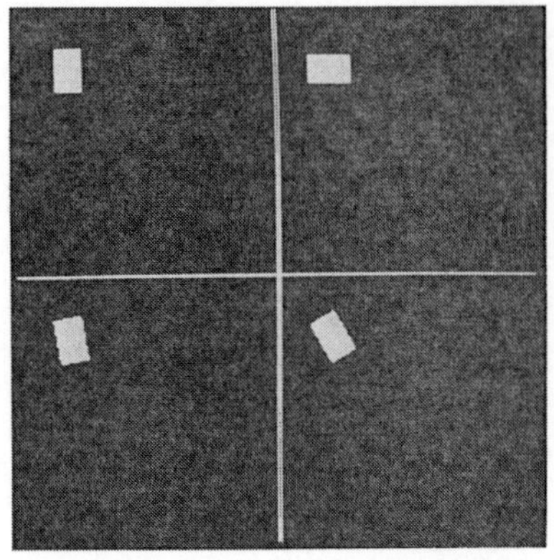

Abb.4: Vier Rechtecke unterschiedlicher Lage und Orientierung

	Rechteck 1	Rechteck 2	Rechteck 3	Rechteck 4
M_1	0.33267 E+07	0.33267 E+07	0.33987 E+07	0.33121 E+07
M_2	0.20421 E+13	0.20419 E+13	0.21393 E+13	0.22354 E+13
M_3	0.25182 E+14	0.25180 E+14	0.14271 E+14	0.11997 E+14
M_4	0.25189 E+14	0.25184 E+14	0.32476 E+14	0.35321 E+14
M_5	0.52071 E+27	0.52042 E+27	0.45242 E+27	0.34403 E+27
M_6	0.34344 E+20	0.34335 E+20	0.47487 E+20	0.52199 E+20
M_7	0.36236 E+27	-0.36243 E+27	0.53303 E+27	0.64055 E+27

Abb.5: Fourierdeskriptoren M_i der vier Rechtecke

4. Ausblick

Nachdem die Invarianz der Fourierdeskriptoren innerhalb einer Objektklasse nachgewiesen wurde, ist ihre Fähigkeit zur Trennung verschiedener Objektklassen zu überprüfen. Darüberhinaus ist eine Anwendung der Fourierdeskriptoren auf Bilder geplant, die mit der Kamera eingezogen wurden. Dazu sollen die Fourierdeskriptoren in ein Klassifikationssystem eingebunden werden.

Literatur

/1/ S.A.Dudani, K.J.Bredding, R.B.McGhee: Aircraft Identification by Moment Invariants, IEEE-C, Vol.26, Nr.1, Januar 1977, 39-45

/2/ M.Fröder: Darstellung geringkontrastiger Objekte im menschlichen Schädel mit rechnerunterstützter Röntgenvideotechnik, Dissertation an der Friedrich-Alexander-Universität Erlangen-Nürnberg, 1986

/3/ J.Gebrands: Edge Detection in Noisy Images, Vortrag im Informatik-Kolloquium der Friedrich-Alexander-Universität Erlangen-Nürnberg, Juni 1987

/4/ A.Gosthasby: Template Matching in Rotated Images, IEEE-PAMI, Vol.7, Nr.5, Mai 1985, 338-344

/5/ A.Papoulis: The Fourier Integral and its Applications, McGraw-Hill, New York, 1962

/6/ A.Scheibinger: Invariante Mustererkennung mit Fourierdeskriptoren, Diplomarbeit am Lehrstuhl für Technische Elektronik der Friedrich-Alexander-Universität Erlangen-Nürnberg, April 1987

/7/ U.Schramm: Erkennung von überdeckten Objekten mit variabler Größe und Drehrichtung in Röntgenbildern durch nichtlineare Filterung im Frequenzbereich, Diplomarbeit am Lehrstuhl für Technische Elektronik der Friedrich-Alexander-Universität Erlangen-Nürnberg, Januar 1985

Wissensbasierte Erkennung von komplexen Objekten mit linien- und flächenhaften Komponenten im Hierarchischen Strukturcode (HSC)

Siegbert Drüe, Georg Hartmann, Bärbel Mertsching
Universität - Gesamthochschule - Paderborn

Objekte werden auf Codebäume des HSC abgebildet und sollen durch Analyse dieser Codebäume erkannt werden. Spezielle Operationen extrahieren größen- und lageinvariante Merkmale aus dem HSC. Eine Erkennung beruht auf dem Vergleich der aus dem HSC eines Objekts mittels spezieller Operationen extrahierten, lage- und größeninvarianten Merkmalen mit den Merkmalen des Modells.

Es wird ein einfaches wissensbasiertes Erkennungssystem beschrieben, mit dem gezeigt werden kann, daß der HSC sehr effiziente Erkennungsstrategien ermöglicht. Im Gegensatz zu dem früher benutzten und auf linienhafte Objekte beschränkten Hierarchischen Konturcode (HCC) erlaubt der jetzt zur Anwendung kommende HSC auch eine Erkennung komplexerer Objekte mit linien- und flächenhaften Strukturen.

Strukturklassen und Organisation von Modellwissen

Das Erkennungssystem benutzte bisher eine objektbezogene Wissensorganisation. In einer Modellbibliothek ist für jedes Objekt bzw. für jede Sicht ein "Buch" vorhanden, und jedes "Kapitel" eines Buches beschreibt ein MERKMAL des Objekts. Mit Hilfe von OPERATIONEN kann im HSC das Vorhandensein eines solchen MERKMALS überprüft werden. Bei Übereinstimmung aller modellierten und extrahierten MERKMALE ist ein Objekt erkannt.

Für ein Experimentiersystem ist eine objektbezogene Wissensorganisation vorteilhaft, weil die voneinander unabhängigen Bücher einer geringen Zahl von Objekten leicht erstellt, ergänzt oder modifiziert werden können. In einer Modellbibliothek mit wenigen "Büchern" bleibt auch der Suchaufwand beschränkt. Soll hingegen eine große Zahl von Objekten modelliert werden, so läßt sich zwar die Bibliothek sehr einfach erweitern, der Suchaufwand wächst jedoch linear mit der Zahl der Bücher.

Es liegt deshalb nahe, das Modellwissen nicht objektbezogen, sondern in allgemeingültigen Strukturklassen zu repräsentieren, die eine Baumstruktur bilden. Alle Knoten dieses Entscheidungsbaumes stellen nun HSC-spezifische Strukturklassen dar, die durch einfache OPERATIONEN leicht zugänglich sind und anschauliche Bedeutung haben. Problematisch wird diese Wissensorganisation, wenn eine systematische Erfassung aller denkbaren Strukturklassen angestrebt wird, da im Extremfall die Menge aller real vorkommenden Objekte eine Untermenge der theoretisch denkbaren Strukturklassen wäre. Bei der strukturklassenbezogenen Wissensorganisation ist zwar der Suchaufwand auch bei einem hochverzweigten Strukturklassenbaum erträglich, aber das Problem ist die kombinatorische Vielfalt von Strukturklassen.

Als Konsequenz daraus wird eine kombinierte Form der Wissensorganisation verwendet, bei der die ersten Schritte des Erkennungsvorganges der Bestimmung relativ grober Strukturklassen dienen. Die Verzweigung des Strukturklassenbaumes kann dabei relativ klein gehalten werden, und der Suchaufwand ist bei der strukturklassenbezogenen Organisation ohnehin klein. Für die nachfolgenden Schritte des Erkennungsvorganges wird das Wissen objektbezogen in Form einer Modellbibliothek organisiert. Durch die vorhergehende Zuweisung zu einer Strukturklasse wird eine Vorauswahl getroffen. Dadurch wird der Suchraum in der Modellbibliothek auf den Teil der Bücher beschränkt, der mit der Strukturklasse verträglich ist (Fig. 1).

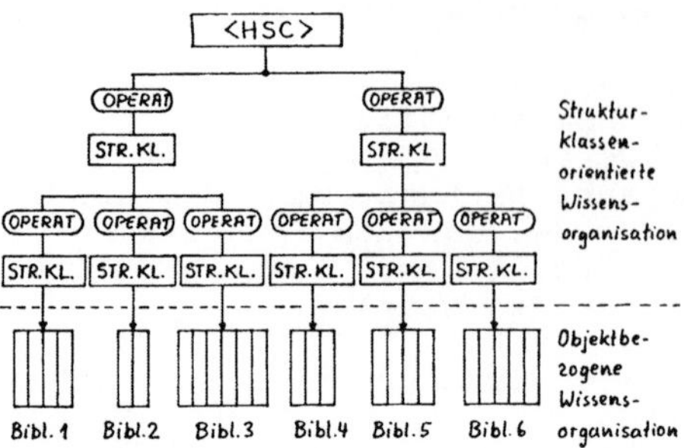

Fig. 1: Wissensorganisation

Im realisierten Erkennungssystem werden die Bücher zunächst voneinander unabhängig in die Wissensbasis eingegeben. Für den Erkennungsvorgang werden dann die ersten Kapitel der Bücher in eine strukturklassenorientierte Baumstruktur umgesetzt. Der Satz von Strukturklassen ist dabei nicht vollständig. Er hängt von der zufälligen Zusammenstellung der Modellbibliothek ab, er ist aber definitionsgemäß immer gerade so groß, daß alle in der Bibliothek modellierten Objekte darin enthalten sind.

Operationen im hierarchischen Strukturcode

Das Hinzunehmen des Fleckencodes (HFC) zum HCC, d. h. die Erweiterung des Erkennungssystems auf den HSC führt zu komplexeren Codebäumen, die nun Teilbäume B(t;k) aller Typen t enthalten, die in unterschiedlichen Auflösungsebenen k codiert werden. Darin ist nun nicht nur die vollständige Information über die Konturstruktur, sondern auch über die Flächenstruktur eines Objekts enthalten. Hierzu wurden einige Operationen derart erweitert, daß ihre Operationsgebiete vom HCC auf den HSC ausgedehnt wurden. HCC-spezifische Operationen werden durch entsprechende HFC-spezifische Operationen ergänzt. Weitere Operationen, wie die zur Vermessung von Objekten, konnten überhaupt nur mit Hilfe des HFC relativ einfach entworfen werden. Es hat sich als sinnvoll erwiesen, sie in fünf Klassen zu unterteilen:

- Einstiegs- und Hilfsoperationen,
- Zugangsoperationen zu Teilstrukturen und Komponenten,
- Beschreibungsoperationen,
- Relationen und
- Vermessungsoperationen.

Eine Einstiegs- oder Startoperation ist notwendig, um Wurzelknoten von Bäumen oder Teilbäumen innerhalb der Datenstruktur aufzufinden. Als Hilfsoperationen werden Operationen bezeichnet, deren <ERGEBNISSE> in erster Linie für weitere Operationen benötigt werden, deren MERKMALE aber nur indirekt zur Klassifikation eines Objekts dienen. Teilstrukturen oder Komponenten eines Objekts werden durch Zugangsoperationen ermittelt. Zu einer genauen Klassifikation werden Operationen benötigt, die Relationen zwischen Teilstrukturen eines Objekts erfassen. Die bereits in /2/ vorgestellte Darstellungsform der Operationen wird beibehalten.

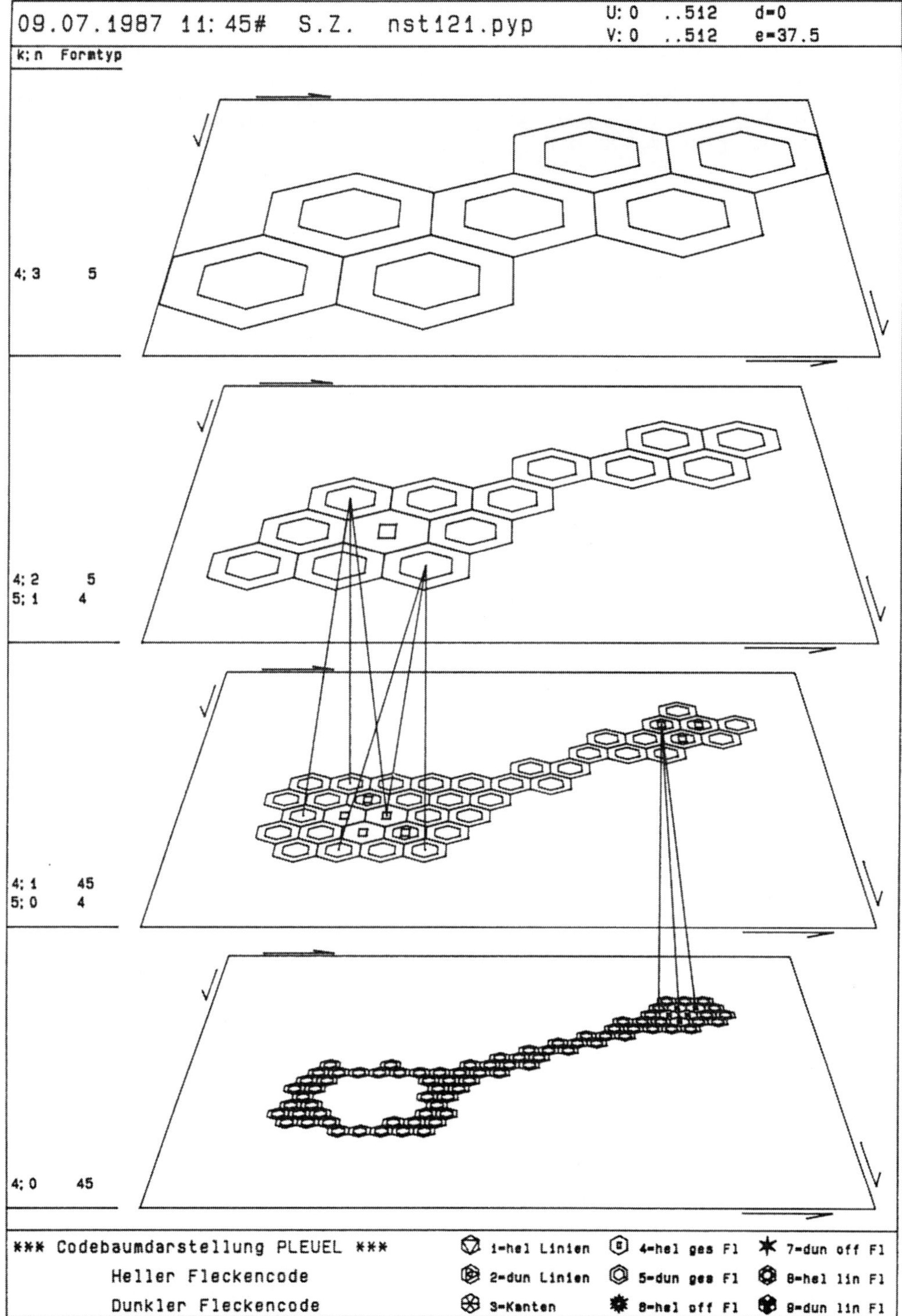

Fig. 2: Teilcodebäume eines Pleuels

Modellierung und Erkennung hierarchisch codierter Objekte

Die Modellierung im HSC stellt eine konsequente Weiterentwicklung der Modellierung von Objekten im HCC dar. Die Erstellung eines Modells im HSC soll an einer Pleuelstange demonstriert werden. Bei der Modellbildung der Pleuelstange wurde so vorgegangen, daß zuerst die charakteristischen MERKMALE eines Pleuels bestimmt und verbal beschrieben wurden. Diesen Beschreibungen wurden OPERATIONEN mit Angabe von <OPERAND>, OPERATIONSGEBIET und PARAMETERN zugeordnet. Im weiteren wurde die Modellierung aufgrund von Ergebnissen, die bei Erkennungsversuchen gewonnen wurden, verfeinert.

Zur Extraktion der im Modell "Pleuelstange" verwendeten MERKMALE werden der Reihe nach die in Fig. 3 beschriebenen Operationen angewendet,die es erlauben, das Objekt zu erkennen. Anschließend werden die in Fig. 4 dargestellten Operationen erklärt, die dazu dienen, den Pleuel zu vermessen und Greif- oder Fügepositionen für einen Roboter zu bestimmen.

In Fig. 3 ist die Modellierung eines Pleuels angegeben. Die in eckigen Klammern geschriebenen, erwarteten MERKMALE der Operationen stellen eine verbale Beschreibung eines Pleuels dar. Das Bild enthält eine [dunkle geschlossene Struktur], die [linienhafte Teile] hat. Es sind [zwei helle Teilstrukturen vorhanden], deren Konturen die [Elementzahlen mittel bzw. klein] aufweisen und die beide [rund] sind. Das [Größenverhältnis liegt im Verhältnis 2:1 bis 5:1]. Zwischen den hellen Komponenten ist ein [Linienstück vorhanden], dessen [Elementzahl klein] ist und welches im örtlichen Fenster [gerade] verläuft. Die verbale Beschreibung der Pleuelstange zeigt die Abstraktionsfähigkeit des beschriebenen Erkennungsverfahrens. Sie bezieht sich auf die einzige stabile Lage eines Pleuels im nicht eingebauten Zustand.

```
1  ROOT  (<HSC>, t=l)                                  = <WURZELKN 1>               [dunkle geschlossene Struktur]
2  ROOT  (<WURZELKN 1>, t=d, f*min=f1-2)               = <WURZELKN 2>               [linienhafte Teile]
3  PART  (<WURZELKN 1>, t=h,h*, k1=k<=k1+1, z=2)       = <WURZELKN 3>,<WURZELKN 4>  [2 helle Teilstrukturen vorhanden]
4  SEQU  (<WURZELKN 3>, k4,t4=h*, t=e, r)              = <SEQU 4>                   [Elementzahl mittel]
5  SEQU  (<WURZELKN 4>, t=e, r)                        = <SEQU 5>                   [Elementzahl klein]
6  SHAPE (<SEQU 4>, rund)                              = <ORSEQU 6>                 [rund]
7  SHAPE (<SEQU 5>, rund)                              = <ORSEQU 7>                 [rund]
8  COMEL (<ORSEQU 6>, <ORSEQU 7>)                      = <COMEL 8>                  [Größenverhältnis=(2...5)]
9  PART  (FENSTER (WURZELKN 3, WURZELKN 4), t=d)       = <WURZELKN 9>               [Linienstück vorhanden]
10 SEQU  (<WURZELKN 9>, t=d)                           = <SEQU 10>                  [Elementzahl klein]
11 SHAPE (<SEQU 10>, gerade)                           = <ORSEQU 11>                [gerade]
```

Fig. 3: Modellierung von Pleuels

Der Pleuel wird in diesem Modell als durchgehend dunkel beschrieben, deshalb wird nun im gesamten HSC mit der Operation 1 ROOT ein Wurzelknoten einer dunklen Struktur gesucht. Um eine Aussage über die Grobform des Objekts machen zu können, wird unterhalb des <WURZELKNOTENS 1> mit 2 ROOT ein Wurzelknoten eines dunklen Liniencodeteilbaums gesucht. Als MERKMAL liefert die Operation, daß die Struktur linienhafte Teile hat. Die dritte Operation 3 PART sucht nach hellen Komponenten - den beiden Pleuelaugen - innerhalb des Codebaumes der Gesamtstruktur. Die Operationen 4 und 5 entwickeln die Kantensequenzen der hellen Teilstrukturen. Für sie wird eine Formbeschreibung 6 SHAPE bzw. 7 SHAPE durchgeführt, wobei das MERKMAL runde Form erwartet wird. Die Operation 8 COMEL bestimmt die Anzahl der Codeelemente in den Orientierungssequenzen und vergleicht sie. Nun wird in einem örtlichen Fenster zwischen den Pleuelaugen der Wurzelknoten des Schafts mit der Operation 9 PART gesucht, mit 10 SEQU die Sequenz entwickelt und mit 11 SHAPE überprüft, ob ihr Verlauf gerade ist.

Mit diesen elf Operationen können Pleuelstangen einfach von anderen Werkstücken und Werkzeugen unterschieden werden. Durch eine weitere Verfeinerung der Modellierung ist es ohne Schwierigkeiten möglich, einzelne Pleuel zu klassifizieren.
Die abschließenden Operationen (vergl. Fig. 4) sollen exemplarisch zeigen, wie eine Vermessung an einem konkreten Objekt (hier: Pleuel) durchgeführt werden kann. Einem Handhabungssystem soll - nach erfolgter Erkennung des Objekts - eine Position angegeben werden, an der das Objekt gegriffen werden kann, um es zu montieren. Hierzu muß die Lage und Orientierung des Pleuels bekannt sein. Sie ergibt sich aus den Schwerpunkten der Pleuelaugen und der sie verbindenden Gerade. Die Schwerpunkte lassen sich aus den die Pleuelaugen berandenden Kantensequenzen bestimmen.

```
15 SEQU  (<WURZELKN 3>, t=e, k=0)      = <SEQU 15>
16 SEQU  (<WURZELKN 4>, t=e, k=0)      = <SEQU 16>
17 GRAV  (<SEQU 15>, t=e)              = <GRAV 17>
18 GRAV  (<SEQU 16>, t=e)              = <GRAV 18>
19 DIST  (<GRAV 15>, <GRAV 16>)        = <DIST 19>
```

Fig. 4: Vermessungsoperationen für Pleuel

Die Operationen 15 SEQU bzw. 16 SEQU entwickeln erneut Kantensequenzen aus den Wurzelknoten der hellen Teilstrukturen (Pleuelaugen). Die Kantensequenzen werden in der höchsten Auflösungsebene k=0 ermittelt, um größtmögliche Genauigkeit zu erlangen. Die Codeelementsequenzen bilden die <OPERANDEN> der Operationen 17 GRAV und 18 GRAV. Aus ihnen werden die Schwerpunkte der Pleuelaugen bestimmt. Die Operation 19 DIST errechnet den Abstand der Schwerpunkte und die Orientierung der sie verbindenden Gerade. Aus diesen Angaben kann ein Handhabungssystem die Greifposition für ein Pleuel ermitteln.

Die Funktionalität der beschriebenen Modellbildung wurde in Erkennungsversuchen mit verschiedenen Pleuels und anderen Werkstücken und Werkzeugen untersucht und bestätigt. Hierbei wurden sowohl Binär- wie auch Grauwertbilder von Objekten herangezogen.

Literatur:

/1/ S. Drüe, G. Hartmann, A. Westfechtel, Beschreibung und Erkennung flächiger und linienhafter Objekte im Hierarchischen Strukturcode, Informatik-Fachberichte 107, Springer-Verlag, 1985, 123-127

/2/ S. Drüe, G. Hartmann, Modellgestützte Erkennung hierarchisch codierter Objekte, Informatik-Fachberichte 125, Springer-Verlag, 1986, 245-249

EINFACHE OBJEKTUNTERSCHEIDUNG MIT INTEGRALGEOMETRISCHEN METHODEN

Volker G. Aurich
Mathematisches Institut der Ludwig-Maximilians-Universität
Theresienstr. 39, D-8000 München 2

Bei der Übersendung des Manuskripts an den Verlag lag dieser Beitrag nicht vor.

VERFAHREN FÜR EINE SCHNELLE KONTURANALYSE

W. Hättich
Fraunhofer-Institut für Informations- und Datenverarbeitung (IITB)
Sebastian-Kneipp-Str. 12-14, D-7500 Karlsruhe 1 (FRG)

Für die automatische Objektvermessung und Objekterkennung in der industriellen Anwendung werden bevorzugt die Objektkonturen analysiert, und es werden in der Regel hohe Geschwindigkeitsanforderungen an die Konturanalyse gestellt. Um diesen hohen Geschwindigkeitsanforderungen gerecht zu werden, ist es erforderlich, die Gewinnung der gewünschten Konturinformation so in einfache Teilschritte zu gliedern, daß diese mit elektronischen Spezialschaltungen ausführbar sind.

Für eine schnelle Konturauswertung wurden verschiedene Varianten eines Verfahrens entwickelt und erprobt. Das Verfahren läuft in folgenden Schritten ab: 1. Bandpaßfilterung des Bildes, 2. Konturpunktdetektion aufgrund lokaler Kontrastmaße, 3.Verkettung benachbarter Konturpunkte, 4. Auswahl von objektrelevanten Konturpunktketten aufgrund eines globalen Kontrastmaßes, 5. Segmentation der objektrelevanten Konturpunktketten in stückweise geradlinige Konturabschnitte durch Auswertung eines Kollinearitätsmaßes und 6. parametrische Beschreibung der Konturabschnitte.

Bei der Konturpunktdetektion (Schritt 2) muß ein Kompromiß zwischen zwei gegenläufigen Forderungen gefunden werden. Auf der einen Seite sollen möglichst alle Objektkonturpunkte erfaßt werden; auf der anderen Seite müssen irrelevante, rauschbedingte Konturpunkte möglichst vollständig unterdrückt werden. Beim Versuch, rauschbedingte Punkte zu unterdrücken, läuft man Gefahr, daß auch Objektkonturen verschwinden oder wegen fehlender Punkte in mehrere Konturstücke aufbrechen (Lückenproblem).

Untersuchungen bei der Kontursegmentation (Schritt 5) haben gezeigt, daß zur Beurteilung der Kollinearität mit Hilfe der Winkeldifferenz aufeinanderfolgender Sekanten oder durch Auswertung der Dreiecksungleichung relativ große Sekantenlängen (20 bis 40 Konturpunkte) benötigt werden, damit sich vom Rauschen und von der Ortsauflösung unabhängige Segmentationspunkte ergeben. Angesichts der Tatsache, daß zur Segmentierung lange Konturstücke benötigt werden, ist das oben vorgeschlagene Verfahren jedoch nur dann praktikabel, wenn die objektrelevanten Konturen nicht oder nur selten aufbrechen.

Eine Lösung des oben geschilderten Lückenproblems wird durch die Konturauswahl mit einem globalen Gütekriterium (Schritt 4) erreicht. Im Schritt 2 werden durch geeignete Wahl der lokalen Kontrastschwelle geschlossene Konturen erzwungen, wobei viele Rauschkonturen bewußt in Kauf genommen werden. Erst nach der Verkettung der Konturpunkte werden im Schritt 4 dann jeweils ganze Konturen anhand eines globalen Gütekriteriums ausgewählt bzw. verworfen. Das globale Gütekriterium ist der über die ganze Kette gemittelte Kontrast, wobei nur Konturen mit einem hohen mittleren Kontrast als objektrelevant ausgewählt werden. Neben dem Kontrast können auch weitere Kriterien zur Konturauswahl herangezogen werden, wie z.B. die Glattheit einer Kontur.

Das beschriebene Verfahren liefert ähnlich gute Näherungspolygone wie rechenaufwendige, iterative Verfahren. Die Analyse der benötigten Operationen in den einzelnen Teilschritten hat gezeigt, daß die rechenaufwendigsten Schritte 1 bis 4 per Hardware videoschnell ausgeführt werden können. Die Schritte 5 und 6 lassen sich per Software schritthaltend ausführen, weil nach der Konturpunktkettenauswahl die zu verarbeitende Datenmenge beträchtlich eingeschränkt ist. Somit ist das vorgeschlagene Verfahren für eine schnelle Konturanalyse geeignet.

Anmerkung: Die Untersuchungen wurden im Rahmen des BMFT-Verbundprojektes "Familie schneller Bildverarbeitungsrechner" im Unterauftrag der Firma Leitz Wetzlar durchgeführt.

Ein hierarchisches Relaxationsverfahren zur Lageerkennung dreidimensionaler Objekte

M. Heuser, C.-E. Liedtke

Institut für
Theoretische Nachrichtentechnik und Informationsverarbeitung
der Universität Hannover
Callinstr. 32, 3000 Hannover 1

Durch die Analyse einer monokularen Ansicht eines bekannten dreidimensionalen Objektes kann eine Bestimmung der räumlichen Relativlagekoordinaten dieses Objektes erreicht werden. Voraussetzung dafür ist die Identifikation der in der Szene auftretenden Objekte, die rechnerintern als Liste räumlicher Formelemente repräsentiert sind.

Das realisierte Verfahrens ermöglicht die Lagebestimmung auch bei sich überlappenden und damit teilverdeckten Körpern, sowie bei durch Beleuchtungs- oder anderen Umgebungseinflüsse gestörtem Bildmaterial.

Nach der Extraktion komplexer, relvanter Formelemente durch intelligente Verfahren der Bildvorverarbeitung werden diese zu möglichen Objektprojektionen gruppiert.

Für die Gruppierung der Formelemente findet ein mehrstufiges Relaxationsverfahren Anwendung, das jeweils die Zuordnung von Teilstrukturen der symbolischen Bildbeschreibung zu entsprechenden Formelementen der Modellbeschreibung bewertet und dessen Vorteile insbesondere bei gestörtem Bildmaterial zum Tragen kommen. Unvollständige symbolische Bildbeschreibungen, oder fehlerhaft extrahierte Formelemente werden in hohem Maße von dem Gruppierungsverfahren toleriert. Die Spezifikation von hierarchisch auf verschiedenen Abstraktionsniveaus kombinierten Formelementen bewirkt eine deutliche Reduzierung des üblicherweise mit einem Relaxationsverfahren verbundenen Rechenzeitbedarfs. Unter Einbringung von systematischem Vorwissen über plausible Formelementzuordnungen wird ein Verträglichkeitsfeld iterativ so modifiziert, daß eine oder mehrere Hypothesen über mögliche Objektlagen, für die sich ein hohes Vertrauensmaß ergibt, extrahiert werden können.

Eine Verifikation der Hypothesen mit unabhängigen Verfahren vergrößert die Entscheidungssicherheit und erlaubt die im Rahmen der Sensorauflösung mögliche Bestimmung der räumlichen Lageparameter des Objektes.

Der Rechenzeitbedarf liegt in einer Größenordnung, die einen Einsatz auf Mikrorechnern zuläßt, wobei darüber hinaus insbesondere die Wahl eines Relaxationsverfahrens zur Gruppierung eine Umsetzung auf parallele Verarbeitungseinheiten zuläßt.

Bei der Realisierung der genannten Verfahrens wurde darauf geachtet, daß nicht nur die prinzipielle Lösbarkeit des Problems nachgewiesen wurde, sondern daß das Verfahren auch die Voraussetzungen für einen Einsatz in einer industriellen Umgebung (Rechenzeitbedarf, Robustheit) erfüllt.

NACHBARSCHAFTSSTRUKTUREN ALS BILDTRÄGER

K.Voss
WB Digitale Bildverarbeitung
Sektion Technologie
Friedrich-Schiller-Universität Jena

Der Gegenstand der digitalen Bildverarbeitung sind Bilder als spezielle Datenstrukturen. Um die Probleme dieses Gebietes theoretisch aufbereiten zu können, muß dem Begriff des Bildes ein Modell zugrundegelegt werden, das durch Abstraktion zu gewinnen ist.

Wenn wir von konkreten Details der Bilder abstrahieren, bleiben nur noch der Punkt als geometrischer Ort eines Bildpunktes und die Nachbarschaft von Punkten als geometrische Struktur übrig. Nachbarschaftsstrukturen sind damit das abstrakte Modell von Bildträgern.

Zur Charakterisierung der Ausgangssituation auf dem Gebiet der Theorie der digitalen Bildverarbeitung sei beispielhaft /8/ genannt. Seither sind von ROSENFELD und Mitarbeitern weitere Arbeiten publiziert worden, die sich mit zwei- und dreidimensionalen Problemen einer diskreten Topologie beschäftigen (siehe /10,11/ und die dort angegebene Literatur). Ein weiterer umfassender Zugang zur Theorie der digitalen Bildverarbeitung wurde in Fontainebleau entwickelt (siehe /9/). Dieser Zugang ist durch das Ziel einer homogenen parallelen Bildverarbeitung geprägt. Schließlich erarbeitete KOVALEVSKI in den letzten Jahren eine Methodik der theoretischen Grundlagen, die sich an die mathematische Theorie der Komplexe anlehnt und ebenfalls den Aufbau einer diskreten Topologie zum Gegenstand hat /12,13/.

In einer Reihe von Artikeln haben wir versucht, diese verschiedenen Betrachtungsweisen zu vereinheitlichen /1...6/. Obwohl sich dabei die Mengenlehre, die Graphentheorie, die Theorie der algebraischen Komplexe /7/ und die Gitterpunkttheorie als methodisches Rüstzeug herauskristallisierten, sind Mengen, Graphen, Komplexe und Gitter nicht der Gegenstand unserer Untersuchungen. Deshalb wurde für die erwähnte Artikelfolge bewußt der Titel "Mathematische Grundlagen" vermieden.

Wir sehen gegenwärtig drei Hauptthemen der Theorie der digitalen Bildverarbeitung, die methodisch einheitlich bearbeitet werden sollten:

- Die topologische Theorie der Nachbarschaftsstrukturen, die in diesem Beitrag dargelegt werden soll.
- Die metrische Theorie der Figuren und Gitter der euklidischen Ebene als Grundlage für Messungen.
- Die Theorie der diskreten Bildfunktionen, deren Grundideen auf dem prinzipiellen Ausschließen des Stetigkeitsbegriffs beruhen.

Bilder sind auf einem Bildträger definiert. Ein Bildträger ist charakterisiert durch eine Punktmenge P, eine Nachbarschaftsrelation N für die Punkte von P und durch eine zyklische Ordnung Z für die Nachbarschaften der Punkte. Im konkreten Einsatzfall werden Bilder innerhalb eines endlichen Bildfensters $D \subset P$ untersucht. Das Bildfenster ist potentiell unbeschränkt (256x256, 512x512,...). Die Nachbarschaft eines Bildpunktes kann 4,6,8... weitere Bildpunkte enthalten, die entsprechend dem von FREEMAN eingeführten Richtungscode angeordnet sind. Bildfunktionen werden dann definiert als eindeutige Abbildungen aus der endlichen Menge D in eine endliche Menge W von Bildpunktwerten. Es ist also verständlich, daß Begriffe wie "Stetigkeit", "Kontinuum" oder "Differential" im folgenden nicht zu finden sein werden.

1. Nachbarschaftsstrukturen

Eine Nachbarschaftsstruktur (P,N) ist eine endliche Menge P von Punkten, in der eine irreflexive und symmetrische Nachbarschaftsrelation $N \subseteq P \times P$ existiert. Eine Nachbarschaftsstruktur ist isomorph zu einem endlichen ungerichteten Graphen ohne Schleifen und Mehrfachkanten. Also bilden Mengenlehre und Graphentheorie das mathematische Handwerkszeug zur Untersuchung von Nachbarschaftsstrukturen. Insbesondere ergibt sich aus der Graphentheorie der "Knotensatz"

$$\sum_{p \in P} \nu(p) = 2\varkappa$$

mit $\nu(p)$ als Anzahl der Nachbarn eines Punktes $p \in P$ und $\varkappa$ als Anzahl der ungerichteten Kanten des Graphen bzw. als halbe Anzahl der Elemente von N. Mit ε als Anzahl der Elemente von P folgt $\bar{\nu} = 2\varkappa/\varepsilon$ als mittlerer Nachbarschaftsgrad. Die Menge N(p) der Nachbarn eines Punktes p heißt Nachbarschaft von p.

Auf dieser Stufe der Theorie kann man bereits die folgenden Begriffe einführen und in ihrem gegenseitigen Zusammenhang sowie bezüglich ihrer Bedeutung für die digitale Bildverarbeitung untersuchen:

- Weg, Zusammenhang, Verbundensein /8/.
- Komponente, Komplementärkomponente /2/.
- Randpunkte, Kernpunkte, Nachbarschaft von Mengen /2/.
- Benachbarte und getrennte Mengen /3/.
- Dilatation und Erosion /9/.

Mit diesen Begriffen läßt sich ein grundlegender Algorithmus der digitalen Bildverarbeitung zur Bestimmung der Komponenten von Teilmengen $Q \subset P$ formulieren: Jeder Punkt $q \in Q$ kann wegen der in (P,N) existierenden Äquivalenzrelation des Verbundenseins zweier Punkte als Repräsentant einer Äquivalenzklasse angesehen werden. Die Äquivalenzklassen von Q bezüglich der durch die Nachbarschaftsrelation N vermittelten Relation des Verbundenseins sind die Komponenten von Q. Also sucht man ausgehend von irgendeinem Punkt $q \in Q$ die in Q enthaltenen Nachbarn von q, danach die in Q enthaltenen Nachbarn dieser Nachbarn usw. Das Verfahren endet, wenn alle mit q verbundenen Punkte gefunden worden sind. Falls noch weitere Punkte in Q vorhanden sind, müssen sie zu anderen Komponenten von Q gehören.

Dies Verfahren zur Komponentenbestimmung ist auf beliebige Nachbarschaftsstrukturen anwendbar. Das bekannte Zeilenkoinzidenzverfahren ist eine spezielle Variante für die Vierernachbarschaftsstruktur. Es muß aber betont werden, daß alle Begriffe, Gesetzmäßigkeiten und Algorithmen, die hier auftreten, topologischer Natur sind. Sie gelten also allgemein für beliebige Bilder unabhängig von deren Größe, Metrik, Nachbaranzahl und Orientierung.

2. Orientierte Nachbarschaftsstrukturen

Nachbarschaftsstrukturen kann man eine Orientierung aufprägen, indem die endlichen Mengen N(p) der Nachbarschaften zyklisch geordnet werden:

> Für jeden Punkt $p \in P$ einer Nachbarschaftsstruktur (P,N) sei durch eine auf P definierte Funktion z eine zyklische Anordnung seiner n Nachbarn $q_i \in N(p)$ festgelegt. Wir bezeichnen den Zyklus $z(p) = \langle q_1, q_2, \ldots, q_n \rangle$ als Nachbarschaftszyklus. Es sei Z die Menge aller Nachbarschaftszyklen der Nachbarschaftsstruktur (P,N). Dann heißt (P,N,Z) eine orientierte Nachbarschaftsstruktur (bzw. kürzer: eine Struktur).

Für eine orientierte Nachbarschaftsstruktur (P,N,Z) heißt die gerichtete Kante (q,p) Vorgänger der gerichteten Kante (p,q'), wenn $z(p) = \langle ...q,q'... \rangle$ ist. Entsprechend wird dann (p,q') als Nachfolger von (q,p) bezeichnet. Eine durch die Nachfolgebeziehung erzeugte Kantenfolge ...(q,p),(p,q'),(q',r)... ist unendlich. Da P aber eine endliche Menge sein sollte, ist jede dieser Kantenfolgen periodisch.

Den periodischen Kantenfolgen ...(q,p),(p,q'),(q',r)... entsprechen periodische Punktfolgen ...q,p,q',r... Ein vollständiger Zyklus einer solchen periodischen Punktfolge heißt Masche. Die Anzahl der dabei durchlaufenen Kanten wird als Länge $\lambda(m)$ der Masche m bezeichnet. Da jede gerichtete Kante eindeutig genau einer Masche angehört, ergibt sich die zweite topologische Grundgleichung der digitalen Bildverarbeitung, der Maschensatz

$$\sum_{m \in M} \lambda(m) = 2\varkappa .$$

Hier ist M die Menge aller Maschen der orientierten Nachbarschaftsstruktur (P,N,Z), μ die Anzahl dieser Maschen und $\bar{\lambda} = 2\varkappa/\mu$ die mittlere Maschenlänge. Auf Grund der durch die Orientierung Z festgelegten Nachfolgebeziehung hängen M, μ und $\bar{\lambda}$ eindeutig von Z ab (Abb.1).

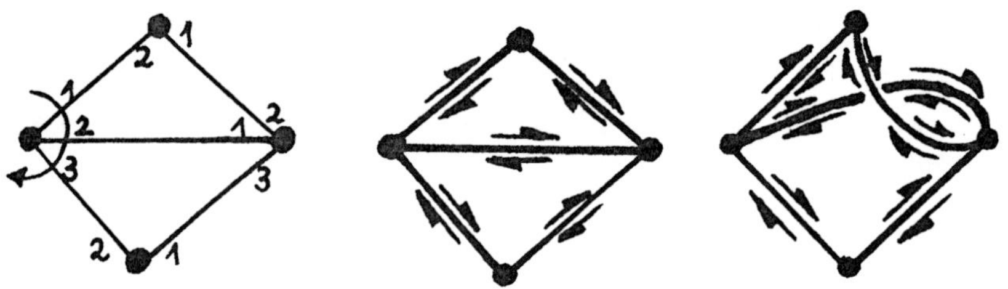

Abb.1: Bei zeichnerischer Darstellung sollen die Nachbarschaftszyklen z(p) durch die ebene Anordnung der von p auslaufenden Kanten charakterisiert sein. Damit ergeben sich in Abhängigkeit von Z entweder drei Maschen oder eine Masche für die Nachbarschaftsstruktur

Als besonders bedeutsam erweist sich der EULERsche Satz

$$\chi = \varepsilon - \varkappa + \mu \leq 2$$

für zusammenhängende Strukturen. Die EULERsche Charakteristik χ ist dabei stets eine gerade Zahl. Der Beweis erfolgt durch Induktion, wobei folgende Konstruktionsschritte zum Aufbau komplizierter Strukturen aus einfachen zugelassen sind:

1. Hinzufügen einer Kante und eines Punktes zur Struktur, wobei sich χ nicht ändert.
2. Hinzufügen einer Kante in eine bereits vorhandene Masche der Struktur, wobei sich χ ebenfalls nicht ändert.
3. Hinzufügen einer Kante in zwei bereits vorhandene Maschen der Struktur mit einer Änderung $\Delta\chi=-2$ wegen $\Delta\varkappa=1$ und $\Delta\mu=-1$.

Beim "konstruktiven Abbau" einer zusammenhängenden Struktur entsprechend diesen drei Fällen ändert sich die EULERsche Charakteristik nicht oder es ist $\Delta\chi=+2$ (Fall 3). Außer zum Beweis des EULERschen Satzes lassen sich die drei Konstruktions- bzw. Destruktionsschritte auch zur Ableitung weiterer qualitativer Gesetzmäßigkeiten von orientierten Nachbarschaftsstrukturen ausnutzen /4/.

Eine zusammenhängende Struktur (P,N,Z) mit $\chi=2$ wird als planar bezeichnet. Ein Graph heißt dagegen planar (oder besser: planierbar), falls seine Kanten kreuzungsfrei in der Ebene gezeichnet werden können. Es gilt dann folgender Zusammenhang:

> Ein endlicher Graph ist genau dann planar, wenn auf ihm eine Orientierung eingeführt werden kann, die eine planare Struktur liefert.

Wir können z.B. zeigen, daß der vollständige Graph mit $\varepsilon=5$ und $\varkappa=10$ nicht planar sein kann. Ein $\chi=2$ würde nämlich ein $\mu=7$ verlangen. Also müßte wegen des Maschensatzes $\mu\cdot\lambda_{min}\leq 2\varkappa$ oder $\lambda_{min}\leq 20/7$ sein, was wegen $\lambda\geq 3$ unmöglich ist.

Wenn wir Teilmengen $Q\subset P$ betrachten, so können in der durch Q erzeugten Teilstruktur Maschen auftreten, die in (P,N,Z) nicht vorhanden sind. Diese neu entstandenen Maschen heißen Randmaschen (Abb.2).

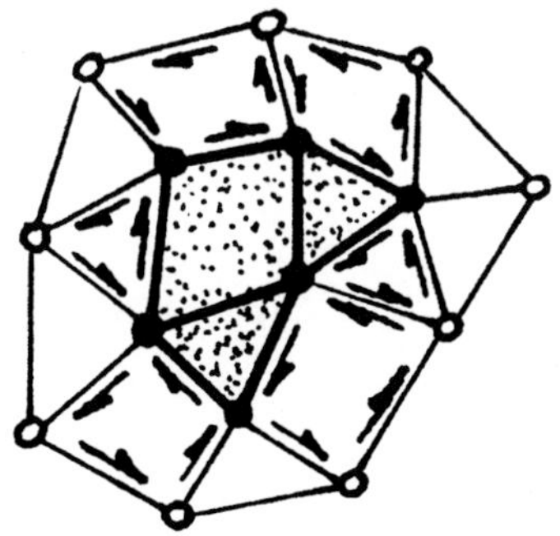

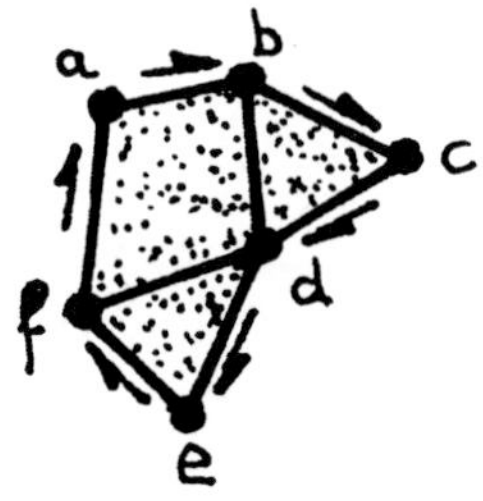

Abb.2: Die in der rechten Teilstruktur auftretende Masche $\langle a,b,c,d,e,f\rangle$ ist in der linken Struktur nicht enthalten.

Der Algorithmus zur Ermittlung von Randmaschen bei gegebener Menge Q in der Struktur (P,N,Z) ist allgemein formulierbar. Damit wird er zum Vorbild für jedes Konturfolge-Verfahren /4/. Es ist bedeutsam, daß auch hier nur topologische Gesetzmäßigkeiten zum Tragen kommen.

3. Homogene orientierte Nachbarschaftsstrukturen

Eine orientierte Nachbarschaftsstruktur (P,N,Z) heißt homogen, wenn jeder Punkt gleichviel Nachbarn besitzt und jede Masche gleich lang ist. Homogene Strukturen mit der EULERschen Charakteristik χ genügen deshalb den drei topologischen Grundgleichungen

$$\begin{aligned} \nu \cdot \varepsilon &= 2\varkappa , \\ \lambda \cdot \mu &= 2\varkappa , \\ \varepsilon - \varkappa + \mu &= \chi , \end{aligned}$$

die sich mit $\varepsilon = 2\varkappa/\nu$ und $\mu = 2\varkappa/\lambda$ auf

$$2/\nu + 2/\lambda = 1 + \chi/\varkappa$$

reduzieren lassen. Die Lösung dieses diophantischen Gleichungssystems in ganzen positiven Zahlen liefert für χ=2 nur die fünf Netze der platonischen Körper (Tetraeder, Hexaeder, Oktaeder, Dodekaeder und Ikosaeder). Die entsprechenden homogenen Strukturen besitzen maximal nur 20 Punkte (beim Dodekaedernetz). Sie sind für eine sinnvolle digitale Bildverarbeitung nicht geeignet.

Auch für χ=-2,-4,... existieren jeweils nur endlich viel Lösungen mit kleinen Werten der Punktanzahlen ε. Lediglich für χ=0 ergeben sich mit den Lösungstupeln

$$(\nu,\lambda;\varepsilon,\varkappa,\mu) = \begin{cases} (3,6;\ 2n,3n,\ n) \text{ mit } n \geq 3 \\ (4,4;\ \ n,2n,\ n) \text{ mit } n \geq 5 \\ (6,3;\ \ n,3n,2n) \text{ mit } n \geq 7 \end{cases}$$

Strukturen $\Gamma(\nu,\lambda)$, die für die Bildverarbeitung interessant sind, weil n beliebig groß gewählt werden kann. Allerdings sind das dann toroidale Strukturen, deren Graphen sich nicht in der Ebene sondern nur auf der Oberfläche eines Torus kreuzungsfrei zeichen lassen (Abb.3). Entsprechend der Form der Maschen dieser Strukturen sprechen wir von Sechsecks-, Vierecks- oder Dreiecks-Strukturen.

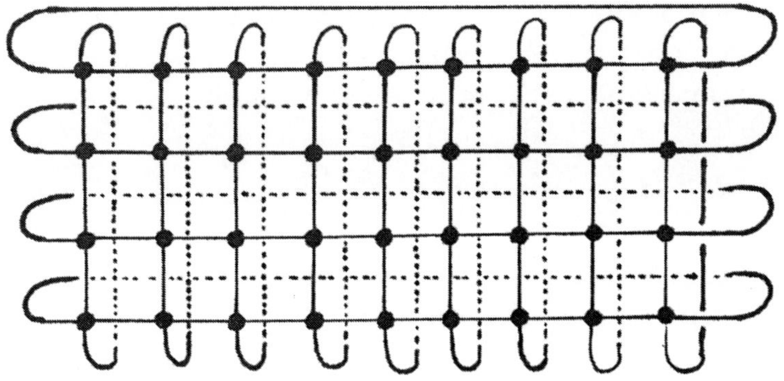

Abb.3: Diese homogene Struktur mit $\nu = 4$ und $\lambda = 4$ ist ein toroidal kreuzungsfreies Netz

4. Toroidale homogene orientierte Nachbarschaftsstrukturen

Wir können für praktische Anwendungen beliebig große planare Teilstrukturen noch größerer toroidaler Strukturen voraussetzen, so daß sich die Vorteile der Planarität und die der Homogenität miteinander vereinen lassen: Jedes Bild kann als Ausschnitt einer toroidalen Struktur aufgefaßt werden.

Aus den drei topologischen Grundgleichungen folgen interessante quantitative Aussagen für die Trägerstrukturen der digitalen Bildverarbeitung. Es sei G ein planares Gebiet (d.h. eine planare zusammenhängende Teilstruktur) einer toroidalen Struktur $\Gamma(\nu,\lambda)$, das nur eine einzige Randmasche besitzt. Dann gilt

$$\text{I.} \quad \nu \cdot \varepsilon - n = 2\varkappa,$$
$$\text{II.} \quad \lambda(\mu - 1) + l = 2\varkappa;$$
$$\text{III.} \quad \varepsilon - \varkappa + \mu = 2.$$

Die erste dieser Gleichungen folgt, weil jeder der ε Punkte des Gebietes ν Nachbarn besitzt, von denen jedoch n nicht zum Gebiet gehören (siehe Abb.4). Von den μ Maschen des Gebietes haben $\mu-1$ Maschen die Länge λ und die Randmasche die Länge l, so daß sich die zweite Gleichung ergibt. Wenn wir die kombinierte Gleichung $+\nu\lambda\cdot\text{III} - \lambda\cdot\text{I} - \nu\cdot\text{II}$ bilden, erhalten wir

$$\lambda \cdot n - \nu \cdot l = \nu\lambda + (2\lambda + 2\nu - \nu\lambda)\varkappa = \nu\lambda$$

bzw. nach Division durch $\nu\lambda$ die Beziehung

$$n/\nu - l/\lambda = 1,$$

die unabhängig von der Größe und Gestalt des Gebietes gilt. Der Grund dafür ist die Torus-Identität $2\lambda + 2\nu - \nu\lambda = 0$. Schreibt man das System der drei topologischen Grundgleichungen für Gebiete mit $r \geq 1$ Randmaschen auf, so folgt

$$\frac{1}{\nu}\sum_{i=1}^{r} n_i - \frac{1}{\lambda}\sum_{i=1}^{r} l_i = \frac{N}{\nu} - \frac{L}{\lambda} = 2 - r \quad .$$

Die globale topologische Struktur (Anzahl der Randmaschen) kann also ermittelt werden, indem man die durch lokale Untersuchungen bestimmbaren Größen N und L verwendet.

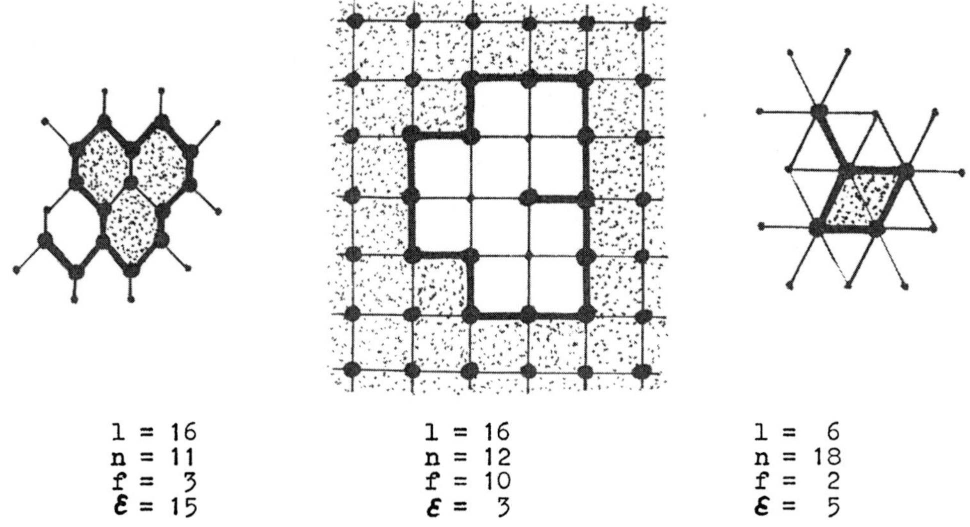

Abb.4: Für Randmaschen in homogenen Strukturen gelten die Beziehungen $n/\nu - l/\lambda = \pm 1$ und $\varepsilon - \lambda f/\nu - 1 = \pm 1/2$

Für planare Gebiete mit zwei Randmaschen erhalten wir $(n_1+n_2)/\nu - (l_1+l_2)/\lambda = 0$ bzw.

$$t_1 = n_1/\nu - l_1/\lambda = +1 \; ,$$
$$t_2 = n_2/\nu - l_2/\lambda = -1 \; .$$

Der Zahlenwert für t_2 folgt, weil wir für die erste (immer vorhandene) Randmasche ein $t_1=1$ abgeleitet hatten. Diese Formeln zeigen, daß in Torusnetzen $\Gamma(\nu,\lambda)$ die Randmaschen planarer Gebiete nur die Werte 1 oder -1 für die totale diskrete Krümmung $t = n/\nu - l/\lambda$ besitzen können /5/. Die "äußere" Randmasche besitzt ein $t_a = 1$, und alle "inneren" Randmaschen weisen die Krümmung $t_i = -1$ auf. Da man während der Konturverfolgung n und l lokal ermitteln kann, steht am Ende auch die globale topologische Entscheidung fest, ob man ein Gebiet "rechtsherum" oder ein Loch "linksherum" umfahren hat.

Wenn wir die linken Seiten der beiden Gleichungen I und II einander gleichsetzen, ergibt sich mit $f = \mu - 1$ und $n/\nu = 1 + 1/\lambda$ die Formel

$$\varepsilon = \lambda f/\nu + n/\nu + 1/\lambda = \lambda f/\nu + 1 + (1/\lambda + 1/\nu)1$$

bzw. mit der Torus-Identität $1/\lambda + 1/\nu = 1/2$ die Beziehung

$$\varepsilon = \lambda f/\nu + 1/2 + 1 .$$

Diese Gleichung kann als topologische Verallgemeinerung der PICKschen Formel $A = i + b/2 - 1$ angesehen werden /14/. Hier bedeutet A die Fläche eines einfachen Gitterpunktpolygons im Orthogonalgitter, i die Anzahl der Gitterpunkte im Innern und b die Anzahl der Gitterpunkte auf dem Rand des Polygons. Durch die Untersuchung von Gebieten mit zwei Randmaschen folgt für die zweite Randmasche (d.h. die "innere" Randmasche) die Gleichung

$$\varepsilon_L = \lambda f_L/\nu - 1/2 + 1 ,$$

wobei ε_L die Anzahl der im Innern der Randmasche liegenden Punkte bedeutet und f_L die Anzahl der von der inneren Randmasche eingeschlossenen Maschen der Struktur ist (Abb.4).

5. Zusammenfassung

In diesem Beitrag konnten nur die Grundideen einer Theorie der Nachbarschaftsstrukturen als Theorie der Bildträger skizziert werden. Sowohl weitere qualitative und quantitative topologische Beziehungen /5,6/ als auch methodische Zugänge zu einer "diskreten Integralgeometrie" sind bisher erhalten worden /16/. Erosion, Dilatation, Komponentenbestimmung, Konturverfolgung, Ermittlung globaler topologischer Größen und topologische Zählungen konnten dadurch auf einer einheitlichen Grundlage eingeführt werden. Es war möglich, die vielfältigen Zusammenhänge der Arbeiten von KOVALEVSKI, SERRA, ROSENFELD und ihren Mitarbeitern aufzuzeigen.

Der Übergang zu einer diskreten Geometrie als metrischer Theorie der Bildträger wird sicher ebenfalls wichtige Erkenntnisse liefern: einheitliche Behandlung digitaler Geraden, digitaler Konvexität, metrischer Größen, digitaler Messung usw. /15/. Die Vorteile eines derartigen Zugangs bestehen aber auch im theoretischen Erkenntniswert, daß die unübersehbare Vielzahl praktisch eingesetzter Formeln und Verfahren der digitalen Bildverarbeitung letztenendes auf wenigen elementaren abstrakten Begriffsbildungen beruht.

Der Standpunkt der Theoretischen Physik kann als Motivation unseres Vorgehens dienen: Die Mechanik basiert auf dem NEWTONschen Grundgesetz, die Elektrodynamik auf den MAXWELLschen Gleichungen, die Quantentheorie auf der SCHRÖDINGER-Gleichung usw. In diesem Sinne ist es zu verstehen, daß in diesem Beitrag immer wieder Knotensatz, Maschensatz und EULERscher Satz als Ausgangspunkt der Untersuchungen gewählt wurden.

Literatur

/1/ K.Voss, P.Hufnagl, R.Klette: Theoretische Grundlagen der digitalen Bildverarbeitung - I.Einleitung. Bild und Ton 38 (1985) 299-302

/2/ R.Klette, K.Voss, P.Hufnagl:--- II.Nachbarschaftsstrukturen. Bild und Ton 38 (1985) 325-331

/3/ R.Klette, K.Voss, P.Hufnagl:--- III.Gebietsnachbarschaftsstrukturen. Bild und Ton 39 (1986) 45-50

/4/ K.Voss, R.Klette:--- IV.Orientierte Nachbarschaftsstrukturen. Bild und Ton 39 (1986) 213-219

/5/ K.Voss:--- V.Planare Strukturen und homogene Netze. Bild und Ton 39 (1986) 303-307

/6/ R.Klette, K.Voss:--- VI.Planare reguläre Gitter und Polygone im Gitter. Bild und Ton 40 (1987) 112-118

/7/ Enzyklopädie der Elementarmathematik, Band V, Deutscher Verlag der Wissenschaften, Berlin 1971

/8/ A.Rosenfeld: Connectivity in digital pictures. JACM 17 (1970) 146-160

/9/ J.Serra: Image Analysis and Mathematical Morphology. Academic Press, New York 1982

/10/ C.N.Lee, A.Rosenfeld: Holes and genus of 3D digital images. Techn. Rep. CAR-TR-170, Comp.Vis.Lab., Univ.Maryland, Dec. 1985

/11/ C.N.Lee, A.Rosenfeld: Computing the Euler number of a 3D image. Techn.Rep. CAR-TR-205, Comp.Vis.Lab., Univ.Maryland, May 1986

/12/ V.A.Kovalevski: Discrete topology and contour definition. Pattern Recognition Letters 2 (1984) 281-288

/13/ V.A.Kovalevski: On the topology of discrete spaces. Tag.Ber.Digit. Bildverarb., TU Dresden, April 1986, S.56-77

/14/ G.Pick: Geometrisches zur Zahlenlehre. In: Zeitschrift des Vereins "Lotos", Prag 1899

/15/ A.Hübler, R.Klette:--- VII.Geometrie auf Nachbarschaftsstrukturen. Bild und Ton 40 (1987), im Druck

/16/ K.Voss: Discrete integral geometry. Proc. CAIP '87, Wismar, Sept. 1987

Ein abstrakter Zugang zur digitalen Geometrie - Moeglichkeiten und Grenzen

Albrecht Hübler
Friedrich-Schiller-Universitaet, Sektion Mathematik
UHH, 17.OG, Jena, 6900, DDR

1. Einfuehrung

Die digitale Geometrie als Gleichwort fuer Geometrie auf digtalen Bildern gehoert zu den seit etwa zwei Jahrzehnten intensiv untersuchten Gebieten der theoretischen Grundlagen der digitalen Bildverarbeitung. Es gibt eine Vielzahl von Betrachtungsweisen und Resultaten zu diesem Thema.
Die verbreitetste Herangehensweise (vgl.[1,5,7,8]) besteht darin, fuer eine fest gewaehlte "Traegerstruktur" (Gitter- bzw. Rasterstrukturen) einige wenige grundlegende Begriffe (z.B. Nachbarschaft, Zusammenhang, Metrik) zu fixieren und schliesslich unter Verwendung einer "Digitalisierungsabbildung" Begriffe der euklidischen Geometrie auf die diskrete Traegerstruktur zu transportieren. Auf diese Weise kann man durch unterschiedliche Wahl der Traegerstruktur, der zugrundegelegten Metrik und der Digitalisierungsvorschrift zu verschiedenen "digitalen Abbildern" der euklidischen Geometrie gelangen.
Die meisten, auch praktisch nutzbaren, Ergebnisse liegen fuer den Fall des aequidistant in die euklidische Ebene eingebetteten Orthogonalgitters bei Bezugnahme auf die "Gitterschnittpunktdigitalisierung" (z.B. [1,4,6,7]) vor.
Bei allen Fortschritten, die auf diesem Wege gemacht worden sind, ist es jedoch bis heute nicht gelungen, eine einheitliche und in sich geschlossene Theorie der digitalen Geometrie zu entwickeln. Die durch die Digitalisierungsabbildung stets hergestellte Verquickung mit der euklidischen Geometrie erschwert es, die den diskreten Strukturen immanenten Gesetzmaessigkeiten herauszuarbeiten, die wesentlichen Unteschiede zur klassischen kontinuierlichen Geometrie zu erkennen.
Die genannten Probleme waren Anlass, nach Moeglichkeiten eines fuer Bildverarbeitung und Computergrafik interessanten Zuganges zur diskreten Geometrie zu suchen, der ohne direkten Bezug auf die euklidische Geometrie auskommt und wesentliche Eigenschaften der diskreten Traegerstrukturen fuer digitale Bilder beruecksichtigt bzw. ausnutzt.
Die im Beitrag diskutierte Theorie einer diskreten Geometrie der Ebene wird unter Nutzung der axiomatischen Methode entwickelt:
Wenige (abstrakte) Grundobjekte der Theorie (z.B. 'Punkte','Geraden', gewisse Relationen) werden als gegeben vorausgesetzt. Einige grundlegende und fuer den Zweck von Bildverarbeitung und Computergeometrie sinnvolle Zusammenhaenge und Eigenschaften werden als Axiome gefordert. Wesentliche geometrische Begriffe koennen abgeleitet werden (z.B. Verschiebung, Strecke, Strahl, Orientierung, Halbebene, Konvexitaet) und wichtige Saetze und Beziehungen bewiesen werden.
Die so aufgebaute, in sich geschlossene Theorie besitzt fuer die Bildverarbeitung relevante Modelle (Nachbarschaftsgraphen), zu denen auch die ueblichen Gitterstrukturen gehoeren [2].
Im Rahmen dieses Beitrages ist es nicht moeglich, die streng deduktive Herleitung der Theorie vorzufuehren. Wir beschraenken uns darauf, wesentliche Begriffe und Zusammenhaenge am Beispiel geeigneter Nachbarschaftsstrukturen zu betrachten, die wir in Uebereinstimmung mit Voss et al. [7] als sinnvolles allgemeines Modell fuer Traegerstrukturen digitaler Bilder ansehen.

2. Verschiebungen auf Nachbarschaftsgraphen

Eine Nachbarschaftsstruktur ist ein Paar [P,N] , wo P eine nichtleere Menge von Punkten ist und N eine binaere symmetrische und irreflexive Relation ueber P mit der Eigenschaft, dass es zu jedem Punkt p aus P nur endlich viele Punkte aus P gibt, die bezueglich N mit p in Relation stehen. Wir nennen N Nachbarschftsrelation. Die Relation N kann als ungerichteter Graph G(P,N) dargestellt werden, wobei die Knoten von G(P,N) gerade den Punkten aus P entsprechen und zwei Knoten p,q durch eine ungerichtete Kante verbunden sind, falls sie bezueglich N Nachbarn sind. Wir nennen G den durch [P,N] erzeugten Nachbarschaftsgraphen. Auf G(P,N) kann eine Graph-Metrik d definiert werden: Fuer Punkte p,q aus P wird der Abstand d(p,q) festgelegt als Laenge eines kuerzesten Pfades in G(P,N), der p und q verbindet, wobei jede Kante die Laenge 1 habe.
Eine Bewegungstransformation auf G(P,N) ist eine Bijektion F von P auf P, die die Nachbarschaftsrelation invariant laesst: Fuer Punkte p,q aus P sind die Bildpunkte F(p) und F(q) dann und nur dann Nachbarn, wenn auch p und q selbst Nachbarn sind. Die Bewgungstransformationen identifizieren wir also mit den Graph-Isomorphismen auf G(P,N).
Eine Verschiebung auf G(P,N) ist eine Bewegung A auf G(P,N) mit der Eigenschaft, dass fuer beliebige Punkte p,q aus P die Identitaet d(p,A(p))=d(q,A(q)) gilt, d.h. A besitzt eine konstante Verschiebungs distanz.
Es bezeichne T(G) die Menge aller Verschiebungen auf G.
Vom Standpunkt der Erfordernisse einer diskreten Computergeometrie repraesentieren die folgenden Eigenschaften der Translationsmenge T(G) sinnvolle Forderungen:

- (T-1) T(G) ist bezueglich Hintereinanderausfuehrung abgeschlossen.
- (T-2) Die Hintereinanderausfuehrung ist auf T(G) kommutativ.
- (T-3) Fuer beliebige Punkte p,q , die Nachbarn sind, gibt es stets eine Verschiebung A in T(G) mit A(p)=q.
- (T-4) Fuer alle von der identischen Abbildung id verschiedenen Verschiebungen und fuer beliebiges p aus P gibt es keine ganze Zahl n mit $A^n(p)=p$.

Dabei schreiben wir fuer eine natuerliche Zahl i abkuerzend A^i ,fuer die i-fache Hintereinanderausfuehrung von A und A^{-i} fuer die i-fach ausgefuehrte zu A inverse Translation. Nachbarschaftsgraphen, die den Eigenschaften (T-1) bis (T-4) genuegen nennen wir Nachbarschaftsgraphen mit Translationseigenschaft (kurz TE).

Folgerung 1: Fuer alle Nachbarschaftsgraphen mit TE und mindestens zwei Knoten gilt:
- (a) P ist eine abzaehlbar unendliche Menge.
- (b) Alle p aus P haben dieselbe konstante Anzahl von Nachbarn.
- (c) Fuer p,q aus P gibt es stets eine Verschiebung A mit A(p)=q.
- (d) Falls fuer Verschiebungen A1 und A2 ein Punkt p existiert mit A1(p)=A2(p), so folgt schon A1=A2.
- (e) Die Menge T(G) ist abzaehlbar unendlich.

In Abbildung 1 sind vier wichtige und bekannte Beispiele von Nachbarschaftsgraphen dargestellt, die 3-, 4-, 6- und 8-Nachbarschaftsgraphen G-3, G-4, G-6 und G-8, von denen nur G-3 nicht die Translationseigenschaft besitzt, da hier keine Verschiebungen mit ungerader Verschiebungsdistanz existieren und somit (T-3) nicht erfuellt ist.

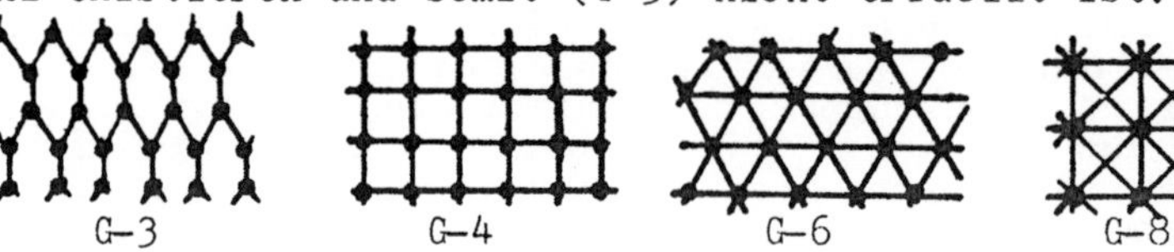

Abb.1: G-3 G-4 G-6 G-8

Als elementare Verschiebungen wollen wir diejenigen Verschiebungen auf einem Nachbarschaftsgraphen mit TE bezeichnen, die die Translationsdistanz 1 haben.

Folgerung 2: Es sei G(P,N) ein Nachbarschaftsgraph mit TE und c sei (die fuer alle Punkte konstante) Anzahl von Nachbarn. Dann gibt es genau c verschiedene Elementartranslationen in T(G).

Satz 1: Fuer Nachbarschaftsgraphen mit TE ist die Menge der Elementartranslationen ein Erzeugendensystem fuer T(G),d.h. jede Verschiebung A aus T(G) laesst sich als endliche Linearkombination von Elementartranslationen darstellen.

Mit Satz 1 wissen wir also, dass es fuer die Verschiebungsmenge T(G) von Nachbarschaftsgraphen mit TE endliche Erzeugendensysteme gibt. Linear unabhaengige endliche Erzeugendensysteme heissen Basis von T(G) Schliesslich definieren wir die Dimension eines Nachbarschaftsgraphen mit TE als Kardinalzahl einer kleinsten Basis von T(G). Folglich sind G-4, G-6 und G-8 zweidimensionale Nachbarschaftsgraphen.

3. Geometrie auf 2D-Nachbarschaftsgraphen

Alle Aussagen in diesem Abschnitt beziehen sich auf 2D-Nachbarschaftsgraphen mit TE. Der wichtige geometrische Begriff der Geraden wird unter direkter Bezugnahme auf den Verschiebungsbegriff definiert: Eine Verschiebung aus T(G) heisst einfache Verschiebung, falls sie nicht als mehrfache Hintereinanderausfuehrung einunddderselben anderen Verschiebung darstellbar ist. Eine Punktmenge M ist bezueglich einer Verschiebung A abgeschlossen, falls alle Bilder bei mehrfacher, aber endlicher Anwendung von A auf Punkte aus M wieder in M liegen. Die kleinste Menge M', die eine Menge M enthaelt und bezueglich A abgeschlossen ist bezeichnen wir als die A-Huelle von M. Als Geraden legen wir nun die A-Huellen einelementiger Punktmengen {p} fuer einfache Verschiebungen A fest. A heisst dann ein Generator dieser Geraden.

Folgerung 3:
(a) Jede Gerade g besitzt genau zwei Generatoren A und A .
(b) Eine Gerade g ist genau dann fuer jeden ihrer Punkte p die A-Huelle von {p}, wenn A ein Generator von g ist.
(c) Geraden sind abzaehlbar unendliche Punktmengen.

Satz 2: Zu je zwei Punkten p,q gibt es genau eine Gerade g(p,q),die p und q enthaelt.

Es ist zu bemerken, dass die auf diese Weise erklaerten Geraden i.a. keine zusammenhaengenden Punktmengen sind (vgl. Abb.2).
Drei paarweise verschiedene Punkte sind kollinear, wenn sie auf einundderselben Geraden liegen. Fuer kollineare Punkte p,q,r sagen wir, dass q zwischen p und r liegt, falls es einen Generator A der gemeinsamen Geraden und natuerliche Zahlen i<j gibt mit $q=A^i(p)$ und $r=A^j(p)$. Wir schreiben dann Z(p,q,r), was mit Z(r,q,p) gleichbedeutend ist.
Eine Strecke ist dann eine endliche Teilmenge s einer Geraden, die bezueglich der Zwischenrelation Z abgeschlossen ist, d.h. mit zwei Punkten p und q aus s gehoeren auch alle Punkte r mit Z(p,r,q) zu s. Fuer zwei Punkte p,q ist also die eindeutig bestimmte Strecke, die p und q verbindet, durch pq={r: Z(p,r,q) oder r=p oder r=q} gegeben.
Ein Strahl ist eine unendliche echte Teilmenge einer Geraden, die bezueglich der Zwischenrelation Z abgeschlossen ist.
Zwei Geraden g und g' heissen genau dann parallel, wenn sie dieselben Generatoren besitzen. Wir schreiben abkuerzend g || g'.
Man kann leicht zeigen, dass die Parallelitaet eine Aequivalenzrelation auf der Menge der Geraden ist. Der folgende Satz zeigt, dass

eine Reihe weiterer Eigenschaften des aus der euklidischen Geometrie bekannten Parallelitaetsbegriffes auch fuer parallele Geraden in der Geometrie der Nachbarschaftsgraphen erfuellt sind.

Satz 3: Fuer Geraden g und g' gilt:
(a) g || g' ----> g=g' oder g und g' haben keinen Punkt gemeinsam.
(b) g || g' <---> es gibt eine Verschiebung A mit A(g)=g'.
(c) g || g' <---> aus A(g)=g folgt fuer Verschiebungen A A(g')=g'.

Satz 4: (Analogon zum Parallelenaxiom der euklidischen Geometrie) Fuer jede Gerade g und einen beliebigen Punkt q gibt es genau eine zu g parallele Gerade g', die den Punkt p enthaelt.

Abbildung 2 illustriert die wichtigen Definitionen der Geraden und der Parallelitaet im als aequidistantes Orthogonalgitter realisierten G-4.

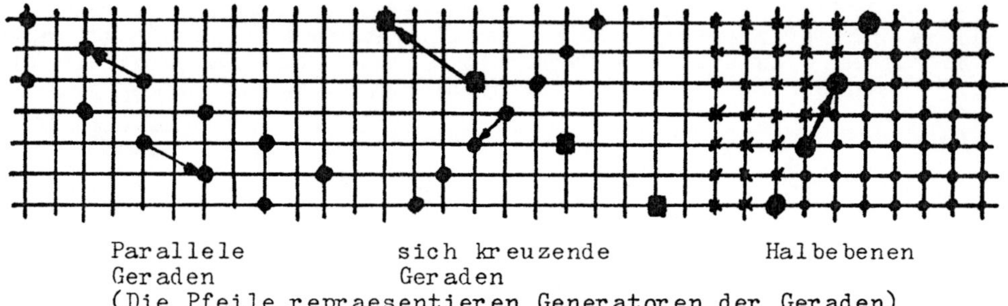

Parallele Geraden — sich kreuzende Geraden — Halbebenen
(Die Pfeile repraesentieren Generatoren der Geraden)
Abb.2

Man kann sich leicht ueberlegen, dass es zu jeder Geraden g eine Elementartranslation A gibt, fuer die mit einem Punkt p der Geraden der Punkt A(p) nicht zu g gehoert. Dies gilt dann natuerlich auch fuer die zu A inverse Translation A^{-1} . Wir definieren zwei disjunkte Teilmengen von P-g: $+h(g) = \{q$: es gibt ein $n>0$ und ein p aus g mit $A^{n}(p)=q\}$,
$-h(g) = \{q$: es gibt ein $n>0$ und ein p aus g mit $A^{-n}(p)=q\}$.
Die durch eine Gerade g erzeugten Halbebenen werden nun als der Abschluss von +h(g) und -h(g) bezueglich der Zwischenrelation Z definiert: $+H(g) = +h(g) \cup \{q$: es gibt p,r aus $+h(g) \cup g$ mit $Z(p,q,r)\}$,
$-H(g) = -h(g) \cup \{q$: es gibt p,r aus $-h(g) \cup g$ mit $Z(p,q,r)\}$.

Folgerung 3: Zwei Geraden g und g' sind genau dann parallel, wenn g=g' ist oder g' vollstaendig entweder in +H(g) oder in -H(g) liegt.

Eine Teilmenge M von P heisst konvex, falls fuer p,q aus M und r aus P mit Z(p,r,q) stets r aus M folgt.

Satz 5: Fuer Teilmengen M von P gilt:
(a) M ist konvex <---> Fuer Punkte p,q aus M ist die Strecke pq eine Teilmenge von M.
(b) M ist konvex <---> Fuer eine beliebige Gerade g ist der Durchschnitt mit M entweder eine Gerade (g selbst) oder ein Strahl oder eine Strecke oder ein Punkt oder die leere Menge.

Folgerung 4: Die durch eine Gerade g erzeugten Halbebenen sind maximale konvexe Teilmengen von P-g.

Eine Teilmenge M von P heisst streng konvex, falls M als Durchschnitt von Halbebenen dargestellt werden kann.

Folgerung 5: Halbebenen sind streng konvex.Jede streng konvexe Menge ist konvex. Jedes zusammenhaengende konvexe M ist streng konvex.

4. Beziehungen zur digitalen Geometrie des Orthogonalgitters

In der digitalen Geometrie werden die Begriffe der digitalen Geraden und der digitalen Konvexitaet durch Verwendung einer "Digitalisierungsabbildung" als Mittler zwischen euklidischer und digitaler Geometrie gewonnen. Am haeufigsten wird dabei die sogenannte Gitterschnittpunktdigitalisierung genutzt (vgl.[1,4,5,6]), um Begriffe der euklidischen Geometrie auf das aequidistant in die euklidische Ebene eingebettete Orthogonalgitter zu uebertragen. Die Begriffe der digitalen Geraden und der digitalen Konvexitaet werden festgelegt als die Bilder der reellen Geraden bzw. der reellen konvexen Mengen bei der Gitterschnittpunktdigitalisierung. Unter der Annahme, dass der Nachbarschaftsgraph G-4 als aequidistantes Orthogonalgitter in die reelle Ebene eingebettet sei, kann fuer die im Abschnitt 3 definierten Begriffe der Halbebene und der strengen Konvexitaet gezeigt werden:

Satz 6: Der Rand einer Halbebene ist einen digitale Gerade. Jede digitale Gerade mit rationalem Anstieg ist Rand einer Halbebene.

Satz 7: Jede digital konvexe Menge ist streng konvex. Fuer zusammenhaengende Mengen sind die Begriffe digital konvex und streng konvex aequivalent.

5. Schlussbemerkungen

Es wurden am Beispiel einer Modellklasse, der Geometrie der Nachbarschaftsgraphen mit Translationseigenschaft, wesentliche Bausteine einer abstrakten Theorie einer ebenen diskreten Geometrie betrachtet. Obwohl die Arbeiten zu dieser Theorie noch am Anfang sind - zum Beispiel hat die Betrachtung von geometrischen Bewegungstransformationen, die keine Verschiebungen sind, erst begonnen - lassen die bisherigen Ergebnisse den Schluss zu, dass eine saubere Abgrenzung von der euklidischen Geometrie moeglich wird und dass eine geschlossene einheitliche mathematische Theorie einer "reinen" Gittergeometrie entwickelt werden kann, die fuer die weitere Aufklaerung der theoretischen Grundlagen der digitalen Bildverarbeitung von Bedeutung ist.
Die Grenzen dieses Zuganges liegen wohl gleichzeitig in dieser klaren Abgrenzung von der klassischen euklidischen Geometrie. Die fuer praktische Zwecke oft erforderliche Beschreibung des Wechselspiels zwischen digitalem Bild und realem Urbild (das ja ueblicherweise mit Mitteln der klassischen Geometrie beschrieben wird) ist hier nicht so unmittelbar und sicher nur unter Nutzung zusaetzlicher Hilfsmittel realisierbar.

Literatur:

[1] Hübler,A., Digitale Geometrie - Einfuehrung und Algorithmen,in AUTBILD 86/2, Wiss. Beitraege der Friedrich-Schiller-Univ. Jena
[2] Hübler,A.;R.Klette, Theor. Grundl. d. digit. Bildverarbeitung VII Geometrie auf Nachbarschaftsstrukturen,Bild und Ton 40 (1987), 9
[3] Hübler,A., An axiomatic approach to discrete geometry and its relations to usual digital geometry for image processing,Proceed. of Int. Conf. on Automatic Image Processing, Wismar, Sept. 2.-4.1987
[4] Rosenfeld,A.;C.E.Kim, Digital straight lines and convexity of digital regions,IEEE Trans.Patt.Anal.Mach Intell.PAMI-4,1982,149-153
[5] Klette,R., The m-dimensional grid point space, Computer Vision, Graphics and Image Processing 30 (1985), 1-12
[6] Rosenfeld,A., Digital straight line segments, IEEE Trans.Comp. C-23 (1974), 1264-1269
[7] Rosenfeld,A.,Kak,A.C., Digital Picture Processing (2nd ed.), Academic Press, New York, 1982
[8] Serra,J., Image Analysis And Mathematical Morphology, Academic Press, London, 1982

ELIMINATION VON "KLEINEN" KURVENSTÜCKEN IN DER 2X2/2 KURVENPYRAMIDE

Walter G. Kropatsch

Institut für Digitale Bildverarbeitung und Grafik
Wastiangasse 6 , A-8010 GRAZ, Österreich

1 Einleitung

Kurven spielen bei der Analyse digitaler Bilder eine wesentliche Rolle/1/. Die Form von flächenhaften Objekten im Bild wird durch Randkurven beschrieben, aber auch bandförmige Strukturen können durch ihre Mittelachsen charakterisiert werden /9/. Störungen haben auf Kurven in Bildern folgende Auswirkungen: Objektkurven, die von Bildmerkmalen stammen, können ihren Verlauf verändern oder unterbrochen werden. Zusätzlich wird noch eine große Menge kleiner Kurvenstücke erzeugt, denen kein Bildmerkmal entspricht. Das Aussortieren dieser Kurvenstücke unter Beibehaltung der Objektkurven ist das Ziel dieser Arbeit.

Die vorgestellte Lösung baut auf dem Konzept der Kurvenpyramide /4/ auf. Die zugrundeliegende Struktur ist eine 2x2/2 Pyramide, die aus einem hochauflösenden digitalen Raster dadurch entsteht, daß Schicht für Schicht Raster mit halb so vielen Zellen bestimmt werden /2, 3/. In den Zellen dieser Struktur werden die Kurven durch Kurvenrelationen /4/ beschrieben.

In /7/ wurde theoretisch nachgewiesen, daß diese von unten nach oben berechnete Kurvenpyramide die Eigenschaft hat, daß sie die in der untersten Ebene gegebenen Kurven der Größe nach ordnet. So kommen kleine Kurvenstücke nur in tieferen Schichten der Pyramide vor. Sie verschwinden, wenn sie von einer darüberliegenden Zelle voll überdeckt werden. Dadurch "überleben" nur Kurven einer größeren Ausdehnung den wiederholten Reduktionsprozeß. Zusammenhängende Kurven, die im feineren Raster in sehr viele Segmente zerfallen, bleiben dabei zusammenhängend. Damit können in einem von oben nach unten laufenden Prozeß alle jene Kurven aus den Ebenen darunter gelöscht werden, die darüber nicht mehr auftreten.

Dem in /6/ vorgestellten 4-Bit Code für die Kurvenrelationen einer Zelle mangelt es an einer für unser Ziel notwendigen gesonderten Kennzeichnung der Kurvenenden. Die Nicht-Endrelationen werden daher wie bisher in Bits 1 bis 4 eines Computerwortes gespeichert, während den Endrelationen Bits 5 bis 8 vorbehalten sind.

2 Der Kern der Kurvenreduktion

Beim Aufbau der Kurvenpyramide werden die Kurvenrelationen von vier Zellen eines 2x2 Fensters in eine doppelt so große, um 45 Grad gedrehte, darüberliegende Zelle zusammengefaßt /4/. Zuerst werden die vier Quadrate durch Diagonalen geteilt und die Kurvenrelationen auf das jeweilig innere Dreieck übertragen (Abb. 1). Dann werden die Kurvenrelationen der inneren vier Dreiecke zu Kurvenrelationen des umschriebenen Quadrats verbunden. Alle Kurven, die den Rand dieses Quadrats nicht schneiden, bleiben unberücksichtigt, sie "verschwinden" in höheren Ebenen.

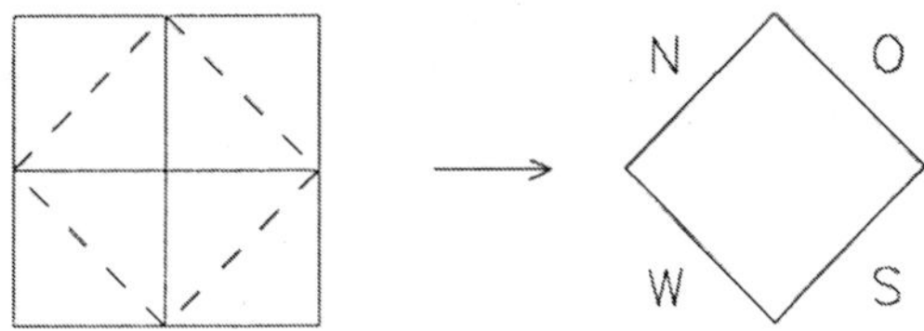

Abb. 1: Schema der 2x2/2 Pyramide.

Wählt man die Bezeichnung der Rastersegmente einer lokalen 2x2 Konfiguration wie in Abb. 2a, so lassen sich die möglichen Verbindungen in Form eines gerichteten Graphen (Abb. 2b) darstellen. Die <u>Implementation</u> erfolgt mit Hilfe einer Binärtabelle T (Abb.2c) unter Verwendung von binären Zeilen- und Spaltenoperationen. T(X,Y) = 1, wenn die Randsegmente X und Y durch eine Kurve verbunden sind. Spalte e bezeichnet Kurvenenden.

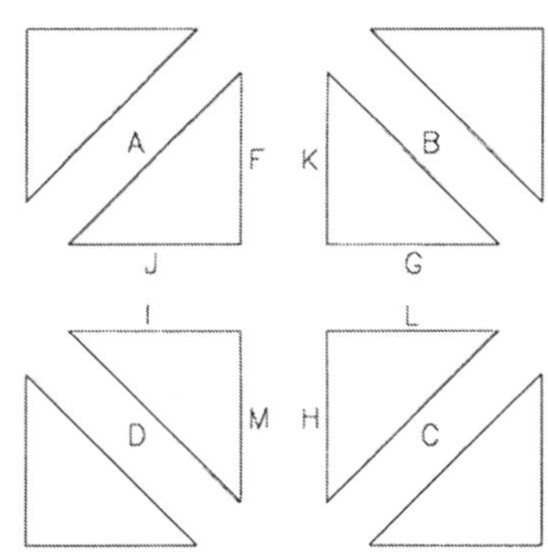

a) Randsegmente

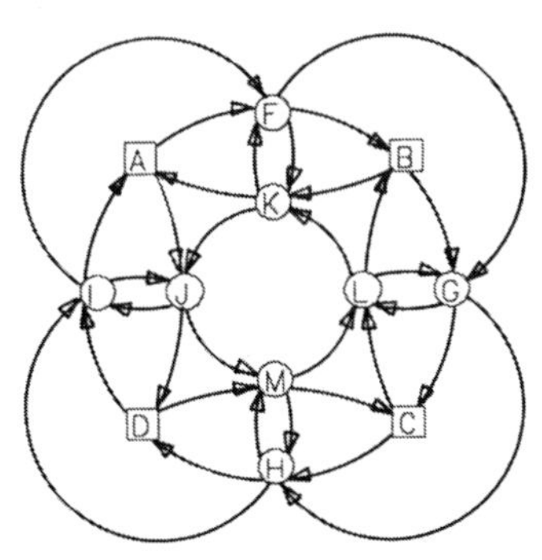

	e	D	C	B	A	M	L	K	J	I	H	G	F	Bit
A									x				x	1
B	—	—	—	—	—	—	—	$\bar{x}$		—	—	$\bar{x}$		2
C	—	—	—	—	—	—	$\bar{x}$		—	—	$\bar{x}$		—	3
D	—	—	—	—	—	$\bar{x}$		—	—	$\bar{x}$		—	—	4
F	x			x				x				x		5
G	x	—	$\bar{x}$		—	—	$\bar{x}$		—	—	$\bar{x}$		—	6
H	x	$\bar{x}$		—	—	$\bar{x}$		—	—	$\bar{x}$		—	—	7
I	x		—	—	$\bar{x}$		—	—	$\bar{x}$		—	—	$\bar{x}$	8
J	x	x				x				x				9
K	x		—	—	$\bar{x}$		—	—	$\bar{x}$		—	—	$\bar{x}$	10
L	x	—	—	$\bar{x}$		—	—	$\bar{x}$		—	—	$\bar{x}$		11
M	x	—	$\bar{x}$		—	—	$\bar{x}$		—	—	$\bar{x}$		—	12
Bit	5	4	3	2	1	8	7	6	5	4	3	2	1	

b) Verbindungsgraph, c) Binärtabelle T mit Initialisierungen (x)

Abbildung 2: Lokale 2x2 Konfiguration.

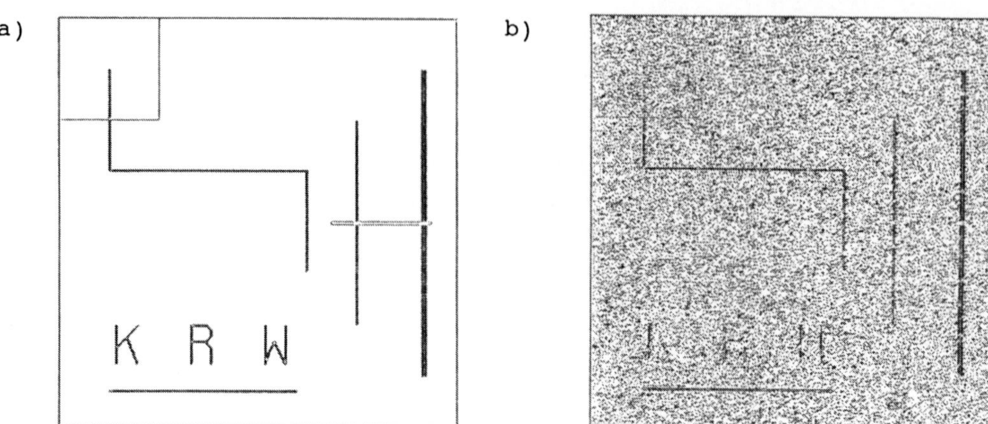

Abbildung 3: a) Ungestörtes und b)gestörtes Testbild.

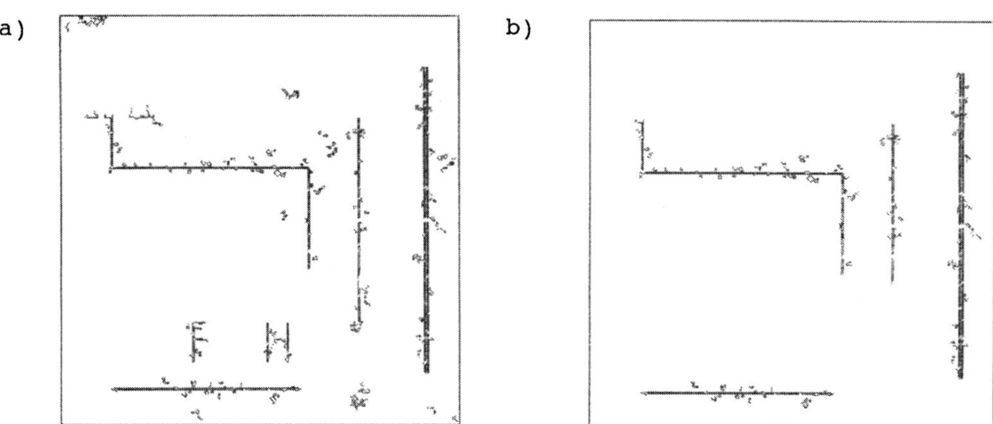

Abbildung 4: Ergebnis über 8 und 10 Ebenen.

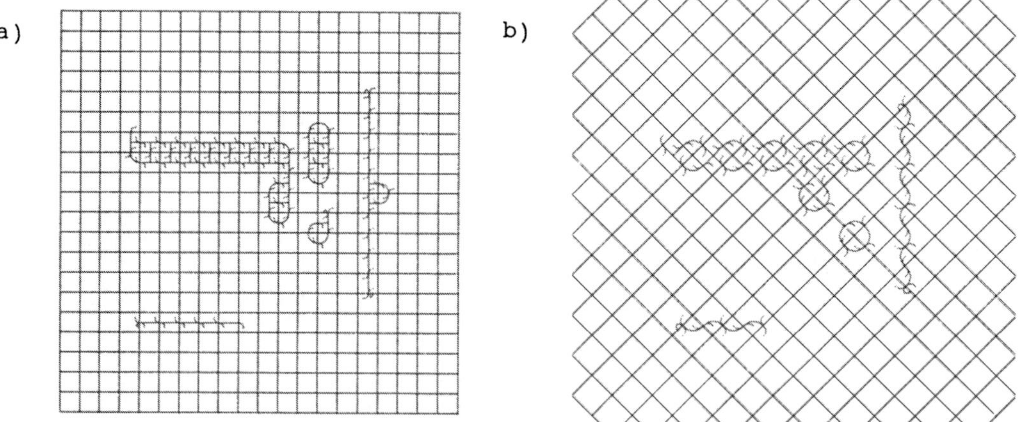

Abbildung 5: Ebenen 9 und 10 der Kurvenpyramide.

3 Der Kern der Kurvenverifikation

Bei der Kurvenelimination wird der Reduktionsvorgang umgekehrt, der Prozeß verläuft von oben nach unten. Es wird versucht, Kurven der unteren mit jenen der oberen Ebene zu identifizieren. Wenn dies nicht gelingt, werden in der unteren Ebene gemeinsam alle zusammenhängenden, nicht identifizierten Kurvenrelationen gelöscht.

Wie bei der Reduktion wird wieder die Binärtabelle T (Abb.2c) verwendet. Sie wird wie bei der Reduktion mit Kurvenrelationen der vier kleineren Zellen initialisiert. Die Information der größeren Zelle wird in die Teilmatrix (A,B,C,D) x (A,B,C,D,e) eingetragen. Dann werden selektiv Zeilen und Spalten in der binären Tabelle gelöscht. Der Algorithmus und weitere Testergebnisse sind in /8/ beschrieben.

4 Ergebnisse mit einem Testbild

Es wurden zwei Versionen eines 256x256 großen Grauwertbildes synthetisch erzeugt, eine davon wurde mit starkem, additivem Punktrauschen versehen. Auf beide Bilder wurde der Kantenoperator B2(4) aus /5/ angewandt (Abb. 3). Als Folge des Punktrauschens entstand in Abb. 3b eine Menge von kleinen Kurvenstücken. Darauf wurde die Kurvenpyramide aufgebaut. Anschließend wurden die Kurven verifiziert. In 10 Versuchen variierte die Anzahl der Ebenen dieser Pyramide zwischen 1 und 10. Die Ergebnisse bei Verwendung von 8 und 10 Ebenen sind in Abb. 4 und die Ebenen 9 und 10 in Abb. 5 dargestellt.

Ähnlich wie in /10/ wurden die Kurvenrelationen nach der Filterung mit denen des ungestörten Bildes in drei Diagrammen verglichen (Abb. 6).

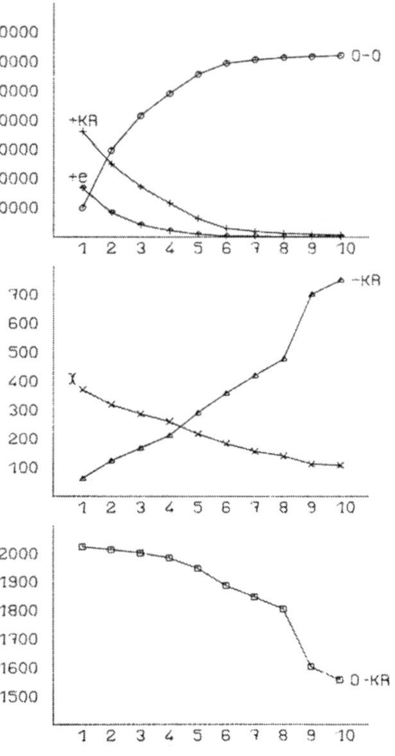

Abbildung 6: Vergleich der Kurvenrelationen:
a) "O-O": Übereinstimmungen der leeren (O) Zellen;
"+KR": nicht gelöschte Störkurven;
"+e" : durch Rauschen hinzugefügte, nicht gelöschte Endcodes;
b) "-KR": leere Zellen, die fälschlicherweise gelöscht wurden;
"X" : besetzte Zellen mit keiner Übereinstimmung;
c) "O-KR": Übereinstimmende besetzte Zellen.

Der Sprung zwischen Ebenen 8 und 9 in Kurven "-KR" und "O-KR" in Abb. 6 ist auf das Verschwinden der Buchstaben R und W in Ebene 9 zurückzuführen. Auf die Bedeutung dieser Eigenschaft für die gezielte Suche nach Bildmerkmalen (z.B. Matching) sei hier nur verwiesen.

5 Schluß

Der aufgrund der theoretischen Erkenntnisse in /7/ erhoffte Effekt, daß sich der Rauschanteil halbiert, während sich die Übereinstimmungen entsprechend vergrößern, wenn eine Ebene der Pyramide mehr verwendet wird, konnte somit auch praktisch nachvollzogen werden.

6 Referenzen

/1/ R. Bajcsy, M. Mintz, E. Liebmann: "A Common Framework for Edge Detection and Region Growing", mündlicher Vortrag der 8. International Conference for Pattern Recognition, Session 2.3.2, Paris, 27.-31. Oktober 1986.

/2/ J. L. Crowley, A. Parker: "A Representation of Shape Based On Peaks And Ridges in the Difference of Low-Pass Transform", IEEE Transactions on Pattern Analysis and Machine Intelligence, vol. 6, 1984, pp.156-170.

/3/ W. G. Kropatsch: "A Pyramid that Grows By Powers of 2", Pattern Recognition Letters 3, 1985, pp.315-322.

/4/ W. G. Kropatsch: "Kurvenrepräsentation in Pyramiden", in W.G. Kropatsch, P. Mandl (Eds.): Mustererkennung'86. ÖCG-Schriftenreihe der Österr. Arbeitsgruppe für Mustererkennung, Band 36, Oldenbourg, 1986, pp. 16-51.

/5/ W. G. Kropatsch: "Ein Konzept mit zwei sich ergänzenden Pyramiden", in W.G. Kropatsch, P. Mandl (Eds.): Mustererkennung'86. ÖCG-Schriftenreihe der Österr. Arbeitsgruppe für Mustererkennung, Band 36, Oldenbourg, 1986, pp. 158-171.

/6/ W.G. Kropatsch, "Grauwert- und Kurvenpyramide, das ideale Paar", in G. Hartmann (Ed.): Mustererkennung 1986. Informatik Fachberichte 125, 8.DAGM - Symposium, Paderborn, 30.9.-2.10.1986, Springer Verlag, pp. 79-83.

/7/ W. G. Kropatsch: "Curve Representations in Multiple Resolutions", Proc. of the Eighth International Conference on Pattern Recognition, Paris, France, Oct.28-31, 1986, IEEE Comp.Soc., pp.1283-1285.

/8/ W. G. Kropatsch: "Elimination von "kleinen" Kurvenstücken in der 2X2/2 Kurvenpyramide, Algorithmus und Test", Inst. f. Digitale Bildverarbeitung und Grafik, DIBAG-Rep. Nr.25, 1987.

/9/ A. Rosenfeld, "Axial representations of Shape", Computer Vision, Graphics and Image Processing, Vol. 33, No.2, Feb. 1986, pp.156-173.

/10/ D. Sher, "Advanced Likelihood Generators for Boundary Detection", Univ. of Rochester, Comp. Sc. Dept. TR-197, Jan.1987.

Erkennung komplexer Zellstrukturen mit Methoden der mathematischen Morphologie

Markus Schmidt
Deutsches Krebsforschungszentrum Heidelberg
Institut für Dokumentation, Information und Statistik
Abteilung für medizinische und biologische Informatik

1. Einleitung

Die Methoden der mathematischen Morphologie sind ein mächtiges Werkzeug, um auf Mengen von Bildelementen zu operieren (Serra 1982). Abstrakte geometrische Beschreibungen werden durch morphologische Transformationen operationalisiert. In diesem Beitrag werden morphologische Transformationen für ein geometrisch beschriebenes Zellproblem als Realisierungen von Kriterien einer abstrakten Beschreibung interpretiert.
Es wird zunächst das Zellerkennungsproblem dargestellt und in 7 Kriterien formuliert. Am Beispiel der Konvexität wird die Umsetzung in eine morphologische Transformation beschrieben, um dann die eigentliche Zellerkennung nur zu skizzieren. Eine detailierte Darstellung, die verwendete Transformationen definiert und die Lösung des Erkennungsproblems formal beschreibt, findet sich in der Arbeit des Autors: Morphologische Bildverarbeitung in der Zellanalyse. Die Interaktionspunkte des beschriebenen Prozesses werden gesondert diskutiert.

2. Beschreibung des Erkennungsproblems

Objekt des Erkennungsverfahrens sind Zellen aus Durchlichtmikroskopaufnahmen, die sich durch einen an ein Protein gekoppelten Farbstoff ihrer jeweiligen biologischen Reaktion entsprechend unterschiedlich stark verfärben. Abbildung 1 zeigt eine Situation, in der viele stark gefärbte Zellen und einige schwach gefärbte zu sehen sind. Die ungefärbten sind nur an der leicht stärkeren Lichtabsorption ihrer Ränder zu erkennen. Die Zellen sind etwa kreisförmig und konvex. Sie bilden teilweise ebene Klumpen. Dort wo sie aneinanderstoßen weichen sie zum Teil deutlich von der Kreisform ab. Da die mit der Anfärbung markierte biologische Reaktion eventuell in Abhängigkeit von Größe oder anderen Eigenschaften der eigentliche Untersuchungsgegenstand ist, kommt es darauf an gleichermaßen gefärbte und ungefärbte Zellen ohne systematische Fehler zu erkennen.

Das zu benutzende Vorwissen über die Zellen fasse ich in sieben Punkte zusammen:
1. Die Zellen haben unterschiedliche Grade der Anfärbung.
2. Die Zellen haben in etwa die gleiche Größenordnung.
3. In jedem Fall grenzen sich die Zellen von ihrer Umgebung durch dunklere Zellränder ab.
4. Sehr schwach kontrastierte Zellen sind aus der Auswertung auszuschließen.
5. Die Zellen sind in etwa kreisförmig.
6. Die Zellen können dort von der Kreisform abweichen, wo sie aneinanderstoßen. Bei der Modellierung mit Kreisen sollten sich diese überlappen können, die Zellen dagegen nur disjunkte Gebiete überdecken.
7. Die Zellen sind konvex.

Der erste Punkt ist die eigentliche Schwierigkeit des Erkennungsverfahrens. Ungefärbte Zellen und gefärbte haben schon bei der Vorverarbeitung, die das Grauwertbild in ein Binärbild überführt, ein anderes Verhalten. Auch danach, wenn gefärbte Zellteile festgelegt wurden, sind die Gebiete im einen Fall nur Ränder der Zellen, im anderen die ganzen Zellflächen. Bisherige morphologische Verfahren beschränken sich fast durchweg darauf, eine bestimmte Klasse von Mengen zu finden, die gemeinsame topologische Merkmale aufweisen.

3. Beispiel für die Übertragung in eine morphologische Transformation

An einem auch im Zellerkennungsverfahren benutzten geometrischen Begriff soll demonstriert werden, wie er in eine morphologische Transformation umgesetzt wird: Konvexität. Das mit *Convex* bezeichnete sogenannte 'strukturierende Element' hat die Form

```
1 1 .
1 0 .
1 . .
```

Es bezeichnet Punkte des Komplements einer durch die 1en bezeichneten Menge X mit mindestens 4 benachbarten Punkten von X, Punkte also, an denen die Konvexität von X verletzt ist. Ein strukturierendes Element hat die Aufgabe genau die durch es beschriebene Situation in der Binärmatrix aufzufinden.

Führt man ein 'sequentielles Thickening' mit diesem Element *Convex* sowie allen rotations- und spiegelsymmetrischen Versionen durch, d.h. ersetzt man in jeder solchen Situation die zentrale 0 durch eine 1 und zwar solange bis es keine solche Situation mehr gibt, so erhält man zwar nicht die konvexe Hülle der Menge X aber die ebenso eindeutig definierte kleinste X unfassende und nur aus konvexen Komponenten bestehende Menge X. Dieser Prozeß wird durch binäre Faltungen realisiert, daher ist auf diese Weise eine konvexe Hülle nicht zu erreichen. Daß es zur Definition von Konvexität oder auch von Zusammenhang auf dem rechteckigen Gitter spezieller Vereinbarungen bedarf, sei hier ohne weitere Details erwähnt.

Das strukturierende Element *PseudoConvex*

```
1 1 .
1 0 0
1 . .
```

stellt soweit als möglich Konvexität her, ohne die Topologie zu verändern, d.h. im Ergebnis ist jede Komponente erhalten geblieben und ihre Konvexität nur dort verletzt wo eine Erweiterung die Topologie verändern würde. Es wird am Ende des Erkennungverfahrens benutzt, um Konvexität der Zellen zu gewährleisten, ohne dabei aber verschiedene zu verschmelzen.

4. Das Erkennungsverfahren

Grundidee des Erkennungsverfahrens ist die Suche nach Teilen von Kreisrändern unterschiedlicher Radien auf den erkennbar dunkleren Zellteilen, die mit den vollen Kreisrändern modelliert werden. Die Vorverarbeitung liefert die Festlegung der dunkleren Stellen, die abhängig vom lokalen Kontrast und damit im wesentlichen unabhängig vom Färbungsgrad der Zellen erfolgt.

4.1. Vorverarbeitung

Zunächst ist eine Binarisierung des Grauwertbildes vorzunehmen, die die gefärbten Zellteile zeigt. Ein sich zunächst nahelegendes Schwellwertverfahren ist ungeeignet, da es dunkel gefärbte Zellen

anders als kaum gefärbte behandelt. Unüberwindliche Probleme schafft es dort, wo mehrere dunkel gefärbte Zellen nebeneinander liegen. Jeder Schwellwert, der schwach gefärbte Zellen herausbringt, produziert in solchen Gegenden unstrukturierte Färbungsflächen. Deshalb wird zunächst eine Laplacefilterung des Originalbildes mit einer Bandfrequenz in der Größenordnung des Zellradius vorgenommen. Hier sind Kriterien 1 bis 4 eingegangen.
Das Binärbild ist das um die Rauschgebiete bereinigte Vorzeichen der Laplacefilterung (Abbildung 2). Zu dieser Bereinigung werden die 0,25 und 0,75 –Quantile im Histogramm des Laplacebildes berechnet und aus diesen mithilfe von 'Opening' und 'Closing' auf den äußeren Quartilen eine Menge starken Signals festgelegt, auf die das Laplacevorzeichen eingeschränkt wird. Das 'Opening' ist eine Transformation, die in einer Menge nur die vollständig in dieser Menge durch eine vorgebene Maske überdeckten Teile erhält. Das 'Closing' operiert entsprechend auf dem Komplement. Das Opening beseitigt alle kleineren Teile als durch die Maske vorgegeben in der Menge, das Closing die des Komplements. Es realisiert also ein Größenkriterium. Die Auswahl der Masken wird unten diskutiert.

4.2. Zellerkennung

Die Färbungsmenge wird durch Kreise verschiedener Radien modelliert (Kriterium 5). Die Zellerkennung besteht in der Transformation von drei Mengen: Der Färbungsmenge F, die zunächst die dunkel gefärbten Zellgebiete kennzeichet und im Laufe des Prozesses als wesentliche Information die Zellränder enthält, die Zellflächenmenge Z, die sukzessive die Ergebnisse der Zellerkennung enthält, und die Menge der Zellinneren I, die bei Überlappungen am Rande unverändert bleibt diese also eingrenzt. I ist strikt anwachsend und vorhandene Komponenten bleiben unverändert. Z erhält neue Komponenten, vorhandene können aber modifiziert werden, wo sich die modellierenden Kreise überlappen. F schließlich wird von allen als Zellgebiete erkannten Teilen bereinigt, hat also stets leeren Schnitt mit Z und markiert dafür die Ränder von Z auch dort wo im ursprünglichen Färbungsbild kein Rand erkennbar ist.

Die morphologischen Transformationen hierzu: Zunächst werden Erosionen mit 8 Teilen eines Kreisrandes durchgeführt. Sie erbringen die potentiellen Zellmittelpunkte. Durch binäre Verknüpfung wird die Anzahl benachbarter Teilkreise um jeden gegebenen Punkt ausgezählt. Die Suche nach Teilen von solchen Kreisen bietet die Möglichkeit auch von der Kreisform abweichende Zellen zu erfassen oder solche, bei denen am Rande etwas Färbung fehlt (Kriterium 6). Durch die beschriebene Modellierung ist das Kriterium der Kreisförmigkeit eingebracht.
In weiteren binären Und/Oder –Verknüpfungen wird eine Eindeutigkeit der gefundenen Zellmittelpunkte hergestellt, sodaß die Anzahl der Teilkreise um den jeweiligen Punkt maximal ist, und Überlappungen mit anderen Zellen auf den außerhalb von I liegenden Rand begrenzt sind.
Dilationen mit der Scheibe des jeweiligen Radius bzw. mit der des halben Radius liefern die neuen Komponenten von Z und I. Der in Abbildung 3 beschriebene Prozeß, ein 'auf Z bedingtes sequentielles Thickening' mit dem strukturierenden Element '*Skelett*', liefert eine Segmentierung der zunächst verschmolzenen Zellflächen in Z.
Mit dem strukturierenden Element *Rand* werden die Randpunkte von Z in F eingetragen. Nachdem dieser Prozeß für absteigende Radien durchlaufen wurde, wird die Restmenge F, also die Ränder der Zellen skelettiert, und Z entsprechend erweitert sowie das erläuterte 'sequentielle Thickening' mit *PseudoConvex* durchgeführt (Kriterium 7). Somit verlaufen die Ränder der Zellen etwa entlang der Färbungsränder, bzw. entlang der bestangepaßten Modellkreise dort, wo Färbungsränder fehlten oder sehr stark von dem Kreismodell abweichen.

4.3. Diskussion der Benutzersteuerung

Das Verfahren ist nicht vollautomatisch, an zwei Stellen ist ein interaktives Eingreifen des Benutzers notwendig. Beide sollen hier diskutiert werden.

Die erste ist die Auswahl der Masken für das Closing und Opening auf der Menge der äußeren Quartile. Abbildung 2b gibt für diese Menge sehr typisch einen klaren Eindruck von den dunklen, also kontraststarken, und hellen, also kontrastarmen Gebieten. Je nachdem, ob die Zellen sehr dicht liegen oder sehr weit auseinander sind die zu entfernenden Löcher im kontrastreichen Gebiete größer und die Flecke im kontrastarmen Gebiet kleiner bzw. umgekehrt. Letztere können ganz verschwinden, so daß das Opening entfallen kann. Die Auswahl der Maskengrössen folgt unmittelbar aus der jeweiligen Größe von Löchern und Flecken ist aber schwerlich automatisch zu treffen, da sie doch eine Entscheidung über Relevanz von Strukturen beinhaltet.

Die zweite Stelle ist die Auswahl der Kreisradien im zweiten Abschnitt des Verfahrens. Hier ist eine Automatisierung so möglich, daß selbstständig nach der häufigsten Größe von Kreisen gesucht wird. Dies führt zu einem sicheren Ergebnis, hat sich aber in der Praxis nicht bewährt, weil es zu viel Zeit kostet und der Benutzer schneller die richtige Größe schätzt, mit der das Verfahren begonnen wird.

5. Zusammenfassung

Ein komplexes Zellerkennungs- und -segmentierungsproblem wird beschrieben und mithilfe morphologischer Verfahren gelöst. In einer biologischen Behandlung unterschiedlich stark gefärbte Zellen sind unabhängig von ihrer Anfärbung zu erkennen. Aus einer Laplacefilterung wird ein Binärbild erzeugt, das die gefärbten Zellteile markiert. Dieses wird auf Übereinstimmung mit Modellkreisen untersucht, die diese Menge und zwei Zellmarkierungsmengen sukzessive transformieren.
Das Verfahren stützt sich auf schnelle lokale Binäroperationen. Es leistet eine vom Färbungsgrad unabhängige Festlegung der Zellflächen und ihre Segmentierung. Das Ergebnis genügt den an die Zellen gerichteten Kriterien und entspricht weitgehend der von einem menschlichen Betrachter vorgenommenen Segmentierung.
Das Verfahren ist modular aus den vorgegebenen Kriterien aufgebaut, Die morphologischen Transformationen werden in Form einer Sprache benutzt, mit der die vorgebenen Kriterien für die Lösung des Problems in ebensolche Transformationen übersetzt werden. Dadurch gewinnt es die für jedes komplexere Verfahren nötige Modularität.

6. Literatur

Serra, J. Image Analysis and Mathematical Morphology. Academic Press London 1982.

Serra, J. From Mathematical Morphology to Artificial Intelligence. Proc. of the 8th Int. Conf. on Pattern Recognition (1986), 1336–1343.

Schmidt, M. Morphologische Bildverarbeitung in der Zellanalyse.
Technical Report Nr.9, Deutsches Krebsforschungszentrum Heidelberg, Abt. MBI (1987).

7. Abbildungen

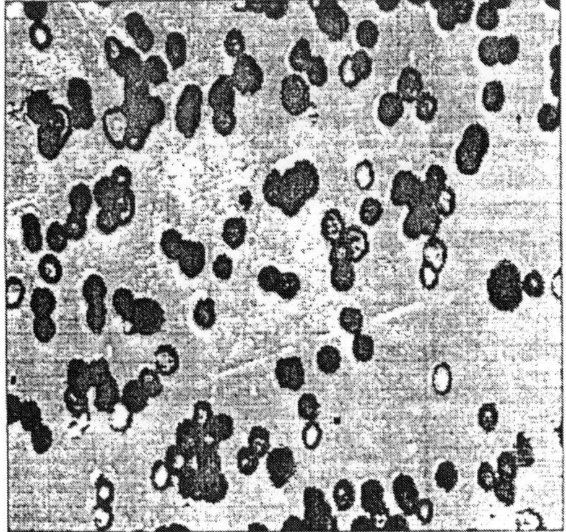

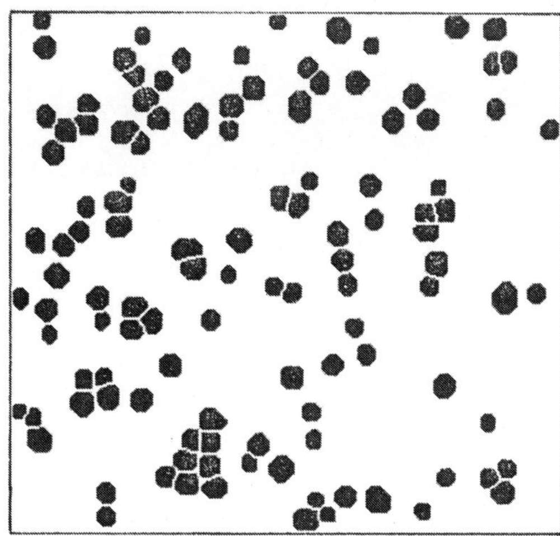

Abb. 1: a) Zellen im Durchlichtmikroskop, kontrastverstärkt.
b) Binäres Ergebnisbild nach der Zellerkennung.

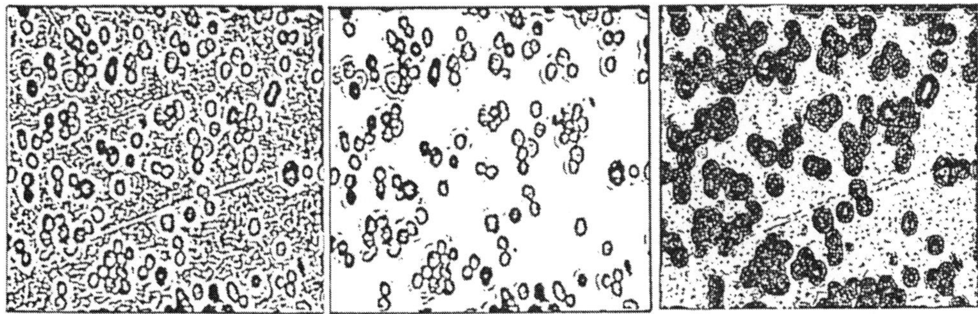

Abb. 2: a) Signum des Laplacebildes.
b) Äußere Quartile im Histogramm des Laplacebildes.
c) Auf deutliche Signalbereiche eingeschränktes Signum.

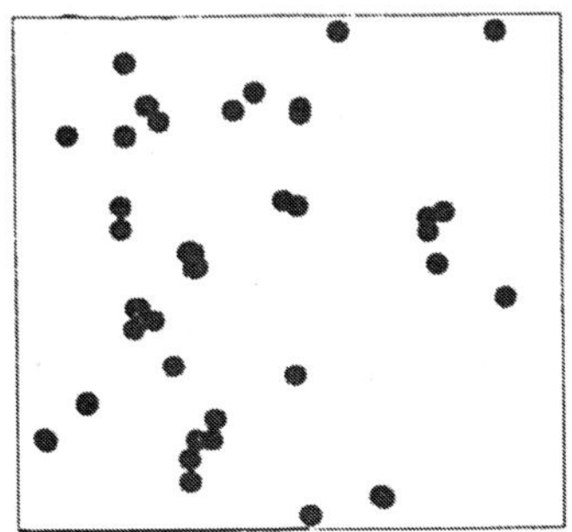

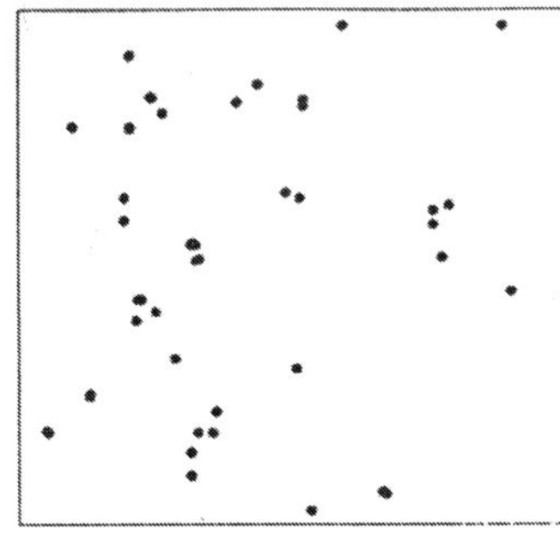

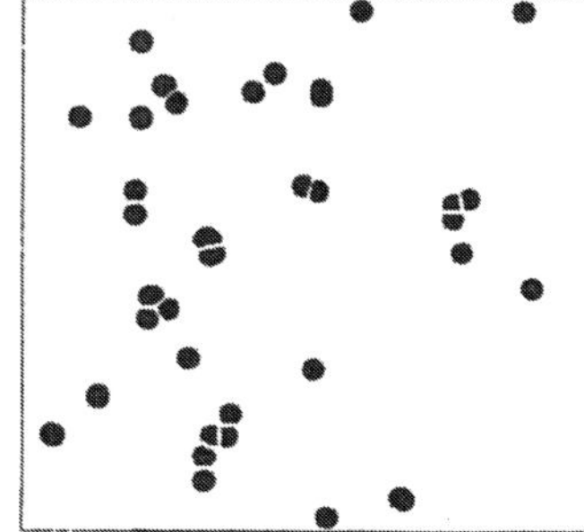

Abb. 3: a) Zunächst überlappende Zellmarkierungen.
b) Nicht überlappende Zellinnere.
c) Gemäß den Zellinneren segmentierte Zellflächen.

Klassifizierung und Segmentierung medizinischer Bilder mit Hilfe der selbstlernenden topologischen Karte

H. Bertsch, J. Dengler

Abteilung für medizinische und biologische Informatik
(Leiter: Priv. Doz. Dr. C.O. Köhler)
Deutsches Krebsforschungszentrum, Heidelberg

Abstract

Theorien neuraler assoziativer Netzwerke als Basis für lernende und klassifizierende Verfahren wurden in den letzten Jahren vorgestellt und angewendet (1),(2). Unter Verwendung eines Verfahrens, der selbstlernenden topologische Karte, die von T. Kohonen eingeführt und in der Spracherkennung angewandt wurde, wird die Klassifizierung und Segmentierung von medizinischen Bildern vorgenommen. Eingangsinformation für die Lernphase der Karte bilden lokale Texturmaße und daraus abgeleitete Maße. In einem selbstorganisierenden Lernprozeß wird die Topologie des hochdimensionalen Merkmalsraums auf die Karte abgebildet. Die Karte zeigt bei leichter Modifikation des Lernverfahrens eine gute Konvergenz auch im zweidimensionalen Fall. Es konnten im Vergleich mit einer Diskriminanzanalyse gute Ergebnisse erzielt werden.

Die topologische Karte als selbstlernendes System zur Diskriminierung multivariater Daten

Bei der Klassifizierung von Bildinformation mit Hilfe der statistischen Analyse, z.B. Diskriminanz- oder Clusteranalyse, stellt sich das Problem, daß Übergänge zwischen den einzelnen Merkmalsklassen schlecht repräsentiert werden. So ist z.B. bei Bildern der Computertomographie eine Segmentierung von diffusem Gewebe wie Leber, Milz etc. nur schwer zu erreichen.
Das Konzept der topologischen Karte trägt diesem Problem Rechnung.
Ausgangspunkt für den Algorithmus ist die Beobachtung, daß bei biologischen kognitiven Prozessen die Anordnung der verarbeitenden Prozessoren jeweils in direkter Weise der Merkmalsverteilung einer Eingangsinformation entspricht. Diese Optimalanordnung kann sich in einem einfachen selbstorganisierenden Prozeß formieren. Dabei werden hochdimensionale Merkmale auf eine zweidimensionale landkartenartige Struktur unter Erhaltung der Topologie des hochdimensionalen Raumes abgebildet. D.h. im Merkmalsraum benachbarte Punkte sind auch nach der Abbildung auf der Karte benachbart.
Die lokale Bildinformation wird durch zweidimensionale, lokale, nichtredundante Texturparameter wie Gradienten, Krümmungen bzw. davon abgeleitete Maße ermittelt, die als Eingangsinformation dem Lernprozeß der topologischen Karte zugrunde liegt.
Anhand von Musterbildern bzw -regionen werden die in diesen Gebieten repräsentierten Teile des gesamten Merkmalraums in einem selbstorganisierenden Prozeß auf der Karte abgebildet. Damit entspricht jeder Punkt der Karte einer Diskriminanzfunktion. Im Unterschied zur Diskriminanzanalyse sind die Übergänge zwischen den benachbarten Diskriminanzfunktionen stetig, d.h. es werden 'weiche' Klassengrenzen eingeführt, die der Realität der Texturgrenzen in Organbildschnitten besser entsprechen als die üblichen 'harten' Grenzen sonstiger Klassifizierungsverfahren.

Algorithmusbeschreibung über die Bildung einer topologischen Karte in einem selbstorganisierenden Prozeß.

Um das Prinzip zu verdeutlichen, wurde von T. Kohonen der einfachste Algorithmus beschrieben. Trotz dieser einfachen Gleichungen ist der erfolgende Selbstorganisierungsprozess jedoch so komplex, daß die mathematische Behandlung der Konvergenz der Ordnungsphase bisher nur im eindimensionalen Fall gelungen ist. Die Ergebnisse, die wir bei der Anwendung des Verfahrens im zweidimensionalen erzielten, zeigen aber, daß die Anwendung der topologischen Karte nicht nur auf den eindimensionalen Fall beschränkt sein muß.

Sei M eine zweidimensionale Anordnung von n-dimensionalen Vektoren, wobei m die Dimension des zu verarbeitenden Merkmalsvektoren x_s ist. Auf einer Ebene höherer Abstraktion können die Elemente von x_s auch allgemeinere Attribute sein.
Ferner sei $f(x_s,M(i,j))$ ein Maß für die Ähnlichkeit zwischen dem Merkmalsvektor x_s und dem aktuellen Zustand M(i,j) der Karte an der Stelle i,j. Wir verwenden die euklidische Distanz, wobei x_s standardisiert wird.

$$f(x_s,M(i,j)) = \sum_{k-1}^{u} M(i,j,k) \cdot x_s(K)$$

Für jedes x_s wird aufgrund des jeweils aktuellen Zustands der Karte M der Ort c=(i,j) gefunden, für den $\eta_{ij}(s)$ minimal ist.
Die rechteckige topologische k-Umgebung von c=(i,j) ist durch die Menge der Punkte

$$U_c(k) = \{i',j' \mid K \geq |i'-i|, K \geq |j'-j|\}$$

definiert.

Im Bereich von U_c wird daraufhin M verändert

$$M_{S+1}(i',j') = M_s(i',j') + \alpha(s)\,[X_s - M_s(i',j')] \mid (i',j') \in U_c$$

$\{\alpha(s) \mid s = 0, 1 \ldots; 0 < \alpha(s) < 1\}$ ist eine Wichtungssequenz, die eine langsam abfallende Folge ist. Der Lernprozeß ist beendet, wenn $\alpha(s) = 0$ ist. In der Realität bedeutet dies, daß $\alpha(s)$ nahe bei Null liegt. Wir verwenden $\alpha(s)$ nicht als räumlich konstanten Faktor, sondern die Lernumgebung $U_c(k)$ wird gaussgewichtet. Es hat sich gezeigt, daß damit eine schnellere Konvergenz des Verfahrens erreicht werden kann.

Die Punktdichte der Vektoren auf M nähert sich bei der Lernphase an die Wahrscheinlichkeitsdichte p(x) der Eingangsvektoren an. Dies ist im vorliegenden Problem aber nur bedingt wünschenswert und kann dadurch vermieden werden, daß bei Annäherung zwischen dem optimalen $M_s(i,j)$ und Datenvektor x_s der Lernfaktor $\alpha(s)$ reduziert wird. Bei hinreichend guter Approximation kann auf die Veränderung der Karte überhaupt verzichtet werden. So bekommen auch relativ selten erscheinende Merkmale eine gute Repräsentation, während sich großflächig gleichmäßige Muster auf eine kleine Umgebung auf der Karte konzentrieren. Eine praktische Realisierung dieses dynamischen Verhaltens von $\alpha(s)$ wird erreicht mit

$$\alpha(s) = K \cdot g(s) \text{ falls } g(s) \geq g_{min}$$
$$\alpha(s) = 0$$

wobei g(s) der Wert der euklidischen Distanz beim Schnitt s ist und K eine Konstante. Bei

Annäherung von g(s) an 0 geht α(s) gegen 0. g_{min} ist eine vorgegebene Schwelle in der Nähe von 0.
Gleichzeitig muß bei steigenden Distanzwerten eine Verringerung der Lernumgebung erfolgen. Wird dies nicht gemacht, so kann schon auf der Karte repräsentierte Information wieder zerstört werden.
Es hat sich auch gezeigt, daß eine differenziertere Topologie erreicht werden kann, wenn zusätzlich eine merkmalsbezogene Gewichtung erfolgt. Dieser Wichtungsfaktor ist der prozentualen Anteil der einzelnen Merkmalsdistanzen an der euklidischen Distanz.

Charakteristiken der topologischen Karte

Jedem Merkmal wird eine eigene Ebene zugewiesen, d.h. die Dimension m der zu verarbeitenden Merkmalsvektoren bestimmt die Zahl der Ebenen der topologischen Karte. Die einzelnen m Ebenen werden zu Beginn mit gaussverteilten Zufallszahlen mit Mittelwert und Standardabweichung der Merkmale initialisiert. Im ersten Lernschritt wird die Punktmenge $U_c(k)$ groß gewählt. Die Lernumgebung wird bei den folgenden Lernschritten immer weiter verkleinert bis auf eine 3x3 – Umgebung. Gleichzeitig wird die Wichtung α(s) immer weiter verringert.
Die folgenden drei Bilder zeigen eine initialisierte Kartenebene und zwei Ebenen nach der Lernphase. Die Ebenen der Karte haben nach der Lernphase ganz verschiedenartige Ausprägungen.

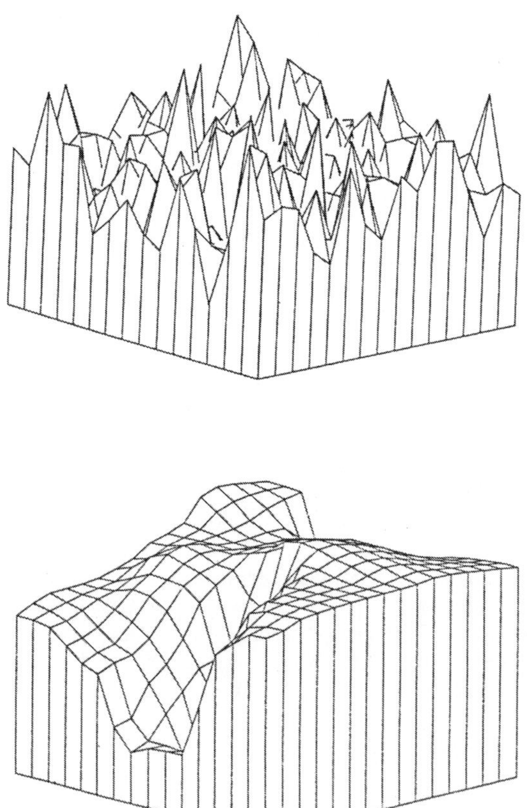

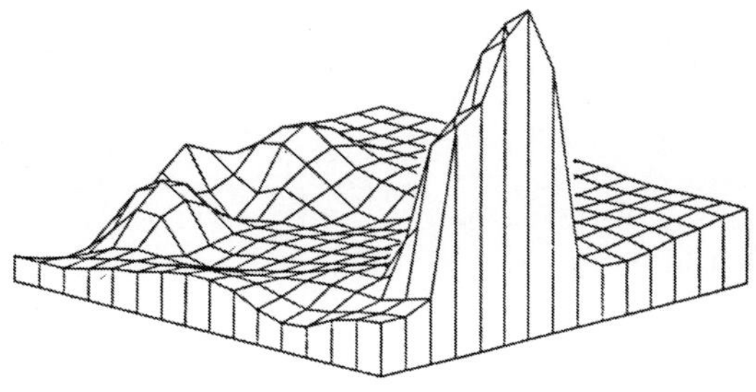

Wie die zwei folgenden Histogramme zeigen, werden die Merkmalsausprägungen gut auf der Karte wiedergegeben. Hier werden auch die 'weichen' Übergänge zwischen den Merkmalsausprägungen ersichtlich, die durch das Lernverhalten der Karte entstehen.

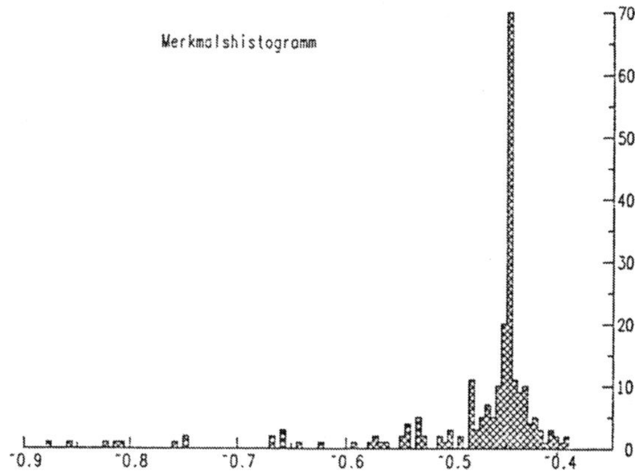

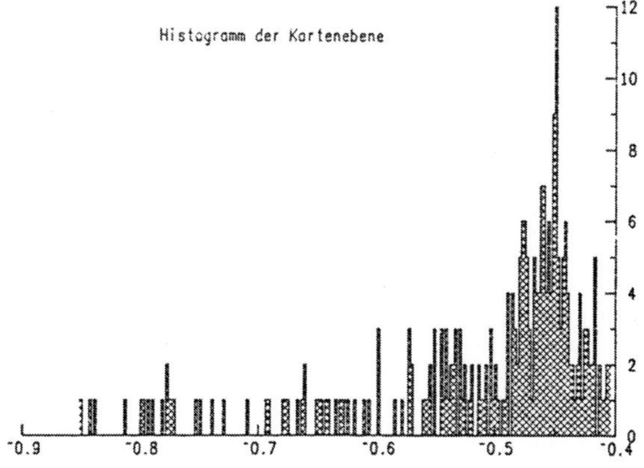

Die Karte benötigt sehr viele Lernschritte, um eine gute Abbildung des Merkmalraumes zu erreichen. Auch die Merkmalsanzahl hat einen großen Einfluß auf das Lernverhalten. Die

Anzahl der Merkmale sollte nicht allzu groß sein.

Nach der Lernphase erfolgt die Zuweisung der Merkmalsvektoren zu den einzelnen Orten der Karte, zu denen sie die geringste euklidische Distanz haben. Die Cluster der topologischen Karte werden bestimmt durch ermitteln einer Adjazenzmatrix bezüglich den repräsentierenden Merkmalsvektoren, d.h. jene Orte der Karte werden zu Clustern zusammengefaßt, deren Diskriminanzfunktionen ähnlich sind.

Anwendung der topologischen Karte

Die topologische Karte wurde angewendet zur Klassifizierung von Silikosen anhand von Röntgenbildern.
Die verschiedenartigen Stärkegrade der Silikose unterscheiden sich auf den Röntgenbildern in unterschiedlicher Fleckschatten, die rundlich oder unregelmäßig geformt auftreten. Die Größe und die Form der Felckschatten lassen auf die Art der Krankheit schließen. Die Häufigkeit bestimmt die Schwere der Krankheit. Die Unterscheidung der Krankheit erfolgt nach der internationalen Staublungenklassifikation (ILO 80 / deutsche Version).
Eine am Institut durchgeführten Arbeit (3) zeigte, daß zweidimensionale Texturparameter wie Gradienten, Krümmungen, Lokalvarianz, ermittelt über verschiedene Umgebungen, und davon abgeleitet Maße einen guten Parametersatz zur Klassifizierung von Silikosen darstellen. Diese Parameter wurden als Eingangsinformation für die Karte verwendet.
220 Röntgenbilderausschnitte wurden von einem Mediziner ausgewählt und bildeten das Bildmaterial. Nach ca. 3000 Lernschritte war die euklidische Distanz zwischen den eingehenden Merkmalsvektoren und den Vektoren der Karte so klein, daß kein Lernverhalten mehr festzustellen war. Nach erfolgter Clusterbildung zeigte sich, daß die Ergebnisse der Klassifikation sehr ähnlich dem Ergebniss einer parallel durchgeführten Klassifikation mittels Diskriminanzanalyse waren, wobei bei der Diskriminanzanalyse das Wissen über die Klassenzugehörigkeit mit einfließt. Diese Information erhält die topologischen Karte bei der Lernphase nicht.

Literatur

Hopfield, J.J.
Neural networks and physical systems with emergent collective computational abilities
Proc.Natl.Acad.Sci., Vol. 79 (1982) 2554 - 2558

Kohonen,T.
Clustering, taxonomy, and topological maps of patterns
Proc. of the 6th Int. Conf. on Pattern Recognotion (1982) 114 - 128

Desaga,J.F.; Dengler,J.; Ipolt,P; Engelmann,U; Meinzer,H.P.
Klassifizierung fleckförmiger Lungenveränderungen durch Texturanalyse
RÖFO (1987), in print

EIN NEUES VERFAHREN ZUR EUKLIDISCHEN SKELETTIERUNG VON BINÄRBILDERN

Christian Evers, Jens Andersen, Gerd Maderlechner
Siemens AG, ZT ZTI INF 122
Otto-Hahn-Ring 6, 8000 München 83

Auch bei nicht-linienhaften Binärbild-Vorlagen - wie z.B. des Bildhintergrundes bei Exoskeletten - kann die Skelettierung wichtige Informationen zur Bildanalyse beitragen. Von dem Skelettierungsverfahren muß hierbei verlangt werden, daß es nicht-iterativ arbeitet und Ergebnisse liefert, die möglichst nahe an der euklidischen Mittelachse entsprechender Bilder in der kontinuierlichen Ebene liegen. Ein solches Verfahren wird hier beschrieben.

Die Skelettierung gliedert sich in vier Abschnitte:

1. Euklidische Distanz-Transformation

Jedem Vordergrundpunkt des Bildes wird seine minimale euklidische Distanz zum Hintergrund zugeordnet. Diese entspricht dem Radius einer maximalen, vollständig im Vordergrund liegenden Kreisscheibe um den Punkt ("Inkreis des Punktes"). Das Verfahren verbraucht unwesentlich mehr Laufzeit als der nicht-exakte Algorithmus von Danielsson.

2. Zentren maximaler Inkreise

Die Mittelpunkte derjenigen Inkreise, die von keinem anderen Inkreis vollständig überdeckt werden, bilden eine i.Allg. nicht-zusammenhängende und nicht- 1-Pixel-dünne Menge von Skelettpunkten. Diese Punkte können mit Hilfe von Lookup-Tabellen entweder exakt oder sehr effektiv näherungsweise berechnet werden.

3. Verbinden der Skelettpunkte

Die Zusammenhänge zwischen den Skelettpunkten werden in "Gratwanderungen" auf der Distanzkarte hergestellt. Das Skelett erhält die gleichen topologischen Eigenschaften wie das Originalbild.

4. Nachverarbeitung

Das Skelett wird nachverdünnt, um (soweit möglich) 1-Pixel-Dünne zu garantieren. Ein neues Verfahren zur Linienverfolgung wird eingesetzt, daß auch nicht-verdünnbare Pixelmengen wie Kreuzungen von vier Geraden korrekt bearbeitet.

```
0   0   0
  0 0 0
0 0 0 0 0 0 0
  0 0 0
0   0   0
```

Das Verfahren wurde auf einer VAX 11/780 implementiert und getestet.

A NOTE ON PARALLEL THINNING FOR DIGITAL SETS

Ulrich Eckhardt
Institut für Angewandte Mathematik
Rechenzentrum der Universität
Bundesstraße 55, D-2000 Hamburg 13

The method of Rutovitz (1966) or Hilditch (1969) for parallel thinning (see Stefanelli, Rosenfeld 1971) has the unwanted property that certain features are cancelled completely by it (Lü, Wang 1985). In order to repair this defect of the method, a reformulation is proposed. This new formulation is based on the observation that Rutovitz' method works only correctly when applied to points having three black direct neighbors. The new variant of the method threfore uses different deletion criteria for points having one, two or three black direct neighbors such that the original efficiency of the method of Rutovitz is retained. The example of Lü and Wang (1985) can be shown to be the only possible counterexample for Rutovitz' criterion. The revised version of the method, when applied to it, works without failure, hence the new version of the method is proved to be correct. Since only a subset of the set of simple points (Rosenfeld 1979) is used by Rutovitz' method, its a-priori efficiency is not optimal. Actually, this subset of so-called strict boundary points has only 52 members in contrast to the 116 possible configurations of simple points. It is possible, by introducing the concept of the derivative of a digital set, to find a method for parallel thinning using the full set of Rosenfeld's simple points.

References

Eckhardt U (1987) Digital Topology. I. A classification of 3 × 3 neighborhoods with application to parallel thinning in digital pictures. Preprint

Hilditch CJ (1969) Linear skeletons from square cupboards. In: Meltzer B and Michie D, eds.: Machine Intelligence IV:403-420. Edinburgh: University Press

Lü HE, Wang PSP (1985) An improved fast parallel thinning algorithm for digital patterns. IEEE Computer Society Conference on Computer Vision and Pattern Recognition, San Francisco, pp. 364-367

Rosenfeld A (1979) Digital topology. Amer. Math. Monthly 86:621-630

Rutovitz D (1966) Pattern recognition. J. Royal Statist. Soc. 129:504-530

Stefanelli R, Rosenfeld A (1971) Some parallel thinning algorithms for digital pictures. J. Assoc. Comput. Machinery 18:255-264

Mustererkennung in Linienbildern durch Graphensuche - ein Relaxationsansatz

Peter Kuner
Siemens - AG München

Viele Vorgehensweisen in der Mustererkennung setzen eine relationale Beschreibung von Bildern (=Bildgraph) und der gesuchten Referenzmuster (=Referenzgraph) voraus. Dies ermöglicht das Erkennen eines Referenzmusters durch exaktes oder zumindest optimales Einbetten seines Referenzgraphen in den Bildgraphen - eine Aufgabe, die sich mathematisch recht allgemein in Gestalt eines Quadratischen Zuordnungsproblems QZ formulieren lässt /1/ (s.u.). Als Lösungsverfahren hierzu dienen in der Regel Branch - & Bound - Methoden oder Heuristiken. Das Problem selbst ist aber NP - vollständig. Dementsprechend benötigen diese Verfahren viel Rechenzeit oder terminieren recht unvorhersagbar mit irgendwelchen Nebenmaxima.

Als Alternative bietet sich an, das Quadratische Zuordnungsproblem in ein Relaxation Labeling Problem /2,3/ umzuwandeln. Die "Kompatibilitätskoeffizienten" /2/ müssen hierzu nach speziellen Regeln /1/ (s.u.) ermittelt werden. Damit besteht Gewähr, dass die Iterative Relaxation - etwa mit Hilfe der "Updating Rule" /2/ durchgeführt - in der Tat auch gegen eine ganzzahlige Lösung von QZ konvergiert.

Versuche ergaben erhebliche Zuverlässigkeitsvorteile für diese spezielle Relaxationsstrategie gegenüber heuristischen Vorgehen bei vergleichbaren Rechenzeiten.

Das zugrundeliegende mathematische Modell ist in wenigen Sätzen charakterisiert:
Sei $G = (V,E)$ der Referenzgraph mit Knotenmenge V und Kantenmenge E.
Sei $A = (a[i,j]: i,j=1,..,|V|)$ Bewertung von $V \times V$; $a[i,j] \neq 0 \iff (v[i],v[j]) \in E$.
Sei $H = (W,F)$ der Bildgraph mit Knotenmenge W und Kantenmenge F.
Sei $B = (b[k,l]: k,l=1,..,|W|)$ Bewertung von $W \times W$; $b[k,l] \neq 0 \iff (w[k],w[l]) \in F$.
(Die Komponenten von A, B sind Elemente eines geeignet gewählten Vektorraums.)
Seien $(r[i,j,k,l]: i,j=1,..,|V| ; k,l=1,..,|W|) \subset [0,1]$ Koeffizienten, welche das Mass an Übereinstimmung der Kantenbewertungen von G mit jenen von H wiedergeben:
$r[i,j,k,l]=1$, falls $a[i,j]=b[k,l]$, $r[i,j,k,l]<1$ sonst; $=0$, falls $a[i,j]\ b[k,l]=0$

Optimales Einbetten bedeutet nun, eine Zuordnung $X : V \longrightarrow W$ zu finden, die das ganzzahlige Optimierungsproblem (oder Quadratische Zuordnungsproblem) QZ löst:

$$\text{QZ:} \quad \sum_{i=1}^{|V|} \sum_{j=1}^{|V|} \sum_{k=1}^{|W|} \sum_{l=1}^{|W|} x[i,k]\ r[i,j,k,l]\ x[j,l] \overset{!}{=} \text{MAX} \quad \text{unter den Nebenbedingungen}$$

$$\text{c1:} \sum_{i=1}^{|V|} x[i,k'] \leq 1 \quad \forall_{k'}, \qquad \text{c2:} \sum_{k=1}^{|W|} x[i',k] = 1 \quad \forall_{i'}, \qquad \text{c3:}\ x[i,k] \in \{0,1\} \quad \forall_i \forall_k$$

Zwecks Optimierung von QZ vermöge Relaxation müssen wir noch einige zusätzliche - für Eignung und Sachgemässheit des Modells unschädliche - Regeln /1/ befolgen:

- $r[i,j,k,l] = r[j,i,l,k]$: diese Symmetrie muss gelten /3/ für alle i,j,k,l
- $r[i,j,k,l] \geq |V|$, falls $i=j$ und $k=l$ gilt, ≤ 1 sonst (verifiziert c3, vgl. /1/)
- $r[i,j,k,l] = 0$, falls $k=l$ bei $i \neq j$ gilt (begünstigt c1)

um dann - nach Wahl einer Start-"Labeling Distribution" (z.B. $p[i,k] = 1/|W|$ für alle i,k) - die Optimierung mit dem iterativen Verfahren nach /2/ durchzuführen. Nach Abbruch der Iteration aufgrund augenscheinlicher Konvergenz der $p[i,k]$ kann als Lösung von QZ die Lösung des Linearen Zuordnungsproblems LZ verwendet werden

$$\text{LZ} : \sum_{i=1}^{|V|} \sum_{k=1}^{|W|} p[i,k]\ x[i,k] \overset{!}{=} \max \quad \text{(mit den Restriktionen c1, c2, c3 wie oben).}$$

Die Lösung von LZ definiert die gesuchte Einbettung von G in H wie folgt:
$X(v[i]) = w[k] :\iff x[i,k] = 1$. Ansonsten besteht m.E. kein Grund, den hier skizzierten Ansatz nicht auch generell zur Optimierung eines QZ zu verwenden.

/1/ P. Kuner: "Reducing Relational Graph Matching Tasks to Integer Programming Problems, which are solved by a Consistent Labeling Approach" Proc. 5. Scand. Conf. on Image Analysis, Stockholm, 1987, pp. 127-134
/2/ A. Rosenfeld, R. Hummel, S. Zucker: "Scene Labeling by Relaxation Operations" IEEE Trans. on Systems, Man, and Cybernetics, 1976, pp. 420-433
/3/ R. Hummel, S. Zucker : "On the Foundations of Relaxation Labeling Processes" IEEE Trans. on Pattern Recognition & Machine Intelligence, 1983, pp. 267-287

ECHTZEIT- GRAU-UND FARBBILD-VORVERARBEITUNG ZUR STEUERUNG EINES BIOTECHNOLOGIE-ROBOTERS

Massen R., Simnacher M., Janke P., Rösch J., Kehrle K.
Transferzentrum Konstanz für Bilddatenverarbeitung
Reichenaustr. 81 c 7750 Konstanz Tel. 07531-57 502

Zusammenfassung

Zur Automatisierung des manuellen Aufnehmens und Selektierens von Kulturen in Petri-Schalen wird ein Roboter entwickelt, welcher mit Hilfe einer Echtzeit Grau- und Farbbildvorverarbeitung Kulturen nach geometrischen und Farb-Merkmalen lokalisiert und klassifiziert. Das als VME-Bus pipeline Prozessor-System realisierte Konzept erreicht eine Rechenleistung von mehr als 2,5 GIGA-OPS und kann allgemein für die Echtzeit-Extraktion von Symbolen aus Grauwertbildern in industriellen und natürlichen Szenen eingesetzt werden.

1. Automatisierung in der Biotechnologie

Der Fortschritt bio- und gentechnologischer Verfahren hängt eng zusammen mit der noch ausstehenden Lösung einer ganzen Reihe von Automatisierungs-Aufgaben. Im Rahmen eines unter dem BIOTECHNOLOGY ACTION PROGRAM (BAP) von der EG geförderten Projektes entwickelt das Transferzentrum Konstanz für Bilddatenverarbeitung (TZ) einen vision-gesteuerten Roboter zum automatischen Aufsammeln und Klassifizieren von Kulturen aus Petri-Schalen. Das TZ, ein vor 2,5 Jahren gegründetes, sich zu 100 % selbst finanzierendes Institut der Baden-Württembergischen Steinbeis-Stiftung für Wirtschaftsförderung in Stuttgart, hat hierbei die Aufgabe der Entwicklung einer geeigneten Rechnerarchitektur übernommen.

2. Echtzeit-Extrakton von verdünnten Kanten

Das automatische Aufnehmen von Kulturen, Plagues und Phasen besteht aus folgenden Arbeitsschritten:

a) Lokalisierung der schwach kontrastierten Kulturen auf dem Gel-Hintergrund in einer Petri-Schale.

b) Klassifizierung nach Form- und Farbmerkmalen
c) Aufnehmen einer gewünschten Kultur und Abstreifen in einem Sammelglas oder Verteilen auf weitere Gefäße.

Das vorgesehene System besteht aus einem noch nicht spezifizierten Roboter und einem VME-Bus-Bildrechner zur Bildauswertung und Roboter-Steuerung. Die knappe zur Verfügung stehende Auswertezeit schließt übliche rein software-basierende Bildverarbeitungs-Verfahren an gespeicherten Bildern aus. Wir haben stattdessen den anspruchsvolleren Weg einer Echtzeitverarbeitung sowohl von Grauwert- als auch von Farbbildern gewählt.

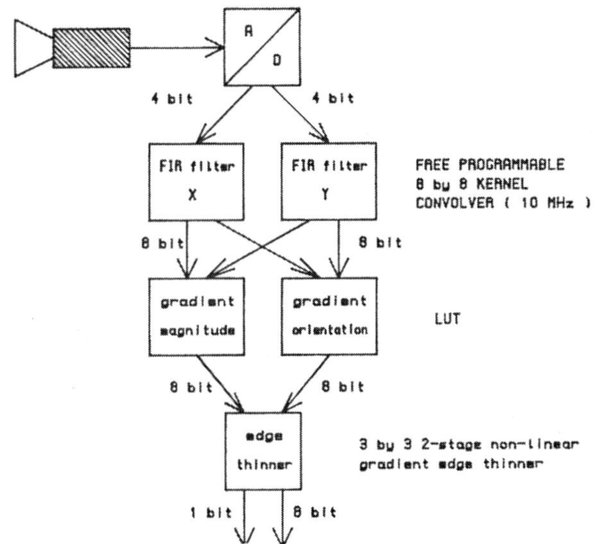

Fig. 1 Blockschaltbild des Preprocessors zur Echtzeit-Extraktion von verdünnten Kanten

Zur Lokalisierung von Kulturen und zur Klassifizierung nach Formmerkmalen genügt die Kenntnis ihrer Kanten. Wegen der schwachen Kontraste und eher niederfrequenten Kanten haben wir uns für die Verwendung von **Faltungsprozessoren mit einer großen 8 mal 8 Nachbarschaft** entschlossen. Die Faltung wird mit Hilfe von 8 TRW TDC 1028 convolver mit freiprogrammierbaren 4 Bit Koeffizienten und 4 Bit Daten durchgeführt. Diese convolver sind als 8 mal 8 Feld angeordnet; die benötigten 7 Zeilenspeicher werden mit FIFO's mit einer Wortbreite von 9 Bit realisiert, sodaß ein FIFO Baustein gleichzeitig zwei Bildzeilen verzögern kann. Mit Hilfe von programmierbaren Ein/Ausgangs-Skalierern wird das Eingangs- 4 Bit Datenfenster und ein Ausgangs- 8 Bit Datenfenster selektiert. Ein kompletter Faltungsprozessor ist auf einer VME-Bus Platine untergebracht und arbeitet mit einem pixel Takt von 10 MHz. Zur Extraktion von Kanten werden zwei als 2-D Kompassfilter geschaltete Faltungsprozessoren parallel betrieben (Fig.1). Ein Prozessor berechnet die vertikalen, der andere die horizontalen Gradienten. Aus beiden Ergebnissen wird mit einem LUT-Rechenwerk sowohl der Betrag des Gradienten als auch die lokale Orientierung der Grauwert-Kante berechnet.

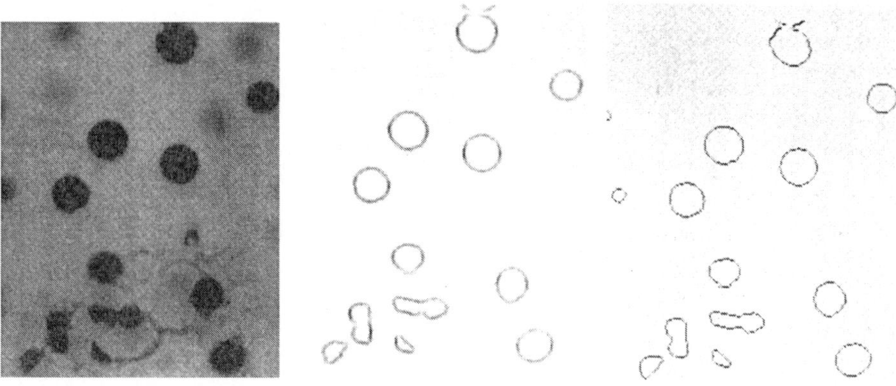

Fig.2 Kulturen in einer Petri-Schale im Auflicht:
Links: Original Mitte: Gradienten-Betrag
Rechts: verdünnte Kanten

Das Gradientenbetrags-Bild (Fig.2 Mitte) ist ein Grauwertbild der noch nicht verdünnten und binarisierten Kanten. Zur Gewinnung einer auf 1 pixel rausch-frei verdünnten Kante mit definierter Lage muß das **lokale Maximum** des Gradienten bestimmt und Vorkehrungen beim Antreffen von Maxima-Plateaus getroffen werden. Wir haben hierzu einen neuartigen 2-stufigen 2-D Verdünner entworfen, welcher von den jeweils 8 Bit tiefen Grauwertbilder "Gradienten-Betrag" und "Gradienten-Winkel" ausgeht.

In einer 3 mal 3 Nachbarschaft können alle Nachbarn mit dem Zentralpixel gleichzeitg verglichen werden. Der Winkel des Gradienten des Zentralpixels steuert die Auswahl der für einen Maximum-Vergleich heranzuziehenden Nachbarn. Nur diejenigen Nachbarn, welche **senkrecht zur Orientierung des**

Zentralpixels liegen, werden mit dem Zentralpixel verglichen. Ist der Betrag des Gradienten des Zentralpixels größer oder gleich dem Betrag des Gradienten einer dieser Nachbarn, so wird er binär markiert. Dieses verdünnte Bild enthält immer noch doppelte oder Mehrfach-pixel Kanten, welche von Maxima-Plateaus (d.h. Grauwert-Wendepunkte mit sehr flacher Steigung) hervorgerufen werden. In einer zweiten, rekursiven 3 mal 3 Nachbarschaft wird dieses Bild wiederum richtungsgesteuert so erodiert, daß dieses Plateaus zu einem einzelnen pixel verdünnt werden (Fig.2) rechts). Das so verdünnte Bild ist nun ausreichend reduziert, um als bit-map Bild mit software-Verfahren nach geometrischen Merkmalen ausreichend schnell klassifiert werden zu können.

Die große Nachbarschaft von 8 mal 8 pixel und die richtungsgesteuerte 2-stufige Verdünnung sind der Schlüssel für die Extraktion ungewöhnlich rauschfreier und präziser Kantenbilder auch bei schwachen Kontrasten und niedrigen Ortsfrequenzen der Bildstrukturen. Dies soll das Portrait aus Fig.3 beispielhaft beweisen, bei dem auch sehr schwache Grauwertkanten noch zu schön geschlossenen 1-pixel breiten Linien extrahiert werden.

Fig.3 Portrait im Original (links) und Echtzeit verdünnt (rechts)

3. Farbklassifikation in Echtzeit

Eine über die Formanalyse hinausgehende Klassifizierung verlangt aber zusätzlich eine Farbdiskriminierung. Wir haben die Möglichkeiten einer Klassifikationmit Hilfe einer1-Chip CCD-Farbkamera (Typ Microtechnica M852) untersucht, wobei auch hier die Forderung nach Echtzeit gestellt wurde. Ein Klassifikationsbeispiel Fig.4 zeigt, daß beim Implementieren Echtzeit-Tabellen-KIlassifikatoren noch Fehlklassifikationen an den Kulturrändern entstehen. Diese lassen sich aber durch eine anschliessende Erosion leicht beseitigen. Vereinzelte Fehlklassifikation werden durch eine Zusammenhangs-Analyse eliminiert, welche nur diejenigen in eine gemeinsame Objektklasse klassifizierten Bildpunkte zuläßt, welche eine aureichend große räumliche Nachbarschaft bilden. Als Nachbarschaftskriterium wird die City-Block-Distanz verwendet.

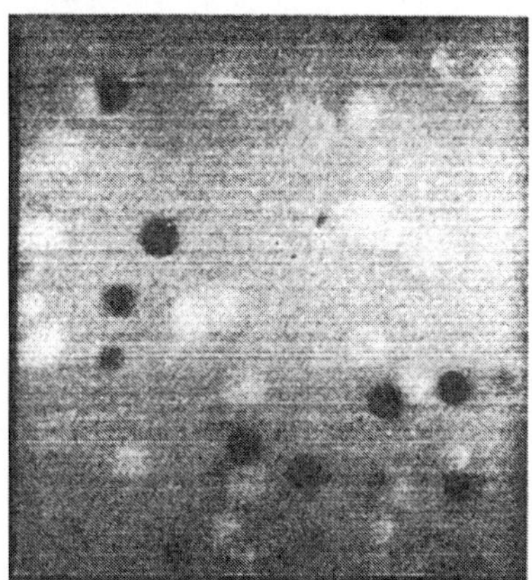

Fig.4 Farbklassifikation von weissen und blauen Kulturen auf einem Gel-Hintergrund:
links: Originalszene
rechts: pixel-weise Klassifikation ohne Zusammenhangs-Analyse
weiß markiert = weiße Kulturen
schwarz markiert = blaue Kulturen
Raster Markierungs = Gel Hintergrund

Optische Qualitätskontrolle von Gewebe aus Hochleistungsfasern

G. Menges, K. Borgschulte, T. Faßbender
Institut für Kunststoffverarbeitung, RWTH Aachen
Pontstr. 49, 5100 Aachen

1. Einleitung

Die Verwendung von Fasergewebe aus Glas-, Aramid- oder Kohlefasern ermöglicht in vielen industriellen Bereichen den Einsatz sehr leichter aber hochbeanspruchbarer Bauteile. Die hohen Anforderungen an solche Bauteile erfordern einerseits eine vollautomatisierte Fertigung, andererseits muß aber auch eine optimale Qualität bei der Gewebeherstellung gewährleistet sein /1/. Heutzutage erfolgt die Qualitätskontrolle ausschließlich durch Prüfpersonal, wobei ausreichend reproduzierbare, fehlerfreie und quantitative Ergebnisse meistens nicht erreicht werden. Durch den Einsatz eines optischen Prüfsystems können diese Aufgaben automatisiert werden.

2. Versuchsaufbau

Der für die Durchführung der automatischen Online-Qualitätskontrolle benötigte Aufbau besteht aus einer Webvorrichtung, aus der das Gewebe mit konstanter Geschwindigkeit abgezogen wird. Die Sensorik besteht aus einer Zeilenkamera mit 2048 Pixel Auflösung und einer Abtastfrequenz von 2 MHz sowie einem Bildspeichersystem (BSS) auf Basis des VME-Bus (Bild 1).

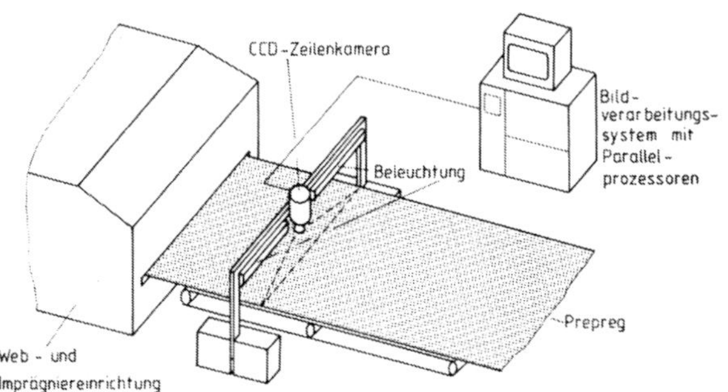

Bild 1: Prüfsystem zur Online-Gewebekontrolle

Das Gewebe wird im Auflichtverfahren so beleuchtet, daß sich eine auswertbare Textur ergibt. Die Aufgabe des BSS ist es nun, fortlaufend Bilder aufzunehmen und diese einem Parallelverarbeitungssystem (PVS) auf Basis des Transputers zwecks Weiterverarbeitung und Auswertung zu übergeben. Der Transputer ist ein 16/32 Bit Prozessor mit 2 KBytes on-chip RAM (50 ns Zugriffszeit), einem konfigurierbarem Memory Interface und vier Standard-INMOS-Links /2/. Resultierend aus der Zykluszeit von 50 ns ergibt sich eine mittlere Durchsatzrate von 10 MIPS. Der Transputer ist von seiner Architektur so angelegt, daß die Hochsprache OCCAM unterstützt wird, die für die Programmierung von PVS entwickelt wurde. OCCAM ermöglicht es durch spezielle Sprachkonstrukte effizient "parallel" zu programmieren.

3. Prüfverfahren

Das Prüfverfahren unterteilt sich in Lernphase und Online-Kontrolle. In der überwachten Lernphase werden Repräsentanten der einzelnen Fehlerklassen und das Toleranzgebiet der fehlerfreien Gewebemuster bestimmt. Die Online-Kontrolle besteht aus den Schritten Vorverarbeitung, Fehlererkennung und Klassifizierung (Bild 2).

Hierbei wird die Fehlererkennung in 2 Schritten durchgeführt. Mittels eines modifizierten Flankendetektors werden die unten beschriebenen Merkmale bestimmt. Durch Anwendung eines sequentiellen Klassifikators wird eine Unterteilung in fehlerfrei, grob fehlerhaft, schwach fehlerhaft vorgenommen. Im Falle von grob fehlerhat wird durch eine NN-Klassifizierung die entsprechende Fehlerklasse bestimmt.

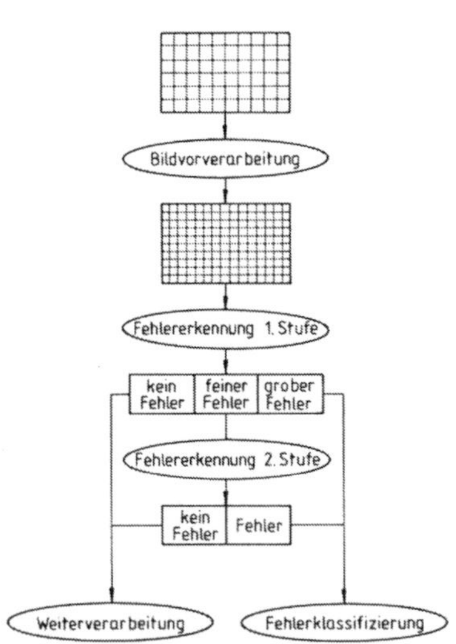

Bild 2: Ablauf des Prüfverfahrens

Im Falle von schwach fehlerhaft werden die GLDM-Merkmale berechnet und anschließend durch den sequentiellen Klassifikator eine Unterteilung in fehlerhaft und fehlerfrei vorgenommen. Im Falle fehlerhaft wird die Fehlerklasse durch den NN-Klassifikator bestimmt. Die oben beschriebene Aufteilung hat den Vorteil, daß die Rechenzeit reduziert wird; so ist z.B. eine NN-Klassifizierung nur erforderlich, falls ein fehlerhafter Gewebeausschnitt vorliegt.

3.1 Bildvorverarbeitung

Die Verfahren Histogrammspezifizierung und Histogrammquantisierung wurden nicht nur implementiert, um eine Entstörung des Bildes oder eine Konstraststeigerung zu erreichen, sondern auch um die Zahl der im Bild enthaltenden Grauwerte zu reduzieren. Es stellte sich heraus, daß eine Reduzierung auf 3 Grauwerte möglich ist. Dies führte dazu, daß der Rechenzeitbedarf der merkmalgewinnenden Verfahren drastisch reduziert werden konnte. Durch geschickte Wahl der 3 Grauwerte war es möglich, komplexe Operationen effizient zu realisieren.

3.2 Merkmalgewinnung

a) Grey Level Difference Method (GLDM)

Als ein bewährtes Verfahren zur Wiedergabe der Textur-Merkmale wurde die GLDM implementiert. Hierzu wird für ein Grauwertbild $f(x,y)$ und beliebig vorgegebenen $d = (dx, dy)$ das Grauwertdifferenzenbild

$$f_d(x,y) := |f(x, y) - f(x + dx, y + dy)|$$

berechnet. Sei p_d die Wahrscheinlichkeitsdichtefunktion von $f_d(x,y)$, d.h. $p_d(i)$ ist die Wahrscheinlichkeit für das Auftreten des Grauwertes i in $f_d(x,y)$. Für p_d werden nun die Merkmale

$$CON = \sum i^2 \, p_d(i) \quad \text{und} \quad MEAN = \sum 1/(i^2 + 1) \, p_d(i)$$

berechnet. CON ist ein Maß für die Rauhigkeit oder Kontrast einer Textur.

MEAN wird groß sein, falls die Grauwertschwankungen in f(x, y) klein sind. Eine gute Methode zur Wiedergabe der Eigenschaften einer Textur war es, CON und MEAN für unterschiedlich orientierte d zu berechnen.

b) Flankendetektor

Die Gradientenoperatoren sind für die Messung von typischen Texturmerkmalen des Gewebes geeignet /3/. Eine Aussage über die Rauhigkeit einer Textur kann durch die Anzahl der Flanken in einem festen Gebiet getroffen werden. Implementiert wurde der Laplaceoperator. Der diskrete Laplaceoperator ist definiert durch

$$\nabla^2 = f(i+1,j) + f(i-1,j) + f(i,j+1) + f(i,j-1) - 4\, f(i,j)$$

Mit einer geeigneten Schwelle wird festgestellt, ob es sich um eine Flanke handelt. Neben der Anzahl der Flanken wurden zwei weitere Merkmale implementiert. Ein Merkmal ist die Detektierung von homogenen Flächen im Gewebe. Ein weiteres Merkmal soll die Verletzung der Periodizität des Fasergewebes in 0° messen. Nach Vorgabe der Periode X_p wird ein Fehler vermerkt, wenn diese Periodizität verletzt wird.

3.3 Klassifizierung

Vorverarbeitung und Merkmalgewinnung ordnen einem Gewebesegment einen Merkmalvektor v zu. Es bleibt nur noch die Aufgabe, diesem Merkmalvektor einen Fehler aus folgenden Fehlerklassen (FK) zuzuordnen (Bild 3).

FK	Fehler
0	Fehlerfrei
1	Schräg- oder Bogenschüsse
2	aufgewölbtes, welliges Gewebe
3	Löcher; Schnitte oder Risse
4	Schmutzstellen, Flecken
5	Nester
6	fehlende Fäden
7	Falten
8	Rückweisung

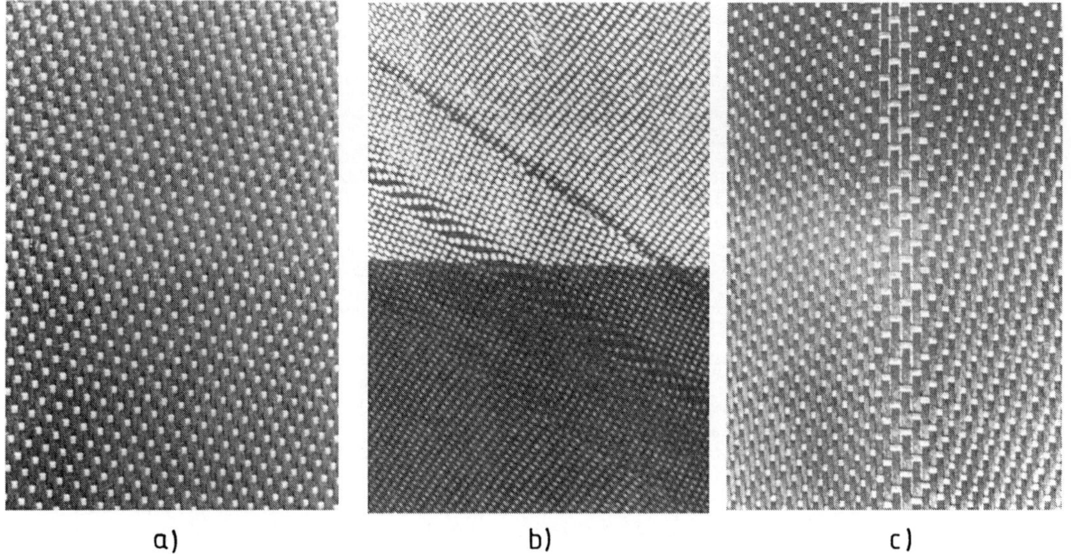

Bild 3: a) fehlerfreies Gewebe, b) teilweise vorverarbeitetes Gewebe, c) fehlerhaftes Gewebe

Es stellen sich 2 Klassifikationsaufgaben:

- die Zuordnung eines Merkmalvektors an die Klassen "fehlerfrei" und "fehlerbehaftet" (2-Klassenproblem).
- die Zuordnung eines Merkmalvektors an k Klassen (k-Klassenproblem).

1) Das 2-Klassenproblem

Um das 2-Klassenproblem zu lösen, wurde ein sequentieller Toleranzgebiettest implementiert. Hierzu wird sequentiell jeder Messwert des Merkmalvektors daraufhin überprüft, ob es sich im Toleranzgebiet des entsprechenden Merkmals befindet.

2) Das k-Klassenproblem

Dieses Problem konnte mittels des Nächster-Nachbar-Klassifikators (NN-Klassifikator) zufriedenstellend gelöst werden. Hierzu werden mittels euklidischer Metrik die Abstände $d(v, v_i)$ zwischen einem Merkmalvektor v und Fehlerrepräsentanten (v_i, k_i) $i = 1,..,r$; wobei v_i ein Merkmalvektor und k_i die entsprechende Fehlerklasse ist. Der Merkmalvektor v wird dem Fehlerrepräsentanten bzw. der Fehlerklasse k_j zugeordnet für den der kleinste Abstand berechnet wird. Eine die den Rechenzeitbedarf der NN-Regel bestimmende Größe ist die Anzahl der vorliegenden Fehlerrepräsentanten. Man wird also versuchen, die Anzahl der Fehlerrepräsentanten so gering wie möglich zu halten oder eine vorliegende klassifizierte Stichprobe nachträglich zu verkleinern, ohne daß die NN-Regel "verschlechtert" wird. Diese Aufgabe wurde durch Implementierung von geeigneten Algorithmen gelöst.

4. Ergebnisse und Ausblick

Hohe Datenmenge und hohe Abzugsgeschwindigkeit der Webeeinrichtung waren entscheidend für die Verwendung eines PVS. Die Parallelisierung des Verfahrens führte zur Segmentierung des geraden aktuellen Bildes in 512 x 512 Bildpunkte. Nach einigen Versuchen stellte sich heraus, daß eine Netzwerktopologie in Form eines binären Baumes günstig ist, wobei jeder Knoten dieses Blattes nach dem oben beschriebenen Verfahren arbeitet. Das Vorgehen ist nun folgendes: Ein zu kontrollierender Bildausschnitt wird einem "freien" Knoten zur Bearbeitung übergeben. Die Kontroll-Ergebnisse werden anschließend jeweils dem Vorgänger übergeben und der "Vater" übergibt sie dem Host-Transputer, der die Aufgabe hat, ein Ablaufprotokoll zu erstellen. Für die Online-Qualitätskontrolle eines 2048 x 512 Gewebe-Segments benötigte ein aus 6 Transputern bestehendes Netzwerk 6 Sekunden. Durch den Einsatz von Transputern mit kleineren Zykluszeiten und mehr on-chip RAM wird es möglich sein, 5 Sekunden zu erzielen. Um 1 Sekunde Verarbeitungszeit zu realisieren, wird ein Netzwerk aus ca. 40 Transputern benötigt. Eine weitere Verbesserung ist wahrscheinlich durch Verzicht auf den Flankendetektor möglich.

Literaturverzeichnis

/1/ Menges, G. — Einführung in die Kunststoffverarbeitung
2. Auflage, Hanser Verlag, München (1979)

/2/ INMOS T414 transputer
INMOS GmbH, Danziger Straße 2, 8057 Eching

/3/ Indefrey, K. — Automatisierte Qualitätskontrolle von CFK-Prepregs mit digitaler Bildverarbeitung
Diplomarbeit am IKV (1985), Betreuer: H. Cherek

/4/ Faßbender, T. — Optische Online-Qualitätskontrolle von Fasergewebe auf einem parallelverarbeitenden Bildauswertesystem
Diplomarbeit am IKV (1987), Betreuer: K. Borgschulte

Entwicklung eines Verfahrens zur digitalen Stereo- Erkennung von Baumkronen in Luftbildern

C. Fuchs, B. Radig

Technische Universität München

Arcisstraße 11

D- 8000 München 2

Zusammenfassung

In den letzten Jahren haben zunehmende Waldschäden großflächige Waldinventuren notwendig gemacht. Intensive Versuche, die Auswertungsarbeiten der in großer Menge anfallenden Infrarot-Luftbilder durch automatische Verfahren zu unterstützen, konzentrierten sich bisher auf monokulare Ansätze [1]. Eine zuverlässige Bestimmung von Kronenkonturen gelang damit jedoch erst für allseits schattenwerfende Baumkronen. Es liegt nahe, Änderungen der örtlichen Höhe entsprechend ihrer Bedeutung für die visuelle Analyse auch in automatischen Interpretationsverfahren zu benutzen, um Kronengrenzen zu erkennen.

Das hier vorgestellte digitale Stereo-Verfahren bestimmt in vier Stufen die örtliche Höhe von Objektgrenzen. Die erste Stufe, die Objektgrenzengewinnung, folgt weitgehend der von Marr und Poggio entwickelten Methode zur Bestimmung markanter Punkte aus Gauß-Laplace-gefilterten Bildern [2]. Die weiteren Verfahrensstufen sind Initialzuordnung nach einem Umgebungsähnlichkeitskriterium, Zuordnungsglättung entlang der Bildzeilen und Bereinigung von Disparitätssprüngen entlang markierter Objektgrenzen. Neu entwickelt und erfolgreich angewandt wurde das sog. Zusammengehörigkeitskriterium, mit dessen Hilfe sich das häufige Fehlen von korrespondierenden Punkten (aufgrund großer perspektivischer Unterschiede) gut bewältigen läßt. Die Analyse der Fehlzuordnungen durch insgesamt vier sequentiell eingesetzte Kriterien führt über eine schrittweise Entflechtung der Zuordnungen zu konsistenten Höhenwerten für die markanten Punkte. Das Verfahren wurde mit Stereo-Aufnahmen von Mischwäldern erprobt und lieferte zu 90% korrekte Höheninformation.

Markante Punkte und Initialzuordnung

Ein Bildpaar wird aus vorgegebenen Stereo-Waldszenenluftbildern so abgetastet, daß sich die beiden Bilder bzgl. des (nur schwach welligen) Geländebodens in Deckung befinden. Die Disparität korrespondierender Punkte des Geländebodens ist also nahe Null.

Zur Ermittlung markanter Punkte werden beide so abgetasteten Bilder einer Gauß-Laplace-Filterung unterworfen, mit einer Filterbreite von 13 Bildpunkten. In den sich ergebenden Bildern werden alle Punkte, deren Grauwert unter dem Wert 3 liegt (darunter alle Punkte mit negativer Filteranwort) als *Schwarzpunkte* klassifiziert. Kandidaten zur Ausbildung markanter

Punkte sind die Randpunkte sogenannter *Schwarzzonen.* Diese werden durch zusammenhängende Schwarzpunkte gebildet. Um eine für die Korrespondenzfindung hinderliche Häufung markanter Punkte in den Bildzeilen, beispielsweise entlang horizontaler Kanten, zu verhindern, wird durch einen vorausschauenden Automaten gewährleiset, daß der Abstand markanter Punkte in x-Richtung >= 4 ist. Garantiert wird, daß die *Art* der so ermittelten markanten Punkte einer Zeile zwischen *fallend* (linker Schwarzzonenrand) und *steigend* (rechter Schwarzzonenrand) alterniert.

Die Initialzuordnung wird zwischen zwei gleichartigen (fallend oder steigend) markanten Punkten der beiden Bilder vorgenommen, die in der gleichen Zeile liegen. Mithilfe des Wertes der durch 1 Pixel Disparität korrespondierender Punkte angezeigten örtlichen Höhe eines Szenenpunktes (berechenbar aus Luftbildmaßstab und Größe des abgetasteten Ausschnitts) läßt sich ein Intervall angeben, in dem der durch eine Zuordnung erzeugte Disparitätswert liegen muß. Für die ausgewerteten Bildpaare wurde mit einer maximalen Disparität von 50 Pixeln gearbeitet, was einer maximalen örtlichen Höhe von etwa 41 m entsprach. Die mittlere Anzahl von Zuordnungsalternativen betrug damit etwa 2.

Zur Auswahl von genau einer Zuordnungsalternative unter mehrenen möglichen wird im wesentlichen ein *Umgebungsähnlichkeitskriterium* herangezogen (im einfachsten Fall auf Summen von Differenzenquadraten über Werten der beiden Intensitätsfunktionen beruhend [3]). Nur wenn sich damit keine Alternative als allen anderen überlegen herausstellt, wird zusätzlich eine *Vorschauregel* eingesetzt (vgl. [5]). Sie bevorzugt von zwei möglichen Zuordnungen zu einem markanten Punkt P diejenige, bei der ein kleinerer Disparitätssprung zur nächsten rechts von P (voraussichtlich) getroffenen Zuordnung auftritt. Jedem markanten Punkt im linken Bild ist nun ein gleichartiger markanter Punkt im rechten Bild zugeordnet, falls dort im gewählten Disparitätsintervall einer existiert. Die Zuordnung der Punkte ist weder eineindeutig noch überkreuzungsfrei (vgl. Abb. 1) und wird deshalb in den nächsten Verfahrensschritten korrigiert.

Zuordnungsverbesserungen

Durch schrittweise Beseitigung von Inkonsistenzen werden Fehlzuordnungen, die in der Initialzuordnung noch möglich sind, korrigiert. Dazu wird vereinbart: *Belegende Punkte* sind markante Punkte des linken Bildes, denen ein markanter Punkt des rechten Bildes zugeordnet ist. Diese Punkte heißen *belegte Punkte. Isolierte Punkte* sind nicht belegende bzw. nicht belegte Punkte. Eine *Kante* wird von zusammenhängenden gleichartigen markanten Punkten gebildet, die alle in unterschiedlichen Zeilen liegen. An korrekte Zuordnungen werden folgende Anforderungen gestellt:

(K1) Belegte markante Punkte einer Bildzeile, zwischen denen nur isolierte Punkte liegen, müssen verschiedenartig sein (*Zusammengehörigkeitskriterium*).

(K2) Die Zuordnungen müssen eineindeutig sein (*Eindeutigkeitskriterium*).

(K3) Zuordnungen einer Zeile dürfen nicht überkreuzen (*Überkreuzungskriterium*).

(K4) (a) Zwischen zwei belegten Punkten einer Zeile darf kein erheblicher Disparitätsunterschied bestehen, wenn aufgrund einer lokalen Zuordnungsumstellung (aufgrund von Vorhandensein von isolierten Punkten zwischen den beiden Punkten) die Vermeidung erheblicher Disparitätsunterschiede möglich ist (*Kontinuitätskriterium für Bildzeilen*).

(b) Zwischen markanten Punkten, die auf ein und derselben Kante liegen, darf nur dann ein erheblicher Disparitätsunterschied bestehen, wenn die ihnen zugeordneten Punkte des anderen Bildes auch auf einer Kante liegen (*Kontinuitätskriterium für Kanten*).

In einem ersten Korrekturschritt werden nacheinander in beiden Bildern Verletzungen von (K1) beseitigt. Für das rechte Bild wird dabei gleichzeitig Konsistenz gemäß (K4)(a) hergestellt. Die Realisierung, die über das Auffinden sogenannter Belegungsmuster geschieht (in Abb. 1 die Muster biib, biib, bbbib, biib, biib), berücksichtigt die Möglichkeit, daß Überschiebungen der Belegungsmuster auftreten können.

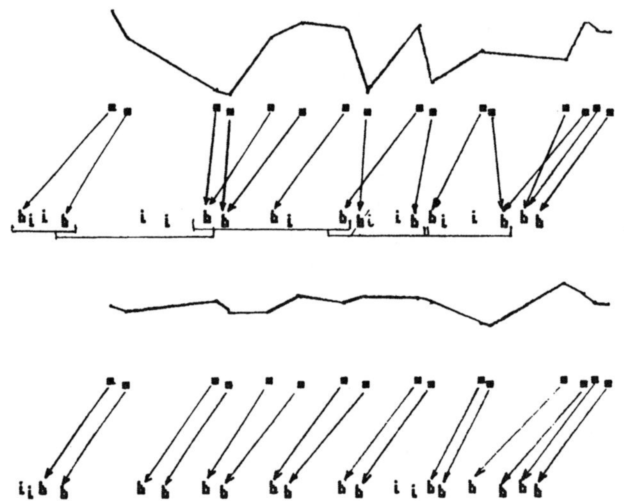

Abbildung 1: Zuordnungen eines Zeilenausschnittes nach Initialzuordnung: Oberhalb der durch Quadrate dargestellten belegenden Punkte ist das Disparitätsprofil der Zeile gezeichnet. Die markanten Punkte des rechten Bildes sind durch "b" für "belegt" und "i" für "isoliert" dargestellt. Unterhalb von ihnen ist markiert, welche Belegungsmuster das automatische Verfahren analysiert.

Abbildung 2: Zuordnungen des Zeilenausschnittes von Abb.1 nach Korrekturschritt 2: In diesem Fall konnten alle Verletzungen von (K1) - (K4) beseitigt werden.

In einem zweiten Korrekturschritt werden durch Untersuchung der belegten Punkte Verletzungen von (K2) korrigiert: Für Paare direkt nebeneinander liegender doppelt belegter Punkte,

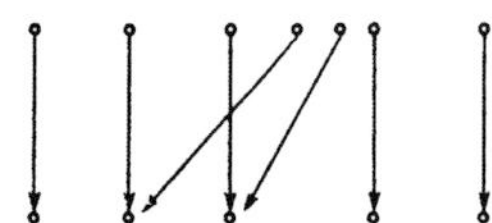

für die keine Umbelegungen auf isolierte Punkte möglich sind (Situation wie nebenstehend), wird mithilfe von 6 Regeln über das Isolieren von "2 aus 4" der belegenden Punkte entschieden.

In einem dritten Korrekturschritt werden zunächst die Kanten des linken und rechten Bildes nacheinander auf Situationen hin analysiert und korrigiert, wo ein oder zwei oder drei zusammenhängende Kantenpunkte "Disparitätsausreißer" bezüglich mindestens drei bzw. vier bzw. fünf angrenzenden Kantenpunkten darstellen. Danach werden im linken Bild die verbliebenen Disparitätsprünge gemäß (K4)(b) analysiert. Falls dieses Kriterium nicht erfüllt ist, wird versucht, durch Analyse der Umbelegungsmöglichkeiten für die Kantenpunkte oberhalb bzw. unterhalb des Disparitätssprungs herauszufinden, ob die Kantenpunkte oberhalb oder die Kantenpunkte unterhalb verkehrte Zuordnungen tragen. Gelingt es, von der Stelle des Disparitätssprunges ausgehend, herauszufinden, auf welcher "Seite" der Kante die Zuordnungen fehlerhaft sind, so erfolgen je nach Analysergebnis Änderungen oder Löschungen nur auf einer Seite. Andernfalls werden auf beiden Seiten Zuordnungen gelöscht. Diese Löschungen erstrecken sich bis zum auf den jeweiligen Seiten nächsten Disparitätssprung, und, wenn es keinen solchen mehr gibt, bis zu den Kantenenden.

Ergebnisse

Das Verfahren führt zur zuverlässigen Erkennung von tiefliegenden Objekten wie Wegen, Wiesen, Waldboden, Wasserflächen in einem untersuchten Bildpaar: Zu 95% sind die errechneten Höhen (bis auf 1-2 m) korrekt. Ebenfalls zu etwa 95% korrekt sind die Höhenwerte der markanten Punkte, die auf halbhohen Objekten (Büschen, Jungbäumen) liegen. Dies gilt auch dann, wenn die Objekte dicht beieinanderstehen (z.B. in einer Schonung). Bezüglich der hohen Objekte ist zwischen Nadel- und Laubbäumen zu unterscheiden: Laubbbaumgrenzen wird zu etwa 90% die richtige Höhe zugewiesen. Dies ist eine besondere Stärke des Verfahrens, da monokular arbeitende Verfahren besonders mit über mehrere Kronen hinweg zusammenhängend belaubten Flächen erhebliche Schwierigkeiten haben. Nadelbaumgrenzen werden zu etwa 85% mit richtigen Höhenwerten versehen. Dieser Wert ist kaum noch zu steigern, da für Nadelbäume große perspektivische Abweichungen und Beleuchtungsunterschiede zwischen beiden Bildern die Stereo- Analyse stark erschweren. Das Verfahren nimmt in Kauf, daß für einen erheblichen Anteil (ca. 35%) von markanten Punkten keine Höheninformation ermittelt werden kann. Dies äußert sich darin, daß beispielsweise für Nadelbäume, bei denen die perspektivischen Unterschiede zwischen beiden Bildern besonders groß sein können, nicht alle markanten Punkte, die auf den Objektgrenzlinien liegen, Höheninformation tragen. Der Anteil streut von weniger als 50% bis 100%. Eine typische Waldszene und die Verarbeitungsergebnisse zeigen die Abbildungen 3 bis 8. In Kombination mit monokularen Verfahren bringt die Auswertung der Tiefeninformation für alle Objektarten eine wesentliche Steigerung der bislang erreichten Interpretationsgüte.

Die Untersuchungen wurden in Zusammenarbeit mit dem medis-Institut der Gesellschaft für Strahlen- und Umweltforschung München durchgeführt. Wir danken Herrn Prof. Pöppl für seine Unterstützung und Herrn Dipl.Ing. Haenel für seine intensive fachliche Beratung.

Verwendete Literatur

[1] S.Haenel, W.Eckstein: "Ein Arbeitsplatz zur halbautomatischen Luftbildanalyse", Proc. 8.DAGM-Symposium Mustererkennung, Informatik-Fachberichte 125,38-46 (1986)

[2] D.Marr, T.Poggio: "A computational theory of human stereo vision", Proc. R. Soc. London, Vol. B 204, 301-328 (1979)

[3] S.T.Barnarnd, W.B.Thompson: "Disparity Analysis of Images", IEEE Trans. on Pattern Analysis and Mach. Intellig. Vol. PAMI-2, No.4 (1985)

[4] S.A. Lloyd: "Stereo Matching using intra- and inter- row dynamic programming", Pattern Recognition Letters 4, 273-277 (1986)

[5] C.Fuchs: "Entwicklung eines Verfahrens zur digitalen Stereo- Erkennung von Baumkronen in Luftbildern", Technische Universität München, Institut für Informatik, Diplomarbeit (1987)

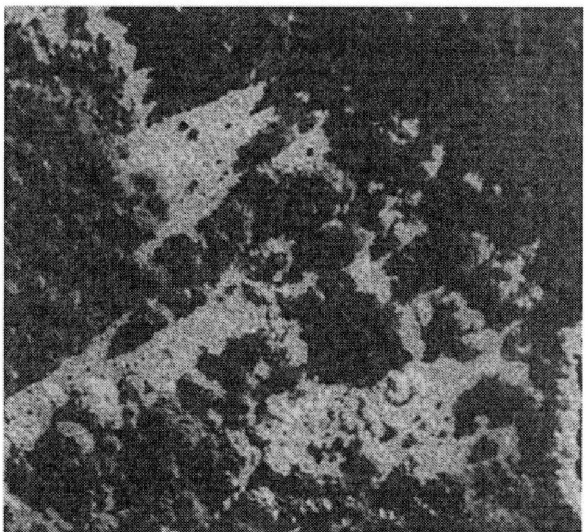

Abbildung 3: linke Ansicht einer untersuchten Waldszene, digitalisiert

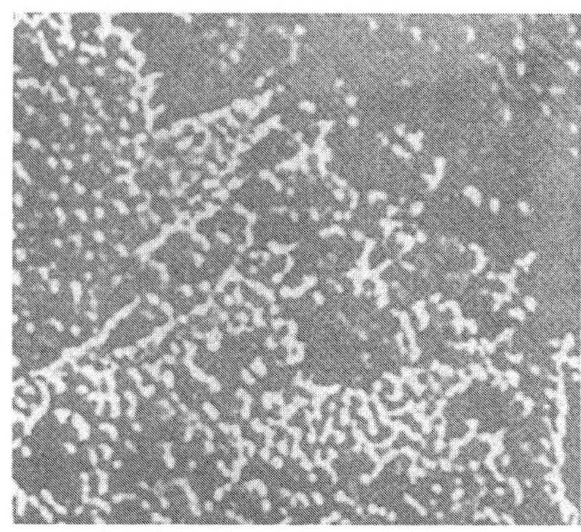

Abbildung 4: Ergebnisbild der Gauß-Laplace-Filterung

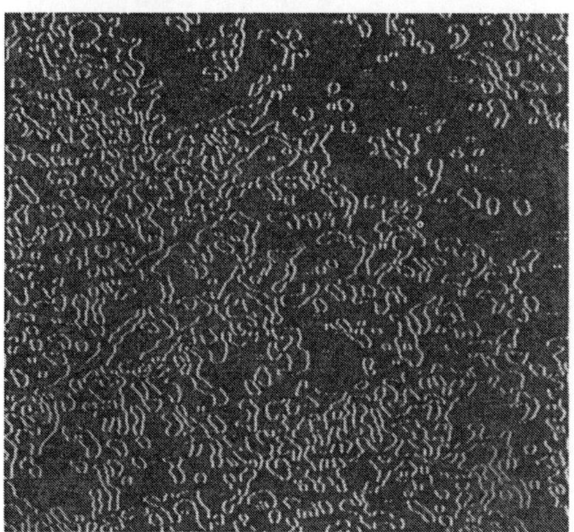

Abbildung 5: Aus Gauß-Laplace-Bild ermittelte markante Punkte (weiß)

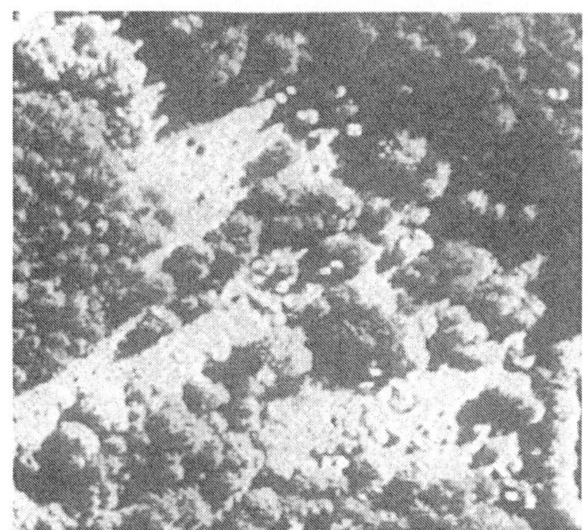

Abbildung 6: Markante Punkte (weiß, verstärkt) auf dem Hintergrund der Waldszene, für die eine örtliche Höhe zwischen 0 und 6 m errechnet wurde

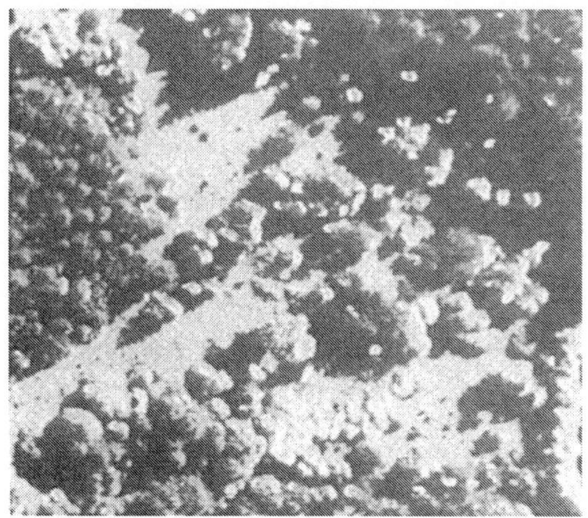

Abbildung 7: Markante Punkte (weiß, verstärkt) auf dem Hintergrund der Waldszene, für die eine örtliche Höhe zwischen 6 und 16 m errechnet wurde

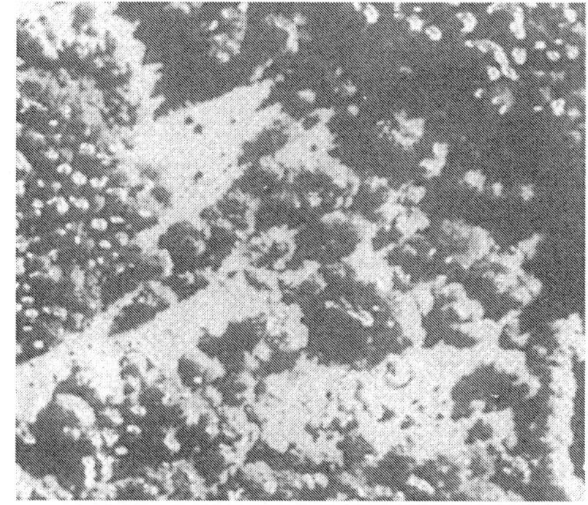

Abbildung 8: Markante Punkte (weiß, verstärkt) auf dem Hintergrund der Waldszene, für die eine örtliche Höhe zwischen 16 und 41 m errechnet wurde

Verwendung von dreidimensionalen CAD-Modellen für den Handkameraeinsatz bei zweiarmigen Montagerobotern*

P. Levi, J. Majumdar
Forschungszentrum Informatik
Haid- und Neu-Str. 10-14, D - 7500 Karlsruhe

Zusammenfassung

Dieser Beitrag beschreibt einen Ansatz dreidimensionaler CAD-Modelle für das operationsgestützte Sehen von Montagerobotern sowohl für die Erkennungs - als auch die Überwachungsphase einzusetzen. Der Interpretationsvorgang dieser beiden Phasen wird durch den Aufbau spezieller Steuerstrukturen (z.B. Sichtbarkeitsbaum) rein regelbasiert durchgeführt. Die aus dem CAD Modell erzeugten Sichtmodelle und diese Steuerstrukturen sind Bestandteile eines übergeordneten, verteilten Blackboardsystems für autonome Montageoperationen.

1. Rahmen und Vorgehensweise

Die Objekte, um die es in diesem Beitrag geht, sind Einzelteile des europäischen Cranfield Montagesatzes (Bild 1a), die durch den zweiarmigen, mobilen Karlsruhe Montageroboter KAMRO /Rembold 86/ zusammengebaut wurden. Diese Werkstücke setzen sich aus Polyedern und analytisch beschreibbaren (z.B. Zylinder) Objekten zusammen. Der Roboter soll in jedem seiner beiden Handgelenke mit einer Mini-CCD-Kamera ausgestattet werden. Bild 1b zeigt den Testaufbau für den Einsatz dieser beiden Handkameras. Diese Kameras werden sowohl für die Objektklassifizierung (z.B. stabile Lage, Orientierung) als auch für die Montageüberwachungen benutzt.

Für jede der hierbei auftretenden Montageoperationen (greifen, schrauben, drehen, etc.) wurde ein verteiltes Blackboardsystem konzipiert, welches in seiner Gesamtheit einen Satz von elementaren Montageoperationen durchführen lassen kann /Levi 87/. Das aus dem CAD-Modell generierte Sichtmodell ist hierbei Bestandteil des Weltmodelles dieses Systems. Die Objekt- bzw. Merkmalsklassifikation und die Montageüberwachung wurden durch spezielle Steuerstrukturen (Sichtbarkeitsbaum, Meßbaum) als Wissensquellen rein regelbasiert implementiert.

Dieser Beitrag konzentriert sich innerhalb des übergeordneten Ansatzes, operationsgestütztes Sehen in ein wissensbasiertes, verteiltes Blackboardsystem zu integrieren, auf denjenigen Aspekt, der mit der Erzeugung und der Verwendung von CAD-Modellen für den Handkameraeinsatz zu tun hat. Andere Sensoren wie Kraft- und Drehmoment-Meßdosen werden hier außer Acht gelassen.

Die Grundidee, die sich hinter unserem Verfahren verbirgt, ist diejenige, daß das dreidimensionale Sehen auf der Basis eines 3-D CAD Modelles durch die konsequente Verwendung verschiedener Objektansichten - ähnlich wie beim Konstruktionsvorgang- erfolgen kann. Wir beginnen mit der Draufsicht. Ist das gewünschte Schlüsselmerkmal aus dieser Sicht nicht zu erkennen, so werden die Vorderansicht und/oder die Seitenansicht zur Bildinterpretation mit herangezogen. Alle diese drei Sehrichtungen sind auf ein raumfestes x,y,z-Koordinationssystem (Montagetisch, orthographische Projektion) bezogen. Zur Bestimmung der Orientierung werden die Vorder- und Seitenansichten (in der x,y-Ebene) in weitere 10° Intervalle verfeinert.

----

*Diese Arbeit wurde mit Mitteln der DFG (SFB-KI) unterstützt

Die Transformation eines CAD-Modelles in ein kamerataugliches Sichtmodell und der Einsatz dieses Modelles erfolgt in zwei Stufen. In der Lernphase werden die wesentlichen Datenstrukturen zur visuellen Objektbeschreibung (Objektrahmen) und zur Bildinterpretation (Sichtbarkeitsbaum) erzeugt. In der darauffolgenden Sichtphase wird die Erkennung ikonischer Merkmale durchgeführt. Die Merkmale, die in diesem Zusammenhang extrahiert werden, beziehen sich auf solche Charakteristika, die für die Operation relevant sind. Solche Schlüsselmerkmale nennen wir *Operationsmerkmale.* Die zugehörigen Oberflächen sind die Operationsflächen. Eine erste allgemeinere Objektklassifikation findet mit einer Kamera statt, die über dem Montagetisch steht.

2. Lernphase

Eingesetzt wird der dreidimensionale CAD-Modellierer ROMULUS, der auf einer Micro-VAX installiert ist. Er liefert als Ausgabe eine Liste von Kanten, Eckpunkten und Flächen. In einer Reihe von Zwischenschritten wird hieraus dann automatisch ein sogenannter *Objektrahmen* (Objektschema) erzeugt. Es enthält neben den deklarativen Objektbeschreibungen auch die Prozeduren, um die Attribute dieser Beschreibungen zu berechnen /Eichhorn 86/. Die wesentlichen Fächer (slots) dieses Rahmens (frame) definieren die folgenden Objektgrößen:

1. Topologische Bezieheungen zwischen Kanten, Ecken unf Flächen
2. Stabile Positionen
3. Sichtbare Operationsflächen und -merkmale
4. Begrenzungskanten in der Draufsicht (einschließlich interner Kanten, Überlappung von Flächen)
5. Operationsfläche (Kompaktheit, konsekutive Längenverhältnisse, ...)
6. Operationsmerkmale (Bohrung, ...)

Die andere wesentliche Datenstruktur, die in der Lernphase (allerdings vom Benutzer) aufgebaut wird, ist der *Sichtbarkeitsbaum.* Er setzt sich aus zwei Teilen zusammen: der erste Teil dient der Klassifizierung des Aspektes (z.B. stabile Lage) unter dem ein Objekt von oben zu sehen ist, während der zweite Teil der Angabe der Orientierung des Objektes dient. Bild 2a verdeutlicht die prinzipielle Struktur eines solchen Baumes. Durch ihn erfolgt die Interpretation von Bilddaten /Ikeuchi 87/. Jeder einzelne von oben erkennbare Aspekt A_i eines Objektes bildet die Wurzel dieses Teilbaumes (alle Aspekte zusammenbilden den Gesamtbaum). Alle nachfolgenden Knoten enthalten die Regeln, nach denen die Orientierung der Objektes, vorwiegend unter der Zuhilfenahme von Seiten- oder Vorderansichten, bestimmt werden kann. Die entsprechenden Regeln sind in Tabelle 1 wiedergegeben.

Die prinzipielle Abarbeitung des Sichtbarkeitsbaumes unterscheidet die drei folgenden Fälle:

(1) Operationsfläche bzw. Operationsmerkmal (Schlüsselmerkmale) sind von oben sichtbar.
(2) Schlüsselmerkmale sind in der Vorder- und/oder Seitenansicht zu finden.
(3) Schlüsselmerkmale sind nicht sichtbar. In diesem Fall liegt das Schlüsselmerkmal auf dem Montagetisch.

Zur exakteren Bestimmung des Rotationswinkels des Werkstücks sind für die Vorder- und Seitenansichten in Winkelabständen von jeweils 10° die Begrenzungsverhältnisse (umhüllendes Rechteck), wie sie aus dem CAD Modell abgeleitet werden können, abgespeichert.

Analog zum Sichtbarkeitsbaum wird in dieser Phase auch ein sogenannter *Meßbaum* erzeugt. Enthält der erstere Baum Interpretationsregeln, so setzt sich der zweite Baum aus Meßregeln zusammen. Diese Regeln definieren was genau bei der Überwachung der Montageoperationen durch die linke bzw. die rechte Handkamera zu beobachten ist.

3. Sichtphase

Die Strategie zur Identifikation eines Operationsmerkmals und zur Bestimmung der Orientierung dieses Merkmales enthält der Sichtbarkeitsbaum. Die Information, die zur Verifikation des Bedingungsteiles bzw. des Aktionsteiles der entsprechenden Regeln notwendig ist, stehen im

Objektrahmen. Die Bildverarbeitungsprozeduren wurden durch SPIDER Routinen ergänzt /SPIDER 83/. Zur Erkennung der im Objektrahmen angegebenen Werkstückparameter werden gegebenenfalls nicht nur die drei vorbestimmten Kamerapositionen ausgenutzt, sondern es werden durch die Regeln im Sichtbarkeitsbaum bedingt auch Kamerarotationen z.B. um 45° vorgeschlagen, um das Operationsmerkmal exakter detektieren zu können. Im Zusammenhang mit den Meßbäumen bedeutet dies etwa, daß zur Bestimmung eines Lochdurchmessers die Kamera orthogonal zur Operationsoberfläche geführt wird. Nach anschließender Kamerafokusierung kann dann der Lochdurchmesser bestimmt werden.

Mit dem Sichtbarkeitsbaum lassen sich gegenwärtig die Werkstückorientierungen bis auf ca. 10° genau (Groborientierung) bestimmen. Eine exaktere Bestimmung dieser Orientierung (Feinorientierung) als auch die Bestimmung der Oberflächenmerkmale einer Operationsfläche läßt sich durch ein Stereobildverfahren erreichen.

Aus den bisherigen Ausführungen zeigt sich, daß der Einsatz von 2 Handkameras die folgenden drei Vorteile bietet. Erstens können zwei Ansichten parallel erzeugt werden; zweitens können Stereoverfahren zur Abstands- und Orientierungsbestimmung benutzt werden und drittens kann eine Handkamera die Operationen des anderen Armes überwachen und steuern.

Eine wesentliche Beobachtung bei der Merkmalsextraktion und dem Vergleich zwischen Modell und 2-D Bild liegt darin, daß die extrahierten Merkmale, Verhältnisse konsekutiver Begrenzungskanten, Lochdurchmesser etc. stets von den exakten 3-D Modellvorgaben abweichen. Diese Abweichungen hängen primär von der Kameraposition (bei fester Objektposition) und von den Beleuchtungsverhältnissen ab. Diese Unsicherheiten wurden bislang durch Toleranzangaben ausgeglichen. Es wurde kein selbstadaptierendes Bewertungsschema wie z.B. bei /Ender 86/ verwendet. Es wird daran gearbeitet, ein Sensormodell für die Kameras zu entwerfen. Aufgrund der des CAD Modelles, Zentralprojektionen und der bekannten Kameraposition (Koordinatenursprung des Greifers) wird dann die perspektifische Verzerrung berechnet und zu den kameraeigenen Unsicherheiten hinzugefügt.

4. Ergebnisse

Die Entwicklungsumgebung, die neben dem CAD Modellierer ROMOLUS auch die Software für die Lern- und Sichtphase (in PASCAL geschrieben) beherbergt, ist eine Micro VAX. Diese Maschine enthält auch die SPIDER Routinen (einschließlich einer geeigneten Benutzeroberfläche) und ist direkt mit den beiden (fremdsynchronisierten) Handkameras verbunden.

Alle individuellen Werkstücke von Bild 1b wurden beliebig (aber vereinzelt) auf den Montagetisch gelegt. Mit Hilfe der Objektrahmen und der Sichtbarkeitsbäume konnte die stabile Lage jedes einzelnen Werksückes, seine allgemeine Orientierung und die Position bzw. Orientierung der zugehörigen Operationsflächen bzw. Operationsmerkmale bestimmt werden. Die Bestimmung dieser charakteristischen Parameter dauert gegenwärtig im Mittel einige Minuten.

Die Vorschriften zur visuellen Montageüberwachung durch die beiden Handkameras sind in Form von Meßbäumen vorhanden. Es wurde damit begonnen, sie experimentell (im Simulationsaufbau von Bild 1b) zu erproben. Die direkte Ankopplung der Handkameras an den realen Roboter wurde auf einen späteren Zeitpunkt verschoben.

5. Schlußfolgerungen und Ausblick

Es hat sich gezeigt, daß dreidimensionale CAD Modelle nach einer Reihe von automatischen Transformationsschritten in geeignete geometrische Sichtmodelle überführt werden können. Diese Sichtmodelle liefern nicht nur die charakteritischen Merkmale, sondern auch die perspektivischen Verzerrungen dieser Merkmale aus beliebigen Sichtrichtungen. Diese perspektivischen Merkmalsveränderungen und die drei raumfesten x,y,z-Sichtweisen liefern das Konzept unseres

Ansatzes für das dreidimensionale Sehen.

Die Interpretation der Kamerabilder kann rein regelbasiert durchgeführt werden. Die dabei verwendeten Kontrollstrukturen (Sichtbarkeitsbaum, Meßbaum) lassen sich gut einfügen in ein Blackboardkonzept. Die Kontrollstrukturen werden als Wissensquellen implementiert und die von diesen Wissensquellen erzeugten Interpretationsdaten werden in das Blackboard eingetragen. Aufgrund dieser Eintragungen können dann andere Wissensquellen (z.B. Kamerarotation; umgreifen, da Operationsmerkmal verdeckt, etc.) angestoßen werden.

Die regelbasierte Steuerung des Bildinterpretationsprozesses ist charakteristisch für die Abkehr von der rein prozeduralen Bildverarbeitung. Es wird nicht versucht, die Bilddaten konstant zu verbessern, sondern erst wenn die Regeln nicht mehr "greifen", werden exakte analytische Verfahren eingesetzt. Die Kamera wird zuerst orthogonal z.B. zu einem Loch gebracht und danach wird mit analytischen Verfahren der Lochdurchmesser bestimmt.

Dieses Blackboardkonzept wird in Zukunft weiter ausgebaut, um auch die Meßbäume für die autonome Montageüberwachung an realen Beispielen auszutesten. Desweiteren planen wir den Einsatz von CAD Modellen auf die folgenden allgemeineren Fälle auszudehnen: (a) komplexere Objekte (Freiformflächen), (b) die Vorder- und Seitenansichten beziehen sich nicht ausschließlich auf die x,y - Ebene, (c) die Objekte dürfen auch übereinander liegen.

LITERATUR

/Eichhorn 86/ Eichhorn, W.; Niemann, H.: *A Bridirectional Control Strategy in a Hierarchical Knowledge Structure*, proc. of the 8th ICPR, Paris, 181-183, 1986

/Ender 86/ Ender, E.; Liedtke, C.-E.: *Repräsentation der relevanten Wissensinhalte in einem selbstadaptierenden regelbasierten Bilddeutungssystem*, Informatik Fachberichte 125, 219-223, Springer Verlag, 1986

/Ikeuchi 87/ Ikeuchi, K.: *Precompiling a Geometrical Model into an Interpretation Tree for Object Recognition in Bin-picking Tasks*, proc. of the Image Understanding Workshop, Los Angeles, 321-339, February 1987

/Levi 87/ Levi, P.; Majumdar, J.; Wild, B.: *Expert System for Autonomous Handling of Elementary Assembly operations*, proc. of the 9th ICPR, Cincinnati, U.S.A., August 1987, will be published

/Majumdar 87/ Majumdar, J.; Levi, P.; Rembold, U.: *3-D Model Based Vision by Matching Scened Description with the Object Model from a CAD-Modeller*, proc. of the 3rd ICAR, Versailles, France, October 1987, will be published

/Rembold 86/ Rembold, U.; Levi, P.: *Sensors and Control for Autonomous Robots*, proc. of the conf. on Intelligent Autonomous Systems, Amsterdam, 79-95, 1986

/SPIDER 83/ SPIDER User Manual, Joint Development Corporation, 1983

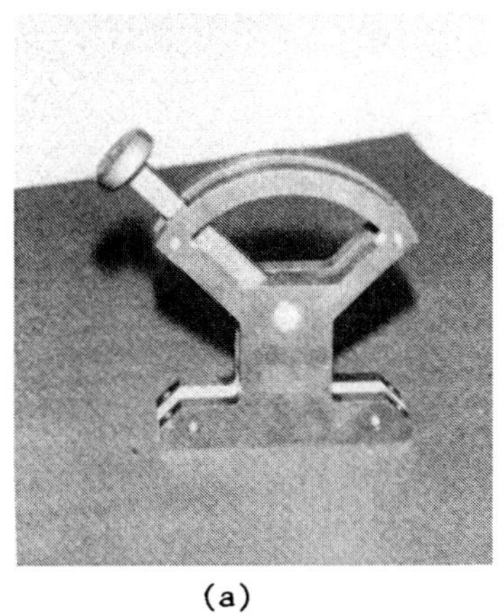

(a)

(b)

Bild 1: Eine Pendelmontage (a) und die individuellen Teile (b)

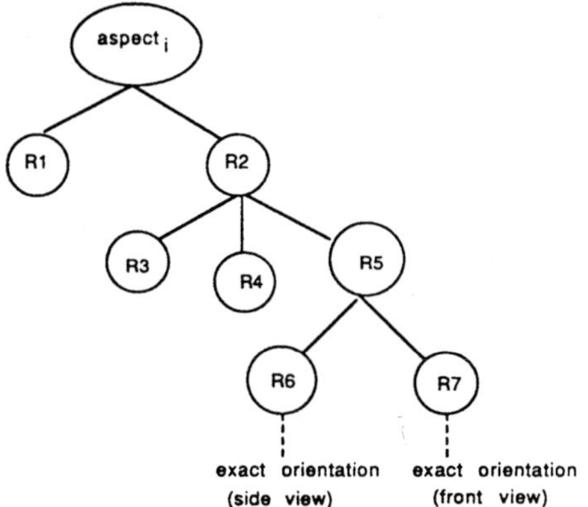

Bild 2: Beispiel eines Sichtbarkeitsbaumes

R1: **Wenn** Operartionsfläche von oben sichtbar ist und parallel zum Montagetisch liegt **dann** keine Weiterverarbeitung

R2: **Wenn** (Operationsfläche von oben sichbar ist und nicht parallel zum Montagetisch liegt) *oder* (Operationsfläche nicht von oben sichtbar ist) **dann** sind Vorder-und Seitenansicht notwendig

R3: **Wenn** das Operationsmerkmal in der Vorderansicht nicht sichtbar ist und in der Seitenansicht *vollständig* sichtbar ist **dann** ist die Orientierung 0^0 oder 180^0

R4: **Wenn** Operationsmerkmal in der Seitenansicht nicht sichtbar ist **dann** beträgt die Orientierung 90 ^{0} oder 270 ^{0}

R5: **Wenn** Operationsfläche *teilweise* in der Vorder- oder Seitenansicht sichtbar ist **dann** Weiterverarbeitung

R6: **Wenn** Operationsmerkmal *teilweise* in der Vorderansicht und *vollständig* in der Seitenansicht sichtbar ist **dann** Kamerarotation um 135 ^{0} (vollständig sichtbar)

R7: **Wenn** Operationsmerkmal in der Seitenansicht *teilweise* sichtbar ist und in der Seitenansicht *vollständig* sichtbar ist **dann** Kamerarotation um 45 ^{0} (vollständig sichtbar)

Tabelle 1: Regeln des Sichtbarkeitsbaumes von Bild 2

Kombination der Erkennungsergebnisse unabhängiger abstandsmessender Klassifikatoren bei der handschriftlichen Direkteingabe

Eberhard Mandler, Jürgen Schürmann
AEG Forschungsinstitut Ulm, Sedanstraße 10

Die handschriftliche Direkteingabe ermöglicht eine benutzerfreundliche Interaktion mit dem Rechner durch ein einheitliches, frei definierbares Interface. Bei diesem benutzeradaptiven Multireferenzenkonzept wird jedes Referenzzeichen als eine Ausbildung des Zeichens einer bestimmten zugeordneten Kennung aufgefaßt. Es wird durch einen Merkmalsvektor beschrieben, der in verschiedene Teile differenziert werden muß, um einen effizienten Mustervergleich und spezielle Abstandsnormen verwenden zu können.

Für jedes Eingabezeichen wird der Abstand in den 3 unterschiedenen Merkmalsgruppen durch einen speziellen Abstandsklassifikator zu den definierten Referenzzeichen gleicher Linienabschnittszahl ermittelt. Diese Abstände sollen so zu einem Gesamtergebnis kombiniert werden, daß eine möglichst hohe Erkennungsrate erreicht wird. Wahlweise sollen auch mit einem Glaubwürdigkeitsmaß versehene Alternativen generiert werden.

Eine Linearkombination der Abstände kann diese Forderungen nicht erfüllen (u.a. Abstandsmaße von verschiedenen Klassifikatoren). Die Abstandsmaße werden stattdessen in Glaubwürdigkeitsmaße umgerechnet, um sie dann mit Methoden der Evidenztheorie zu kombinieren /Demp67/. Die Adaption der Modellparameter geschieht durch Eintragen der Abstände zwischen den Zeichen in ein Histogramm, wobei unterschieden wird, ob es sich um Zeichen der gleichen (eigen) oder unterschiedlicher (fremd) Kennung handelt.

Die Dichte der Eigenabstände wird mit einer Exponentialverteilung modelliert, die in der Regel eine gute visuelle Übereinstimmung mit dem gemessenen Verlauf zeigt. Ihr einziger Parameter ist der Erwartungswert. Die Fremdverteilung erforderte ein komplexeres Modell, da sehr unterschiedliche Histogrammtypen beobachtet wurden. Da wesentlich mehr Fremd- als Eigenabstände berechnet werden, können hier auch mehr Parameter adaptiert werden. Das Modell besteht aus zwei sich additiv überlagernden Exponentialfunktionen. Für eine sichere Adaption werden die 4 Modellparameter aus der Summenkurve der Histogrammwerte bestimmt. Für jede der definierten Klassen und jeden Klassifikator wird die Modellfunktionen der Eigen- und Fremdabstände in die Bayes'sche Beziehung für die Rückschlußwahrscheinlichkeiten eingesetzt. Diese resultierende Vorschrift beschreibt die Transformation der Abstände in Wahrscheinlichkeitsmaße.

Die Kombination dieser Einzelangaben (singletons) wurde durch die Anwendung der Evidenztheorie nach Dempster/Shafer gelöst. Sie gestattet grundsätzlich die Behandlung von Unsicherheit und Mehrdeutigkeit. Für diese praktische Anwendung war allerdings eine starke Spezialisierung erforderlich. Es ergibt sich eine Kombinationsregel, die wie eine Transformation der Einzelglaubwürdigkeiten wirkt, wobei Extremwerte (nahe 0 oder 1) einen besonders starken Einfluß erhalten. Die transformierten Maße wurden so normiert, daß die Summe der Glaubwürdigkeitsmaße über alle Klassen und für jeden Klassifikator 1 ergab. Danach werden diese Maße für jedes Zeichen ausmultipliziert. Für die Klassen, die durch mehr als eine Referenz repräsentiert sind, wurden die so berechneten Gesamtglaubwürdigkeiten zum Endergebnis der Klasse addiert. Das Zeichen mit der höchsten Gesamtglaubwürdigkeit bildet die Entscheidung des Gesamtsystems. Alternativen lassen sich durch Weiterleitung der nächstbesten Wahlen bilden.

Es wurde eine Stichprobe von 12 Schreibern, die die Großbuchstaben und Ziffern jeweils 20 mal geschrieben hatten, klassifiziert. Die Erkennungsraten lagen über denen einer reinen Linearkombination. Der eingeschlagene Weg wird weiterausgebaut.

Das Grundprinzip der Kombination von Ergebnissen unabhängiger Klassifikatoren – die statistische Modellierung der Klassifikatorergebnisse und anschliessender Transformation in Glaubwürdigkeitsmaße – hat Anwendungen, die über die handschriftlichen Direkteingabe hinausgehen und läßt sich auch auf andere Probleme übertragen.

/Demp67/ A.P. Dempster; Upper and Lower Probabilities Induced by a Multivalued Mapping; The Annals of Mathematical Statistics 88, 1967

Automatische Auffindung von Zellkernen in mikroskopischen Zellbildszenen

Rainer Dörrer

Universität Stuttgart, Institut für Physikalische Elektronik, Prof. Dr. Ing. W.H. Bloss

Zur Analyse von Zervix Abstrichpräparaten mit Hilfe eines Prescreeningsystems zur Krebsfrüherkennung wurde ein Zellkernmarkierungsverfahren entwickelt, das im folgenden vorgestellt wird. Gegeben sind mikroskopische TV-Bilder zytologischer Präparate in denen in möglichst kurzer Zeit die diagnostisch relevanten Zellkerne aufgefunden werden sollen. Einfache Schwellwertverfahren (/FAZYTAN/) scheiden aus, weil sich außer den gesuchten Kernen im gleichen Grauwertbereich noch andere Zellen sowie Artefakte (Bakterien, Pilze, Schmutz etc.) auf dem Präparat befinden.

Im Interesse kurzer Ausführungszeiten wird das TV-Bild um den Faktor 8 verkleinert. In diesen kleinen Bildern stellt sich der ansonsten ca. 20-30 Bildpunkte durchmessende Zellkern als Gebilde von 2-8 Pixeln dar. Die nicht zu untersuchenden Zellen sind im wesentlichen Leukozyten, die kleiner sind als die gesuchten Zellen. Pilzfäden und Plasmafalten unterscheiden sich durch ihre Form von den zu findenden Zellkernen.

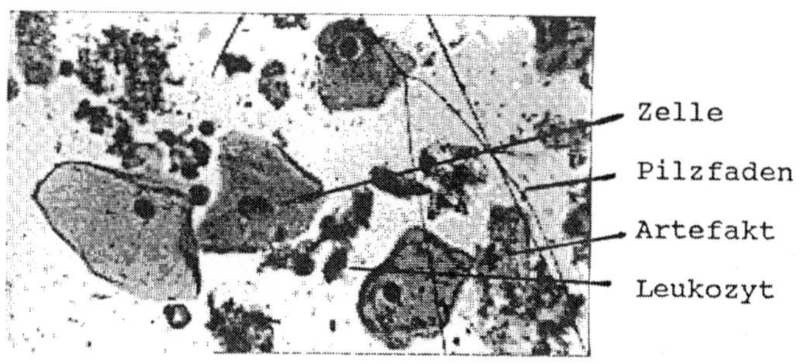

Die Vorgehensweise bei der Zellkernfindung ist die folgende: Zunächst werden für alle Bildpunkte der verkleinerten Szene deren Grauwert unterhalb einer vorgegebenen Schwelle liegt Größen- und Formmerkmale in einer 5x5 Nachbarschaft berechnet. Mit diesen Pixel-Merkmalen werden mit Hilfe eines Polynomklassifikators aus dieser ersten Auswahl die "Kandidaten für Markierung" ermittelt. Das sind im wesentlichen nur noch Zellkerne. Durch einen weiteren Klassifikator werden aus der so gewonnenen Markierungsliste diejenigen Ereignisse ausgewählt, die groß genug sind für die weitere Auswertung. Der verbliebene Rest enthält damit, mit einer bestimmten Fehlerrate nur noch Zellkerne mit vorgegebener Mindestgrösse. Über lokale Nachbarschaftsuntersuchungen werden zu ein und derselben Zelle gehörende Markierungen zusammengefaßt und überlagerte oder zu dicht beieinanderliegende Markierungen erkannt und ausgeschieden.

Die Klassifikatoren zur primären Ermittlung der Markierungen und zur Ausscheidung von kleinen oder nicht erwünschten Zellen werden durch ein lernendes Verfahren mit Hilfe eines zytologischen Experten automatisch adaptiert. Sie können dadurch jederzeit auch an andere Aufgaben ohne erneute Programmierung angepaßt werden.

Das ausgestellte Plakat präsentiert Arbeitsweise und Ergebnisse des Verfahrens.

/FAZYTAN/ Blanz, Bloss, Erhardt, Kringler, Ott, Reinhardt, Schimpf, Schlipf, Schürmann, Weber
Automatische Zytoanalyse zur Zervixkarzinom-Früherkennung durch Fernseh-Scanning, schnelle Merkmalsextraktion und Klassifikation (FAZYTAN)
BMFT Abschlußbericht 01 VH 117 - ZA/NT/MT 225 a, Februar 1980

System zur Identitätsprüfung durch Handschriftanalyse

H. von Borstel
Institut für Nachrichtentechnik der TU Braunschweig

Im Rahmen eines am Institut für Nachrichtentechnik der TU Braunschweig durchgeführten Projekts wurde ein Mikrorechnersystem zur Verifikation von Unterschriften entworfen. Das System besteht aus zwei Teilen. Im ersten Teil werden vom System in einer Lernphase die Merkmale der Unterschrift aus einer Lernstichprobe ermittelt und abgespeichert. Im zweiten Teil werden diese abgespeicherten Merkmale mit einer zu verifizierenden Unterschrift verglichen. Das Ergebnis dieser Vergleichsphase lautet entweder "Zugang erteilt" (Unterschrift verifiziert) oder "kein Zugang" (Unterschrift nicht verifiziert). Die Schnittstelle zwischen Lernphase und Vergleichsphase wird von einer Magnetkarte als Speichermedium gebildet. Hier werden die in der Lernphase extrahierten Merkmale gespeichert, um in der Vergleichsphase wieder gelesen und mit den Merkmalen der dort geleisteten Unterschrift verglichen zu werden. Eine wesentliche Einschränkung beim Systementwurf bestand darin, daß auf der Magnetkarte nur 62 Byte Speicherplatz zur Verfügung steht.

In der Lernphase werden aus einem Satz von Referenzunterschriften die schreiberspezifischen Merkmale extrahiert. Hierbei werden zum einen die Mittelwerte und Standardabweichungen von fünf statistischen Merkmale ermittelt. Zum anderen wird von einer repräsentativen Unterschrift der Linienzug als Referenz für einen späteren Vergleich, der mit dem Verfahren der Dynamischen Programmierung durchgeführt wird, verwendet. Schließlich wird für alle aufgenommenen Unterschriften ein DP-Vergleich mit der Referenzunterschrift durchgeführt. Der Parameter der Statistik dieser Vergleichsreihe, der Mittelwert der Exponentialverteilung, wird berechnet. Abschließend werden alle ermittelten Parameter und der (nur grob aufgelöste) Linienzug der Referenzunterschrift auf die Magnetkarte geschrieben.

In der Verifikationsphase wird zunächst die Magnetkarte eingelesen. Danach werden die auf dem Tablett zu leistende Unterschrift eingelesen und aus dem Strom der Koordinaten die Merkmale extrahiert. Mithilfe der von der Magnetkarte gelesenen statistischen Parameter und des Linienzuges können nun die einzelnen Wahrscheinlichkeitsdichten der Komponenten des Merkmalvektors ermittelt werden, die dann miteinander multipliziert und zur Entscheidungsfällung mit einem Schwellwert verglichen werden. Abschließend wird die Entscheidung angezeigt.

Die Leistungsfähigkeit des Verifikationssystems wurde in einem Abschlußtest geprüft. Insgesamt standen für diesen Test 252 Unterschriften zur Verfügung. Das Testmaterial setzte sich aus sieben Testsätzen zu je vier Teilen zusammmen. Die ersten zwei der vier Teile waren die echten Unterschriften eines Schreibers, geleistet an zwei verschiedenen Tagen. Die anderen zwei Teile bestanden jeweils aus Fälschungen zweier Fälscher. Jede Unterschrift wurde durch zehn Menschen und das Verifikationssystem beurteilt. Im Ergebnis zeigten sich folgende Erkennungsraten: 90,9% der falschen Unterschriften wurden bei der Untersuchung durch Menschen auch als falsch erkannt, das Verifikationssystem erkannte 94,6% der Fälschungen. Von den echten Unterschriften wurden durch die menschlichen Beurteiler 69,8% als echt erkannt, die automatische Verifikation erbrachte hier eine Erkennungsrate von 84,3%. Im Abschlußtest war somit die automatische Unterschriftenverifikation der menschlichen Beurteilung signifikant überlegen.

BERÜHRUNGSLOSE ON-LINE SCHRUMPFMESSUNG VON TEXTILIEN DURCH KORRELATIVE TEXTUR-ANALYSE

U. Winkler, R. Massen
Transferzentrum Konstanz für Bilddatenverarbeitung
Reichenaustr. 81c, 7750 Konstanz, Tel. 07531/57502

Schrumpfprozesse spielen bei der Herstellung von Strick- und Webwaren eine große, meist unerwünschte Rolle. Insbesonde die modernen CONTI-Anlagen verursachen erhebliche unkontrollierte und stark variierende Dimensionsveränderungen. Die einzige bisher übliche Methode, die Dimensionsstabilität zu überprüfen, war das manuelle Aufbringen von Markierungen und das Nachmessen dieser Markierungen.

Wir beschreiben ein neues Verfahren zur Markierungs-freien, kontinuierlichen und automatischen Messung der 2-dimensionalen Geometrie-Veränderungen von Textilien während der Produktion und Verarbeitung. Mit Hilfe einer IR-empfindlichen CCD-Matrixkamera von 500 mal 580 pixels werden Nahaufnahmen der Textiloberfläche erfaßt. Da im nahen IR-Bereich die in der Textilindustrie verwendeten Farbpigmente transparent sind, können durch Anblitzen mit einem Halbleiter-NIR-Stroboskop scharfe Aufnahmen der periodischen Textilstruktur auch bei dunkel gefärbten und schnell bewegten Textilbahnen gewonnen werden.

In einem ersten Schritt werden über eine Kombination von Grauwert-Maxima-Verfolgung und Ermitteln von Pfaden maximalen Kontrastes im Grauwert-Gebirge der Schräglauf bezüglich der Kameraausrichtung ermittelt und eine Schar von 1-dimensionalen Meßlinien durch die Maschen-Mitten gefunden. Entlang und quer zu diesen Meßlinien werden über die 1-dimensionale Autokorrelationsfunktion die mittlere Maschenlänge und Maschenbreite bestimmt. Durch eine Hierarchie von nichtlinearen und linearen Glättungsoperatoren können lokale Störungen sicher erkannt und solche Messungen zurückgewiesen werden. Quadratische Interpolation der AKF und lineare Mittelwertbildung ergeben eine Wiederholgenauigkeit von besser als 1 µm bei einem Pixelraster von lediglich 50 µm.

Das weltweite patentierte Verfahren ist auf einem low-cost VME-Bus System als Prototyp seit über 1 Jahr erfolgreich im Feldversuch getestet worden und wird in Kürze kommerziell erhältlich sein.

Analyse von Houghräumen zur Interpretation von Polyederszenen †

Friedrich M. Wahl

Institut für Robotik und Prozessinformatik
Technische Universität Braunschweig

Zusammenfassung

Ausgehend von der Houghtransformation für Geraden werden zwei neuartige Ansätze vorgestellt, mit deren Hilfe die Struktur von Houghnetzen von Polyedern bzw. polyederartigen Objekten und Szenen analysiert und mit Houghnetzmodellen verglichen werden. Dieses topologische 'Matchen' zusammen mit einem geometrischen Vergleich erlaubt eine effiziente Erkennung bzw. Beschreibung von polyederartigen Objekten bzw. Szenen.

Einführung

Die Houghtransformation, in ihrer ursprünglichen Form von Hough [1] zur störrobusten Schätzung von Kantenparametern in Binärbildern vorgeschlagen, wurde im Laufe der letzten 25 Jahre auf manigfaltige Weise erweitert. In der Literatur finden sich zahlreiche Vorschläge zur Parameterschätzung analytisch vorgegebener Kurven und Flächen sowie Verfahren zur Detektion völlig frei vorgebbarer Objektkonturen. Die Majorität der Arbeiten auf diesem Sektor untersucht Fragen der Berechnung von Parameterräumen, der Lokalisierung von relativen Maxima (Clustern) in den Parameterräumen und die Verwendung der resultierenden Parameterwerte in diversen Anwendungsbereichen.

Die Zielrichtung unserer 1984 begonnenen Arbeiten auf diesem Gebiet liegt im Gegensatz hierzu in der Interpretation von zusammengesetzten Clusterstrukturen im Houghraum als 3-dimensionale Objekte/Szenen. Hierbei wurden zunächst zwei Ansätze verfolgt: (a) Schrittweise Zerlegung von komplexen Polyederszenen und -objekten in einfache Modellbausteine durch sukzessive Elimination von Clustern im Geradenparameterraum [2,3] und (b) Analyse der Clusterstrukturen im Parameterraum zur Repräsentation von Objekten als attributierte Kanten/Vertexgraphen und anschließende Erkennung derselben als Subgraph-Isomorphismen zu Modellgraphen [4]. Beiden Ansätzen gemein ist die Analyse von Kanten- und Vertexstrukturen im Houghraum.

Kanten- und Vertexstrukturen im Houghraum

Geht man von der ursprünglichen Houghtransformation aus, bei der eine oder mehrere kolineare Geraden durch ein Cluster im a,b-Parameterraum (Steigung, Achsenabschnitt) repräsentiert sind, so kann man mehrere wichtige Eigenschaften unmittelbar feststellen:

- parallele Kanten im Bildraum entsprechen vertikal übereinanderliegenden Clustern im Houghraum (sich im Unendlichen schneidende Geraden)

† Die hier beschriebenen Arbeiten wurden im IBM-Forschungslabor in Rüschlikon/Schweiz unter Mitarbeit von J. Engelbrecht und H.-P. Biland durchgeführt.

- n sich in einem Punkt schneidende Kanten im Bildraum entsprechen n kolinearen Clustern im Houghraum (Vertex vom Grad n; von Bedeutung insbesondere n > 2)
- m Vertices vom Grad n > 2 mit einer gemeinsamen Kante entsprechen im Houghraum m Kolinearitäten (Anordnungen von kolinearen Clustern) denen genau ein Cluster gemein ist

Wie leicht einzusehen ist, lassen sich mit diesen elementaren Zusammenhängen leicht die Houghräume von Polyeder erklären. Mehrere nichtentartete Ansichten in der Reihenfolge abnehmender Komplexität sind am Beispiel eines Parallelepipeds, eines Prismas und eines Tetraeders in Abb.1 dargestellt (aus [3]). Beispielsweise entsprechen den drei parallelen Kantentripeln des Parallelepipeds drei vertikal übereinanderliegende Clustertripel; den vier Vertices vom Grad 3 entsprechen im Houghraum vier Clusterkolinearitäten mit je drei Clustern; der innere Vertex des Parallelepipeds teilt sämtliche Kanten mit den drei anderen Vertices vom Grad 3 - entsprechend gibt es im Houghraum eine Kolinearität, die ihre drei Cluster mit anderen Kolinearitäten gemein hat, etc..

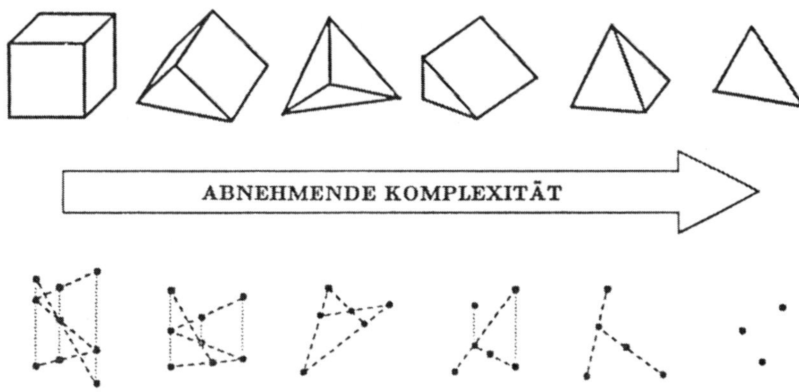

Abb. 1: Parallelepiped-, Prisma- und Tetraederansichten mit korrespondierenden Houghräumen, geordnet nach abnehmender Komplextät.

Die Repräsentation von Objekten in Houghräumen als Houghnetze (Cluster und Clusterkolinearitäten) besitzt gegenüber der (binär-)bildhaften Repräsentation mehrere entscheidende Vorteile:

- Repräsentation sehr robust gegenüber Bildstörungen
- Repräsentation weitgehend unabhängig gegenüber Verdeckungen von Kanten und Vertices
- kompakte Darstellung (Tabellen, Bäume, Graphen)
- strukturelle Invarianz gegenüber geometrischen Transformationen der Objekte im Raum unter einer Sicht

Diese Eigenschaften lassen sich vorteilhaft für die Interpretation von Houghräumen als 3-dimensionale Objekte bzw. Szenen ausnutzen.

Dekomposition von Houghnetzen

Der Dekomposition von Houghnetzen liegt die Idee zugrunde, daß sich beliebig komplexe Polyederszenen bzw. -objekte durch einfache Polyedermodelle beschreiben lassen. Die Beschreibung selbst hängt hierbei im wesentlichen von den Modellen und der gewählten Dekompositionsstrategie

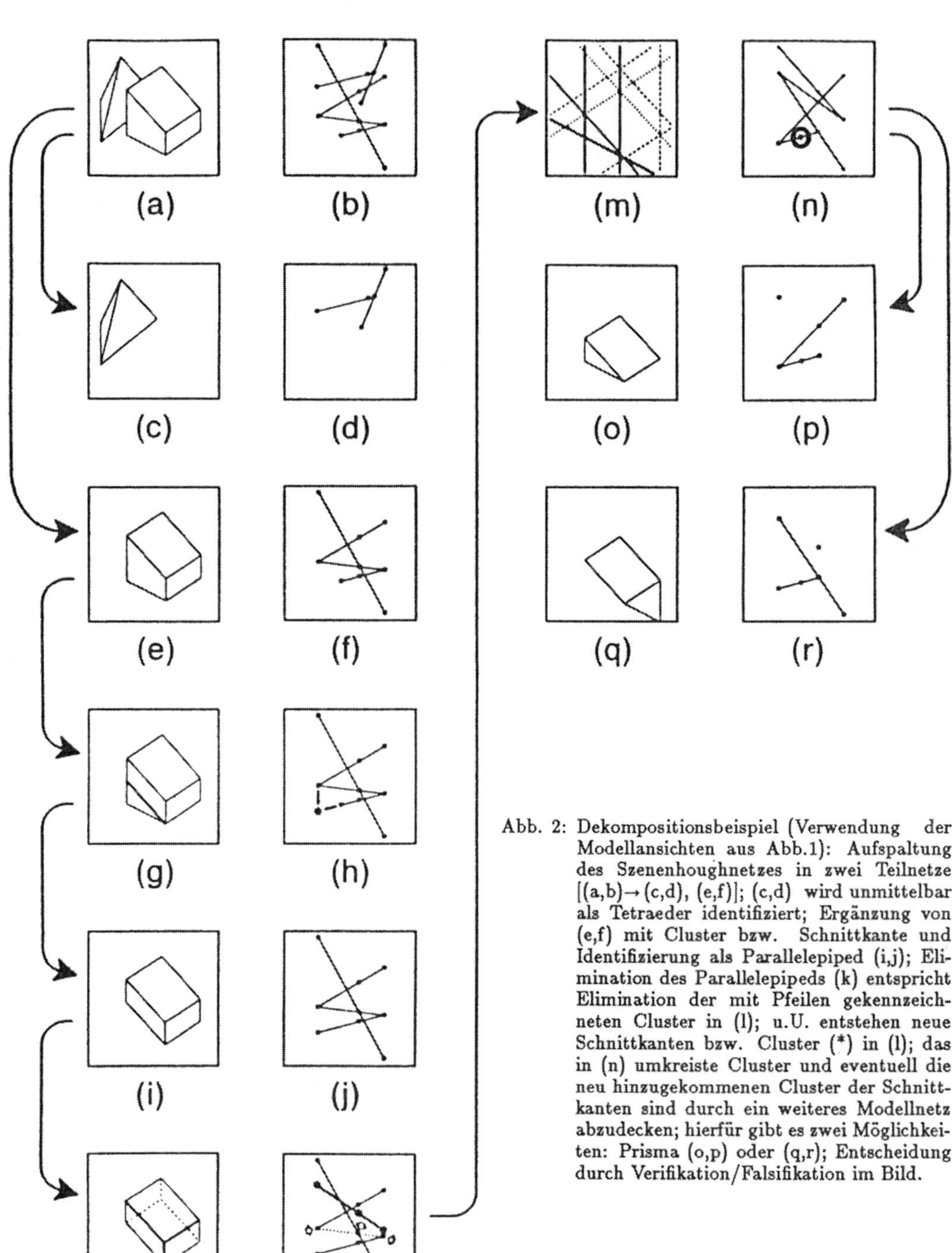

Abb. 2: Dekompositionsbeispiel (Verwendung der Modellansichten aus Abb.1): Aufspaltung des Szenenhoughnetzes in zwei Teilnetze [(a,b)→(c,d), (e,f)]; (c,d) wird unmittelbar als Tetraeder identifiziert; Ergänzung von (e,f) mit Cluster bzw. Schnittkante und Identifizierung als Parallelepiped (i,j); Elimination des Parallelepipeds (k) entspricht Elimination der mit Pfeilen gekennzeichneten Cluster in (l); u.U. entstehen neue Schnittkanten bzw. Cluster (*) in (l); das in (n) umkreiste Cluster und eventuell die neu hinzugekommenen Cluster der Schnittkanten sind durch ein weiteres Modellnetz abzudecken; hierfür gibt es zwei Möglichkeiten: Prisma (o,p) oder (q,r); Entscheidung durch Verifikation/Falsifikation im Bild.

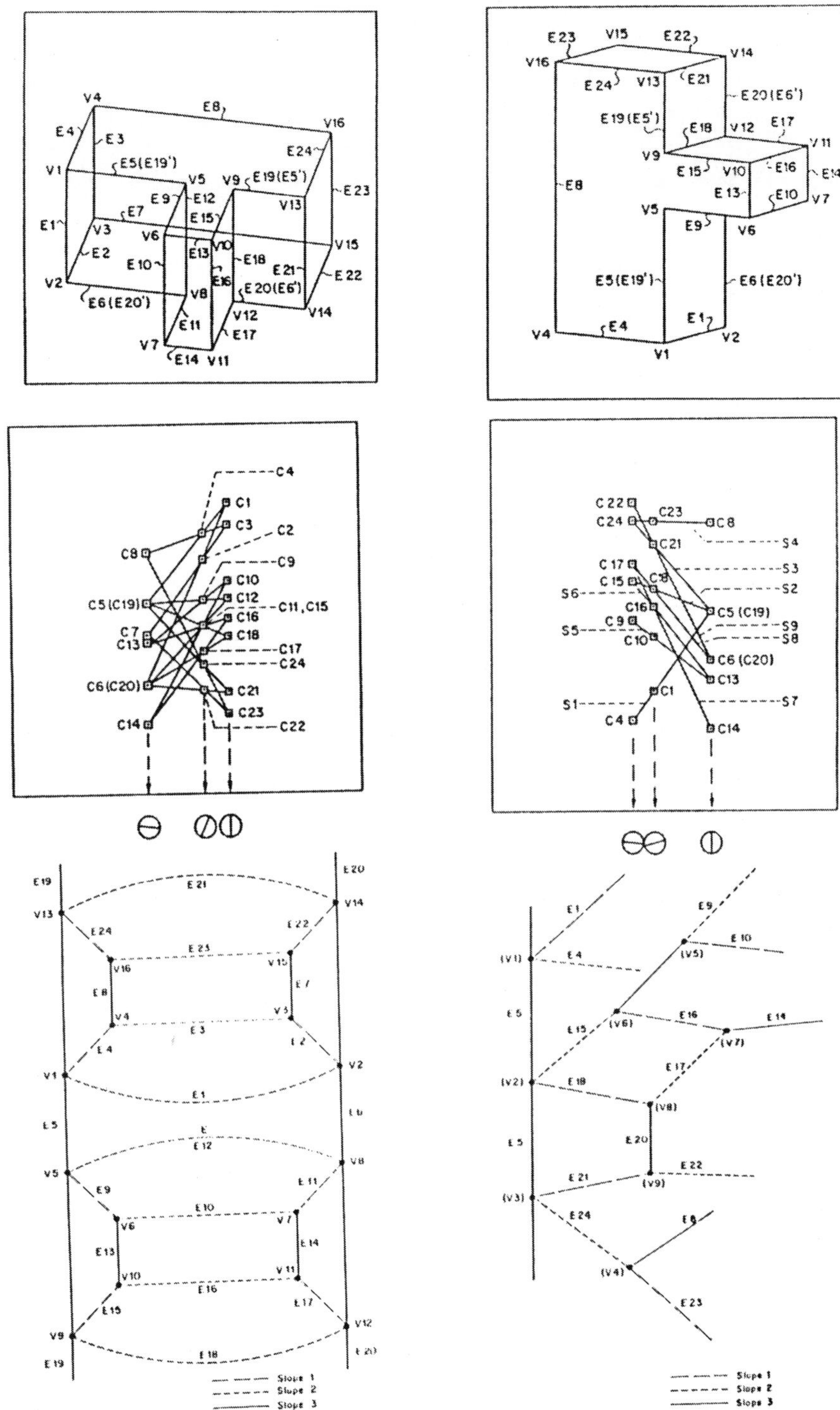

Abb. 3: Wireframe (links oben) und Bildansicht (rechts oben) eines Polyeders mit zugehörigen Houghräumen (Mitte) und aus den Houghräumen gewonnenen attributierten Graphen (unten).

ab (vergl. hierzu [3]). Geht man von den einfachen Objektmodellen 'Parallelepiped', 'Prisma' und 'Tetraeder' bzw. von deren nichtentarteten in Abb.1 gezeigten Ansichten aus, so würde eine Dekompositionsstrategie vereinfacht etwa wie folgt aussehen:

Vorbereitung:

(1) Konstruiere für jede Ansicht einen Experten der das korrespondierende Houghnetzmodell im zu untersuchenden Houghnetz wiederzufinden sucht; hierbei soll der Experte die Möglichkeit haben, das zu untersuchende Houghnetz mit i Clustern an beliebiger Stelle zu ergänzen. Cluster die dem gesuchten Houghnetzmodell entsprechen werden markiert.
(2) Zerlege Houghnetz in nicht-zusammenhängende Teilnetze (Kolinearitäten verschiedener Teilnetze besitzen keine gemeinsamen Cluster)

Algorithmus für jedes Teilnetz:

(1) Setze i gleich Null.
(2) Untersuche das Houghnetz mit Experten für die komplexeste, zweit-, drittkomplexeste, etc. Ansicht.
(3) Solange es unmarkierte Cluster im Houghnetz gibt erhöhe i um Eins und gehe zu (2)
(4) Ende

Die Ergänzung des Houghnetzes mit weiteren Clustern durch die Experten entspricht der Bildung von Schnittkanten. In Abb. 2 ist die Dekomposition anhand einer einfachen Polyederszene (aus [3]) veranschaulicht. Das Ergebnis der Dekomposition ist die Zerlegung der Szene in Objektprimitive, deren Lage im Raum durch geometrischen Vergleich mit den Objektmodelldaten nach [5] ermittelt werden kann; die Darstellung der Szene ist dann beispielsweise als attributierter Baum möglich.

Polyedererkennung mit attributierten Graphen aus Houghnetzen

Während die oben geschilderte Dekompositionsmethode auf Polyederobjekte und Polyederszenen beschränkt ist, läßt sich die im folgenden beschriebene Methode für die Erkennung *polyederartiger* Objekte einsetzen. Die Voraussetzung hierfür ist, daß sich die Objekte unter beliebigen Blickwinkeln durch ihre geradlinigen Kanten/Vertexstrukturen diskriminieren lassen; gegenüber Kurven und gekrümmten Flächen ist das Verfahren blind.

Die Grundidee läßt sich wie folgt umreißen (vergl. Abb. 3): Aus der Houghraumrepräsentation eines Wire-Frame-Modells eines Objektes läßt sich für eine beliebige nichtentartete Ansicht sehr einfach ein attributierter Graph ableiten, der transformationsinvariant die vollständige Information über die Kanten/Vertexzusammenhänge enthält (siehe Abb. 3 links; Attribute sind hierbei beispielsweise Richtungsklassen der Kanten und Vertexkolinearitäten). Ebenso läßt sich für die bildhafte Ansicht des Polyeders über das Houghnetz ein attributierter Graph ableiten, der, da im Bild verdeckte Kanten nicht zu sehen sind, notwendigerweise ein Untergraph des Modellgraphen sein muß (Abb. 3 rechts). Die Identifizierung von polyederartigen Objekten erfolgt dann mit einem von uns für attributierte Graphen erweiterten Ullmann-Algorithmus der in [4] beschrieben wurde. Hierbei kann der erforderliche Rechenaufwand durch geeignete Heuristiken drastisch reduziert werden.

In Abb. 4 und in der Tabelle sind aus [4] entnommene erste Ergebnisse des neuen Ansatzes dargestellt. Zur Evaluierung wurden die in Abb. 4 gezeigten Polyedermodelle und Objektansichten erzeugt. Die Tabelle zeigt die Zahl der gefundenen Subgraphisomorphismen zwischen den einzelnen Graphen der Objektansichten und den Graphen der Objektmodelle ("-" bedeutet, daß ein Modell/Bildvergleich aufgrund einfacher heuristischer Merkmale nicht durchgeführt wurde). Wie zu sehen ist, versagt das Verfahren bei den Bildansichten "TERRACE3", "TSHAPE2", "TOWER3" und "CORNER2", da diese für das "Hough-Auge" zu wenig differenzierte Houghnetze erzeugen.

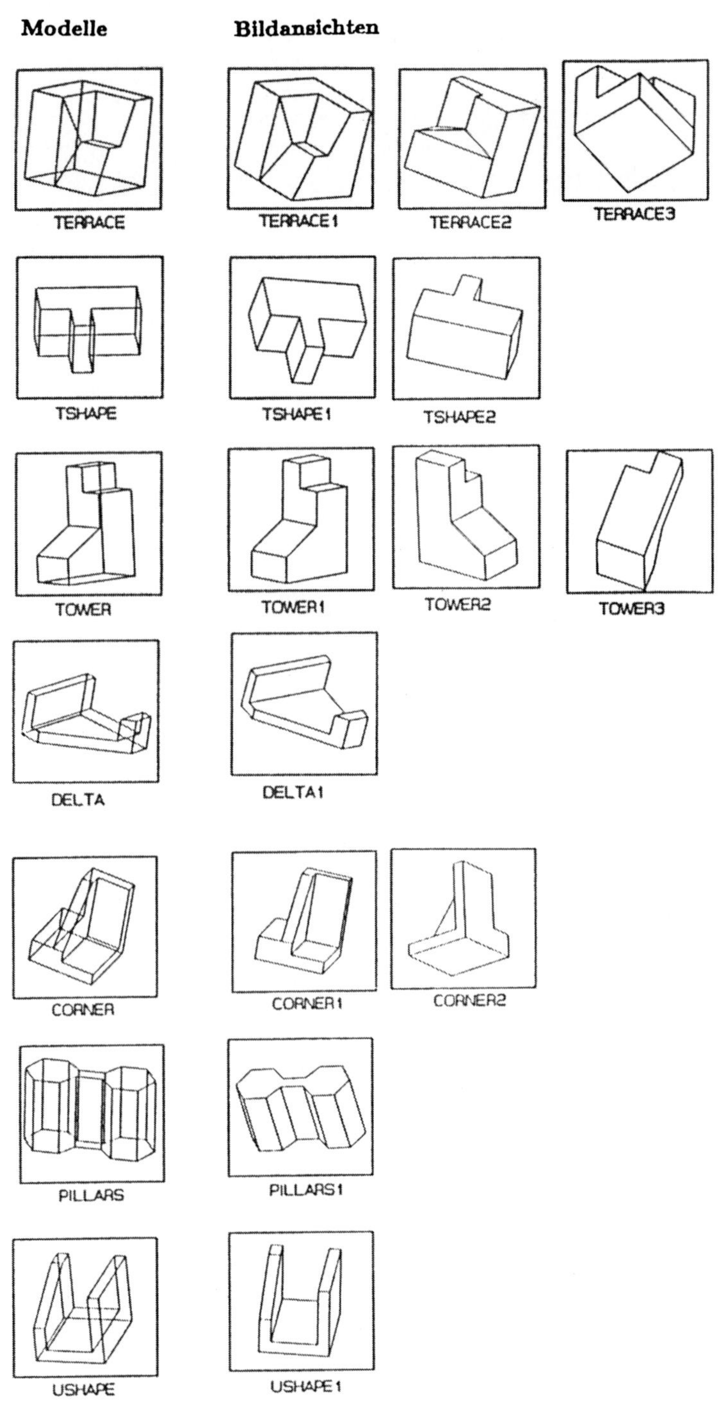

Abb. 4: Modellbibliothek und erzeugte Testobjektansichten.

Bilder	Modelle						
	TERRACE	TSHAPE	TOWER	DELTA	CORNER	PILLARS	USHAPE
TERRACE1	1	-	-	-	-	-	-
TERRACE2	1	-	-	-	-	-	-
TSHAPE1	0	2	-	-	0	0	0
TOWER1	0	-	1	0	0	0	0
TOWER2	0	-	1	0	0	0	0
DELTA1	0	-	0	1	0	0	0
CORNER1	0	-	0	0	1	0	0
PILLARS1	0	-	0	0	0	8	0
USHAPE1	0	-	0	0	0	0	1
TERRACE3	72	-	192	186	120	2304	256
TSHAPE2	36	2304	384	288	660	384	2304
TOWER3	12	-	48	36	60	48	192
CORNER2	12	-	48	36	60	48	192

Tabelle: Ergebnisse der Objekterkennung mit Testobjekten der Abb. 4.

Je differenzierter die Oberfläche eines Objektes ist um so schneller und eindeutiger ist die Identifizierung in der Regel möglich. Das Ergebnis muß in jedem Falle durch einen anschließenden geometrischen Vergleich Bild/Modell z.B. nach [5] verifiziert werden.

Diskussion

Im Vorangegangenen wurden zwei neue Ansätze zur Erkennung und Beschreibung von polyederartigen 3d Objekten aus 2d Kantenbildern durch eine systematische Analyse der Houghraumstruktur vorgestellt. Die Ansätze werden gegenwärtig durch die Verwendung von $2\frac{1}{2}-d$ Information sowie durch die Einbeziehung krummliniger Strukturen erweitert. Da weltweit mehrere VLSI-Entwicklungen von Houghchips vorangetrieben werden, womit in naher Zukunft der relativ hohe Rechnenaufwand der Houghtransformation bewältigt werden kann, sehen wir die hier beschriebenen Ansätze als sehr vielversprechend für die Objekterkennung, insbesondere im industriellen Bereich an.

Literatur

[1] P.V.C. Hough, A. Arbor: "Method and means for recognizing complex patterns", US Patent No. 3,069,654, (1962).

[2] F.M. Wahl, H.-P. Biland: "Identification of polyhedral objects in Hough space", Vortrag 4th Scandinavian Conf. on Image Analysis, Trondheim, (1985).

[3] F.M. Wahl, H.-P. Biland: "Decomposition of Polyhedral Scenes in Hough Space", Proc. Int. Conf. on Pattern Recognition, pp. 78-84, Paris, (1986).

[4] J.R. Engelbrecht, F.M. Wahl: "Polyhedral object recognition using Hough-space features", IBM Research Report RZ 1486, (1986); accepted for publication by Int. J. of Pattern Recognition.

[5] L.G. Roberts: "Machine perception of three-dimensional solids", Optical and Electro-Optical Inf. Proc., MIT press, pp. 159-197, (1965).

[6] J.R. Ullmann: "An algorithm for subgraph isomorphism", J. ACM, 15, No. 1, (1976).

Ein Programmsystem und einige Versuche zum Photometrischen Stereosehen

Josef Küng

Institut für Informatik, Abteilung Informationssysteme
Johannes Kepler Universität Linz
Altenbergerstraße 69
A-4040 Linz

Zusammenfassung

Neben dem normalen Stereosehen gibt es noch weitere Möglichkeiten, räumliche Information aus 2D-Bildern zu gewinnen. Einer dieser Ansätze ist das "Photometrische Stereosehen". Diese Methode wurde schon Ende der siebziger Jahre entwickelt und versucht das Hauptproblem des normalen Stereosehens, das Korrespondenzproblem, zu umgehen. Weiters läßt sie eine parallele und schnelle Verarbeitung zu, was für industrielle Anwendungen besonders wichtig ist. In diesem Beitrag wird über eine Implementierung dieser Methode, einige Versuche und deren Ergebnisse berichtet.

1. Das Photometrische Stereosehen

Die Grundidee ist folgende: Die Helligkeit eines Punktes in einem Grauwertbild hängt unter anderem auch von der Neigung des entsprechenden Raumpunktes ab. Sind nun die Zusammenhänge der einzelnen Faktoren und deren Größe bekannt, müßte man aus dem Grauwert des Bildpunktes auf die Neigung des entsprechenden Raumpunktes schließen können.

Dazu wurden in der Vergangenheit Reflexionsmodelle entwickelt, die alle in etwa folgende Form haben:

$$I(x,y) = f(i,e,g,r)$$

$I(x,y)$............	Grauwert im Bildpunkt (x,y)
i..................	Einfallswinkel
e..................	Ausfallswinkel
g.................	Phasenwinkel
r..................	Reflexionsfaktor der Oberfläche im entsprechenden Raumpunkt

In dieser Arbeit dient der Ansatz von Horn /1/ /2/ als Grundlage. Er verifizierte sein Modell, indem er aus topologischen Informationen ein Satellitenbild der schweizer Alpen vorausberechnete, das der echten Aufnahme sehr nahe kam /3/.

Es ist nun möglich, bei bekannter Position und Stärke der Lichtquelle, bekannter Lichteinfallsrichtung und bekannter Kameraposition die obige Gleichung zu reduzieren:

$$I(x,y) = f(p,q)$$

Hier ist nur noch die Neigung der Oberfläche jenes Raumpunktes unbekannt, dessen Abbildung im Grauwertbild an der Stelle (x,y) zu finden ist. Diese Oberflächenneigung wird durch die beiden Gradienten p (in x-Richtung) und q (in y-Richtung) dargestellt. Der Zusammenhang der Größen I(x,y), p und q ist im allgemeinen nicht linear. Das bedeutet, man braucht 3 Ansätze, um p und q in der oben beschriebenen Gleichung bestimmen zu können.

Woodham entwickelte aus diesem Wissen die Methode des photometrischen Stereosehens zur Berechnung räumlicher Information aus 2D-Bildern /4/. Eine Möglichkeit der Anwendung ist in folgendem Algorithmus dargestellt:

In einer Art Lernphase wird eine Kugel (auch als Einheitskugel bezeichnet) auf schwarzem Hintergrund unter die Kamera gelegt und die erste Lichtquelle eingeschaltet. In diesem Bild sind nun alle möglichen Oberflächenneigungen vertreten. Zu jedem Bildpunkt der Kugel wird die zugehörige Oberflächenneigung berechnet (Sie läßt sich leicht aus dem Kugelrand ermitteln.) und das Tupel (Oberflächenneigung, Helligkeit) in einer Tabelle gespeichert. Dann wird das Gleiche mit der zweiten und dritten Lichtquelle wiederholt. Das Ergebnis ist eine Tabelle Oberflächenneigung - Helligkeitstripel.

In der Kannphase wird ein beliebiges Objekt mit den gleichen Reflexionseigenschaften wie die Einheitskugel unter die Kamera gelegt und es werden wieder 3 Aufnahmen mit denselben Lichtquellen wie in der Lernphase gemacht. Auf Grund der Tatsache, daß die Kamera- und Objektpositionen zwischen den 3 Aufnahmen nicht verändert wurden, entspricht bei einem fixen (x,y) in jedem der 3 Bilder der Punkt P(x,y) demselben Raumpunkt, womit das größte Problem beim normalen Stereosehen, das Korrespondenzproblem, umgangen wurde. Faßt man die 3 Aufnahmen zusammen, so bekommt man zu jedem (x,y) ein Helligkeitstripel. Dieses wird dann in der gespeicherten Tabelle gesucht (bzw. dem nächstliegenden zugeordnet), und die räumliche Neigung des Bildpunktes (x,y) ist bekannt.

2. Das Programmsystem

Die entwickelten Programme erfüllen folgende Anforderungen:

a) Erstellen künstlicher Bilder
  - es können sowohl runde (Kugeln) als auch eckige (Würfel) Gegenstände auf schwarzem Hintergrund generiert werden.
  - folgende Parameter sind frei wählbar:
    Bildgröße
    Objektgröße und -lage
    Refexionsfaktor und Verschmutzung (normalverteilte Abweichung vom Idealwert)
    Stärke und Richtung des einfallenden Lichtes für jede der 3 Lichtquellen

b) Berechnung der Objektgestalt mit Hilfe des photometrischen Stereosehens
  - Dieser Modul kann sowohl natürliche als auch künstliche Bilder verarbeiten.

c) Darstellung der Ergebnisse in graphischer Form

d) Vergleich von Ergebnissen
  - Durch diesen Teil ist es auch möglich, Abweichungen vom Idealergebnis, das in Punkt a) mitgeneriert wird, festzustellen.

Das Programmsystem wurde auf einer IBM-Großanlage der Reihe 43xx in der Programmiersprache PL/I implementiert. Die Eingabe der Befehle und Parameter geschieht über Menüs und Bildschirmmasken. Ausgabe ist über Graphikschirm und Plotter möglich. Wie man aus den Anforderungen sieht, sind die Programme sehr gut zum Testen des photometrischen Stereosehen geeignet. Dies wurde auch durchgeführt und ist im nächsten Punkt beschrieben.

3. Experimente

3.1. Größe der Einheitskugel

Die Geschwindigkeit des photometrischen Stereosehens hängt in erster Linie von der Länge der Oberflächenneigungs - Helligkeitstripel - Tabelle und somit von der Größe der Einheitskugel ab. Also lautete die erste Frage: "Wie klein darf die Einheitskugel sein?" Die folgende Tabelle (Ergebnisse einer Reihe von Experimenten) versucht diese Frage zu klären. Als Testobjekt diente eine Kugel mit fester Größe (weil bei einer Kugel alle möglichen Oberflächenneigungen vertreten sind), während der Radius der Einheitskugel von Versuch zu Versuch geändert wurde.

Parameter:
* Bildgröße: (64 x 64)
* Einheitskugel:
  - Mittelpunkt: (33, 33)
  - Radius: variabel
* Reflexionsfaktor: 1
* Verschmutzung: 0
* Beleuchtung:
  - Licht 1: (0.2, 0, -1)
  - Licht 2: (0 , 0.2, -1)
  - Licht 3: (-0.2, 0, -1)
* Lichtstärke: 1
* Filter:

  0 0 0
  0 1 0
  0 0 0

* Allgemeine Kugel:
  - Mittelpunkt: (33, 33)
  - Radius: 20
* Reflexionsfaktor: 1
* Verschmutzung: 0

Einheitskugelradius	Mittel der Abweichung vom idealen Bild p	q
30	0.059	0.066
25	0.062	0.065
20	0.000	0.000
15	0.092	0.094
10	0.139	0.145
5	0.427	0.458
3	0.417	0.451

Zu dieser Tabelle muß noch folgendes geklärt werden: p und q können zwischen 0 und 1 liegen. Demnach sehen die Ergebnisse sehr schlecht aus. Dies liegt jedoch nur daran, daß die Abweichungen vom Idealwert am Kugelrand wesentlich größer sind als im inneren Bereich der Kugel, wo die ermittelten Werte vom Ideal wesentlich weniger abweichen. Auch bei den kleinen Einheitskugeln (Radius 5 und 3) ist dies der Fall und selbst diese liefern noch beachtlich gute Ergebnisse, wenn nicht gerade Oberflächenneigungen gebraucht werden, die fast senkrecht zur Linie Raumpunkt - Kamera stehen.

3.2. Verschmutzung

Die zweite Frage galt der Robustheit der Methode. D.h.: "Wie genau müssen die Helligkeitswerte im Bild mit den theoretischen Werten der Reflexionsfunktion übereinstimmen?" Dazu wurde eine "Verschmutzungsfunktion" eingebaut. Sie ändert einen über die Reflexionsfunktion ermittelten Grauwert eines Bildpunktes derart ab, daß der neue Wert einer normalverteilten Zufallszahl mit Mittelwert G und Standardabweichung V entspricht. G ist der theoretisch richtige Grauwert und V (Verschmutzung) kann vom Benutzer gesteuert werden. Die Ergebnisse sind wieder in Tabellenform dargestellt:

Parameter: * Bildgröße: (128 x 128)

* Einheitskugel:	* Allgemeine Kugel:
- Mittelpunkt: (65, 65)	- Mittelpunkt: (63, 63)
- Radius: 15	- Radius: 60
* Reflexionsfaktor: 1	* Reflexionsfaktor: 1
* Verschmutzung: variabel	* Verschmutzung: variabel

* Beleuchtung:
  - Licht 1: (0.2, 0, -1)
  - Licht 2: (0 , 0.2, -1)
  - Licht 3: (-0.2, 0, -1)
* Lichtstärke: 1
* Filter: 1 1 1
  1 1 1
  1 1 1

Verschmutzung	Mittel der Abweichung vom idealen Bild p	q
0	0.361	0.361
1	0.320	0.361
2	0.323	0.361
3	0.324	0.360
4	0.326	0.362
5	0.327	0.360
10	0.336	0.368
15	0.335	0.380

Bei diesen Versuchen gilt das Gleiche wie vorhin. Punkte im Inneren der Kugel liefern wesentlich bessere Ergebnisse als Punkte am Rand. Trotzdem kann man folgendes feststellen: Die Verwendung des Mittelwertfilters bringt eine Verschlechterung des Resultates mit sich, auch wenn keine Verschmutzung vorliegt. Jedoch werden die Abweichungen mit zunehmender Verschmutzung nicht größer. D. h. ein einfacher Filter genügt, um Verschmutzungen Herr zu werden. Probleme treten wiederum bei Oberflächenneigungen auf, die fast senkrecht zur Linie Raumpunkt - Kamera liegen.

3.3. Beleuchtung

Es wurden auch Versuche mit realen Objekten unternommen. Dabei dienten normale Schreibtischlampen als Beleuchtung. Die Ergebnisse waren zufriedenstellend und es kann somit gesagt werden, daß keine besonderen Beleuchtungseinrichtungen notwendig sind, um das photometrische Stereosehen anwenden zu können.

3.4. Material

Die vorhin angeschnittenen Versuche mit realen Objekten wurden mit Styroporkugeln und -würfel druchgeführt (Abbildung 1 - 3). Wie im Anhang zu sehen ist, wurde die Gestalt der Objekte relativ gut ermittelt. Mit anderen Materialien konnte aus Zeitgründen nicht mehr experimentiert werden. Trotzdem waren die Versuche mit Styropor sehr ermutigend und lassen auch bei anderen Materialien, die nicht zu sehr spiegeln, ähnlich gute Ergebnisse erwarten.

4. Literatur

/1/ Horn B.: Understanding Image Intensities.
in Artificial Intelligence 8, 1977, S 201-231

/2/ Horn B. Ikeuchi K.: Die automatische Handhabung regellos orientierter Teile.
in Spektrum der Wissenschaften, Okt. 1984

/3/ Horn B. Bachman B.: Using Synthetic Images to Register Real Images with Suface Models.
in Communications of the ACM, Nov. 1978, S 914-924

/4/ Woodham R.: Analysing Images of Curved Surfaces.
in Artificial Intelligence 17, 1981, S 117-140

Abbildung 1: Objekte aus Styropor liegen unter der Kamera. Die Lernphase wurde vorher schon an einer Styroporkugel durchgeführt.

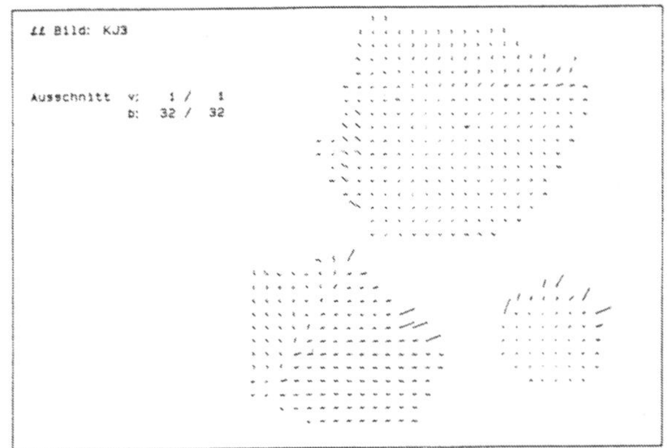

Abbildung 2: Die berechneten Oberflächennormalen als Nadeldiagramm dargestellt

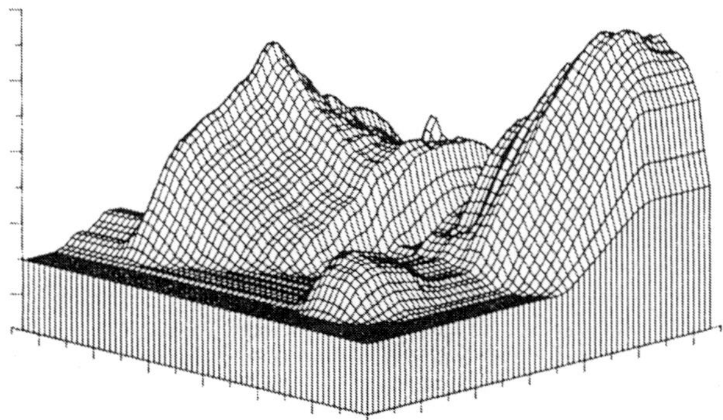

Abbildung 3: Die Oberflächennormalen wurden integriert, um die ermittelte Gestalt besser darstellen zu können. Die Integration beginnt in der vorderen Ecke und führt nach hinten. Das bedeutet, daß fehlerhafte Oberflächenneigungen nach hinten "Schatten" ziehen, und sich die Fehler nach hinten hin summieren.

Linsenfehlerkorrigierte Eichung von Halbleiterkameras mit Standardobjektiven für hochgenaue 3D - Messungen in Echtzeit

Reimar Lenz
Lehrstuhl für Nachrichtentechnik, Technische Universität München
Arcisstraße 21, D - 8000 München 2 *

Zusammenfassung

Diese Arbeit befaßt sich mit Verfahren zur Eichung von CCD- oder ähnlichen Fernseh-Kameras. Durch Ausnutzung spezieller Eigenschaften dieser Kameras (Sensorzeilen und -spalten stehen senkrecht aufeinander, das Verhältnis ihrer jeweiligen Abstände ist konstant und genau bekannt) können die inneren und äußeren Kameraparameter schnell und genau bestimmt werden. Zu den inneren Parametern zählen Skalierungsfaktoren, der Hauptpunkt, die Kammerkonstante und Linsenfehlerkoeffizienten. Die äußeren Parameter geben die Lage des kamerafesten Koordinatensystems bezüglich eines durch den Eichkörper vorgegebenen Weltkoordinatensystems an. Die üblicherweise bei der Berücksichtigung von Linsenfehlern entstehenden nichtlinearen Terme werden eliminiert. Somit entfallen zeitraubende, iterative Optimierungsverfahren.
Darüber hinaus wird durch die getrennte Eichung des horizontalen Skalierungsfaktors die Verwendung eines Eichkörpers mit Eichpunkten in nur **einer** Ebene ermöglicht. Dies ist ein gewichtiger Vorteil, da die Herstellung bzw. genaue Ausmessung von dreidimensionalen Eichkörpern üblicherweise erheblichen Aufwand und Kosten verursacht. Die photogrammetrische Alternative, Selbstkalibrierung durch Bündelanpassung, erfordert zwar keine Kenntnis der Lage der Eichpunkte, jedoch muß ein und dieselbe Kamera in verschiedene Positionen gebracht werden. Auch erfolgt die Korrespondenzbestimmung bisher weitgehend manuell und das Verfahren ist programmtechnisch recht aufwendig.
Durch die Berücksichtigung des Linsenfehlers kann auf teure Meßobjektive verzichtet werden. Der maximale Abbildungsfehler (im gesamten Bildfeld) wird von mehr als zwei Bildpunkten auf etwa 0.06 Bildpunkte reduziert; der mittlere Fehler beträgt ungefähr 0.03 Bildpunkte.
Die Zeit für die Orientierungsbestimmung bei Kenntnis der inneren Parameter dauert auf einem Mikroprozessor ("C"-Hochsprache unter UNIX auf 68020) ungefähr 10*msec*, kann also bei geeigneter Bildvorverarbeitung und Merkmalsextraktion schritthaltend mit der Fernseh-Halbbildfrequenz durchgeführt werden. Da bei den äußeren Kameraparametern eine Genauigkeit von besser als 0.02° Winkelfehler und 1/3 000 relativer translatorischer Fehler erzielt wird, eignet sich das Verfahren insbesondere für die dynamische Kontrolle oder die Eichung von Robotern. Allgemeine 3D-Messungen mit Triangulationsverfahren werden durch die Eichung der Orientierung mehrerer Kameras relativ zueinander ermöglicht.

Einleitung: Ein etwas vernachlässigtes Gebiet in der digitalen Bildverarbeitung ist die Eichung der verwendeten Kameras. Sie ist jedoch Voraussetzung für die quantitative Bewertung derjenigen Bildverarbeitungsverfahren, die nicht nur Aussagen machen wollen über die Bildkoordinaten untersuchter Objekte im Arbeitsspeicher des Rechners, sondern auch über deren tatsächliche Raumkoordinaten. Dies ist bei fast allen *anwendungsbezogenen* Bildverarbeitungsproblemen der Fall. Ausnahmen davon sind beispielsweise Verfahren zur Bildverbesserung oder -verschlechterung (Datenkompression).
Hier werden nun Verfahren vorgestellt, die den Zusammenhang zwischen den zweidimensionalen Bildkoordinaten (wie sie im Rechner erscheinen) und den dreidimensionalen Raumkoordinaten der realen Welt herstellen. Diese Problematik wird schon seit vielen Jahren in der Photogrammetrie untersucht, jedoch ergeben sich durch die speziellen Eigenschaften der seit einigen Jahren immer mehr zur Anwendung kommenden Halbleiterkameras einige neue Aspekte, die einen wesentlich vereinfachten Ansatz ermöglichen. 1985 hat TSAI ein Verfahren mit einer linearen ersten und *nichtlinearen* zweiten Stufe vorgeschlagen, das bei Kenntnis der Koordinaten des Hauptpunktes (also des Lotes des Abbildungszentrums auf den Sensor) eine Eichung der anderen inneren und äußeren Kameraparameter mit *zwei oder mehr* Eichpunkt-Ebenen ermöglicht.
Es gibt verschiedene Wege, den Hauptpunkt zu bestimmen. Die Arbeit von LENZ und TSAI, 1986 erläutert einen direkten, optischen Ansatz, einen Ansatz unter Verwendung zweier mit verschiedener Kammerkonstante aufgenommene Bilder und einen Ansatz, der sich den rotationssymmetrischen Linsenfehler zunutze macht. Aus Platzgründen wird hier auf eine Darstellung verzichtet.
Hier wird gezeigt, wie der horizontale Skalierungsfaktor, also der Abstand zweier benachbarter Rechner-Bildpunkte auf dem Sensor, unabhängig von den anderen Kameraparametern mit hoher Genauigkeit

*Diese Arbeiten wurden zum Teil im Rahmen eines Forschungsaufenthaltes am IBM T. J. Watson Research Center in Yorktown Heights, New York, USA durchgeführt.

bestimmt werden kann. Dies erfolgt mit einer eindimensionalen Fouriertransformation, die das Verhältnis aus Kamera-Bildpunkt-Taktfrequenz und Analog/Digitalwandler-Abtastfrequenz ermittelt. Der vertikale Skalierungsfaktor ist bereits durch die Hersteller-Spezifikation des Bildsensors bekannt.
Hiermit wird dann mit einer stark vereinfachten Version des Verfahrens von TSAI die Eichung der restlichen inneren und äußeren Kameraparameter mit nur *einer* Ebene von Eichpunkten ermöglicht. Durch eine geschicktere, ansonsten gleichwertige Modellierung des rotationssymmetrischen Abbildungsfehlers läßt sich auch die Lösung der zweite Stufe mit *linearen, nicht-iterativen* Methoden bestimmen.

Das Kameramodell: Die nachfolgende Skizze zeigt das Kameramodell, das der Abbildungsvorschrift eines Punktes im 3D-Weltkoordinatensystem auf die 2D-Koordinaten im abgetasteten Bild im Arbeitsspeicher des Rechner zugrundegelegt wird.

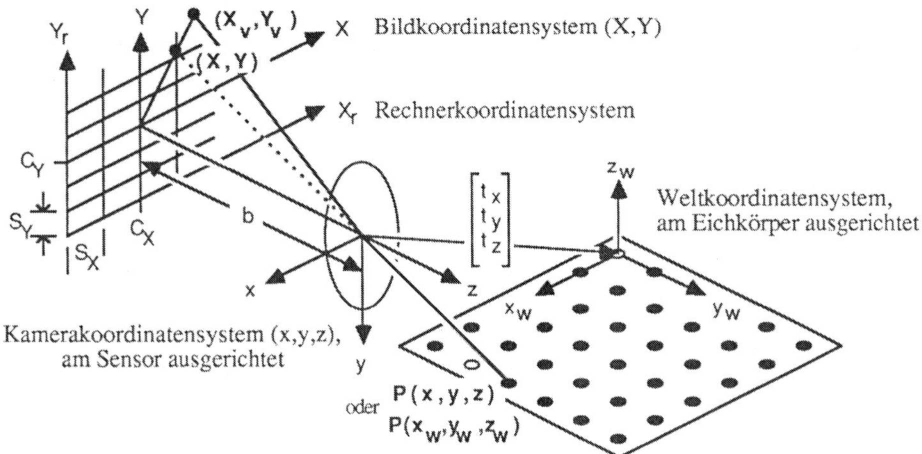

Die Abbildungsvorschrift läßt sich in vier Teilschritte untergliedern (Parameter sind hier fett gedruckt):

1.) Transformation eines Punktes $P(x_W, y_W, z_W)$ im Weltkoordinatensystem in den Punkt $P(x, y, z)$ im Kamerakoordinatensystem - (6 externe Parameter: **3** (unabhängige) für Rotation und $\mathbf{t_x}, \mathbf{t_y}, \mathbf{t_z}$):

$$\begin{pmatrix} x \\ y \\ z \end{pmatrix} = \begin{pmatrix} \mathbf{r_1} & \mathbf{r_2} & \mathbf{r_3} \\ \mathbf{r_4} & \mathbf{r_5} & \mathbf{r_6} \\ \mathbf{r_7} & \mathbf{r_8} & \mathbf{r_9} \end{pmatrix} \begin{pmatrix} x_W \\ y_W \\ z_W \end{pmatrix} + \begin{pmatrix} \mathbf{t_x} \\ \mathbf{t_y} \\ \mathbf{t_z} \end{pmatrix} \quad (1)$$

2.) Perspektivische Abbildung des Punktes (x, y, z) in die (unverzerrten) Bildkoordinaten (X,Y) - (ein interner Kameraparameter: Kammerkonstante **b** ("Brennweite")):

$$X = \mathbf{b} \cdot x / z ; \qquad Y = \mathbf{b} \cdot y / z ; \quad (2)$$

3.) Überführung des unverzerrten Punktes (X,Y) auf den radial verzerrten Punkt (X_V,Y_V) - (ein interner Kameraparameter: Verzerrungskoeffizient $\boldsymbol{\kappa}$):

$$X = X_V / (1 + \kappa R_V^2) ; \qquad Y = Y_V / (1 + \kappa R_V^2) ; \qquad R_V^2 = X_V^2 + Y_V^2 ; \quad (3)$$

$$X_V = 2X / (1 + [1 - 4\kappa R^2]^{1/2}) ; \quad Y_V = 2Y / (1 + [1 - 4\kappa R^2]^{1/2}) ; \quad R^2 = X^2 + Y^2 ; \quad (4)$$

Die Formulierung (3) erlaubt eine lineare Bestimmung von **b**, $\mathbf{t_z}$ und κ und besitzt eine relativ einfache, analytische Inverse (4). Für CCD-Kameras ergab die Modellierung von Termen höherer Ordnung keine nennenswerte Genauigkeitsverbesserung, sondern eher instabile Koeffizienten.

4.) Umrechnung der Bildebenenkoordinaten (X_V,Y_V) in Rechnerkoordinaten (X_r,Y_r) - (4 interne Kameraparameter: Hauptpunkt $\mathbf{C_X}$, $\mathbf{C_Y}$ und Skalierungsfaktoren $\mathbf{S_X}$, $\mathbf{S_Y}$):

$$X_r = X_V / \mathbf{S_X} + \mathbf{C_X} ; \quad Y_r = Y_V / \mathbf{S_Y} + \mathbf{C_Y} ; \quad (5)$$

Eichung einer CCD-Kamera mit Eichpunkten in nur einer Ebene:
Im Folgenden wird gezeigt, wie die zehn Parameter des Kameramodells (ohne Hauptpunkt C_X, C_Y) bestimmt werden können. Zuerst wird dazu der theoretisch interessantere Teil behandelt, in dem angenommen wird, daß die zu den Eichpunkten $P_i(x_{wi}, y_{wi}, z_{wi})$ gehörenden Bildebenenkoordinaten (X_{vi}, Y_{vi}) bereits bekannt sind.
Die Eichung der Skalierungsfaktoren S_X, S_Y wird später beschrieben. Mit ihnen, dem Hauptpunkt und (5) werden die Koordinaten (X_{vi}, Y_{vi}) in der Bildebene aus den Bildspeicherkoordinaten (X_{ri}, Y_{ri}) ermittelt.

Bestimmung von $r_1 .. r_9, t_x, t_y, t_z$, b und κ: Durch Division der ersten beiden Gleichungen aus (3) und Einsetzen von (1,2) werden b, κ, r_7, r_8, r_9 und t_z zunächst eliminiert (Radial Alignment Constraint):

$$X_v / Y_v = (x_w \cdot r_1 + y_w \cdot r_2 + z_w \cdot r_3 + t_x) / (x_w \cdot r_4 + y_w \cdot r_5 + z_w \cdot r_6 + t_y) \qquad (6)$$

Ohne Einschränkung der Allgemeinheit kann das Welt-Koordinatensystem so in die aus $P_i(x_{wi}, y_{wi}, z_{wi})$ gebildete Eichpunktebene gelegt werden, daß $z_{wi} \equiv 0$ und $t_z > 0$ gilt. Damit vereinfacht sich (6) zu

$$Y_{vi} x_{wi} \cdot r_1 + Y_{vi} y_{wi} \cdot r_2 - X_{vi} x_{wi} \cdot r_4 - X_{vi} y_{wi} \cdot r_5 + Y_{vi} \cdot t_x - X_{vi} \cdot t_y = 0 \qquad (7)$$

Mit fünf (oder mehr) Punkten P_i kann ein (überbestimmtes), geeignet gewichtetes homogenes Gleichungssystem $\mathbf{Av} = \mathbf{0}$ aufgestellt und eine nicht-triviale Lösung $\mathbf{v} = (r_1, r_2, r_4, r_5, t_x, t_y)^T$ ermittelt werden. (zum Beispiel mit kleinstem Eigenwert λ für $\mathbf{A}^T\mathbf{Av} = \lambda\mathbf{v}$). Die Normierungsbedingung für $\mathbf{v}$ lautet

$$[(r_1 + r_5)^2 + (r_2 - r_4)^2]^{1/2} + [(r_1 - r_5)^2 + (r_2 + r_4)^2]^{1/2} = 2 \qquad (8)$$

hergeleitet aus den Elementen der Rotationsmatrix als Funktion der Eulerschen Winkel φ, ψ und ϑ:

$$\begin{array}{lll} r_1 = \cos\varphi\cos\psi - \sin\varphi\sin\psi\cos\vartheta & r_2 = \cos\varphi\sin\psi + \sin\varphi\cos\psi\cos\vartheta & r_3 = \sin\varphi\sin\vartheta \\ r_4 = -\sin\varphi\cos\psi - \cos\varphi\sin\psi\cos\vartheta & r_5 = -\sin\varphi\sin\psi + \cos\varphi\cos\psi\cos\vartheta & r_6 = \cos\varphi\sin\vartheta \\ r_7 = \sin\psi\sin\vartheta & r_8 = -\cos\psi\sin\vartheta & r_9 = \cos\vartheta \end{array} \qquad (9)$$

Die Lösung aus (7) wird somit noch normiert mit:

$$\{r_1, r_2, r_4, r_5, t_x, t_y\} \;/\!=\; ([(r_1 + r_5)^2 + (r_2 - r_4)^2]^{1/2} + [(r_1 - r_5)^2 + (r_2 + r_4)^2]^{1/2})/2 \qquad (10)$$

Der Operator /= bedeutet, daß die Variablen in {...} durch den Wert des Ausdrucks auf der rechten Seite dividiert werden (der "C"-Sprache angelehnt). Die bereits hier und im weiteren Verlauf auftretenden Mehrdeutigkeiten des Vorzeichens werden später aufgelöst. Da durch (10) stets eine Teilmatrix einer orthonormalen Rotationsmatrix gebildet wird (außer für $r_1 = r_2 = r_4 = r_5 = 0$), sind r_7 und r_8 beispielsweise:

$$r_7 = [1 - r_1^2 - r_4^2]^{1/2}; \qquad r_8 = -[1 - r_2^2 - r_5^2]^{1/2} \cdot \mathrm{sign}(r_1 r_2 + r_4 r_5); \qquad (11)$$

wobei sign() abhängig vom Vorzeichen des Arguments die Werte +1 oder -1 annimmt. Die Unbekannten b, κ und t_z erhält man durch Lösen des mit (1,2,3) hergeleiteten Gleichungssystems aus

$$\begin{array}{l} x_i \cdot b + x_i R_{vi}^2 \cdot b\kappa - X_{vi} \cdot t_z = X_{vi}(x_{wi} r_7 + y_{wi} r_8) \\ y_i \cdot b + y_i R_{vi}^2 \cdot b\kappa - Y_{vi} \cdot t_z = Y_{vi}(x_{wi} r_7 + y_{wi} r_8) \end{array} \qquad (12)$$

mit $x_i = x_{wi} r_1 + y_{wi} r_2 + t_x$; $\quad y_i = x_{wi} r_4 + y_{wi} r_5 + t_y$; $\quad R_{vi}^2 = X_{vi}^2 + Y_{vi}^2$;

Da b und t_z positiv sein müssen (der Ursprung des Welt-Koordinatensystems liege vor dem Abbildungszentrum) können jetzt die Mehrdeutigkeiten der Vorzeichen von r_1, r_2, r_4, r_5, t_x, t_y, r_7 und r_8 aufgelöst werden. Mit gleicher Schreibweise wie in (10) ergibt sich:

$$\{r_1, r_2, r_4, r_5, t_x, t_y\} \;/\!=\; \mathrm{sign}(b/t_z); \qquad \{r_7, r_8, t_z\} \;/\!=\; \mathrm{sign}(t_z); \qquad \{b, b\kappa\} \;/\!=\; \mathrm{sign}(b); \qquad (13)$$

Eine orthonormale Rotationsmatrix (Determinate = +1) wird mit (10,11) und durch Bestimmung von r_3, r_6 und r_9 mit dem äußeren Produkt erzwungen. Die Eichung ist damit abgeschlossen, unter ausschließlicher Verwendung physikalisch sinnvoller, unabhängiger Parameter und linearer Gleichungssysteme.
Es muß betont werden, daß die Eichpunktebene *nicht annähernd parallel* zur Bildebene sein darf. Sonst ist lediglich der Quotient aus b und t_z wohl definiert, nicht ihre Absolutwerte. Wenn die Kamera und der Eichkörper nur in eine neue Lage zueinander gebracht werden und b und κ bereits von einer vorangegangenen Eichung her bekannt sind, ist Parallelität erlaubt und der äußere Parameter t_z wird bestimmt, indem man die Terme mit b und κ auf die rechte Seite von (12) bringt.

Eichung der Skalierungsfaktoren S_X und S_Y: S_X (S_Y) ist der Abstand horizontal (vertikal) benachbarter Rechnerbildpunkte auf dem Sensor. Da eine Bildspeicherzeile einer Sensorzeile entspricht, ist S_Y identisch mit dem Abstand d_Y zweier vertikal benachbarter Sensorelemente und vom Hersteller her bekannt. S_X entspricht jedoch nicht dem Abstand d_X horizontal benachbarter Sensorelemente, da sich die Bildpunkt-Taktfrequenz f_s des Sensors im allgemeinen von der Abtastfrequenz f_f des A/D-Wandlers unterscheidet. Für die Skalierungsfaktoren ergibt sich somit

$$S_X = d_X \cdot f_s / f_f \approx d_X \cdot N_{sx} / N_{fx} ; \qquad S_Y = d_Y ; \qquad (14)$$

Die in (14) angedeutete Abschätzung für f_s / f_f durch den Quotient aus der Anzahl der Sensorelemente N_{sx} und der Bildspeicherpunkte N_{fx} in einer Zeile (bzw. d_Y/d_X für quadratische Pixel) ist ungenau, da die CCIR-Norm (52µsec aktive Zeilenlänge) meist nicht eingehalten wird. Hier bietet sich nun an, ein von bisher allen untersuchten Herstellern (Fairchild, GE, Javelin, Panasonic, SONY) immer "eingehaltenes" Artefakt auszunutzen: dem analogen Ausgangssignal ihrer Kameras ist ein kleines Signal mit der CCD-Taktfrequenz f_s überlagert. Bei manchen Kameras mit gutem nachgeschalteten Tiefpaß bedarf es jedoch der Mittelung über einige hundert Bilder, um dieses Störsignal klar herauszuarbeiten. Aus dem durch eine diskrete Fourier-Transformation berechneten Spektrum kann man dann das Verhältnis f_s/f_f und damit S_X sehr genau (auf besser als 0.01%) bestimmen. Die Abschätzung mit N_{sx}/N_{fx} ist nützlich, um die ungefähre Lage der zu f_s gehörenden Spektralline vorherzusagen, da meist noch durch andere herumstehende Geräte Spektrallinien eingestreut werden (Abb. 2). Für unsere Anlage mit einer Panasonic WV-CD50 Kamera (mit SONY 8.5x6.4mm^2 Sensor, d_X = 17µm, d_Y = 11µm, N_{sx} = 500, N_{sy} = 582) und dem Frame-Grabber AP512 von Imaging Technologies Inc. (N_{fx} = 512) ergibt sich

$$S_X = d_X \cdot f_s / f_f = 16.0783\mu m ; \qquad S_Y = d_Y = 11\mu m ;$$

$$f_s / f_f = (N_{FFT} - f_{FFT}) / N_{FFT} = (512 - 27.76) / 512 = 484.24 / 512 = 0.945781 \qquad (15)$$

was sich als genauer erwies als der Quotient aus den angegebenen Quarzfrequenzen 9.46 und 10MHz. U. U. läßt sich sogar das exakte Verhältnis f_s / f_f mit diophantischen Gleichungen ermitteln, wenn bei PLL-synchronisierten Frame-Grabbern eine ganze Zahl von Takten pro Zeile erzwungen wird (1280 bzw. 640 beim AP512) und die Kamerazeilenfrequenz vom gleichen Muttertakt abgeleitet wird wie f_s. Bedingt durch den Herstellungsprozess des Sensors wird das Verhältnis d_X/d_Y = 17/11 sehr genau eingehalten. Isotrope Maßstabsveränderungen, hervorgerufen beispielsweise durch thermische Expansion oder durch kleine Maßstabsfehler bei der Maskenherstellung, können durch die Kammerkonstante aufgefangen werden und beeinträchtigen die Genauigkeit nicht.
Die Spektralanalyse eignet sich ebenfalls gut, um den nicht zu vernachlässigenden Zeilenjitter zu ermitteln. Die relative Phase der zu f_s gehörenden Spektrallinie einer Zeile gibt unmittelbar ihre Verschiebung relativ zu den anderen Zeilen an (2π entsprechen einem Punkt im Bildspeicher). Bei verschiedenen Synchronisationsarten ergaben sich bei manchmal maximale Jitter von mehr als einem halben Bildpunkt. Überraschenderweise wurden die besten Ergebnisse (0.03 Bildpunkte maximaler Jitter) nicht durch getrennte Synchronisationsleitungen, sondern unter Verwendung des Bild-Austast-Signals (BAS) erreicht.

Ergebnisse:

Die Genauigkeit und die Wichtigkeit, den rotationssymmetrischen Linsenfehler zu modellieren, wird an zwei verschiedenen Linsen demonstriert: einer teuren, für 36mm Filmkameras entworfenen Linse (b ≈ 50mm) und einer normalen TV-Linse für 1/2-Zoll Vidicons (b ≈ 12,5mm).

Experimenteller Aufbau:

Die Kamera blickt auf eine um etwa 25° geneigte, von hinten homogen beleuchtete Glasplatte mit 6×6 in einem quadratischen Array aufgebrachten Chrompunkten. Diese Kreisschiebchen haben einen Abstand von 10000±1µm, der Abstand vom Eichkörper zur Kamera $t_z \approx$ 500mm. Die Mittelpunkte der abgebildeten Kreise werden im Grauwertbild mit einer Sub-Pixel-Genauigkeit von etwa 1/60 Bildpunkt bestimmt.
Resultate: Abb. 3 zeigt die 1000fach vergrößerte Differenz zwischen den so aus dem Grauwertbild erhaltenen und den mit den geeichten Kameraparametern rechnerisch projizierten Koordinaten der Eichpunkte. Der damit bestimmte Modellfehler beträgt für die gute Linse im quadratischen Mittel 0.19µm (0.55µm maximal) in der Bildebene (1 Teil in 30000! für den 8.5×6.4mm^2 Sensor). Die Einbeziehung des radialen Linsenfehlers verbessert diese Werte nicht. Für die TV-Linse dagegen ist der Fehler 9.8µm (30.2µm) *ohne* Linsenfehlerkorrektur und 0.39µm (0.88µm) *mit* Korrektur ($\kappa = -.0017mm^{-2}$).
Zusammenfassung: Selbst einfache Verfahren können bei CCD-Kameras zu hoher Genauigkeit führen.

Literaturangaben: (siehe TSAI, 1985 für ein umfassenderes Verzeichnis, hier ist kein Platz mehr)

LENZ, R.K. and TSAI, R.Y., 1986, Techniques for Calibration of the Scale Factor and Image Center for High Accuracy 3D Machine Vision Metrology, *IBM Research Report RC 54867*, Oct. 8

TSAI, R.Y., 1985, A Versatile Camera Calibration Technique for High Accuracy 3D Machine Vision Metrology using Off-the-Shelf TV Cameras and Lenses, *IBM Research Report RC 51342*, May 8

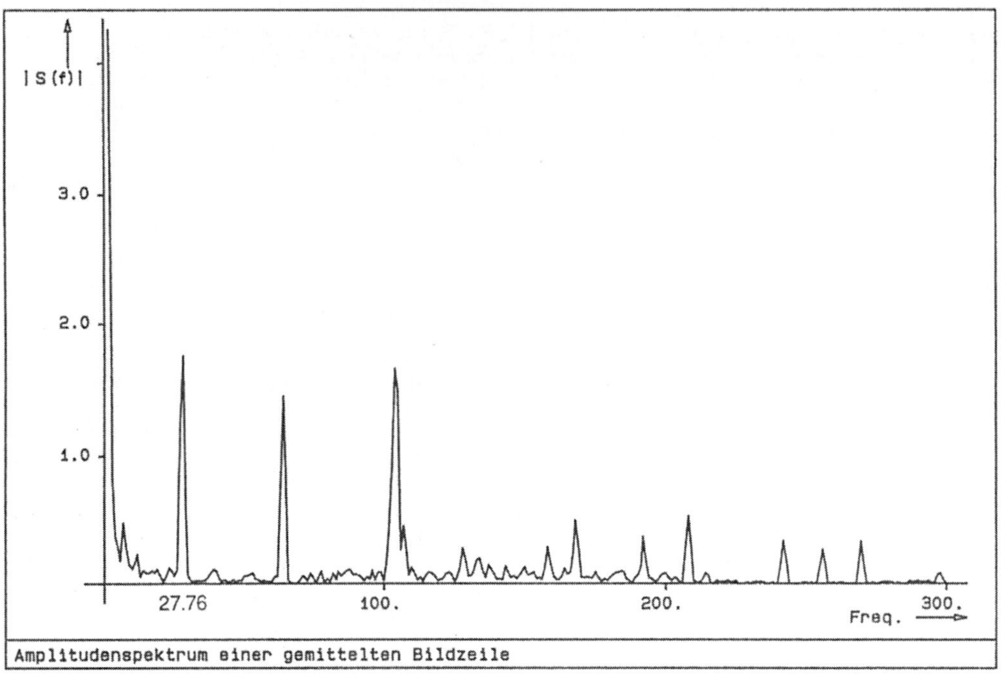

Abb. 2: Das Amplitudenspektrum einer über mehrere Bilder gemittelten Zeile. Die Linie bei 27.76 gehört zum Kameratakt f_s, die bei 64.00 stammt vom A/D-Wandler und die bei 104.25 vom Rechner.

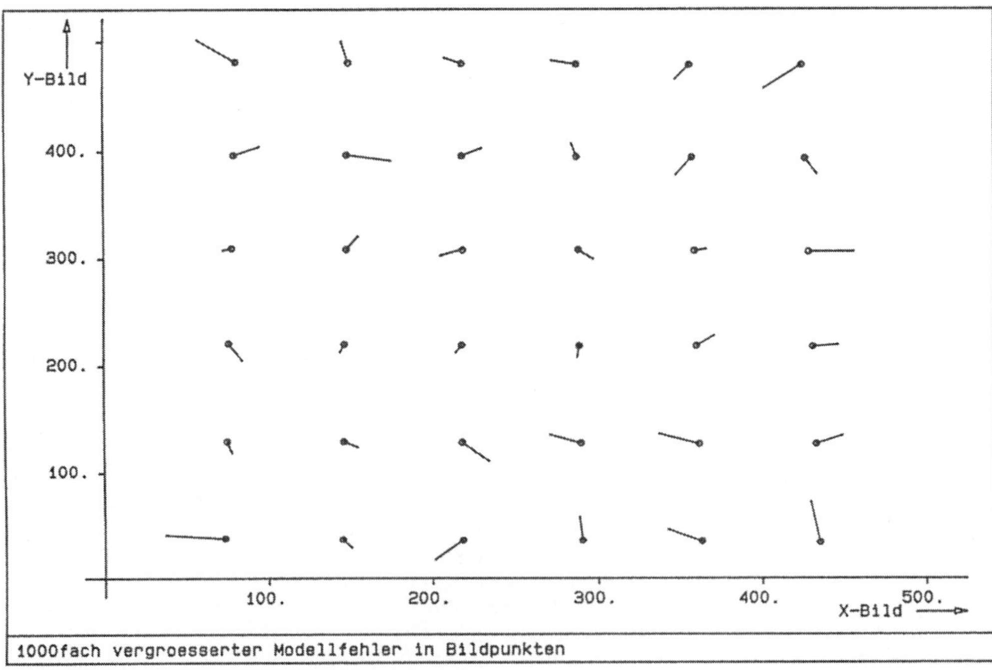

Abb. 3: 1000× vergrößerte Differenz zwischen extrahierten und rechnerisch projizierten Eichpunkten.

Ranging Errors with Verging Stereo Cameras

Eric Krotkov, Ralf Kories***

* Department of Computer and Information Science,University of Pennsylvania
Philadelphia PA 19104-6389

** Fraunhofer-Institut für Informations- und Datenverarbeitung
Sebastian-Kneipp-Straße 12-14, D-7500 Karlsruhe, Federal Republic of Germany

Abstract

We present a practical method for computing range from stereo disparities with verging cameras, a theoretical model of the expected range errors, and an analysis of their experimentally determined components. To compute stereo disparities we first extract linear features and then match them using a hypothesize-and-verify method. To compute range we derive the relationship between object distance, vergence angle and disparity, and determine its parameters by a calibration procedure. The expected range errors are due to *(i)* residuals in the calibrated coefficients, *(ii)* feature localization errors, and *(iii)* mistaken matches. Overall, the range of objects lying between 1 and 3 m from the cameras and with a restricted field of view can be computed to 2.5 percent/m, excluding mistaken matches. Including mistaken matches results in performance an order of magnitude worse, leading us to suggest some practical methods to identify them.

1. Introduction

Computing range from stereo requires first matching the images taken by the left and right cameras to determine disparities, and then transforming these into absolute distances. Our contribution to this research is to develop and analyze a practical system for computing range from stereo for a particular camera system with a pair of verging cameras.

Figure 1 illustrates the physical camera system, which is described in detail elsewhere [7]. Two cameras mounted on a platform can translate horizontally and vertically, and rotate left-right and up-down. Motors mounted on each lens adjust the focal length, focusing distance and aperture diameter. Further, the two cameras can *verge*, by rotating towards each other (converging) or away from each other (diverging). We model each lens as a pin-hole, assuming that to first order all lines of sight intersect at a unique lens center. The lens centers are separated by a baseline distance b, and both lenses have focal length f.

The general problem is to identify the 3D position of an object point **P** from its projections (x_l,y_l) and (x_r,y_r) onto the left and right image planes, respectively. Writing the coordinates of **P** referred to the left and right camera coordinate frames as $(X_l,Y_l,Z_l)^T$ and $(X_r,Y_r,Z_l)^T$, the ratios of X and Y to Z are given by similar triangles: (1)

$$X_l = \frac{x_l Z_l}{f} \;,\quad Y_l = \frac{y_l Z_l}{f} \;,\quad X_r = \frac{x_r Z_r}{f} \;,\quad Y_r = \frac{y_r Z_r}{f} \;.$$

From this equation it is clear that if Z_l and Z_r are known, then X_r, Y_r, X_l, and Y_l are also known. Hence the problem is reduced to that of identifying Z_l and Z_r. Without loss of generality, we seek only to identify Z_l, which we will call simply Z, representing the *range* to **P**.

We present a novel method for computing range from stereo that relies on the inverse relationship between stereo disparities and range. This method is not a solution for any arbitrary camera orientation, but it suffices for the orientations afforded by our camera system. Also it takes into account the fact that the cameras change their relative orientation dynamically. As a consequence the standard calibration techniques are not sufficient. They require that the cameras must be static in the base coordinate system. This is emphatically not the case for our camera system, as the cameras change their position, orientation and intrinsic parameters. We must then update the calibration matrices as the different camera motors move. However, the updating introduces and propagates its own errors, which are likely to be significant [1]. Clearly, we need a calibration technique which relates the two camera coordinate systems directly, without respect to the base coordinate frame. Also it is of advantage to formulate the range-from-stereo relation in terms of observable quantities, such as motor positions.

2. Computing range using calibrated stereo disparities

To compute stereo disparities we first extract linear image features and then match them using a hypothesize-and-verify method [3]. We now describe our method for computing range using these stereo disparities.

Suppose there are two parallel cameras with pin-hole lenses of focal length f separated by a baseline distance b along only the x-axis. It is well known that the Z-component with respect to a lens center (say the left) of an object point projecting to the image planes with camera coordinates (x_l, y_l) and (x_r, y_r) is (2)

$$Z = \frac{bf}{d} ,$$

where the disparity $d = x_l - x_r$. We generalize this relationship by introducing a disparity offset Γ due to the vergence angle V expressed in observable motor positions *(3)*

$$Z = \frac{bf}{d + \Gamma(V)} .$$

Expanding Γ as a polynomial, rewriting $b\,f$ as a system constant k_4, and allowing for an origin offset k_5, the range Z is (4)

$$Z = Z(d,V) = \frac{k_4}{d + k_1 V^2 + k_2 V + k_3} + k_5 .$$

Let us emphasize that since we have introduced a number of simplifications, this is not a solution for arbitrary camera stations. We experimentally identify the k_i [3] using a *training scene* containing objects with known distances, and determining disparities manually.

3. Error Analysis

In this section we present a general model of the range errors, according to which the accuracy of Z is limited by *(i)* the uncertainty in calibrating the five k_i, *(ii)* errors in localizing features causing (small) deviations of the computed disparity from the true disparity, and *(iii)* matching errors causing (possibly large) deviations from the true disparity. We will now discuss each of these in detail.

Calibration errors

The calibration of the five coefficients k_i uses the relation between manually determined disparities and measured object distances. The first is basically limited by the image resolution, the second by the accuracy of manually measuring distances in the 1-3 m range. Consequently, the five k_i do not fit data exactly. The error can be quantified by some measure of the range error incurred using these coefficients (see below).

Feature localization errors

A number of factors limit the accuracy of the localization of the linear features we use for matching, including noise and interference in the digitized intensities, aliasing, improper focus, the quantization of intensities, and the spatial resolution of the camera. Detailed analysis of these factors is beyond the scope of this investigation, which now turns to analyzing the expected range error in the presence of errors (from any source) in the computed disparities. We return to Equation (2) and introduce a disparity error δd causing a range error δZ: (5)

$$Z + \delta Z = \frac{bf}{d+\delta d} \quad .$$

Algebraic manipulation of Equation (5) leads to (6)

$$\frac{\delta Z}{Z} = Z \, \frac{\delta d}{bf} \quad .$$

We conclude that the relative range error is linear in the object distance, consistent with the analysis of McVey and Lee [5]. Rewriting this equation (7)

$$\frac{\delta Z}{Z^2} = \frac{\delta d}{bf} \ ,$$

we conclude that the *distance-dependent relative* range error is constant and directly proportional to the disparity error. We define a figure of merit E by the root-mean-square (rms) percent error: (8)

$$E = 100 \left(\frac{1}{N} \sum_{i=1}^{N} \Delta_i^2 \right)^{\frac{1}{2}} \ , \qquad where\ \Delta_i = \frac{\delta Z_i}{Z_i^2} = \frac{Z_i^* - Z_i}{Z_i^{*2}} \ ,$$

whose units are percent per meter. We interpret E as the accuracy of the method, i.e., the contribution of the range computation with fixed coefficients to our uncertainty in the computed range. The smaller is E, the smaller is our uncertainty. This is the figure of merit we employ to analyze the performance of the range computation.

Matching mistakes

Another error in the computed disparity arises from mistaken matches, i.e., incorrect pairings of line segments. It is possible for two line segments which are not projections of the same object feature to satisfy all the hypothesis generation and verification constraints and be (incorrectly) matched. For example. this can be the case when a scene structure for some reason does not appear as a feature in both of the images.

4. Experimental results

In this section we present experimental results on the performance of the range computation using *(i)* disparities determined manually and *(ii)* disparities automatically computed by the matcher. We present results for the training scene and for the *verification* scene, which contains the same objects as the training scene, where all but one of the objects are rigidly translated approximately 15 cm closer to the cameras. Both scenes contain objects with linear features at various orientations, and includes one object with circular features (a challenge for the line finder).

Disparities picked manually

For the training scene, we manually match 8 object points at 9 different vergence positions. The rms error is $E = 0.9$ percent/m. This means that for an object at a distance of 1 m, the expexted error contribution due to the residual of the calibration coefficients is 9 mm; for objects at 2 m, it is 36 mm.

For the verification scene, we manually match 8 object points at 8 different vergence positions (one less than the training scene). The rms error for this scene is 0.6 percent/m, even better than the training scene. Figure 2 illustrates the fit of the range function to the verification scene data.

Disparities computed by the matcher

We analyze the errors in the computed range using disparities computed by the matcher, for the training and verification scenes. For the training scene, a total of 336 lines are matched for 8 object distances and 9 vergence positions. The rms error is $E = 28.1$ percent/m, an unacceptably large figure. This figure is inflated by a number of false matches, or mistakes. For example, one point is computed to lie in a building across the street from our laboratory. This is an outlier, whose effect is to displace the error figure significantly from its expected value. For the purpose of this research, in order to separate the feature localization errors from the matching mistakes, we define a mistake as a match resulting in $E > 25$ percent/m. If we discard all the mistakes, we are left with a total of 324 matched lines, for which $E = 2.0$ percent/m, a much more reasonable figure. Using the above definition of a mistake, we find that 3.6 percent of the matches are mistaken.

For the verification scene, a total of 294 lines are matched for 8 object distances and 8 vergence positions. The rms error is $E = 9.0$ percent/m. If we discard all the mistakes (as defined above), we are left with a total 285 matches, and $E = 2.3$ percent/m. Here we find that 3.1 percent of the matches are mistaken.

Summary of results

According to the error model presented in Section 3, the accuracy in computing range is limited by *(i)* the residual of the calibrated coefficients k_i, *(ii)* feature localization errors, and *(iii)* mistaken matches. First, results for computing range with manually selected disparities show that the error contribution due to the uncertainty of the coefficients is less than 1 percent/m. This is small compared to the other error sources. Second, by backprojecting the observed range uncertainty onto the image plane, we identify the feature localization error to be about 1.5 pixels. This is comparable to results reported on a significantly different feature extractor applied to outdoor scenes [2]. Third, we conclude that for this type of scene, approximately 4 percent of all matches are mistakes, and that when these are discarded, the error in the computed range is below 2.5 percent/m. This error includes contributions from the calibrated coefficients and the erroneous range can be up to 30 percent/m, and varies significantly across data sets.

5. Discussion

The goal of our research is to identify a practical method for computing range from stereo disparities for verging cameras. We arrive at this end, but a few sacrifices have been made along this way. Unlike sophisticated methods in photogrammetry we do not compensate for either radial distortions of the lenses, or the optical axes not piercing the image centers or the tilt of the receptor planes with respect to each other (as it is done e.g. in [6]). The most important omission, however, is the assumption of an inverse relation between disparity and range (Equation (2)), which is exact only for parallel camera stations. We compensate to first order the effect of vergence on disparity by incorporating a disparity offset function Γ in Equation (3). This model neglects, however, that the disparity of an object point slightly depends on its lateral position on the image plane. As a result, the ranges of objects at the limits of the field of view tend to be slightly underestimated. This effect is more pronounced the more the cameras are verged. For the worst case of maximum convergence and maximum object distance, the range error due to not considering the dependency of disparity on X-position remains below 2 percent if we keep the points to be ranged within the central quarter of the image (as described in detail in [3]). This is no restriction for our camera system, because the pan mechanism can always guarantee that condition. The total error of 2.5 percent/m for the range computation already includes the contribution due to a simplistic but practical model.

This performance is acceptable for many practical applications. The remaining, difficult issue is how to handle mistaken matches. The unsupervised matching required for automatic operation invariably results occasionally in mismatches of the features. This is a difficulty faced by all solutions to the correspondence problem; it is not unique to the matching procedure employed here. The probability of the occurence of mistakes appears to be highly scene-dependent, making it very difficult to quantify meaningfully. Since mistaken matches can cause large range errors, it is important to identify and eliminate them. One possibility is to use for example a range-from-focus algorithm [4]. If the two differ significantly, we can discard the range from stereo as mistaken, or discard them both, or combine them somehow. Results of such an approach are reported in [7].

In summary, we have presented a novel method for computing range from calibrated stereo disparities, and an analysis of its performance. The method falls short of full generality, but with a realistic understanding of its capabilities, we are now ready to apply it as a tool to adress practical problems in scene understanding, robotics, and automation.

6. References

1. Chatila, R. and J.P. Laumond, "Position Referencing and Consistent World Modeling for Mobile Robots," *IEEE Conference on Robotics and Automation*, St. Louis, pp. 138-145 (March, 1985).
2. Kories, R., G. Hecker, and G. Zimmermann, "On the Precision of a Feature Based Displacement Measurement," *Proc. International Conference on Pattern Recognition*, Paris, pp. 1193-1195 (October, 1986).
3. Krotkov, E.P., R. Kories, and K. Henriksen, "Stereo Ranging with Verging Cameras: A Practical Calibration Procedure and Error Analysis," *University of Pennsylvania Technical Report* (December, 1986).
4. Krotkov, E.P., "Focusing," *University of Pennsylvania TR-86-22* (1986).
5. McVey, E.S. and J.W. Lee, "Some Accuracy and Resolution Aspects of Computer Vision Distance Measurements," *IEEE Transactions on Pattern Analysis and Machine Intelligence* **PAMI-4**(6), pp. 646-649 (November, 1982).
6. Tsai, R.Y., "A Versatile Camera Calibration Technique for High Accuracy 3D Machine Vision Metrology using Off-the Shelf TV Cameras and Lenses," *IBM Research Report RC 11413* (1985).
7. Krotkov, E.P., "Exploratory Visual Sensing for Determining Spatial Layout with an Agile Stereo Camera System," *Dissertation* , *University of Pennsylvania*, MS-CIS-87 29 (April 1987).

Figure 1: Stereo Camera System with verging capability. Both cameras can zoom, change their apertures and their focusing distances. The entire platform is able to tilt and pan as well as to translate within the gantry.

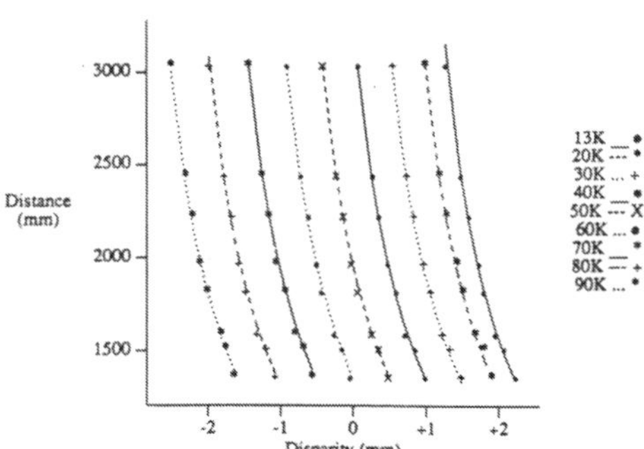

Figure 2: Plot of distance vs. disparity for the verification data. The labels on the right indicate vergence motor position, corresponding to a maximum vergence angle of approximately 5,5°. "K" means 1000 motor steps. The points represent measured values, and the lines represent computed values.

SYNTHETISCHE VIELFACH-STEREOBILDERZEUGUNG AUS SUBTRAKTIONSANGIOGRAPHIEAUFNAHMEN

P. Haaker, E. Klotz, R. Koppe, R. Linde
Philips GmbH Forschungslaboratorium Hamburg
Vogt-Kölln-Strasse 30, D 2000 Hamburg 54, F.R.Germany

EINLEITUNG

Der Vorteil von Tomosynthese Verfahren [1,2,3,4] gegenüber anderen Methoden besteht darin, daß die 3-dimensionale Information über ein Objekt aus einer einzigen Aufnahme gewonnen werden kann. Deshalb sind diese Verfahren besonders für die Darstellung von Gefäßen geeignet, z.B. für die Kranzgefäße des Herzens. Bei der Tomosynthese wird in einem 1. Schritt das Objekt aus verschiedenen Richtungen aufgenommen. In einem 2. Schritt werden aus diesen radiographischen Bildern synthetische Schichtbilder erzeugt. Bei der DATOS Methode wird statt der üblichen Rückprojektion, die beim Vorhandensein von nur wenigen Projektionsbildern zu Rekonstruktionsfehlern (Artefakten) führt, ein nichtlinearer Rekonstruktionsalgorithmus [5] benutzt, mit dem diese Fehler weitgehend vermieden werden können. Aufgrund dieser Tatsache kann die Zahl der Projektionen reduziert werden. Wir haben ein System mit vier Röntgenröhren aufgebaut.

Durch die artefaktfreiere Rekonstruktion von Schichtbildern können mit ihnen neue synthetische Projektionsbilder aufgebaut werden. Mit diesen werden unter Benutzung der Originalprojektionsbilder 4 Stereobildpaare erzeugt. Mit den Projektionsbildern der Aufnahmeanordnung ist keine direkte Stereodarstellung möglich, weil der Winkel zwischen den Röhren aus diagnostischer Notwendigkeit um ein Vielfaches größer sein muß als bei einer üblichen Stereoaufnahme. Die synthetischen Stereobildpaare haben eine für die Stereobetrachtung geeignete Stereobasis. Für die Darstellung können bekannte Methoden verwendet werden, z.B. das Anaglypenverfahren, wobei die eine Projektion grün und die andere rot eingefärbt ist.

METHODE

Die Strahlengeometrie von einer Tomosynthese-Anordnung ist in Abb.1 skizziert. Das Objekt befindet zwischen den parallelen Ebenen R_X und R_J. In R_X sind die Röntgenröhren $X_1,\dots,X_k$ angeordnet und in R_J entstehen die dazugehörigen Projektionsbilder $B_1,\dots,B_k$. Das Voxel V_m in der Schicht L_m $(1 \leq m \leq n)$ wird von jeder Quelle in ein Pixel P_κ $(1 \leq \kappa \leq k)$ abgebildet, wobei der Grauwert jedes Pixels durch die Überlagerung aller Voxel bestimmt wird, die auf dem Strahl liegen.

$$P_\kappa = \sum_{\nu=1}^{n} V_{\kappa\nu} \; ; \quad V_{\kappa m} = V_m \tag{1}$$

Bei der Rekonstruktion mit der Rückprojektion wird dem Voxel V_m der Mittelwert aller Pixel zugewiesen

$$\bar{V}_m = \frac{1}{k} \sum_{\kappa=1}^{k} P_\kappa \; . \tag{2}$$

Bei dieser Methode erhält man gute Ergebnisse, wenn sehr viele Projektionsbilder vorliegen und wenn das Objekt homogen ist. Dieses trifft bei Angiographien nicht

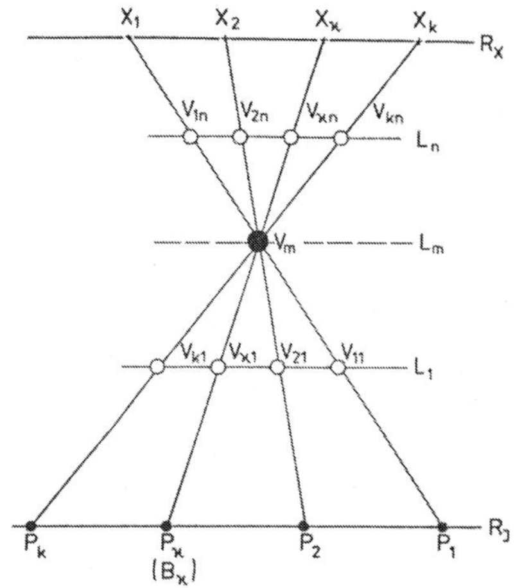

Abb. 1: Tomosynthese Geometrie

zu. Für den Spezialfall der Subtraktionsangiographie entwickelten wir die 'Extremwert'-Dekodierung [5], bei der jedem Voxel das Pixel mit dem geringsten Grauwert zugewiesen wird

$$V_m^* = \min_{\kappa=1}^{k} P_\kappa \, . \qquad (3)$$

Wegen $V_{\kappa\nu} \geq 0$ gilt $V_m \leq V_m^* \leq \bar{V}_m$, (4)

so daß V^* einen kleineren absoluten Bildfehler für das Voxel V_m liefert als die Rückprojektion V_m^*.

Der Vorteil der Extremwert-Dekodierung wird aus Abb. 2 ersichtlich. Die Rekonstruktion des Voxels V_m (strukturloser Hintergrund) geschieht anhand der Pixel P_1-P_4, die jeweils zu den Projektionen X_1-X_4 gehören. In den Pixeln P_1, P_2 und P_4 ist V_m überlagert von Struktur-Voxeln (schwarze Punkte) aus jeweils unterschiedlichen Ebenen, in P_3 ist es aber freiprojiziert. Bei der Rückprojektion wird gemäß Formel (2) über alle Pixel P_1-P_4 gemittelt. In diesem Fall wird ein Hintergrund-Voxel fälschlicherweise als ein Struktur-Voxel rekonstruiert. Bei der Extremwert-Dekodierung wird das Pixel mit dem geringsten Absorptionswert verwendet, entsprechend Gleichung (3). In dem Modell ist dieses das Pixel P_3, mit dem das Voxel V_m richtig rekonstruiert wird.

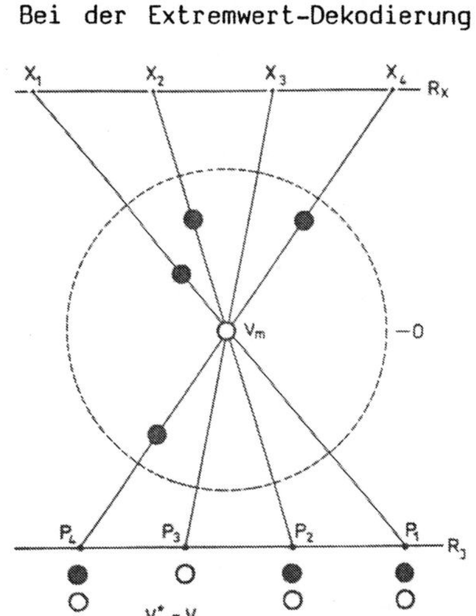

Abb. 2: Prinzip der Extremwert Dekodierung V_m^*

Aus diesem Beispiel wird deutlich, daß ein Voxel dann richtig rekonstruiert werden kann, wenn es in mindestens einer Projektion freiprojiziert ist.

Die artefaktreduzierten Schichtbilder können zu neuen Projektionsbildern aufsummiert werden. Wie die prinzipielle Erzeugung im 1-dimensionalen Fall für eine Stereodarstellung funktioniert, wird anhand der Abb. 3 beschrieben.

Die Röhren X_1 und X_2 befinden sich in Abstand D auf der Ebene R_X. Im Abstand H von R_X liegt parallel dazu die Ebene R_J, auf der die Projektionsbilder B_1 und B_2 projiziert werden. Diese enthalten einzelne Pixel im Abstand d. Die Strahlenbündel von X_1 und X_2 schneiden sich in induzierten Ebenen $L_1,\ldots,L_n$, die parallel zu R_X und R_J liegen. Die Schnittpunkte derselben definieren die Zentren der Voxel. Die Geometrie der induzierten Ebenen wird durch die Parameter D, d und H bestimmt.

Eine beliebige Schicht L_n hat von R_J den Abstand

$$h_n(D) = \frac{H}{1 + \frac{D}{n \cdot d}} \, . \qquad (5)$$

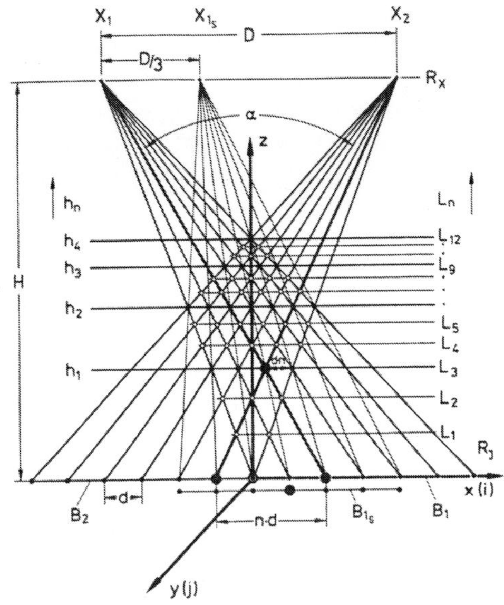

Abb. 3: Prinzip der Stereosynthese

Für die Distanz zwischen den Voxeln in der Schicht L_n gilt die Beziehung

$$d_n(D) = \frac{d \cdot D}{D + n \cdot d} , \qquad (6)$$

wobei n•d der Abstand zwischen den Pixeln ist, in die ein beliebiges Voxel aus L_n projiziert wird (in Abb. 3 ist n=3).

Für den Aufbau einer synthetischen Projektion müssen zuerst die Schichten L_n gemäß (3) rekonstruiert werden.

Im Abstand D/m von X_1 denken wir uns die Röhrenposition X_{1_s}, die das Bild B_{1_s}, die zu synthetisierende Projektion, erzeugt. Von X_1 und X_{1_s} werden Schichten erzeugt, die mit einem Teil der Schichten korrespondieren, die von X_1 und X_2 induziert werden. Aus Gleichung (5) folgt

$$h_{n \cdot m} = h_{n \cdot m}(D) = h_n(D/m) = L_n . \qquad (7)$$

Das bedeutet: Die n-te von X_1 und X_{1_s} induzierte Schicht entspricht der (n•m)-ten von X_1 und X_2 induzierten Schicht. In dem Beispiel mit m=3 sind das die Schichten L_3, L_6, L_9 und L_{12}.

Diese ausgewählten Schichten werden um n/m Pixel verschoben und auf die Ebene R_J projiziert. Von den auf einem Projektionsstrahl liegenden Voxeln wird jeweils dasjenige maximalen Grauwertes in B_{1_s} übernommen, um ein Anwachsen der Hintergrundintensität zu vermeiden.

Zur Vermessung in einem kartesischen Koordinatensystem (Abb. 3) erhält man aus Gleichung (5) und (6) die Beziehungen:

$$x = i \cdot d_n \; ; \quad y = j \cdot d_n \; ; \quad z = h_n , \qquad (8)$$

wobei i und j die Zeilen- bzw. Spaltennummern in der Bildmatrix sind.

ERGEBNISSE

Die Abb. 4 zeigt die DATOS-Aufnahmeapparatur, die speziell für Herzkranzgefäße konzipiert wurde. Diese besteht aus einer Röntgenbildverstärker/TV-Kette und 5 Röntgenröhren, die in einem Rahmen montiert sind. Die Röhren für die Tomosynthese liegen in den Eckpunkten eines Quadrates von 800 mm Seitenlänge. Der Tomographiewinkel beträgt 29 °. Die mittlere Röhre dient zur Positionierung von Patient und Katheter.

Für die Bildprozessierung der 4 Originalbilder (Leer- und Füllungsaufnahme) wurde ein VAX Computer benutzt.

Die Abb. 5a zeigt eine DATOS-Originalaufnahme von einem linken Herzkranzgefäß, die auf einem Lumineszenzdetektor [4] aufgenommen wurde. Zu jeder der 4 Originalprojektionen wurde eine synthetische Projektion berechnet (Abb. 5b).

Die Bilder werden normalerweise auf einem 'RAMTEK'-Farbdisplay dargestellt und mit einer Rot-Grün-Brille betrachtet (Abb. 6). Mit einem Stereo-Cursor (Pfeil) kann das Objekt vermessen werden. Die Abb. 5 zeigt die Vermessung eines Abstandes zwischen zwei Gefäßen. Die gemessenen x-,y- und z-Positionen werden auf der rechten Seite des Displays eingeblendet (Abb. 5c).

Abb. 4: DATOS-Aufnahmeapparatur

Zur Überprüfung der Genauigkeit wurden 10 Zielpunkte (z-Werte) an einem Gefäßphantom von mehreren Personen bestimmt. Die Ergebnisse wurden mit den stereometrischen Meßwerten aus einem einzelnen Stereobild (linkes oberes Bild der DATOS-Aufnahme) verglichen (Tabelle 1). Bezüglich der Zielpunkte gab es qualitativ deutliche Unterschiede, wir haben daher die Einteilung in unkritische und kritische Zielpunkte vorgenommen. Letztere Punkte waren deutlich schlechter zu bestimmen auf Grund einer komplexeren Umgebung. Die höhere Zielgenauigkeit bei der Vielfach-Stereobilddarstellung kommt im wesentlichen dadurch zustande, daß die Ausmessung über 4 korrelierte Stereobilder vorgenommen wird. Erst wenn der Cursor in allen 4 Bildern an korrespondierenden Punkte platziert ist, ist der Zielpunkt optimal eingestellt (zu erkennen in Abb. 5a + 5b). Die Korrelation besteht auf Grund der zeitlich gleichen Aufnahme der Originalbilder.

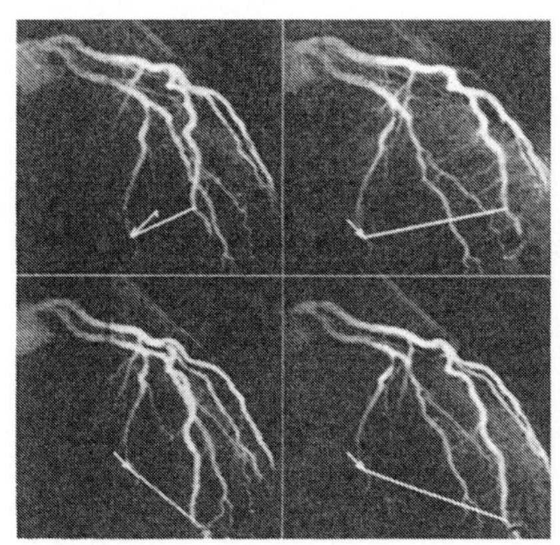

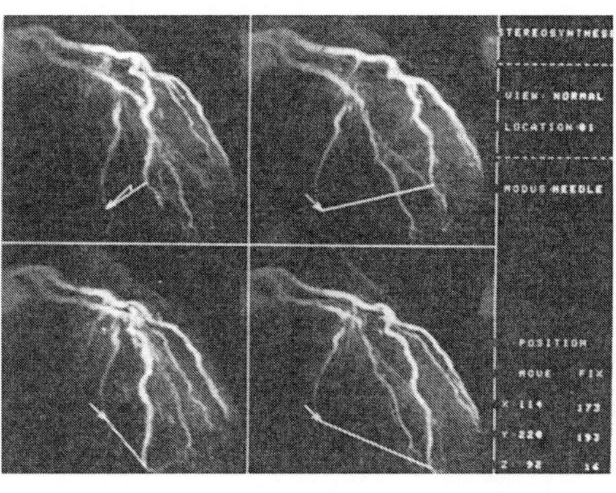

a b c

Abb. 5: Stereosynthese an einem Herzkranzsystem
a) DATOS-Originalprojektionen (linkes Auge)
b) Synthetisch erzeugte Projektionen (rechtes Auge)
c) Vermessungskoordinaten

DISKUSSION

Neue Methoden müssen hauptsächlich danach beurteilt werden, ob sie zusätzliche relevante Information beinhalten und ob sie einfacher und patientenschonender durchgeführt werden können.

Nachwievor wird die Schichtdarstellung der wesentliche Grund für eine Tomosynthese-Aufnahme sein, jedoch erweitert sich mit der Vielfach-Stereobilderzeugng das Anwendungsgebiet auch auf interventionelle angiographische Prozeduren. Die einfache 3D-Wiedergabe von Stereobildern könnte z.B. bei der Dilatation von Herzkranzgefäßen von Nutzen sein, bei der zur Beseitigung einer Gefäßverengung ein Katheter möglichst sicher und schnell durch die Gefäße vorgeschoben werden muß.

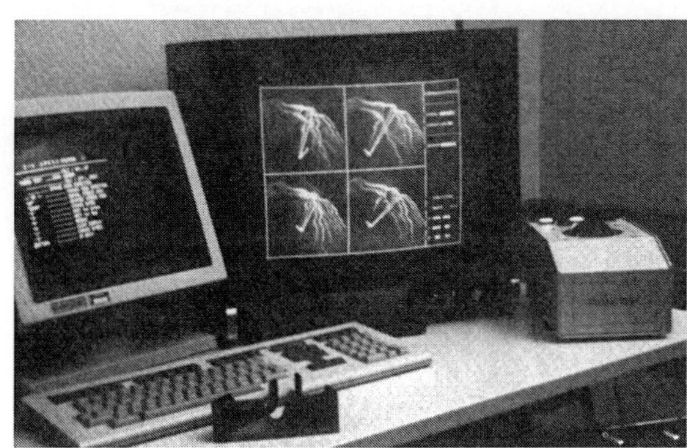

Abb. 6: Stereosynthese Darstellung auf einem 'RAMTEX'-Farbdisplay

Tabelle 1: Vergleich der Meßmethoden

% - Fehler		Methode	
		Einzelbild	DATOS-Bild
Zielpunkte	unkritische	4,5	1,4
	kritsche	8	2

Bedeutende Anwendungsmöglichkeiten in Verbindung mit einer Zielpunktbestimmung liegen ebenfalls in der Planung und Durchführung von radiochirurgischen Eingriffen im Kopf. Bei diesen muß ein möglichst schonender 'Stichkanal' für eine Nadel durch das Gefäßsystem hindurch zu einem Zielpunkt z.B. einem Tumor gefunden werden, um dort ein Radionuklid zu implantieren. Hier kann nicht nur die höhere Genauigkeit der Zielpunktbestimmung genutzt werden, die gegenüber einem Einzelbild um den Faktor 3-4 verbessert ist, sondern vor allem kann unter Einbeziehung aller 4 Stereobilder, die auf Grund des großen Winkels große perspektivische Unterschiede aufweisen, sehr viel besser und schneller der optimale Stichkanal festgelegt werden.

In den synthetischen Projektionsbildern (Abb. 5b) erkennt man Artefakte, die in den Originalprojektionen natürlich nicht vorhanden sind. Die Erfahrung zeigt, daß durch die Fehlertoleranz des menschlichen Gehirns bei der Stereowahrnehmung diese Artefakte kaum stören.

Weil bei DATOS in den meisten Fällen nur eine einzige Aufnahmeprozedur notwendig ist, ergeben sich für den Patienten entscheidende Vorteile. Im Vergleich zur eingeführten 35 mm Koronarangiographie wird die Strahlenbelastung bis um das 100-fache, die Kontrastmittelmenge um das 6-fache und die Untersuchungszeit um etwa das 3-fache reduziert [4].

Eine endgültige Bewertung der Methode kann erst nach klinischen Untersuchungen vorgenommen werden, die sich gegenwärtig in Vorbereitung befinden.

LITERATURVERZEICHNIS

[1] Ziedses des Plantes GB: Eine neue Methode zur Differenzierung in der Röntgenographie. Acta Radio (Stockholm) 1932; 13: 182-92.

[2] Nadjmi, M., Weiss, H., Klotz, E., Linde, R.: Kurzzeittomosynthese: Klinische Erfahrungen. Röntgenpraxis 1981; 34: 247-52.

[3] Becher, H., Schlüter, M., Mathey, D.G. et al.: Coronary angiography with flashing tomosynthesis. Eur Heart J 1985; 6: 399-408.

[4] Haaker, P., Klotz, E., Koppe, R., Linde, R. and Mathey, D.G.: First clinical results with digital flashing tomosynthesis in coronary angiography. Eur Heart J 1985; 6: 913-920.

[5] Haaker, P., Klotz, E., Koppe, R., Linde, R., Möller, H.A.: New digital tomosynthesis method with less artifacts for angiography. Med Phys 1985; 12 (4): 431-6.

[6] Mistretta, C.A.: Digital subtraction angiography. The shape of things to come. Diagnostic Imaging 1982; 130: 36-40.

Automatische Rasterkoordinatenermittlung mit Hilfe digitaler Filter

K. Andresen und R. Helsch, TU Braunschweig

Zur berührungslosen Ermittlung von Oberflächenverformungen gewinnen die Rasterverfahren zunehmend an Bedeutung, da deren regelmäßige Struktur besonders gut für die automatische Bildverarbeitung geeignet ist. Ein Raster, auf die Oberfläche aufgebracht und mit dieser verformt, wird bei unterschiedlichen Laststufen aufgenommen. Aus der Verschiebung der Rasterpunkte erhält man ein Maß für die Dehnung von ebenen Oberflächen. Zeichnet man den Raster aus mehreren unterschiedlichen Richtungen auf, so liefert die Stereophotogrammetrie auch die 3-dimensionale Kontur der Oberfläche. Aufgabe der Bildverarbeitung ist es nun, die Koordinaten des Rasters mit hoher Genauigkeit und weitgehend automatisch zu bestimmen.

Ziel der vorliegenden Arbeit ist es, für die automatische Auswertung Verfahren zu entwickeln, welche die Lage und Ausrichtung eines Rasters im Bild erkennen, die Berandung des Rasterfeldes finden und innerhalb dieser die Verschiebungsfunktion ermitteln.

Als Grundlage obiger Algorithmen bestimmt ein komplexes Ortsfilter mittels Korrelation die Amplitude und Phasenlage des gesuchten Rasters in jedem Punkt des Bildes. Die Grenzen des Rasters lassen sich aus der Amplitude finden, während Entfaltung der Phase die Verschiebung des Rasters liefert. Das Ortsfilter besteht im 1-dimensionalen Fall aus 2 und im 2-dimensionalen Fall aus 4 Faltungssummen. Es wird mit Hilfe der Fouriertransformation aus dem Bild gewonnen.

In der unten angegebenen Folge ist links das mit der Kamera aufgenommene Bild zu sehen. In der Mitte kann man die beiden komplexen Filter erkennen, die jeweils auf eine der beiden Hauptortsfrequenzen des Rasters ansprechen. Jedes besteht aus zwei reellen Filtern, entsprechend dem Sinus- und Kosinus-Anteil der Frequenz. Die Amplitudenantwort im rechten Bild kann zur Erkennung des Rasterrandes dienen.

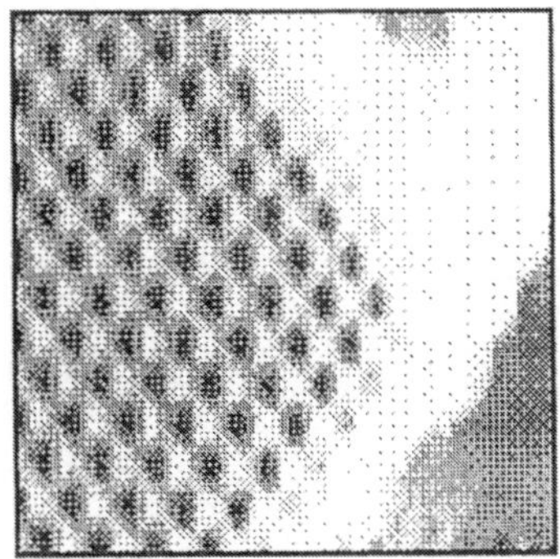
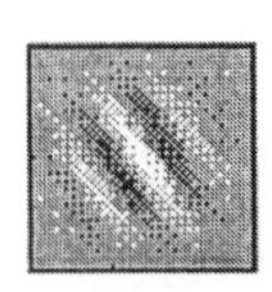

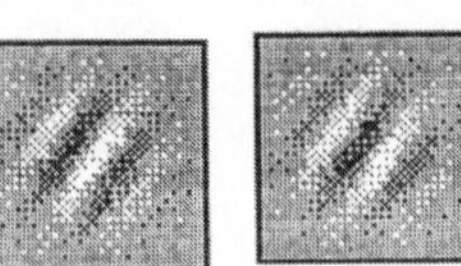
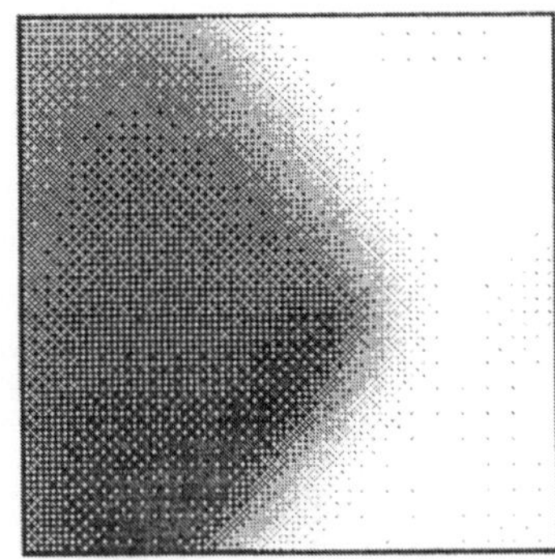

Aufbau und Einsatz eines kombinierten Laser/Kamera-Systems

P. Levi, L. Vajta

Forschungszentrum Informatik
Haid- und Neu-Str. 10-14, 7500 Karlsruhe

Ziel dieses Kurzbeitrages ist es, den systematischen Aufbau eines kombinierten Laser/Kamera-Systems und seinen Einsatz zu beschreiben. Der optische Teil dieser Meßanordnung setzt sich aus einer modulierten Laserdiode (0-25 mW), die vorwiegend im Infrarotbereich arbeitet, zwei Galvanometerspiegeln (Grenzfrequenz 300 Hz), einem zweidimensionalen positionssensitiven Detektor ("Positionskamera") und einer CCD-Kamera zusammen. Die Abstandsberechnung erfolgt nach dem Triangulationsprinzip. Die Abstandsauflösung beträgt 0,25 mm bei einem Objektabstand von 2m. Die "Positionskamera" ist darüberhinaus in der Lage, Intensitätsaufnahmen zu generieren, die nahezu unabhängig sind von den externen Beleuchtungsverhältnissen. Hierdurch können Abstands- und Intensitätsdaten direkt miteinander korreliert werden. Die Kamera soll eingesetzt werden, um z.B. für die Navigation eines mobilen Roboters die Interessenbereiche für die nachfolgende Laserabtastung festzulegen. Weiterhin soll sie zu Korrekturzwecken von gestörten Abstandsbildern herangezogen werden.

Zu dem meßtechnischen Aufbau des Systems gehört die Möglichkeit zur Blickfeldnormierung, die Korrektur der kissenförmigen Verzerrung der Positionskamera, die Korrektur des von der Intensität des reflektierten Laserstrahls abhängige Positionsbestimmung (polynomiale Korrekturmatrix) und die on-line Regelung der beiden Galvanometerspiegel, um jeden Abstandspunkt im Raum hysteresefrei und wahlfrei anfahren zu können.

Zur Steuerung des gesamten Systems wird ein VME-Bus-System, das aus drei Motorola 68000 Prozessoren besteht, verwendet. Ein Prozessor dient der Spiegelsteuerung, der andere führt die Abstandsberechnung durch und der dritte Prozessor bewerkstelligt die auftragsbezogene Steuerung dieser beiden Prozessoren, um ikonische Merkmalsextraktionen durchzuführen. Mit Hilfe von zwei 12-bit D/A-Wandlern können die beiden Kippspiegel wahlfrei positioniert werden. Die Positionsbestimmung des reflektierten Lichtpunktes wird mit zwei12-bit A/D-Wandlern durchgeführt. Das "Abtastfenster" kann neben verschiedenen Gittermustern (64^2 bis zu 256^2) auch zu einer Linie oder einer Linienschar verändert werden. Die Abtastung eines 256^2 - großen Feldes dauert gegenwärtig 2 Sekunden.

Benutzt wird dieser kombinierte Sensor für die Fusion der beiden verschiedenartigen Sensordaten. Die Daten des Abstandsbildes dienen hierbei als Vorgabe für die geometrischen Verhältnisse des abgetasteten Objektes, um darauf aufbauend die Intensitätsdaten zu interpretieren. Für beide Bildarten wird eine differentialgeometrische Beschreibung der Flächen, der Krümmungen, der Hauptkrümmungsvektoren, der Flächennormalen etc. herangezogen, um attributierte Graphen zu generieren. Die Übergänge vom dreidimensionalen in den zweidimensionalen Bereich werden auf der Merkmalsebene und nicht auf der Pixelebene regelbasiert durchgeführt.

Justierung von Bildpaaren ohne Verwendung von Paßpunkten

P. Schwarzmann, B. Schorer, M. Griesinger*

Institut für Physikalische Elektronik, Prof. Dr. Ing. W.H. Bloss
Universität Stuttgart, Pfaffenwaldring 47, 7000 Stuttgart 80
* Daimler Benz AG, Postfach 600202, 7000 Stuttgart 60

Es wird ein Verfahren vorgestellt, Bildpaare unterschiedlichen Inhalts nach Maßgabe einer Paßlage eines ähnlichen Musterbildpaares aufeinander zu justieren, ohne Paßpunkte zu verwenden; es wird vielmehr der gesamte Bildinhalt zur Feststellung der Paßlage herangezogen.

Dazu wird das Musterbildpaar durch angepaßte Filter so transformiert, daß sich Deltafunktionen ergeben. Ist das aktuelle Bildpaar dann genügend ähnlich zum Musterbildpaar, so ergibt die Korrelationsfunktion des in gleicher Weise transformierten aktuellen Bildpaares eine deltafunktionsähnliche Form. Das bedeutet, daß diese Korrelationsfunktion für die durch das Musterbildpaar vorgegebene Paßlage des aktuellen Bildpaares ein örtlich eng begrenztes und steiles Maximum aufweist.

Die Methode erweitert ein aus der Literatur bekanntes Verfahren (/TOM83/), das mit unterschiedlichen Sensoren aufgenommene Bildvorlagen zur Deckung bringt.

Geprüft wurden Anwendungen des Verfahrens auf die Justierung von Vorder- und Rückseite von Leiterbahnplatinen und die Justierung von Paaren von Grauwertbildvorlagen.

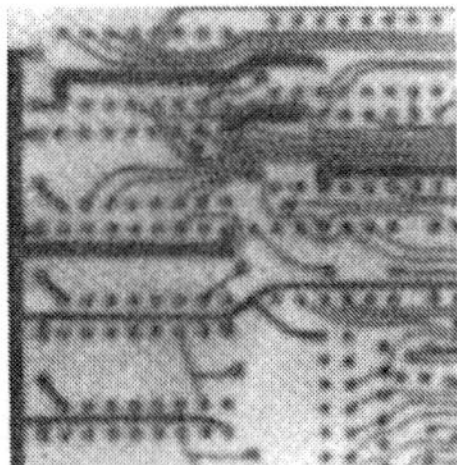

Abbildung 1 : Muster 2

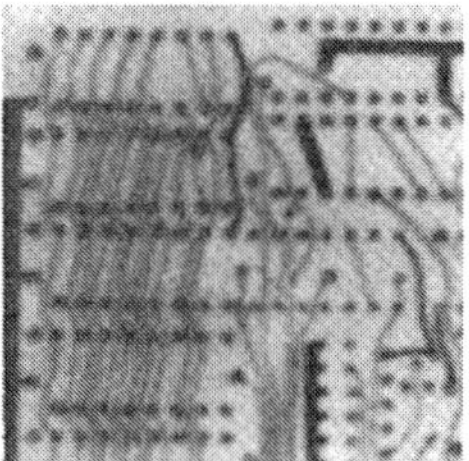

Abbildung 2 : Muster 1

Beispiel für ein Musterbildpaar (Vorder- und Rückseite einer Leiterbahnplatine)
Original Vorderseite (Muster 2, Abb. 1) und Original Rückseite (Muster 1, Abb. 2)

/TOM 83/ V.T.Tom, G.K.Wallace, G.J.Wolfe (1983)
Image Registration by a Statistical Method; in Proc. SPIE, Vol. 432, pp 240-243, San Diego 1983

3-D Segmentation von Kernspin-Tomogrammen

M. Bomans, M. Riemer, U. Tiede, K.H. Höhne

Institut für Mathematik und Datenverarbeitung
in der Medizin (IMDM)
Universitäts-Krankenhaus Eppendorf
2000 Hamburg 20

Kurzfassung

In diesem Artikel wird die dreidimensionale Erweiterung des Marr-Hildreth Operators zur Segmentation von Volumendaten der Kernspintomographie vorgestellt. Es wird gezeigt, daß die Nulldurchgänge in dem vom Marr-Hildreth Operator berechneten Konturvolumen anatomisch relevanten Oberflächen entsprechen. Weist man den gefundenen Regionen semantische Bedeutungen zu und benutzt diese bei der Oberflächendarstellung, lassen sich sehr gute Ergebnisse erzielen.

Einleitung

Kernspintomogramme werden in zunehmendem Maße in Form räumlicher Bildsequenzen geliefert, die die 3D-Information über das zu untersuchende Organ enthalten. Es liegt deshalb nahe, die in der Sequenz enthaltene Information auch dreidimensional zu betrachten. Dazu muß man - im Gegensatz zu 2D-Bildern - die Strukturen, die abgebildet werden sollen, spezifizieren. Häufig möchte man die Oberfläche bestimmter Organe darstellen, so daß eine Segmentation in zusammenhängende Regionen notwendig ist. Ziel ist hierbei zunächst die Identifizierung von einfachen Objekten wie Außenhaut oder Knochen und erst später das automatische Auffinden von pathologischen Bereichen. Gelingt die Identifizierung der Objekte, läßt sich die Untersuchung des Bildvolumens vereinfachen:

- Die Oberfläche der Objekte kann dem Radiologen als Orientierungshilfe bei den verschiedenen Betrachtungsoperationen dienen, indem zum Beispiel Schnitte zusammen mit der Hautoberfläche dargestellt werden.
- Die Objekte können bei der 3D-Rekonstruktion zur Sichtbarmachnung der darunterliegenden Teile entfernt werden, zum Beispiel können beim Kopf Haut und Knochen entfernt werden, um die Hirnrinde sichtbar zu machen.
- Die Oberfläche eines Organs kann dem Radiologen schon wichtige diagnostische Informationen geben, zum Beispiel bei einer Veränderung der Größe oder der Oberflächenstruktur.

Methode

Als Ausgangsdatenstruktur wurde ein 3D-Datenwürfel benutzt, bei dem jedem Volumenelement seine Intensität zugeordnet ist (Voxel-Modell). Um in diesem Datenwürfel Objektoberflächen zu finden, wurde ein 3D-Kantenfinder angewandt. Unter den verschiedenen Kantenfindungsoperatoren wurde der Marr-Hildreth Operator ausgewählt, da er in jedem Fall geschlossene Konturen liefert [1]. Der Marr-Hildreth Operator erzeugt ein Konturvolumen K(x,y,z), indem er das originale Datenvolumen I(x,y,z) mit dem Laplaceoperator einer Gaußfunktion G(x,y,z) faltet:

$$K(x,y,z) = I(x,y,z) * \Delta G(x,y,z)$$

$$\Delta G(x,y,z) = \frac{\partial^2 G(x,y,z)}{\partial^2 x} + \frac{\partial^2 G(x,y,z)}{\partial^2 y} + \frac{\partial^2 G(x,y,z)}{\partial^2 z}$$

$$G(x,y,z) = \frac{1}{2\pi^{\frac{3}{2}} \cdot \sigma^3} \cdot e^{-\frac{1}{x^2+y^2+z^2}}$$

Durch die Faltung mit der Gaußfunktion wird eine Rauschglättung erreicht, die von der Varianz σ der Gaußfunktion abhängig ist. Die Nullstellen in dem Konturvolumen entsprechen den Oberflächen der Objekte in dem originalen Datenvolumen.

Da die 3D-Faltung mit dem Laplaceoperator nicht separierbar ist und somit sehr viel Rechenzeit benötigt, wurde der Marr-Hildreth Operator mit der Differenz zweier Gaußfunktionen, deren Filterweiten im Verhältnis 1:1,6 stehen, angenähert. Die Faltung mit einer 3D-Gaußfunktion ist aber separierbar, so daß das Konturvolumen mit nur sechs eindimensionalen Faltungen berechnet werden kann. Die Faltung des Datenvolumens mit dem Filter wurde im Ortsbereich durchgeführt, da für kleine σ Werte die Transformation in den Fourierbereich und die punktweise Multiplikation mehr Rechenzeit benötigt.

Ergebnisse

Das Verfahren wurde auf Kernspintomogramme des Schädels angewandt. Die Bildsequenz bestand aus 128 sagitalen Schichten mit einer Auflösung von 256x256 Bildpunkten.

Für die zweimalige 3D-Faltung im Ortsbereich benötigten wir auf unserer VAX 11/780 für diesen Datenwürfel und einem σ Wert von 2 etwa 230 min. Für eine routinemäßige Anwendung ist diese Zeit zwar nicht annehmbar, in einem klinischen System könnte die Faltung aber auf einer speziellen Hardware implementiert werden, so daß sie dann sehr viel schneller ausgeführt werden könnte.

Der Datenwürfel wurde zunächst mit dem Marr-Hildreth Operator mit verschiedenen σ Werten gefaltet, um den optimalen Wert zu bestimmen. Dabei zeigte sich, daß ein σ Wert um 2 die besten Resultate erzeugt. Ist der σ Wert größer, nimmt die Positioniergenauigkeit ab und es gehen wesentliche Oberflächen verloren, ist er kleiner, werden die Oberflächen stark durch das Rauschen in dem Datenwürfel beeinflußt. Bei einem σ Wert von 2 treten auch die von Toore und Poggio [2] beschriebenen Konturverschiebungen nicht auf.

In Abbildung 1 ist eine transversale Schicht der Ausgangsdaten und die für diese Schicht von dem Marr-Hildreth Operator mit einem σ Wert von 2 gefundenen Regionen dargestellt.

Zur 3D-Rekonstruktion des Bildvolumens wurde das Programm Voxel-Man-8 benutzt [3]. Dieses Programm erzeugt eine Ansicht des Bildvolumens mit einem ray-casting Verfahren, wobei man interaktiv die Strukturen, die abgebildet werden sollen, festlegen kann. Zur Schattierung der Oberfläche wurde ein spezielles Verfahren angewandt, das die Oberflächennormale aus den Grauwerten an der Oberfläche berechnet (gray level gradient) [4].

3D-Rekonstruktion des Konturvolumens mit VOXEL-MAN-8

Bei der Oberflächendarstellung des Konturvolumens kann man Strukturen, die sich von der Umgebung deutlich unterscheiden, gut sichtbar machen. Dazu werden die Nulldurchgänge gesucht und der Grauwertgradient auf den Konturdaten berechnet. Für die äußere Haut wählt man den ersten Nulldurchgang, für tieferliegende Organe muß man entsprechend weiter innen liegende Nulldurchgänge betrachten. Der Vorteil dieser Methode ist, daß man den einzelnen Regionen keine Bedeutung zuzuweisen braucht, die Oberflächen der verschiedenen Organe werden vielmehr durch die Spezifikation bestimmt. Dieses Verfahren ist sicherlich nicht für alle Organe in allen Körperteilen anwendbar, für den Kopf haben wir aber gute Ergebnisse erzielt.

In Abbildung 2 ist für den Kopf zum einen die so erzeugte Hautoberfläche sowie die Hautoberfläche zusammen mit verschiedenen anderen Organen wie Schädelknochen, Hirnrinde und Muskeln zu sehen.

Markieren der Regionen und 3D-Rekonstruktion mit VOXEL-MAN-N

Neben der direkten Visualisierung der Nulldurchgänge können diese auch zur Bildung von Regionen benutzt werden. Hierzu müssen zunächst einige vom Marr-Hildreth Operator falsch erzeugten Verbindungen zwischen unterschiedlichen Regionen gelöscht werden. Dann werden den

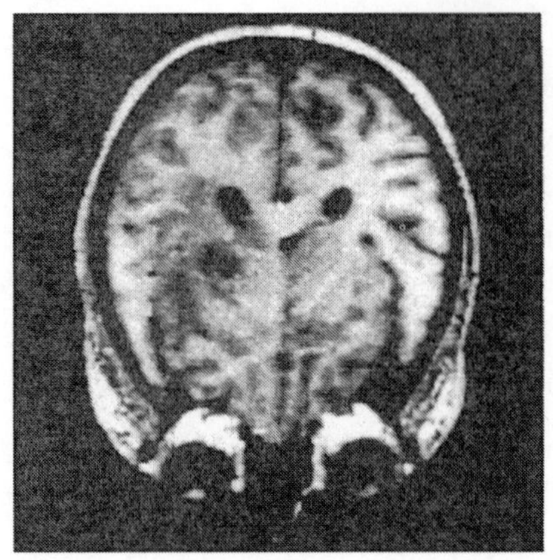
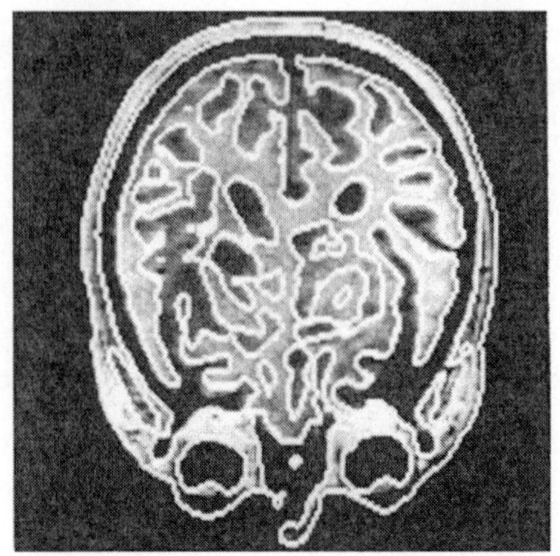

Abb. 1: transversale Schicht des Kopfes mit den vom Marr-Hildreth Operator gefundenen Regionen

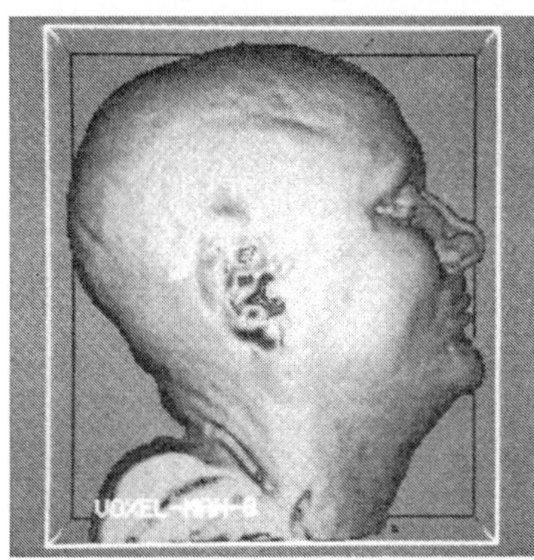

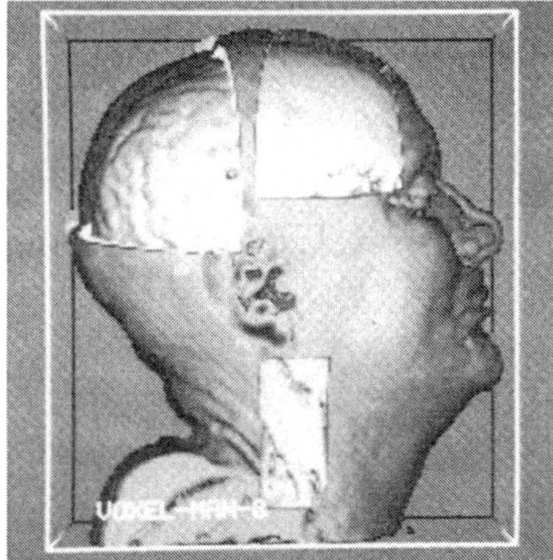

Abb. 2: Oberflächendarstellung des Konturvolumens
links: Hautoberfläche des Kopfes.
rechts: Oberfläche verschiedenen Organe im Kopf.

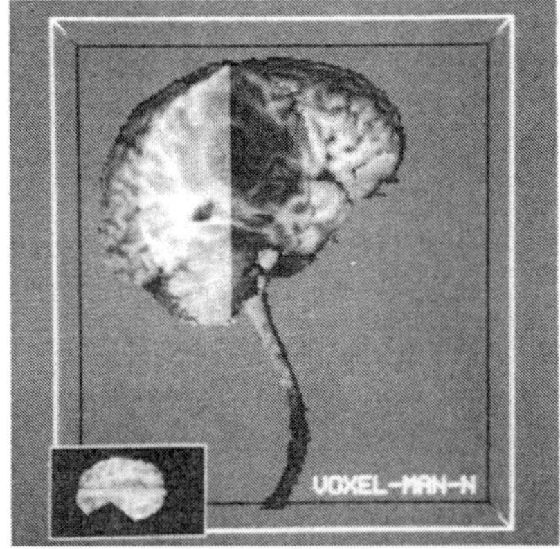

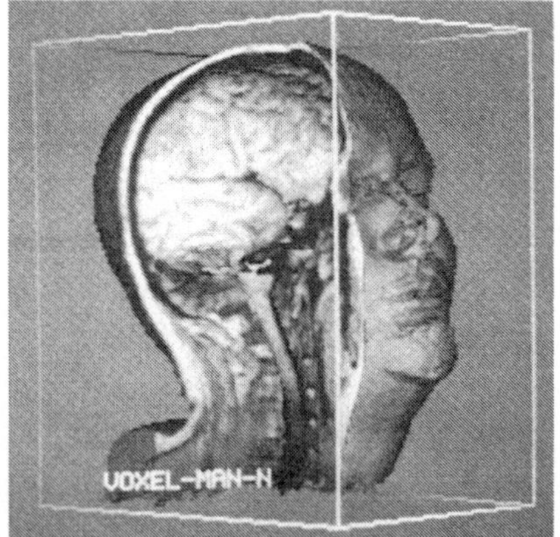

Abb. 3: Oberflächendarstellung nach Markierung der Organe
links: Hirn mit 2 Schnitten.
rechts: Hirn zusammen mit der Hautoberfläche.

im 3D-Raum zusammenhängenden Regionen interaktiv Bedeutungen zugewiesen. Die anschließende Oberflächendarstellung arbeitet auf einer erweiterten Eingabedatenstruktur, die für jedes Voxel neben dem originalen Intensitätswert auch die Objektzugehörigkeit enthält. Dieses Verfahren ist allgemeiner anwendbar und erlaubt, auch spezielle Organe selektiv darzustellen.

In Abbildung 3 ist das Hirn mit zwei Schnitten sowie das Hirn im Zusammenhang mit der Hautoberfläche des Kopfes dargestellt.

Zusammenfassung

Wir haben gezeigt, daß der Marr-Hildreth Operator geeignet ist, 3D-Oberflächen bei Kernspintomogrammen des Kopfes zu finden. Nach der Korrektur weniger Oberflächensegmente ist es möglich, anatomische Objekte darzustellen. Die Zuweisung der semantischen Attribute (wie weiße Hirnmasse) erfolgt zur Zeit noch interaktiv. In einem nächsten Schritt sollen hier wissensbasierte Methoden eingesetzt werden, so daß diese Zuordnung automatisch vorgenommen werden kann.

Literatur

[1] Marr, D.; Hildreth, E.: Theory of Edge Detection. Proc. R. Soc. Lond. B 207,187-217 (1980).

[2] Torre, V.; Poggio, T.: On Edge Detection. Technical Report MIT (1984).

[3] Höhne, K.H.; Riemer, M.; Tiede, U.: Viewing Operations for 3D-Tomographic Gray Level Data. In: Lemke, U. (Ed.): Computer Assisted Radiology, Berlin (1987), 599-609.

[4] Tiede, U.; Höhne, K.H.; Riemer, M.: Comparison of Surface Rendering Techniques for 3D-Tomographic Objects. In: Lemke, U. (Ed.): Computer Assisted Radiology, Berlin (1987), 610-614.

EIN SYSTEM ZUR GEWEBECHARAKTERISIERUNG IN DER KERNSPINTOMOGRAPHIE

M. Jungke, G. Bielke, S. Meindl, M. Grigat, W. von Seelen

Deutsche Klinik f. Diagnostik, Abt. NMR,
Aukammallee 33, D-6200 Wiesbaden

Einleitung

Im Spektrum der Anwendungsgebiete für Mustererkennungsaufgaben nimmt die Bildverarbeitung zur Gewebecharakterisierung in der Kernspintomographie eine Sonderstellung ein, die aus der Verteilung gewebespezifischer Information über mehrere Bildserien und aus der besonderen Rolle des Arztes als Benutzer des Systems erwächst.

Über die Entwicklungsarbeiten im Bereich der Datenvorverarbeitung, Normierung, Rauschunterdrückung und der Konzentration des Informationsgehaltes der Originaldaten auf die Parameter eines physikalisch begründbaren mathematischen Modells hinaus, gewinnt nach den Arbeiten im Vorfeld des Klassifikationsprozesses der Aspekt der sinnvollen Einbeziehung des Benutzers in den Entscheidungsprozeß an Bedeutung. Verantwortlich für die Diagnose, muß der Arzt die internen Abläufe der Entscheidungsfindung und das Ergebnis der Klassifikation beurteilen können.

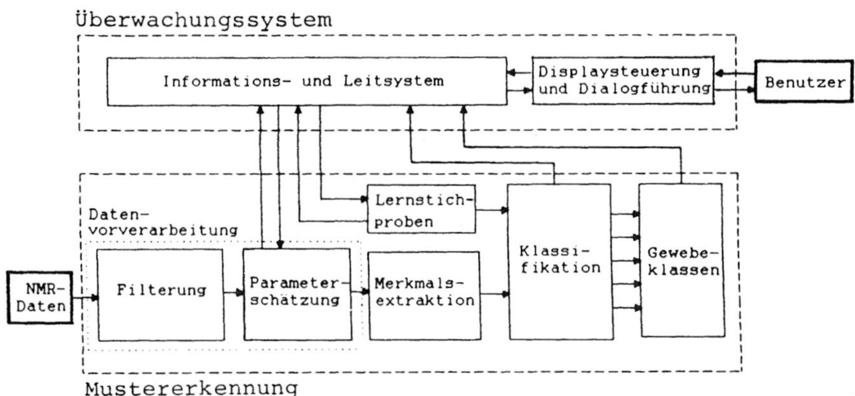

Abb. 1 System zur Gewebecharakterisierung in der Kernspintomographie

Hierbei wird er durch ein dem Mustererkennungsprozeß überlagertes Überwachungssystem unterstützt, das Funktionen eines Informations- und Leitsystems beinhaltet. Nach kurzen Erläuterungen zur Realisierung der einzelnen Mustererkennungs- und Klassifikationsschritte werden einige Funktionen des Informationssystems erläutert.

Meßbedingungen und Datenvorverarbeitung

Ein zur Datenvorverarbeitung in der Kernspintomographie geeignetes Modell erhält man aus der vereinfachten Lösung der Bloch'schen Gleichungen. Resultieren die NMR-Daten aus einer CPMG-Sequenz, läßt sich die Intensität eines Bildpunktes S wie folgt beschreiben:

$$S(x,y) = RHO(x,y)*[1 - exp[-TR/T1(x,y)]]*exp[-TE/T2(x,y)] \quad (1)$$

Die Abkürzung TR und TE stehen für 'recovery time' und 'echo delay time', x und y bezeichnen den Ort des Bildpunktes. Für jedes Gewebevolumenelement, repräsentiert durch einen Bildpunkt, dessen Intensität zeitdiskret erfaßt wird, lassen sich Spin-Gitter-

und Spin-Spin-Relaxationszeitkonstanten (T1 und T2) sowie ein zur Spindichte der Wasserstoffprotonen proportionaler Faktor (RHO) bestimmen. Diese drei Parameter definieren als Komponenten eines Merkmalsvektors die Lage eines Gewebevolumenelements im dreidimensionalen Merkmalsraum.

Gegenstand unserer Untersuchung ist Gehirngewebe. Die Datenaufnahme erfolgt auf einem 0,28 T eisengeschirmten Widerstandsmagnetsystem (BMT 1100, Bruker). Als Meßsequenz wurde eine Kombination von drei CPMG-Spinechozügen aus jeweils 8 Echos mit unterschiedlicher recovery time für jede Projektion verwendet. Der zeitliche Abstand zwischen zwei Echos beträgt 34 ms, die drei TR's sind zu 320 ms, 640 ms und 1920 ms festgelegt (Abb. 2).

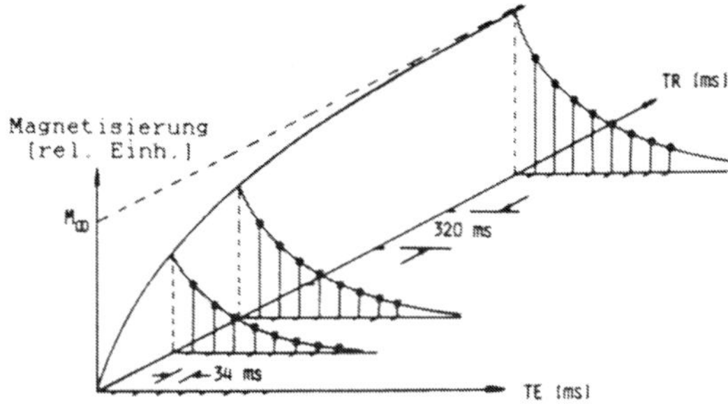

Abb. 2 Prinzip des Relaxationszeitverlaufs für die verwendete Dreifachsequenz

Schätzung von T2 über Differenzengleichungen kombiniert mit digitalen Filtern

Der Zerfall der Transversalmagnetisierung wird als zeitdiskretes Ausgangssignal y(k) eines virtuellen Systems (Abb. 3) betrachtet, das durch ein Delta-Impulssignal u(k) angeregt wird. Das Argument 'k' steht für einen Zeitverschiebeoperator, 'k-1' verweist auf den im Zeitraster um einen Abtastschritt zurückliegenden Zeitpunkt. Die Abtastzeit T_0 beträgt 34 ms, was dem Abstand zweier Echos entspricht. Unter diesen Randbedingungen wählen wir einen monoexponentiellen Modellansatz, wodurch sich die allgemeine Form einer linearen Differenzengleichung

$$y(k) - a_1 y(k-1) - \ldots - a_m y(k-m) = b_0 u(k) + b_1 u(k-1) + \ldots + b_m u(k-m) \qquad (2)$$

vereinfacht:

$$u(k) = \begin{cases} 1 & k=0 \\ 0 & k\neq 0 \end{cases} \qquad y(k) = \begin{cases} 0 & k<0 \\ a_1 y(k-1) + b_0 u(k) & k\geq 0 \end{cases}$$

Der Parameter a_1 ersetzt den exponentiellen Term, der die Zeitkonstante T2 beinhaltet

$$a_1 = \exp(-T_0/T2) \qquad (3)$$

während b_0 die Amplitude des ersten Ausgangssignals repräsentiert. Bevor die eigentliche Parameterschätzung beginnt, durchlaufen, wie in Abb. 3 gezeigt, Ausgangs- und Eingangssignal des virtuellen Systems den gleichen Typ eines digitalen Filters,

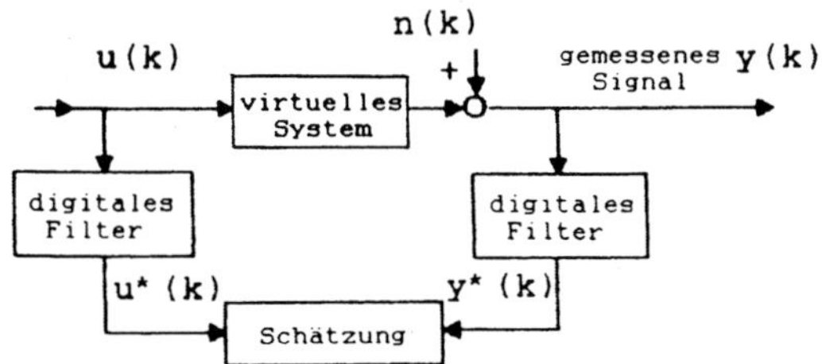

Abb. 3 Blockschaltbild eines virtuellen Systems zur Parameterschätzung mit digital gefiltertem zeitdiskretem Eingangs- und Ausgangssignal

wobei y(k) von einer mittelwertfreien Störsignalkomponente n(k) überlagert sei, die einer separaten Messung entzogen ist. Als Filter wird ein 'idealer Tiefpaß' verwendet

$$r(k) \rightarrow \boxed{\text{idealer Tiefpaß}} \rightarrow w(k) \qquad w(k) = \begin{cases} 0 & k<0 \\ w(k-1) + r(k) & k\geq 0 \end{cases} .$$

Die gefilterten Daten, in Gl.(4) mit einem '*' markiert, bilden die Meßmatrix $\underline{\Phi}$ eines überbestimmten Gleichungssystems

$$\begin{bmatrix} y^*(0) \\ y^*(1) \\ : \\ y^*(N) \end{bmatrix} = \begin{bmatrix} 0 & u^*(0) \\ y^*(0) & u^*(1) \\ : & : \\ y^*(N-1) & u^*(N) \end{bmatrix} \cdot \begin{bmatrix} a_1 \\ b_0 \end{bmatrix} \quad \text{bzw.} \quad \underline{y} = \underline{\Phi} \cdot \underline{\theta} \tag{4}$$

Die Bestimmung der Komponenten des Parametervektors $\underline{\theta}$ erfolgt durch Lösen des linearen Gleichungssystem 2. Ordnung,

$$\underline{\Phi}^T \underline{\Phi} \cdot \underline{\theta} = \underline{\Phi}^T \underline{y} \tag{5}$$

das aus dem Fehlerausgleich nach dem Gauß'schen Fehlerquadrat-Minimum-Verfahren resultiert.

Da die Auswertung der Daten bis zu diesem Verarbeitungsschritt keine logarithmischen Operationen erfordert, konnte eine deutliche Verminderung der Streuung der T2-Werte erzielt werden. Gleichzeitig wurde die Fehlerfortpflanzung über die Extrapolation auf TE = 0 zur T1- und Rho-Bestimmung vermindert.

Bestimmung der Spin-Gitter-Relaxationszeit T1 und der relativen Dichte RHO der Wasserstoffkerne

Bezüglich der Schätzung von T1 und RHO verwenden wir die drei, wie zuvor erwähnt für TE = 0 extrapolierten Werte (TR1 = 320 ms, TR2 = 640 ms und TR3 = 1920 ms). Der Algorithmus basiert auf der Aufspaltung des Faktors RHO der vereinfachten Abbildungsgleichung (1) in zwei Konstanten α und β,

$$S(TR) = \alpha + \beta * \exp(-TR/T1) \tag{6}$$

die durch eine zusätzliche Gleichung

$$\alpha = -\beta \tag{7}$$

miteinander verbunden sind. Ein Fehlerausgleich über das Minimieren der Summe der Fehlerquadrate führt zu der Verlustfunktion

$$\Gamma^2 = \sum_{n=1}^{3} (S_n - \alpha - \beta \cdot \exp(-TR_n/T1))^2 \rightarrow \alpha_{opt}(1/T1),\ \beta_{opt}(1/T1) \tag{8}$$

die bezüglich α und β optimiert wird, wobei beide Parameter Funktionen von T1 sind. Der nächste Schritt erzwingt die Bedingung (7) für α_{opt} and β_{opt} über eine Variation von (1/T1). Die Bestimmung der einzigen Nullstelle erfolgt iterativ mit einem in [1] vorgeschlagenen Newton-Raphson-Algorithmus.

$$\frac{1}{T1_{(j+1)}} = \frac{1.1}{T1_j} + \frac{0.1}{T1_j} \cdot f(1.1/T1_j)/[f(1/T1_j)-f(1.1/T1_j)] \tag{9}$$

Das Abbruchkriterium

$$\frac{|\alpha_{opt}(1/T1_j) + \beta_{opt}(1/T1_j)|}{|\alpha_{opt}(1/T1_j) - \beta_{opt}(1/T1_j)|} < 10^{-5} \tag{10}$$

wird nach wenigen Schritten erreicht, wobei die Wahl des Startwertes für T1 unkritisch ist.

$$RHO = [\ \alpha_{opt}(1/T1_j) - \beta_{opt}(1/T1_j)\ ]\ /\ 2 \quad (11)$$

RHO erhält man schließlich aus dem Mittelwert des zum Abbruch der Iteration gültigen Wertepaares α_{opt} und β_{opt}.

Referenzmessung zur Initialisierung des Merkmalsraumes

Die zur Differenzierung der verschiedenen Gewebe aus den Original-Bildserien extrahierten Parameter T1, T2 und RHO definieren als Komponenten eines Merkmalsvektors die Lage eines Gewebevoxels im Merkmalsraum. Untersuchungen haben gezeigt, daß intraindiduell die absoluten Parameterwerte zur Identifikation und Abgrenzung der im Merkmalsraum als 'Cluster' detektierbaren Gewebe geeignet sind. Nach wie vor bereitet jedoch die Auswertung dieser Daten zur interindividuellen Klassifikation der Befunde erhebliche Schwierigkeiten, da teilweise beträchtliche Unterschiede in den Parameterwerten für histologisch vergleichbare Gewebe verschiedener Patienten beobachtet werden. Darüber hinaus entzieht sich der Parameter RHO einer interindividuellen Vergleichbarkeit, da er als relative Meßgröße von der jeweiligen Einstellung des Tomographen abhängt.

Die Verläßlichkeit, mit der die berechneten Parameter das Gewebe beschreiben unterliegt verschiedenen veränderlichen Störeinflüssen, deren Auswirkungen auf die 'wahren' Parameter sich reduzieren lassen, wenn eine hinreichend große Zahl von Meßwerten zur Verfügung steht. Gerade diese Randbedingung wird jedoch bei Routineuntersuchungen aus Gründen beschränkter Meßzeit in der Regel verletzt. Die bei geringer Meßwertzahl unvermeidbaren Parameterverfälschungen lassen sich anhand eines simultan zum Patienten gemessen Referenzphantoms jedoch abschätzen und ihre Auswirkungen auf die Gewebeklassifikation einschränken. Da die Parameter von Gewebe und Referenz gleichen Störeinflüssen unterliegen kann die Position der Merkmalsvektoren dieser Referenzprobe im Merkmalsraum als Bezugsgröße für auf sie bezogene Relativmaße anstelle von Absolutwerten zur Gewebecharakterisierung verwendet werden.

In den zur Gewebecharakterisierung herangezogenen Parametern T2, T1 und Rho zeigt ein industriell für gaschromatographische Analysen hergestelltes Dimethylsiloxan sehr große Ähnlichkeit zu den Werten der weißen Hirnsubstanz. Simultan zur Patientenuntersuchung gemessen, erlaubt es aufgrund seines homogenen Aufbaus eine Beurteilung der während der Untersuchung herrschenden Meßbedingungen und das Erfassen der nach den Fehlerausgleichs- und Datenreduktionsalgorithmen resultierenden Verzerrungen der statistischen Verteilungsdichten der Parameter.

Die Position des Clusterschwerpunkts der Referenzsubstanz im Merkmalsraum dient als Bezugspunkt zur Parameternormierung. Detektion und Zuordnung dieses Clusters geschieht durch das Markieren der Referenzsubstanz mit Hilfe einer frei verschiebbaren standardisierten Cursormatrix im Originalbildbereich. Wie Abb. 4 am Beispiel der Klassifikation weißer Hirnsubstanz zeigt, gelingt es auf diesem Weg zusätzlich zu T1 und T2 den Parameter RHO zum interindividuellen Vergleich der gewebecharakterisierenden Größen heranzuziehen.

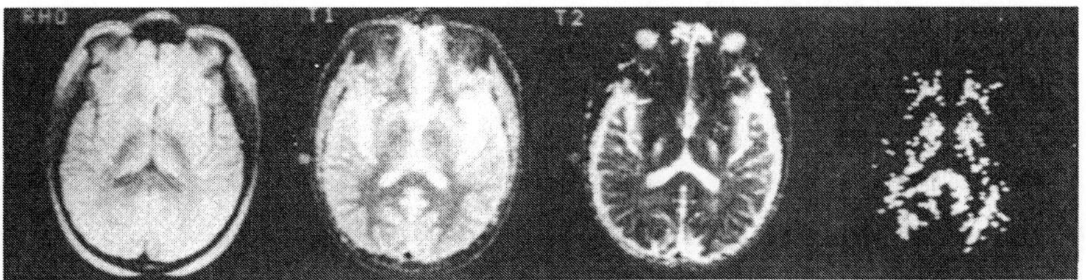

Abb. 4 Referenzbezogene interindividuelle Klassifikation 'weiße Hirnsubstanz'

charakteristische Regionen vor, die dieser per Tastendruck akzeptiert, zurückweist oder als 'besonders interessant' markiert.

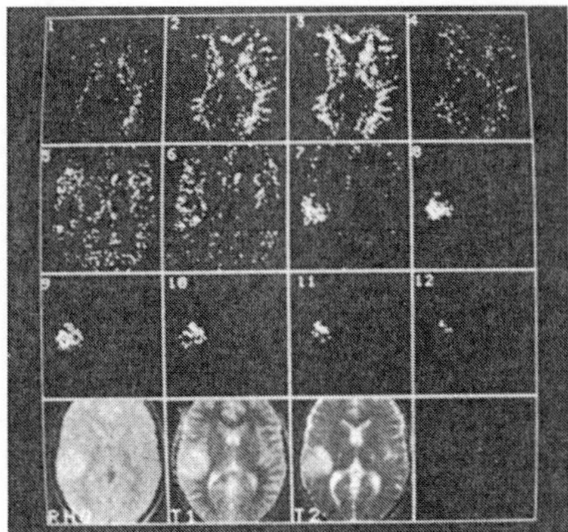

Abb. 5 Halbautomatische Definition von 'regions of interest'

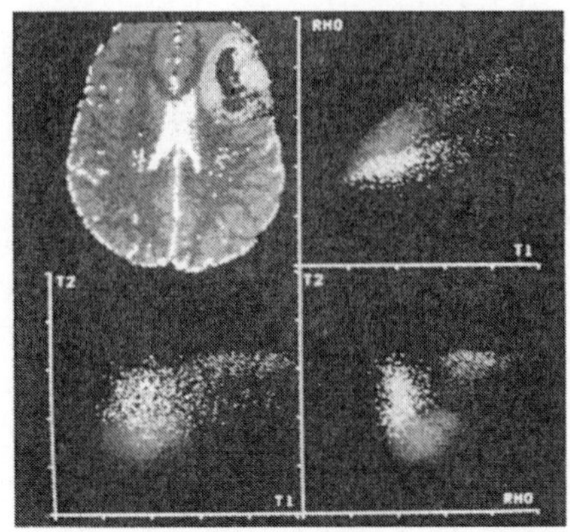

Abb. 6 Intraindividuelle Gewebedifferenzierung (im Original farbkodiert)

Da der Arzt als Benutzer des Systems uneingeschränkt die Verantwortung für die Diagnose trägt, muß er die Qualität seines Hilfsmittels einschätzen und beurteilen können, was ein Mindestmaß an Transparenz der systeminternen Abläufe und Entscheidungsprozesse erfordert. Zu diesem Zweck organisiert das Beobachtungs- und Informationssystem die Darstellung von Bild- und Grafikinformation auf einem als Multifunktionsanzeige genutzten hochauflösenden Farbmonitor. So wird die intraindividuelle Zuordnung der Gewebe im Bildbereich in gewebespezifischer Farbgebung dokumentiert und gleichzeitig durch die Projektion ausgewählter Bereiche des Merkmalsraumes auf benutzerdefinierte Ebenen die Überprüfung der Klassifikationsgrenzen anhand der aktuellen Representation der Gewebe im Merkmalsraum ermöglicht. (Abb. 6). Der Beurteilung der interindividuellen Zuordnung von Gewebebereichen, die aus Sicht des Klassifikationsverfahrens eine verdächtige Ähnlichkeit zu pathologischen Befunden aufweisen, dient die Anzeige nach Abb. 7. Sie besteht aus einem zur morphologischen Orientierung resynthetisierten Bild, dem mögliche Befundregionen in gewebespezifischer Farbe überlagert sind. Bargraph-Diagramme zeigen sowohl die Ablage der Merkmalsvektoren zum nächstwahrscheinlichen Befund, als auch die aktuellen statistischen Kenngrößen von Referenz und weißer Hirnsubstanz im Vergleich zu den Langzeitwerten, was die Aposteriori-Kontrolle der Meßqualität und des Klassifikationsvorgangs ermöglicht.

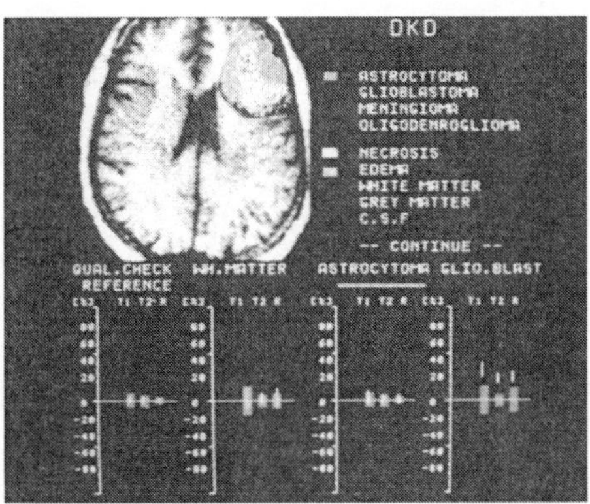

Abb. 7 Überprüfung eines Befundverdachts

Literatur

[1] GARNIR, H.P.; GARNIR-MONJOIE, F.S.: Fit of the function y(x)=A(1-exp(-kx)) to data strongly embedded in noise, Nuclear Instruments and Methods 190, pp.333-336 (1981)

[2] SCHÜRMANN, J.: Polynomklassifikatoren für die Zeichenerkennung, Oldenbourg Verlag München (1977)

Diese Arbeit wurde vom Bundesminister für Forschung und Technologie gefördert.

Maximum-Likelihood-Klassifikator

Aufgabe des Erkennungssystems ist es, basierend auf den in Form eines Merkmalsvektors $\underline{v}$ verfügbaren Meßwerten, einen möglichst zuverlässgen Rückschluß auf die tatsächliche Zugehörigkeit eines Gewebevoxels zu einer Gewebeklasse zu erzielen. Dabei ist die Wahl eines geeigneten Modelltyps der Verteilungsfunktion $p(\underline{v},k)$ des Gesamtprozesses $\{\underline{v},k\}$ von entscheidender Bedeutung. Im folgenden wird angenommen, daß der statistische Prozeß, der die Komponenten der Merkmale erzeugt, aus unabhängigen Teilprozessen $\{\underline{v}|k\}$ besteht, und von jeweils einem Gewebe einer Klasse k stammt. Jeder statistische Teilprozeß sei normalverteilt (^{N}: Anzahl der Komponenten von $\underline{v}$)

$$p(\underline{v}|k) = \frac{1}{\sqrt{(2\pi)^N \det \underline{K}_k}} * \exp\left(- 0.5 * (\underline{v} - \underline{\mu}_k)^T \underline{K}_k^{-1} (\underline{v} - \underline{\mu}_k)\right) \tag{12}$$

mit im allgemeinen unterschiedlichen klassenspezifischen Erwartungswerten $\underline{\mu}_k$ und Kovarianzmatrizen $\underline{K}_k$, deren Berechnung, wie für eine Klasse k gezeigt, rekursiv erfolgt.

$$\underline{\mu}_k = E\{\underline{v}(k)\} \rightarrow \hat{\underline{\mu}}_I^k = \left(1 - \frac{1}{I} \right) \hat{\underline{\mu}}_{I-1}^k + \frac{1}{I} \underline{v}_I \tag{13}$$

$$\underline{K}_k = E\{(\underline{v} - \underline{\mu}_k)(\underline{v} - \underline{\mu}_k)^T | k\} \rightarrow \hat{\underline{K}}_I^k = \frac{I-1}{I} \left[\hat{\underline{K}}_{I-1}^k + \frac{1}{I} (\hat{\underline{v}}_I^k - \hat{\underline{\mu}}_{I-1}^k)(\hat{\underline{v}}_I^k - \hat{\underline{\mu}}_{I-1}^k)^T \right] \tag{14}$$

Werden die Kosten für eine Entscheidung umgekehrt proportional zur Auftretenswahrscheinlichkeit der Klasse gewählt, erhält man einen sogenannten Maximium-Likelihood-Klassifikator. Die Zuordnung der Merkmalsvektoren erfolgt zu der Klasse, die das Maximum unter allen Werten $D_1(\underline{v})...D_K(\underline{v})$ besitzt [2].

$$D_k(\underline{v}) = -0.5*\ln \det(\underline{K}_k) -0.5*\underline{[(\underline{v} - \underline{\mu}_k)^T \underline{K}_k^{-1} (\underline{v} - \underline{\mu}_k)]} \tag{15}$$

Eine Rückweisung der Entscheidung erfolgt, wenn $D_k(\underline{v})$ eine Mindestschwelle unterschreitet. Diese Schwelle ist über den in Gl.(15) unterstrichenen Term definiert, der auch als 'Mahalanobis' - Abstand bezeichnet wird.

Das Ergebnis der Klassifikation ist ein Bild, dessen Punkte entsprechend der Gewebezugehörigkeit markiert sind, so daß Art und Ausdehnung der Gewebe ablesbar sind. Der Klassifikationsalgorithmus ist adaptiv ausgeführt, es werden Lernverfahren auf der Basis klassifizierter Stichproben angewandt.

Überwachungs- und Informationssystem

Durch mehrere Ein- und Ausgabekanäle mit den einzelnen Teilschritten der Mustererkennungsprozedur verbunden,(Abb. 1), prüfen Funktionen der Überwachungsebene über interne oder extern benutzerdefinierte Gütekriterien Teil- und Zwischenergebnisse auf Plausibilität und Konsistenz. Die jeweils den Erfordernissen der Algorithmen angepaßten Datenstrukturen werden auf Anforderung der Überwachungsebene oder auf Anfrage des Benutzers zur Bild- oder Grafikausgabe konvertiert. Umgekehrt ist vom Überwachungssystem ärztliches Wissen in unterschiedliche Stufen des Verarbeitungsprozesses einzufügen.

Zum Start der Klassifikationsalgorithmen benötigt das System Apriori-Information, die der Benutzer beispielsweise durch vorklassifizierte Bildbereiche zur Verfügung stellt. Die manuelle Definition solcher Regionen durch Umfahren mit dem Cursor ist zeitaufwendig und erfordert Geschick in der Auswahl einer statistisch signifikannten Anzahl von gewebespezifischen Bildpunkten. Die Beobachtung, daß benachbarte Punkte im Merkmalsraum eng mit funktioneller Nachbarschaft im Bildbereich zusammenhängen läßt sich als Werkzeug des Informationssystems nutzen. Es projiziert Ausschnitte des Merkmalsraumes in den Bildbereich (Abb. 5) und schlägt auf diese Weise dem Benutzer gewebe-

WISSENSBASIERTE DIAGNOSEUNTERSTÜTZUNG BEI DER GEWEBECHARAKTERISIERENDEN KERNSPINTOMOGRAPHIE

Thomas Tolxdorff

Abteilung Medizinische Statistik und Dokumentation
Klinikum der Rheinisch-Westfälischen-Technischen Hochschule (RWTH)
D-5100 Aachen

EINLEITUNG

Bilderzeugungsmethoden für die medizinische Diagnostik wie Ultraschall, Computertomographie und Kernspintomographie bilden anatomische Strukturen unter Verwendung nur eines Parameters ab. Im Unterschied dazu verwendet die parameter-selektive Kernspintomographie mehrere NMR-Parameter (NMR: Nuclear Magnetic Resonance, Kernspinresonanz) für die Bilderzeugung. Zusätzlich erlauben diese Parameter eine mehr quantitativ ausgerichtete Bildanalyse. Mit dieser Technik ist es möglich, verschiedene Protonenklassen abzubilden, denen jeweils Substanzen wie extra-, oder intrazellulärem Wasser, Lipiden oder Proteinen zugeordnet werden können. Dadurch werden biochemische Eigenschaften in der betreffenden Schnittebene abgebildet. Diese Darstellungstechnik erlaubt eine Gewebecharakterisierung und -differenzierung [1,2]. Zu diesem Zweck wird jede Protonenklasse, die einem bestimmten Gewebe zugeordnet ist, definiert mit Hilfe von sogenannten "NMR-Fingerabdrücken", die aus einer Anzahl von aus Parameterhistogrammen selektierten Parameterintervallen bestehen.

Die neuartige diagnostische Dimension, die mit dieser Technik erreicht wird, ist der große Umfang von anatomischer und biochemischer Information, die in einer Beschreibung des Funktionszustandes vom Gewebe resultiert. Deshalb ist es für den Mediziner schwierig, diese vielfältigen Daten zu einer medizinischen Diagnose zu verarbeiten. Es erscheint deshalb notwendig, Werkzeuge für eine rechnergestützte NMR-Diagnose zu entwickeln. Zu diesem Zweck wurde eine Wissensbasis konzipiert, in der Gewebekriterien, "NMR-Fingerabdrücke" und NMR-Parameterintervalle gespeichert sind. Diese Wissensbasis kann sowohl zur Bilderzeugung von parameter-selektiven Bildern, als auch für die Bildinterpretation genutzt werden. In diesem Beitrag werden Methoden der computerunterstützten Diagnose in der parameter-selektiven Kernspintomographie und ihre Ergebnisse beschrieben.

WISSENSBASIS

Das Subsystem INFORMATION des Softwaresystems RAMSES (RWTH Aachen Magnetic Resonance Software System) ist ein Datenbanksystem, das alle Daten eines Patienten, beginnend mit der ersten klinischen Untersuchung bis hin zu den parameter-selektiven Bildern enthält [3,4] . Insbesondere ist die Geschichte der NMR-Untersuchung und der Auswertevorgang der NMR-Daten im Informationssubsystem gespeichert. Vor allem aber werden zu jedem Bild NMR-Parameterintervalle und "NMR-Fingerabdrücke" für die Gewebeselektion abgelegt. Zu jedem beliebigen Zeitpunkt kann der Arzt durch Verwendung des Kommandos, "GEN/GET expname", parameter-selektive Bilder abrufen. Daraufhin wird eine Liste von Protonenklassen, Gewebearten und von entsprechenden Parameterintervallen für das NMR-Bild "expname" auf dem Bildschirm angezeigt (siehe Fig. 1).

Name: EXPTEST

	Protonenklasse	Gewebeart	NMR Parameter T_2	Alpha	Rho
1	extrazelluläres Wasser	Ventrikelsystem	0.50-2.00	20-100	0-100
2	intrazelluläres Wasser	Astrozytom	0.13-0.25	40-100	20- 60
3	Lipid	graue Hirnsubstanz	0.12-0.15	0-100	15-100
4	Lipid	weiße Hirnsubstanz	0.08-0.12	0-100	20-100
5	Protein		0.06-0.09	0-100	0- 30
6	Protein		0.03-0.06	0-100	0-100

NMR > GEN > GET >
NMR > GEN > GET > Identifikationsnummer:

Fig. 1: Liste der "NMR-Fingerabdrücke" für verschiedene Gewebe eines supraorbitalen, transversalen, menschlichen Kopfschnittes. Ein parameter-selektives Bild, das ein bestimmtes Gewebe zeigt, kann unmittelbar durch Eingabe der Identifikationsnummer erzeugt werden.

Durch die hierarchische Struktur des Informationssubsystems ist zusätzliche Information über experimentelle Bedingungen (Feldgradient, Frequenz, Pulssequenz usw.), die Vorverarbeitungsmethoden (Rekonstruktionsmethode, Filter usw.) und weiterer Auswertungen (verwendete mathematische Methoden) verfügbar. Die Wissensbasis, die aus dem Subsystem INFORMATION extrahiert wird, wird ständig auf den neuesten Stand gebracht. Die Struktur der Wissensbasis ist in Fig. 2 gezeigt.

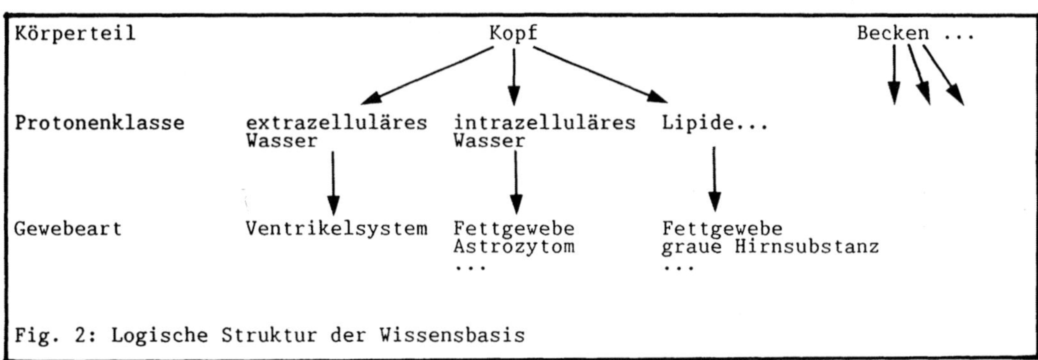

Fig. 2: Logische Struktur der Wissensbasis

Wie in Fig. 2 gezeigt ist, gibt es zu jedem Teil des menschlichen Körpers Protonenklassen, die mit chemischen Substanzen korrelieren. Es finden sich z.B. in einem supraorbitalen, transversalen, menschlichen Kopfschnitt NMR-Parameterintervalle für extra- und intrazelluläres Wasser (Ventrikelsystem), Lipide (Fettgewebe, graue und weiße Hirnsubstanz) und Proteine. Darüberhinaus kann auch pathologisches Gewebe, beispielsweise ein Tumor vom Typ Astrozytom, mit Hilfe eines charakteristischen "NMR-Fingerabdrucks" tumorspezifischen intrazellulären Wassers identifiziert werden.

GEWEBEDARSTELLUNG

Der Arzt, der die vielschichtige NMR-Information zu interpretieren hat, ist hauptsächlich an der Darstellung des funktionalen Zustandes eines bestimmten Gewebes interessiert. Der einfachste Weg spezifische Gewebeinformation aus einem parameterselektiven Bild zu erhalten, kann dadurch erreicht werden, daß lediglich der Name des Gewebes oder der Name des funktionellen Zustandes aufgerufen wird. Der Gewebename ist einem charakteristischen "NMR-Fingerabdruck" zugeordnet, der in der Wissensbasis abgelegt ist. Mit diesen "NMR-Fingerabdrücken" wird dann die Erzeugung von parameter-selektiven Bildern dadurch ausgeführt, daß nur diejenigen Bildpunkte eines Bildes, die das "NMR-Fingerabdruck"-Kriterium erfüllen, für das betreffende Bild selektiert werden.

BILDINTERPRETATION

In den meisten Fällen ist für die medizinische Diagnose nur eine "region of interest" (ROI) von Interesse. Für diese ROI wünscht der Arzt das Gewebe oder den Zustand des Gewebes zu identifizieren, sowie die Größe des Segmentes zu bestimmen. Dazu werden in diesem Beitrag drei neue Segmentierungsansätze vorgestellt. Alle Segmentierungsprozeduren beginnen mit der Erzeugung eines Bildes und der Angabe einer ROI. Als Ausgabe erhält man Bilder der segmentierten Region, einige quantitative Daten (Größe, NMR-Eigenschaften) und Parameterhistogramme. Diese Ergebnisse werden dann von der Wissensbasis interpretiert. Zwei dieser Segmentierungsverfahren operieren auf dem angezeigten Bild (mit den üblichen Methoden der Bildverarbeitung), während die dritte Methode auf der NMR-Parameterdatei arbeitet.

Grauwertsegmentierung: Nach der Erzeugung eines Echobildes wird ein Bildpunkt der ROI durch das Fadenkreuz markiert (siehe Fig. 3a). Eine kleine Umgebung dieses Bildpunktes (beispielsweise eine 5x5-Matrix) ist der Ausgangspunkt zur Berechnung eines Standardintervalls von Grauwerten für diese ROI. Alle Bildpunkte, die innerhalb dieses Standardintervalls liegen und die in direktem räumlichen Kontakt mit dem selektierten Bildpunkt stehen, gehören zu dem Ergebnissegment. Dieses Segment wird im Echobild markiert und zusätzlich separat auf dem Bildschirm angezeigt (siehe Fig. 3b). Für dieses Segment werden einige, zusätzliche Größenangaben (Anzahl der Bildpunkte, Durchmesser, usw.) und die NMR-Daten ausgegeben. Die NMR-Parameterhistogramme dieser Sequenz werden ebenfalls gezeigt. Die Histogramme des gefundenen Segments sind für eine detailliertere Analyse der NMR-Eigenschaften des Segments hilfreich. Mit der Hilfe der Wissensbasis kann das Gewebe des Segments identifiziert werden.

Regionensegmentierung: Diese Methode beginnt mit der Erzeugung eines parameterselektiven Bildes. Prinzipiell zeigt dieser Bildtyp bereits gewebespezifische Information. Die Regionensegmentierung erlaubt jedoch eine Größenbestimmung des gewebespezifischen Segments. Wie in Fig. 4a demonstriert wird, zeigt das T_2-selektive Bild

Lipide eines Hirntumors und intrazelluläres Wasser (T_2 = 0.175 - 0.3 s) und somit außer dem Astrozytom Hirnwindungen sowie Meningen und Ependym. Wird das Fadenkreuz in den Tumor positioniert, werden alle Bildpunkte außerhalb dieses Segments unterdrückt und die Größe des Tumors berechnet (siehe Fig. 4b). Wie bereits für die Grauwertsegmentierung erwähnt, werden auch hier Histogramme und numerische Daten ausgegeben. Auch wenn beispielsweise zwei Segmente einer interessierenden Eigenschaft existieren, erlaubt der Algorithmus die Segmentation von beiden Bereichen.

T_2-Segmentierung: Diese Methode arbeitet ausschließlich auf der NMR-Parameterdatei. Nach der Selektion eines Bildpunktes mit dem Fadenkreuz (siehe Fig. 5a) wird eine kleine Umgebung dieses Bildpunktes (beispielsweise eine 5x5-Matrix) zur Bestimmung der zugehörigen T_2-Werte herangezogen. Diese Prozedur ist aufwendiger als übliche Bilderzeugungsmethoden, da jeder Bildpunkt bis zu drei T_2-Werte enthalten kann. Auch wenn es 75 T_2-Werte für diese Matrix gibt, finden wir meist mehr als ein Cluster für T_2. In diesem Falle wird dasjenige Cluster mit der größten Anzahl von Werten herangezogen, um das Gewebe oder den Gewebezustand in dem selektierten Bereich zu bestimmen. Es werden nun diejenigen Bildpunkte in der Nachbarschaft gesucht, die direkten Kontakt zu dem selektierten Bereich haben, sowie dieselbe Gewebeeigenschaft aufweisen. Zuletzt wird die segmentierte Region durch eine eindeutige Gewebeeigenschaft markiert (siehe Fig. 5b).

ZUSAMMENFASSUNG:

Eine Computerunterstützung in der medizinischen Diagnosestellung erscheint zur Ausnutzung der vielschichtigen NMR-Daten, die aus den parameter-selektiven NMR-Bildern extrahiert werden können, sehr wichtig zu sein. Neue Segmentationsprozeduren und ein maßgeschneidertes Datenbanksystem sind dazu die passenden Werkzeuge. Quantitative und genaue NMR-Daten erlauben die Verwendung der hier beschriebenen Segmentationsprozeduren, die dann zu einem einfachen und schnellen Zugang zur Gewebeinformation führen.

Literatur

[1] Gersonde, K., Felsberg, L., Tolxdorff, T., Ratzel, D. and Ströbel, B.: Analysis of Multiple T_2 Proton Relaxation Processes in Human Head and Imaging on the Basis of Selective and Assigned T_2 Values. **Magn. Reson. Med. 1, 463-477 (1984).**

[2] Gersonde, K., Tolxdorff, T. and Felsberg, L.: Identification and Characterization of Tissues by T_2-Selective Whole-Body Proton NMR Imaging. **Magn. Reson. Med. 2, 390-401 (1985).**

[3] Tolxdorff, T., Felsberg, L., Mecking, B. und Gersonde, K.: RAMSES, ein universelles Verarbeitungs- und Informationssystem in der NMR-Diagnostischen Medizin. **Informatik-Fachberichte 127, 615-633, Springer-Verlag, Berlin (1986).**

[4] Tolxdorff, T.: Ein neues Software-System (RAMSES) zur Verarbeitung NMR-Spektroskopischer Daten in der bildgebenden medizinischen Diagnostik. **Medizinische Informatik und Statistik 66, Springer-Verlag, Heidelberg (1987).**

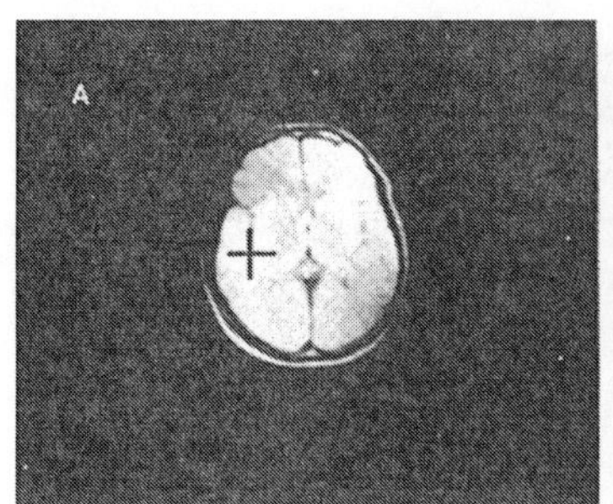

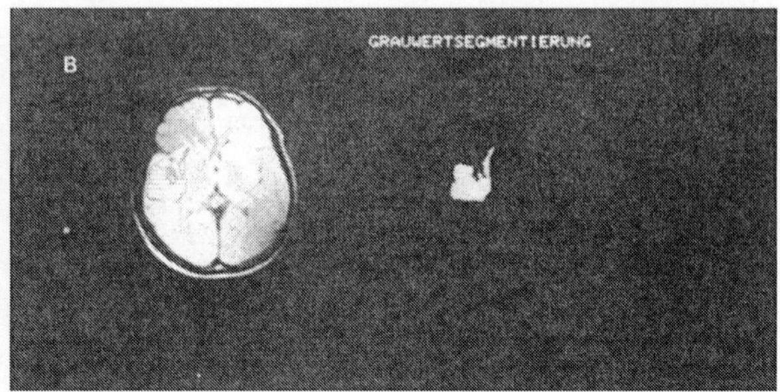

Fig. 3: Grauwertsegmentation in einem supraorbitalen, axialen Kopfschnitt. Selektion eines Bildpunktes in einem Grauwertbild (A). Segmentierter Bereich (Tumor) im Grauwertbild schraffiert und separat angezeigt (B).

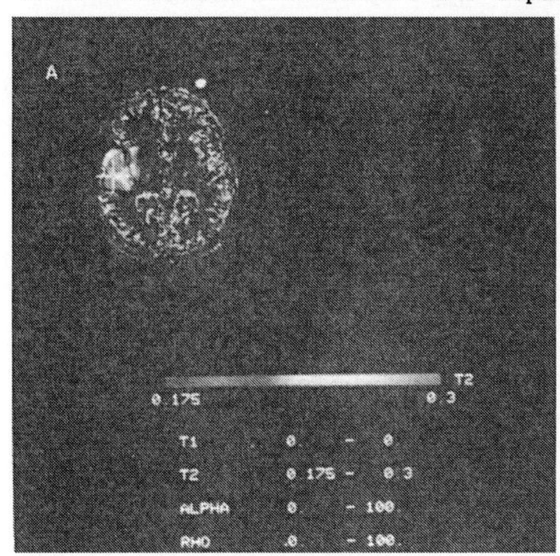

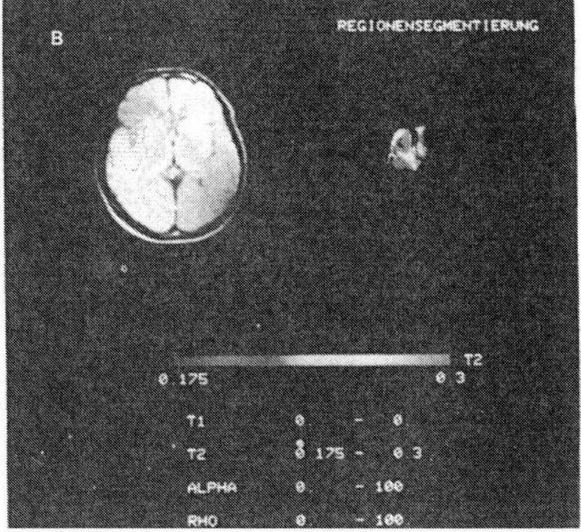

Fig. 4: Regionensegmentierung in einem supraorbitalen, axialen Kopfschnitt. Selektion eines Bildpunktes in einem parameter-selektiven Bild, das selektiv Lipide der grauen Hirnsubstanz sowie intrazelluläres Wasser zeigt (Die NMR-Parameterintervalle zur Selektion und Repräsentation sind ebenfalls gezeigt) (A). Segmentierter Bereich (Tumor) im Grauwertbild schraffiert und das T_2-Bild des segmentierten Bereiches (B).

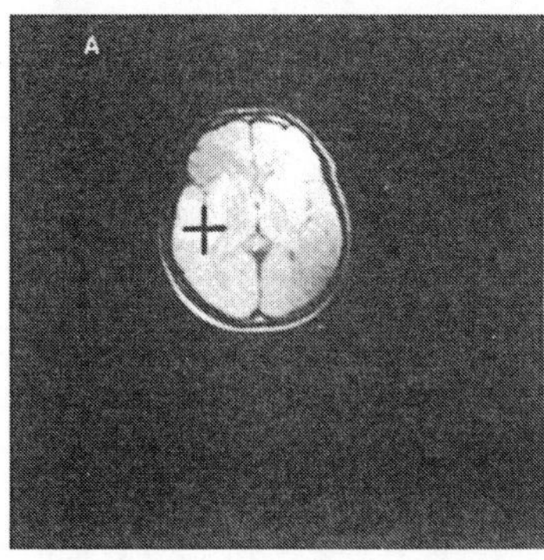

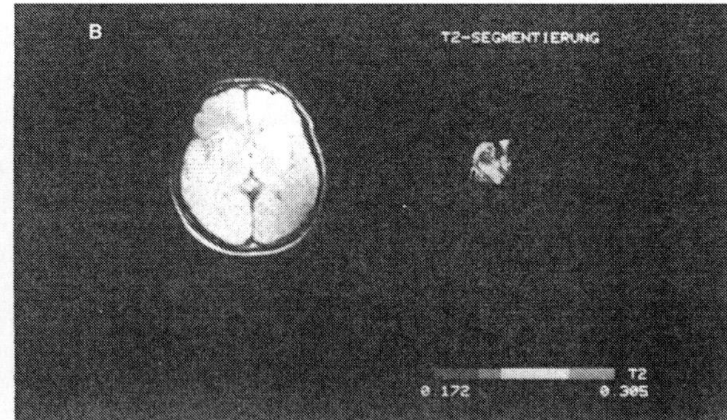

Fig. 5: T_2-Segmentierung in einem supraorbitalen, axialen Kopfschnitt. Selektion eines Bildpunktes in einem Grauwertbild (A). Die segmentierte Region repräsentiert den Tumor (Astrozytom). Die Gewebeeigenschaft, die zur Segmentation führt, ist im T_2-Bild des Tumors von 172-305 ms ersichtlich (B).

3D-REKONSTRUKTION DES THALAMUS DES MENSCHEN: PROBLEMLÖSUNG UND KLINISCHE ANWENDUNG IN DER FUNKTIONELLEN NEUROCHIRURGIE

Hans-Gerd Lipinski
Neurologische Klinik der Technischen Universität
(Dir. Prof.Dr.A.Struppler)
München, Bundesrep. Deutschland

1. Problemstellung

Durch stereotaktische Eingriffe in das Gehirn des Menschen können solche zentral-motorischen Störungen (z.B.Tremor und muskuläre Hypertonie),die einer medikamentösen Therapie nicht zugänglich sind,erfolgreich behandelt werden. Am Zielpunkt (ZP), der sich im thalamisch/subthalamischen Areal befindet, wird durch eine thermoelektrische Koagulation ein kleines Nervengebiet zerstört, wodurch die motorische Störung i.a. nebenwirkungsfrei behoben werden kann. Da der Ort, an dem koaguliert werden muß, mit den bekannten bildgebenden Verfahren nicht direkt darstellbar ist, kann er nur mit Hilfe indirekter Methoden ermittelt werden. Zu diesem Zweck wird die Position des Zielpunktes anhand neuroanatomischer Referenzpunkte geschätzt, und eine Mikroelektrode, die von einem OP-Rahmensystem aus geführt wird , wird durch die eröffnete Schädelkalotte auf den Zielpunkt hin bewegt. Auf dem Weg durch das Gehirn registriert die Elektrode fortlaufend die spontane Aktivität der Nervenzellen. Tritt die Elektrode in den Thalamus ein bzw. verläßt sie diesen, ändert sich das Neuronensignal. Mit dieser elektrophysiologischen Methode kann also die Thalamusgrenze (bezogen auf das jeweilige Elektrodentrajekt) bestimmt werden. werden. Durch intrathalamische elektrische Stimulationen, die beim Patienten bestimmte motorische Reaktionen auslösen, kann der Arzt dann den endgültigen Zielpunkt festlegen und durch eine Koagulation den gewünschten therapeutischen Effekt erzielen. Da der Ort der Koagulation bei dieser konventionellen Form der stereotaktischen Operation nicht direkt in Bezug zu bekannten anatomischen Strukturen gesetzt werden kann, besteht keine Möglichkeit, den ZP zu standardisieren, also einen "optimalen" Koagulationsort zu finden. Daher stellt sich die Aufgabe, ein Verfahren zu entwickeln, das eine Zuordnung von Koagulationsort und 3d-rekonstruierter anatomischer Strukturen ermöglicht.

2. Problemlösung:

Thalamus und Ventrikel III sind wichtige anatomische Referenzstrukturen, zu denen der Koagulationsort in Beziehung zu bringen ist. Zu diesem Zweck wird zunächst ein kartesisches Koordinatensystem definiert, dessen Ursprung auf der Ventrikelmittelebene und auf der halben Distanz zwischen der vorderen (CA) und hinteren Kommissur (CP) liegt. Die Lage von CA und CP läßt sich problemlos einer seitlichen Röntgenaufnahme des 3.Ventrikels nach Kontrastmittelgabe entnehmen, die unmittelbar vor der Operation routinemäßig angefertigt wird (Fig. 1). Einem solchen Röntgenbild kann man aber weder die Lage des Thalamus des Patienten noch den räumlichen Verlauf des 3. Ventrikels entnehmen. Mit modernen CT-scanner lassen sich hingegen brauchbare Weichteildarstellungen des Gehirns erzielen,so daß sich neben dem konturenscharfen Ventrikelsystem auch das Thalamusareal relativ deutlich aus dem Bildsignal hervorhebt. Dennoch sind die Thalamusgrenzen nicht so markant wie die Grenzen der Knochenstrukturen oder des Ventrikelsystems. Nach Vor-Segmentierung des Thalamus/Ventrikelsystems aus den axialen CT-scans werden Grauwertprofile im Bereich der Weichteilübergänge bestimmt (Fig.3),geglättet und nach Gradientenbildung eine Kantenextraktion durchgeführt. Diese horizontalen Konturen werden zur Generierung eines "Wire frame models" des Thalamus verwendet (Fig.4).Um die Elektrodenpositionen im rechtwinkligen Rahmen-Koordinatensystem auf das CT zu übertragen, müssen hintere und vordere Kommissur im CT lokalisiert werden.Dazu werden die axialen im 2 mm Abstand angefertigen CT-Schichten des Gehirns des Patienten einem Simulationsprozeß unterworfen, der aus der CT-Schnittserie eine seitliche Rekonstruktion des 3.Ventrikels ermöglicht (Fig. 2). Die Positionen von CA und CP lassen sich mit hinreichender Genauigkeit rekonstruieren,so daß die jeweilige Elektrodenposition auf das CT übertragen werden kann. Vergleicht man die aus CT Schnitten rekonstruierten Thalamusgrenzen mit den elektrophysiologisch registrierten, so stimmen beide Grenzen sehr gut miteinander überein. Aus CT-scans sind intrathalamische Strukturen, sog. Nuclei nicht zu identifizieren. Soll dennoch die Lage der Koagulationsorte solchen Arealen zugeordnet werden, so kann man auf stereotaktische Hirnatlanten zurückgreifen, die nach Digitalisierung für die Berechnungen zur Verfügung stehen. Mit Hilfe geeigneter Transformationsvorschriften gelingt die "on line" Übertragung der Position der Elektrode auf den Atlas recht gut / 5 /.

Die Bestimmung der Thalamusgrenzen werden seit kurzem routinemäßig während stereotaktischer Operationen durchgeführt. Eine LSI 11/73 bildet zusammen mit einem Bildverarbeitungsmodul (512 x 512 x 8 bit) die Basis des OP-Rechners. Als peripherer Speicher steht u.a. ein 3Gbyte optisches Plattenspeichersystem (SONY WDS) für die Archivierung der CT-Bilder und die Speicherung digitalisierter Atlanten zur Verfügung. Darüber hinaus ist das OP-Rechnersystem mit einer CCD-Camera-einheit für die Digitalisierung der Ventrikulogramme ausgerüstet (Fig. 5). Ein Softwarepaket wurde entwickelt, das die digitale Verarbeitung der Ventrikulogramme und der CT-Bilder sowie die "on line"-Zuordnung der Elektrodenposition zum CT-Bild bzw. zu den digitalisierten Hirnatlanten während der OP ermöglicht (Fig.6).

3. Diskussion

Die räumliche Rekonstruktion von Ventrikel III und Thalamusareal anhand von CT-Schnittserien erlaubt eine "in vivo"-Lokalisation bei stereotaktischen Operationen / 3 /. Zur generellen Problemlösung von 3d-Szenarien in der Medizin sind bereits etliche Vorschläge unterbreitetet worden / 2, 4, 6 /. Viele dieser teilweise recht eleganten Verfahren eignen sich wegen des relativ hohen Rechenaufwandes kaum für den praktischen "on line"-Einsatz im OP. Einfache Segmentierungsalgorithmen, die eine schnelle Rekonstruktion der beteiligten Hirnstrukturen auch während der OP erlauben, führen zu durchaus akzeptablen Resultaten. Aufgrund der interindividuellen Variabilität der Thalamusausdehnungen, die letztlich einen direkten Vergleich zwischen verschiedenen Gehirnen nicht erlaubt, ist die Zuordnung der Rekonstruktionen zu Hirnatlanten nicht unproblematisch. Insbesondere die bekannten Elastic Matching Algorithmen / 1 / sind für diesen Zweck nicht praktikabel. Als vorteilhafter haben sich Transformationsmodi erwiesen, die sowohl die CA-CP-Distanz als auch die elektrophysiologischen Grenzen des Thalamusareals durch lokale Korrekturoperatoren mit berücksichtigen / 5 /. Insgesamt läßt sich sagen, daß durch die Kombination von elektrophysiologischen Resultaten und der computerunterstützten räumlichen Rekonstruktion hirnanatomischer Objekte eine methodische Grundlage für die Standardisierung von Zielpunkten bei stereotaktischen Operationen zentralmotorischer Störungen geschaffen wurde.

4. Referenz

/1/ Bajcsy R., R.Lieberson and M.Reivich, A Computerized System for the Elastic Matching of Deformed Radiographic Images to Idealized Atlas Images. J.Comp.Ass.Tom. 7(1984),618-625

/2/ Boecker F.R.P., K.H.Höhne, U. Tiede, M. Riemer, Algorithmen und Datenstrukturen für die Interaktion in dreidimensionalen medizinischen Medien, in Lemke et.al (Hrsg.), C.A.R.85, Berlin, 1985

/3/ Kelly P.J., B.Kall und S. Goerss, Functional Stereotactic Surgery Utilizing CT Data and Computer Generated Stereotactic Atlas Acta Neurchir.Suppl. 33(1984), 577-583

/4/ Lemke H.U., M.Engelhorn, Work Station for Computer Graphic Display in Medical Imaging, Biomed.Tech. 31(1986),143-149

/5/ Lipinski H.G., A.Struppler, P.Birk, Transformation modes in Computerized Human Thalamic Brain Mapping, Acta Neurochir.Suppl. 39(1987),219-225

/6/ Stiehl H.S., Model Guided Labelling of CSF Cavities in Cranial Computed Tomograms, in Lemke et al.(Hrsg.), C.A.R.85, Berlin, 1985

Danksagung:
Diese Arbeit wurde mit Mitteln der Deutschen Forschungsgemeinschaft gefördert.

Abbildungen:

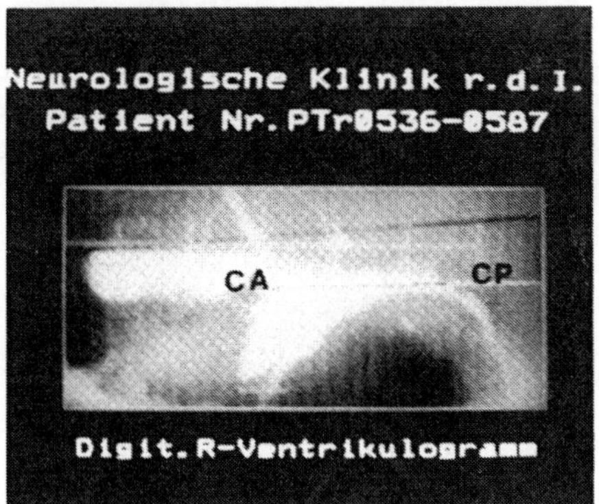

Fig. 1

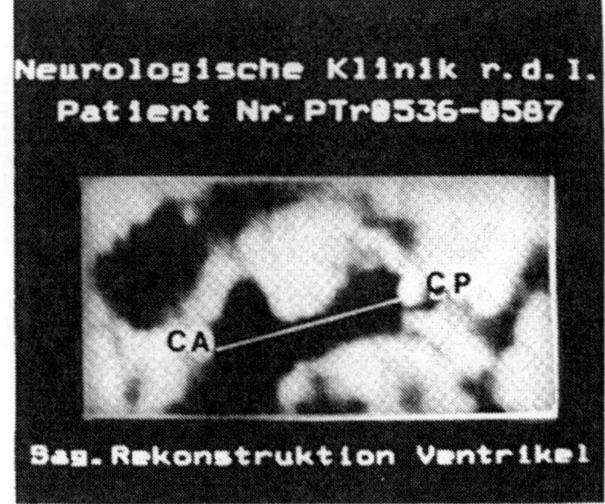

Fig. 2

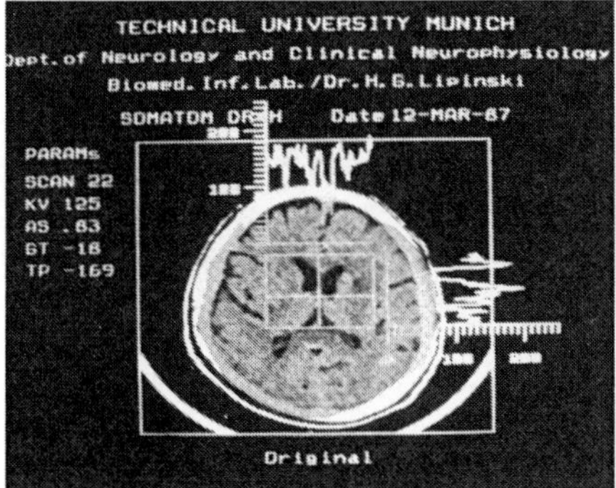

Fig. 3

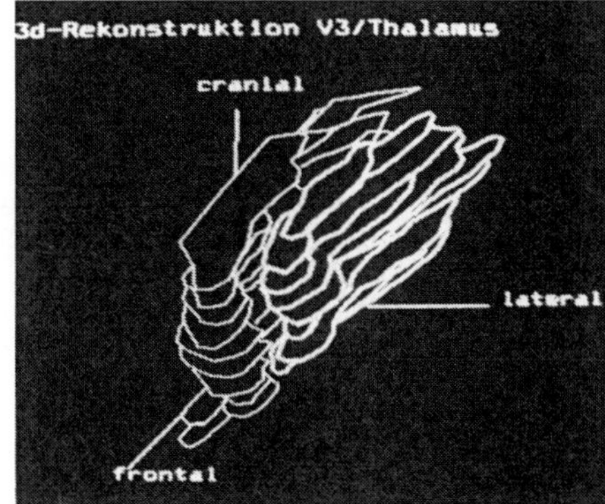

Fig. 4

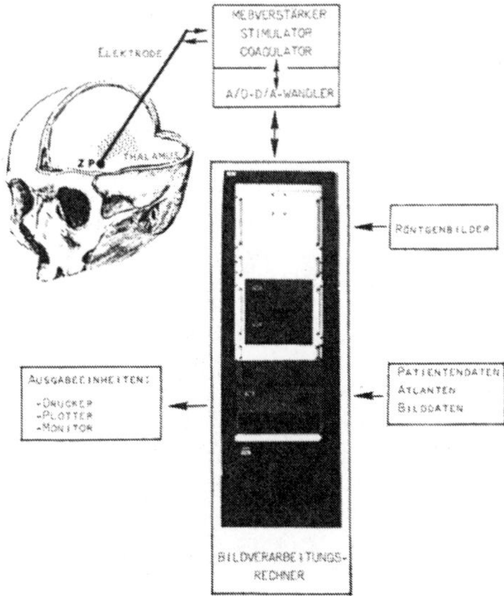

Fig. 5

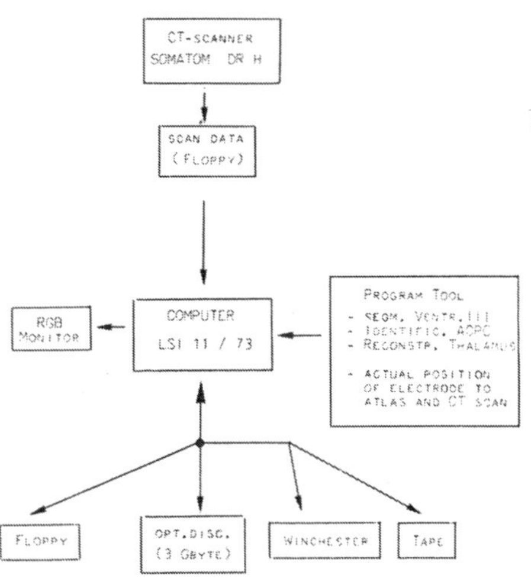

Fig. 6

Analyse von Volumendaten für Diagnostik und Planung operativer Eingriffe am Bewegungsapparat

J. Ylä-Jääski, O. Kübler, und U. Exner‡
Institut für Kommunikationstechnik, ETH-Zentrum, CH-8092 Zürich
‡Orthopädische Universitätsklinik Balgrist, CH-8008 Zürich

1. Einleitung

Computertomographische Abbildungsverfahren sind zu essentiellen Hilfen bei der medizinischen Diagnose wie bei der Planung und Überwachung von therapeutischen Massnahmen geworden. Im normalen klinischen Betrieb werden die Datensätze rein visuell ausgewertet, indem geeignete zweidimensionale Schnitte gewählt, auf Film belichtet und am Leuchtpult betrachtet werden. Der umfassende Informationsgehalt von Volumendaten bleibt so schwer zugänglich, da dreidimensionale (3-D) Formen nur nach langem Training aus flächenhaften Darstellungen erschlossen werden können.

Zur Erleichterung und Erweiterung der diagnostischen Möglichkeiten moderner 3-D Abbildungsverfahren wurde verschiedentlich [1-3] vorgeschlagen, anatomische Strukturen in ihrer vollen räumlichen Gestalt quantitativ zu erfassen und zu beschreiben, indem die gemessene Information mit Rechner-Unterstützung analysiert, numerisch ausgewertet und die erhaltenen Objekte körperhaft dargestellt und manipuliert werden. Derartige Verfahren gewinnen im Hinblick auf die neuartigen, schnellen 3-D Akquisitionsverfahren der Magnetresonanz(MR)-Abbildung besondere Bedeutung, da die in naher Zukunft anfallenden Datenmengen von 256^3 Volumenelementen (Voxeln) mit den traditionellen visuellen Verfahren nicht mehr adäquat verarbeitet werden können.

2. Schnelle Darstellungsverfahren

Für den klinischen Einsatz von Segmentierungsverfahren, die automatisch oder mit geringen interaktiven Eingriffen sinnvolle anatomische Strukturen aus den Messdaten extrahieren, müssen sich frei wählbare Schnitte und räumliche Ansichten (nahezu) in Echtzeit erzeugen lassen. Durch Laden der gesamten Datenmenge in einen Random-Access Speicher mit sehr kurzen Zugriffszeiten kann das Mess-Volumen ohne Verzögerung unter beliebigen Orientierungen schnittweise interaktiv durchgemustert werden. Zur 3-D Darstellung haben wir einen Präbuffer-Algorithmus vorgeschlagen [4], der sich in natürlicher Weise modularisieren und damit leicht auf parallel arbeitenden Prozessoren implementieren lässt. Eine gegenwärtige Realisierung mit zwei Prozessoren [5] gestattet es, beliebige Ansichten (unter Parallelprojektion) von 128^3 Voxeln in weniger als 2.5 sec zu berechnen. Kürzere Verarbeitungszeiten lassen sich gemäss Vorgabe erreichen, indem die Anzahl Prozessoren entsprechend vermehrt wird. Ein Vergleich zwischen der Dualprozessor-Implementierung und einer älteren Monoprozessor-Version hat gezeigt, dass der postulierte lineare Zusammenhang zwischen Geschwindigkeit und Anzahl Prozessoren bis auf einen kleinen Overhead-Anteil zutrifft.

Im Display-System werden übliche Darstellungs-Techniken wie Tiefenkodierung oder einfache Beleuchtungseffekte und triviale Segmentierungsverfahren wie Schwellwert-Klassifikation von verschiedenen Substanzen, Legen von Eröffnungsschnitten oder Eintragen der Original-Grauwerte auf der Schnittfläche online unterstützt. Weiter besteht die Möglichkeit, eine Reihe von Ansichten mit wählbarem Orientierungs-Inkrement hintereinander zu erzeugen und im Speicher als Sequenz abzulegen, um sie dann mit einer 'Maus' wie an einem Film-Schneideplatz 'handgekurbelt' abzuspielen. Bei Entwurf und Test von aufwendigeren Segmentierungs-Verfahren gewährt das Display-System mit seinen Möglichkeiten zur 2-D und 3-D Darstellung wirkungsvolle Unterstützung, da sich die Ergebnisse unmittelbar als Schnitte wie als räumliche Ansichten, einzeln oder als Sequenzen, visuell überprüfen lassen.

3. Segmentierung

Ziel der Segmentierung ist, den 3-D Datensatz in einfache Bedeutungseinheiten zu zerlegen. Jedem Voxel wird eine Kennzahl (Label) zugewiesen, die dann eine einfache selektive Darstellung von Objektkomponenten mit gleicher Bedeutung gestattet. Das verwendete Segementierungsverfahren gliedert sich in drei wesentliche Schritte: Binärisierung, Korrektur und Verfeinerung von Objektkomponenten, 'Connected Component Labelling'.

Die Binärisierung erfolgt entweder durch Schwellwertsetzen direkt auf den Originaldaten oder nach Faltung mit einem 3-D 'Difference of Gaussians' (DOG)-Filter mit einem fest gewählten Verhältnis (=1.6) zwischen den Skalierungskonstanten der beiden isotropen Gauss-Funktionen. Die DOG-Filterung approximiert die Wirkung des Laplace-Operators nach (regularisierender) Glättung der Originaldaten mit einem Gauss-Tiefpass. Trennflächen, d.h. räumliche Aenderungen der Werteverteilung werden so in Nulldurchgänge abgebildet, deren Gradient angibt, wie ausgeprägt die Trennfläche erscheint. Solange auf ein Stärkemass verzichtet wird, bilden die Nulldurchgänge geschlossene Mannigfaltigkeiten. Die Voxel verschiedener Objektteile gehören damit disjunkten Klassen an und können einfach durch Schwellwertsetzen bei Null ermittelt werden.

Eine Reihe verschiedener Fragestellungen von der Extraktion von Knochenstrukturen bis zur Differenzierung verschiedener Gewebs-Typen in MR-Aufnahmen wurde nach dem DOG-Verfahren angegangen. Die Methode - mit nur einem freien Parameter - erwies sich als sehr robust und führte auch für komplizierte Daten zu hervorragenden Ergebnissen. Zusätzlich ist dank der Separabilität der Gauss-Funktion eine effiziente 3-D Implementierung möglich.

Die häufig noch unzulängliche räumliche Auflösung der Messdaten kann Schwierigkeiten erzeugen. In CT-Schnitten sind transversale und longitudinale Auflösung in der Regel verschieden, während MR-Daten zwar isotrop gemessen werden können aber sich bisher mit geringerer Grenzauflösung und schlechterem Signal/Rausch Verhältnis begnügen. Als Folge gelingt es oft nicht, Objektkomponenten unmittelbar mit einem Kanten-Operator zu segmentieren. Wir haben daher die Detektion von Grenzflächen durch Nachverarbeitung der entstehenden Binärdaten gemäss verfügbaren a priori Kenntnissen ergänzt.

Der gesamte Segmentierungsvorgang ist in Figur 1 illustiert. Ein originaler axialer CT-Schnitt und eine koronale Rekonstruktion durch das linke Hüftgelenk eines 16 jährigen Jungen sind gezeigt in Figur 1, A und B. Knochen erscheinen hell, Weichteile dunkel. Die Aufgabenstellung verlangt, Hüft- und Oberschenkelknochen voneinander zu segmentieren. Die Ergebnisse nach Anwendung der DOG-Faltung und

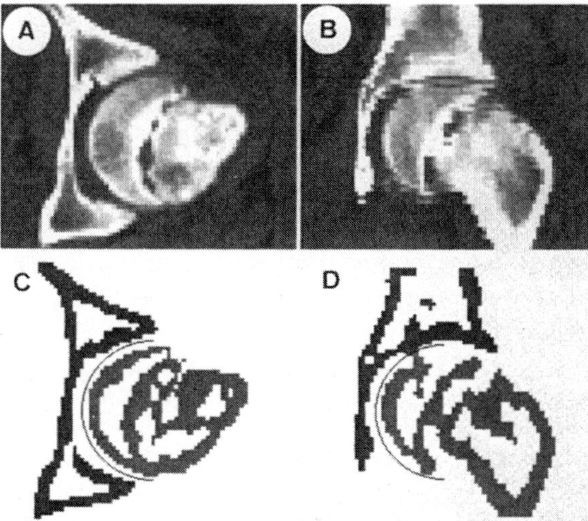

Figur 1 Segmentierung von Hüftknochen und Femur in Röntgen CT-Schnitten. Originaldaten in axialer (A) und koronaler (B) Ansicht, entsprechende Segmentierungsresultate in (C) und (D)

Schwellwertsetzen bei Null sind aufgenommen in Figur 1, C und D, wobei die unterschiedlichen Grauwerte für die Knochenstrukturen bereits das endgültige Segmentierungsresultat vorwegnehmen. Die beiden Knochen in der koronalen Rekonstruktion sind wegen Bewegungsartefakten verbunden. Anpassen einer Hemisphäre an den Oberschenkkelkopf (Halbkreise in C und D) liefert schliesslich die benötigte Trennung. Die Zugehörigkeit von Voxeln zu einem der Knochen wird durch 3-D 'connected component labeling' festgestellt.

4. Analyse klinischer Fälle

Isotrop erhobene MR-Daten eines menschlichen Kopfes dienen zur Illustration der Darstellungsverfahren. Reine Tiefenkodierung wurde verwendet in Figur 2 A, während in Figur 2 B die plastische Wirkung durch Gradienten-Schattierung verstärkt wurde. Zwei unabhängige Eröffnungs-Schnitte mit den originalen Messwerten sind in Figur 2 C gezeigt. Zur leichteren rämlichen Orientierung werden transparente Darstellungen wie in Figur 2 D vorgeschlagen.

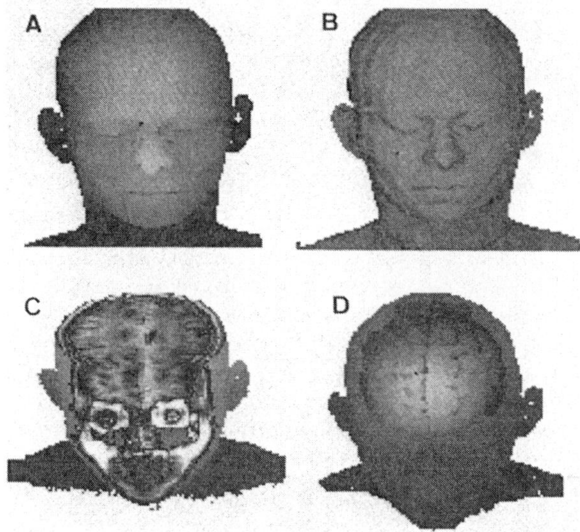

Figur 2 3-D Darstellung von isotropen MR-Daten (128 Voxel) eines Kopfes Reine Tiefenkodierung (A), Gradienten-Schattierung (B), Eröffnungsschnitte mit Original-Grauwerten (C), segmentiertes Gehirn (D)

Für den langfristigen Einsatz von 3-D Segmentierungsverfahren erscheinen MR-Daten mit isotroper Auflösung besonders attraktiv. Da bei der gegenwärtigen Fülle von MR-Bildgebungstechniken noch nicht erkennbar ist, welche Pulssequenzen für den klinischen Einsatz am ehesten in Frage kommen, haben wir zur Weiterentwicklung von Segmentierungsverfahren vor allem auf Röntgen CT-Bilder von orthopädischen Problemen zurückgegriffen.

Eine genaue Veranschaulichung der 3-D Verhältnisse ist für korrigierende operative Eingriffe unerlässlich. So werden in der klinischen Praxis umfangreiche CT-Schnittserien aufgenommen, aus denen der Operateur in zeitraubender Arbeit sein mentales Bild ableitet. Unbeteiligte Organe können dabei den wahren Befund verdecken und sind nur schwer gedanklich auszublenden. Da in vielen Fällen eine möglichst rasche Operation indiziert ist, spielt die Zeit, die bei der Planung verbracht wird, keineswegs eine sekundäre Rolle.

Eine Beckenfraktur soll zur Veranschaulichung einer mehr qualitativen Analyse dienen. In Figur 3, A und B sind 3-D Darstellungen eines CT-Datensatzes von ursprünglich 39 Schnitten mit einer Bildmatrix von 256 Pixeln gezeigt. Für Segmentierung und Display wurde auf kubische Voxel interpoliert. Da der Riss im Beckenknochen durch das Hüftgelenk verläuft, sind die genauen Verhältnisse nur zu ermitteln, wenn segmentiert und für die Darstellung aus dem Datensatz entfernt wird wie in Figur 3 B.

In aller Deutlichkeit ist zu erkennen, in welchem Ausmass die Gelenkpfanne gesprengt wurde; vermutlich als Folge eines Autounfalls durch den in das Becken getriebenen Oberschenkelknochen.

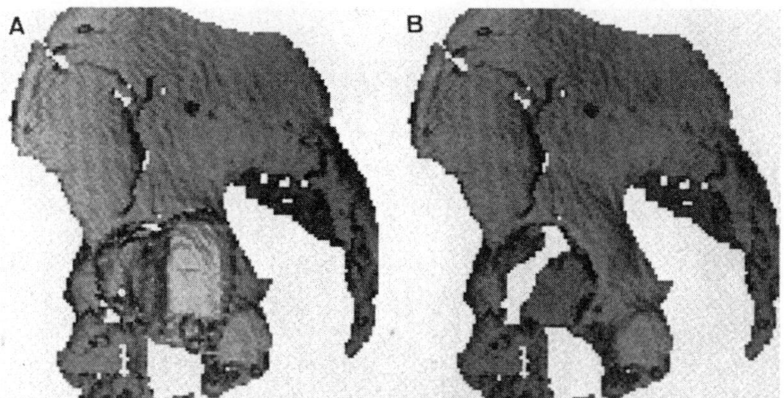

Figur 3 Darstellung einer Becken-Fraktur, (A) mit und (B) ohne Femur

Diffizile Osteotomie-Eingriffe bedürfen neben der qualitativen Orientierung einer genauen quantitativen Planung. Als Beispiel solcher Anwendungen soll eine Epiphysen-Lösung am Femur-Kopf eines 16 jährigen Jungen herangezogen werden. Ein Teil des Röntgenbefundes wurde in Figur 1 gezeigt. Durch die Lockerung der Wachstumsfuge konnte sich der Oberschenkelkopf wie eine Kappe auf dem Schenkelhals verschieben. Beim Eingriff wird versucht, Gelenkpfanne und Ephiphyse wieder in ihre ursprüngliche gegenseitige Lage zu bringen. Direkt am Entstehungsort ist eine Korrektur unmöglich, da das Gelenk immobilisert würde. Um den passenden Sitz zu erreichen, wird daher der Schenkelhals in Gegenbewegung zur verrutschten Epiphyse neu zum Becken orientiert. Die resultierende Fehlstellung des Beins wird kompensiert, indem im Bereich des Trochanters ein Knochenkeil herausgeschnitten und Schenkelhals und unterer Femurteil mit einer Platte in ihrer neuen Lage verschraubt werden.

Aus 54 CT-Schnitten mit einer lateralen Auflösung von 1.1mm und Schichtabständen von 8mm (11mal) und 2mm (43mal) wurde quantitativ analysiert, um welchen Betrag in allen Raumrichtungen der Gelenkkopf gegenüber der Achse des Schenkelhalses verrutscht war. Dazu wurde mit heuristischer Suche zunächst der Verlauf der Epiphysen-Fuge aus den CT-Schnitten extrahiert und durch Fitten des Gelenkkopfes an eine Kugelschale dessen Raumlage bestimmt. Die Femur-Achse ergab sich nach Binärisieren und Auffüllen der Knochenkontur durch eine 3-D Mittelachsentransformation und Bestimmen der besten räumlichen Ausgleichsgeraden. Die gleichen Verfahren wurden auf das intakte symmetrische Gelenk angewendet. Methode und Resultate sind in Figur 4 illustriert. Die gezeigten Querschnitte sind entsprechend der Achse des Schenkelhalses um 35° gegenüber der normalen axialen Orientierung geneigt. Das Distanz-Skelett (metrische Medial Axis) ist als dunkle Punkte in Figur 4, A und B wiedergegeben. Die Achse des Schenkelhalses und die Oberfläche des als sphärisch angenommenen Gelenkkopfes erscheinen als dunkle Linien in C und D, der Mittelpunkt als dunkles Quadrat. Das Zentrum des Gelenkkopfes fluchtet für die gesunde Seite perfekt mit der Femur-Achse, während das Ausmass der Verschiebung im kranken Gelenk beträchtlich ist und sich der Schenkelhals zusätzlich bereits in einem Umbauprozess zu defomieren scheint.

5. Diskussion

Die Analyse und Darstellung 3-D anatomischer Strukturen mit Mitteln der digitalen Bildverarbeitung und der Computer-Graphik soll dazu beitragen, die neuen 3-D abbildenden Verfahren der Medizin umfassend auszuschöpfen. Das Ziel, jede beliebige Ansicht in Bruchteilen einer Sekunde zu erzeugen, lässt sich durch weiteren Ausbau unserer experimentellen Anordnung von zwei auf acht Prozessoren erreichen. Die bisherigen Segmentierungsverfahren sind vor allem an (skalaren) Röntgen CT-Bildern geschult und wurden in enger Zusammenarbeit zwischen klinischer Praxis und digitaler Bildanalyse entwickelt. Die angewandte medizinische Problemstellung und die Konkurrenz bisheriger Verfahren werden klar herausstellen, ob die

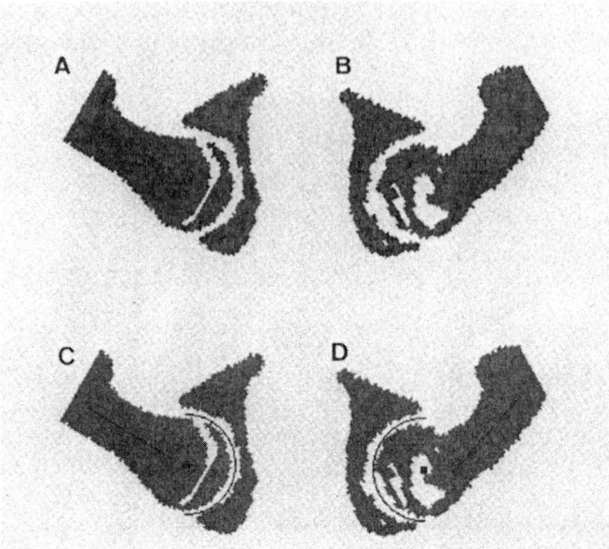

Figur 4 Quantitative Analyse einer Lösung des Oberschenkelkopfes, Vergleich von gesundem (linke Hälfte) und krankem (rechte Hälfte) Hüftgelenk. 3-D MAT (dunkle Punkte) der Knochen (grau) in (A) und (B); Femur-Achse, Oberfläche und Zentrum der Gelenkköpfe dunkel überlagert in (C) und (D)

Kombination moderner bildgebender Verfahren und 3-D Szenenanalyse die diagnostischen Möglichkeiten und die Planung operativer Eingriffe entscheiden zu verbessern vermag. Wir hoffen, mit MR-Daten auch neue Anwendungsbereiche zu erschliessen und die Leistungsfähigkeit der vorgestellten Verfahren noch wesentlich steigern zu können, sobald isotrope Messungen hoher Auflösung vorliegen und zudem vektoriell erhobene MR-Daten es gestatten, Verfahren der strukturellen Mustererkennung mit statistischen Klassifikationsmethoden zu verbinden.

Literatur

1. G. T. Herman and H. K. Liu, Three-Dimensional Display of Human Organs from Computed Tomograms, *Comput. Graphics Image Process.* **9**, 1979, 1-21
2. L. Brewster, S. S. Trivedi, H. K. Tuy, and J. Udupa, Interactive Surgical Planning, *IEEE Comput. Graphics Appl.* **4** March 1984, 31-40
3. R. Lenz, B. Gudmundsson, B. Lindskog, and P. E. Danielsson, Display of Density Volumes, *IEEE Comput. Graphics Appl.*, **6** July 1986, 20-29
4. F. Klein and O. Kübler, A Prebuffer Algorithm for Instant Display of Volume Data, Architectures and Algorithms for Digital Image Processing, M. J. B. Duff, H. J. Siegel, F. J. Corbett (eds), *Proc. SPIE* **596**, 1986, 54-58
5. J. Ylä-Jääski and O. Kübler, Automatic Segmentation and Fast Display of Medical Volume Images, *Proc. 5th Scandinavian Conf. Image Analysis*, Stockholm, 1987

4D-SZENENANALYSE MIT INTEGRALEN RAUM-/ZEITLICHEN MODELLEN

E.D. Dickmanns*
Fakultät für Luft- und Raumfahrttechnik,
Universität der Bundeswehr München
W. Heisenberg Weg 39, 8014 Neubiberg, FRG

Übersicht: Es wird ein Ansatz zur Verarbeitung von hochfrequenten Bildfolgen vorgestellt, der die Bildauswertung auf das jeweils letzte Bild der Folge beschränkt und trotzdem - durch glättende Integrationsoperationen - auch Ableitungsgrößen wie rotatorische und translatorische Geschwindigkeiten zu bestimmen gestattet. Dies gelingt durch gleichzeitige Verwendung von dreidimensionalen Körper- und Bewegungsmodellen gemeinsam mit den Gesetzen der perspektivischen Abbildung. Diese integralen Modelle über den beobachteten Prozeß in der Welt und den (sehr flexiblen) Meßvorgang durch Sehen werden im Sinne der modernen Regelsystemtheorie in einem rückgekoppelten Wirkungskreis zur Schätzung der Zustandsvariablen in Raum und Zeit verwendet. Das Konzept wurde an drei Anwendungsbeispielen erprobt: Einem ebenen Andockmanöver zwischen zwei räumlichen Objekten, der autonomen Führung von Straßenfahrzeugen und dem automatischen, sichtgeregelten Landeanflug eines Flugzeugs.

1. EINLEITUNG

Der heute allgemein übliche Weg bei der Verarbeitung von Bildfolgen ist geprägt durch die quasistatische Interpretation von Einzelbildern und anschließenden Bildvergleich zur Bestimmung von Unterschieden in der Lage von Objekten; hieraus wird dann auf die Bewegung der Objekte im Raum geschlossen. Diese Vorgehensweise mag in der geschichtlichen Entwicklung der digitalen Bildverarbeitung, die bei der Fernerkundung mit zeitlich relativ weit auseinanderliegenden Einzelfotos ihren Anfang nahm, begründet sein.

Nun ist aber aus der Biologie und Physiologie bekannt, daß piktoriales Sehen und Bewegungssehen unterschiedliche Entwicklungen darstellen, wobei stammesgeschichtlich gesehen das Bewegungssehen das ältere System ist. Der Psychologe Yonas hat nachgewiesen, daß auch bei Kindern zunächst das Bewegungssehen und erst später die Fähigkeit zum piktorialen Sehen ausgebildet wird <YONAS 83>.

Wenn man eine DIA-Schau, z.B. über den letzten Urlaub, als Einzelbilder auf einen Spielfilm kopiert und diesen mit der üblichen Vorführgeschwindigkeit abspielen läßt,

*Dr.-Ing., Prof. für Steuer- und Regelungstechnik; die Arbeiten zu den Anwendungsbeispielen wurden teilweise gefördert durch Sachbeihilfen des BMFT und der DFG

wird der Betrachter sich entnervt abwenden, weil ihm die kontinuierliche Handlungsentwicklung fehlt. Umgekehrt kann man daraus schließen, daß beim Sehen von Vorgängen in der Umwelt die zeitliche Kontinuität eine wesentliche Voraussetzung der Verstehbarkeit ist. Hohe Bildfolgefrequenz ist dabei nicht hinderlich, da sie an der Dynamik des beobachteten Prozesses nichts ändert; sie ist eher nützlich, da das sogenannte Korrespondenzproblem der Bildpaar-Auswertung, das Auffinden desselben Objektes (oder von dessen Merkmalen), sehr erleichtert wird: In der kurzen Abtastperiode T (bei 50 Hz Bildfrequenz ist T = 20 ms) verschieben sich Merkmale bei den üblichen Prozessen in der Umwelt des Menschen in der Regel nur geringfügig. Nach dem "Erkennen" des ablaufenden Prozesses kann die Merkmalverschiebung zum nächsten Bild mit einer linearen Extrapolation anhand eines zeitlichen Modells genügend genau vorhergesagt werden. Wenn es nun gelingt, aus der Differenz zwischen vorhergesagter und aktuell gemessener Merkmalposition die Parameter und Zustandsvariablen des Modells, das der "Erkennung" zugrunde lag, zu bestimmen und diese den Meßwerten genügend schnell und genau nachzuführen, ist im Rechner ein symbolisches Abbild des Prozesses in der Welt entstanden. Wenn ein solcher "Sehvorgang" über längere Zeit erfolgreich stabilisiert werden kann, soll von "Erkennung (durch Rechnersehen)" gesprochen werden. Es ist unmittelbar klar, daß wegen der zeitlichen Extrapolation die Zeit eine wesentliche Komponente des Modells sein muß. Hier wird auf die dynamischen Modelle der modernen Regelungstheorie zurückgegriffen, die in Form von Differentialgleichungen oder, im Falle zeitlicher Diskretisierung, in Form von Differenzengleichungen als lineare Zustandsraummodelle um 1960 zur Meßwertschätzung und Reglerauslegung entwickelt wurden <KALMAN 60; KALMAN, BUCY 61; s. z.B. auch BRAMMER, SIFFLING 75; KAILATH 80>.

Hier werden diese dynamischen Modelle als Bewegungsgleichungen für den Schwerpunkt und um den Schwerpunkt gemeinsam mit räumlichen Modellen der betrachteten Körper und mit den perspektivischen Abbildungsgleichungen verwandt, um die bewegte Szene zu verstehen.

Dieser modellbasierte Ansatz eliminiert die Notwendigkeit, auf Bild- oder Merkmaldaten früherer Bilder (zwecks Differenzbildung z.B. zur Berechnung des optischen Flusses) zugreifen zu müssen und erleichtert damit den Rechenvorgang. Bezahlt werden muß dies mit einer aufwendigeren Orientierungsphase zu Beginn der Beobachtung eines neuen Prozesses, um vernünftige Modellhypothesen zu erstellen. Der Ansatz hat - neben der Beschränkung der Bildauswertung auf das letzte Bild der Folge - noch weitere nicht zu unterschätzende Vorteile:

+ Mit dem Modell können Meßwertausfälle bezüglich eines Handlungsablaufs kurzzeitig überbrückt werden; die weitere Handlung erfolgt gemäß der zeitlichen Extrapolation mit dem Modell.
+ Anhand der Extrapolation kann die Güte neuer Meßwerte abgeschätzt werden; je nach Modellgüte, Prozeßdynamik und Vorwissen über allgemeine Umweltbedingungen (Stör-

vorgänge) kann situationsspezifisch reagiert werden: vom Wegwerfen der Daten bis zum Initiieren neuer Unterprozesse zur genaueren Analyse.

+ Die Deutung der Bildfolge geschieht gleichzeitig in Raum und Zeit. Sinnvolle Kontinuitätsbeziehungen für Merkmale lassen sich einfacher im Raum formulieren als in der Abbildung, z.B. das Verschwinden und Auftauchen von Merkmalen bei Aspektwinkeländerungen oder bei Verdeckungen durch Fremd- oder Eigenbewegungen.
+ Bewährte raum-/zeitliche Modelle erlauben die Vorhersage von zu erwartenden Ereignissen bzw. Objekten, nach deren Merkmalen gezielt gesucht werden kann; es stehen dann sofort Interpretationshypothesen bereit, die die Deutung und Parameteranpassung erleichtern. (In einer "vertrauten" Welt findet man sich leichter zurecht als in einer unbekannten. Ganze Objekte werden anhand einzelner charakteristischer Merkmale "erkannt".)

Von der Systemdynamik herkommend, ist dieser Ansatz zur Bildfolgendeutung naheliegend; er scheint bisher jedoch nur selten eingehender untersucht worden zu sein. Außer von unserer Gruppe an der UniBw M, die seit etwa 1979 dynamische Modelle in der Bildfolgenverarbeitung verwendet <MEISSNER 82>, findet man in der Literatur nur wenige Hinweise auf ähnliche Vorgehensweisen <GENNERY e.a. 82; RIVES 86; BROIDA, CHELLAPPA 86>.

Wir haben diesen Ansatz bisher an vier Prozessen untersucht:

1. Der Balance eines einachsig am Fußpunkt gelenkig gelagerten Stabes auf einem Elektrokarren <MEISSNER, DICKMANNS 83; DICKMANNS, WÜNSCHE 86a>,
2. der Führung von Straßenfahrzeugen <DICKMANNS, ZAPP 85; 86 und 87>,
3. der Durchführung eines zweidimensionalen (ebenen) Andockmanövers zwischen zwei dreidimensionalen Körpern an einer Labor-Regelstrecke <WÜNSCHE 86; 87; DICKMANNS, WÜNSCHE 86b>,
4. dem simulierten Landeanflug eines Flugzeugs auf eine Landebahn bis zum Aufsetzen <EBERL 87; DICKMANNS, EBERL 87>,

alles mit Echtzeit-Bildfolgenverarbeitung und einer CCD-Fernsehkamera als Echtbauteil im Kreis.

Im folgenden wird der Ansatz zunächst allgemein beschrieben; dann werden die Prozesse 2 bis 4 kurz vorgestellt.

2. INTEGRALE RAUM-/ZEITLICHE MODELLE

Bild 1 zeigt eine Gegenüberstellung der üblichen Vorgehensweise bei der Bildfolgenverarbeitung (obere Hälfte) und dem rückkopplungsbasierten "dynamischen" Ansatz (untere Hälfte). Räumliche Gegebenheiten werden durch den Sensor als Bildfolge (meist im Videosignal sequentiell analog codiert) abgebildet (links). Bei der konventionellen Bildfolgeninterpretation zur Bewegungsentdeckung wird auf zwei oder mehr Bilder der Folge gleichzeitig zugegriffen, um korrespondierende Grauwertüber-

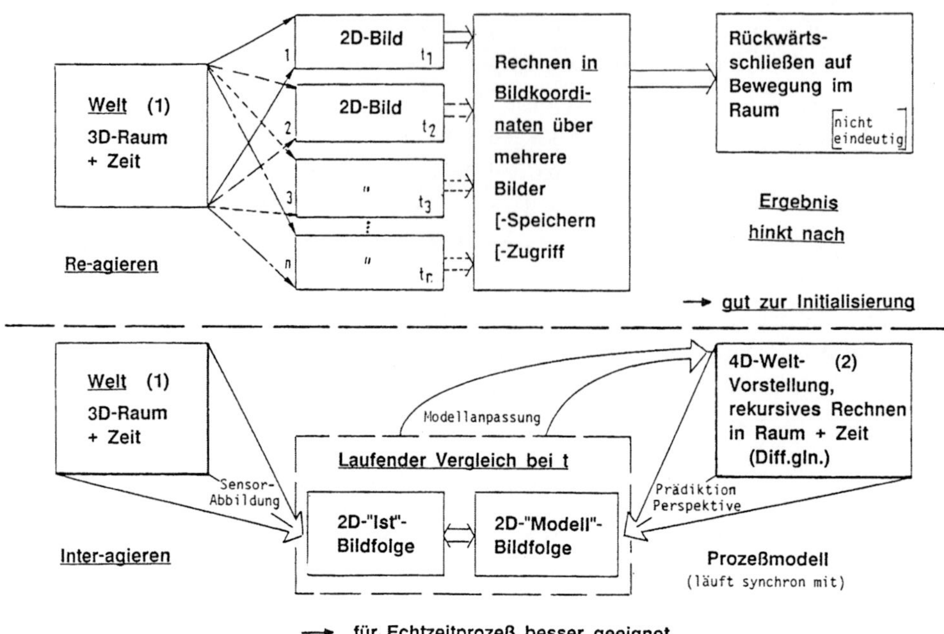

Bild 1: Zwei grundsätzlich verschiedene Arten der Bildfolgenverarbeitung
oben: Differenzbildung zwischen Bildpaaren (optischer Fluß)
unten: modellbasierter Ansatz (4D), Integration von Vorhersageabweichungen

gänge (Ecken, Linien) zu finden und durch Differenzbildung die Verschiebungen im Bild zu berechnen. Infolge des unvermeidlichen Meßrauschens wird die Rauschamplitude der hieraus mit der Bildfrequenz theoretisch bestimmbaren Geschwindigkeit im Bild umso größer, je kürzer die zeitlichen Abstände zwischen den ausgewerteten Bildern sind (aufrauhende Wirkung der Differentiation bei verrauschten Daten). Neuere Verfahren enthalten deshalb glättende Komponenten, meist in Form von Tiefpaßfiltern. Aus diesen Orts- und Geschwindigkeitsmeßdaten im Bild muß dann auf die abgebildeten räumlichen Prozesse geschlossen werden; hierbei ist die nicht eindeutige Inversion der Perspektivprojektion vom 2D-Bild in den 3D-Raum durchzuführen. Zu den Problemen dieser Aufgabenstellung finden sich viele Veröffentlichungen.

Bei dem modellbasierten 4D-Ansatz dagegen entsteht während eines erfolgreichen Deutungsprozesses ein symbolisches raum-/zeitliches Modell der beobachteten Szene im Rechner (in Bild 1 als "Welt 2" (rechts) in Anlehnung an <POPPER 77> bezeichnet). Die räumliche symbolische Darstellung geschieht nach bekannten Verfahren der 3D-Objektrepräsentation (z.B. Drahtmodell); die zeitliche symbolische Darstellung erfolgt mit Differentialgleichungen für die räumliche Lage und die Geschwindigkeitskomponenten als Zustandsvariablen des Objekts, z.B. die Schwerpunktkoordinaten und Winkelorientierungen sowie deren Ableitungen nach der Zeit. Die Differentialgleichungen können häufig lineare Näherungsbeziehungen sein und ergeben sich bei zeitdiskreter

Formulierung entsprechend (einem Vielfachen) der Videozykluszeit als System von Differenzengleichungen

$$\mathbf{x}[(k+1)T] = \mathbf{A}(k,T)\mathbf{x}[kT] + \mathbf{B}(k,T)\mathbf{u}[kT] + \mathbf{v}[kT] \ , \qquad (1)$$

mit $\mathbf{x}$ als n-komponentigem Zustandsvektor, k als Zählindex der diskreten Zeit, T als Abtastperiode, $\mathbf{A}$ als (ggf. zeitvariable) n*n Übergangsmatrix, $\mathbf{B}$ als n*m Steuerkoeffizientenmatrix, $\mathbf{u}$ als m-komponentigem Steuervektor und $\mathbf{v}$ als überlagertem Rauschen (unbekannte Störterme).

Der wirkliche Zustand $\mathbf{x}$ des Systems ist unbekannt und soll durch laufende Vermessung der Position einiger Merkmale in der Bildfolge so geschätzt werden, daß im zeitlichen Mittel das Fehlerquadrat zwischen Ist- und Schätzwert der Merkmallage minimal wird. Die hier zugrunde liegende allgemeine Schätzaufgabe wurde von Kalman 1960 in allgemeiner Form gelöst. Das nach ihm benannte Filterverfahren ist für Echtzeitprozesse besonders geeignet. Heute gibt es viele Varianten dieser weitverbreiteten Schätzverfahren (s. z.B. <BIERMAN 77; MAYBECK 79>), auch in erweiterter Form für nichtlineare Probleme.

Der Einfachheit halber wird hier angenommen, daß die beobachteten Merkmale zur Messung durch Bildauswertung punktmäßig gut lokalisiert werden können (z.B. Ecken). Die räumliche Lage dieser Merkmalpunkte $\mathbf{r}_i$ relativ zum Bezugssystem für das ganze Objekt (z.B. Schwerpunkt und Symmetrieachse) wird als bekannt angenommen. Damit ist bei Vorliegen eines Zustandsvektors $\mathbf{x}$ (Schwerpunktabstand zur Kamera und Winkelorientierung um den Schwerpunkt als Lagekomponenten von $\mathbf{x}$) die räumliche Lage jedes Merkmalpunktes relativ zur Kamera bekannt. Nun kann deren Sichtbarkeit überprüft werden. Mit den perspektivischen Abbildungsgleichungen

$$\mathbf{y}_i = \mathbf{g}(\mathbf{r}_i, \mathbf{x}) \qquad (2)$$

erhält man dann die Bildkoordinaten $\mathbf{y}_i = [y_{Bi}, z_{Bi}]^T$ jedes sichtbaren Merkmals. Die m_k verwendeten Merkmale mit je zwei Meßwerten werden zum Meßvektor $\mathbf{y}$ zusammengefaßt. Leider ist aber $\mathbf{x}$ gerade unbekannt und soll über $\mathbf{y}$ im Bild rekursiv bestimmt werden. Zum Beginn der Rekursion muß angenommen werden, daß bei t = kT ein Schätzwert $\hat{\mathbf{x}}$ für $\mathbf{x}$ vorliegt, der mit der nächsten Messung bei (k+1)T verbessert werden soll. Deshalb wird mit Hilfe des dynamischen Modells Gl.(1) ohne den Störterm $\mathbf{v}(kT)$, der ja unbekannt ist, ein nomineller Zustandswert $\mathbf{x}^*[(k+1)T]$ vorhergesagt, der mit Gl.(2) die Berechnung der nominellen Merkmalpositionen $\mathbf{y}^*$ im nächsten Bild gestattet.

Die Differenzen zwischen diesem (verarmten) "Modell-Bild" und dem gemessenen "Ist-Bild" sollen nun herangezogen werden, um den besten Schätzwert $\hat{\mathbf{x}}$ für diesen Zeitpunkt nach Einbeziehung der neuen (ebenfalls verrauschten) Messungen zu erhalten.

Für die wirklichen Messungen gilt

$$\mathbf{y} = \mathbf{g}(\mathbf{r}_i, \mathbf{x}) + \mathbf{w} , \tag{2a}$$

mit $\mathbf{w}$ als überlagertem Meßrauschen, dessen verfälschender Einfluß möglichst eliminiert werden soll. Hierzu wird der Zusammenhang zwischen $\mathbf{y}$ und $\mathbf{x}$ um $\mathbf{x}^*$ linearisiert

$$\delta\mathbf{y} = \mathbf{y} - \mathbf{y}^* = \frac{\partial \mathbf{g}(\mathbf{r}_i, \mathbf{x}^*)}{\partial \mathbf{x}^*} (\mathbf{x} - \mathbf{x}^*) = \mathbf{C}\ \delta\mathbf{x} . \tag{3}$$

Damit liegt die für die Anwendung der Zustandsraummethoden erforderliche lineare Standardform vor. Mit Hilfe der Kenntnis der stochastischen Eigenschaften des Prozeß- und Meßrauschens kann jetzt der neue beste Schätzwert für minimale Varianz $\hat{\mathbf{x}}$ über eine Fortschreibung der Kovarianzmatrix $\mathbf{P}(k)$ ermittelt werden

$$\hat{\mathbf{x}}(k) = \mathbf{x}^*(k) + \mathbf{K}(k)[\mathbf{y}(k) - \mathbf{y}^*(k)] ; \tag{4}$$

für die $n*(2m_k)$-Fehleraufschaltmatrix (Filtermatrix) $\mathbf{K}(k)$ gilt

$$\begin{aligned} \mathbf{K}(k) &= \mathbf{P}^*(k)\ \mathbf{C}^T(k)\ [\mathbf{C}(k)\ \mathbf{P}^*(k)\ \mathbf{C}^T(k) + \mathbf{R}(k)]^{-1} \\ \mathbf{P}^*(k) &= \mathbf{A}(k-1)\ \mathbf{P}(k-1)\ \mathbf{A}^T(k-1) + \mathbf{Q}(k-1) \\ \mathbf{P}(k-1) &= \mathbf{P}^*(k-1) - \mathbf{K}(k-1)\ \mathbf{C}(k-1)\ \mathbf{P}^*(k-1) \end{aligned} \tag{5}$$

mit $\mathbf{Q}$ = Kovarianzmatrix des Prozeßrauschens (v)
$\mathbf{R}$ = Kovarianzmatrix des Meßrauschens (w).
Die Anfangskovarianzmatrix $\mathbf{P}^*(o)$ kann je nach Vertrauen in den Anfangswert $\mathbf{x}^*(o)$ gewählt werden. Je nach Verrauschung und Streckenmodell (Gl.(1)) können abgewandelte Verfahren gewählt werden; bezüglich detaillierter Diskussion siehe <WÜNSCHE 87>.

Konvergiert der mit Gln. (1) bis (5) gegebene Schätzprozeß, so ist mit $\hat{\mathbf{x}}(kT)$ im Rechner eine sehr kompakte symbolische Repräsentation des räumlichen Relativzustandes in der Kamera-Umgebung bezüglich des merkmaltragenden Objektes gegeben. Diese enthält nicht nur geglättete Schätzwerte der räumlichen Positionsdaten, sondern auch alle räumlichen Geschwindigkeitskomponenten. Da die Newton'schen Bewegungsgleichungen zweiter Ordnung sind, enthält der Zustandsvektor diese Größen natürlicherweise gleich im Ansatz. Besonders vorteilhaft ist, daß diese Größen durch die Verwendung eines unverrauschten Modells bei der Prädiktion mit glättenden Rechenschritten (Summation) erhalten werden und nicht durch aufrauhende Differentiation wie bei den heute meist verwendeten Verfahren der Bildfolgenverarbeitung (z.B. Verschiebungsvektorfelder und optischer Fluß).

Ferner liegt die Meßwertinterpretation gleich in Raum und Zeit im Rahmen einer 4D-Weltvorstellung vor, was die einleitend genannten Vorteile bietet. Es werden stets alle Zustandskomponenten geschätzt (Beobachtbarkeit im wohldefinierten Sinn der modernen Regelungstheorie vorausgesetzt), auch wenn nur wenige Meßwerte ausgewertet werden können. Dies ist beim Sehen wichtig, da durch Verdeckungen einzelne Merkmaldaten leicht ausfallen können. Um diese Problematik in den Griff zu bekommen, wurde in <WÜNSCHE 87> eine sequentielle Formulierung des Filterprozesses realisiert, die obendrein noch besonders stabil und numerisch effizient ist.

3. MERKMALSELEKTION

Der geschilderte Ansatz gestattet es, die Meßwerte einiger gut erkennbarer Merkmale in der Bildfolge optimal auszuwerten. Nach einer anfänglichen Orientierungsphase, in der im gesamten Bild nach Merkmalen gesucht werden muß, kann man sich für die weitere Objektverfolgung auf einmal erkannte Merkmale eines Objektes konzentrieren. Die spezielle Auswahl ist anwendungsspezifisch. Meist stehen jedoch wesentlich mehr Merkmale zur Verfügung als bei Echtzeitprozessen mit heutigen Rechnern ausgewertet werden können, so daß ein Allokationsproblem entsteht: Auf welche Merkmale soll Rechenleistung angesetzt werden, um die sich ständig ändernde räumliche Situation möglichst gut zu erfassen? Zu diesem Problem wird in <WÜNSCHE 87> eine zumindest lokal optimale Lösung gegeben, die anhand von Informationen aus dem Schätzprozeß mittels Sehen mitlaufend ein Gütekriterium durch Auswahl einer Merkmalkombination extremiert. Bei Verdeckung einzelner dieser Merkmale wird automatisch die nächstbeste Kombination ausgewählt. Bild 2 zeigt ein Blockschaltbild des hieraus resultierenden Systems zum Rechnersehen, das eine verfeinerte Version des unteren Teiles von Bild 1 ist.

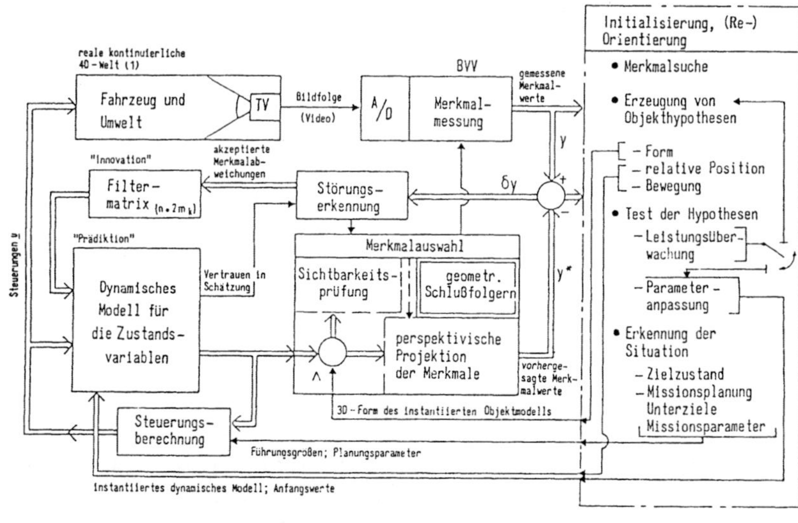

Bild 2: Blockschaltbild zum dynamischen Ansatz für die modellbasierte 4D-Bildfolgenauswertung (Verfeinerung von Bild 1 unten)

4. SYSTEMVERHALTEN

Zielsetzung unserer Arbeiten ist stets die Echtzeitsteuerung von Prozessen in einem Dynamikbereich, der für den Menschen besonders interessant ist (ca. 1 Hz Eckfrequenz). Um den Echtzeitaspekt nicht aus den Augen zu verlieren, haben wir uns von Anfang an als Nebenbedingung für die Prozeßverfolgung eine maximale Zykluszeit von größenordnungsmäßig 100 ms (0,1 sek.) freiwillig auferlegt. Nur in der anfänglichen Orientierungsphase (oben rechts, Bild 2) bei der Merkmalsuche, Hypothesenerstellung und -prüfung darf diese Zeit überschritten werden; die Bildauswertung mit dem BVV (s. <GRAEFE 84>) geschieht mit noch höherer Frequenz*. Merkmale sind typischerweise lineare Konturelemente und Ecken, von denen mehrere zur Objekterkennung aggregiert werden. Ist die Szene hinreichend erkannt, werden die Parameter für die Echtzeitphase gesetzt (untere Pfeile von rechts nach links) und diese läuft dann weitgehend unabhängig von dem rechten Block, wobei der Prozeß anfangs "einschwingen" muß. Bleibt der Mittelwert $|\overline{\delta y}| < \varepsilon$, einem anwendungsabhängigen Schwellwert, so gilt der reale Vorgang in der Welt als erkannt und alle Entscheidungen zur Systemsteuerung werden auf den "vorgestellten" Prozeßvariablen $\hat{\mathbf{x}}$ basiert. Sie dienen

1. zur Ermittlung der Steuerung $\mathbf{u}[kT]$ über Zustandsregler (unten links in Bild 2: Steuerungsberechnung)
2. zur Vorhersage der bei der nächsten Messung erwarteten Zustandsgrößen

$$\mathbf{x}^*[(k+1)T] = A\hat{\mathbf{x}}[kT] + B\mathbf{u}[kT] \tag{1a}$$

3. zur Prüfung der Sichtbarkeit der Merkmale, deren günstigste Auswahl und zur Projektionsberechnung für die ausgewählten Merkmale (Block im Zentrum: "geometrisches Schlußfolgern")

$$\mathbf{y}^* = \mathbf{g}(\mathbf{r}_i,\ \mathbf{x}^*)\ , \tag{2a}$$

4. zur Berechnung der für die Verbesserung der Schätzung notwendigen (Jacobischen) Matrix

$$\mathbf{C} = \partial\mathbf{g}(\mathbf{r}_i,\ \mathbf{x}^*)/\partial\mathbf{x}^*\ , \tag{3a}$$

5. zur Erkennung und Aussonderung gestörter Merkmale, zur Auswahl eventueller Ersatzmerkmale (Block "Störungserkennung", Mitte oben in Bild 2) sowie
6. , und damit schließt sich der Kreis,
   zur Anpassung der Filtermatrix **K** (Gln.(5)), mit der - aus den vorhergesagten Werten $\mathbf{x}^*$ und den akzeptierten Meßwerten für die Merkmalpositionsabweichungen $\boldsymbol{\delta y}$ - die neuen besten Schätzwerte für den nächsten Zyklus bestimmt werden (Gl.(4); dieser Teil ist in Bild 2 links, vertikal in der Mitte mehr symbolisch dargestellt).

---

*Diese Nebenbedingungen haben mit der Zeit zu anderen Akzentsetzungen in der Bild- und Merkmalverarbeitung geführt, als es allgemein üblich ist.

So wird, "servogesteuert" über die Meßwertdifferenzen δy, der beobachteten Szene in der Welt ein symbolisches Weltmodell im Rechenprozeß nachgeführt. Es würde im Moment zu weit führen, darüber zu spekulieren, ob hier der Anfang eines technischen Pendants zu dem philosophischen Gedanken von Schopenhauer "Die Welt als (Wille und) Vorstellung" oder zu Poppers "Welt 2" vorliegt (vgl. <SCHOPENHAUER 1819; POPPER 77>).

Die detaillierte Behandlung spezieller Aufgabenstellungen ist im Rahmen dieses Übersichtsartikels nicht möglich; hierzu sei auf die zitierten Originalarbeiten verwiesen. Die folgende Besprechung der untersuchten Anwendungen soll das allgemeine Prinzip verdeutlichen helfen.

5. ANWENDUNGSBEISPIELE

5.1 Führung von Straßenfahrzeugen

Gezwungen durch die Schwerkraft und die Tragfähigkeit des Untergrundes bewegen sich Straßenfahrzeuge im wesentlichen parallel zur lokalen Erdoberfläche. Um den Fahrkomfort zu erhöhen, hat der Mensch den Bewegungsraum für Fahrzeuge, die Straßen, mit glatter Oberfläche gestaltet, d.h. es werden nur Krümmungsradien zugelassen, die groß gegenüber dem Rad- bzw. Achsabstand sind. Die Krümmungen dieser "Oberflächenbänder", sowohl in der vertikalen, durch die Schwererichtung bestimmten, als auch in der tangentialen Ebene, bestimmen das Fahrverhalten der Fahrzeuge. Sie zu erfassen ist eine der Grundaufgaben sowohl des menschlichen als auch des Rechner-Sehens zur Fahrzeugführung; dies muß mitlaufend während der Fahrt in einem gewissen Vorausschaubereich erfolgen.

Bei der Fahrt entlang der Straße erscheint der ortsfest vorliegende Krümmungsverlauf im Fahrzeug als zeitvariable Zustandsgröße der Fahrzeugumgebung. Da das Bildungsgesetz für Straßen der Struktur nach ebenso bekannt ist (Klotoide) wie der sinnvolle Parameterbereich für den zugrunde liegenden linearen Krümmungsverlauf, kann hierauf ein effektives Filterverfahren für die Bildmeßdaten aufgebaut werden <DICKMANNS, ZAPP 86, 87>. Zusammen mit den Bewegungsgleichungen des Fahrzeugs als Nebenbedingungen in Differentialgleichungsform für die Entwicklung der Fahrzeugbahn mit der Zeit ergibt sich ein Wirkschaltbild gemäß Bild 3, das als spezielle Ausprägung von Bild 2 für die Bewegung eines Radfahrzeugs entlang einer Linie gedeutet werden kann. Die gewählte Implementierung enthält ein dynamisches Modell 3. Ordnung zur Krümmungsbestimmung und eines 5. Ordnung zur Beschreibung des Fahrzeugzustands relativ zur Fahrspur.

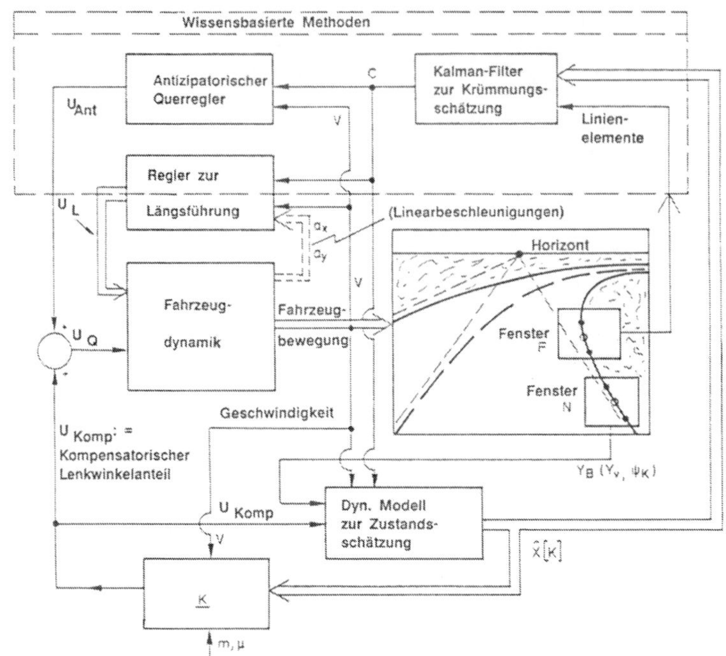

Bild 3: Rekursive Zustandsschätzung bei der Fahrzeugführung:
a) Fahrzeug relativ zur Straße (unten) b) Fahrbahnkrümmungsmodell (oben)
(nach <DICKMANNS, ZAPP 86>)

Bild 4: Das Versuchsfahrzeug für autonome Mobilität und Rechnersehen (VaMoRs)

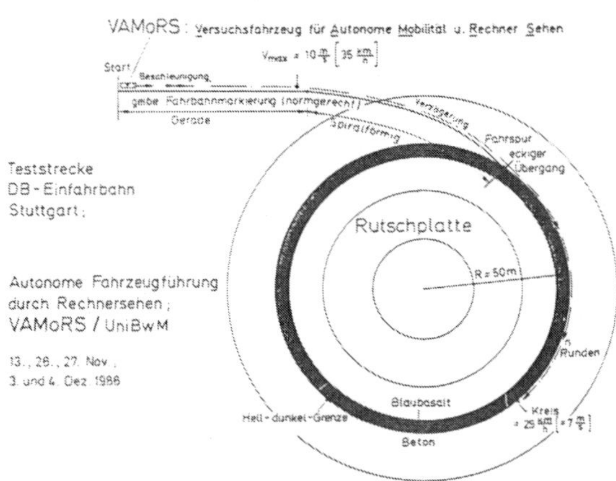

Bild 5: Ein Testkurs zur autonomen Mobilität (nach <DICKMANNS, ZAPP 87>)

Sowohl im Simulationskreis als auch bei echten Versuchsfahrten mit unserem Versuchsfahrzeug für autonome Mobilität und Rechnersehen (VaMoRs, Bild 4) hat sich dieses Verfahren bewährt. Es wurden vollautomatische Fahrten (Längs- und Seitenbewegung) mit Geschwindigkeiten bis ca. 75 km/h demonstriert.

5.2 Ebene Relativpositionierung, Andockmanöver

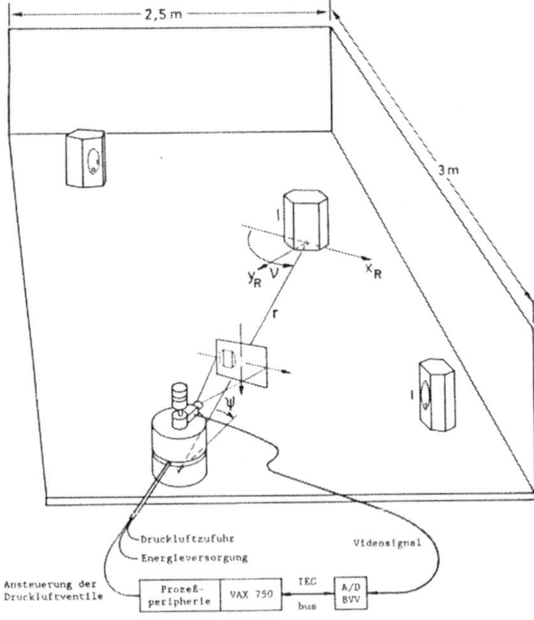

Bild 6: Versuchsanlage zum sichtgesteuerten automatischen Andocken in einer Ebene

Eine häufig auftretende Aufgabe in der Robotik ist, einen steuerbaren Körper relativ zu einem anderen dreidimensionalen Körper zu positionieren. Diese Aufgabe wurde mit dem beschriebenen Ansatz mittels Rechnersehen an einer hardwaremäßig aufgebauten Modellregelstrecke im Labor gelöst <WÜNSCHE 87>. Bild 6 zeigt das verwendete Luftkissenfahrzeug mit Reaktionsdüsenantrieb auf einer ebenen Platte zusammen mit einigen Andockpartnern. Die konvexen prismatischen Formen der Körper werden als bekannt vorausgesetzt. Das Fahrzeug soll den Andockpartner unter verschiedenen Möglichkeiten erkennen, auf ihn zufahren, die Andockvorrichtung erkennen, sich axial dazu positionieren und ausrichten und schließlich mit einem Andockstachel in die entsprechende Vorrichtung am Partner hineinfahren bis eine mechanische Verriegelung erfolgt. Das dynamische Modell hat acht Zustandsgrößen, wobei ein Kameraeinbauwinkel und eine Momentenstörung rekursiv mitbestimmt werden. Bild 7 zeigt einen typischen Verlauf der Zustandsgrößen (links) und der merkmalbasierten Szenenauswertung (rechts).

In <WÜNSCHE 86; 87> sind die aufgabenspezifischen Lösungsansätze detailliert beschrieben. Der im Rahmen dieses Vorhabens entwickelte Ansatz zur 3D-Objekterkennung und -verfolgung ist allgemein verwendbar und wird z.Z. auf die Aufgabenstellung der Erkennung anderer Fahrzeuge im Straßenverkehr und zur Abstandshaltung und Kollisionsverhütung übertragen.

5.3 Landeanflug durch Rechnersehen

Ein Flugzeug bewegt sich in allen drei translatorischen und drei rotatorischen Freiheitsgraden gleichzeitig, wobei gemäß dem Newton'schen Gesetz in jedem Freiheitsgrad eine Differentialgleichung 2. Ordnung angesetzt werden muß; die Bewegungsbeschreibung erfordert also zwölf Zustandsvariable für einen Starrkörper. Gesteuert wird ein Flugzeug über vier Steuergrößen: Höhen-, Quer- und Seitenruder sowie die Schubdros-

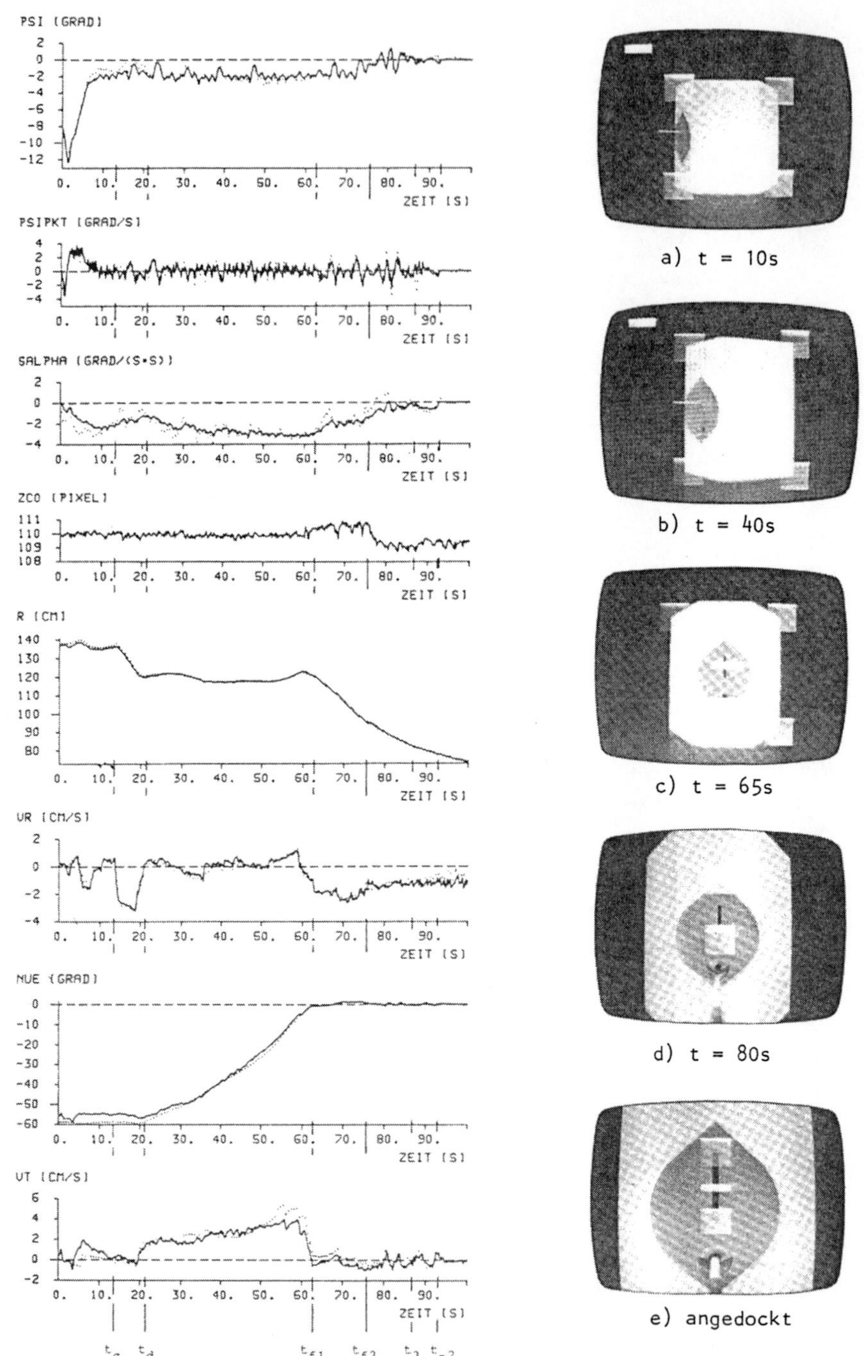

Bild 7: Zeitverlauf der Bewegungszustandsgrößen für eine typische Mission (links) und einige Blicke durch die Kamera im Regelkreis (rechts, nach <WÜNSCHE 87>)

sel; darüberhinaus können noch verschiedene Klappen für bestimmte Flugbereiche (Start, Landung) betätigt werden.

G. Eberl hat gezeigt, daß unter gleichzeitiger Verwendung von räumlichen und zeitlichen Modellen der automatische sichtgeregelte Landeanflug mit heutigen Mikroprozessorsystemen erfolgreich angegangen werden kann <EBERL 87; DICKMANNS, EBERL 87>. Neben der (simulierten) Fluggeschwindigkeitsmessung war eine monokulare schwarzweiß-Kamera als Echtbauteil im Echtzeit-Simulationskreis mit rechnererzeugtem Sichtsystem der einzige Sensor während des gesamten automatischen Landeanflugs (Bild 8). Aus der Verfolgung der näherungsweise trapezförmigen Verzerrung der rechteckigen Landebahn können alle Zustandsgrößen entlang einer Sollbahn rekursiv geschätzt werden. Die Seitenbewegung verläuft korrekt, wenn das Landebahnbild stets spiegelsymmetrisch ist. In der Längsbewegung sind die Verhältnisse wegen des zeitvariablen Bahnneigungsprofils komplizierter (s. <EBERL 87>). Das dynamische Modell der Bewegung wurde aus Effektivitätsgründen in drei Teilmodelle (je eins sechster, fünfter und zweiter Ordnung) aufgespalten, wobei die Vorwärtsgeschwindigkeit in zwei Teilmodellen auftritt.

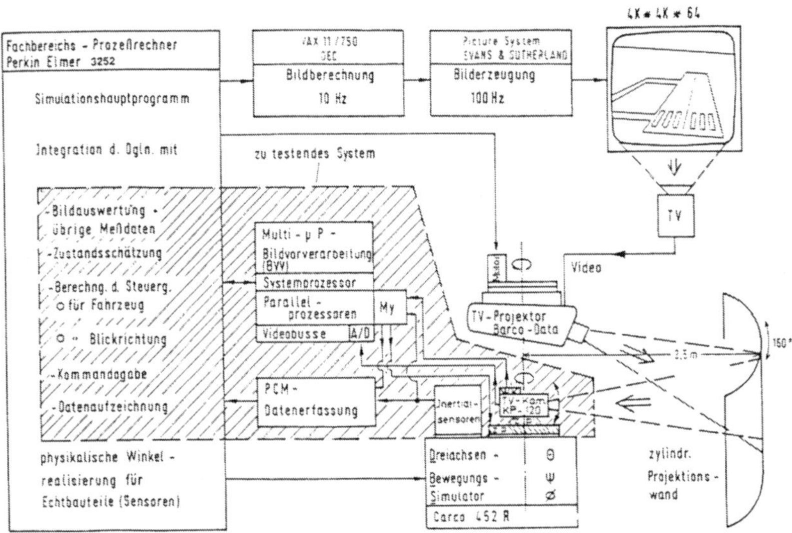

Bild 8: Simulationskreis zur Steuerung des Landeanflugs durch Rechnersehen

6. ZUSAMMENFASSUNG

Durch Vereinigung von dynamischen Modellen, 3D-Formbeschreibungen und Perspektivtransformation (vorwärts) sowie durch Verwendung dieses integralen Modells im Sinne der Beobachter-/Filterverfahren der modernen Regelsystemtheorie ist die Formulierung eines Erkennungsprozesses gleichzeitig in Raum und Zeit gelungen: Obwohl nur Bilddaten des jeweils letzten Bildes einer Folge verarbeitet werden, können anhand der raum-/zeitlichen Prozeßmodelle durch glättende Integrations- (Summations-) operationen auch die Geschwindigkeitskomponenten im Raum geschätzt werden. Die Inversion der perspektivischen Abbildung wird dabei durch Extrapolation in der Zeit und Vorwärtsabbildung der räumlichen, zu messenden Merkmale in das "Modellbild" umgangen. Die Abweichungen zwischen den Merkmalpositionen im gemessenen "Istbild" und den vorhergesagten "Modellbildwerten" werden zur Verbesserung der Modellvorstellung direkt in Raum und Zeit verwendet.

Bei Eigenbewegungen haben die dynamischen Modelle Gl.(1) den zusätzlichen Vorteil, daß sie den Einfluß der Steuerbetätigungen gleich mit enthalten. Dies kann im Deutungsprozeß so ausgenutzt werden, daß Steuerungsanteile so aufgebracht werden, daß damit der Deutungsprozeß erleichtert wird (z.B. Ausnutzen der Fahrspurbreite, um die Sichtbedingungen bei Verdeckungen durch ein vorausfahrendes Fahrzeug zu verbessern). Zur Formbeschreibung in diesem Konzept bieten sich normierte Krümmungsfunktionen an <DICKMANNS, 85>.

Die gleichzeitige räumliche und zeitliche Weltvorstellung muß nach Überzeugung des Autors in maschinelle Sehsysteme eingebaut werden, wenn diese auch nur entfernt die Leistungsfähigkeit organischer Sehsysteme erreichen sollen.

LITERATUR

<BIERMAN 77> G.J. Bierman: Factorization methods for discrete sequential estimation. Academic Press, New York, 1977.

<BRAMMER, SIFFLING 75> K. Brammer, G. Siffling: Kalman-Bucy-Filter. R. Oldenbourg Verlag, München, 1975.

<BROIDA, CHELLAPPA 86> T.J. Boida, R. Chellappa: Estimation of Object Motion Parameters from Noisy Images. IEEE Trans. PAMI Vol. 8 No. 1, Jan. 1986, pp. 90-99.

<DICKMANNS 85> E.D. Dickmanns: Normierte Krümmungsfunktionen zur Darstellung und Erkennung ebener Figuren. In Niemann (Hrgb.): DAGM 1985, Informatik Fachbericht 107, Springer-Verlag, 1985, S. 58 ff.

<DICKMANNS, ZAPP 85> E.D. Dickmanns, A. Zapp: Guiding Land Vehicles Along Roadways by Computer Vision. Proc. Congres Automatique 1985, AFCET, Toulouse.

<DICKMANNS, WÜNSCHE 86a> E.D. Dickmanns, H.-J. Wünsche: Regelung mittels Rechnersehen. Automatisierungstechnik (at) 34, 1/1986, pp. 16-22.

<DICKMANNS, WÜNSCHE 86b> Satellite Rendezvous Maneuvers by Means of Computer Vision. Jahrestagung DGLR München, Okt. 85 Jahrbuch 1986 Bd. 1, DGLR, Bonn, pp, 251-259.

<DICKMANNS, ZAPP 86> E.D. Dickmanns, A. Zapp: A Curvature-based Scheme for Improving Road Vehicle Guidance by Computer Vision. In: "Mobile Robots", SPIE-Proc. Vol. 727, Cambridge, Mass., Oct. 1986, pp. 161-168.

<EBERL 87> G. Eberl: Automatischer Landeanflug durch Rechnersehen. Dissertation UniBw München, LRT, Juni 1987.

<GENNERY 82> D.B. Gennery: Tracking Known Three-Dimensional Objects. American Assoc. for AI, AAAI, Pittsburgh, Aug. 1982, Proc., pp. 13-17.

<KAILATH 80> Th. Kailath: Linear Systems. Englewood Cliffs, N.J., Prentice Hall, 1980.

<KALMAN 60> R.E. Kalman: On the general theory of control systems. Proceedings IFAC Congress 1960, Moscow, Vol. 1, pp. 481-492, Butterworth, London 1961.

<KALMAN, BUCY 61> R.E. Kalman; R.S. Bucy: New results in linear filtering and prediction theory. AMSE, 1961, Series D; pp. 95-108.

<MAYBECK 79> P.S. Maybeck: Stochastic models, estimation and control. Vol. 1, Academic Press, 1979.

<MEISSNER 82> H.G. Meissner: Steuerung dynamischer Systeme aufgrund bildhafter Informationen. Dissertation UniBw M, LRT, Juli 1982.

<MEISSNER, DICKMANNS 83> H.G. Meissner, E.D. Dickmanns: Control of an Unstable Plant by Computer Vision. In T.S. Huang (ed.): Image Sequence Processing and Dynamic Scene Analysis. Springer-Verlag, 1983.

<POPPER 77> K.R. Popper, J.C. Eccles: The Self and Its Brain - An Argument for Interactionsism. Springer Internat. Berlin, 1977.

<RIVES e.a. 86> P. Rives, E. Breuil, B. Espian: Recursice Estimation of 3D Features Using Optical Flow and Camera Motion. Conf. on Intelligent Autonomous Systems, Amsterdam, Dec. 1986, pp. 522-532.

<SCHOPENHAUER 1819> A. Schopenhauer: Die Welt als Wille und Vorstellung. 1. Ausgabe 1819, 3. endgültige Ausgabe 1859.

<WÜNSCHE 86> H.-J. Wünsche: Detection and Control of Mobile Robot Motion by Real-Time Computer Vision. SPIE Conference 727 on "Mobile Robots", Cambridge, Mass., Oct. 1986, pp. 26-31.

<WÜNSCHE 87> H.-J. Wünsche: Erfassung und Steuerung von Bewegungen durch Rechnersehen. Dissertation, UniBw M, LRT, August 1987.

Schätzung dreidimensionaler Bewegungsparameter aus Bildfolgen

Norbert Diehl

Arbeitsbereich Technische Informatik I, TU Hamburg-Harburg
Harburger Schloßstraße 20, 2100 Hamburg 90

Einleitung

In diesem Beitrag wird ein neuer Algorithmus zur Schätzung der Parameter einer dreidimensionalen Bewegung eines zumindest näherungsweise ebenen starren Körpers aus Bildfolgen unter Benutzung von Grauwertbildern vorgestellt. Der iterative Schätzalgorithmus zur Bestimmung der Parameter der die Bewegung beschreibenden Zentralprojektion zeichnet sich durch seine geringe numerische Komplexität aus. Außerdem besitzt er einen großen Fangbereich und eine hohe Konvergenzordnung in der Nähe der wahren Parameterwerte. Tests mit realen Bilddaten belegen diese guten Eigenschaften.

Bisher entwickelte Algorithmen zur dreidimensionalen Bewegungsschätzung nutzen meist Punkt-zu-Punkt-Korrespondenzen, die vorab bekannt sein müssen, und berechnen daraus die Bewegungsparameter. Allerdings sind die so gewonnenen Ergebnisse sehr empfindlich gegenüber Rauscheinflüssen, da durch das Rauschen bedingte, recht kleine Fehler bei den Punkt-zu-Punkt-Korrespondenzen zu verhältnismäßig großen Fehlern in den Bewegungsparametern führen können [1,2]. Desweiteren ist die Ermittlung der geeigneten Korrespondenzen oft sehr kompliziert und rechenzeitaufwendig. Ein anderer Weg zur Bestimmung der dreidimensionalen Bewegungsparameter besteht darin, diese aus dem vorher ermittelten optischen Fluß (Verschiebungsvektorfeld) indirekt zu berechnen [3,4].

In diesem Beitrag wird auf eine andere Art vorgegangen. Statt der korrespondierenden Punkte oder Linien bzw. dem Verschiebungsvektorfeld werden ganze Ausschnitte der Grauwertbilder benutzt und die Bewegungsparameter mit Hilfe modelladaptiver Schätzverfahren bestimmt. Hierzu wird angenommen, daß das sich bewegende Objekt zumindest näherungsweise eben sei und Verdeckungseffekte, die durch Vorder-Hintergrundeinflüsse bzw. durch das Objekt selbst hervorgerufen werden, keine Rolle spielen. Außerdem sollen die Änderungen der Bewegungsparameter nur so groß sein, daß die Bildinhalte der beiden Bildausschnitte $I_1(\mathbf{x})$ und $I_2(\mathbf{x})$ eine genügend hohe Verwandtschaft besitzen. Damit können zwar nicht ganz beliebige, aber wie Tests mit realen Bilddaten zeigen, dennoch recht große Bewegungen bestimmt werden. Dadurch daß ganze Bildausschnitte verwendet werden, ist die Störanfälligkeit des Verfahrens niedrig. Eine ähnliche Vorgehensweise findet sich in [5].

Das Bewegungsmodell

Ausgangspunkt für die Untersuchungen ist folgendes Bildmodell. Eine Kamera beobachtet ein sich im dreidimensionalen Raum beliebig bewegendes starres Objekt, dessen betrachteter Ausschnitt eben sei. Zwei aufeinanderfolgende Aufnahmen $I_1(\mathbf{x})$ und $I_2(\mathbf{x})$ werden durch

$$I_1(\mathbf{x}) = S(\mathbf{x}) + N_1(\mathbf{x}) \qquad \text{und} \qquad I_2(\mathbf{x}) = S(\mathbf{x}') + N_2(\mathbf{x}) \tag{1}$$

beschrieben, wobei $S(\mathbf{x})$ und $S(\mathbf{x}')$ die durch Zentralprojektion enstandenen Grauwertbilder des sich bewegenden Objektes bezeichnen. Gleichung (1) gibt somit den Zusammenhang zwischen der Projektion des Objektes in Position 1 und der Projektion desselben Objektes in Position 2 an. $N_1(\mathbf{x})$ und $N_2(\mathbf{x})$ sind überlagerte Rauschterme, die weder gegenseitig noch mit $S(\mathbf{x})$ korreliert seien.

Bei der Bildentstehung durch Zentralprojektion lautet die Koordinatentransformation, die Bild $I_1(\mathbf{x})$ in $I_2(\mathbf{x})$ überführt:

$$x' = \frac{(1+a_1)\,x + a_2\,y + a_3}{a_7\,x + a_8\,y + 1}, \qquad y' = \frac{a_4\,x + (1+a_5)\,y + a_6}{a_7\,x + a_8\,y + 1}. \tag{2}$$

Die acht Parameter $\mathbf{a} = (a_1, \ldots, a_8)^T$ (sog. "pure parameters" [1]) beschreiben eindeutig den Zusammenhang zwischen $I_1(\mathbf{x})$ und $I_2(\mathbf{x})$ und sollen im folgenden geschätzt werden. Aus den a_i können dann die zugrunde liegenden dreidimensionalen Bewegungsparameter berechnet werden. Allerdings ist dies nicht eindeutig möglich. Details hierzu finden sich in der Arbeit von Tsai und Huang [1].

Das Parameterschätzverfahren

Da das entwickelte Schätzverfahren nicht nur auf den Fall der Zentralprojektion beschränkt ist, soll eine beliebige, durch einen Parametervektor $\mathbf{T}$ entsprechend parametrisierte Transformation $\mathbf{h}(\mathbf{T})$, die die Koordinaten gemäß $\mathbf{x}' = \mathbf{h}(\mathbf{x}, \mathbf{T})$ ineinander überführt, betrachtet werden. Einschränkend wird jedoch von der Transformation gefordert, daß sie zumindest lokal umkehrbar eindeutig sei. Außerdem sei für $\mathbf{T} = 0$ $\mathbf{x}' = \mathbf{h}(\mathbf{x}, \mathbf{T} = 0) = \mathbf{x}$. Bei der Zentralprojektion gilt $\mathbf{T} = \mathbf{a}$.

Die modelladaptive Parameterschätzung basiert darauf, daß das Bild $I_2(\mathbf{x})$, das aus $I_1(\mathbf{x})$ durch die Transformation $\mathbf{h}(\mathbf{T})$ hervorgegangen ist, durch ein Modellbild $I_m(\mathbf{x}, \hat{\mathbf{T}})$, welches ebenfalls aus $I_1(\mathbf{x})$ durch die gleiche Transformation, allerdings mit dem Modellparameter $\hat{\mathbf{T}}$ entstanden ist, nachgebildet wird. Die Abweichung zwischen Modellbild $I_m(\mathbf{x}, \hat{\mathbf{T}})$ und $I_2(\mathbf{x})$ wird dann durch eine Fehlerfunktion beschrieben, die hier als der Erwartungswert des Quadrates der Bilddifferenz aus $I_m(\mathbf{x}, \hat{\mathbf{T}})$ und $I_2(\mathbf{x})$ gewählt wird. Dabei wird die Erwartungswertbildung durch Summation über den gewählten Bildausschnitt realisiert. Als Schätzwert für den Bewegungsvektor $\mathbf{T}$ ergibt sich der Wert $\mathbf{T}^*$, bei dem die Fehlerfunktion minimal wird.

Die Wahl einer geeigneten iterativen Strategie zur Minimierung des Fehlermaßes bestimmt im wesentlichen die Geschwindigkeit und Robustheit, mit der die Schätzung erfolgt, und entscheidet damit über mögliche Anwendungen bei realzeitnahen Aufgabenstellungen. Besonders wichtig zur Charakterisierung der Minimierungsalgorithmen sind: Fangbereich, Konvergenzverhalten in der Nähe des Optimums und numerischer Aufwand bei der Implementierung. Ein Verfahren, das diesen Forderungen sehr gut gerecht wird, ist das im folgenden entwickelte modifizierte Newton-Raphson-Verfahren und dessen Kombination mit Quasi-Newton-Verfahren. Hierbei handelt es sich um eine geeignete Erweiterung von Algorithmen, die sich bei der gleichzeitigen Schätzung von Rotation und Translation bei der ebenen Bewegung bewährt haben [6,7].

Das modifizierte Newton-Raphson-Verfahren geht aus dem normalen Newton-Verfahren hervor, indem die Hesse-Matrix jetzt nicht an der jeweiligen Iterationsstelle $\hat{\mathbf{T}}_k$ sondern immer im Optimum $\mathbf{T}^*$ benutzt wird. Die Grundstruktur des Verfahrens lautet damit

$$\hat{\mathbf{T}}_{k+1} = \hat{\mathbf{T}}_k - \mathbf{H}(\mathbf{T}^*)^{-1}\, \mathbf{g}(\hat{\mathbf{T}}_k)\,. \tag{3}$$

Hierbei bezeichnet $\mathbf{H}(\mathbf{T}^*)$ die Hesse-Matrix im Optimum, also die Matrix der zweiten Ableitungen des Fehlermaßes bezüglich dem Bewegungsvektor $\hat{\mathbf{T}}$, und $\mathbf{g}(\hat{\mathbf{T}}_k)$ den Gradientenvektor, also den Vektor der ersten Ableitungen. Unter der Annahme, daß das Fehlermaß im Optimum ein eindeutiges Minimum besitzt, ist die Hesse-Matrix invertierbar.

Durch die Benutzung der Hesse-Matrix im Optimum kombiniert man die positiven Eigenschaften des Gradientenverfahrens, nämlich den großen Fangbereich, mit der mindestens quadratischen Konvergenzordnung des normalen Newton-Verfahrens in der Nähe des Optimums. Entscheidend für den numerischen Aufwand ist hierbei die Möglichkeit, die Hesse-Matrix im Optimum vorab ohne Kenntnis des wahren Bewegungsvektors $\mathbf{T}$ zu berechnen. Somit muß innerhalb der Iteration nur der Gradientenvektor neu bestimmt werden.

Um den modifizierten Newton-Raphson-Algorithmus für beliebige Koordinatentransformationen anwenden und insbesondere die Hesse-Matrix im Optimum vorab berechnen zu können, wird der Parametervektor $\hat{\mathbf{T}}$ der Transformation $\mathbf{h}(\hat{\mathbf{T}})$, die $\mathbf{x}$ in $\mathbf{x}'$ überführt, nicht direkt bestimmt. Vielmehr wird mit Hilfe eines zusätzlichen Vektors $\tilde{\mathbf{T}}$ jeder Iterationsschritt auf das Koordinatensystem des direkt davorliegenden Schrittes bezogen und jeweils $\tilde{\mathbf{T}}$ geschätzt. Somit benutzt man für jeden Iterationsschritt, der von k nach $k+1$ führt, die drei Koordinatensysteme $\mathbf{x}$, $\mathbf{x}_k$ und $\mathbf{x}_{k+1}$, die folgendermaßen zusammenhängen:

$$\mathbf{x}_k = \mathbf{h}(\mathbf{x}, \hat{\mathbf{T}}_k)\,, \qquad \mathbf{x}_{k+1} = \mathbf{h}(\mathbf{x}_k, \tilde{\mathbf{T}}_{k+1}) = \mathbf{h}(\mathbf{h}(\mathbf{x}, \hat{\mathbf{T}}_k), \tilde{\mathbf{T}}_{k+1}) = \mathbf{h}(\mathbf{x}, \hat{\mathbf{T}}_{k+1})\,; \tag{4}$$

d.h. $\mathbf{x}_{k+1}$ ensteht aus $\mathbf{x}$ direkt durch den Vektor $\hat{\mathbf{T}}_{k+1}$ oder indirekt aus $\mathbf{x}_k$ durch den Vektor $\tilde{\mathbf{T}}_{k+1}$. Für das Modellbild $I_m(\mathbf{x}, \hat{\mathbf{T}}_{k+1})$ erhält man somit

$$I_m(\mathbf{x}, \hat{\mathbf{T}}_{k+1}) = I_1(\mathbf{x}_{k+1}) = I_1(\mathbf{h}(\mathbf{h}(\mathbf{x}, \hat{\mathbf{T}}_k), \tilde{\mathbf{T}}_{k+1}))\,. \tag{5}$$

Damit der zusätzliche Parametervektor $\widetilde{\mathbf{T}}$ gemäß Gl. (4) sinnvoll eingeführt werden kann, ist es notwendig, daß die zusammengesetzte Transformation $\mathbf{h}$ - nämlich mit den Parametern $\widehat{\mathbf{T}}_k$ und $\widetilde{\mathbf{T}}_{k+1}$ - durch ein einziges Ausführen der Transformation - mit den Parametern $\widehat{\mathbf{T}}_{k+1}$ - ersetzt werden kann. Die Menge der jeweiligen Transformationen muß also abgeschlossen sein. Für die hier betrachtete Zentralprojektion ist diese Bedingung erfüllt.

Die hier verwendete Fehlerfunktion lautet mit dem zusätzlichen Bewegungsvektor $\widetilde{\mathbf{T}}$

$$J\{\widehat{\mathbf{T}}_k, \widetilde{\mathbf{T}}_{k+1}\} = \frac{1}{2} E\left\{\left(I_1(\mathbf{h}(\mathbf{h}(\mathbf{x}, \widehat{\mathbf{T}}_k), \widetilde{\mathbf{T}}_{k+1})) - I_2(\mathbf{x})\right)^2\right\} \tag{6}$$

und muß bezüglich $\widetilde{\mathbf{T}}_{k+1}$ minimiert werden. Als modifiziertes Schätzverfahren ergibt sich daraus

$$\widetilde{\mathbf{T}}_{k+1} = -\widetilde{\mathbf{H}}^{-1}\, \widetilde{\mathbf{g}}(\widehat{\mathbf{T}}_k) \qquad \text{und} \qquad \widehat{\mathbf{T}}_{k+1} = \mathbf{f}(\widehat{\mathbf{T}}_k, \widetilde{\mathbf{T}}_{k+1}). \tag{7}$$

$\widetilde{\mathbf{T}}_{k+1}$ gibt den Zuwachs beim $k+1$-ten Schritt an und $\mathbf{f}(\widehat{\mathbf{T}}_k, \widetilde{\mathbf{T}}_{k+1})$ verknüpft $\widehat{\mathbf{T}}_k$ und $\widetilde{\mathbf{T}}_{k+1}$ zu dem Gesamtbewegungsvektor $\widehat{\mathbf{T}}_{k+1}$ gemäß Gl. (4). Hierbei bezeichnet $\widetilde{\mathbf{H}}$ die Hesse-Matrix im Optimum und $\widetilde{\mathbf{g}}(\widehat{\mathbf{T}}_k)$ den Gradientenvektor an der jeweiligen Iterationsstelle.

Durch geschicktes Umformen erhält man für den Gradientenvektor

$$\widetilde{\mathbf{g}}(\widehat{\mathbf{T}}_k) = E\left\{\left(I_m(\mathbf{x}, \widehat{\mathbf{T}}_k) - I_2(\mathbf{x})\right)\left(\left(\frac{\partial I_2(\mathbf{x})}{\partial \mathbf{x}}\right)^T \left(\frac{\partial \mathbf{x}_k}{\partial \mathbf{x}}\right)^{-1} \left(\frac{\partial \mathbf{x}_{k+1}}{\partial \widetilde{\mathbf{T}}_{k+1}}\right)\Bigg|_{\widetilde{\mathbf{T}}_{k+1}=0}\right)^T\right\}. \tag{8}$$

Hierbei wurden insbesondere die Ableitungen des Modellbildes $I_m(\mathbf{x}, \widehat{\mathbf{T}})$ durch Ableitungen des Bildes $I_2(\mathbf{x})$ nach den Koordinaten $\mathbf{x}$ ausgedrückt. Damit können alle Bildableitungen einmalig vor Beginn der Iteration berechnet werden, wodurch der numerische Aufwand innerhalb der einzelnen Schritte sehr gering wird. $\partial \mathbf{x}_k / \partial \mathbf{x}$ bezeichnet die Jakobische Funktionalmatrix.

Für die Elemente der Hesse-Matrix im Optimum ergibt sich

$$\widetilde{H}_{ij} = E\left\{\frac{\partial I_1(\mathbf{x}')}{\partial T_i}\left(\frac{\partial I_1(\mathbf{x}')}{\partial T_j}\right)^T\right\}\Bigg|_{\mathbf{T}=0} = E\left\{\left(\frac{\partial \mathbf{h}(\mathbf{x}, \mathbf{T})}{\partial T_i}\right)^T \frac{\partial I_1(\mathbf{x})}{\partial \mathbf{x}} \left(\frac{\partial I_1(\mathbf{x})}{\partial \mathbf{x}}\right)^T \frac{\partial \mathbf{h}(\mathbf{x}, \mathbf{T})}{\partial T_j}\right\}\Bigg|_{\mathbf{T}=0}. \tag{9}$$

Da alle Ableitungen an der Stelle $\mathbf{T} = 0$ genommen werden, enthält dieser Ausdruck keinerlei explizite Abhängigkeit von dem Bewegungsvektor $\mathbf{T}$, sondern hängt nur von Bild $I_1(\mathbf{x})$ und den Koordinaten $\mathbf{x}$ ab. Die Hesse-Matrix im Optimum kann somit vor Beginn der Iteration berechnet werden. Dies bedeutet, daß innerhalb der Iteration nur der Gradientenvektor neu bestimmt werden muß.

Damit ist es gelungen, das ursprüngliche modifizierte Newton-Raphson-Verfahren auf die Schätzung der Parameter einer beliebigen Koordinatentransformation zu übertragen. Eine anschauliche Interpretation dafür, daß man die Hesse-Matrix im Optimum vorab ohne Kenntnis des wahren Parametervektors $\mathbf{T}$ berechnen kann, ergibt sich, wenn man beachtet, daß für stationäre Signale das Fehlermaß aus Gleichung (6) bis auf das Vorzeichen mit der Korrelationsfunktion der Bilder $I_m(\mathbf{x}, \widehat{\mathbf{T}})$ und $I_2(\mathbf{x})$ übereinstimmt. Im Optimum ist aber gerade die Kreuzkorrelationsfunktion von $I_m(\mathbf{x}, \mathbf{T}^*)$ und $I_2(\mathbf{x})$ gleich der Autokorrelationsfunktion von $I_2(\mathbf{x})$. Somit kann vorab die Hesse-Matrix als Krümmung der Autokorrelationsfunktion von $I_2(\mathbf{x})$ anstelle der Krümmung der Kreuzkorrelationsfunktion im noch unbekannten Optimum berechnet werden. Sind die Bilder verauscht, so muß die Hesse-Matrix gemäß Gl. (9) korrigiert werden, da sich in der Kreuzkorrelierten die Rauschterme wegheben, in der Autokorrelierten jedoch nicht. Bei geringem a priori Wissen über das Rauschen kann dies durch Subtraktion leicht erreicht werden.

Wendet man diese Ergebnisse auf den Spezialfall der Zentralprojektion (Gl. (1)) an, so erhält man den Gradientenvektor in einer sehr einfachen Form zu

$$\widetilde{\mathbf{g}}(\widehat{\mathbf{T}}_k) = \mathbf{B}_k\, \mathbf{z}(\widehat{\mathbf{T}}_k) \quad \text{mit} \quad \mathbf{z}(\widehat{\mathbf{T}}_k) = E\left\{\left(I_m(\mathbf{x}, \widehat{\mathbf{T}}_k) - I_2(\mathbf{x})\right) \frac{\partial I_2(\mathbf{x})}{\partial \mathbf{a}}\right\} \tag{10}$$

und dem Vektor der Ableitungen

$$\frac{\partial I_2(\mathbf{x})}{\partial \mathbf{a}} = \left(\frac{\partial I_2}{\partial x}x^2, \frac{\partial I_2}{\partial x}xy, \frac{\partial I_2}{\partial x}x, \frac{\partial I_2}{\partial x}y, \frac{\partial I_2}{\partial x}, \frac{\partial I_2}{\partial y}y^2, \frac{\partial I_2}{\partial y}xy, \frac{\partial I_2}{\partial y}x, \frac{\partial I_2}{\partial y}y, \frac{\partial I_2}{\partial y}\right)^T . \tag{11}$$

Die Matrix $\mathbf{B}_k$ ist eine einfache, von den Koordinaten unabhängige 8×10-Matrix. Damit läßt sich der Gradientenvektor innerhalb der Iteration sehr einfach berechnen. Es muß das Modellbild $I_m(\mathbf{x}, \hat{\mathbf{T}})$ erzeugt und die Differenz mit $I_2(\mathbf{x})$ gebildet werden. Danach wird diese Differenz mit den partiellen Ableitungen, die vorab berechnet und abgespeichert werden können, multipliziert und schließlich die einzelnen Komponenten im betrachteten Bildausschnitt aufsummiert. Die Hesse-Matrix im Optimum errechnet sich aus

$$\left.\frac{\partial I_1(\mathbf{x}')}{\partial \mathbf{T}}\right|_{\mathbf{T}=0} = \left(\frac{\partial I_1}{\partial x}x, \frac{\partial I_1}{\partial x}x, \frac{\partial I_1}{\partial x}, \frac{\partial I_1}{\partial y}x, \frac{\partial I_1}{\partial y}y, \frac{\partial I_1}{\partial y}, -\frac{\partial I_1}{\partial y}x^2 - \frac{\partial I_1}{\partial y}xy, -\frac{\partial I_1}{\partial y}xy - \frac{\partial I_1}{\partial y}y^2\right)^T \tag{12}$$

mit Hilfe von Gl. (9). Sie kann vollständig vor Beginn der Iteration bestimmt werden.

Ein kombiniertes Verfahren

Einen noch leistungsfähigeren Algorithmus erhält man, wenn man das eben diskutierte modifizierte Newton-Raphson-Verfahren mit einem Quasi-Newton-Verfahren [8] kombiniert. Quasi-Newton-Verfahren bilden das normale Newton-Verfahren nach, indem sie die Hesse-Matrix durch eine Quasi-Newton-Matrix, die iterativ aus bereits bekannten Werten des Gradientenvektors aufgebaut wird, approximieren. Ansonsten ändert sich der Iterationsalgorithmus nicht. Damit bleibt der numerische Aufwand genauso gering wie beim modifizierten Newton-Raphson-Verfahren. Wie das normale Newton-Verfahren besitzt auch das Quasi-Newton-Verfahren nur einen recht kleinen Fangbereich, so daß der Algorithmus bei zu großem $\mathbf{T}$ divergiert.

Bei dem kombinierten Algorithmus tritt an die Stelle der Hesse-Matrix im Optimum eine sich mit jedem Iterationsschritt verändernde Matrix $\mathbf{M}$ als Kombination aus der Hesse-Matrix $\tilde{\mathbf{H}}$ im Optimum und einer Quasi-Newton-Matrix $\mathbf{M}^{BFGS}$

$$\mathbf{M}_{k+1} = \frac{1}{2}\left(\tilde{\mathbf{H}} + \mathbf{M}_{k+1}^{BFGS}\right). \tag{13}$$

Hierbei ensteht $\mathbf{M}_{k+1}^{BFGS}$ aus der Matrix $\mathbf{M}_k$ des vorangegangenen Schrittes k durch das BFGS-Quasi-Newton-Update [8]. Ist der Schätzwert $\hat{\mathbf{T}}$ noch sehr weit vom Optimum entfernt, so daß das reine Quasi-Newton-Verfahren divergiert, also kein Update möglich ist, so setzt man $\mathbf{M}_k^{BFGS} = 0$. Dadurch bleibt das Gesamtverfahren stabil und macht gleichzeitig einen doppelt so großen Schritt wie beim modifizierten Newton-Raphson-Algorithmus. Somit verbessert sich die Weitabkonvergenz deutlich, ohne daß sich der numerische Aufwand wesentlich erhöht. In der Nähe des Optimums konvergiert $\mathbf{M}_{k+1}^{BFGS}$ gegen die Hesse-Matrix $\tilde{\mathbf{H}}$ im Optimum, so daß das kombinierte Verfahren dort in das modifizierte Newton-Raphson-Verfahren übergeht. Durch das Quasi-Newton-Verfahren erhält man jedoch nur noch superlineare Konvergenz. Eine zusätzliche Verbesserung ergibt sich, wenn man zuerst nur die beiden Verschiebungsparameter a_3 und a_6 unter der Annahme, daß die anderen Parameter null seien, einigermaßen genau schätzt und erst dann alle acht Parameter berücksichtigt.

Eine ähnliche Kombination, allerdings aus normalem Newton- und modifiziertem Newton-Raphson-Verfahren wurde für die reine Translation vorgeschlagen [9]. Erst durch die Benutzung des Quasi-Newton-Algorithmus bleibt jedoch der numerische Aufwand so gering, daß die Paramter einer beliebigen Transformation sinnvoll geschätzt werden können. Außerdem wird der Fangbereich durch Abfangen möglicher Divergenzen deutlich vergrößert.

Experimente mit realen Bilddaten

Um die Algorithmen mit realen Bilddaten zu testen, wurden digitalisierte Bilder $I_1(\mathbf{x})$ im Rechner gemäß Gl. (1) transformiert und so die zugehörigen Bilder $I_2(\mathbf{x})$ durch bilineare Interpolation erzeugt. Die so vorgegebenen Bewegungsvektoren wurden dann mit Hilfe dieser beiden Bilder geschätzt. Für den Fall einer Kippung von 30° um die y-Achse, einer Rotation um 10° und einer anschließenden Verschiebung im dreidimensionalen Raum zeigt Abbildung 1 $I_1(\mathbf{x})$, $I_2(\mathbf{x})$ und das zugehörige Differenzbild. Der zugehörige Parametervektor lautet $\mathbf{T} = (0.166, -0.1736, -5.0, 0.2409, -0.0152, -7.0, -0.00577, 0.0)^T$. Abbildung 2 veranschaulicht am Beispiel von $\hat{a}_1$, $\hat{a}_2$, $\hat{a}_3$ und $\hat{a}_7$, wie sich die Schätzwerte $\hat{\mathbf{T}}$ den wahren, vorgegebenen

Werten **T** während der Iteration annähern. Tests mit verrauschten Daten ergaben ebenfalls sehr gute Ergebnisse.

Der Deutschen Forschungsgemeinschaft wird für die Unterstützung dieser Arbeit gedankt.

Literaturverzeichnis

[1] R.Y. Tsai, T.S. Huang: Estimating three-dimensional motion parameters of a rigid planar patch; IEEE Trans. Acoustics, Speech, and Signal Processing, ASSP-29, 6, S. 1147-1152, 1981.

[2] J.-R. Fang, T.S. Huang: Solving three-dimensional motion equations: Uniqueness, algorithms, and numerical results; Comp. Vision, Graphics, Image Proc., S. 183-206, 1984.

[3] G. Adiv: Determing three-dimensional motion and structure from optical flow generated by several moving objects; IEEE Trans. Patt. Anal. Mach. Intel., PAMI-7, 4, S. 384-401, 1985.

[4] H.H. Nagel: Analyse und Interpretation von Bildfolgen; Informatik Spektrum, 8; Teil 1: S. 178-200; Teil 2: S. 312-327; 1985.

[5] P. Spoer: Schätzung der 3-dimensionalen Bewegungsvorgänge starrer, ebener Objekte in digitalen Fernsehbildfolgen mit Hilfe von Bewegungsparametern; Dissertation Univ. Hannover, 1987.

[6] N. Diehl, H. Burkhardt: Untersuchung schnell konvergierender Algorithmen zur Schätzung von Bildverschiebungen; Abschlußbericht DFG-Projekt Bu 413/7, 1986.

[7] H. Burkhardt, N. Diehl: Simultaneous estimation of rotation and translation in image sequences; Proc. of the European Signal Processing Conference, EUSIPCO-86, Den Haag, S. 821-824, 1986.

[8] P.E. Gill, W. Murray, M.H. Wright: Practical Optimization; Academic Press, 1981.

[9] H. Bergmann: Ein schnell konvergierendes Displacement-Schätzverfahren für die Interpolation von Fernsehbildsequenzen; Dissertation Univ. Hannover, 1984.

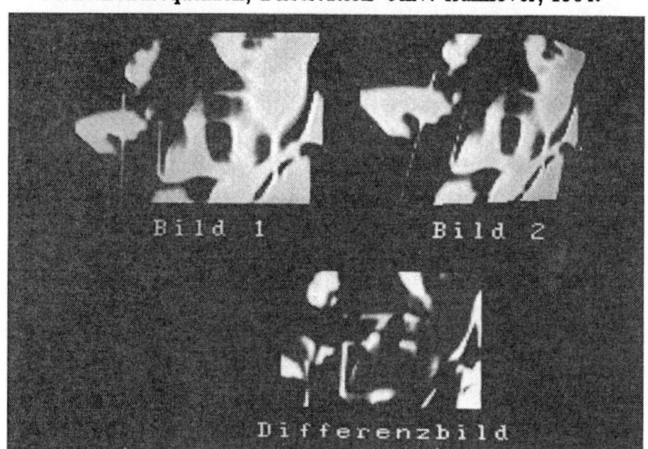

Abb. 1: $I_1(\mathbf{x})$, $I_2(\mathbf{x})$ und das Differenzbild vor Beginn der Iteration

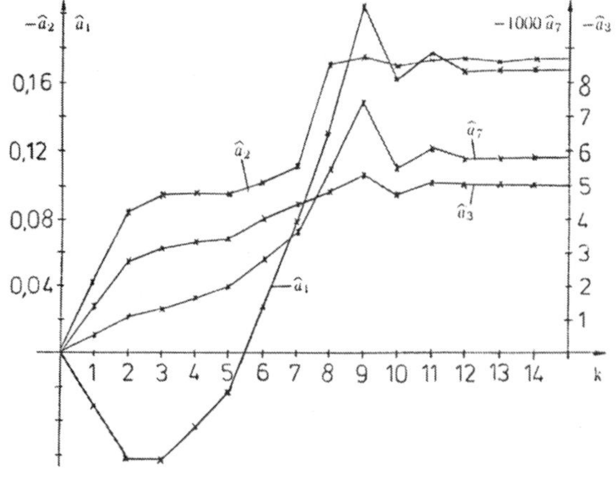

Abb. 2: Die Schätzwerte $\hat{a}_1$, $\hat{a}_2$, $\hat{a}_1$ und $\hat{a}_7$ während der Iteration

Ein Verfahren zur Modellierung von 3D - Objekten aus Fernsehbildfolgen

F.Kappei, C.-E. Liedtke
Institut für Theoretische Nachrichtentechnik und Informationsverarbeitung,
Universität Hannover, Callinstr. 32, 3000 Hannover 1

Zusammenfassung

Es wird ein Verfahren vorgestellt, das aus einer Fernsehbildfolge ein 3D-Projektionsmodell bestimmt. Das 3D- Projektionsmodell stellt eine mögliche inhaltliche Beschreibung der Ursachen der Bildveränderung in der Bildfolge dar. Modelliert werden bewegte quasistarre undurchsichtige Objekte mit diffus-reflektierender Oberfläche bei diffuser Beleuchtung. Das Projektionsmodell wird mit Hilfe modellgestützter Verfahren bestimmt. Anwendungen werden im Bereich der Bilddatenkompression, Bildfolgenübertragung, Computergrafik und der 3D- Modellbildung gesehen.

1. Einleitung

Ein Bild stellt eine 2D- Abbildung der physikalischen 3D-Welt dar. Mit Hilfe eines 3D-Modells, das aus den Bildern gewonnen wird, lassen sich die Vorgänge in einer Bildfolge in kompakter Weise erklären. Verfahren zur automatischen Bildung eines 3D-Modells eines bewegten Objektes sind vorteilhaft anwendbar:

im Bereich der Computergrafik; hier ist die Modellierung natürlicher 3D-Objekte zur Zeit noch mit hohem manuellen Aufwand verbunden,

zur Erzeugung von Stereobildfolgen aus monokularen Bildfolgen,

zur Übertragung von Bildfolgen mit sehr niedrigen Datenraten; hierbei wird die Abbildung eines Objektes nur einmal übertragen, es folgen für die weiteren Bilder im wesentlichen nur noch die Bewegungsparameter.

2. Projektionsmodell

Das Projektionsmodell dient zur Rekonstruktion von Bildern. Es stellt eine mögliche inhaltliche Beschreibung der Ursachen der Bildveränderung in aufeinanderfolgenden Bildern dar. Das Projektionsmodell ist keine vollständige physikalische Beschreibung der in den Bildern gezeigten Umwelt. Bei der Modellbildung wird von den folgenden vereinfachten Annahmen über die Bilderzeugung ausgegangen:

- Diffuse Beleuchtung
- Undurchsichtige Objekte mit diffus reflektierender Oberfläche
- Quasistarre Objekte

Das parametrisierte Projektionsmodell setzt sich zusammen aus dem Kamera-, dem Beleuchtungs- und dem Objektmodell, die im folgendem beschrieben werden.

Das **Kameramodell** beschreibt den Vorgang der Abbildung eines 3D-Objektes in die zweidimensionale Bildebene. Verwendet wird die perspektivische Projektion. Die Parameter des Kameramodells sind die Brennweite und die Größe der Bildebene.

Das **Beleuchtungsmodell** hat als Parameter die Intensität der Diffuslichtquelle.

Das **Objektmodell** beschreibt die Objekte vollständig. Die Parameter sind: Bewegungsparamter, Formparameter und die Oberflächeneigenschaften.

Die **Bewegungsparameter** beschreiben die Bewegung eines Punktes. Drei Komponenten beschreiben die Rotation und drei die Translation im Raum.

Die **Formparameter** geben die räumlichen Lage der Stützpunkte auf der Objektoberfläche an. Die Stützpunkte bestimmen die Lage der Dreiecke, die die geschlossene Oberfläche des Objektes bilden.

Als **Oberflächeneigenschaft** ist die bildliche Grauwert- bzw. Farbverteilung auf der Objektoberfläche zu verstehen. Die Oberflächeneigenschaft wird durch Rückprojektion der Orginalbilder auf die Modelloberfläche gewonnen.

3. Modellgestützte Bildanalyse

Das Projektionsmodell wird mit Hilfe modellgestützter Bildanalyseverfahren vollautomatisch aus der Bildfolge gewonnen. Als Gütemaß für die Steuerung des Ablaufs der Bildanalyse wird die Grauwertdifferenz zwischen dem Orginalbild und der Rekonstruktion verwendet. In Bild 1 ist in einer Übersicht der Ablauf der Bildanalyse dargestellt.

An drei Stellen ist ein globaler Vergleich der Rekonstruktion mit den Orginalbildern vorgesehen. Die Teilprozesse sind nach steigendem Aufwand geordnet. Es wird dabei zuerst versucht durch Maßnahmen mit

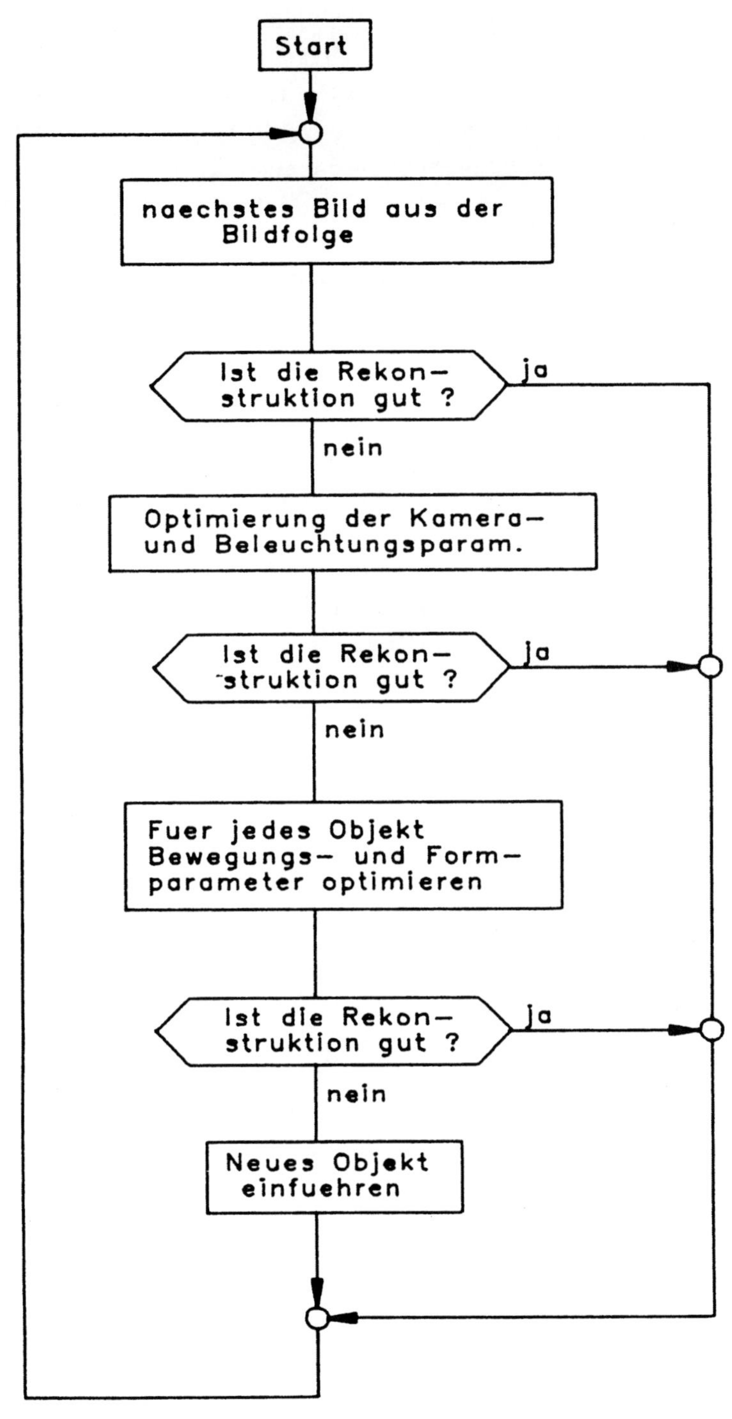

Bild 1 Ablauf der Bildanalyse

kleinem Aufwand das Gütemaß zu verbessern.
Mit dem ersten Vergleich wird entschieden, ob eine weitere Analyse notwendig ist. Wenn das der Fall ist, folgt eine Optimierung der Kamera- und Beleuchtungsparameter. Hierbei werden Brennweitenänderungen der Kamera und Helligkeitsschwankungen erfaßt.
Wird beim zweiten Vergleich festgestellt, daß die Rekonstruktion nicht genügend mit dem Orginal übereinstimt, wird für jedes Objekt eine Optimierung der Bewegungs- und der Formparameter durchgeführt. Hiermit werden die Objektbewegung und Änderungen der Objektform erfaßt. Zusätzlich werden die Oberflächeneigenschaften vervollständigt, wenn durch die Objektbewegung neue Oberflächenteile sichtbar werden.
Wird beim dritten Vergleich noch ein wesentlicher Unterschied zwischen dem Orginal und der Rekonstruktion festgestellt, wird ein neues Objekt eingeführt.
Für die Bildung eines neuen Objektes ist es notwendig den bisher nicht modellierbaren Bildbereich zu segmentieren. Als erste Schätzung der Objektform kann eine ebene Fläche in Gestalt des segmentierten Gebietes oder eine Form, die durch Rotation dieses Gebietes entsteht, verwendet werden. Eine Verbesserung der ersten Näherung der Objektform wird iterativ durch Optimierung der Bewegungsparameter bei fester Form und anschließend durch Optimierung der sichtbaren Teile der Objektform bei festen Bewegungsparametern erreicht.

4. Ergebnisse

Die Bilder 2 und 3 zeigen ein Puppenkopf auf einer Drehscheibe mit einer Drehung von ca. 5 Grad. Aus diesen Bildern wurden ein Projektionsmodell der im Bild 2 sichtbaren Teile bestimmt und die Rekonstruktionen berechnet. Es wurden die Form- und die Bewegungsparameter des Modells bestimmt und aus Bild 2 die Oberflächeneigenschaften übernommen. Die Rekonstruktion von Bild 3, dargestellt in Bild 4, läßt sich nur am stückweisen geraden Objektrand erkennen. Bild 5 zeigt eine Rekonstruktion mit einer Rotation des Modells um 10 Grad. In dieser Position ist das Objekt in den Orginalbildern nicht dargestellt. Die Qualität der Rekonstruktion zeigt, daß eine nachträglich Stereobilderzeugung möglich ist. Bild 6 zeigt eine Rekonstruktion mit einer Rotation des Modells um 30 Grad, hier werden Ungenauigkeiten der Modellierung sichtbar, die aber durch den geringen Drehwinkel des Puppenkopfes in den Orginalbildern bedingt sind. Bild 7 zeigt das Objektmodell ohne Oberflächeneigenschaften in einer seitlichen Ansicht. Die Dreiecke sind mit weißer diffusreflektierender Oberfläche bei frontal gerichteter Beleuchtung dargestellt, die schwarzen Linien zeigen die Dreiecksränder.

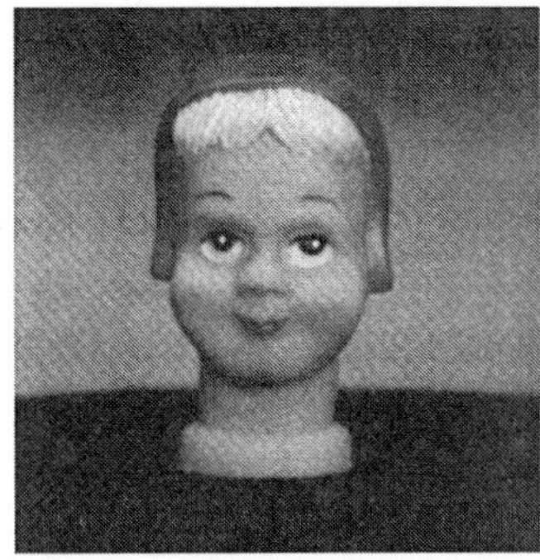

Bild 2 Orginal 1

Bild 3 Orginal, 5 Grad Drehung

Bild 4 Rekonstruktion von Bild 3

Bild 5 Rekonstruktion 10 Grad Drehung

Bild 6 Rekonstruktion 30 Grad Drehung

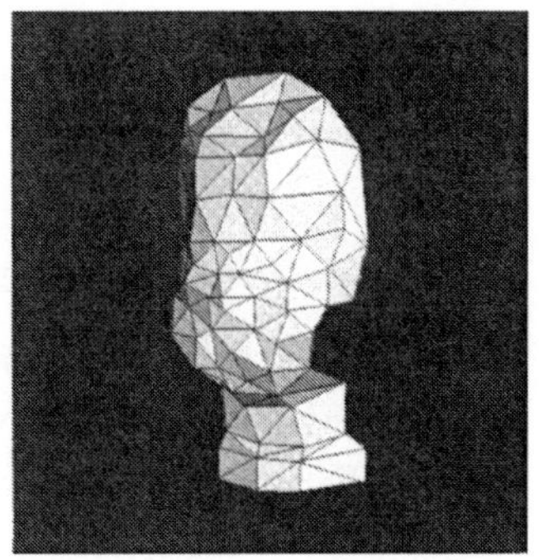

Bild 7 Oberflächenmodell

Die Arbeit wird vom Forschungsinstitut der DBP beim FTZ Darmstadt gefördert.

Untersuchungen zur Hindernisdetektion durch Auswertung von Verschiebungsvektorfeldern

Wilfried Enkelmann

Fraunhofer-Institut für Informations- und Datenverarbeitung (IITB)
Sebastian-Kneipp-Straße 12-14, 7500 Karlsruhe

Einleitung

Die automatische Deutung von Bildfolgen, welche von einer fahrenden Kamera aufgezeichnet wurden, konzentrierte sich bisher auf solche Aufgaben, bei denen die Komplexität der Szene gering und die Einflüsse der Umwelt vernachlässigbar waren. Bei der zuverlässigen Detektion von Hindernissen und Gefahrenquellen, wie z.B. Fahrzeuge oder Personen, auf der Fahrbahn von einem fahrenden Fahrzeug, kann die Deutung der aufgenommenen Bildfolge durch die Analyse der Relativbewegung zwischen Fahrzeug und Szene erleichtert werden. Die auf die Bildebene projizierten Bewegungsvektoren lassen sich als ein Verschiebungsvektorfeld $\mathbf{u}=(u,v)^T$ beschreiben, welches jedem Bildpunkt $\mathbf{x}=(x,y)^T$ die Position im nächsten Bild der Folge zuordnet.

Im Gegensatz zu Ansätzen, die durch Interpretation von Signalen abstandsgebender Sensoren Hindernisse detektieren, wird in diesem Beitrag ein Ansatz vorgestellt, welcher untersucht, inwieweit räumlich stationäre Hindernisse durch Auswertung von Verschiebungsvektorfeldern detektiert werden können, die aus TV-Bildfolgen natürlicher Szenen berechnet worden sind.

Ermittlung von Verschiebungsvektorfeldern

Mit der zuverlässigen Ermittlung von Verschiebungsvektorfeldern aus Bildfolgen kann die Relativbewegung zwischen einer fahrzeugfesten Kamera und der aufgenommenen Szene bestimmt werden. Für die durchgeführten Untersuchungen zur Detektion von räumlich stationären Hindernissen wurde ein Mehrgitterverfahren zur Ermittlung von Verschiebungsvektorfeldern in Bildfolgen verwendet [Enkelmann 85a + b, 86], welches Stufen unterschiedlicher Auflösung der Eingangsbilder nutzt.

Dieses Verfahren unterscheidet sich von merkmalsgestützten Zuordnungsverfahren dadurch, daß hier auf der Grundlage einer gerichteten Glattheitsforderung [Nagel 83, Nagel und Enkelmann 86] für jeden Bildpunkt ein Verschiebungsvektor berechnet wird. Für den zeitlichen Ausschnitt der untersuchten Bildfolge, der durch das erste (Abb. 1) und fünfte Bild (Abb. 2) der Folge angedeutet ist, wurde für jedes Bildpaar ein Verschiebungsvektorfeld berechnet. Für das erste Bildpaar der Folge wurde das Startvektorfeld mit Nullvektoren initialisiert. Für die nachfolgenden Bildpaare wurde das Resultat des vorausgehenden Bildpaares als Startvektorfeld verwendet.

Nachdem für vier aufeinanderfolgende Bildpaare Vektorfelder berechnet worden waren, wurden diese konkateniert. Mit Hilfe einer bilinearen Interpolation wurden Verschiebungen an den Stellen bestimmt, die nicht mit dem Bildraster zusammenfallen. Das so erhaltene Vektorfeld beschreibt nun die Verschiebung von Bild 1 zu Bild 5 der Folge. Es ist in Abb. 3 wiedergegeben. Zur besseren Darstellung wurde eine Unterabtastung mit Schrittweite 8 in Zeilen- und Spaltenrichtung vorgenommen.

Detektion von Hindernissen

Um räumlich stationäre Hindernisse in Verschiebungsvektorfeldern zu detektieren, wurde zunächst ein hindernisfreier Bereich im Bild der Straße interaktiv gewählt (s. Abb. 1). Unter der Annahme, daß alle abgebildeten Punkte im gewählten Bildbereich Abbilder von dreidimensionalen Oberflächenelementen einer Ebene sind und der Sensor in guter Näherung eine Translation in die Szene hinein vollzieht, wird aus den mit Hilfe des Mehrgitterverfahrens berechneten Verschiebungsvektoren des gewählten Bereiches ein Modellvektorfeld geschätzt. Das Modellvektorfeld gibt für alle Bildpunkte, deren

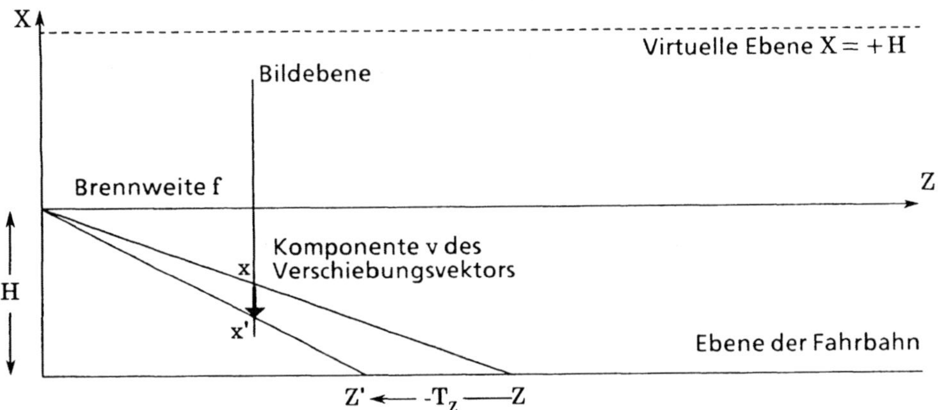

Sichtstrahlen die Ebene der Grundfläche X = -H oder die virtuellen Eben X = +H schneiden, den maximalen Verschiebungsvektor für den hindernisfreien Fall an. Es wird wie folgt geschätzt.

Die Komponenten des Verschiebungsvektors seien bestimmt durch

$$u = x' - x = \frac{H \cdot f}{Z'} - x \qquad v = y' - y = \frac{Y' \cdot f}{Z'} - y \tag{1}$$

wobei mit kleinen Buchstaben Bildkoordinaten bezeichnet werden. Gestrichene Buchstaben beziehen sich auf den Endzeitpunkt des betrachteten Zeitintervalls. H sei die Höhe der Kamera über der Grundebene, f die Brennweite des abbildenden Systems. Alle Bildkoordinaten sind relativ zum Expansionspunkt angegeben. Der Expansionspunkt ist durch den Schnittpunkt des Bewegungsvektors $(T_X, T_Y, T_Z)^T$ mit der Bildebene definiert. Er wurde in der gegenwärtigen Implementation durch Schätzung des besten Schnittpunktes aller Verschiebungsvektoren mit einem modifizierten Verfahren [Zimmermann et al. 86] ähnlich dem von Lawton 83 bestimmt, welches unter der Annahme einer rein translatorischen Sensorbewegung arbeitet. Der Expansionspunkt, der aus Verschiebungsvektoren von Bus001 nach Bus010 berechnet wurde, ist in Abb. 5 durch ein Kreuz gekennzeichnet.

Es sei angenommen, daß die Komponenten T_X und T_Y des Translationsvektors gegenüber der Komponente T_Z vernachlässigbar seien. Dann ergibt sich nach Einsetzen von $Y \cdot f = y \cdot Z$ und $Z = (H \cdot f)/x$ in Gleichung (1):

$$u = \frac{x^2}{1/\frac{T_Z}{H \cdot f} - x} \qquad v = \frac{x \cdot y}{1/\frac{T_Z}{H \cdot f} - x} \qquad (2)$$

Die Komponenten u und v sind mit Hilfe des Mehrgitterverfahrens für alle Positionen $(x,y)^T$ des Bildrasters bestimmt worden. Somit läßt sich der unbekannte Quotient $T_Z/(H \cdot f)$ aus Gleichung (2) durch Mittelung aller Werte des gewählten Bildbereiches schätzen.

Detektion von Hindernissen

Hindernisse sollen detektiert werden, indem Abweichungen des berechneten Verschiebungsvektorfeldes vom geschätzten Modellvektorfeld für diejenigen Bildpunkte bestimmt werden, die in der Bildebene einen Mindestabstand vom Expansionspunkt haben. Eine Erkennung des Fahrbahnbereiches mit einer Detektion von Hindernissen nur in diesem Bereich ist in der gegenwärtigen Implementation nicht enthalten. Die Abweichungen vom Modellvektorfeld werden durch das Differenzvektorfeld zwischen berechnetem Verschiebungsvektorfeld und geschätztem Modellvektorfeld bestimmt, wobei zur Differenzbildung nur die Komponenten der berechneten Verschiebungsvektoren herangezogen werden, die auf der Verbindungslinie zwischen ihrem Fußpunkt und dem Expansionspunkt liegen. Bildpunkte, an denen die so bestimmten Differenzvektoren zum Expansionspunkt zeigen, werden nicht als Abbilder eines Hindernisses angesehen, weil die berechnete Verschiebung kleiner ist als die maximale, für den hindernisfreien Fall geschätzte Verschiebung. Der Grund für diese Interpretation liegt darin, daß der abgebildete Szenenpunkt eine größere Z-Koordinate hat als der Schnittpunkt des Sichtstrahles mit dem Volumen, innerhalb dessen Hindernisse detektiert werden sollen.

Zeigen die Differenzvektoren nicht zum Expansionspunkt, so sind die berechneten Verschiebungsvektoren größer als die des Modellvektorfeldes. Für diesen Fall wird der Quotient aus den Beträgen des Differenzvektors und des Modellvektors mit einem Schwellwert verglichen. Wenn für einen Bildpunkt der Quotient der Beträge größer als dieser Schwellwert ist, dann wird der Bildpunkt als Abbild eines Hindernisses markiert. Das Ergebnis für das Bildpaar (Bus001, Bus005) ist in Abb. 4 wiedergegeben, wobei die Markierungen zur besseren Visualisierung nur an jedem vierten Bildpunkt in Zeilen- und Spaltenrichtung wiedergegeben sind.

Für die Bildpaare (Bus001, Bus010) und (Bus001, Bus015) sind die detektierten Bildbereiche, die als Abbilder von räumlich stationären Hindernissen angesehen werden, in den Abb. 5 und 6 gezeigt. Bei der Ermittlung dieser Resultate wurde derselbe in Abb. 1 gezeigte

Bildbereich ausgewählt, um den Parameter des Modellvektorfeldes zu schätzen. Der Schwellwert für die Entscheidung, ob ein Bildpunkt als Abbild eines Hindernisses markiert wird, war für alle Untersuchungen gleich 0,5.

Die durch Auswertung natürlicher Bilder einer Sequenz erzielten Resultate zeigen, daß räumlich stationäre Hindernisse bei einer Translationsbewegung des bildaufnehmenden Sensors in die Szene hinein durch Auswertung von Verschiebungsvektorfeldern detektiert werden können.

Danksagungen

Diese Arbeit wurde im Rahmen des Verbundprojektes "Autonome mobile Systeme" gefördert. Für die Unterstützung bei der Aufnahme von Bildfolgen aus einem fahrenden Bus danke ich den Mitarbeitern der Daimler-Benz AG. Mein Dank gilt auch meinen Kollegen Kories und Zimmermann, die mir während unserer Diskussionen hilfreiche Anregungen gaben.

Literatur

Enkelmann 85a
Mehrgitterverfahren zur Ermittlung von Verschiebungsvektorfeldern in Bildfolgen, W. Enkelmann, Dissertation (Juli 1985), Fachbereich Informatik, Universität Hamburg

Enkelmann 85b
Ein Mehrgitterverfahren zur Ermittlung von Verschiebungsvektorfeldern in Bildfolgen, W. Enkelmann, 7. DAGM-Symposium, Erlangen, 24.-26. September, 1985, H. Niemann (ed.), Mustererkennung 1985, Informatik-Fachberichte 107, Springer-Verlag Berlin Heidelberg New York Tokyo, 1985, pp. 97-101

Enkelmann 86
Investigations of Multigrid Algorithms for the Estimation of Optical Flow Fields in Image Sequences, W. Enkelmann, Workshop on Motion: Representation and Analysis, Kiawah Island Resort, Charleston/SC, May 7-9, 1986, IEEE Computer Society Press, 1986, pp. 81-87

Lawton 83
Processing Translational Motion Sequences, D. Lawton, Computer Vision, Graphics, and Image Processing 22 (1983) 116-144

Nagel 83
Constraints for the Estimation of Displacement Vector Fields from Image Sequences, H.-H. Nagel, Proc. Int. Joint Conference on Artificial Intelligence, Karlsruhe/FRG, August 8-12, 1983, pp. 945-951

Nagel und Enkelmann 86
An Investigation of Smoothness Constraints for the Estimation of Displacement Vector Fields from Image Sequences, H.-H. Nagel, W. Enkelmann, IEEE Transactions on Pattern Analysis and Machine Intelligence, PAMI-8 (1986) 565-593

Zimmermann et al. 86
Image Sequence Processing for the Derivation of Parameters for the Guidance of Mobile robots, G. Zimmermann, W. Enkelmann, G. Struck, R. Niepold, R. Kories, Proc. of the International Conference on Intelligent Autonomous Systems, Amsterdam/The Netherlands, December 8-10, 1986, Elsevier Science Publisher B.V., Amsterdam, 1986, pp. 654-658

Abbildungen

Abb. 1: Erstes Bild der Folge (Bus001). Die Bildpunkte innerhalb des Polygons wurden zur Schätzung des Modellvektorfeldes herangezogen.

Abb. 2: Fünftes Bild der Folge (Bus005).

Abb. 3: Mit Hilfe des Mehrgitterverfahrens berechnetes Verschiebungsvektorfeld für das Bildpaar (Bus001, Bus005). Es ist nur jeder achte Vektor in Zeilen- und Spaltenrichtung dargestellt.

Abb. 4: Als Abbild eines räumlich stationären Hindernisses markierte Bildpunkte für das Bildpaar (Bus001, Bus005). Markierungen sind nur an jedem vierten Bildpunkt in Zeilen- und Spaltenrichtung wiedergegeben.

Abb. 5: wie Abb. 5, jedoch für das Bildpaar (Bus001, Bus010). Der Expansionspunkt ist durch ein Kreuz gekennzeichnet.

Abb. 6: wie Abb. 5, jedoch für das Bildpaar (Bus001, Bus015).

Neue Ansätze zur Bildfolgenanalyse

B. Jähne

Institut für Umweltphysik der Universität Heidelberg
Im Neuenheimer Feld 366, D-6900 Heidelberg

Die hier diskutierten neuen Ansätze zur Bildfolgenanalyse wurden ausgelöst durch Anwendungen in der Umweltphysik [1]. Es handelt sich dabei um die Bewegungsanalyse von kleinskaligen Wasseroberflächenwellen. Wellen verschiedener Skalen (Wellenlängen) breiten sich mit unterschiedlicher Geschwindigkeit auf der Wasseroberfläche aus. Die Bewegungen verschiedener Wellengruppen überlagern sich zu einem komplexen Bewegungsmuster. Dabei treten die verschiedenen Wellengruppen aufgrund ihrer nichtlinearen Natur in Wechselwirkung. Bewegungsüberlagerung kann es aber auch in natürlichen Szenen geben (z.B.: transparente Objekte).

Solche komplexen Bewegungsabläufe wurden bisher kaum analysiert. Dennoch wissen wir, daß das menschliche visuelle System in der Lage ist, sich überlagernde Bewegungsvorgänge zu erkennen.

Das hier vorgeschlagene Verfahren zur Bildfolgenanalyse bezieht die Überlagerung mehrerer Bewegungen vom Ansatz her mit ein. Es beruht auf der Betrachtung einer Bildfolge als dreidimensionales Objekt mit zwei Orts- und einer Zeitkoordinate. Statt eines einzelnen Bildfolgenpaars wird also eine längere zeitliche Sequenz betrachtet. Diese Darstellung erlaubt die Betrachtung der Geschwindigkeitsbestimmung in einem dreidimensionalen Fourierraum mit zwei Ortsfrequenzkoordinaten k_1 und k_2 und einer Frequenzkoordinate ω.

Besonders aufschlußreich ist die Diskussion des *Korrespondenzproblems* im Fourierraum. Es hängt unmittelbar mit der Diskretisierung der Zeitachse zusammen und kann vollständig vermieden werden, wenn die Bilder in genügend dichten Zeitabständen aufeinander folgen. Diese Bedingung wird in einem *Abtasttheorem für Bildfolgen* formuliert.

Aufbauend auf diesen Überlegungen wird ein mehrstufiges Verfahren zur Bewegungsanalyse vorgestellt:

- Zuerst wird jedes Bild der Bildfolge in verschiedene Auflösungsebenen und Richtungskomponenten zerlegt (*directio-pyramidal decomposition* [2]). Mit einem sehr geringen Rechenaufwand ist eine Zerlegung in 2, 4 oder 8 Richtungskomponenten auf jeder Ebene der Laplace-Pyramide möglich.

- Auf jedes Teilbild wird eine Filteroperation im Orts-Zeitraum angewandt. Sie liefert die Geschwindigkeitskomponente in Richtung der dominanten räumlichen Struktur einschließlich eines Bestimmtheitsmaßes.

- Der gleichrangige Vergleich der Geschwindigkeitsfelder in den verschiedenen räumlichen Richtungskomponenten und Skalen erlaubt eine weitgehende Analyse der Bewegung. Es wird erkannt, ob die Bewegung eines starren Körpers vorliegt oder sich die Bewegungen mehrerer Objekte überlagern.

Die Möglichkeiten des Verfahrens werden diskutiert anhand verschiedener Bildfolgen von Wasseroberflächenwellen und von natürlichen Szenen.

Literatur

[1] Jähne, B., Bildfolgenanalyse in der Umweltphysik: Wasseroberflächenwellen und Gasaustausch zwischen Atmosphäre und Gewässern, in *Mustererkennung 1986*, Proceedings, 8. DAGM-Symposium, Paderborn, Sept./Okt. 1986, Informatik-Fachberichte 125, pp. 201–205, Springer, Berlin (1986).

[2] Jähne, B., Image sequence analysis of complex physical objects: nonlinear small scale water surface waves, Proceedings, 1st International Conference on Computer Vision (ICCV), London, 8.–11. Juni 1987, pp. 191–200, IEEE Computer Society Press, Washington (1987).

Bildfolgenanalyse dreidimensionaler turbulenter Strömungen

D. Wierzimok und B. Jähne

Institut für Umweltphysik der Universität Heidelberg
Im Neuenheimer Feld 366, D-6900 Heidelberg

J. Dengler

Deutsches Krebsforschungszentrum
Abt. Medizinische und Biologische Informatik
Im Neuenheimer Feld 280, D-6900 Heidelberg

Hier werden Untersuchungen zur Visualisierung und Rekonstruktion des turbulenten Strömungsvektorfeldes nahe einer wellenbewegten Wasseroberfläche vorgestellt. Anemometrische Messungen dieser Art können bisher nur mit vergleichsweise aufwendigen, der Wellenbewegung nachgeführten Strömungssonden durchgeführt werden, die zudem nur eine punktuelle, schwer zu interpretierende Geschwindigkeitsinformation liefern und im Gegensatz zur Kameraaufnahme nicht berührungsfrei arbeiten.

Die Experimente wurden an einem ringförmigen Wind/Wasser-Kanal durchgeführt. Die Wasserbewegung wird durch kleine im Wasser schwebende Polystyrolkugeln (rheoskopische Partikel) sichtbar gemacht. Dabei wird mittels einer geeigneten Beleuchtungseinrichtung nur eine dünne vertikale Ebene in Hauptströmungsrichtung herausgeschnitten und senkrecht dazu mit einer CCD-Kamera beobachtet.

Die gesamte Bildvorauswertung geschieht unter Ausnutzung der Hardwareeigenschaften des benutzten Bildspeichers (FG100 von Imaging Technology auf HP-Vectra PC). Bis zu 48 Bilder mit einer Auflösung von 512 mal 512 Pixel können in Echtzeit mit einem globalen Schwellwert segmentiert und als Binärbild abgespeichert werden. Durch eine kontinuierliche Beleuchtung und die lange Verfolgung der Teilchen über mehrere Bilder reduziert sich die Korrespondenzanalyse auf einen einfachen Linienverfolgungsalgorithmus für die Teilchenbahnen. Dazu werden die Leuchtspuren auf jedem Bild quadratisch approximiert und entlang der berechneten Kurve im Folgebild nach der Spurfortsetzung gesucht. Die X- und Y-Komponenten der Verschiebungsvektoren werden von Spur-Schwerpunkt zu Spur-Schwerpunkt bestimmt und sind deshalb genauer berechenbar, als es die Auflösung des Bildschirms eigentlich erlauben würde. Die Bahnkurve wird vom ersten Auftreten der Partikelspur bis zu ihrem Verschwinden verfolgt. Dadurch ergeben sich zwei wesentliche Vorteile des Verfahrens:

- Aus der Verweildauer des Partikel im Leuchtbereich kann (unter Annahme konstanter Geschwindigkeit in Z-Richtung v_z) der Betrag von v_z abgeschätzt werden.
- Die Bahnkurven und Stromlinien werden simultan bestimmt.

Zur Rekonstruktion des vollständigen Geschwindigkeitsvektorfeldes aus den gefundenen Einzelvektoren wird das Modell der dynamischen Pyramide [1] eingesetzt unter konsequenter Beachtung physikalischen Wissens. Insbesondere wird die Kontinuitätsgleichung als Nebenbedingung bei der Rekonstruktion benutzt. Durch Berechnung der Rotation des Geschwindigkeitsfeldes läßt sich weitgehend die Orbitalbewegung der Wasserwellen und die translatorische Horizontalkomponente der Wasserbewegung von den turbulenten Geschwindigkeitskomponenten abtrennen.

Endgültiges Ziel dieser Untersuchung ist es, die charakteristischen räumlichen Skalen der oberflächennahen Turbulenz und ihren Zusammenhang mit den Wasserwellen zu beschreiben. Dabei sollen die Mechanismen des "Zerfalls" der geordneten periodischen Wellenbewegung in eine chaotische turbulente Bewegung besser verstanden werden.

Literatur

[1] J. Dengler, H.P. Mainzer, M. Schmidt: Lokale Bewegungsanalyse mit der dynamischen Pyramide , in *Mustererkennung 1986*, Proceedings, 8. DAGM-Symposium, Paderborn, Sept./Okt. 1986, Informatik-Fachberichte 125, pp. 276-281, Springer, Berlin (1986).

Bewegungsgesteuertes Einlernen und Wiedererkennen von Objekten in Bildfolgen

G. Zimmermann, C.-K. Sung
Fraunhofer-Institut für Informations- und Datenverarbeitung (IITB),
Sebastian-Kneipp Str. 12-14,
7500 Karlsruhe

Dieser Beitrag befaßt sich mit der Aufgabe, Objekte in der Bildfolge einer Verkehrsszene (Abb. 1) zu segmentieren, einzulernen und wiederzuerkennen.

Die Segmentation erfolgt durch die Auswertung der Bewegung der Objekte im Bild relativ zum Bildhintergrund, wobei vorausgesetzt ist, daß es sich um die Abbildung von starren Körpern handelt. Dazu wird aus der Bildfolge eine Folge von Verschiebungsvektorfeldern erzeugt. Das hierzu verwendete Verfahren [1] extrahiert aus dem bandpaßgefilterten Bild als Merkmale lokale Extrema (Kuppen und Senken) und verfolgt sie über 4 Bildpaare. Die Detektion der bewegten Objekte erfolgt dann durch eine Ballungsanalyse, bei der benachbarte ähnliche Vektoren zusammengefaßt werden [2].

Dieselben Merkmale, die zur Segmentation aufgrund der Bewegung verwendet werden, können nun zur Re-Identifikation benutzt werden. Dazu werden zunächst unzuverlässig auftretende Merkmale eliminiert. Dies geschieht dadurch, daß alle Merkmale über 24 Bilder verfolgt werden und nur solche weiter verwendet werden, die in allen Bildern vorhanden sind.

Die relative Anordnung der Merkmale im Bild, die weiter als *Fleckgerüst* bezeichnet wird, bleibt konstant für jedes der abgebildeten Objekte, solange keine Rotationen oder Größenänderungen auftreten. Ein Fleckgerüst kann charakteristisch für ein individuelles Objekt sein und daher zur Identifikation benutzt werden. Als Bewertungsmaß für die Übereinstimmung des Fleckgerüstes mit der jeweils betrachteten Stelle der Vorlage wurde die Zahl der Merkmale gewählt, die mit einer maximalen Abweichung von +/- 2 Rastereinheiten bei der Abstandsprüfung übereinstimmend gefunden wurden. Die Position im Bild, an der die beste Übereinstimmung gefunden wurde, wird mit einem Rahmen um die übereinstimmenden Merkmale gekennzeichnet. Anschließend wird das zugehörige Vektorfeld analysiert und die Bewegungsrichtung durch einen stilisierten Pfeil im Rahmen dargestellt. Man sieht in Abb. 1, daß die Objekte 1-6 und 10 richtig wiedergefunden wurden. Das Objekt 7 wurde an drei Stellen mit derselben Bewertung wiedergefunden, die Objekte 8 und 9 an falschen Stellen. In einem weiteren Experiment wurden mit derselben Methode die Objekte 1 und 2 mit einem Bild verglichen, das 80 Sekunden später aufgenommen wurde (Abb. 2). Die Straßenbahn wurde erkannt, obwohl sie in die andere Richtung fährt. Charakteristisch ist offensichtlich die Anordnung der Fenster, auf dem Dach sind keine Übereinstimmungen gefunden worden.

Die vorgestelle Methode ist also in der Lage, bewegte Objekte im Bild, die durch eine ausreichende hohe Anzahl von Merkmalen belegt sind, automatisch zu lernen und sie ohne Bewegungsinformation mit einer leichten Generalisierung wiederzuerkennen.

[1] R. Kories, G. Zimmermann: A Versatile Method for the Estimation of Displacement Vector Fields from Image Sequences. Proc. Workshop on Motion: Represention and Analysis, May 7-9, 1986, Kiawah Island Resort, Charleston, South Carolina, pp. 101-106.

[2] C.-K. Sung, G. Zimmermann: Detektion und Verfolgung mehrerer Objekte in Bildfolgen. 8. DAGM-Symposium, Paderborn, September/Oktober 1986, Mustererkennung 1986, G. Hartmann (Hrsgb.), Informatik-Fachberichte 125, Springer-Verlag Berlin, Heidelberg, New York, Tokyo 1986, pp. 181-184.

Abb. 1 Eine Sekunde nach dem Anfang der Szene.

Abb. 2 80 Sekunden nach dem Anfang der Szene.

Auswahlverfahren für die wissensbasierte Bildauswertung mit dem Blackboard-basierten Produktionssystem BPI.

K. Lütjen, H. Füger, H.-J. Greif, K. Jurkiewicz
FIM/FGAN, Eisenstockstr. 12, D 7505 Ettlingen 6

Kurzfassung

Bewertungs- und Auswahlverfahren spielen in wissensbasierten Systemen eine zentrale Rolle. Der im BPI-Rahmen eingesetzte Bewertungsansatz verzichtet in widersprüchlichen Situationen auf die oft nicht gerechtfertigte Auswahl eines einzigen "besten" Elementes, und wählt statt dessen in derartigen Situationen mehrere bezüglich unterschiedlicher Bewertungskriterien "relativ beste" Elemente. Dadurch wird eine problemgerechte, einfache und effiziente Auswahl zu bearbeitender Elemente erreicht.

1. Einleitung

Zur Analyse von Bildobjekten können syntaktische Klassifikatoren eingesetzt werden, die Bildobjekten Bedeutungsklassen zuordnen, indem die Struktur dieser Bildobjekte analysiert wird. Ein von einem syntaktischen Klassifikator generiertes Analyseergebnis kann durch einen Baum angegeben werden, der die gefundenen Bildstrukturen beschreibt, indem er für jedes (Teil-)Objekt angibt, aus welchen Teilobjekten es aufbaut ist. Dieser Baum kann als Ableitungsbaum /3/ interpretiert werden. Der den Ableitungsbaum aufbauende Klassifikator kann als Parser interpretiert werden, der Bildobjekte analysiert, indem Produktionen einer Grammatik geeignet angewendet /2/ und Teilbäume zu komplexeren Ableitungsbäumen zusammengefasst werden. Jeder Teilbaum beschreibt somit ein Teilobjekt.

Das Blackboard-basierte Produktionssystem BPI /1/ ist eine spezielle Realisierungsform eines derartigen Parsers. Um alternative Bildinterpretationen betrachten zu können, werden alle Produktionen der den Parser definierenden Grammatik parallel auf alle zu bearbeitenden Teilobjekte angewendet und wenn möglich, neue abgeleitete Teilobjekte generiert. Einmal generierte Teilobjekte werden nicht gestrichen. Ein Teilbaum (bzw. Teilobjekt) kann also Teil mehrerer Ableitungsbäume (bzw. Teilobjekte) sein.

Der BPI-Ablaufzyklus simuliert diesen parallel organisierten Ansatz sequentiell. Um den Ablauf effizient zu gestalten, muß nach der Bearbeitung eines Teilobjektes geklärt werden, welches Teilobjekt als nächstes mit welchen Produktionen zu bearbeiten ist. Für diese Auswahl werden die vorliegenden, noch nicht bearbeiteten Teilobjekte nach unterschiedlichen Bewertungskriterien bewertet. Es wird diesen Teilobjekten jeweils ein Bewertungsvektor zugeordnet, der ihnen für jedes Bewertungskriterium eine Bewertungsgröße zuweist.

Um ein Teilobjekt umfassend zu bewerten, beurteilen die Bewertungskriterien unterschiedliche Eigenschaften des Teilobjektes. Es tritt daher gehäuft auf, daß keine Teilobjekte zu finden sind, die bezüglich aller Bewertungskriterien optimal sind. So kann ein Teilobjekt bezüglich eines Bewertungskriteriums als 'sehr gut', bezüglich eines anderen als 'schlecht' bewertet werden. Dieser Widerspruch führt zu mehrdeutigen Situationen.

2. Auswahl in mehrdeutigen Situationen

Eine zentrale Frage ist, wie trotz möglicherweise widersprüchlicher Bewertungsgrößen erfolgversprechende Teilobjekte zur Weiterverarbeitung ausgewählt werden können. Diese Frage muß im Zusammenhang mit dem BPI-Ablaufzyklus /1/ diskutiert werden. Er bearbeitet vom Konzept her alle im System vorliegenden Teilobjekte parallel und es ist selbstverständlich, daß nicht alle einmal generierten Teilobjekte im endgültigen das Analyseergebnis beschreibenden Ableitungsbaum enthalten sein können. Die nicht im endgültigen Ableitungsbaum enthaltenen Teilobjekte werden ignoriert bzw. durch die im endgültigen Ableitungsbaum enthaltenen Teilobjekte korrigiert. Während der Verarbeitung stehen also einige der generierten Teilobjekte miteinander in Konkurrenz, so daß konkurrierende Alternativen parallel bearbeitet werden und ein sogenanntes "nicht monotones Verhalten" /4/ erreicht wird.

Da Alternativen bearbeitet werden, kann das Bewertungsverfahren in mehrdeutigen Situationen, die sich in widersprüchlichen Einzelbewertungen äußern, auf eine eindeutige Gesamtbewertung verzichten und statt eines einzigen "besten" Teilobjektes mehrere "relativ gute" Teilobjekte zur weiteren Verarbeitung auswählen. Im Extremfall kann dies bedeuten, daß für jedes der n Bewertungskriterien ein oder mehrere Teilobjekte zur Weiterverarbeitung ausgewählt werden.

Im BPI-Ansatz wird folgendermaßen ausgewählt /2/:

1. Definiere für jeden problemgerechten Bewertungsaspekt ein Bewertungskriterium (z.B. "Approximationsgüte", "Erwartung", ...).
2. Definiere für jedes Bewertungskriterium eine möglichst kleine und trotzdem problemgerechte Anzahl unterschiedlicher Bewertungsgrößen (z.B. die fünf Werte "sehr gut", "gut", "durchschnittlich", "schlecht", "sehr schlecht").
3. Bestimme während der Analyse für jedes Bewertungskriterium die Menge aller Teilobjekte, die bezüglich dieses Bewertungskriteriums am besten bewertet ist.
4. Bilde aus diesen Mengen alle nicht leeren Durchschnittsmengen.
5. Bewerte diese nicht leeren Durchschnittsmengen und übergib die "beste" dieser Durchschnittsmengen zur weiteren Verarbeitung.

2.1 Bewertung von Teilobjekten

Für die Eigenschaften der Teilobjekte werden jeweils n Attribute spezifiziert, deren Werte das Teilobjekt beschreiben (z. B. Attribut "Typ = Linie, Ecke, ..."). Diese Attribute spannen einen n-dimensionalen Merkmalraum auf. Ein Teilobjekt wird so bezüglich seiner Attributwerte durch einen Punkt in einem n-dimensionalen Merkmalraum repräsentiert. Bezüglich seiner Struktur wird er dabei nach wie vor durch den ihm zugeordneten Teilableitungsbaum repräsentiert. Teilobjekte werden bewertet, indem die zur Auswahl zu berücksichtigende Kontextinformation in m-dimensionale Intervalle ($m \leq n$) des Merkmalraums umgesetzt wird. Jedem dieser Intervalle wird jeweils eine Interpretation zugeordnet, beispielsweise "enthält alle Teilobjekte, die Streifen sind (Attribut "Typ = Streifen") und die Breite von Landstraßen haben (Attribut "Breite = b_{LS}")".

Im BPI-Konzept wird durch diese m-dimensionalen Intervalle Kontext beschrieben. Sie werden daher Kontexträume genannt /2/. Durch Vereinigung mehrerer Kontexträume können beliebige Cluster im Merkmalraum aufgebaut werden. Diese Cluster werden in einer Blackboard-Datenbank /2/ beschrieben. Spezielle Datenbankmechanismen /2/ tragen dann alle Teilobjekte, die in Clustern liegen, effizient in Indexmengen ein, die den jeweiligen Clustern zugeordnet sind. Jedem Cluster wird zusätzlich eine Bewertungsinterpretation zugeordnet, beispielsweise "enthält alle Teilobjekte mit sehr hoher Erwartung", so daß jederzeit auf die Teilmenge aller Teilobjekte "mit sehr hoher Erwartung", die in der erwähnten Indexmenge eingetragen ist, zugegriffen werden kann.

Allen Bewertungsgrößen eines Bewertungskriteriums werden so jeweils ein Cluster und eine Indexmenge zugeordnet. Außerdem können leere Indexmengen unmittelbar bestimmt werden, so daß für jedes Bewertungskriterium sofort die Menge der bezüglich dieses Kriteriums optimalen Teilobjekte übergeben werden kann. Ist beispielsweise die Menge "mit sehr hoher Erwartung" leer und enthält die Menge "mit hoher Erwartung" Teilobjekte, so kann letztere unmittelbar als Menge der Teilobjekte, die bezüglich des Kriteriums "Erwartung" am besten ist, übergeben werden.

2.2 Auswahl von Teilobjekten

Sind alle Bewertungskriterien von gleicher Relevanz, dann wird die ausgewählte beste Durchschnittsmenge diejenige sein, deren Teilobjekte bezüglich der größten Anzahl von Bewertungskriterien optimal sind.

Bei unterschiedlicher Relevanz der Bewertungskriterien wird jedem Bewertungskriterium ein Relevanzmaß zugeordnet, das die für das jeweilige Bewertungskriterium ausgewählte Menge wichtet. Die Relevanzmaße aller zur Bildung einer Durchschnittsmenge verwendeten Einzelmengen werden dann aufsummiert und der Durchschnittsmenge als Gesamtbewertung zugewiesen. Die Durchschnittsmenge mit dem höchsten kummulativen Relevanzmaß wird als Menge der zu bearbeitenden Teilobjekte übergeben.

Außerdem wird jedem Bewertungskriterium noch eine Auswahlrate zugeordnet. Sie legt in einer Folge von Auswahlschritten fest, wie oft ein Bewertungskriterium bei einem einzelnen Auswahlschritt tatsächlich berücksichtigt wird. Jedes Teilobjekt wird mit n Bewertungsgrößen bewertet. Im i-ten Auswahlschritt werden s_i Bewertungskriterien zur Auswahl herangezogen ($s_i \leq n$). Sind alle Auswahlraten gleich groß, dann werden bei allen Auswahlschritten alle n Bewertungskriterien berücksichtigt. Werden unterschiedliche Raten angegeben, so wird jedes Kriterium nur noch entsprechend seiner Rate verwendet. Die Auswahl wird so getroffen, daß die relative Häufigkeit, mit der ein Kriterium zur Auswahl herangezogen wird, proportional seiner Auswahlrate ist und das Kriterium mit maximaler Rate immer verwendet wird.

Mit der Auswahlrate wird durch eine Art "Zeitmodulation" der Auswahloperation der Einfluß eines Bewertungskriteriums festgelegt. Mit den Relevanzmaßen werden Auswahlvorgänge simuliert, wie sie in der Verhaltensbiologie (Ethologie) untersucht und postuliert werden /5/.

3. "Top-down"-Kontrolle mit bewertungsgesteuerter Auswahl

Im BPI-Ansatz werden alle Auswahloperationen auf die gerade erläuterten Bewertungs- und Auswahlschritte zurückgeführt. Beispielsweise werden Teilziele (z.B. Suche nach einer noch fehlenden Straße), die Voraussetzung für ein erwartetes übergeordnetes Ziel sind (z.B. Vorliegen aller Straßen einer bereits teilweise vorliegenden Kreuzung), dadurch vorrangig bearbeitet, daß alle Teilobjekte aus denen das erwartete Teilziel abgeleitet werden könnte, (z.B. Geraden- und Streifenstücke, die an der Position der erwarteten Straße liegen) derart bewertet werden, daß sie bevorzugt bearbeitet werden. Diese Funktionalität, die oft mit dem Begriff "top-down"-Kontrolle /4/ umschrieben wird, ist im BPI-System vollständig auf die erläuterten Bewertungs- und Auswahlfunktionen zurückgeführt.

4. Beispiel

Zur Erläuterung der "top-down"-Kontrolle wird eine Anwendung betrachtet, bei der bereits vor der Bildauswertung bekannt ist, daß die Teilobjekte vorzugsweise die Orientierung o_1 haben werden. Außerdem weiß man aus Erfahrung, daß nach der Generierung bestimmter Teilobjekte alle innerhalb dieser Teilobjekte liegenden anderen Teilobjekte in der Regel nicht mehr zum zu analysierenden Bildobjekt gehören werden und daher nicht bearbeitet werden sollten.

Hierfür können beispielsweise zwei Bewertungskriterien eingerichtet werden mit insgesamt fünf Bewertungsgrößen und fünf Clustern:

1. Alle Elemente, die eine erwartete Orientierung besitzen, sollen bevorzugt bearbeitet werden: Hierzu wird das Bewertungskriterium "Erwartung" mit den Größen "hohe Erwartung", "erhöhte Erwartung" und "keine erhöhte Erwartung" eingerichtet.

   Anschließend werden zwei Intervalle für die zwei Bewertungsgrößen definiert, beispielsweise I_1 und I_2: $I_1 : o_1 - \triangle o \leq o(\text{hohe Erwartung}) \leq o_1 + \triangle o$ und $I_2 : o_1 - 2 * \triangle o \leq o(\text{erhöhte Erwartung}) \leq o_1 + 2 * \triangle o$

2. Alle Teilobjekte, die in einem bereits endgültig interpretierten Bereich liegen und noch nicht bearbeitet wurden, sollen verzögert bearbeitet werden. Hierzu wird das Bewertungskriterium "Negativ-Erwartung" eingerichtet mit den Größen "zu verzögern" und "nicht zu verzögern".

   Anschließend ist bei der Generierung aller Teilobjekte, innerhalb derer keine weitere Verarbeitung stattfinden sollte, die vom Teilobjekt überdeckte Fläche durch u.U. mehrere m-dimensionale Intervalle zu approximieren, die einen Teil-Cluster aufbauen. Die Teil-Cluster all dieser Teilobjekte setzen dann den Cluster zusammen, der der Bewertungsgröße "zu verzögern" zugeordnet ist.

Zur Auswahl erfolgversprechender Teilobjekte, wird zuerst die Menge "mit hoher Erwartung" überprüft. Ist sie leer, wird die Menge mit "erhöhter Erwartung" überprüft. Ist diese ebenfalls leer, so wird das Kriterium "Erwartung" nicht berücksichtigt. Wird eine nichtleere Menge gefunden, so wird sie als die Menge der Teilobjekte übergeben, die bezüglich des Kriteriums "Erwartung" am besten bewertet ist. Anschließend wird die Menge aller Teilobjekte, die nicht in der Menge "zu verzögern" enthalten ist, überprüft. Ist sie leer, wird das Bewertungskriterium "Negativ-Erwartung" nicht berücksichtigt.

Wurden für beide Kriterien Auswahlmengen bestimmt, dann werden diese versuchsweise geschnitten. Ist der Durchschnitt leer, so wird bei gleichem Auswahlgewicht beider Kriterien die Vereinigung der Auswahlmengen als Menge der weiter zu bearbeitenden Teilobjekte übergeben. Bei unterschiedlichem Auswahlgewicht und leerem Durchschnitt wird nur die besser bewertet Auswahlmenge übergeben. Bei nicht leerem Durchschnitt werden die Teilobjekte der Schnittmenge übergeben.

5. Ergebnisse

Es wurden mehrere Auswahlstrategien für die Identifikation einer Brücke in einem gestörten Grauwertbild auf einer VAX 11/780 getestet. Bei allen Auswahlstrategien wird das Objekt "Brücke" fehlerfrei identifiziert. Die benötigten Rechenzeiten hingen von der gewählten Strategie ab: Mit den Kriterien "Erwartung" und "Negativ-Erwartung" wurden 1:31 Minuten, ohne bewertungsgesteuerte Auswahl wurden 3:34 Minuten benötigt.

6. Zusammenfassung

Entscheidend für die hier vorgeschlagenen und untersuchten Bewertungs- und Auswahlverfahren ist, daß sie die im BPI-Ansatz vorgesehene Bearbeitung von Alternativen nutzen können und die nicht gerechtfertigte Auswahl eines einzigen "besten" Elementes vermieden wird. Für diese Verfahren ist Wissen über Erwartungen, das zur Auswahl zu bearbeitender Teilobjekte ("top-down"-Kontrolle) eingesetzt wird, mit Hilfe von m-dimensionalen Intervallen in Cluster umzusetzen. In diesen Clustern enthaltene Teilobjekte werden dann von Datenbankmechanismen des BPI-Blackboards in spezielle Mengen eingetragen und dadurch bewertet. Aus diesen Mengen kann dann eine Menge von Teilobjekten effizient abgeleitet werden, die bezüglich möglichst vieler Kriterien optimal ist. Diese Vorgehensweise approximiert einen Ansatz der Ethologie und simuliert in der Natur beobachtete von der Ethologie untersuchte Auswahlverfahren, deren Untersuchung im Rahmen der künstlichen Intelligenz neue Erkenntnisse verspricht.

Die Effizienz der Verfahren wird durch spezielle Mechanismen des BPI-Blackboards erreicht /2/, mit denen Cluster definiert, die in ihnen enthaltenen Teilobjekte bestimmt und Mengenverknüpfungen sowie Mengenüberprüfungen durchgeführt werden.

Literatur

/1/ Lütjen, K. BPI: Ein Blackboard-basiertes Produktionssystem für die automatische Bildauswertung in G. Hartmann, Mustererkennung 1986, 8. DAGM-Symposium, Paderborn, 1986, Informatik Fachberichte 125, Springer, Heidelberg, 1986

/2/ Lütjen, K. Automatische Bildauswertung mit einem Lösungsansatz der künstlichen Intelligenz, FIM/FGAN, Ettlingen, 1987

/3/ Gonzales, R.C., Thomason, M.G. Syntactic Pattern Recognition, Addison-Wesley, Reading, 1982

/4/ Winston, P.H. Artificial Intelligence, Addison-Wesley, Reading, 1984

/5/ Gould, J.L. Natural History of Honey Bee Learning, in Marler, P., Terrace, H.S. (ed.): The Biology of Learning, p. 149-180, Springer Verlag, Heidelberg, 1984

Konfliktlösung auf statistischer Basis bei der Analyse von Werkstückszenen mit Produktionsregeln

Gerda Stein
Fraunhofer-Institut für Informationsverarbeitung
(IITB) Karlsruhe

Entwickelt wurde ein lernendes Verfahren zur Ermittlung von Konfliktlösungen auf statistischer Basis, das bei der Analyse unterschiedlicher Werkstückszenen mit Produktionsregeln erprobt wurde. In einer Lernphase wird die relative Häufigkeit ermittelt, mit der eine Produktionsregel einen Beitrag zur Analyse der Szene leistet, sowie der Aufwand, der nach ihrer Anwendung noch erforderlich ist. Der Quotient aus den beiden Größen ist die Erfolgsbewertung einer Produktionsregel. In Modifikation bekannter Verfahren werden die Erfolgsbewertungen automatisch bestimmt und sie sind situationsspezifisch: Sie werden immer in Abhängigkeit von der jeweils vorliegenden Konfliktmenge und den Vorgängerregeln gewonnen, deren Vereinigung Situationsmenge genannt wird. In der Anwendungsphase kommt jeweils die Produktionsregel mit der höchsten Erfolgsbewertung für die am besten übereinstimmende Situationsmenge zur Anwendung. Bereits bei kleinen Lernstichproben mit 50 Elementen läßt sich mit diesem Konfliktlösungsverfahren der Suchaufwand bei der Zuordnung von Bilddaten zur Interpretation um 30% bis 50% verringern. Die Verringerung des Suchaufwands in der Anwendungsphase ist abhängig vom Szenentyp und vom Suchverfahren, das in der Lernphase zur Anwendung kommt. Die Suchverfahren für die Lernphase wurden systematisch variiert, um ihren Einfluß auf die Verringerung des Suchaufwands in der Anwendungsphase zu erfassen.

1. Problembeschreibung

Ein wesentlicher Kontrollmechanismus für den prozeduralen Ablauf in einem Produktionensystem ist die Konfliktlösung. Vom Zustand der Datenbasis hängt es ab, welche Produktionsregeln jeweils anwendbar sind (Konfliktmenge). Zur Vermeidung kombinatorischer Explosionen müssen mit einem Konfliktlösungsverfahren aus der Konfliktmenge die anzuwendenden Produktionsregeln ausgewählt werden. Existierende Verfahren zur Konfliktlösung weisen die folgenden Nachteile auf:

* Werden Standardverfahren ohne problemspezifisches Wissen unterlegt, können ineffiziente Folgen von Verarbeitungsschritten auftreten [1,3,4].
* Das problemspezifische Wissen kann in viele Konfliktlösungsverfahren nicht automatisch eingebracht werden. Es muß vom Entwicklungsingenieur formuliert werden, womit sein Problemverständnis und zusätzliche Entwicklungszeit gefordert werden [4,5].
* Automatisch ableitbare Konfliktlösungen setzen entweder unzutreffende statistische Unabhängigkeiten der Regelanwendungen voraus [1] oder erfordern einen großen Stichprobenumfang, der alle Zustände der Datenbasis erfaßt [2].

Deshalb wurde ein lernendes Verfahren zur Konfliktlösung entwickelt, das die die oben aufgeführten Einschränkungen nicht aufweist.

Für die Anwendung des hier entwickelten Verfahrens wurde ein bereits vorhandenes Produktionensystem zur Analyse von Werkstückszenen [6] zugrunde gelegt. Das Produktionensystem arbeitet folgendermaßen:

* In einer Vorverarbeitungsstufe werden aus den Grauwertbildern der Szene Strecken und Kreisbögen extrahiert, die sogenannten Grundelemente, mit denen der Verlauf von Objektkanten stückweise approximiert werden soll.
* Produktionsregeln geben an, wie die Grundelemente einer Werkstückszene zu Zwischenelementen und zu lokalen Formmerkmalen zusammengefaßt werden, mit denen für örtlich begrenzte Bereiche der Verlauf von den Kanten eines Werkstücks beschrieben wird.

2. Beschreibung des Verfahrens

In der Lernphase werden anhand einer Lernstichprobe die relativen Häufigkeiten $e(P_i,S_i)$ ermittelt, mit denen eine Produktionsregel P_i zur Analyse der Szene beiträgt. Als Maß für den Aufwand $a(P_i,S_i)$ wird der normierte Mittelwert der noch erforderlichen Regelanwendungen bis zur Ausgabe eines Formmerkmals bestimmt. Der Quotient aus den beiden Größen ist die Erfolgsbewertung $E(P_i,S_i)$ einer Produktionsregel: $E(P_i,S_i) = e(P_i,S_i)/a(P_i,S_i)$. Die Erfolgsbewertungen sind situationsspezifisch: Sie werden in Abhängigkeit von der Situationsmenge S_i gewonnen. Die Situationsmenge S_i ist die Vereinigung der jweils vorliegenden Konfliktmenge mit den Vorgängerregeln. Vorgängerregeln sind die zuletzt angewendeten Regeln, mit denen die Zwischenelemente erzeugt wurden, aus denen nach Vorschrift der Produktionsregel ein neues Element erzeugt werden soll. Die Konfliktmenge wird hierbei als generalisierende Beschreibung des aktuellen Zustands der Datenbasis interpretiert und die Vorgängerregeln geben einen Ausschnitt beschränkter Tiefe aus der Historie der Analyse wider.

Die situationsspezifischen Erfolgsbewertungen der Produktionsregeln dienen in der Anwendungsphase zur Auswahl einer Produktionsregel aus der Konfliktmenge. Entsprechend der aktuell vorliegenden Situationsmenge wird in der Datei mit den situationsspezifischen Erfolgsbewertungen nach den Situationsmengen mit der größten gemeinsamen Schnittmenge gesucht. Bei diesen wird die Produktionsregel mit der höchsten situationsspezifischen Erfolgsbewertung ausgewählt. Jedes Zwischnelement hat ein Verzeichnis seiner Entstehungsgeschichte, damit bei einem Rücksetzen der Suche die Produktionsregel mit der nächsthöchsten situationsspezifischen Erfolgsbewertung zur Anwendung kommen kann. Ist diese Möglichkeit ausgeschöpft, wird nach Situationsmengen mit der nächsthöchsten Schnittmenge mit der aktuell vorliegenden Situationsmenge gesucht.

3. Ergebnisse und Bewertung

Das Verfahren wurde anhand zweier verschiedener Szenen erprobt:

1. Ein metallisches Werkstück, dessen Position und Drehlage erkannt werden soll. Die Lernstichprobe enthält 50 Bilder, die Anzahl der Produktionsregeln beträgt 22, die Beschreibung erfolgt mit 3 Formmerkmalen und im Mittel werden 123 ± 37 Grundelemente verarbeitet.
2. Porzellanteller mit Oberflächenfehlern, die in 6 Fehlerklassen eingeteilt werden sollen. Die Lernstichprobe enthält 42 Bilder, die Analyse erfolgt mit 18 Regeln und 8 Formmerkmalen und im Mittel werden 83 ± 27 Grundelemente verarbeitet.

Die Bilder der Szenen sind in [6] gezeigt. Variiert wurden die Beleuchtung und die Parameter der Vorverarbeitungsstufe.

Für den Vergleich mit dem hier entwickelten Verfahren auf statistischer Basis wurde eine Konfliktlösung verwendet, bei dem stets die Regel zur Anwendung kommt, die ein Zwischenelement mit der größten Konturlänge erzeugt. Als Maß für den Suchaufwand bei der Zuordnung von Bilddaten zur Interpretation wird die mittlere Anzahl der Regelanwendungen pro Grundelement verwendet. Die Verringerung des Suchaufwands beträgt bei gleicher Erkennungsleistung beim ersten Szenentyp 49% und beim zweiten Szenentyp 32%.

Die Verringerung des Suchaufwands hängt nicht nur ab vom Bildmaterial sondern auch von den Suchverfahren, die in der Lernphase zur Ermittlung der situationsspezifischen Erfolgsbewertung einer Produktionsregel unterlegt werden. Zur gezielten Erfassung dieser Auswirkungen wurden deshalb verschiedene Suchverfahren in der Lernphase verwendet. Die Ergebnisse sind in den Bildern 1 und 2 gezeigt.

Wird in der Lernphase eine Tiefensuche mit Rücksetzmöglichkeit verwendet, so verringert sich der Suchaufwand in der Anwendungsphase weniger als bei einer ausführlichen Breitensuche, jedoch mehr als bei einer stark eingeschränkten Breitensuche (die Breitensuche bietet keine Rücksetzmöglichkeit). Ist also die Konfliktmenge im Mittel stets groß, so ist die Tiefensuche mit Rücksetzmöglichkeit besser geeignet als die eingeschränkte Breitensuche, um zuverlässige situationsspezifische Erfolgsbewertungen der Produktionsregeln zu ermitteln.

Auffällig ist, daß die Definition der heuristischen Maße zur Bewertung der Qualität eines Zwischenelements (Knotens) in der Lernphase keine größeren Auswirkungen auf den Suchaufwand in der Anwendungsphase hat. Bei der Werkstückszene scheint die Berücksichtigung von Störungen in der Qualitätsbewertung einen positiven Einfluß auf die

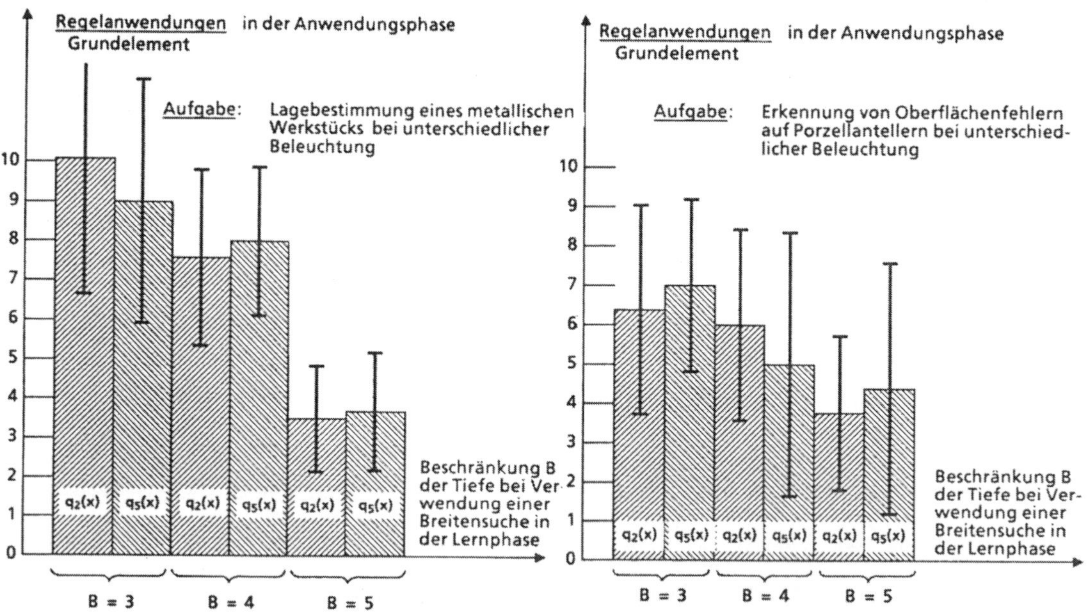

Bild 1: Ermittlung der situationsspezifischen Erfolgsbewertungen von Regeln in der Lernphase mit einer Breitensuche für zwei verschiedene Szenentypen. Die Tiefe, bis zu der alle Zwischenelemente x (Knoten) entwickelt werden, hat die Beschränkung B. Mit den Qualitätsbewertungen $q_2(x)$ und $q_5(x)$ werden für die weitere Suche nur noch die besten Knoten mit einer erneuten Breitensuche der Beschränkung B berücksichtigt. $q_2(x)$ mißt die Konturlänge eines Zwischenelements abzüglich der Konturlücken und $q_5(x)$ die Fläche eine Zwischenelements abzüglich der durch Störungen nicht erfaßten Bereiche. Die Regelanwendungen/Grundelement wurden in der Anwendungsphase mit den verschiedenen situationsspezifischen Erfolgsbewertungen bestimmt.

Zuverlässigkeit der Erfolgsbewertungen zu haben. Dieser Trend läßt sich jedoch anhand der Tellerszene nicht bestätigen.

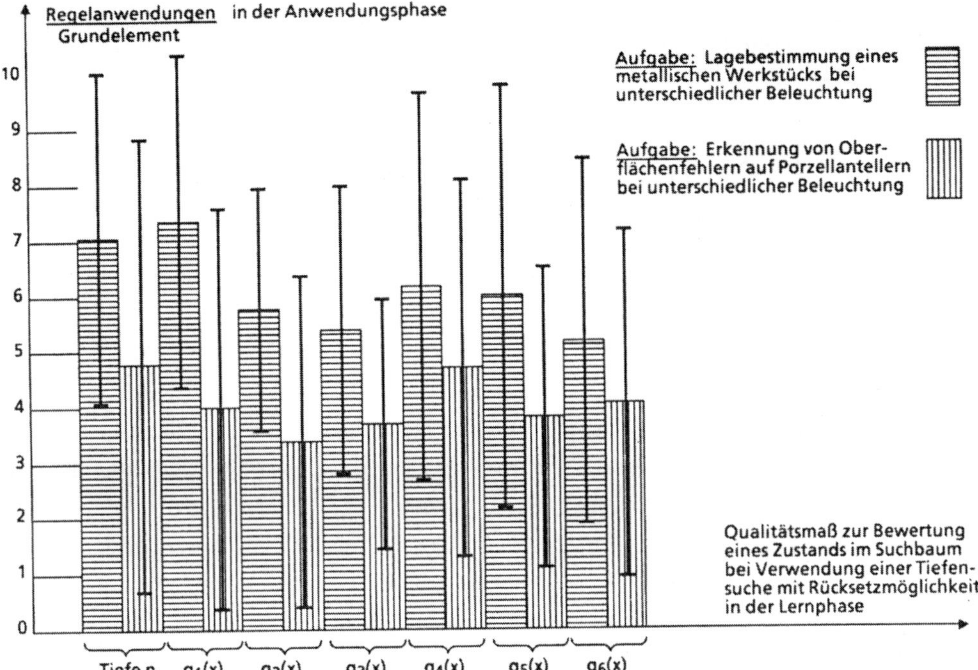

Bild 2: Ermittlung der situationsspezifischen Erfolgsbewertungen von Produktionsregeln in der Lernphase mit einer Tiefensuche mit Rücksetzmöglichkeit bei unterschiedlichen Qualitätsbewertungen $q_i(x)$ der Zwischenelemente x (Knoten) und zwei verschiedenen Szenentypen. Die Regelanwendungen/Grundelement wurden in der Anwendungsphase mit den verschiedenen situationsspezifischen Erfolgsbewertungen $E(P_i, S_i)$ bestimmt. Die Qualitätsmaße sind: Die **Tiefe n** eines Knotens im Problemgraphen, $q_1(x)$ die Konturlänge eine Zwischenelements, $q_2(x)$ die Konturlänge abzüglich der Lücken infolge von Störungen, $q_3(x)$ die Konturlänge gewichtet mit der Abweichung von der vom Modell vorgegebenen Winkellage, $q_4(x)$ der Flächeninhalt eines Zwischenelements, $q_5(x)$ der Flächeninhalt abzüglich der Lücken infolge von Störungen, $q_6(x)$ der Flächeninhalt gewichtet mit der Abweichung von der vom Modell vorgegenen Drehlage.

4. Literatur

[1] J.A.Barnett: How Much is Control Knowledge Worth? A Primitive Example. Artificial Intelligence, 22, 1984, S. 77-89.

[2] E.Charniak: The Bayesian Basis of Common Sense Medical Diagnosis. AAAI 83, Nat. Conf. on Art. Intelligence, Washington DC, Aug. 1983, S. 70-73.

[3] J.McDermott, C.Forgy: Production System Conflict Resolution Strategies. In: Pattern-Directed Inference Systems. Ed.: D.A.Waterman, F.Hayes-Roth, Academic Press, New York, 1978, S.177-199.

[4] J.Pearl: Knowledge versus Search: A Quantitative Analysis Using A*. Artificial Intelligence, 20. 1983, S. 1-13.

[5] L.A.Rendell: Toward a Unified Approach for Conceptual Knowledge Acquisition. The AI Magazine, Winter 1983, S. 19-27.

[6] G.Stein: Automatische Strukturanalyse von Bildsignalen aufgrund rechnerinterner Modelle aus lokalen Formmerkmalen. DFG IITB Bericht Nr. A 3030, 1986, IITB Karlsruhe.

Algorithmische Strukturierung symbolischer Bildbeschreibungen zur Erzeugung nicht-normalisierter Datenbankschemata

Wolfgang Benn[*] und **Christian Sielaff**[**]

[*] SCS Organisationsberatung und Informationstechnik GmbH
Fachbereich Wissensbasierte Systeme und Verteilte Systeme
Oehleckerring 40, D-2000 Hamburg 62

[*][**] Fachbereich Informatik der Universität Hamburg
Bodenstedtstraße 16, D-2000 Hamburg 50

Einleitung

Ein wesentliches Merkmal bildverarbeitender Systeme ist die anfallende große Datenmenge. Insbesondere bei der Verarbeitung von Bildfolgen ist es vorteilhaft, die symbolischen Bildbeschreibungen in einer Datenbank abzulegen, da somit die Verwaltung der Datenmenge und die Organisation des Datenzugriffs dem Benutzer abgenommen wird. Die Benutzung von Datenbanken wird aber durch eine methodologische Lücke zwischen der Bildbeschreibung mit Segmentationsprimitiven und der Erzeugung von Datenbankschemata zur Aufnahme objektbezogener Bilddaten erschwert. In dieser Arbeit beschreiben wir eine Möglichkeit, diese Lücke durch den Einsatz eines Hierarchisierungsprozesses, der ursprünglich im Bereich des Bildverstehens angesiedelt ist, zu schließen.

Primär möchte der Benutzer einer Datenbank mit den Objekten seiner Anschauung arbeiten können. Die interne Darstellung dieser „Objekte" soll ihm also verborgen bleiben, bis er einen Zugriff auf die Darstellung explizit fordert *[Benn 86]*. Zur Erhaltung dieser meist hierarchisch ausgeprägten assoziativen Komponente entspricht die Ausprägung des Datenbankschemas ebenfalls einer hierarchisch organisierten Struktur. Bildsymbole, die durch eine übergeordnete Semantik als zusammengehörig definiert wurden, werden als Attributwertmengen in Mengen- und Strukturattributen nicht-normalisierter Relationen zusammengefaßt. Ebenen einer hierarchisch organisierten Objektsicht (Applikationssicht) spiegeln sich daher in der hierarchischen Anordnung von Subattributen wieder (Schemabaum).

Ein Problem der Datenbankanwendung im Bereich der Bildverarbeitung besteht nun darin, aus der von der Bildverarbeitung gelieferten Repräsentation eines Objektes aus

---

[*] neue Anschrift: FernUniversität Hagen, Praktische Informatik I, Postfach 940, D-5800 Hagen

primitiven Bildsymbolen ein Datenbankschema zu generieren, das einen objektorientierten Datenzugang unterstützt. Gesucht ist also eine assoziativ gesteuerte Organisation (Gruppierung) einzelner Datenbankelemente (Tupel) zu Struktur- und Mengenattributen übergeordneter Objekttupel.

Dazu stehen im wesentlichen zwei Methoden zur Verfügung. Einerseits kann die Organisation per Hand - gesteuert durch Erfahrung des Benutzers und aufgabenspezifische Restriktionen - erfolgen, andererseits kann die Organisation durch einen Organisationsprozeß automatisch erfolgen. So wurde beispielsweise in *[Sielaff 86b]* eine Methode vorgestellt, eine symbolische Bildbeschreibung durch Relationalstrukturen algorithmisch in eine Hierarchie zu überführen. Ein solcher Hierarchisierungsprozeß kann nun als Bindeglied zwischen der symolischen Bildbeschreibung und der Erzeugung von Datenbankschemata eingesetzt werden. Die entstehenden Teil-von-Hierarchien sind direkt als Datenbankschema einzusetzen, wenn Datenbank und Bildverarbeitungsprozeß auf dem gleichen Vokabular primitiver Bildsymbole basieren. Die Erzeugung von Datenbankobjekten nutzt weiterhin die Gruppierung von Bildprimitiven, indem in generierte Schemainstanzen Mengen von Bildprimitiven als Wertemengen eingesetzt werden.

Übergang vom Bild zu Datenbankeinträgen

Die verwendeten Segmentationsprozesse stellen ein Vokabular von Primitiven zur symbolischen Bildbeschreibung zur Verfügung. Das Spektrum möglicher Primitive reicht dabei von Punkten über Linien bis zu komplexen Strukturen wie beispielsweise Polygonen. Jedes Primitiv wird dabei durch ein Symbol repräsentiert, das in verdichteter Form eine assoziativ erkannte Gesetzmäßigkeit beschreibt. So werden beispielsweise Bildpixel mit Grauwertstufen eines zuvor definierten Helligkeitsbereiches durch einen Segmentationsvorgang zusammengefaßt und vom menschlichen Betrachter des Segmentationsergebnisses als „Region" bezeichnet. Mittlerer Grauwert dieser „Region", Ausdehnung und Form können Eigenschaften des beschreibenden Symbols darstellen. Bildsymbole sind also Strukturrepräsentanten.

Die Repräsentation eines (Bild-)Objektes wird durch die primitiven Bildsymbole und deren Beziehungen untereinander realisiert. Gängige Verfahren hierzu sind semantische Netze, generische Schemata (Frames) oder Repräsentationssprachen wie KL-ONE *[Brachman+Schmolze 85]*. Grundsätzlich ist keine der genannten Methoden typgebunden, d.h. auf eine festgelegte Datenstruktur beschränkt. Relationengebilde *[Radig 84]* als eine weitere Methode der Wissensrepräsentation stellen ein Bindeglied zwischen der assoziativ geprägten oder modellgetriebenen Darstellung und Datenbanken dar. Alle Teile der assoziativen - d.h. nicht datentypgebundenen - Darstellung können durch Relationengebilde formalisiert und in Modellkonstrukte einer Datenbank abgebildet werden.

Als hierfür besonders geeignet haben sich die Ansätze statischer und dynamischer nicht-normalisierter Relationen für Datenbanken erwiesen *[Benn+Radig 84, Benn 85]*. Während im traditionellen eins-normalisierten Datenmodell ausschließlich atomare Attributwerte zugelassen sind, ermöglichen nicht-normalisierte Relationen strukturierte Attribute. So wird eine an die assoziative Repräsentation angepaßte Darstellung - wie sie etwa in *[Marr+Nishihara 78]* beschrieben wird - durch die Bildung hierarchischer Schemabäume unterstützt.

Die Organisation, die Gruppierung primitiver Repräsentationselemente und ihrer Beziehungen, ist jedoch das zentrale Problem - wie auch aus anderen Domänen der Wissensrepräsentation *[Attardi+ 86, Benoit+ 86]* und der Bilderkennung bekannt ist: So stellt die hierarchische Organisation einer symbolischen Bildbeschreibung einen wesentlichen Faktor zur effizienteren Gestaltung des Abbildungsprozesses zwischen symbolischer Modell- und Bildbeschreibung dar *[Sielaff 86a]*. Allen Ansätzen gemeinsam ist allerdings die Frage wie die Organisation der Repräsentation realisiert werden kann. Als Lösung des Organisationsproblems kann nun ein Hierarchisierungsverfahren angesehen werden, aus dessen Ergebnissen Datenbankschemata für derartige Repräsentationen erzeugt werden können.

Der Hierarchisierungsprozeß

Der in *[Sielaff 86a]* vorgestellte Hierarchisierungsprozeß ist in Form einer Baumsuche realisiert, wobei die Expansion eines Suchbaumknotens durch die regelgesteuerte Zerlegung einer Modell- oder Modellteilstruktur in Unterteile geleistet wird. Die Wurzel des Suchbaumes enthält eine flache (nicht-hierarchische) symbolische Beschreibung eines Objektes und die Menge der Beschreinbungsprimitive. So gesehen, läßt sich auch die flache Beschreibung als (einfachste) Hierarchie interpretieren. Die Auswahl des nächsten zu expandierenden Knotens des Suchbaumes (einer aktuellen Teilhierarchie) geschieht durch eine Bewertungsfunktion, welche die Güte der Hierarchie in Abhängigkeit von der aktuellen Zielsetzung angibt. Ist der Knoten ausgewählt, so wird eine Teilstruktur der aktuellen Hierarchie durch eine Menge von Dekompositionsregeln in hierarchisch untergeordnete Teilstrukturen zerlegt. Mit diesen Teilstrukturen wird die aktuelle Hierarchie erweitert. Da die Zerlegungsregeln im allgemeinen mehrere Dekompositionen liefern, wird durch jede Zerlegung ein Nachfolger des ursprünglichen Suchbaumknotens erzeugt. Dieser Prozeß terminiert, wenn für die ausgewählte Teilhierarchie keine Zerlegungsregeln mehr angewendet werden können oder wenn durch eine weitere Zerlegung keine bessere Bewertung erwartet werden kann. Der Hierarchisierungsprozeß liefert also Gruppierungen von Bildprimitiven und der zugehörigen Beziehungsrelationen - die Knoten eines Hierarchiegraphens - und Teil-von-Kanten , die den strukturellen Aufbau eines Knotens aus seinen untergeordneten Knoten beschreiben.

Generierung eines Datenbankschemas

Allerdings liefert das Verfahren eine Hierarchie konkreter Daten und nicht eine allgemeine Organisationsstruktur wie es als Schema für eine Datenbank gefordert ist. Die Ergebnisse des Hierarchisierungsverfahrens müssen also als Instanz eines noch zu generierenden Datenbankschemas angesehen werden. Dieser Vorgang beruht daher auf der Aufbereitung der erzeugten Teil-von-Hierarchien.

Hierzu werden alle Informationen extrahiert, welche die Struktur der Hierarchie beschreiben. Geeignete Programme überführen diese Daten in eine Form, die entsprechende Datenbanken als Schemavorgabe akzeptieren. Da für Datenbank und Bildverarbeitung häufig sehr unterschiedliche Programmiersprachen und -paradigmen eingesetzt werden, kommt diesen Programmen eine vermittelnde Aufgabe zu: Es muß eine sprach- und - möglichst auch - rechnerunabhängige Repräsentation der Hierarchiedaten erzeugt werden, um daraus Schemadaten zu generieren.

Ist dies geschehen, kann die vollständige Hierarchie als Instanz des Schemas in die Datenbank eingebracht werden. Eine wesentliche Voraussetzung für die Anwendung des Verfahrens, die Benutzung eines einheitlichen Vokabulars wird sichergestellt, indem der prinzipielle Aufbau der Beschreibungsprimitive ebenfalls - und vor deren aufbauender Verwendung - in die Datenbank als Schemabestandteil eingebracht wird.

Ergebnisse und Ausblick

Erste Versuche mit bereits existierenden Programmen haben gezeigt, daß der beschriebene Ansatz praktisch durchführbar ist: Symbolische Bildbeschreibungen wurden über einem Vokabular von Kanten- und Winkelrelationen von einem in LISP geschriebenen Programm hierarchisch organisiert. Die resultierende geschachtelte Listenstruktur wurde in Ada-Typdeklarationen übersetzt, was einem ersten Teil des Abstraktionsvorganges von der Instanz zum Schema entspricht. Aus diesen Deklarationen erzeugte der ein Ada-Übersetzer eine metasprachliche DIANA-Datenbeschreibung, die wiederum von einem Präprozessor interpretiert und in die interne Darstellung einer Ada-Bildfolgenbank überführt wurde - der zweite Schritt der Abstraktion. Die so gewonnene Darstellung kann direkt als Datenbankschema verwendet werden. Dabei ist anzumerken, daß der Bildverarbeitungsteil auf einer Symbolics Maschine, die DIANA-Erzeugung auf MINCAL 621x2 Rechnern und die Erstellung des Datenbankschemas auf VAX-Rechnern ablief, was zeigt, daß die beschriebene Methode nicht nur sprach- sondern auch rechnerunabhängig ist.

Ein offensichtliches Problem besteht in der Anpassung des Hierarchisierungsprozesses an die Anforderungen, die ein Benutzer an eine Datenbank stellt. Diese ungewöhnliche

Formulierung erklärt sich damit, daß eine algorithmisch verdeckt erzeugte Hierarchie zu Datenbankschemata führen kann, die der assoziativen Vorstellung eines Datenbankbenutzers nicht entsprechen und damit der weiteren Verwendung auf objektbezogener Ebene entzogen sind. Eine Lösung dieses Problems liegt in der Auswahl der Zerlegungsregeln und der Bewertungsfunktionen, die den Hierarchisierungsprozeß steuern. Ziel weiterer Forschungen sollte daher sein, eine der Problemstellung angepaßte Auswahl zu ermöglichen.

Literatur

[Attardi+ 86]
G. Attardi, A. Corradini, S. Diomedi, M. Simi: *Taxonomic Reasoning*, Proc. 7th European Conference on Artificial Intelligence, Brighton, England, 7/86, Vol. 1, pp. 236-245

[Benn 85]
W. Benn: *Symbolische Bildbeschreibung mit dynamischen, nicht-normalisierten Relationen*, Universität Hamburg, Fachbereich Informatik, Dissertation, 12/85 und *Dynamische nicht-normalisierte Relationen und Symbolische Bildbeschreibung*, Informatik-Fachberichte 128, Springer-Verlag, Berlin Heidelberg New York Tokyo, 1986

[Benn 86]
W. Benn: *Query-by-Structure-Example: Objektorientierter Datenbankzugriff für bildbeschreibende Strukturen*, 8. DAGM-Symposium, Paderborn, 9/86, G.Hartmann (Hrsg.), „Mustererkennung 1986", Informatik-Fachberichte 125, Springer-Verlag, Berlin Heidelberg New York Tokyo, 1986, pp. 154-158

[Benn+Radig 84]
W. Benn, B. Radig: *Symbolische Bildbeschreibungen mit nichtnormalisierten Relationen*, 6. DAGM/ÖAGM Symposium, Graz, 10/84, W. Kropatsch (Hrsg.), „Mustererkennung 1984", Informatik-Fachberichte 87, Springer-Verlag, Berlin Heidelberg New York Tokyo, 1984, pp. 92-99

[Benoit+ 86]
Ch. Benoit, Y. Caseau, Ch. Pherivong: *Knowledge Representation and Communication Mechanisms in LORE*, Proc. 7th European Conference on Artificial Intelligence, Brighton, England, 7/86, Vol. 1, pp.246-255

[Brachman+Schmolze 85]
R.J. Brachman, J.G. Schmolze: *An Overview of the KL-ONE Knowledge Representation System*, Cognitive Science, № 9, 1985, pp. 171-216

[Marr+Nishihara 78]
D. Marr, K. Nishihara: *Representation and Recognition of the Spatial Organisation of Three-Dimensional Shapes*, Proc. of the Royal Society, London B, 200, pp. 269-294

[Radig 84]
B. Radig: *Image Sequence Analysis Using Relational Structures*, Pattern Recognition Vol. 17, No. 1, pp. 161-167

[Sielaff 86a]
C. Sielaff: *Hierarchical Decomposition and Synthesis of Relational Descriptions - The Modelgraph*, Proc. 8th Intern. Conf. on Pattern Recognition, Paris, France, 10/8, Vol. 2, pp. 1207-1209

[Sielaff 86b]
C. Sielaff: *Hierarchien über Relationengebilden*, „GWAI-86 und 2. Österreichische Artificial-Intelligence-Tagung", C.-R. Rollinger (Hrsg.), Informatik-Fachberichte 124, Springer-Verlag, Berlin Heidelberg New York Tokyo, 1986, pp. 202-211

WISSENSAKQUISITION MIT SEMANTISCHEN NETZEN*

S. Schröder, G. Sagerer, H. Niemann
Lehrstuhl für Informatik 5 (Mustererkennung)
Universität Erlangen-Nürnberg
Martensstraße 3
8520 Erlangen
Bundesrepublik Deutschland

1. Einleitung

Das Ziel bei der Entwicklung von bild- oder sprachverstehenden Systemen besteht darin, aus den Eingangssignalen automatisch eine Beschreibung relevanter Inhalte zu erzeugen. Die Festlegung dieser "Ausgabe" eines Systems ist dabei von der konkreten Aufgabe abhängig. Um derartige Interpretationen zu gewinnen wird bei komplexen Anwendungen "Wissen" über den jeweiligen Problemkreis explizit für das Analysesystem in einem Modell oder einer "Wissensbasis" gespeichert /NIE 81a/. Der Formalismus, der für das Analysesystem das Modell aufnimmt, sollte unabhängig vom speziellen Problemkreis gewählt werden, um für weitere Anwendungen den Realisierungsaufwand zu reduzieren. Diesem Punkt wird in zahlreichen Wissensrepräsentationssprachen weitgehend Rechnung getragen. Diese epistomologische Adäquatheit läßt sich allerdings nicht beweisen sondern praktisch nur anhand von Beispielen belegen. Neben der eigentlichen Repräsentationssprache sind die Inferenzmechanismen und die Kontrollstrategie für die Effizienz eines Analysesystems von entscheidender Bedeutung. Auch diese sollten aus den oben genannten Gründen unabhängig von dem konkreten Anwendungsgebiet sein. Durch die bisherigen Arbeiten in den Bereichen Bild- und Sprachanalyse am Institut konnte gezeigt werden, daß diese Forderungen von einem semantischen Netzwerk mit implizit definiertem Inferenzmechanismus und einer Kontrollstrategie auf der Grundlage des A^*-Algorithmus erfüllt werden können /SAG 85a, SCH 86a, NIE 86a, SAG 87b/. In dem Netzwerk werden drei Typen von Knoten und fünf Typen von Kanten unterschieden. Neben den **Konzepten,** die die intensionale Beschreibung eines Begriffs aufnehmen, sind als weitere Knoten **Instanzen** und **modifizierte Konzepte** definiert. Während Instanzen eine Zuordnung von Signalausschnitten zu einem Konzept manifestieren, sind modifizierte Konzepte gegenüber den Konzepten eingeschränkt aufgrund von zu einem Zeitpunkt bereits aufgebauten Instanzen. Zwischen einem Konzept und den zugehörigen Instanzen wird eine Kante **Instanz** gezogen. Die Kantentypen **Spezialisierung, Konkretisierung** und **Bestandteil** sowie ihre Inversen bauen Verbindungen zwischen Konzepten bzw. Instanzen auf. Konkretisierungen und Bestandteile können dabei

---

* Die hier dargestellte Arbeit wird von der Siemens AG Erlangen unterstützt

innerhalb eines Konzepts in unterschiedlichen Modalitätsbeschreibungen zusammengefaßt werden. Vervollständigt wird die intensionale Beschreibung eines Konzepts durch **Attribute** und **Strukturrelationen.** Zur Analyse erforderliche zusätzliche Parameter werden als **Analyseparameter** bzw. **Analysrelation** bezeichnet. Jedem Konzept ist außerdem eine Bewertungsfunktion zugeodnet, die eine Instanz in Bezug auf die Aussage des Konzepts beurteilt. Bild 1 zeigt die vollständige Syntax eines Konzepts in dem Netzwerk. Eine ausführliche Darstellung Syntax, Semantik und Pragmatik des Netzwerks ist in /SAG 87a/ gegeben.

2. Wissensakquisition

Die Fähigkeit zur Wissensakquisition ist für moderne Bildanalysesysteme von großer Bedeutung. Obwohl diese Systeme selbst modular konzipiert sind, ist eine Anpassung an eine neues Aufgabengebiet ein zeitaufwendiger Vorgang. Der Flaschenhals ist hierbei die Anpassung der Wissensbasis. Grundsätzlich kann man zwei Methoden der Wissensakquisition unterscheiden: den manuellen Ansatz (die Arbeit liegt beim Entwickler) und den automatischen Ansatz (die Arbeit liegt bei der Maschine). Es existieren außerdem eine Reihe von Zwischenlösungen /NIE 81a/. Unser Ziel ist es, einen zum größtenteil automatisch ablaufenden Akquisitionsalgorithmus zu entwickeln und zu implementieren. Dadurch sind dann auch Personen, die keine oder nur wenig Erfahrung im Umgang mit der spezifischen Wissensbasis haben, in der Lage, das Bildanalysesystem an eine neue Problemstellung anzupassen. Die Repräsentationsform der zu erstellenden Wissenbasis ist ein semantisches Netz, wie es bereits in Abschnitt 1 dargestellt wurde. Das zur Steuerung des Akquisitionsvorgangs benötigte Wissen - das sogenannte Metawissen - ist ebenfalls in Form eines semantischen Netzes repräsentiert. Die schraffierten Blöcke in Bild 1 zeigen die für die Akquisition relevanten Netzwerkeinträge. Die Kante **Modell** verbindet ein Konzept des Metamodells mit den zugehörigen Konzepten im Modell. Entlang dieser Kante existiert keine Vererbung. Statt dessen enthält ein Metakonzept quasi eine Konstruktionsbeschreibung für Modellkonzepte. Die inverse Kante heißt **Modell_von.**

Der Akquisitionsalgorithmus unterteilt sich in zwei Schritte. Im ersten Schritt wird eine Beobachtung in ein semantisches Netz transferiert. Diese Beobachtung kann z.B. eine Aufnahme des zu lernenden Objekts sein oder aber seine Beschreibung in Form von CAD-Daten. Die wichtigsten während des ersten Schritts ablaufenden Prozesse sind die Aufspaltung und die Spezialisierungsauswahl. Die Tatsache, daß bestimmte Substrukturen existieren können wird im Metamodell durch die einmalige Existenz dieser Substruktur dargestellt. Ein konkretes Objekt kann dann aber mehrere dieser Substrukturen besitzen. So hat z.B. das Metakonzept für ein allgemeines dreidimensionales Objekt die Konkretisierung FLÄCHE. Ein Würfel besitzt aber mehrere Flächen. Der Netzwerkeintrag **Berechnung der Aufspaltung**

Konzept

Name des Konzepts	→ Text
Grade	→ 4 Integer
Prioritäten	→ 6 Integer
Information	→ Text
Modell_von	→ **Konzept**
Modell	→ Liste von **Konzepten**
Generalisierung	→ **Konzept**
Spezialisierung	→ Liste von **Konzepten**
Spez.-Auswahl	→ Prozedurname
Kontext_von	→ Liste von **Konzepten**
Bestandteil_von	→ Liste von **Konzepten**
Bestandteil	→ Liste von **Kantenbeschreibungen**
Modalität	→ Liste von **Modalitätsbeschreibungen**
Attribut	→ Liste von **Attributbeschreibungen**
Lokales_Attribut	→ Liste von **Attributbeschreibungen**
Strukturrelation	→ Liste von **Relationen**
Abstrahiert_durch	→ Liste von **Konzepten**
Konkretisiert_durch	→ Liste von **Kantenbeschreibungen**
Analyseparameter	→ Liste von **Attributbeschreibungen**
Analyserelation	→ Liste von **Relationen**
Identifikation	→ Liste von **Identifikationen**
Bewertung	→ **Prozedur**
Instanz	→ Liste von **Instanzen**

Modalitätsbeschreibung

Obligatorisch	→ Liste von Rollen
Optional	→ Liste von Rollen
Inhärent	→ Liste von Rollen
Adjazenz	→ **Adjazenz**
Kohärent	→ JA oder NEIN

Wert

Typ	→ Typ
Anzahl	→ Integer
Werte	→ Wertefeld

Prozedur

Name	→ Text
Argumente	→ Liste von Argumenten
Argumenttest	→ Prozedurname
inverse Prozedur	→ Prozedurname

Identifikation

Pfad1	→ Liste von Rollen
Pfad2	→ Liste von Rollen

Attributbeschreibung

Rolle	→ Text
Definitionsbereich	→ Typ
Selektion	→ 2 **Werte**
Modifiziert	→ JA oder NEIN oder Rolle
MModifiziert	→ NEIN oder Rolle
Differentiation	→ 2 Integer
Diff.-Berechnung	→ Prozedurname
Dimension	→ 2x2 Integer
Dim.-Berechnung	→ Prozedurname
Werteberechnung	→ **Prozedur**
Adjazenzabhängig	→ JA oder NEIN
Restriktionen	→ **Prozedurname**
Defaultwerte	→ Liste von **Werten**
Default-Berechnung	→ Prozedurname
aktive Graphik	→ **Prozedur**

Kantenbeschreibung

Rolle	→ Text
Definitionsbereich	→ Liste von **Konzepten**
Kontext_abhängig	→ JA oder NEIN
Modifiziert	→ JA oder NEIN oder Rolle
MModifiziert	→ NEIN oder Rolle
Differentiation	→ 2 Integer
Diff.-Berechnung	→ Prozedurname
Dimension	→ 2 Integer
Dim.-Berechnung	→ Prozedurname
Restriktionen	→ **Prozedur**
Transformation	→ **Wert**
Default	→ **Wert**

Relation

Rolle	→ Text
MModifiziert	→ NEIN oder Rolle
Differentiation	→ 2 Integer
Diff.-Berechnung	→ Prozedurname
Test der Relation	→ **Prozedur**
Adjazenzabhängig	→ JA oder NEIN
Defaultwert	→ Liste von **Werten**
Default-Berechnung	→ Prozedurname

Adjazenz

Dimension	→ Integer
Rollenliste	→ Liste von Rollennamen
Diagonale	→ Integer-Vektor
Adjazenzmatrix	→ Bitmatrix

Bild 1: Netzwerksyntax

zeigt auf die Prozedur, die die Berechnung der Anzahl an Substrukturen im konkreten Objekt vornimmt, wobei der erlaubte Wertebereich durch das im Netzwerkeintrag **Aufspaltung** abgelegte Intervall begrenzt wird. In gleicher Weise wird bei der Dimension vorgegangen. Im Metamodell können zu Konzepten Spezialisierungen definiert sein. Für ein konkretes Objekt muß dann die entsprechende Spezialisierung ausgewählt werden. Dies geschieht mit der Prozedur auf die im Netzwerkeintrag **Spezialisierungsauswahl** referiert wird. Hat das bereits oben erwähnte Metakonzept FLÄCHE z.B. die Spezialisierungen EBENE_FLÄCHE und ZYLINDRISCHE_FLÄCHE so muß beim Würfel die EBENE_FLÄCHE ausgewählt werden. Diese Prozesse bilden zusammen die erste Phase von Schritt 1. Nach Abschluß dieser Phase existiert entsprechend der Beobachtung ein "Hüllkonzept". Hüllkonzept bedeutet, daß zwar alle Knoten und Substrukturen des Netzes erzeugt worden sind, daß die Einträge innerhalb der Strukturen jedoch noch nicht gefüllt sind. Die in der zweiten Phase zu erfüllenden Aufgabe ist es, die Existenz der Argumente der Analyseprozeduren zu testen. Dies geschieht, in dem die durch die Einträge mit dem Name **Argumenttest** referierten Prozeduren aufgerufen werden. Ein Argument besteht aus maximal zwei Rollen. Solche i.A. aus dem Metamodell übernommenen Rollen können aufgrund von Aufspaltungen nicht mehr vorhanden sein. Wenn nämlich eine Netzwerkstruktur des Metakonzepts aufgespalten wird, bekommen die neuen Strukturen unterschiedliche Rollen. Um weiterhin Rolleneindeutigkeit zu gewährleisten kann die Rolle aus dem Metakonzept nicht verwendet werden. In so einem Fall müssen die neuen Rollennamen für die jeweiligen Argumente berechnet werden. In der dritten Phase von Schritt eins werden dann noch die Defaultwerte berechnet und eventuell die Definitionsbereiche von Attributen eingeschränkt. Dies geschieht durch Aufruf der Prozeduren, die durch die Einträge **Defaultberechnung** referiert sind. Für den späteren Analyselauf kann es sinnvoll sein, wenn auch der Definitionsbereich von Attributen und Analyseparametern eingeschränkt wird. So wird man z.B. für eine akquirierte Fläche den Attributwert Farbe auf ein Intervall um den gemessenen Wert einschränken. Dadurch wird eine Fläche mit deutlich unterschiedlicher Farbe bei der späteren Analyse als Instanz der akquirierten Fläche nicht in Frage kommen. Es wäre aber fatal, wenn man z.B. für akquirierte Liniensegmente die Attribute Anfangs- und Endpunkt entsprechend der gemessenen Werte einschränken würde. In einem solchen Fall könnte dieses Liniensegment dann nicht mehr lageinvariant erkannt werden. Eine Einschränkung des Definitionsbereichs ist also abhängig vom jeweiligen Attribut und von der später zu lösenden Analyseaufgabe. Die in Schritt 1 erzeugten Konzepte stellen die Zwischenergebnisse des Akquisitionsprozesses dar. Im zweiten Schritt werden nun diese Konzepte regelbasiert verglichen. Dazu werden in einem Zwischenschritt zunächst alle vorliegenden Ergenisse von Schritt 1 vereinigt. Dieser iterative Prozeß führt zu einer vollständigen Beschreibung aller verwendeten Beobachtungen. Diese Beschreibung der kompletten Stichprobe erleichtert die Anwendung der Regeln erheblich. Insbesondere in der Testphase des Systems können so verschiedene Regelsequenzen auf die Stichprobe angewandt werden, ohne daß entweder alle Zwischenergebnisse gespeichert werden müssen (speicherintensiv) oder aber der komplette Akquisitionsprozeß wiederholt werden muß (zeitintensiv). Abhängig von der Intension der Akquisition - z.B. Korrektur von Segmentationsfehlern, Lernen von Klassenbeschreibungen oder Lernen von Beschreibungen spezieller Objekte - werden unterschiedliche Regeln auf die Stichprobenbeschreibung angewandt. Beispiele für diese Regeln finden sich in /DIE 81a/. Falls Negativbeispiele existieren, können diese zur anschließenden Verifikation der Ergebnisse aus Schritt zwei verwendet werden. Die so gewonnenen Beschreibungen in Form von semantischen Netzen bilden dann den deklarativen Teil der Wissenbasis für den Analyselauf.

3. Zusammenfassung

Die Möglichkeit zur automatischen Wissensakquisition ist eine nützliche Erweiterung eines Musteranalysesystems. Der in diesem Artikel vorgestellte Ansatz verfeinert automatisch das abstrakte Modell aufgrund von Bildern und CAD-Daten zu einem neuen Modell. Beide Modelle sind als semantische Netze realisiert. Der Akquisitionsprozeß selbst läuft in zwei Schritten ab. Das beschriebene Verfahren wird zur Zeit für das Aufgabengebiet industrielle Szenen implementiert. Es ist aber auch für andere Bereiche anwendbar.

/DIE 81a/ T. Dietterich, R. Michalsky: Inductive Learning of Structural Descriptions. AI, vol. 16, 1981, 257-294

/NIE 81a/ H. Niemann: Pattern Analysis. Springer Berlin Heidelberg New York, 1981

/NIE 86a/ H. Niemann, A. Brietzmann, U. Ehrlich, G. Sagerer: Representation of a continous speech understanding and dialog system in a homogeneous semantic net architecture. In Proc. ICASSP 86, Tokio 1986, 1581-1584

/SAG 85a/ G. Sagerer: Darstellung und Nutzung von Expertenwissen für ein Bildanalysesystem. Informatik Fachberichte, Springer Berlin Heidelberg New York

/SAG 87a/ G. Sagerer, S. Schröder, H. Niemann: An associative network as system shell for knowledge based image understanding. In Proc. 2nd CAIP 87, Wismar 1987

/SAG 87b/ G. Sagerer, F. Kummert, Schukat-Talamazzini: Flexible Steuerung eines sprachverstehenden Systems mit Hilfe mehrkomponentiger Bewertungen. In Proc. 9. DAGM-Symposium, Braunschweig, 1987

/SCH 86a/ Schukat-Talamazzini, G. Sagerer: Kontrollalgorithmen für ein wissensbasiertes System zum automatischen Sprachverstehen. In Proc. 8. DAGM-Symposium, Paderborn, 144-148

WISSENSBASIERTE KONFIGURIERUNG VON INTERPRETATIONSOPERATOREN ANHAND EINES HIERARCHISCHEN SZENENMODELLS

W. Menhardt, K.-H. Schmidt
Philips GmbH Forschungslaboratorium Hamburg
Vogt-Koelln-Str. 30, D-2000 Hamburg 54, BRD

EINLEITUNG

Ein möglicher Ansatz zur Interpretation von Bildern besteht aus der schrittweisen Extraktion von Substrukturen aus bereits interpretierten Strukturen. In [1] und [2] wird ein System zur Interpretation transaxialer kranialer MR-Bilder beschrieben, dessen Konzept gerade auf dieser Vorgehensweise beruht.

Die Substrukturextraktionsschritte werden von speziellen Operatoren durchgeführt, die auf unterschiedlichen Verfahren sowohl aus dem Bereich der Mustererkennung und als auch der KI beruhen: Erstere werden e.c. genutzt, um durch Histogrammanalysen in einem (T1-) Parameterbild die graue Gehirnmasse innerhalb der Gehirnmasse zu detektieren; letztere verwenden e.c. anatomisches Wissen, um das Ventrikelsystem von anderen Gehirnflüssigkeitsräumen zu trennen.

Zur Detektion einer gewünschten Detailstruktur ist die Ausführung einer Sequenz von Interpretationsoperatoren notwendig.

In diesem Beitrag soll nun eine wissensbasierte Kontrollstruktur zur Konfigurierung der Operatoren vorgestellt werden (cf.[3]). Diese wird von einem hierarchischen, aus 'Teil-von'-Relationen aufgebauten Modell gesteuert. Abb. 1 zeigt einen Auschnitt aus einem solchen Modell. Die Relationen beschreiben Beziehungen zwischen Strukturen und Substrukturen in einem kranialen MR-Tomogramm. Sie finden ihre Entsprechung in Operatoren (Abb. 2), die die Zerlegung von Strukturen in Substrukturen gewährleisten.

Anhand des Modells wird eine Konfiguration von Operatoren erzeugt, deren Anwendung im Wege einer fortschreitenden Spezialisierung und einer damit einhergehenden Reduktion des Suchraumes schließlich die gewünschte Detailstruktur in einem MR-Tomogramm liefert.

Wie Abb. 1 zeigt, sind alternative Substrukturzerlegungen in dem Modell vorgesehen, so daß mehrere Konfigurationen von Operatoren zu demselben Ziel führen können. Abb. 2 zeigt, daß außerdem einzelnen 'Teil-von'-Relationen mehrere Operatoren zugeordnet werden, so daß auch hier Alternativen möglich sind. Zur Erzeugung einer Konfiguration ist damit eine Reihe von Auswahlentscheidungen notwendig. Außerdem müssen die meisten Operatoren mit Parametern versorgt werden.

Der Konfigurierung schließt sich die Ausführung der einzelnen Operatoren an. Die Resultate werden evaluiert, indem sie vom Benutzer mit Termen belegt werden, die seiner Domäne entnommen werden müssen. Ist ein Resultat nicht zufriedenstellend, so muß im Wege einer neuerlichen Konfigurierung ein Teil der Konfiguration adaptiert werden. Dies geschieht zunächst durch Parameteradaption, falls dies aber nicht zum Ziel führt, durch Auswahl alternativer Operatoren.

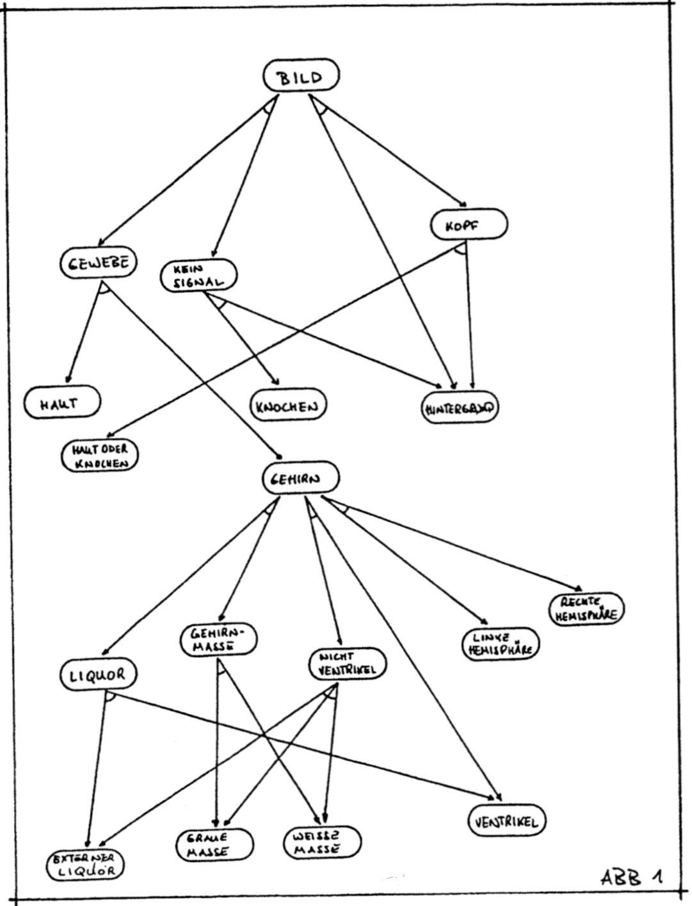
BILD
GEWEBE
KEIN SIGNAL
KOPF
HAUT
KNOCHEN
HINTERGRUND
HAUT ODER KNOCHEN
GEHIRN
GEHIRN-MASSE
NICHT VENTRIKEL
LINKE HEMISPHÄRE
RECHTE HEMISPHÄRE
LIQUOR
EXTERNER LIQUOR
GRAUE MASSE
WEISSE MASSE
VENTRIKEL
ABB 1

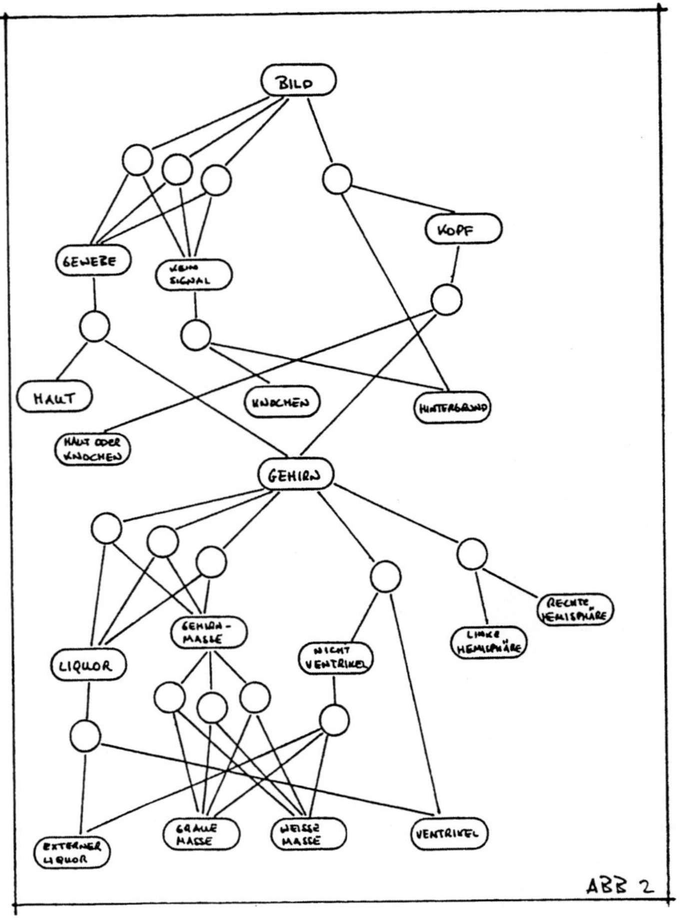
BILD
KOPF
GEWEBE
KEIN SIGNAL
HAUT
KNOCHEN
HINTERGRUND
HAUT ODER KNOCHEN
GEHIRN
GEHIRN-MASSE
RECHTE HEMISPHÄRE
LINKE HEMISPHÄRE
LIQUOR
NICHT VENTRIKEL
EXTERNER LIQUOR
GRAUE MASSE
WEISSE MASSE
VENTRIKEL
ABB 2

Es stellen sich also folgende Aufgaben:

(1) Zieldefinition
(2) Konfigurierung
(3) Adaption

ZIELDEFINITION

Die Festlegung eines Zieles, zu dem eine Konfiguration führen soll, erfolgt in zwei Schritten.

Zunächst wird interaktiv ein Patientenprofil festgelegt, das eine Menge von Aussagen der Form:

'Patient P hat Symptom oder Zeichen S'

als wahr oder falsch etabliert. Dabei werden nur solche Symtome oder Zeichen verwendet, die auch eine lokalisatorische Aussage ueber die Lage einer Pathologie ermöglichen. Die möglichen Lokalisationen sind in einem gerichteten Baum repraesentiert: Jeder seiner Knoten ist mit einem anatomischen Namen versehen; als Name eines Nachfolgeknotens dürfen dabei nur

(a) die Bezeichnung einer anatomischen Teilstruktur der vom Vorgängerknoten bezeichneten Struktur, e.c.

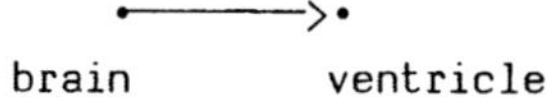

(b) oder die Bezeichnung einer Menge von anatomischen Teilstrukturen, die zusammen die vom Vorgängerknoten bezeichnete Struktur ergeben, e.c.

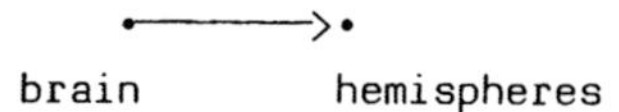

verwendet werden.

Als Ziele werden alle Knoten vom Typ (a) definiert, für die positive Evidenz über die Präsenz einer Pathologie vorliegt. Bei paarig auftretenden Strukturen werden Seiteninformationen verwendet, wenn der neurologische Befund dies zuläßt.

Dem System sind bei dem Start der Konfiguration nur die durch die Position im oben definierten Baum festgelegte intensionale Bedeutung eines anatomischen Namens und die für den genannten Bereich dokumentierten normalen MR-Parameter bekannt. Aufgabe der Konfigurierung ist es nun, mit diesem Startwissen für das Tomogramm eines Patienten jedem als Ziel definierten anatomischen Namen eine Pixelmenge zuzuordnen.

KONFIGURIERUNG

Speziell besteht die Konfigurierungsaufgabe darin, im Modell einen Pfad vom Wurzelknoten "Bild" zum Ziel zu finden. Die auf diesem Weg liegenden Operatoren stellen die gewünschte Konfiguration dar, die dann zur Ausführung gebracht werden kann. Dabei ist in Abhängigkeit von äußeren Randbedingungen oder Hypothesen über eine vermutete Pathologie eine unterschiedliche Performanz der Operatoren zu erwarten. Zudem sind die meisten Bildinterpretationsoperatoren noch mit Parametern zu versehen, die ihre Wirkungsweise, z.B. im Zusammenhang mit dem Rauschniveau, wesentlich beeinflussen können.

Bei der Konfigurierung müssen also folgende Entscheidungen getroffen werden:

(a) Operatorenauswahl
(b) Parameterwahl.

Die Möglichkeiten bei der Auswahl von Operatoren werden durch das hierarchische Modell bestimmt: Vom Ziel zurückgehend werden an jedem Knoten jene Operatoren betrachtet, die den Knoten als Resultat liefern. Die Auswahl einer Alternative bestimmt dann den nächsten zu betrachtenden Knoten, bis der Wurzelknoten erreicht ist. Danach werden für jeden Operator der Konfiguration die Parameter ihrem Definitionsbereich entsprechend gesetzt.

Die Entscheidungen über die Auswahl von Operatoren und Parameterwerten werden anhand von Regeln getroffen, die in folgender Weise repräsentiert sind:

WENN Problem
  DANN Entscheidung
    WEIL Begründung.

Während 'Problem' final ein Teilproblem der Konfigurierung bezeichnet, beschreibt 'Begründung' kausal Fakten, Randbedingungen oder Hypothesen, die den konkreten Anwendungsfall betreffen. Erst das Zusammenspiel zwischen Konfigurierungsproblem und fallspezifischer Begründung führt zu einer tatsächlichen Entscheidung. Die Aufspaltung des Bedingungsteils der Regeln ist sowohl in bezug auf die Verständlichkeit als auch im Hinblick auf die Strukturierung der Regelbasis vorteilhaft. Zudem ist die Herkunft der in 'Problem' und 'Begründung' enthaltenen Prädikate unterschiedlich; während sich 'Problem' im Zuge des Konfigurierungsvorganges als Teilaufgabe ergibt, sind Begründungen in einer eigenen dynamischen Wissensbasis enthalten, die vor (u.U. auch während) des Konfigurierungsvorganges gefüllt wird.

Als Beispiel diene die folgende Regel:

WENN "das Problem ist, einen Operator zur Detektion
      der weißen Gehirnmasse zu finden"
  DANN "wähle Operator FIND_WHITE_MATTER_USING_T1"
    WEIL "in den gemessenen Daten keine Phasenfehler
          vorliegen".

Der Inferenzprozeß besteht aus einem pattern-matching Verfahren, in dem alle Regeln gesammelt werden, die das angegebene Problem betreffen und in der dynamischen fallspezifischen Wissensbasis eine Begründung finden. Begründen die ausgewaehlten Regeln mehrere Entscheidungen, wird von diesen diejenige zur Ausführung gebracht, die von den meisten Regeln unterstützt wird.

Es ist ausgeschlossen, Entscheidungsregeln für alle Fälle a priori festzulegen, da sich erst in der Anwendung der tatsächliche Entscheidungsbedarf ergibt. Zwar kann durch Selbstbeobachtung des menschlichen Konfigurierers ein Satz an Regeln erstellt werden - es ist jedoch nicht zu erwarten, daß dies für die Anwendung ausreicht. Aus diesem Grunde wurde ein inkrementeller Regelakquistionsmechanismus implementiert: Jedesmal, wenn das System für eine Entscheidung über keine entsprechende Regel verfügt, wird der Benutzer um eine Entscheidung gebeten; eine solche zusammen mit einer Begründung interaktiv angegebene Entscheidung wird dann automatisch in eine Regel transformiert und der Regelbasis hinzugefügt. Derselbe Mechanismus kann vom Benutzer angesprochen werden, um vom System getroffene Entscheidungen abzuändern.

ADAPTION

Obwohl die Konfigurierung auf einer Sequenz von Entscheidungen beruht, die nach der Maßgabe gefällt werden, beste Resultate zu erzielen, kann das Ausführungsresultat einer Konfiguration unbefriedigend sein: Entweder steht für die vorliegende Situation keine geeignete Menge von Operatoren zur Verfügung oder die für die Auswahl der Operatoren angegebene Menge von Begründungen reicht als Situationsbeschreibung nicht aus.

Um die zweite Möglichkeit einer die vorliegende Situation nicht präzise genug beschreibenden Menge von Sätzen auszuschließen, wird deren semantische Korrektheit nach jeder Ausführung eines Operators durch eine Evaluierungskomponente kontrolliert: Fällt die Evaluierung von seiten des Benutzers nach Anwendung eines Operators positiv aus, kann die Konfiguration weiter ausgeführt werden; ist dies nicht der Fall, wird vom Benutzer eine Bewertung des Resultates in seinen Beobachtungstermen [4] verlangt: So könnte e.c. die Bewertung der Form einer extrahierten Substruktur T

'Objekt: T   Attribut: Form   Wert: zu_ausgefranst'

lauten. Ein Vokabular, dem Terme für die Attribute und Werte entnommen werden können, wird dem Benutzer präsentiert: In ihm sind als Attribute bzw. Werte nur solche Merkmalsdimensionen bzw. Merkmalsausprägungen erlaubt, die in der radiologischen Literatur dokumentiert sind oder für die der Benutzer die Verantwortung übernimmt; insbesondere ist dieses Vokabular beliebig erweiterbar.

Gegenüber numerischen Methoden der Bewertung hat dieses Verfahren den Vorteil, daß die radiologische Korrektheit einer Konfiguration mit denselben Kriterien bewertet wird wie eine von einem radiologischen Experten vorgenommene Partition eines Tomogramms. Dies hat mehrere Konsequenzen:

(a) Der Sprachgebrauch eines radiologischen Kollektivs kann durch die Verknüpfung der verwendeten Terme mit Bildern visuell dokumentiert werden.
(b) Durch die Verknüpfung von Beobachtungstermen mit Operatoren und Bildern können Konsistenzüberprüfungen vorgenommen werden: Traditionen können so durch operationalisierte Verfahren kontrolliert werden.
(c) Performanzvergleiche können in der Sprache der Domäne vorgenommen werden.

REFERENZEN

[1] W. Menhardt: "Ein Ansatz zur Interpretation von MR-Bildern", Proceedings 8. DAGM-Symposion Paderborn, Informatik-Fachberichte, Band 125, Springer-Verlag, 1986, pp. 250-254

[2] W. Menhardt, K.-H. Schmidt: "Automated Interpretation of Transaxial MR-Images", CAR'87 Computer Assisted Radiology, Springer-Verlag, 1987, pp. 286-290

[3] B. Neumann: "Wissensbasierte Konfigurierung von Bildverarbeitungssystemen", Proceedings 8. DAGM-Symposion Paderborn, Informatik-Fachberichte, Band 125, Springer-Verlag, 1986, pp. 206-218

[4] K.-H. Schmidt: "Explikation medizinischer Beobachtungssprachen", erscheint in: Proceedings Workshop "Wissensarten und ihre Darstellung", Informatik-Fachberichte, Springer-Verlag, 1987

XRAY - An Experimental Configuration Expert System for Automatic X-ray Inspection

K.Pfitzner, H.Strecker

Philips GmbH Forschungslaboratorium Hamburg
Vogt-Koelln-Str. 30, 2000 Hamburg 54

ABSTRACT

An experimental expert system for knowledge based configuration in automatic X-ray inspection is presented. The system is able to select, arrange and adapt image analysis operators according to a given inspection task. Configured analysis sequences are presented, which automatically detect and classify flaws in cast aluminium parts. Planned developments are briefly mentioned.

INTRODUCTION

There is a strong motivation to develop configuration expert systems for industrial X-ray inspection : fully automatic inspection systems are becoming feasible [1], but their adaptation to a specific inspection task will be time consuming and difficult. The resulting system performance largely depends on the level of skill and expertise of its designer. Even if a system works properly, it may be suboptimal with respect to computation time or other cost criteria. The need for knowledge based configuration assistance in the field of automated image analysis has therefore been widely acknowledged [2],[3]. Theoretically, configuration means generation of a functional unit composed of components for a given task. The problem can be divided into three subproblems [2] : **Selection** of suitable components, **Arrangement** of the components and **Adaptation** by parameter tuning.

The approach used in XRAY contains all three processes, relying currently to some extent on user interactions. We describe the system, present some results and mention briefly the developments of XRAY planned for the future.

XRAY SYSTEM DESCRIPTION

The system architecture of XRAY is shown in fig. 1. We confine the description to the most relevant components of XRAY :

Frame base : The frame base contains generic frame representations of all available image operators, their related parameter sets and their possible input or output images. In addition, the frame base contains a generic hierarchical description of the inspection task. Image operators which perform the same primitive image analysis task, such as NOISE_REDUCTION, FEATURE_FILTERING or BINARIZATION, have been grouped to classes. Information about the possible sequencing of operators is represented explicitly by specification of the possible successors P_SUCCESSORS of a class. Fig.'s 2a and 2b give examples of frame representations for the classes and for the operators contained in the classes. In fig. 2a THRESHOLD_BINARIZATION and MAXIMA_DETECTION denote classes of image operators which may followa FEATURE_FILTERING operation. The SELECTION slot is used by the expert rules to indicate the applicability of an operator or a class of operators. SELECTED_BY and REJECTED_BY indicate the reasons for selection or rejection; they are used for explanation. - The members of a class of image analysis operators are associated with a cost factor. This cost factor is used in a search to find the minimum cost sequence of operators, within the constraints imposed by selection labels.

Rule base : XRAY's expert rules serve to check the consistency of a given inspection task, select or reject image operators and select or modify parameters depending on the details specified in the inspection task. The selection rules, to some extent, follow a coarse-to-fine strategy: Initially, depending on the more global aspects of the inspection task, all image operator classes which may be used are labelled as

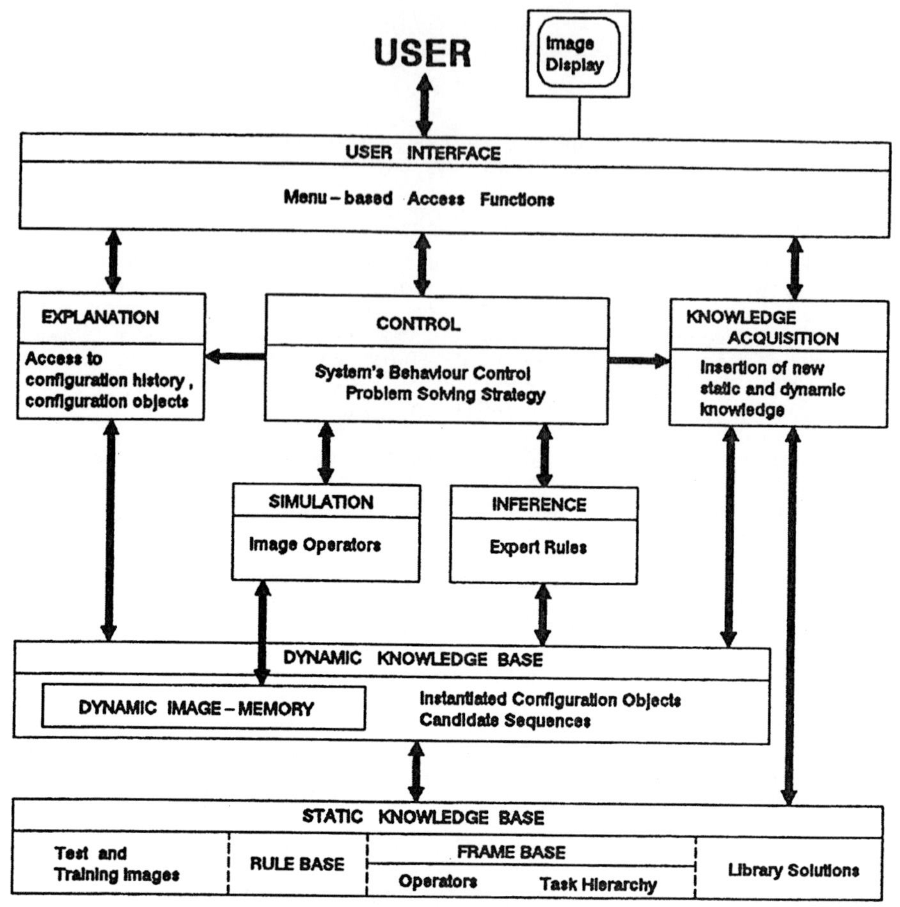

XRAY – System Architecture

Figure 1

FRAME	FEATURE_FILTERING
IS_A	IMPRO_CLASS
P_SUCCESSORS	THRESHOLD_BINARIZATION MAXIMA_DETECTION
MEMBERS	HARMO_SIMPLE HARMO_MEXICAN
SELECTION	POSSIBLE
SELECTED_BY	RULE_XYZ
REJECTED_BY	

Figure 2a

FRAME	HARMO_MEXICAN	*FRAME NAME*
IS_A	IMPRO_OPERATOR	
MEMBER_OF	FEATURE_FILTERING	*RELATED CLASS*
COMMENT	BAND PASS FILTER WITH A DIFFERENCE-OF-GAUSSIAN KERNEL (MEXICAN HAT)	
COSTS	7	*COST FACTOR*
PAR_SET	PAR_HARMO_MEXICAN	*RELATED PARAMETER SET*
SELECTION	(NECESSARY, POSSIBLE etc.)	*SELECTION STATUS*
SELECTED_BY	(USER, RULE_XYZ etc.)	*REASONS FOR SELECTION OR REJECTION (USED FOR EXPLANATION PURPOSES)*
REJECTED_BY		

Figure 2b

POSSIBLE in their SELECTION slot. All other classes are labelled NOT_POSSIBLE. After that, more detailed rules may be applicable which label operator classes or special operators as NECESSARY, NOT_NECESSARY, ADVISABLE or NOT_ADVISABLE. Finally, operators may be NECESSARY as an implication of other NECESSARY operators. The following example illustrates selection of the class FEATURE_FILTERING and recommendation of the operator HARMO_MEXICAN :

```
RULE NON_HOMOGENEOUS_AND_NOISY

IF
        NOT (BACKGROUND VALUE HOMOGENEOUS)
        NOT (NOISE VALUE LOW)
THEN
        (FEATURE_FILTERING SELECTION NECESSARY)
        (HARMO_MEXICAN SELECTION ADVISABLE)
        (HARMO_SIMPLE SELECTION NOT_ADVISABLE)
```

Task hierarchy : At the beginning of a configuration session, the user is asked to specify the inspection task. This is done by instantiating a hierarchical generic task description. It is comprised of information about the inspection criteria of a workpiece, e.g. the flaws to be detected and the related acceptance standards. In addition, the user has to specify a training image. This image should be characterized with respect to its "regular" content, such as background, edges, corners and noise using symbolic descriptors. After that, the user can label image operators as mandatory, desirable or inhibited. Alternatively, a previously configured sequence can be retrieved from a library file as a candidate sequence.

Inference : After task specification, selection rules are applied as described above. Then, a minimum cost sequence of operators is searched by going through all "allowed" sequences of image operator classes with label NECESSARY, ADVISABLE and POSSIBLE. A considered class is either substituted by NECESSARY or ADVISABLE operators or by POSSIBLE labelled operators with minimum cost factors. The resulting sequence is considered a new candidate sequence for solution of the configuration problem.

Simulation : The suitability of a candidate sequence is tested by applying it to one or more test images. The parameter values for an operator are deduced by expert rules, computed by attached procedures or just given by default values. They can be tuned by the user for iterative refinement. If a sequence does not lead to an acceptable result, the user can stop the simulation process and initiate the generation of a new candidate sequence.

Explanation : The user is given access to the configuration history and all objects related to it, especially intermediate image results and their frame representations. Reasons for selection or rejection of operators can be displayed.

Implementation : The system was developed using the production system language OPS5 [5] on a DEC VAX-8600. The kernel system consisting of the control, inference and explanation component contains about 700 control rules. Frame base and rule base are compiled to OPS5 working memory elements and production rules. The knowledge acquisition modules (frame compiler, rule compiler) and the user interface have been written in Pascal. The image processing modules are implemented in Fortran and C.

EXAMPLES OF CONFIGURED SEQUENCES

In the following, we give two examples to illustrate the application which has motivated the development of XRAY. This application domain is the automatic detection of flaws (mostly cavities) in X-ray inspection of cast aluminium parts. The main problem here is that faint flaws have to be detected and classified even for complex parts with an intricate background structure in the images. Fig. 3/1 shows an X-ray image of a section of an aluminium car wheel. The BACKGROUND in this image is ALMOST_HOMOGENEOUS, hence a rule selects FEATURE_FILTERING as a necessary operation.

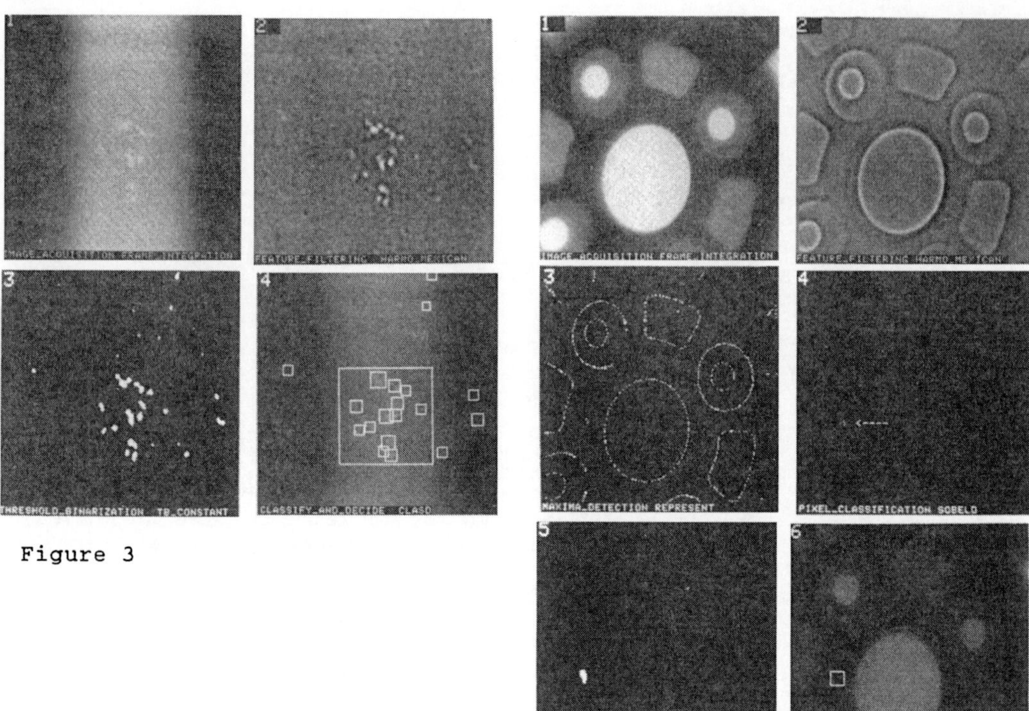

Figure 3

Figure 4

Figure 5

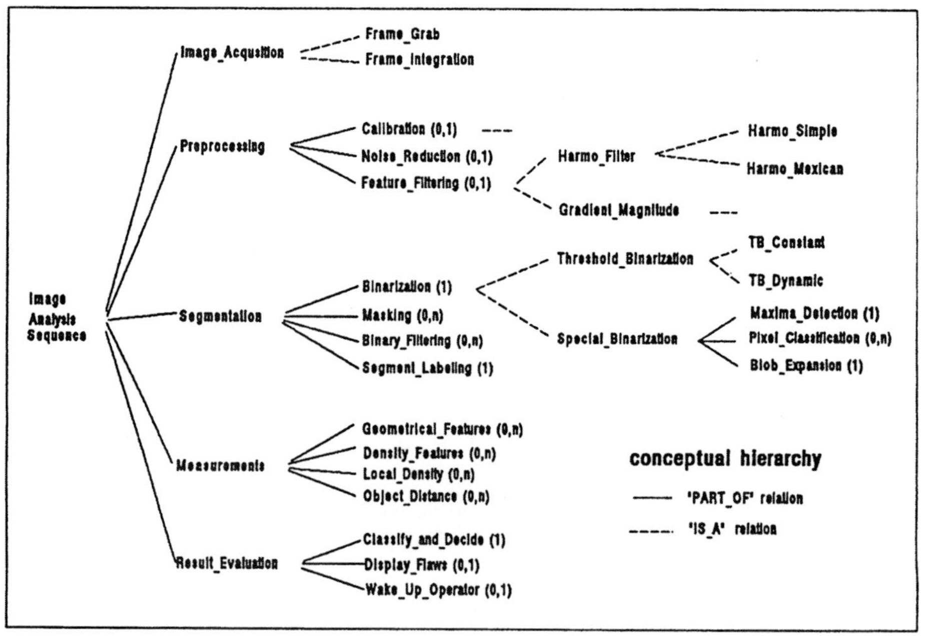

The operation HARMO_MEXICAN is used since the NOISE is NOT LOW, resulting in the filtered image FIG. 3/2. Since no SHARP_EDGES and no FAINT_EDGES are found in the image, THRESHOLD_BINARIZATION is a possible way to obtain a binary image. The result is displayed in Fig. 3/3. After SEGMENT_LABELING, a final CLASSIFY_AND_DECIDE step leads to an inspection decision for this image (fig. 3/4).

The second example deals with a more complex projection of a wheel image, the section of the hub and spokes. There are SHARP_EDGES and also CURVED_EDGES in the original X-ray image, fig. 4/1. This implies selection of FEATURE_FILTERING and SPECIAL_BINARIZATION with MAXIMA_DETECTION, PIXEL_CLASSIFICATION and BLOB_EXPANSION. The SEGMENT_LABELING and CLASSIFY_AND_DECIDE operator classes are the same as in the previous example. THRESHOLD_BINARIZATION, however, cannot be used since this would evoke false classifications for the edge regions. FIG. 4/6 shows the result of successfully processing this image with the described sequence. A large cavity near the hub has been detected.

CONCLUSIONS AND FURTHER WORK

With the first version of XRAY we gained initial experience with configuration expert systems. The results obtained so far encourage further development. These will be primarily devoted to a more flexible control mechanism via a control blackboard [6] and a novel hierarchical representation for the domain knowledge [4]. The production expert rules will be replaced by constraints. Other planned improvements are parameter tuning based on training images containing simulated flaws and a more powerful access to the library of previously generated solutions. Rating of the configured sequences is a further issue. This can be accomplished with simulation, by evaluating an empirical error rate. So far, we have excluded hardware configuration; but for practical applications, this is also relevant.

An example of hierarchical domain knowledge representation as mentioned above is shown in fig. 5. There are compositional (solid) and taxonomical (dotted) links between the conceptual image operators along the PART-OF and IS-A relations, respectively. The numbers (i,j) associated with the nodes denote a value restriction for the PART-OF relation [4].

ACKNOWLEDGEMENT

This work has been sponsored in part by the federal ministry for research and technology (BMFT) under grant no. ITW 8601 A6 (joint project TEX-K).

REFERENCES

[1] H.Boerner, H. Strecker, Towards Automated X-Ray Inspection, paper for a special issue of IEEE PAMI on Industrial Machine Vision and Computer Vision Technology (to be published)

[2] B. Neumann, Wissensbasierte Konfigurierung von Bildverarbeitungssystemen, 8. DAGM-Symposium Paderborn, September/Oktober 1986, Informatik-Fachberichte 125, pp. 206-218

[3] M. Ender, C.E. Liedtke, Repraesentation der relevanten Wissensinhalte in einem selbstadaptierenden regelbasierten Bilddeutungssystem, DAGM-Symposium Paderborn, September/Oktober 1986, Informatik-Fachberichte 125, pp. 219-223.

[4] R.Cunis,A.Guenter,I.Syska, PLAKON - Ein übergreifendes Konzept zur Wissensrepräsentation und Problemlösung bei Planungs- und Konfigurierungsaufgaben,Berichte des German Chapter of the ACM, 1987,pp.406-420

[5] Charles L. Forgy, OPS5 User's Manual, Department of Computer Science, CMU, 1981

[6] B.Hayes-Roth, A Blackboard Architecture for Control, Artificial Intelligence 26 (1985), pp. 251-321

AI/DF ARTIFICIAL INTUITION/DATA FUSION: KREATIVE INFORMATIONSSYSTEME DER 5. GENERATION AUF DER BASIS VERALLGEMEINERTER MUSTERERKENNUNG

S. Klaczko-Ryndziun
EBS, D-6227 Oestrich, Schloß Reichartshausen, Tel. 06723 3063

DIGMATISCHE INDUKTION: DER MENDELEJEW-ALGORITHMUS

δειγμα = Muster "A" gebildet aus den Beispielen a_i: $A = (a_1, a_2, a_3, \ldots, a_n)$

Durchschnittsmenge $\Delta A = \Delta^n a_i$; INVARIANTE von "A" notwendig, substantiell, absolut, charakteristisch, wesentlich, typisch, eigentümlich für das Muster
Vereinigungsmenge $VA = V^n a_i$: DEFINITIONS-BEREICH des Musters

Variationsmenge $VA - \Delta A = (V-\Delta)A$: TRANSFORMATIONSRAUM zufällig, akzidentell, kontingent, nebensächlich, Bandbreite, Gestaltungs-Spielraum, Mutationsbereich des Musters (Mathematik der Modalen Mengen als Grundlage)

ALGEBRAISCHE STRUKTUR DES MUTATIONSBEREICHS VON "A"
Die Variationsmenge wird als endliches Gruppoid definiert, d.h. als endliche Menge mit einer internen Abbildungsoperation als Ordnungsmerkmal, womit man ein Element aus der Menge in andere, nachfolgende Elemente aus derselben Menge überführt

BEISPIEL EINES ENDLICHEN GRUPPOIDEN:
Die Menge der chemischen Elemente, geordnet nach steigenden Atomgewichten:
H, Li, Be, B, C, N, D, F, Na, Mg, Al(Aluminium), Si(Silizium), P, S, Cl, etc.

ZERLEGUNG DES GRUPPOIDEN DURCH KREUZUNG
In die geordnete Variationsmenge wird ferner eine Struktur eingeführt, indem diese Menge in geordnete Teilmengen zerlegt wird, Voraussetzung: Es muß zumindest ein zusätzliches Ordnungsmerkmal oder Muster "B" geben, das sich mit dem 1. Muster "A" sinnvoll kreuzen läßt. Solche Teilmengen aus der Kreuzung von zwei Mustern werden FAKTOROIDE genannt. Die Menge der Faktoroiden nennt man einen Quotienten-Gruppoiden oder ein Kartesisches Produkt "AxB" der gekreuzten Muster "A" und "B". Ist ihre Gemeinsamkeit $A\Delta B>1$, dann gilt der Isomorphiesatz der Algebra: $(AVB) / A = B / (A\Delta B)$

BEISPIEL EINER FAKTOROIDEN-ZERLEGUNG:
Das periodische System der chemischen Elemente wird zwar nach den Atomgewichten "A" geordnet, wird aber ferner nach der Anzahl "B" der Elektronenschalen aus der Hülle des Atoms eines Elementes zerlegt (Atom-Modell von Niels Bohr). Jedes chemische Element kann als Produkt $a_i \cdot b_j$ betrachtet werden, mit $a_i \varepsilon A$ und $b_j \varepsilon B$.

INDUKTION INNERHALB EINES FAKTOROIDEN: SCHLIESSEN VOM BEKANNTEN AUF UNBEKANNTES
Wenn die Menge der Elemente eines Gruppoiden nicht vollständig ist, kann man von den vorhandenen auf die noch fehlenden Elemente schließen, ohne die Gewißheit der Richtigkeit zu haben (INTUITION). Dieser Analogieschluß ist typisch für die MUSTERERKENNUNG. Er wird besonders dann verwendet, wenn man ein noch unbekanntes Exemplar "x" zu nur einem von mehreren Mustern A, B, C, ... zuordnen muß.

BEISPIEL EINER DIGMATISCHEN INDUKTION
1869 stellte Dimitri Mendelejew das Periodische System der Chemischen Elemente auf. Er entdeckte darin Lücken. In diese Lücken prognosti
zierte er ein Silizium-Analogon (das 17 Jahre später entdeckte Germanium), umschrieben als Muster mit 18 Dimensionen; das 29 Jahre später von Pierre und Marie Curie entdeckte Telur-Analogon Polonium und das später entdeckte Aluminium-Analogon Gallium. Die DIGMATISCHE INDUKTION schloß von bekannten Mustern chemischer Elemente auf noch unbekannte durch KREUZUNG VON EIGENSCHAFTEN: Aus dem Gruppoid "A" der Atomgewichte und aus dem Gruppoid "B" der Schichten in der Elektronenhülle.

LOKALE RIVALITÄT ZWISCHEN DIGMATIK UND ALGORITHMIK: SCHNELLE UNDETERMINIERTHEIT oder LANGSAME EXAKTHEIT
Eine Erfahrung aus der menschlichen Entscheidungsfindung ist der Unterschied zwischen der intuitiven Erkennung einer Lage "auf einen Blick" einerseits und der mühseligen aber exakten Berechnung der Parameter, um die Lage präzise einzuschätzen andererseits. Die intuitive Erkennung erfolgt als ALGORITHMIK anhand einer genauen Rechenvorschrift, wird aber unter Umständen dem zu beurteilenden Fall mathematisch nicht gerecht. Darüber hinaus ist die Algorithmik meistens sehr zeitaufwendig, weil sie allgemein als serieller Vorgang abläuft. JE NACH ZEITDRUCK bzw. Verfügbarkeit über Ressourcen zum Rechnen muß entweder die Digmatik oder die Algorithmik gewählt werden. Beide Verfahren werden häufig miteinander um den Auftrag rivalisieren, die Entscheidung zu ermitteln (Beispiel: lineare oder dynamische Programmierung gegen andere Klassenzuordnung).

MEHRSTUFIGE WECHSELNDE RIVALITÄT BEI KOMPLEXEN PROBLEMEN MIT HETEROGENEN DATEN UND RESSOURCEN: AI/DF ARTIFICIAL INTUITION / DATA FUSION
In komplexen Entscheidungssituationen ist die Datenlage allgemein heterogen. Die Daten können sein: 1) ausreichend, 2) lückenhaft, 3) nur über indirekte Indikatoren zu ermitteln, 4) fehlerhaft, 5) chaotisch-überflüssig (Datenfriedhöfe). In diesen Entscheidungssituationen sind für jeden Typ von Daten und für die jeweiligen Kosten der Datenbeschaffung bzw. der Entscheidungsfindung spezifische Methoden notwendig: algorithmische oder digmatische. Von Stufe zu Stufe werden sich die Fehler der Algorithmik (nach der Theorie der Fehlerfortplanzung von Gauss) und die Undeterminiertheiten der Digmatik kummulieren. Die endgültige Entscheidung wird daher einem intuitiven, unsicheren, aber auch kreativen menschlichen Urteil in einer komplexen, unübersichtlichen Situation sehr nahe kommen,
BEISPIELE: ENTSCHEIDUNG ÜBER EINEN ATOMKRIEG BEIM SDI-KOMMANDO;
KREATIVE WORKBENCH FUER DAS ENGINEERING VON RECHNER- UND LOGISTIK-NETZEN;
ESS EXECUTIVE SUPPORT SYSTEM FÜR STRATEGISCHE ENTSCHEIDUNGEN EINES KONZERN-VORSTANDES

Klassifikation 2-dimensionaler Objekte in Luftbildern mit dem Blackboard-basierten Produktionssystem BPI.

K. Lütjen, H. Füger, H.-J. Greif, K. Jurkiewicz
FIM/FGAN, Eisenstockstr. 12, D 7505 Ettlingen 6

Das Blackboard-basierte Produktionssystem BPI wurde bereits mit Erfolg für die Identifikation von näherungsweise 2-dimensionalen Objekten eingesetzt. Ausgehend von einfachen Teilobjekten (z. B. "Linie", "Ecke", "Kreis"), die aus dem Grauwertbild extrahiert wurden, werden immer komplexere Teilobjekte (z. B. "Straße") erzeugt, bis für die Identifikation genau ein wiederzufindendes präzise beschriebenes Zielobjekt (z. B. "Straßenkreuzung") aufgebaut ist.

Da bei der Klassifikation Ergebnisobjekte nicht mehr präzise, sondern nur noch vage beschrieben werden können (z. B. ein Kreuzungstyp), sind bei der Klassifikation Mehrdeutigkeiten möglich. Diesen wird dadurch begegnet, daß erstens nicht nur ein Ergebnisobjekt durch ein Modell beschrieben wird, sondern alle Objekte, mit denen das zu klassifizierende Ergebnisobjekt im vorliegenden Bildmaterial verwechselt werden könnte. Zweitens werden parallel alle möglichen Ergebnisobjekte aufgebaut und bewertet. Ergeben sich dabei Zuordnungskonflikte, dann wird das jeweils am besten bewertete Objekt endgültig zugeordnet. Dadurch wird der überdeckte Bildbereich klassifiziert. Liegen beispielsweise am gleichen Bildort sowohl eine schlecht bewertete Kreuzung als auch eine gut bewertete Brücke vor, so wird als Klassifikationsergebnis die Brücke zugewiesen. In /1/ werden das BPI-Auswahlverfahren erläutert und weitere Literaturhinweise gegeben.

1a)

1b)

Abb. 1: Verarbeitungsbeispiel
a) Ausgangsbild, b) Positionen der klassifizierten Kreuzungen

Bemerkung : Diese Arbeit wird von der Deutschen Forschungsgemeinschaft (DFG) gefördert.

/1/ K. Lütjen, H. Füger, H.-J. Greif, K.Jurkiewicz — Auswahlverfahren für die wissensbasierte Bildauswertung mit dem Blackboard-basierten Produktionssystem BPI, 9. DAGM-Symposium, in diesem Tagungsband, Braunschweig, 1987

Autorenindex

Informatik – Fachberichte

Band 111: Kommunikation in Verteilten Systemen II. GI/NTG-Fachtagung, Karlsruhe, März 1985. Herausgegeben von D. Heger, G. Krüger, O. Spaniol und W. Zorn. XII, 236 Seiten. 1985.

Band 112: Wissensbasierte Systeme. GI-Kongreß 1985. Herausgegeben von W. Brauer und B. Radig. XVI, 402 Seiten, 1985.

Band 113: Datenschutz und Datensicherung im Wandel der Informationstechnologien. 1. GI-Fachtagung, München, Oktober 1985. Proceedings, 1985. Herausgegeben von P. P. Spies. VIII, 257 Seiten. 1985.

Band 114: Sprachverarbeitung in Information und Dokumentation. Proceedings, 1985. Herausgegeben von B. Endres-Niggemeyer und J. Krause. VIII, 234 Seiten. 1985.

Band 115: A. Kobsa, Benutzermodellierung in Dialogsystemen. XV, 204 Seiten. 1985.

Band 116: Recent Trends in Data Type Specification. Edited by H.-J. Kreowski. VII, 253 pages. 1985.

Band 117: J. Röhrich, Parallele Systeme. XI, 152 Seiten. 1986.

Band 118: GWAI-85. 9th German Workshop on Artificial Intelligence. Dassel/Solling, September 1985. Edited by H. Stoyan. X, 471 pages. 1986.

Band 119: Graphik in Dokumenten. GI-Fachgespräch, Bremen, März 1986. Herausgegeben von F. Nake. X, 154 Seiten. 1986.

Band 120: Kognitive Aspekte der Mensch-Computer-Interaktion. Herausgegeben von G. Dirlich, C. Freksa, U. Schwatlo und K. Wimmer. VIII, 190 Seiten. 1986.

Band 121: K. Echtle, Fehlermaskierung durch verteilte Systeme. X, 232 Seiten. 1986.

Band 122: Ch. Habel, Prinzipien der Referentialität. Untersuchungen zur propositionalen Repräsentation von Wissen. X, 308 Seiten. 1986.

Band 123: Arbeit und Informationstechnik. GI-Fachtagung. Proceedings, 1986. Herausgegeben von K. T. Schröder. IX, 435 Seiten. 1986.

Band 124: GWAI-86 und 2. Österreichische Artificial-Intelligence-Tagung. Ottenstein/Niederösterreich, September 1986. Herausgegeben von C.-R. Rollinger und W. Horn. X, 360 Seiten. 1986.

Band 125: Mustererkennung 1986. 8. DAGM-Symposium, Paderborn, September/Oktober 1986. Herausgegeben von G. Hartmann. XII, 294 Seiten, 1986.

Band 126: GI-16. Jahrestagung. Informatik-Anwendungen – Trends und Perspektiven. Berlin, Oktober 1986. Herausgegeben von G. Hommel und S. Schindler. XVII, 703 Seiten. 1986.

Band 127: GI-17. Jahrestagung. Informatik-Anwendungen – Trends und Perspektiven. Berlin, Oktober 1986. Herausgegeben von G. Hommel und S. Schindler. XVII, 685 Seiten. 1986.

Band 128: W. Benn, Dynamische nicht-normalisierte Relationen und symbolische Bildbeschreibung. XIV, 153 Seiten. 1986.

Band 129: Informatik-Grundbildung in Schule und Beruf. GI-Fachtagung, Kaiserslautern, September/Oktober 1986. Herausgegeben von E. v. Puttkamer. XII, 486 Seiten. 1986.

Band 130: Kommunikation in Verteilten Systemen. GI/NTG-Fachtagung, Aachen, Februar 1987. Herausgegeben von N. Gerner und O. Spaniol. XII, 812 Seiten. 1987.

Band 131: W. Scherl, Bildanalyse allgemeiner Dokumente. XI, 205 Seiten. 1987.

Band 132: R. Studer, Konzepte für eine verteilte wissensbasierte Softwareproduktionsumgebung. XI, 272 Seiten. 1987.

Band 133: B. Freisleben, Mechanismen zur Synchronisation paralleler Prozesse. VIII, 357 Seiten. 1987.

Band 134: Organisation und Betrieb der verteilten Datenverarbeitung. 7. GI-Fachgespräch, München, März 1987. Herausgegeben von F. Peischl. VIII, 219 Seiten. 1987.

Band 135: A. Meier, Erweiterung relationaler Datenbanksysteme für technische Anwendungen. IV, 141 Seiten. 1987.

Band 136: Datenbanksysteme in Büro, Technik und Wissenschaft. GI-Fachtagung, Darmstadt, April 1987. Proceedings. Herausgegeben von H.-J. Schek und G. Schlageter. XII, 491 Seiten. 1987.

Band 137: D. Lienert, Die Konfigurierung modular aufgebauter Datenbanksysteme. IX, 214 Seiten. 1987.

Band 138: R. Männer, Entwurf und Realisierung eines Multiprozessors. Das System „Heidelberger POLYP". XI, 217 Seiten. 1987.

Band 139: M. Marhöfer, Fehlerdiagnose für Schaltnetze aus Modulen mit partiell injektiven Pfadfunktionen. XIII, 172 Seiten. 1987.

Band 140: H.-J. Wunderlich, Probabilistische Verfahren für den Test hochintegrierter Schaltungen. XII, 133 Seiten. 1987.

Band 141: E. G. Schukat-Talamazzini, Generierung von Worthypothesen in kontinuierlicher Sprache. XI, 142 Seiten. 1987.

Band 142: H.-J. Novak, Textgenerierung aus visuellen Daten: Beschreibungen von Straßenszenen. XII, 143 Seiten. 1987.

Band 143: R. R. Wagner, R. Traunmüller, H. C. Mayr (Hrsg.), Informationsbedarfsermittlung und -analyse für den Entwurf von Informationssystemen. Fachtagung EMISA, Linz, Juli 1987. VIII, 257 Seiten. 1987.

Band 144: H. Oberquelle, Sprachkonzepte für benutzergerechte Systeme. XI, 315 Seiten. 1987.

Band 145: K. Rothermel, Kommunikationskonzepte für verteilte transaktionsorientierte Systeme. XI, 224 Seiten. 1987.

Band 146: W. Damm, Entwurf und Verifikation mikroprogrammierter Rechnerarchitekturen. VIII, 327 Seiten. 1987.

Band 147: F. Belli, W. Görke (Hrsg.), Fehlertolerierende Rechensysteme / Fault-Tolerant Computing Systems. 3. Internationale GI/ITG/GMA-Fachtagung, Bremerhaven, September 1987. Proceedings. XI, 389 Seiten. 1987.

Band 148: F. Puppe, Diagnostisches Problemlösen mit Expertensystemen. IX, 257 Seiten. 1987.

Band 149: E. Paulus (Hrsg.), Mustererkennung 1987. 9. DAGM-Symposium, Braunschweig, Sept./Okt. 1987. Proceedings. XVII, 324 Seiten. 1987.

Band 150: J. Halin (Hrsg.), Simulationstechnik. 4. Symposium, Zürich, September 1987. Proceedings. XIV, 690 Seiten. 1987.

Band 151: E. Buchberger, J. Retti (Hrsg.), 3. Österreichische Artificial-Intelligence-Tagung. Wien, September 1987. Proceedings. VIII, 181 Seiten. 1987.

Band 152: K. Morik (Ed.), GWAI-87. 11th German Workshop on Artificial Intelligence. Geseke, Sept./Okt. 1987. Proceedings. XI, 405 Seiten. 1987.

Band 153: D. Meyer-Ebrecht (Hrsg.), ASST'87. 6. Aachener Symposium für Signaltheorie. Aachen, September 1987. Proceedings. XII, 390 Seiten. 1987.